土基材料及荒漠化防控

雷自强 著

科学出版社

北京

内 容 简 介

本书总结了荒漠（沙漠）化现状、研究方法及防控技术；提供了土基生态功能材料研究思路、制备方法、功能调控及相关工程技术；从材料与工程角度展示了土基材料用于荒漠（沙漠）化防控的示例。

本书可供生态功能材料、风沙危害防控、生态修复及水土流失防控领域的教师及学生阅读参考。

图书在版编目（CIP）数据

土基材料及荒漠化防控/雷自强著. —北京：科学出版社，2020.11
ISBN 978-7-03-066393-1

Ⅰ. ①土… Ⅱ. ①雷… Ⅲ. ① 土基-功能材料-应用-沙漠治理-防治-研究 Ⅳ. ①P941.73

中国版本图书馆 CIP 数据核字（2020）第 199657 号

责任编辑：周巧龙 杨新改 付林林 / 责任校对：杜子昂
责任印制：吴兆东 / 封面设计：东方人华

科 学 出 版 社 出版
北京东黄城根北街 16 号
邮政编码：100717
http://www.sciencep.com
北京建宏印刷有限公司 印刷
科学出版社发行 各地新华书店经销

*

2020 年 11 月第 一 版 开本：787×1092 1/16
2021 年 1 月第二次印刷 印张：32 1/2
字数：770 000

定价：198.00 元
（如有印装质量问题，我社负责调换）

前　言

在人类所面临的生态和环境困境中，荒漠化是最严重的挑战之一。全球荒漠化面积约占地球整个陆地面积的 1/4，达到 $3600×10^4\ km^2$。我国是世界上荒漠化土地面积较大、危害最严重的国家之一。截至 2014 年，我国荒漠化土地面积 $261.16×10^4\ km^2$，占国土总面积的 27.20%。

生态环境材料是由日本学者山本良一教授于 20 世纪 90 年代初提出的一个新概念。生态环境材料是指具有良好的使用性能和优良的环境协调性的材料，是人类主动考虑材料对生态环境的影响而开发的材料，是在充分考虑人类、社会及自然三者相互关系的前提下提出的新概念，这一概念符合人与自然和谐发展的基本要求，是材料产业可持续发展的必由之路。

本书主要介绍的是与荒漠（沙漠）化防控密切相关的生态功能材料，其不是生态环境材料的主流。作者理解的生态功能材料是指对地球生物生存的生态环境具有维稳（维持生态环境的相对稳定）、保护（消除外界对生态环境的有害影响）和修复（协助受到侵害的生态环境的恢复）功能的材料。

30 多年来，西北师范大学先后有两代人、70 余名师生从事生态功能高分子材料研究，坚持生态（技术）公益，并将研究成果无偿提供给了近 60 家相关单位和企业。作者先后 120 余次亲临荒漠（沙漠）及其周边地区，在指导荒漠（沙漠）化地区生态修复实践过程中，亲身感触荒漠（沙漠）化危害、科技工作者的责任及保护地球生态的紧迫性，这些也构成了撰写本书的原材料和原始驱动力。

本书提供了一个材料、工程、化学、地质、生态及生命学科学术思想和技术交汇的场所，使这些看起来关联度不是很密切的学科之间形成了一个新的学术交叉和科学研究领域；提供了材料与工程辅助荒漠（沙漠）化防控的方法和技术，是对目前该领域已有技术的一种补充。

本书围绕以下三条主线撰写。

第一条主线，第 1～3 章。简单介绍荒漠（沙漠）相关的一些常识、荒漠（沙漠）化发生发展的自然和人为因素及我国荒漠（沙漠）化趋势；总结了国内外荒漠（沙漠）化防控的技术和经验；比较客观地介绍了荒漠（沙漠）对人类有害和有益的方面。

第二条主线，第 4～7 章。围绕提高材料抗风蚀、抗水蚀、持水性、持肥性及保水性性能，设计合成了固沙（防风蚀）、固土（防水蚀）、保水、防蒸发（防龟裂、防收缩）及防渗漏（盐碱隔离、提高持水持肥性）等 5 类材料；明确了提高材料力学性能及生态功能的调控方法；提供了可在野外大规模使用的生态功能材料的制备方法及相关工程技术。

　　第三条主线，第8～9章。系统介绍了作者课题组的土基生态功能材料在荒漠（沙漠）化防控方面的示范应用，从材料和工程角度介绍了可供大面积推广的土基材料和技术，包括5类土基材料及其相关的组合沙障、结皮、辅助沙生植物种植、辅助经济林木种植、辅助荒漠濒危珍稀植物繁衍、季节性洪水集聚利用及沙地戈壁综合改良等。

　　本书是西北师范大学生态功能高分子材料课题组几十年的工作总结，2011年开始撰写，2013年完成初稿并向科学出版社申请出版。由于对材料在自然环境的性能、环境风险及生态效益的评价需要较长时间，所以又过了6年，在等待和观察生态修复效果的过程中，对本书进行了修改和完善。2019年，感觉需要完善和明确的内容甚至比2013年还要多。没有任何一部自然科学方面的学术专著能够解决本领域的所有问题，也没有任何一部自然科学方面的学术专著会随着时间的推移而一贯正确。作者认为本书对荒漠（沙漠）化防控会有一定帮助，所以下决心将修改版本出版。

　　马国富教授提供了第1章部分内容的初稿（1.1.1节及1.1.4节部分内容），张文旭博士和张哲博士提供了沙生植物及保水剂的部分初稿（8.6.10节部分内容）；彭辉博士和康玉茂对参考文献部分进行了编辑，康玉茂和程莎协助绘制了一些示意图；冯恩科、王爱娣、程莎、王丫丫、刘瑾、温守信、刘晓梅、邱雪燕、高建德、冉飞天、沈智、杨谦、陶镜合、梁莉、武占翠、李芳红、崇雅丽、张惠怡、李文峰、王辉、王忠超、许剑、武战翠、常迎、李中卫、魏博、梁燕、熊红冉、叶喜娥、温娜、于静姝、杨翠玲、高淑玲、赵帅、贾娜、雷蕾、赵睿、王小亮、薛守媛、孙煜娇、孙晓妹、李新雪及赵俊吉等研究生和本科生是本书中一些图表和数据的实践者；参考文献中的作者给本书提供了相关领域的学术支撑。在此对以上人员表示真诚的感谢！

　　本书涉及多学科多领域，作者水平有限，难免存在瑕疵，敬请读者批评指正。

2020年元月

目　　录

第1章　荒漠（沙漠）简介

1.1　荒漠（沙漠）

1.1.1　荒漠与沙漠

英语 desert，意大利语和葡萄牙语 deserto，法语 désert 及西班牙语 desierto 均来自教会拉丁语 dēsertum[1]。

我们把英语中的"desert"有时翻译为荒漠，有时则翻译为沙漠。牛津词典（*Concise Oxford Dictionary*）对"desert"有两条解释：①adj. uninhabited，desolate，uncultivated，barren（无人居住的，荒芜的，未耕作的，光秃的）；②waterless and treeless region（无水无树的地区）。韦氏词典（*Webster's Dictionary of the English Language*）对"desert"的解释是：①an unhabited tract of land；a region in its natural state；a wildness（无人居住的大片土地；处于自然状态的区域；野地）；②a dry，barren region，largely treeless and sandy（大面积干旱裸露地区，通常是无树的沙地）[2]。沙漠在古今世界各国及各民族有着不同的称谓。蒙古语称沙漠为"戈壁"（gobi），阿拉伯人称之为"艾尔格"或"厄格"（Erg），在西方称之为"沙海"（sand sea）。《不列颠百科全书》中对沙漠的解释为：沙质荒漠，荒漠地区中有大量沙堆积的地区，一般发生于具有古河流沉积层的大型盆地的底部。沙质荒漠是流动沙丘、古沙丘或大片沙席分布的地区[3]。中国过去也称沙漠为流沙、沙河、大漠、沙碛、瀚海及荒凉之地等。在中国，"荒漠"这个词仅有 70 多年的历史，它是个外来词，相对而言"沙漠"一词出现的年代要久远很多。"沙漠"一词最早出现在《汉书·李广苏建传》中，"李陵起曰：'径万里兮度沙漠，为君将兮奋匈奴'"。《辞源》中"荒漠"的定义是"气候干燥、降雨稀少、蒸发量大、植被贫乏的地区"。《现代汉语词典》对"荒漠"和"沙漠"的解释分别如下。"荒漠"：①荒凉而又无边无际；②荒凉的沙漠或旷野。"沙漠"：地面完全为沙所覆盖，缺乏流水，气候干燥，植物稀少的地区。2001 年修订版《新华词典》中"沙漠"词条：一般终年少雨、气温变化大、植被贫乏的地方，地面多流沙、砾石、岩块或盐碱滩，风力作用活跃，日照较多；"荒漠"词条：荒凉的沙漠或旷野。在《简明生物学词典》中，"荒漠"是指气候干燥、降水稀少、蒸发量大和植被稀缺的地区；"沙漠"的含义有广义和狭义两种：沙漠狭义的定义指布满沙子的土地，而广义的沙漠泛指一切不毛之地[4]。这些解释虽然不够专业，但更容易为大众所理解。

2007 年，联合国《全球环境展望（四）》公布的数据是荒漠约占地球陆地面积的 1/4，相当于俄罗斯、加拿大、中国及美国国土面积的总和。

沙漠是地表的主要生态系统之一，全球沙漠面积超过 600×10^4 km²，几乎全部位于干旱和半干旱地区。通常人们对沙漠的认识来自新闻中的沙尘暴，所以将其视为可怕的生命禁区，但事实上沙漠没有人们认为的那么可怕。像其他地质单元一样，沙漠也引起了人们极大的研究兴趣，由此产生了沙漠学。沙漠学是地质领域的一门学科，是研究沙漠中各要素演化、相互作用及利用的科学，经历了地质沙漠学、地理沙漠学、行星沙漠学、数理沙漠学、物理沙漠学和综合沙漠学等发展阶段[5, 6]。

现在多数学者认为，沙漠只是荒漠的一种类型。有学者认为，在自然地理学上，凡是降雨稀少、气候干旱、植被稀疏及土地贫瘠的区域，都可称为荒漠[7-9]。

可以认为，荒漠是地球上降水稀少，不适合大多数动植物繁衍和生存的地带。地球上大约 1/3 的地区处于干旱和半干旱地区，这些地区是最有可能形成荒漠的区域。两极地带也属于荒漠，被称作冷荒漠。荒漠可以根据年降雨量、温度、湿度、造成荒漠的原因及地理位置来分类。

沙漠（sandy desert）通常围绕北半球的北回归线（Tropic of Cancer in Northern Hemisphere）和南半球的南回归线（Tropic of Capricorn in Southern Hemisphere）分布。沙漠是地球表面干燥气候的产物，一般是年平均降雨量小于 250 mm，植被稀疏，是由地表经流沙和风力作用而导致的独特的地貌形态，属于地理学一级学科和沙漠学二级学科内容；沙漠的另一个定义被表述为流沙和沙丘所覆盖的地区，属于地理学一级学科和土壤侵蚀与水土保持二级学科内容。

提到沙漠，通常会很自然地联想到炎热的天气、一望无际的沙丘、湛蓝的天空、棕红色的不毛之地及沙尘暴。但事实上，有些国家通常被称为沙漠的地方，其中占主导地位的可能是岩石及松散石砾，在大片区域没有沙粒并不奇怪。笔者倾向于将沙漠定义为流沙和沙丘所覆盖的地区。有些沙漠中分布有河流、湖泊和湿地；有些沙漠中生长着许多植物，如仙人掌、沙蒿、骆驼蓬、梭梭及荒漠藻类等；同样，有些沙漠中也生活着许多动物，如沙鼠、沙蜥、甲虫、变色龙、鸵鸟及骆驼等。

根据苏联杰出地理学家奥布鲁切夫（B. A. Obruchev）院士对荒漠的划分，广义的荒漠包括：沙质荒漠（简称沙漠）、石质荒漠（简称石漠或岩漠）、黏土荒漠（简称泥漠）、砾质荒漠（简称砾漠或戈壁）和盐土荒漠（简称盐漠），这一观点已被广泛接受。荒漠的这 5 个类型侧重于地理学和地貌学并有土壤学的含义，突出了地面组成物质和地表形态等引起的分异，反映了荒漠与沙漠的不同之处。

砾漠指小石子堆积覆盖地面的砾石荒漠。砾漠的地表物质主要是带有沙土的砾石，多见于山麓倾斜平原地带。砾漠的物源是山地，山地中风化剥蚀的岩石碎屑经流水搬运出山后，随着流水流速降低，沉积在山麓地带。这种山麓堆积主要有冲积和洪积两种：冲积砾石分布较远，多顺着河流呈线状分布，面积相对较小。洪积砾石主要由暴雨形成的洪水冲刷造成，呈洪积扇形状，面积相对较大，组成石砾较大，堆积厚，从几十米到几百米不等。风力在砾石表层吹蚀，把较细的物质吹走，较粗的物质残存于地面，从而形成砾漠。

泥漠是由黏土物质组成的荒漠，是洪流从山区搬来的细粒黏土物质淤积的地方。黏土变干时会出现多边形网状裂隙，形成龟裂地。泥漠还包括土漠，是土状堆积，如黄土或黄土状物质组成的荒漠。雨季水的冲蚀和干季风蚀的作用形成了地面十分破碎的劣地或恶地。泥漠主要分布在黄土高原。通过地面改造、合理利用季节性降水及地下水等方式，许多泥漠地带将可能成为可利用土地。

盐漠主要分布在大河下游和湖泊周围，因地下水位高，蒸发强烈，次生盐渍化严重，形成硬的盐壳或盐结皮。盐漠上植物很少，只有一些非常耐盐的植物才能存活，地面景观荒凉。我国盐漠的盐分多是卤盐（氯化物）、硫酸盐或磷酸盐。世界最大的盐漠是玻利维亚的乌尤尼盐湖盐漠，东西长 250 km，南北宽 150 km，总面积达 1.2 万 km²。我国青海省柴达木盆地中部及新疆罗布泊一带也有大片盐漠分布。

沙漠、石漠、砾漠、泥漠及盐漠是在地带性分布的背景上，因地质、地貌、水文及地表物质等产生分异而形成的不同的荒漠类型[10]。

从成因上还可以把荒漠分为风力作用形成的沙漠、戈壁、岩漠和雅丹；流水侵蚀形成的劣地和石漠；土壤盐渍化作用形成的盐漠；低温干燥作用形成的寒冻荒漠；另外，露天开矿、矿渣堆放及土壤污染也能形成小面积的荒漠。

根据地理位置和气温的不同，荒漠一般分为热荒漠与冷荒漠。

沙漠可指在干旱气候区（干燥度大于 4 或湿润指数小于 0.2）地表为大片沙丘覆盖的沙质荒漠及其边缘的严重沙漠化土地。但由于半干旱草原地带（干燥度在 1.5～4 之间或湿润指数在 0.2～0.5 之间）的沙地与沙漠有着相似的性质，习惯上也被泛称为沙漠。沙漠主要是气候和地质长期变化的产物。"沙漠"一词不仅是中国民间广泛应用的名词术语，更是学术交流中概念明确的科学用语，中国学术界常用英语"sand desert"或"sandy desert"表示其含义[11]。

世界荒漠分布很广，有南极荒漠和北极荒漠（主要是冰漠）、撒哈拉荒漠（包括石漠、沙漠、盐漠及砾漠等）、阿拉伯荒漠（包括沙漠、石漠、砾漠及盐漠）、澳大利亚荒漠（砾漠、沙漠、石漠及泥漠）、戈壁荒漠（砾漠、石漠、沙漠、盐漠及泥漠）、大盆地荒漠（盐漠、泥漠及水漠等）、巴塔哥尼亚荒漠（沙漠及泥漠）和卡拉哈里荒漠（沙漠、砾漠及石漠）等[12]。

世界上大多数荒漠都包含一些沙漠，但有些荒漠中很少有沙漠，如通常称冷荒漠的两极；有些荒漠中沙漠覆盖的面积很小，如戈壁荒漠；有些荒漠中沙漠占比不到 30%，如撒哈拉荒漠。在我国，人们通常把撒哈拉荒漠称撒哈拉沙漠，原因是媒体中主要呈现的是撒哈拉的沙漠部分，而忽略了其余部分。沙漠广泛分布在除南极洲之外的各大洲。按照沙漠总面积从大到小排序依次是非洲、亚洲、美洲、大洋洲和欧洲。世界主要荒漠、沙漠及其分布如表 1-1 所示。

表 1-1　世界主要荒漠、沙漠及其分布[13]

荒漠	面积/km²	地理位置	特点
亚热带荒漠			
撒哈拉	9400000	埃及、阿尔及利亚、厄立特里亚、乍得、利比亚、毛里塔尼亚、马里、摩洛哥、苏丹、尼日尔、突尼斯、吉布提及西撒哈拉	世界上最大热荒漠，具有极端天气，白天十分炎热，夜晚温度达冰点
卡拉哈里	930000	纳米比亚、博茨瓦纳及南非	巨大半干旱沙漠，无树大草原
利比亚	1100000	利比亚东部、苏丹西北及埃及西南	沙漠和石漠
努比亚	400000	苏丹东北	几乎无降雨和绿洲的干旱地带

续表

荒漠	面积/km²	地理位置	特点
达纳吉尔	150000	埃塞俄比亚东北、厄立特里亚南部及吉布提	以"地球最严酷地带"著称，极端酷热，最不适合人类居住
鲁卜哈利	650000	沙特阿拉伯、阿拉伯联合酋长国、阿曼及也门	世界上最大的（流沙）沙漠，也是世界盛产石油的地方
叙利亚	500000	伊拉克、约旦、叙利亚及沙特阿拉伯	也称叙利亚-阿拉伯荒漠，多石而平坦
纳夫德	103600	沙特阿拉伯	沙特阿拉伯中部呈拱形分布的红沙漠
达哈拉	650000	沙特阿拉伯	强风和多沙尘暴
塔尔	200000	印度及巴基斯坦	流动沙丘、灌木丛及农村荒芜地区
大维多利亚	424400	澳大利亚	澳大利亚最大荒漠
大沙	284993	澳大利亚	澳大利亚第二大荒漠
辛普森	176500	澳大利亚	澳大利亚红沙荒原
吉布森	155000	澳大利亚	澳大利亚土著人居住地，也是红袋鼠和鸸鹋栖息地
索诺兰	311000	美国及墨西哥	具有盆地、平原及山脊，有许多巨柱仙人掌
莫哈韦	124000	美国	零散居民，有拉斯维加斯等城市
塞丘拉	188735	秘鲁	由赤道干旱森林组成
寒冬荒漠			
大盆地	492000	美国	美国最大荒漠
巴塔哥尼亚	670000	阿根廷和智利	阿根廷最大的荒漠，世界第七大荒漠
卡拉库姆	350000	土库曼斯坦	俗称"黑荒漠"，石油和天然气储量巨大
克孜勒库姆	298000	哈萨克斯坦、土库曼斯坦和乌兹别克斯坦	红沙漠，发现有天然气
塔克拉玛干	337000	中国	难有降雨，穿越危险
戈壁	1300000	中国和蒙古	最大寒冬荒漠，由不同地质带组成
拉达克	86904	南亚	很少降雨，几乎无植被的高海拔荒漠
寒冷沿海荒漠			
阿塔卡马	140000	智利、秘鲁、玻利维亚和阿根廷	最干旱荒漠，堪比火星
纳米布	81000	安哥拉、纳米比亚和南非	主要降水来自大西洋的水雾，有一些世界仅有的珍稀动植物

1.1.2　沙丘

沙丘是指在风力作用下沙粒的堆积体。沙丘的常见分类法有四种。①形态法。完全依据沙丘形态进行分类。按照形态划分，最典型的沙丘有新月形、线形、反向、星状及抛物线沙丘。②动力法。根据动力条件、供沙量状况与沙丘形态的关系，可将沙丘分为横向、纵向和抛物线沙丘等。③沉积条件分类法。沙丘由沙粒沉积所产生，因此根据产生沉积的条件可将沙丘划分为自由沙丘和障碍物沙丘。④综合分类法。据此将沙丘分为稳定沙丘、定位沙丘及移动沙丘[14]。

在沙丘形态-动力学分类中，以年合成输沙方向与沙丘走向之间的夹角为主要依据，可划分出横向（75°～90°）、斜向（75°～15°）和纵向（<15°）等三种基本沙丘类型[15, 16]；按沙丘空间组合状况又可分为简单、复合和复杂三种沙丘类型[17]。

几乎每一种沙丘都有其独特的形貌，从学术角度看，每个沙丘都是可以被描述的。每个沙漠都有其主要沙丘，有些沙漠几乎具有所有类型的沙丘，从视觉角度可以体验沙丘形态美[18]（图 1-1）。

图 1-1　巴丹吉林沙漠的沙丘
摄于 2019 年 7 月 5 日

在干旱和富有松散细沙的地区，风使沙粒移动，形成各种各样的沙丘。风吹动时，松散的沙粒一般以跃移或蠕移方式随风向沙丘顶部运动，越过沙丘顶，沙粒就洒向沙丘的背风坡。一般迎风坡坡度较小，背风坡坡度较大。风力作用下沙粒移动，沙丘也会缓慢移动，变换其位置和形貌。沙丘有时可以单独存在，但多数情况是它们在沙地集合在一起，形成美丽的沙海。

一些沙漠地表为沙丘所覆盖，致使地面起伏。沙丘是风力作用下由沙粒运动堆积而成的丘状或垄状地貌。沙丘一般高 10～25 m，低矮者在 5 m 以下，巨大者可达几百米。沙丘移动速度的大小与风力和沙丘高度有关，大多数巨型沙丘是大型沙丘的叠置。从大范围来看，沙丘群体的分布在形态、尺寸等方面都有重现性，间距也十分规整。沙丘在地区分布上也很均匀，过渡规律且特点非常分明。根据活动程度的大小，沙丘一般可以分为三种，①流动沙丘：植被稀疏，覆盖度在 5%以下，丘表甚至完全裸露，风沙活动极为显著；②半固定沙丘：植被覆盖度在 5%～50%，丘表流沙呈斑块状分布，有显著的风沙活动；③固定沙丘：植被覆盖度在 50%以上，丘表风沙活动不显著。沙波（sand wave，或沙痕）是风在砂质地表塑造的、呈波状起伏的微地貌。根据粒度、尺寸和排列方位不同，风成沙波可分为三类：①沙纹（ripple）是一种最常见的分布于沙丘表面的小沙坡（图 1-2），坡长 1～25 cm；②沙脊（ridge）又称大沙坡，坡长最大可达 20 m，坡高达 1 m，沙脊通常由粗砂组成，有时也有砾石；③沙条是一种纵向排列的沙坡，多见于散布有细小砾石的开阔平沙地[19,20]。

图 1-2　腾格里沙漠的沙纹

摄于 2019 年 6 月 5 日

1. 典型沙丘

1）新月形沙丘

新月形沙丘是最简单且研究较为深入的横向沙丘，因其形似新月而得名，分布在世界各大沙漠的边缘、河谷、干涸盐湖、海岸及其他星球，是最典型、最简单的风积地貌[21]。根据风成动力学，新月形沙丘属于以沙粒的输入为特征的活动沉积沙丘。独立新月形沙丘一般发生在输出为主的地区。新月形沙丘的最初形态是一种较小的盾状沙堆（图 1-3）[22]。新月形沙丘相互连接可形成新月形沙丘链、复合新月形沙丘和复合沙丘链等形态。

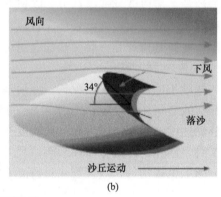

（a）　　　　　　　　　　　　　　　（b）

图 1-3　新月形沙丘

（a）摄于 2017 年 11 月 26 日；（b）新月形沙丘示意图[22]

2）抛物线沙丘

抛物线沙丘属于活动侵蚀沙丘。简单的抛物线沙丘可以分为：①马蹄形沙丘；②V形沙丘。复合抛物线状或双曲线状沙丘则类似于凹面弧线沙丘[22]。

抛物线沙丘在国外常见于南亚次大陆的塔尔沙漠、南非的卡拉哈里沙漠、阿拉伯半岛、澳大利亚沙漠、北美内陆（白沙沙漠、加拿大南部草原）密歇根湖岸、北美大西洋海岸、南美巴西东北海岸、阿根廷内陆沙地、欧洲荷兰海岸、丹麦海岸、英国北威尔士海岸及俄罗斯沙漠地带。在中国，抛物线沙丘在毛乌素沙地、浑善达克沙地、科尔沁沙地、库布齐沙漠周边、新疆伊犁、艾比湖周围、辽东半岛西北岸、冀东滦河口至洋河口间海岸、山东半岛北岸及华南沿海等地区均有分布[23]。

有学者提出了新月形-抛物线过渡的连续模型，并使用了一组关于植被生长和沙丘表面侵蚀/沉积相对时间尺度的不同方程。他们的理论成功再现了两种沙丘的转变，并预测到总表面积与植被生长速率的临界比 θ_c，高于 θ_c 值时新月形是稳定的，低于 θ_c 值时植被存活、抛物线沙丘形成[24, 25]。

3）格状沙丘

格状沙丘就是网格状沙丘。形成格状沙丘需要两组接近垂直相交的主导风和次要风，它们分别造成沙丘链（主梁）和沙丘链之间的低沙埂（副梁）。目前对格状沙丘的研究程度还比较低，其成因和形态类型划分等存在较大争议。格状沙丘在腾格里沙漠东南部甚为常见，这里盛行西北风，形成了新月形沙丘链，而主风在贺兰山前受阻转为东北风，因此在沙丘链之间形成短小的沙埂，两者共同组成格状沙丘[26, 27]（图 1-4）。

图 1-4　腾格里沙漠格状沙丘链
摄影：杨孝；引自《中国国家地理》

4）金字塔沙丘

金字塔沙丘因其形态与埃及尼罗河畔的金字塔相似而得名，也有人称之为星状沙丘（图 1-5）。有学者在风沙地貌的动力分类中把金字塔沙丘列为干扰型地形，认为其形成于较大的山体前，因山势障碍、气流遇阻，返回气流与原气流产生干扰而形成。研究撒哈拉沙漠的法国学者认为金字塔沙丘形成于对流产生的上升气流[28]。

金字塔沙丘是风积地貌中一种特殊的地貌形态类型。它丘体高大、形态特殊、稳定少动，在我国沙漠地貌类型中比较稀少。影响风积地貌的因素十分复杂[29]。我国一些学者在总结考察结果后认为金字塔沙丘形成的条件是：①丰富的沙物质的供给，这是必要的物质基础；②适当粗细的沙子和级配；③足够强度的风沙流；④两组以上的风向作用；⑤有利的地面起伏[30]。

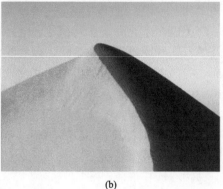

（a）　　　　　　　　　　　　　　（b）

图 1-5　金字塔沙丘

（a）2016 年 6 月 2 日摄于腾格里沙漠；（b）2017 年 11 月 26 日摄于库布齐沙漠

2. 流动沙丘、固定和半固定沙丘

沙丘沙的移动有两种方式：①通过跳跃的过程，风把沙粒刮起，吹移一段距离后再落下；②跳跃的沙粒再一次碰撞地面，并借助冲击力将别的沙粒推向前进，这种运动称作表层蠕动[31]。

1）流动沙丘

风沙运动是近地层气流对沙子的搬运，风沙流是一种气流及其所搬运的沙粒的混合流。风沙流是产生移动沙丘的动力和物质基础。风蚀积沙是风沙流作用流动沙地表面的一种自然过程，风力、沙量和下垫面是影响风沙流运移的 3 个要素，其中，风力是促进或制约风沙流流动的动力；沙量的多少直接影响着风沙流的运移程度；而下垫面则影响风沙流的走向和积沙，进而影响沙丘的形状和大小。一般流动沙丘的地表植物覆盖度小于 5%。流动沙丘移动速度与风速及其变率、沙丘的高度及下垫面的状况等有关[20, 32]。

2）固定沙丘

固定沙丘是相对稳定、不发生移动的沙丘。过去认为要形成固定沙丘，沙丘上植被覆盖度要大于 50%，其实，表面有石砾、黏土或盐层的沙丘一般也不移动。近年来的研究对固定沙丘影响因子进行了细化，考虑的主要因素是土壤和植被，土壤因素包括细砂含量、黏粒含量、容重、含水量、有机质、pH；植被因素包括暖季植被覆盖度、种饱和度、多年生植物种数、生物量、春季植被覆盖度、优势层高度和生物量等[20]。

3）半固定沙丘

半固定沙丘的植被覆盖度比固定沙丘低但比流动沙丘高，一般认为处于 15%～50%，表面有一部分被石砾、黏土或盐层覆盖的沙丘也是半固定沙丘[20]。

1.1.3　沙漠成因

沙漠是干旱气候的产物[33]，沙漠的演化是对区域性特别是全球性气候变化的响应[34]。

从 19 世纪末至今的 100 多年里，众多的沙漠研究者对沙漠的成因进行了细致研究和深入探讨，并创立了许多学术理论和假说，形成了诸多文献著作，先后提出海成因理论、河成因理论、大陆成因理论、气候周期假说及垫面起伏理论等。但是，上述有关沙漠的几种成因理论和假说都是对某一特定区域、某一范围有限的沙漠进行研究而得出的。

实际上，沙漠的形成是很复杂的现象，很难用一种理论或假说概括世界上所有沙漠的成因。综合已有的各种学术观点和研究成果可知，沙漠的形成、发展与演变是多种因素综合作用的结果[35]。但是沙漠的形成必须具有动力条件和物质基础两大前提条件。动力条件指干旱多风的气候；物质基础指砂质物质。从地学观点来看，地质地貌因素对沙漠形成的影响极其重要，是绝对不容忽视的自然因素，而干旱是沙漠形成的前提条件，此外，还包括地球运动及社会因素等。例如，高山在干旱气候条件下，通过风蚀产生了丰富的沙源，在洪流和风的搬运下向山麓运动，在地质变化和干燥气候共同作用下形成沙漠。同样，在盆地及平原，由于干旱的气候条件，加上风蚀形成沙源，风的搬运使沙移动形成广袤的沙漠。

以沙漠成因划分，世界范围内的沙漠可被归纳为两类三型。两类是指气候类和地形类；三型是指回归线型、寒流海岸型和内陆型。回归线沙漠和寒流海岸沙漠是在信风和洋流影响下形成的沙漠，故称气候沙漠，分布于南北纬15°～35°之间，也称热带亚热带沙漠；内陆沙漠是因高山阻隔、地形闭塞而形成的沙漠，故称地形沙漠，分布于南北纬35°～50°之间，也称温带暖温带沙漠。

气候沙漠分为南北两半球沙漠带。北半球沙漠带是从撒哈拉沙漠开始，经阿拉伯沙漠，通过塔尔沙漠，最后到北美西南部，形成北半球的气候沙漠带；南半球沙漠带是从卡拉哈里、纳米布沙漠起，通过印度洋，经澳大利亚沙漠，再到阿塔卡玛沙漠，形成南半球的气候沙漠带。

地形沙漠以北半球为主，并集中分布于亚洲中部，包括俄罗斯、蒙古和中国西北部，其次是美国西部。

中国沙漠按其构造地貌可被划分为3类：高平原沙漠，如库布齐沙漠（Kubuqi desert）、腾格里沙漠西部及巴丹吉林沙漠（Badain Jaran desert）北部等；内陆高原盆地沙漠，如塔克拉玛干沙漠（Takla Makan desert）、柴达本盆地沙漠（Qaidam desert）及古尔班通古特沙漠（Gurbantunggut desert）等；高原山前凹陷沙漠，如腾格里沙漠（Tenger desert）的一部分及库姆塔格沙漠（Kumtag desert）。按其古地貌也可分为若干类型：例如，乌兰布和沙漠（Ulanbuhe desert）形成于近代冲积平原；塔克拉玛干沙漠和古尔班通古特沙漠形成于古代冲积平原；腾格里沙漠和巴丹吉林沙漠形成于古代冲积湖积平原；柴达木盆地南缘的沙漠形成于山前洪积冲积平原[36]。

（1）中国现代弧形沙漠带中的一些主要沙漠在第四纪初就已经存在，部分沙漠在晚第三纪，甚至早第三纪就已出现。

（2）中国沙漠在新生代经历了早第三纪、晚第三纪和第四纪三个形成演化阶段。各时期沙漠的分布格局、沉积环境及区域分异各不相同。早第三纪红色沙漠带斜贯中国大陆；晚第三纪红色沙漠带则退至中国北方，区域分异前期不明显，后期较明显；第四纪黄色沙漠带横贯中国北方，三大沙区分异明显，沉积环境差异甚大。

（3）第四纪时期，中国北方三大沙区具有不同的发展模式和沙漠性质。东部和西北部沙区为波动式发展过程，属"草原型"沙漠；西部沙区为直线式发展过程，属"荒漠型"沙漠[37]。开始于新生代的亚洲内陆沙漠化是北半球最重要的气候变化，由于沙漠沉积的分散、不连续和难以确定年代，亚洲初始沙漠化的年代也难以确定。古地磁测量和化石证据证实，持续风成沉积覆盖了 2200 万～620 万年前区间，总共有 231 个可视棕黄土与红土交互覆盖的风沉层[38]。

最新的研究表明，巴丹吉林沙漠大约在 1100 ka 形成。巴丹吉林沙漠、腾格里沙漠及毛乌素沙地的形成演化历史表明：在 800～1200 ka，3 个沙漠同步形成或扩张，表明亚洲内陆有显著的干旱化。巴丹吉林沙漠的高大沙山也可能在末次冰盛期开始出现。青藏高原显著隆升和全球降温是导致巴丹吉林沙漠、腾格里沙漠及毛乌素沙地形成和扩张的主要因素，其中高原隆升起着更为重要的作用。高原的隆升增强了东亚冬季风，加剧了高原北部的干旱，增加了前麓盆地和周围山体的高差，导致河流发育、产生大量碎屑物质，从而为沙漠形成提供了必要的物质、地形和动力条件[39]。

中国北方的沙漠与黄土的形成，一方面是总体地球气候变化的产物，另一方面与特殊的构造地貌条件有关[40]。中国最大的塔克拉玛干沙漠形成的最主要原因也是气候、地形与沙源[41]。

撒哈拉沙漠是世界上最大的沙漠，位于非洲北部，气候条件极其恶劣，是最不适合生物生存的地方之一。其成因依然是受干旱气候的影响。因为北非位于北回归线两侧，常年受副热带高压带控制，盛行干热的下沉气流，且非洲大陆南窄北宽，受副热带高压带控制的范围大，干热面积广。东北信风从亚洲大陆吹来，不易形成降水，使北非更加干燥。西岸有加那利寒流经过，对西部沿海地区起到降温减湿作用，使沙漠逼近西海岸。撒哈拉沙漠东西有萨布尔高原、洪博里高原、塔加马高原、达尔富高原和科尔多凡高原，西北有特拉斯山脉，东北有巴尔卡利比亚高原，中部有阿尔及利亚高原，形成了大面积的沙漠地区[42]。

我国学者认为我国沙漠的成因与机制，在不同时期和不同地区并不相同。白垩纪-早第三纪红色沙漠带的出现，主要是由于当时处于地球三大冰期中末次最大间冰期，我国西北、华北、长江流域与藏北处于副热带动力高压位置，因气候炎热干燥而出现红色沙漠。到中新世，随着全球普遍降温、南极冰盖的出现与形成，地球已进入新生代大冰期，包括我国在内的热带亚热带还较宽广，红色沙漠带虽有缩小但依旧发育。上新世末-更新世初，北极高纬度地区及一系列高山也出现了冰盖与冰川活动，标志着全球进入新生代盛冰期，致使包括我国在内的北半球形成与现今大体相似的行星气候带，其中我国北方大部已处于温带区。受高大地形作用而出现的沙漠为非地带性沙漠。其中西部和中部沙区，气候一直干旱，流动沙丘占优势。但北部、东部沙区有所不同，新构造运动只是促使气候干冷和流沙出现扩大的背景因素，而冰期气候波动所导致的西风和古季风变迁乃至生物气候带移动，才是流沙出现与固定的决定性因素，东部沙地可谓"季风"沙漠[43, 44]。

总之，通过对世界各个大沙漠的研究，可以看出大气环流可以在陆地形成干旱和半干旱区，是沙丘形态的塑造力，其定向运动方向是沙漠总体移动的方向。地形山脉等对沙漠的形成起决定性作用，凡有沙漠的地方必有高大的山系及高原环绕。沙漠区域均存在于其背风坡，具有强烈的下沉气流作用。上述条件作用主要在于：地形闭塞，阻挡环流、冷湿及暖湿气流进入该地区，气流在迎风坡产生大量降雨，在背风坡下沉增温，促使背风坡岩石风化和风蚀，增加沙漠物质的积累，在河流的冲刷、沉积及风力作用下形成沙漠。部分沙漠的形成如图 1-6 所示。

图 1-6　部分沙漠成因示意图

但是，已有研究表明，无论在时间尺度上（历史和现代社会发展进程中），还是在空间尺度上（干旱地区和半干旱地区等），沙漠化的形成主要受自然和人为因素的共同影响[45, 46]。

1.1.4　风沙运动的类型

风沙运动是风与其所携带的沙粒组成的气固两相流，是风沙地貌、沙漠化及防沙工程的重点研究内容。根据传统分类，风沙运动中沙粒的主要运动形式依据风力、颗粒大小和质量的不同有悬移、跃移和蠕移。在风力作用下，沙粒保持一定的时间悬浮于空气中而不和地面接触，并以气流相同的速度向前移动，称为悬移。沙粒受风力上扬进入气流后，不断取得动量加速度，并在沙粒自身重力作用下以一个很小的锐角下落，落到沙面时仍然有相当大的动量。因此，不仅下落沙粒本身具有反弹作用，使之跳跃前进，同时，冲击作用还能使与之相撞的沙面的沙粒飞溅起来，向前跳跃，这种运动是一种连锁运动，称为跃移。蠕移是沙面的沙粒沿沙面滚动或滑动[47]。跃移沙子受重力作用而下落，虽然不断与其他沙粒发生碰撞，之后又被弹起，但是仍然有不少沙粒在能量消耗殆尽时，落到床面成为蠕移沙粒。与此同时，沙面的部分蠕移沙粒由于受到冲击而跃起，成为跃移沙粒[48]。影响沙粒运动方式的主要因素是其粒径[49]。粒径小于 100 μm 的沙粒易发生悬移，一旦被风扬起，很难降落，能够悬移很长的距离；粒径在 100～500 μm 之间的沙粒易发生跃移；粒径在 500～1000 μm 之间的沙粒易发生蠕移。在沙粒的三种运动方式中，主要的是跃移，跃移沙粒的量约占运动沙粒总量的 3/4，蠕移约占 1/4，悬移方式运动的沙粒数量非常少。由于大气边界层中的湍流作用和沙尘的起跳、碰撞等过程的随机本质，摩阻风速、沙尘的粒径及沙尘的起跳初速度均对沙尘轨迹有很大影响。风速越大，沙尘粒径越小、起跳初速度越大，沙尘就越容易进入悬移状态。相同风速下，沙尘的粒径大，进入跃移的沙尘就多[50]。风沙运动的三种形式如图 1-7 所示。

地表沙粒在风力作用下脱离地表开始运动称为风沙颗粒的起动，是产生风沙运动和沙尘暴的首要环节，标志着地表风蚀的开始。风沙起动有两种方式：流体起动和冲击起动，这些都与沙粒的受力直接相关。

沙粒的受力主要包括起跳瞬间受力和跃移过程受力两个方面。沙粒处于起动临界状态时，主要受到曳力（气流引起）、升力（气流引起）、颗粒的重力及颗粒之间的作用力[51]。

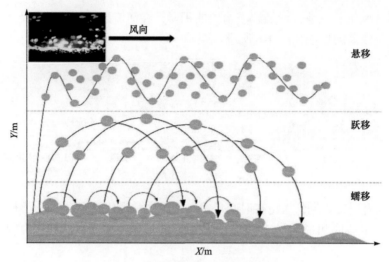

图 1-7　风沙运动的三种形式示意图

沙粒之所以运动是由于受到的各种作用力（阻力、重力、马格纳斯力、巴塞特力、萨夫曼力和电场力等）的矢量和不为零[52, 53]。

对沙粒起跳初速度分布函数及输沙量等的实验和数值模拟研究表明，稳态时床面沙粒的起跳初速度分布函数和碰撞激起沙粒的起跳初速度分布函数都满足瑞利分布形式；床面沙粒的起跳初速度分布规律会对风沙流结构形成一定的影响；当风沙运动达到稳定状态时，在不同摩阻风速下蠕移层内部的风速分布情况基本相同，在蠕移层内运动的沙粒的运动轨迹基本相同，输沙量沿高度分布存在分层分布的特征，而饱和层的高度主要由沙粒自身的性质决定，风速对其影响很小；入射沙粒的粒径和床面沙粒的粒径都会对入射沙粒的恢复系数、反弹角度的大小、分布规律及碰撞激起的沙粒数量形成较大程度的影响[54]。

1.1.5　沙尘暴

沙尘暴（sand duststorm）是沙暴（sandstorm）和尘暴（duststorm）两者兼有的总称，是指强风把地面大量沙尘物质吹起并卷入空中，使空气特别浑浊，水平能见度小于 1 km 的严重风沙天气现象[55, 56]。事实上，在沙尘源附近吹起的是沙尘暴，在远离沙尘源的大多数地区经历的类似现象，应该属于扬尘。

我国古代将沙尘暴称作"尘雨"、"尘雾"及"黄雾"，最早有关沙尘暴的文献记载出现在公元前 1150 年，记载于《竹书纪年》中，是刻在竹简上的[57]。沙尘暴等沙尘天气古已有之，有史书将这种天气记载为"雨土复地，亦如雾"。而沙尘天气导致的环境压力，也成为塞外战乱和北方游牧民族内迁频率增大的重要原因，进而带来我国历史上的几次民族大融合[58]。人们习惯把黄沙漫天的天气称为"沙尘暴"，实际上不是所有沙尘天气都可以被称为沙尘暴。沙尘天气依据能见度、空气浑浊度、风力大小等分为五个等级，分别为浮尘、扬沙、沙尘暴、强沙尘暴和特强沙尘暴。水平能见度小于 1 km 及以下的沙尘天气，才能被称为沙尘暴。沙尘天气的五个等级如图 1-8 所示，常见的为前三级天气。

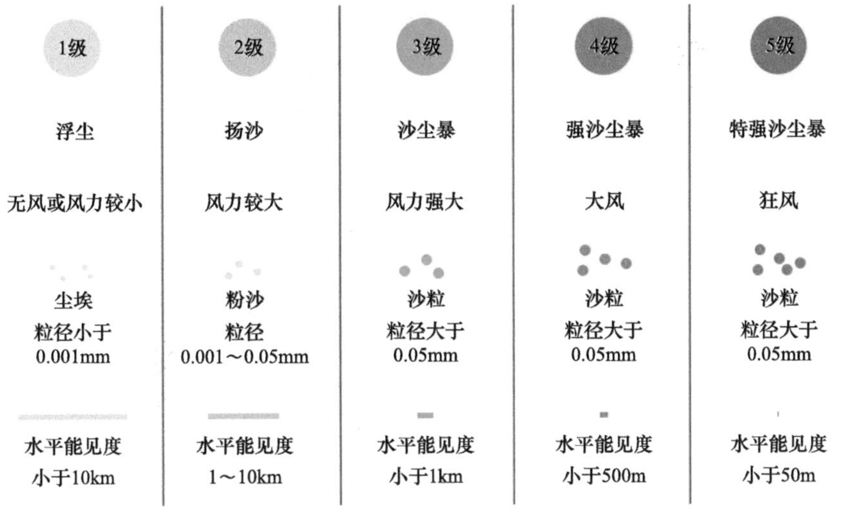

1级	2级	3级	4级	5级
浮尘	扬沙	沙尘暴	强沙尘暴	特强沙尘暴
无风或风力较小	风力较大	风力强大	大风	狂风
尘埃	粉沙	沙粒	沙粒	沙粒
粒径小于0.001mm	粒径0.001~0.05mm	粒径大于0.05mm	粒径大于0.05mm	粒径大于0.05mm
水平能见度小于10km	水平能见度1~10km	水平能见度小于1km	水平能见度小于500m	水平能见度小于50m

图 1-8　沙尘暴分类[58]

　　沙尘暴包括 5 个相互联系的过程：大风的形成、地表沙尘释放、沙尘在气流中扩散、沙尘输送和沉降过程。沙尘释放是指沙尘颗粒从地表进入大气的过程，是沙尘暴形成的关键环节。在风沙运动过程中，一些沙粒在风力作用下直接起动，这种起动称为气动起动或流体起动。沙尘风沙起动理论包括风压起动说、升力起动说、冲击起动说、压差起动说、振动起动说、斜面飞升说、猝发起动说、湍流起动说、负压起动说和涡旋起动说10 种假说。风压起动又称为流体起动，其核心观点是风沙起动产生于风对沙粒迎风面的压力。风压起动说在解释较粗沙粒的起动时是合理的，但不能解释细沙的起动机制。升力起动说又称为马格纳斯（Magnus）起动说，其核心观点是沙粒的起动类似于飞机的起飞。但事实是，多数沙粒是以中等角度飞升的，所以，目前形成的关于风沙起动机制的认识在很大程度上与观察水平有关。冲击起动说的核心观点是地表沙粒的起动是由运动沙粒的冲击作用所致，是风沙起动研究中占主导地位的学说。但一些研究证明，在风沙流中沙粒的冲击速度实际上很低，在高空中高速运动的沙粒冲击地表的概率很小。由于贴地层风沙流中沙粒的浓度比较高，高速运动的沙粒在冲击地表前发生颗粒间空中碰撞的概率比较大，从而使冲击沙粒的动量分散，不足以冲击起更多的沙粒。压差起动说的核心观点是，由于地表沙粒顶部和底部之间存在风速差，根据伯努利定律，颗粒顶部风速大，压力小，而颗粒底部风速小，压力大，从而使沙粒受到向上的压力。这个压差作用力的结果使沙粒受到马格纳斯力之外的额外升力，这个力称为萨夫曼（Saffman）力，颗粒因此可能起动、上升而脱离地表。但实验证明除具有特殊形状的轻质大颗粒和碎片（如凸面向上的贝壳）之外，一般情况下萨夫曼力是可以忽略的。当两个振动沙粒相遇时，其中一个可弹入气流中，这就是振动起动。风沙作用下沙粒脱离地表是由于沙面不平，在沙面上滚动的沙粒沿凹凸不平的斜面升入气流中。猝发起动说是借鉴流水中的湍流猝发现象及其在泥沙起动中的作用发展而来的。湍流起动说的核心观点是，在湍流中，由于空气的内部运动，风速和风向始终在变化，会出现瞬时垂直运动的气流，向上运动的气流会带动沙粒脱离地表进入气流中。负压起动说认为，沙粒可由负压作用而脱离地表进入气流。但只有风速较大时（>16 m/s），负压才起作用。涡旋起动说认为，沙粒还可能因为涡旋在局部突起地方发生分离，分离产生的负压和离心力使沙粒起动[59-61]。

沙尘暴常被认为是沙漠化加重的象征，可以引起一系列环境问题，是沙漠地区的"主角"。

从表 1-2 可以看出，沙尘暴主要表现出灾害性的一面，但也有一些正面影响。本书将分别就其两面性进行一些讨论。

表 1-2　沙尘暴造成的环境后果和对人类的危害[62]

环境方面	人类相关方面
土壤侵蚀	干扰交通
提供土壤营养	疾病传播（人类）
提供植物营养	病害传播（植物）
盐沉积和地表水盐化	放射性尘埃传送
盐湖的形成或转化	DDT 传送
溪流泥沙输入	空气污染
岩石表面硬化	无线通信问题
表面硬化	动物窒息
形成垢面	动物狂暴
形成黄土	酸雨中和
硅质结砾岩进化	机械故障
钙质结砾岩进化	战争
气候变化	停业
海洋沉积	财产减值
冰川质量变更	太阳能减值
风磨石剥蚀	汽车启动问题
岩石抛光	饮用水污染
辐射	绝缘体问题

粉尘是大气气溶胶的主要成分之一，对区域及全球的环境和气候具有重大影响。大量粉尘被强风吹起进入大气，并随高空气流向陆地及海洋地区远程传输[63]。中国西北地区是世界上最大的沙尘源区之一[64]。亚洲地区每年输入大气的粉尘达 800 Mt，约占全球总量的一半[65]。在强烈的西北风作用下，来自中国和亚洲其他沙漠的粉尘约有一半被输送到中国海区、北太平洋、北美甚至北极地区[66, 67]。

沙尘气溶胶作为大气中的典型气溶胶，是影响地气系统的一个重要因子。它通过吸收和散射太阳短波辐射及地气系统发出的长波辐射，对地气系统的能量平衡产生影响；

通过改变云的特性影响降水发生率。春季，塔克拉玛干沙漠 28.6%的沙尘气溶胶通过高空传输至东部沿海地区；夏季，塔克拉玛干沙漠 24%的沙尘气溶胶通过高空传输至东部沿海地区。在春季和夏季分别约有 30.7%和 13.4%传输至东部沿海地区的沙尘气溶胶通过 1.5～3 km 的高空跨越太平洋到达北美地区。沙尘气溶胶作为干旱和半干旱地区对流层中主要的气溶胶类型，能够与云相互作用，通过改变云的宏观及微观物理特性，影响降水发生率及云的辐射效应。沙尘气溶胶在春季抑制干旱和半干旱地区降水的发生，夏季却促进这些地区降水的发生，且抑制了云的冷却效应，从而可能导致更强的增暖效应[68]。

1. 中国北方沙尘暴

沙尘暴是特定的荒漠化环境和气象条件相结合的产物。目前，我国北方有四大沙源地：新疆塔里木盆地边缘，甘肃河西走廊和内蒙古阿拉善地区，陕、蒙、晋、宁西北长城沿线的沙地及沙荒地旱作农业区，以及内蒙古中东部的沙地[58]。北京沙尘天气大多由外来沙尘引发。沙尘起源于蒙古及我国新疆、内蒙古等地，在大风、气旋的助力下，通过西路、西北路、北路三条路径影响北京（图 1-9）。[69]

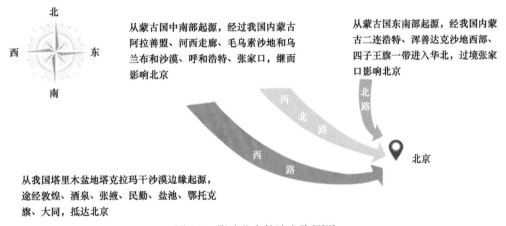

图 1-9　影响北京的沙尘路径[69]

1951～1980 年，中国北方大气尘埃年平均排放率如下[70]。

（1）中国北方 PM$_{50}$、PM$_{30}$ 及 PM$_{10}$（尘埃隔离直径分别小于 0.05 mm、0.03 mm 及 0.01 mm）年平均排放量分别是 42.6 Mt、24.8 Mt 及 8.4 Mt。

（2）中国北方沙尘源有三种类型：第一是干燥农业区的沙尘；第二是高原沙漠的沙尘；第三是地形低地沙漠的沙尘。三种类型对大气尘埃分别贡献 1%、35%和 64%。

（3）中国北方的重要沙尘源是塔克拉玛干沙漠［PM$_{10}$ 平均排放率 Q_{10} 超过 0.38 t/（hm^2·a）］，其次是戈壁沙漠［Q_{10}=0.24 t/（hm^2·a）］和阿拉善高原［Q_{10}=0.05 t/（hm^2·a）］，黄土高原不是主要沙尘来源。

（4）极端干旱和大风是导致沙尘的主要原因，从东到西，随着降雨减少和干燥度逐渐增加，沙尘也随之增加。

（5）干旱和半干旱区过度农作、过度放牧及不合理使用有限的水资源等人类活动严重破坏了中国北方的自然环境，可能导致沙尘源扩大和排放量增加。

（6）河西走廊是沙尘暴高发区，这里大多数沙尘天气出现在春天，而柴达木盆地的沙尘暴主要出现在晚春和初夏，与该地温度低有关。

内蒙古中西部是对北京地区造成重大影响的沙尘主要来源区之一[71]。

按照月分布统计，我国 81% 的沙尘天气发生在 3～5 月（图 1-10）。按照年代统计，我国沙尘天气高发时期分别是 12 世纪、17 世纪和 19 世纪（图 1-11）。

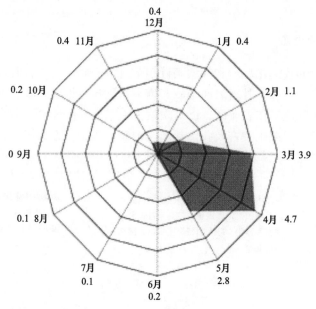

图 1-10　我国各月出现沙尘次数（2000～2015 年平均）[58]

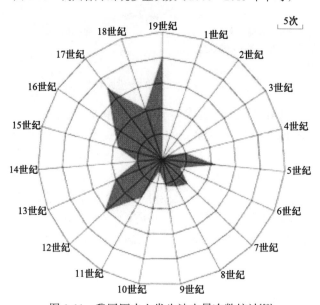

图 1-11　我国历史上发生沙尘暴次数统计[58]

我国西北地区 1952～1994 年间 48 个强沙尘暴和特强沙尘暴最易出现在偏暖偏干年的 4～5 月，一天中沙尘暴最易出现在午后到傍晚[72]。

我国西北地区沙尘暴的月分布东西差异较大[73]，新疆平均以 4～5 月最多，6 月次之，10 月至次年 2 月最少，哈密以东到榆林地区平均以 3～5 月最多，尤其是 4 月，10 月至次年 2 月最少。每天 13～18 时（北京时间）是沙尘暴易发高峰期。

新疆北疆沙尘暴以准噶尔盆地为中心，向四周逐渐减少，沙尘高发区分布在古尔班通古特荒漠（沙漠）。北疆北部平原和西部的塔额盆地是次高发区，山区站则少有沙尘暴，高山站几乎没有沙尘暴。沙尘暴的发生与地势、地貌及下垫面条件密切相关。北疆沙尘暴的高发年代分布在 20 世纪 60 年代和 80 年代，90 年代沙尘暴的发生明显减少。准噶尔盆地的沙尘暴多在 4～8 月出现，7 月最多；北疆北部地区沙尘暴的发生集中在 4～5 月，4 月最多，西部在 6 月和 7 月最多。沙尘暴集中出现的月份北部早于南部，西部早于东部。北疆沙尘暴多发时段为 5～23 时，17～19 时是高峰，这与近地层空气热力稳定性的日变化有关。北疆沙尘暴持续时间多数在 1 h 以内，发生在准噶尔盆地南缘的沙尘暴有 30%超过 30 min，短于 1.5 h，最长可持续 16 h[74]。

北疆和南疆沙漠生态环境的恶化，为沙尘暴的发生提供了沙尘源[75]。气候变化同样反映在出现沙尘暴的天气现象上。根据温度和降水变化趋势分析，20 世纪 60～70 年代及 80 年代中至 90 年代中为降水丰沛期，这两个时期在沙尘暴日数的年序列统计中也为低值期。但是沙尘暴的强度变化则不遵循干湿周期的变化。西北地区自 20 世纪 50 年代以来曾发生过 6 次大范围的强沙尘暴（1952 年 4 月 9 日、1971 年 4 月 5 日、1977 年 4 月 22 日、1986 年 5 月 19 日、1993 年 5 月 5 日和 1998 年 4 月 18 日）。统计显示，近年的强沙尘暴发生频率在增加，且均发生在 4 月至 5 月初。4 月至 5 月初是干旱区地表湿度最小的时期，干旱的下垫面状况（包括农田、戈壁和沙漠）为沙尘暴提供了丰富的物质基础；其次是大气环流的调整造成天气系统的演变，为亚洲西北部形成强沙尘暴提供了充足的动力条件。由此可见，干旱地区出现沙尘暴次数的多少，主要取决于降水与大气的湿润程度和下垫面状况；而强沙尘暴的发生主要取决于下垫面的物质状况和天气系统条件[76, 77]。

沙尘暴越强，持续时间越久，沙尘暴下风区沙尘沉积应该越多。可以根据沙漠附近不同时期沙尘沉积量倒推沙尘次数和强度。1991～1998 年期间沙坡头地区的降尘过程，在沙漠黄土过渡地带有一个较大的粉尘沉积速率。1991～1998 年期间年平均沉积量为 4866 kg/hm²。最大沉积量出现的时间是每年 5 月，地理位置是丘间低地，较小沉积量出现的时间为冬季，地理位置是沙丘顶部。距离沙漠越远，地表越稳定，降尘量越小。特大沙尘暴期间的沉积速率较大，影响和主导月甚至年沉积量[78]。

中国最大粉尘排放发生在如塔克拉玛干南部等风能比较低的区域，每个地区沙尘暴发生频次（dust storm frequency，DSF）都与当地风的活动密切相关，1960～2003 年，粉尘排放有所减少，与当地大风日减少趋势一致。在人类活动非常频繁的中国北方地区，DSF 非常低，1960～2003 年，DSF 没有超过每年 4 天。在粉尘排放最高的 20 世纪 60 年代至 70 年代后期，DSF 没有超过每年 8 天[79]。

2. 沙尘暴产生的原因

强风动力和沙尘源是沙尘暴产生的两个重要因素，锋面、雷暴与对流、热带扰动及高层切断低压是引发沙尘暴的典型天气系统[80]；锋前飑线、锋尾强对流云团及锋前强对流云团是引发强沙尘暴的天气系统[81]。易产生沙尘暴的主要环流形势和天气系统有：经纬环流调整、冷锋活动和低空东风急流[82]。春季，我国北方强沙尘暴天气主要与蒙古气旋的发展移动有关，气旋冷锋后的大风是强沙尘暴发生的主要动力因子；蒙古南部、巴丹吉林沙漠、腾格里沙漠、乌兰布和沙地和毛乌素沙地是强沙尘暴过程的主要沙尘源地；我国北方春季的连续干旱、气温偏高及冷空气活跃是强沙尘暴天气形成的重要气候背景[83]。

对新疆和田 1954～1980 年沙尘暴发生次数的研究表明，年际间的变化并不大（CV=24%）。对和田沙尘暴天数与年降雨量关系的研究证明二者相关性并不高（线性相关系数是-0.03）。甘肃民勤 1954～1980 年的平均年降雨为 116 mm，这期间平均每年的沙尘暴是 37.3 天（CV=24%），年沙尘暴天数与其前三年降雨量的关系表明其相关性很弱（线性相关系数是-0.03），推测年沙尘暴天数可能与环极涡旋动力学有关[84]。但是，对毛里塔尼亚努瓦克肖特沙尘暴发生次数与前一年降雨量关系的研究表明线性相关系数是-0.53，沙尘暴发生次数与其前三年的降雨量相关性更强，线性相关系数是-0.75，这一数据与之前发现的结果一致[85]。塞内加尔达喀尔沙尘暴天数与其前几年降雨量的相关性则更为密切。

笔者认为，年降雨量到达一定数值后，才会影响沙尘暴天数，这可以通过统计数据证实，应该有一个临界值。例如降水在 50～200 mm 范围内的波动，可能并不足以影响沙尘天气，也就是说，降水在某一范围的波动对沙尘天气的影响很小，可以忽略不计，在这一降水范围内，沙尘天数与降雨量相关性不明显。但是如果降雨量在很大范围波动，如 100～800 mm，或超过临界值，则沙尘天数与降雨量的相关性就会增强。中国和田及民勤的情况属于前者，而毛里塔尼亚的努瓦克肖特和塞内加尔的达喀尔则属于后者。

除了气候因素，人为因素造成的沙漠化也是影响沙尘暴的重要因素。苏联 20 世纪 50 年代实行"荒地开发"项目以来，垦荒农耕造成沙尘暴急剧增加，是人为因素引发沙尘暴的典型例证（表 1-3）。

表 1-3　苏联"荒地开发"项目对鄂木斯克地区沙尘暴频次的影响[86]

观察站	年平均沙尘暴天数		倍数
	1936～1950 年	1951～1962 年	
Omsk steppe	7.0	16.0	2.3
Isil'-Kul'	8.0	15.0	1.9
Pokrov-Irtyshsk	4.0	22.0	5.5
Poltavka	9.0	12.0	1.3
Cherlak	6.0	19.0	3.2
平均值	6.8	16.8	2.5

在中国科学院寒区旱区环境与工程研究所（现为中国科学院西北生态环境资源研究院）专家的努力下，一项为探讨沙尘物质的启动和传输机理而专门设立的沙尘暴风洞模拟实验已经完成。通过实验，专家们发现，土壤风蚀是沙尘暴发生发展的首要环节。风是土壤风蚀最直接的动力，其中气流性质、风速大小、土壤风蚀过程中风力作用的相关条件等是最重要的因素。另外，土壤含水量也是影响土壤风蚀的重要原因之一。

沙尘暴发生不仅是特定自然环境条件下的产物，而且与人类活动有对应关系。人为过度放牧、滥伐森林植被、工矿交通建设，尤其是人为过度垦荒破坏地面植被及扰动地面结构，导致形成大面积沙漠化土地，直接加速了沙尘暴的形成和发育。

大风是引发沙尘暴的动力，通常人们认为沙尘暴的发生与大风（风速≥17 m/s）有着密切的关系，但有证据表明这不是沙尘暴产生的必需条件。①新疆沙尘暴的高发区是古尔班通古特沙漠和塔克拉玛干沙漠，沙漠中心是集中高发区，离中心越远，沙尘暴越少；②在古尔班通古特沙漠有80%的沙尘暴常伴有大风天气，塔克拉玛干沙漠至少有一半左右的沙尘暴并不伴有大风天气，这说明引发南疆沙尘暴的风速可以小于17 m/s；③北疆及东疆引起沙尘暴的最低风速超过10 m/s，南疆的吐鲁托盆地和焉耆盆地为10 m/s，塔里木盆地为6~8 m/s，盆地南缘只有6 m/s。南疆沙尘暴的发生只需较小的风速[87]。腾格里沙漠的起沙风速以6~8 m/s为主，占总起沙风速的71.63%，其次为8~10 m/s，占19.24%，两者之和占90.87%[88]。

3. 西北粉尘源区地表物质组成

西北粉尘源区地表物质常量元素含量见表1-4。①Ca含量分布。巴丹吉林荒漠（沙漠）和塔克拉玛干荒漠（沙漠）Ca含量较高，分别为9.2%和7.9%；柴达木盆地、河西走廊Ca含量中等，分别为7.1%和7.4%；古尔班通古特荒漠（沙漠）Ca含量最低，为4.6%；兰州及洛川黄土Ca含量分别为6.2%和6.0%。②Al含量分布。Al的含量位于3.5%~7.4%之间，平均5.7%。③Fe含量分布。Fe的含量位于2.3%~3.4%之间。④Si含量分布。Si的含量位于19.7%~29.1%之间，平均24.2%。古尔班通古特荒漠（沙漠）和河西走廊含量较高，均在25%以上。⑤Mg含量分布。Mg的含量位于1.3%~4.3%之间，平均2.3%。⑥Na含量分布。Na含量位于1.2%~4.7%之间，平均2.7%[67]。粉尘源区地表成分取样可能有问题，兰州和洛川黄土中Si的含量竟然比塔克拉玛干和巴丹吉林荒漠（沙漠）还高，这是不可能的。因为沙漠地表物质主要是沙粒，沙粒主要成分是石英（二氧化硅），所以沙漠地表物质的Si含量不可能低于黄土。

表 1-4　西北粉尘源区地表物质常量元素含量（%）[67]

样号	区域	Ca	Al	Fe	K	Mg	Na	Si
1	塔克拉玛干荒漠（沙漠）	7.5	5.3	2.3	2.0	1.9	3.5	23.5
2	塔克拉玛干荒漠（沙漠）	8.3	6.0	2.6	1.9	2.3	4.3	22.9
3	古尔班通古特荒漠（沙漠）	3.9	6.1	2.4	2.3	1.3	2.7	29.1
4	古尔班通古特荒漠（沙漠）	5.2	6.6	3.0	2.1	1.6	3.0	26.4
5	柴达木盆地	7.0	3.5	1.5	1.3	2.0	1.8	23.4

续表

样号	区域	Ca	Al	Fe	K	Mg	Na	Si
6	柴达木盆地	7.1	7.4	4.1	2.5	2.5	1.7	23.1
7	巴丹吉林荒漠（沙漠）	9.9	4.3	2.3	1.6	4.3	3.4	19.7
8	巴丹吉林荒漠（沙漠）	8.4	4.7	2.3	1.7	4.3	4.7	20.2
9	河西走廊	7.4	5.0	2.9	1.6	2.4	1.7	26.6
10	兰州	6.2	6.2	3.0	2.0	1.7	2.1	26.1
11	洛川	6.0	6.7	3.4	2.1	1.5	1.2	25.5

降尘物质属于沙壤质，其粒径集中在 2～250 μm，极细沙占 37.16%。降尘沉积物由 25 种元素组成，8 种主要的元素是 Si、Al、Fe、Ca、K、Na、Mg、Ti，占元素总量的 99.53%；30 种重矿物被检出，其中易风化矿物占 56.75%～74.32%。

4. 沙尘暴的危害

沙尘暴是一种危害极大的灾害性天气现象[89-93]，其危害主要是风和沙，风对下游广大地区的农业设施（塑料温室大棚和农田地膜）造成破坏；风和粉尘可以在下游乡村形成扬尘天气，造成空气污染；大风甚至可能吹起砾石，对交通工具及人畜造成危害；风还能使地表的肥土逐渐减少，使土壤肥力下降；大风将细沙带到周边的土壤中，使这些土壤逐渐沙化。沙的危害主要是沙埋，在背风凹洼地，细沙积聚，掩埋农作物和植被，造成短期破坏；流沙造成的土地沙化使土地生产力下降，造成长期破坏。

人和动物遭遇沙尘暴时，五官及呼吸系统容易受伤害，还有可能因沙尘暴而迷失方向，或被大风吹到危险地带而受伤害。大风吹起的颗粒物、粒径在一定范围的沙尘会对人的健康造成损害，主要是引起呼吸系统的疾病。

20 世纪 30 年代，在美国得克萨斯州的某些地方，春天最严重时一个月有 23 天沙尘，每次 10 h 以上，最强沙尘暴时能见度几乎为零[94]。这里通常平均每年大约发生 6 次沙尘暴[95]。20 世纪 30 年代发生在美国的黑风暴（black blizzards）曾影响了约 400000 km² 的广阔地域，灾害的中心区域为得克萨斯州和俄克拉何马州的走廊地带，以及新墨西哥州、科罗拉多州和堪萨斯州的衔接区域。黑风暴所经之处，溪水断流、水井干涸、田地龟裂、庄稼枯萎、牲畜渴死、千万人流离失所。

1934 年 5 月 9 日，狂风将美国蒙大拿和怀俄明州约 3.5 亿 t 肥沃表土吹起，2 天后沙尘沉降在波士顿和纽约，3 天后沙尘在 500 km 外的位于大西洋的船上发现。黑风暴的袭击曾经给美国的农牧业带来了严重的影响，使原已遭受旱灾的小麦大片枯萎而死，黑风暴一路洗劫，将肥沃的土壤表层刮走，露出贫瘠的砂质土层，使受害之地的土壤结构发生变化，严重制约灾区日后农业生产的恢复和发展[96]。

1993 年 5 月 4 日，特大沙尘暴从新疆西部边境出发，途径甘肃西部、宁夏中北部和内蒙古西部。这场沙尘暴就像原子弹爆炸后的蘑菇云，剧烈翻滚，飞沙走石，能见度几乎为零。这次沙尘风暴持续到 5 月 6 日最终结束，是中华人民共和国成立 54 年以来最严重的风沙灾难。仅在 5 月 5 日下午的 4 h 之内，沙尘风暴在金昌、武威及古浪等县，造成了 85 人死亡，264 人受伤，31 人失踪。这次沙尘风暴的总影响范围达到 100 km²，整个河西地区在 4 h 之内损失牲畜 12 万头，有 37 万 hm² 耕地因黑风带来的沙土掩埋而绝收。这次的灾难造成的直接经济损失达 6 亿元。而这种黑风暴在西北内陆并不少见，如 1995 年内蒙古阿拉善右旗暴发的黑风暴，2001 年内蒙古鄂尔多斯高原暴发的黑风暴及 2004 年内蒙古锡林郭勒盟暴发的黑风暴。1993 年 5 月 4 日的特大沙尘暴主要是由冷锋前部的一次飑线活动造成的。飑线的形成是冷锋强迫出的小对流单体群和冷锋云系分裂出的云区合并及与中纬度地区短波槽云系相互作用的结果，飑线的强烈发展，则是飑线云系、中纬度短波槽云系和孟加拉湾强热带风暴登陆后向北伸展云系三者之间的相互作用，以及局地性强烈增温共同造成的[97, 98]。

在沙尘暴起源区域，沙尘粒径分布较宽，被风吹到高空能稳定较长时间的沙尘粒径较小，能够形成气溶胶。沙尘暴形成的气溶胶能够在城市上空稳定存在几小时到几天，加重城市空气污染。沙尘气溶胶在一个区域停留的时间及其对地面温度的影响与风速、沙尘层的高度、浓度及时段有关。河西走廊强沙尘暴过程中沙尘排放集中区域是张掖-武威-民勤一线，排放最大值超过 55000 mg/m²，PM$_{10}$ 在沙尘排放源地迅速沉降到地面，民勤地区排放量达到 5040.79 mg/m²，干沉降量为 231.74 mg/m²，西安地区沙尘干沉降量为 63.62 mg/m²。PM$_{10}$ 集中分布在 3000 m 以下的大气中，并能够扩散到更高被输送到几千公里外[99]。

（1）西北路径是我国沙尘天气过程最多的传输路径。PM$_{10}$ 是西北 9 个城市的主要空气污染物，作为首要污染物在沙尘天气多发的春季出现的频率非常高。沙尘天气对北方城市的空气污染指数（API）都有明显影响，但是程度不同，总体上，沙尘源区城市受到的影响较大，随着离沙尘源区距离的增加，影响逐步衰减。

（2）1951～2010 年，兰州市浮尘、扬沙、沙尘暴 3 种类型的沙尘天气以浮尘发生次数最多，年均 30.4 次，3 种类型的沙尘天气的年际变化总体上均呈现减少趋势。沙尘天气对春季 PM$_{10}$ 质量浓度影响最大，每年春季的沙尘日比非沙尘日的 PM$_{10}$ 质量浓度增加率在 79%～343%之间；沙尘天气对 SO$_2$ 和 NO$_2$ 的浓度影响不太明显。

（3）2011 年春季，兰州市最大的气态污染物和 PM$_{10}$ 中浓度最高的水溶性物种分别是 SO$_2$ 和 Ca^{2+}，其平均浓度分别是 5.87 μg/m³ 和 18.25 μg/m³。沙尘期间，气态污染物浓度下降，而 PM$_{10}$ 中水溶性离子浓度却有不同程度的上升，Ca^{2+} 作为沙尘颗粒物中代表性水溶性离子，浓度上升最为明显。

（4）日本 7 个不同地域和类型城市（札幌、筥岳、川崎、名古屋、大阪、松江和大牟田）PM$_{10}$ 质量浓度在沙尘天气都有所增加[100]。

沙尘是一种流动的颗粒污染物，既可造成气象灾害，也可造成健康危害。近年来，大量流行病学研究发现，长期生活在沙尘环境中的居民，其呼吸系统会受到慢性损伤，甚至发展成沙漠尘肺[101, 102]。沙尘污染组（甘肃民勤县）和对照组（甘肃平凉市）人群呼吸系统疾病和症状发生状况、肺功能结果、胸透及 X 射线胸片检查结果显示：①民勤县非吸烟农民慢性鼻炎、慢性支气管炎、慢性咳嗽和慢性咳痰的发生率分别较平凉市升高 9.6%、8.5%、11.9%和 11.2%（p<0.05），提示沙尘污染是导致相关人群部分呼吸系统

患病率和症状发生率升高的主要因素，沙尘污染对不同年龄人群均有显著影响，其中，40～59 岁者为主要受害者；②民勤县非吸烟农民 FEV_1% 和 FEV_1/FVC% 较平凉市分别降低了 4.3% 和 6.6%，肺功能异常率升高了 9.5%（ $p < 0.05$ ），提示沙尘污染是导致相关人群肺通气功能受损的主要因素；③民勤县非吸烟农民胸透异常率较平凉市升高 40.5%（ $p < 0.05$ ），提示沙尘污染是导致相关人群胸透异常率升高的主要因素；④沙漠尘肺是长期沙尘污染的最重结果。研究发现民勤县沙漠附近农民的沙漠尘肺检出率为 1.7%，其中以一期尘肺为主（85.7%），60 岁以上人群是沙漠尘肺的主要患病人群（85.7%）[103]。这个研究所选择的沙尘污染区和对照区，除了沙尘这个主要因素不同外，还有一些其他因素也不同，如人口、车辆、居民饮食习惯、降雨、湿度、空气质量及饮水质量等，所以其得出的结论不是很有说服力，但也可以作为参考。

沙尘粒子的散射和吸收作用将导致电磁波信号强度衰减，同时由于其形状的不规则性及空间取向不均一性，电磁波信号产生交叉去极化效应，大大降低了通信质量[104-108]。

5. 沙尘暴正面评价

沙尘暴对地球的影响范围比人们想象的要广大许多，它可以漂移几千千米。亚洲中东部起源的沙尘暴不仅影响中国，也可以过海飘到日本、韩国，影响太平洋，甚至可以飘到北美、格陵兰及欧洲的阿尔卑斯山[109]。2007 年 5 月，一次源自中国西北塔克拉玛干沙漠的沙尘暴在 13 天内绕地球飘行超过一圈[110]。这样广大范围的影响，既有其危害性的一面，也有其有益的地方。沙尘暴的危害一般表现为短期和直接效应，容易被观察到，沙尘暴的正面影响则表现为长期和间接效应，因而易被人类忽略。作为地球自然现象的一部分，沙尘暴不是大自然用来惩罚人类的，也不是自然用来吹倒树木房屋或伤害人及动物的手段，仅是自然气候的产物，它具备一些正面的贡献，笔者认为这些贡献对于地球的存在和发展至关重要，不可忽视。

1）沙尘能够吸附大气污染物

日本名古屋大学太阳地球环境研究所松见丰教授领导的研究小组证实，从中国等地随风飘到日本的沙尘颗粒上吸附着易引发酸雨的大气污染物质。但由于沙尘本身含碱性物质，可以与形成酸雨的酸性物质发生中和反应，从而减少酸雨危害。沙尘上会吸附大量氮化物和硫化物等大气污染物，氮化物和硫化物遇雨会形成酸雨，而源自沙漠的沙尘样本不含这些污染物质。这就说明，源于沙漠地带的沙尘，被大风卷入空中，从城市圈和工业区上空穿过时，吸附了氮化物和硫化物等污染物质。造成酸雨的硫氧化物、氮氧化物及碳氧化物也是空气污染的主要成分，这些成分对人类健康造成严重危害，只是这种危害也是长期和间接的，所以沙尘降低这种物质的功效并没有引起人们太大的关注[111]。

遭遇雾霾的大城市，如果有一场伴随大风的扬尘天气（由沙尘暴造成），雾霾会很快得到缓解甚至消除（图 1-12）。沙尘暴降低城市污染通过两种方式：其一是风将污染物吹散稀释污染浓度，其二是沙尘吸附污染物使污染浓度降低。沙尘过后雾霾消失这种现象目前只是外观结果，还没有看到扬尘能够吸附雾霾中除酸性氧化物外的其他污染物的研究报道，但从化学和物理吸附的角度推断，该结果是肯定的。

图 1-12 呼和浩特同一地方沙尘暴前后照片

（a）摄于 2012 年 4 月 23 日 14:21；（b）摄于 2012 年 4 月 24 日 14:12[112]

根据已有事实可以认为，沙尘不是引起城市居民健康问题的主要因素，而空气污染才是引起健康问题的主要因素。第一个例证是《北京市卫生与人群健康状况报告》显示，2003～2015 年，肺癌发病率增长 43%（未扣除老龄化因素），但是据国家气象信息中心提供的数据，1954～2010 年，北京沙尘暴发生的次数及强度都在减少，沙尘暴所带到城市的尘埃成分变化也很小；第二个例证是农村的肺癌患病率比城市大概低两倍，但就整体而言，大气输送到相同距离农村和城市的沙尘差别不大；第三个例证是广州的肺癌情况，据中研网消息，2014 年广州肺癌发病率达十万分之四十七，比 20 年前高出一倍，发病率、死亡率均超全国平均水平。广州的沙尘天气比全国平均数值小，这就说明沙尘不是引发肺癌增加的主要原因。人们考察近 50 年城市空气的最大变化发现，沙尘暴引起的沙尘的变化很小，而由汽车尾气、厨房油烟及工业废气引起的污染物则急剧增加，所以导致雾霾天气急剧增加。因此，引起城市居民患肺癌的主要因素是汽车尾气、厨房油烟及工业废气引起的空气污染，而不是沙尘。

2）沙尘能为动植物提供矿物营养

亚马孙盆地是世界上奇妙的生态系统之一，养活着大量的动植物。亚马孙地区每年 56% 的矿物质来自撒哈拉沙漠[113]，西非的沙尘在亚马孙的矿物质供应方面扮演了十分重要的角色。亚马孙雨林的土壤很浅、降雨量大、可溶性矿物质消耗很快，如果没有持续不断的矿物营养供应，亚马孙的生态系统就不可能持续繁茂。事实上，每年大约有 5000 万 t 沙尘从撒哈拉输送到亚马孙盆地，这些沙尘中包含动植物生长所必需的铁和磷等矿物营养，说明撒哈拉的沙尘是滋养亚马孙盆地的主要矿物质来源，也说明热带雨林繁茂和多产依存于撒哈拉的沙尘供给。每年亚马孙盆地主要沙尘供应来自乍得湖东北的仅占撒哈拉沙漠面积约 0.2% 的 Bodélé 低地，它位于两条山系的狭长地带，地面风在这里得到定向和加速。大约 40% 的沙尘在冬季转移，相当于每天转移 70 万 t 沙尘。

中亚沙尘暴长距离输送的沙尘矿物营养，促进了寡营养盐的大洋海区的叶绿素和有机碳大幅度增长，证明在寡营养盐的海区，亚洲沙尘的输入对浮游植物的生长具有显著的促进作用，浮游植物不但是海洋生物链的起点，而且对于减少空气中的二氧化碳进而降低温室效应具有重要影响[114]。我国每年输入太平洋的沙尘为 $6×10^7～8×10^7$ t，对该海域的生态平衡起到巨大作用[115]。

3）沙尘对气候影响的正面效应

包括气候在内的地球环境状况，是由物理、化学、生物及人类间的相互作用决定的，这种作用是通过材料和能量的转换及输运实现的，这就是"地球系统"，是由多种相互关联不同组分间多元非线性反映和阈值表达的高度复杂系统。铁循环是这一系统的一部分，铁以含铁尘土形式，通过大气流动从大陆被运送到海洋，影响海洋生物地球化学，这一影响又会反馈到气候[116]。

科学家长期关注沙尘的"铁肥料效应"，即"铁假说"，认为沙尘粒子富含海洋生物必需的，也是海水中常缺乏的铁和磷，因而有助于海洋生物生长。当大量粉尘沉降到海洋时，由于粉尘中可溶性铁元素在表层海水中增加，在海洋中增加铁可使浮游生物增加，并消耗大量的二氧化碳，使大气中的二氧化碳浓度降低[117-119]，二氧化碳降低预示着温室效应降低。由于大气中粉尘的碱性特征，当其落入海水中时，促进海水吸收大气中的二氧化碳（"碳酸盐之谜"）[120]，从而进一步降低温室效应，减缓全球气温升高的速度。从长远讲，沙尘的这一作用有利于维护地球生物生存的气候条件，间接保护了地球上的动植物。

沙尘既是气候的产物，又对气候起着调控作用，是气溶胶的重要组成部分。一方面，更多的粉尘被送入大气，大气浑浊度提高，对太阳辐射的反射作用增加，即阳伞效应，使地面温度降低；粉尘增多可以形成更多的凝结核，可以作为云凝结核影响云的形成和降水，产生间接的气候效应，被称为"冰核效应"（"凝结核假说"）[121]。另一方面，由于大气粉尘的增加，高纬度地区冰川表面反照率被降低[122]。

1.1.6　沙漠气候

沙漠地区最突出的特点就是气候干燥，其原因是降雨太少。沙漠地区年降水量多在250 mm 以下，有些沙漠的年降水量甚至不足 10 mm。沙漠中的雨不但少，而且没有规律性，有时长期无雨，有时也有突发的大雨。沙漠地区的蒸发量往往是降水量的几十倍，空气十分干燥。沙漠气温变化很大，有些沙漠白昼温度最高可达 58 ℃，日气温变化超过 30 ℃是常有的现象。白天沙面温度甚至可达 80 ℃，夜晚沙面温度则快速下降，沙面温度日变化比气温更大。沙漠地区经常晴空万里，风不但多而且风力强劲。

1.1.7　沙漠里的奇怪现象

沙漠里有海市蜃楼、碎石圈及鸣沙等奇异现象。

全世界有许多知名的鸣沙现象，关于鸣沙也已经有一些理论解释。我国巴丹吉林沙漠许多高大沙山、敦煌鸣沙山、库布齐沙漠响沙湾及中卫沙坡头等地都有著名的鸣沙现象。鸣沙与沙粒的成分、温度、湿度及周边地理环境有关。曾经出现过鸣沙的地方，并非任何时间都有。在传说有鸣沙的地方和在一些已经被证明发生过鸣沙的地方，许多人却没有感受到鸣沙，这说明他们当时所处的气候及环境不足以引发鸣沙。

1.2　沙漠属性及资源

1.2.1　沙漠是自然产物

沙漠是美丽的自然和无垠的宇宙的重要组成部分，是大自然的杰作，是自然母亲的孩子。与高山、大海、空气及人类这些自然母亲的孩子相同，沙漠有其美丽的特质。从自然母亲的角度出发，人类可以在许多层面欣赏沙漠。它的粗犷可以与高山竞争，它的力量及博大可以与大海媲美，它在不同气候条件的形态和色泽的变化更使得人类无法想象！沙漠的丘陵绵延起伏数十甚至数百公里，你可以任意践踏沙丘的棱和边，你可以干扰破坏以至于让其面目全非，不要紧，仅给它一个有风的夜晚，所有美丽的形状都会恢复！甚至那棱、那纹、那弯、那窝、那丘及它们共同构成的美丽图案会比你破坏前更加美妙！如果不是在沙漠中迷路，如果不是遭受沙尘暴，那么这个大自然的孩子还是很迷人的。大自然有其自身的法则，不是以人类的喜好去形成和发展，沙漠不是大自然为取悦人类而产生的，当然也不是为了惩罚人类而设计的，沙漠就是沙漠，是自然地质单元。我们敬畏自然，保护自然，顺应自然规律，应把沙漠看作自然的一部分，看成我们生活故事的一部分。

饮用和浇灌农田的水是珍贵的，人类生命体中有约 70% 的水，所以可以肯定地说，水是我们生活甚至生命的一部分。当湛蓝的大海平静时，当小溪清澈透底，鱼儿在其中畅游时，我们感受到水的温柔和可爱。但是，当暴发洪水时，当大海在台风、飓风下咆哮时，我们又会感受到水狰狞的一面，这一面不是因为水本身，而是因为大风或万有引力。沙漠也是一样，当它静卧在蓝天下时，当它展现雄伟和无垠时，当它仅是沙漠时，我们能感受到沙漠的美丽。但是当它翻天覆地时，当它浸入农田时，我们则会感受到它不可爱的一面，同样这一面不是因为沙漠本身，而是因为大风！自然界有许多这样的现象，自然单元既是为我们提供生存必需条件的元素，也是造成我们生存困难的原因。我们生活在自然界，关键在于如何认识自然、爱护自然和利用自然。一些自然元素本身可能是无害的，但它的复合元素或外延却是有害的；相反，有些自然元素本身是有害的，但它的复合元素或外延则是无害的，这就是自然组合。燃烧产生的火，作为自然元素它是什么性质？当我们利用它的热量加工食品、消毒和取暖时，它是有用的；当它外延成火焰时，它是美丽的，甚至可以照亮黑暗的夜晚；而当它失控形成火灾时，它又是可憎和可怕的。自然界有许多现象，当某种自然过程或力量强势成为绝对支配过程或力量时，一般都会有灾难性后果，对支配者和被支配者而言，都是灾难性的。所以我们有必要全力维护自然平衡，防止人为造成某种自然力量或过程为绝对强势，同时，必须从内心感恩自然、尊重自然并向自然学习。

1.2.2　沙漠资源

沙漠资源丰富多样，需要用专著完整描述，本书只是从沙漠简介角度列个提纲，提醒人们沙漠的重要性。

1. 绿洲

绿洲是指被沙漠包围、为植被覆盖的孤立地域。绿洲是沙漠特有的景观，它的美主要体现在两种自然景观的对比，一边是绵延的沙丘，一边是绿洲，只有大自然具备这样的能力。在干旱少雨的光秃的大沙漠里，生机勃勃的绿洲更显得独特。

2. 沙漠动物

沙漠动物是指在干旱、高温、多风沙、盐碱水及温度骤变等沙漠环境条件下能生存的动物。沙漠动物能够利用有机物分解产生的水，特殊皮肤可减少水气散发，夜行躲避高温，能够耐受长期饥饿，这些特性都是长期适应沙漠环境和进化的结果。在沙漠这种自然条件下，能生存的动物相对稀少，在随后的章节中将列举各个沙漠中现存的一些动物，作为对沙漠的认识，并提醒人们沙漠里也有动物，而且是独具特色的动物。沙漠典型动物有蜥蜴、跳鼠、子午沙鼠、长爪沙鼠、柽柳沙鼠、大沙鼠、沙蜥、麻蜥、骆驼、鹅喉羚、多种甲虫、沙蟾、花背蟾蜍、耳廓狐、大耳狐、鬣狗、芝麻蛇、高鼻羚羊、野兔、黄羊、野驴、火鸡、响尾蛇、角蝰蛇、唾蛇、蝎子、蜈蚣、蜜罐蚁、澳洲魔蜥、黑秃鹰、大象、狼、狮子、沙鸡、地鵏（大鸨）及地鸦等。只有那些在颜色和图案上与其所处的自然环境相似的动物，才能成功躲避天敌的捕食而生存下来。这就是为什么我们在沙漠看到的沙蜥多呈现沙漠的颜色，如果有植物，沙蜥不但模仿沙漠的颜色，而且模仿植物的阴影，与自然环境融为一体（图1-13和图1-14）。

缺水无疑是沙漠中动植物所面临的最大威胁。相对于植物，极端炎热的天气是沙漠动物需要面对的额外生存挑战。沙漠动物都有其适应沙漠气候的独特本领，它们学会了节水和高效用水，也学会了如何躲避炎热的天气。

沙漠鸟类已经适应了沙漠气候，在炎热的白天，它们大多数会选择躲在有阴影的地方，避免高温。它们觅食和活动的时间主要是清晨或傍晚。只有极乐鸟等极少数鸟可以在艳阳下活动。

图 1-13　民勤青土湖梭梭下乘凉的沙蜥

摄于 2011 年 5 月 30 日

图 1-14　库姆塔格沙漠的沙蜥
摄于 2017 年 3 月 30 日

沙漠哺乳动物和爬行动物觅食和活动的时间多在夜晚、拂晓或黄昏。如果要拍摄、观赏或研究如响尾蛇、毒蜥、蝙蝠、沙鼠、狐狸及臭鼬等，需要选择这些动物觅食和活动的时间。大多数沙漠哺乳动物和爬行动物白天一般躲在阴凉的地下巢穴睡觉，躲避炎热的地面高温。有些动物还学会将洞口封住，使其生存空间与外界炎热而干燥的空气隔绝。

骆驼是沙漠动物的代表，可以在干旱炎热的沙漠生存，这得益于它身体的三大法宝。其一是骆驼的驼峰里储存着能为其缺少食物时提供应急养分的脂肪；其二是骆驼的胃壁具有储水的特殊结构，保证骆驼在干旱炎热缺水境况下能够生存；其三是骆驼的眼耳鼻的特殊构造，耳朵里有毛，眼睛有双重眼睑和浓密的长睫，鼻孔能够关闭。遇到风沙，这些构造能有效防止沙尘进入眼睛、耳朵或鼻孔。过去没有汽车、火车和飞机，穿越沙漠依靠骆驼，在沙漠常可以看到带着响铃的驼队，骆驼成了沙漠的风景，因此被称为"沙漠之舟"。

3. 沙漠植物

沙漠植物是指在干旱、高温、多风沙、土壤含盐量高及温度骤变等沙漠环境条件下能生存的植物。常见沙漠植物有梭梭、柽柳、白刺、泡果沙拐枣、肉苁蓉、管花肉苁蓉、紫杆柳、红果沙拐枣、百岁兰、红柳、沙枣、罗布麻、胡杨、大犀角、生石花、芦荟、胭脂牡丹、巨人柱、露子花、片状仙人掌、骆驼刺、沙冬青、河西菊、绿之铃、金琥、锦鸡儿、棒槌树、盐生草、胀果甘草、瓦松、景天、盐生苁蓉、仙人掌、光棍树、绿皮树、花棒、短穗柳、沙棘、长穗柳、沙葱、夹竹桃、白麻、沙漠玫瑰、莲花掌、伽蓝菜、绯牡丹、黄菠萝树、青锁龙、裸果木、斑纹犀角、芨芨草、沙芦草、佛肚树、三芒草、海星花及复活草等。

　　与一般植物比较,沙漠植物在形态结构和生理上具备一些特性。①根特性:沙漠植物属于深根性植物,根系极其发达,浅层深层均有根的分布,这些发达的根系可以吸取地下各层及各方向的水分。长期适应和进化的结果是沙漠植物在极端气候条件下能吸取尽可能多的水分。②叶特性:许多沙漠植物叶退化为针状、刺或白毛,既可以减少水分蒸发,还可以使湿气凝聚成水珠滴落地面,通过其浅根为植物提供水分。沙漠植物叶上的气孔晚上开放,白天关闭,这样可以减少水分散失。沙漠植物已经进化成能将蒸腾损失降低到最低。③休眠特性:沙漠植物常具有在干旱季节休眠的特性,雨季来临时,它们迅速吸收水分重新生长,并开放出艳丽的花朵,干旱时则休眠。④茎秆特性:一些沙漠植物茎秆变得粗大肥厚,具有棱肋,使它们的身体伸缩自如,体内水分多时能迅速膨大,干旱缺水时能够向内收缩,既保护了植株表皮,又有散热降温的作用。茎秆大多变成绿色,代替叶子进行光合作用,合成营养物质[123]。大多数沙漠植物并不美丽,但是有一些能绽放艳丽的花朵。沙漠植物具备生态价值、观赏价值和经济价值,其生态价值是其他植物无法比拟的。

　　豌豆类和向日葵类植物也可以在干燥酷热地域生存。梭梭是沙漠中独特的灌木植物,平均高 2～3 m,有的高达 5 m,被称为“沙漠植被之王”,寿命可达百年以上,在年降雨量 100 mm 左右的区域都能够生长[124]。

　　荒芜的沙漠并不只有一望无际的沙。即使在冬季也会有道风景让你眼前一亮,那就是沙漠中四季常青的沙冬青。沙冬青在固定、半固定沙丘,基岩裸露的山顶和石缝中及干旱的黄土丘陵顶部都能正常生长(图 1-15)。

图 1-15　沙冬青

摄于 2017 年 4 月 21 日,安西极旱荒漠国家级自然保护区

　　沙冬青是濒危植物，也是白垩纪-第三纪的古老植物。它在长期干旱、贫瘠、盐碱、高温和风沙环境中繁衍生息，逐渐进化出特殊的抗逆基因。极端干旱季节，它呈休眠状态，一旦遇到雨水，便立即恢复生机。沙冬青有药用、观赏、防风固沙及固氮改土等作用，是一种宝贵的沙漠资源[125]。

　　沙漠玫瑰具有储水、保水和耐旱的生理系统，花色呈玫瑰红色，非常漂亮。沙漠玫瑰原产地接近沙漠，现在主要是盆栽观赏花卉。虽然在城市日常观赏到的不是野生植株，也不是顽强盛开在沙漠边沿的植物，沙漠玫瑰已经有点"娇生惯养"，但它仍然给我们美的享受。

　　沙漠中的细枝岩黄蓍也是非常漂亮的沙漠植物（图 1-16）。

图 1-16　沙漠中的细枝岩黄蓍
摄于 2014 年 9 月 13 日，腾格里沙漠

　　沙漠中最典型的植物是仙人掌类植物，大多数仙人掌植物都能绽放艳丽的花朵。仙人掌植物不但美观，而且十分聪明，在长期适应自然的过程中，学会了巧妙利用自然界水资源。沙漠仙人掌植物可在干旱季节休眠，遇水能迅速吸收和储存。仙人掌在长期适应干旱气候的过程中，其叶子进化得越来越小，越来越细，几乎成为刺或毛，所以通常人们误以为仙人掌没有叶子。仙人掌叶子的这种进化，使其适应异常干旱和强烈阳光。仙人掌植株气孔进化成晚上开放、白天关闭，大大减少了水分的蒸发。仙人掌茎秆大多变成绿色，能替代叶子进行光合作用，合成营养物质。仙人掌根系发达、吸水极快。正是这些特性，使仙人掌类植物具有惊人的抗旱能力。美国西南部沙漠里的巨柱仙人掌可以活 200 年，长到 15 m 高。巨柱仙人掌成长很慢，9 年之后才有 15 cm，30～50 年才分第一个枝。巨柱仙人掌因为身躯庞大，使沙漠看起来好像有很多仙人掌（图 1-17）。沙漠中的仙人掌多种多样，开花季节也是一道风景线（图 1-18）。许多沙漠中的植物千奇百态，在其他地方难得一见。

图 1-17　沙漠中的巨柱仙人掌

摄于 2019 年 5 月 6 日，美国巨柱仙人掌公园

图 1-18　沙漠中的仙人掌

摄于 2019 年 5 月 7 日，美国索诺兰沙漠

4. 沙漠水资源

沙漠里偶尔也会下雨，下起来常是暴风雨，有时一年内下几场暴雨，有时几年内几乎不降雨。即使在像撒哈拉沙漠这样极端干燥的沙漠，也曾经有过连续 3 h 内降水达到 44 mm 的记录。沙漠中降暴雨时也会引发洪水。许多沙漠周边都有大山（也是沙漠气候形成的原因），所以沙漠内部虽然降雨稀少，但其周边的高山常有水流进沙漠。由沙漠周边高山流进沙漠的河流一般不能穿过沙漠，在沙漠里就被全部吸收。

有些沙漠中有湖泊（图 1-19），湖水、绿草及灌丛交相呼应，一些湖泊中甚至有水鸟和小鱼。沙漠中的湖泊一般为咸水，但在有些咸水湖相邻的地方就有淡水湖。有些沙漠周边是广袤的戈壁，以及独特的风化石林、风蚀石柱及风蚀蘑菇石等。

图 1-19　巴丹吉林荒漠（沙漠）中的湖泊

摄于 2019 年 7 月 5 日

5. 沙漠石油

世界上最大的石油储藏大多在沙漠地带，但是这些储藏并非因为干燥气候而成。在这些地区成为沙漠之前，它们是浅海。

6. 沙漠旅游资源

沙漠所具备的特色，使其成为稀缺和垄断旅游资源。由于本书的性质，在此不可能详细地描述。沙漠的沙丘、沙山、沙纹、沙漠海市蜃楼、沙漠清泉、沙漠胡杨林、沙漠雅丹景观、沙漠绿洲、沙漠风险、响沙、沙漠文化及沙漠文物等构成了多元和多层次稀缺沙漠旅游资源。沙漠与植物、沙漠与动物、沙漠与蓝天、沙漠与水，每一组合都给人震撼，也都构成了迷人风景（图 1-20 和图 1-21）。

图 1-20　沙坡头沙漠脚下的黄河
摄于 2014 年 7 月 13 日

图 1-21　鸣沙山与月牙泉
摄于 2013 年 6 月 8 日

1.3　世界大荒漠（沙漠）举例

世界上比较大的荒漠（沙漠）有撒哈拉荒漠（沙漠）、澳大利亚荒漠（沙漠）、阿拉伯荒漠（沙漠）、卡拉哈里沙漠、戈壁荒漠（沙漠）及巴塔哥尼亚荒漠（沙漠）（表 1-1），本节只简单介绍两个具有代表性的荒漠（沙漠），可作为非沙漠专业人员了解沙漠的敲门砖。

本节以下所介绍的荒漠，国内习惯上称之为沙漠，对广大读者而言这些就是沙漠，一方面是因为对 "desert" 一词的大众化翻译占主导地位，另一方面是由于这些荒漠中沙漠所占面积虽有不同，但沙漠景观却尤其典型。笔者使用了荒漠（沙漠）的描述，但从严格学术意义上讲它们应该均为荒漠。

1.3.1　撒哈拉荒漠（沙漠）

1. 地理位置及面积

北非撒哈拉荒漠（沙漠）是世界十大荒漠之一，国内媒体常称其为撒哈拉沙漠，人们普遍认为撒哈拉荒漠（沙漠）是世界上面积最大的沙漠。撒哈拉是非洲语 "大荒漠" 之意，除南部几内亚湾和北部地中海边的小面积地带外，囊括了北非的大部分国家和 85% 以上的面积，其地理坐标处于 10°N～35°N，17°33′W～40°E 之间[126]。撒哈拉荒漠（沙漠）是由干燥的气候和风沉沙等因素形成于约 6000 年前[127]，是比较年轻的荒漠（沙漠）。撒哈拉荒漠（沙漠）南北纵贯 1061 km、东西 5150 km，面积接近 9000000 km²。撒哈拉荒漠（沙漠）面积从 1984 年的 9980000 km² 变化为 1994 年的 8600000 km²，1984～1997 年的平均面积是 9150000 km²。撒哈拉荒漠（沙漠）覆盖了西撒哈拉、阿尔及利亚、利比亚、埃及、尼日利亚、苏丹、乍得、摩洛哥、突尼斯、马里及毛里塔尼亚的大部分地区[128]。

撒哈拉荒漠（沙漠）是世界上除南极洲之外最大的荒漠，气候条件极其恶劣，是地球上最不适合生物生长的地方之一（图 1-22）。

撒哈拉荒漠（沙漠）西部面临大西洋，西撒哈拉从这里开始；北部边界是阿特拉斯山脉及地中海；东部为特内雷荒漠（沙漠）及利比亚荒漠（沙漠），直达红海；南部直抵尼日尔河河谷，逐渐过渡到稀树草原，通常称为 "萨赫勒" 地区。位于提贝斯提高原的库西山是撒哈拉荒漠（沙漠）海拔的最高点，为 3415 m。位于 "萨赫勒" 以南的地区是黑非洲，降雨充足，适宜动植物繁衍生息，与 "萨赫勒" 以北形成鲜明对照。

撒哈拉荒漠（沙漠）有 1/5 的地方是由沙构成的，其余的地方则是裸露的砾石平原、岩石高原、山地和盐滩[129]。

（1）沙漠。被细沙覆盖的区域占整个撒哈拉荒漠（沙漠）的约 20%，这些区域才能算是真正意义上的沙漠。

（2）砾漠。砾漠主要分布在比尔马荒漠（沙漠）以北，南部极少。撒哈拉荒漠（沙漠）的许多地方分布着砾石滩，由于其分布呈圆盘状，所以也称碎石圈。碎石圈虽然非常像人为排列的作品，但事实上不是人类特意摆布的图案，每个碎石圈其实是一块大石头经过数百年一次次碎裂和自然风化形成的[126]。

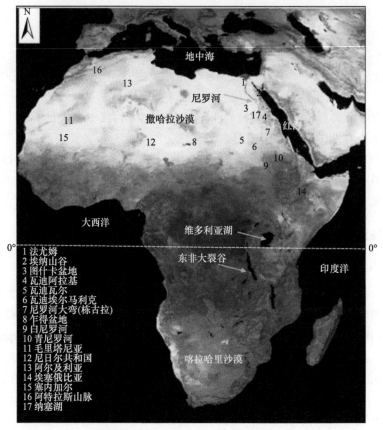

图 1-22　非洲大陆卫星复合图像[130]

绿色区域代表植被覆盖地带，蓝黑色区域代表水，淡黄色到奶油色区域代表干旱荒漠

（3）石漠。石漠覆盖了北非约 2/3 的大地，大面积的石漠出现在贾多高原和哈马达大戈壁南部，宽度在 150 km 以上，上部的沙几乎已全部被风吹走。

（4）盐漠。撒哈拉盐漠面积极小，只在比尔马和耶盖巴两个绿洲中见过盐漠，其他绿洲中几乎没有[126]。

非洲撒哈拉东北部荒漠（沙漠）在全新世时期其环境曾发生过巨大的变化，自 9900 a B.P. 前形成了众多的淡水湖泊，这种状况至 7800～6450 a B.P. 前达到极盛，留下了大量的生物遗迹和沉积物。6000～3600 a B.P.，湖泊演化进入波动期，反映了该时期气候环境的周期性变化，并具有 600 年准周期。在 3600～2400 a B.P. 的这段时间里，随着撒哈拉气候的持续干化，湖泊逐渐消失，最终形成现代持续干旱的气候状况，并在风力的不断作用下，碎屑物质经进一步风化、分异，形成了浩瀚的撒哈拉荒漠（沙漠）[131]。

2. 气候

撒哈拉分为两季，即旱季和雨季。在撒哈拉的许多地方，可以认为全年只有旱季。一般讲，撒哈拉的雨季在 4～9 月，但由于撒哈拉面积达 900 万 km²，所以在荒漠（沙漠）的不同地方，降雨量差别极大，从南到北逐渐减少。南部几内亚湾海边降雨量达到

2000 mm，北部只有 100 mm 左右。撒哈拉荒漠（沙漠）的气候由南北转换的信风带控制，蒸发量远远大于降雨量。荒漠（沙漠）的有些地方甚至可能几年都会无雨。撒哈拉大部分地区是典型的沙漠气候，高温干燥。中部 7 月平均气温 25～35 ℃，最高有超过 50 ℃ 的记录，事实上许多地方人迹罕至，那里的气温可能更高。即使在最冷的 1 月，撒哈拉中部平均气温也有 5～20 ℃。这里的升温快降温也快，所以早晚温差大，撒哈拉荒漠（沙漠）干旱热带区域年平均日温差为 17.5 ℃。气温在海拔高的地方可达到冰冻地步，而在海拔低处有世界上最热的天气。撒哈拉荒漠（沙漠）临海地区气温较低，温差也比中部小。一年的大多数时间，撒哈拉中部及南部地区以东风为主。撒哈拉荒漠（沙漠）中部的 11～12 月，中午会有风，但一般不会是狂风，这里一天的其他时间相对比较宁静[126]。撒哈拉沙尘通过大风输送远至南美，为当地的动植物提供矿物营养。

总体讲，撒哈拉荒漠（沙漠）气候有以下特点。①炎热：全年平均气温超过 30 ℃；②干燥：撒哈拉的有些地区年降雨量不足 25 mm；③温差大：温度最高超过 50 ℃，冬天气温会下降到 0 ℃ 以下，平常气温变化在 -0.5～37.5 ℃ 之间。

3. 动植物

撒哈拉绝大部分地带极为荒凉，没有任何植物生长，其他荒漠（沙漠）常见的一些植物也很难在这里生长。在这片广袤的荒漠（沙漠），植物极其珍贵。在高地、绿洲洼地和干河床四周会散布有成片的青草、灌木和树。撒哈拉荒漠（沙漠）也有一些木本植物，如玛树、油橄榄和柏树。荒漠（沙漠）比较平坦的地区一般严重缺水，很少有植物生长；在星星点点的盐水沼泽附近，分布有耐盐植物；在荒漠（沙漠）的高原地区，可以发现金合欢属及蒿草属等耐旱植物，有些高地还生长着百里香、埃及姜果棕、海枣和夹竹桃；沿西海岸地带可以见到沙漠柽柳；画眉草属和三芒草属在撒哈拉荒漠（沙漠）则分布较广。经过许多植物学家长期的考察研究发现，撒哈拉荒漠（沙漠）并非不毛之地，撒哈拉地区的显花植物达 2800 种[132]。

撒哈拉绝大多数种类的植物具有针状刺，这是一个显著的形态特征。撒哈拉中部绿洲有金合欢树、棕榈和椰枣等典型植物，撒哈拉中部和北部也分布有红柳和沙拐枣[126]。

在撒哈拉荒漠（沙漠）有一种特殊的植物，它的名字为复活草，又被称作"耶利哥的玫瑰"，听听它的名字人们就能推测到它的生命力有多强。人们一般看到的是一个死去的草团，紧紧地盘成一个球状。它可能已经死去了一年、几年或是一百年。复活草枯萎的球团是在等待着复活。撒哈拉荒漠（沙漠）也会下雨，只是很多年才会下一点，而且不可预计。当雨点落在干燥的沙尘上，沙漠中出现水坑时，复活草借着风滚动，好像一个干渴的动物奔向清泉一样，一直滚到积水处才停下来，只需几分钟时间，复活草立刻像花一样绽放，所有紧紧相拥的枝叶都伸展出去沐浴雨水，它像吞下了返老还童仙丹，迫不及待地复活，并迅速地开花结籽，种子随风散落。雨停后，复活草又合拢自己，变成一团草球。这时它的种子已经飘落在了沙漠各地。它的使命已经完成。剩下的就是继续等待下一场雨再复活过来。

一些撒哈拉动物艰难地生存在 100 mm 等雨量线以北，它们包括瞪羚、苍羚、旋角羚、弯角大羚羊、猎豹、大耳狐、沙狐、菊猫、啮齿动物、腹背百灵、棕颈鸦及荒漠百灵等。在撒哈拉荒漠（沙漠）降雨量较多的稀树草原地区，有非洲狮、长颈鹿、角马及猎豹等大型动物。降雨量低于 100 mm 的撒哈拉中部很少有动物。撒哈拉荒漠（沙漠）的其他地区，能见到沙漠里常有的动物，如沙鼠、跳鼠等，还有一些在其他荒漠（沙漠）不一定有的动物，如柏柏里羊、荒漠刺猬、达马鹿、开普野兔、镰刀形角大羚羊、努比亚野驴、多加斯羚羊、胡狼、斑鬣狗、沙狐、安努比斯狒狒及利比亚白颈鼬。已经发现撒哈拉荒漠（沙漠）有超过 300 种的鸟类，绿洲洼地和湖泊沼泽四周有许多种类的水禽和滨鸟。荒漠（沙漠）腹地有鸵鸟、鹭鹰、珠鸡、各种攫禽、努比亚鸨、仓鸮、沙云雀、沙漠雕鸮、灰岩燕及渡鸦。在撒哈拉荒漠（沙漠）的湖池中，还可以见到蛙、蟾蜍和鳄。在岩石缝隙和沙坑之中，可以见到眼镜蛇和其他冷血动物。

在撒哈拉荒漠（沙漠）北部的孤立绿洲，人们甚至发现了热带鲇和丽鱼类等残遗热带动物群。

1.3.2　澳大利亚荒漠（沙漠）

1. 地理位置及面积

澳大利亚荒漠（沙漠）其实是澳大利亚几个大荒漠（沙漠）的总称，这些荒漠（沙漠）几乎连接成片。澳大利亚荒漠（沙漠）面积约 155 万 km^2，是世界第四大荒漠（沙漠）。澳大利亚荒漠（沙漠）由大沙荒漠（沙漠）（Great Sandy desert）、维多利亚大荒漠（沙漠）、吉布森荒漠（沙漠）和辛普森荒漠（沙漠）四部分组成。澳大利亚荒漠（沙漠）约占澳大利亚国土面积的 18%，有些地方的荒漠（沙漠）直通大海。澳大利亚整个内陆地区风化最强烈剖面的最明显特征是其地表或近地表有红色氧化铁锈斑。特别是以硅结砾岩作为剖面覆盖层的情况下，也有富铁的表土层，夹杂碎屑状的硅结砾岩覆盖表层。这种表土层在地貌特征和化学成分两个方面接近砖红壤，这就是为什么澳大利亚荒漠（沙漠）色泽及地貌颇具火星（红土）景观（图 1-23）[133]。

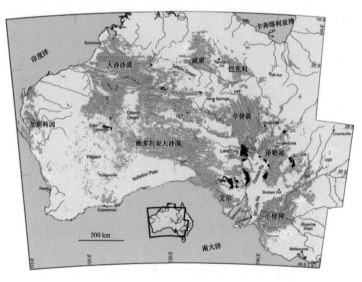

图 1-23　地球资源卫星绘制的澳洲大陆沙丘区图像[134]

大沙荒漠通常称大沙沙漠，是组成澳大利亚荒漠（沙漠）最大的荒漠（沙漠），大部分在西澳大利亚州，位于金伯利高原以南、皮尔巴拉地区以东，延伸至北部地方边界以东，面积约 41 万 km²，大部为沙丘，仅中部有石漠。辛普森荒漠（沙漠）的面积接近英国，其高大的沙脊在 18000 年前就已形成。

最古老的沙漠景观分布在西澳大利亚州和北部地方，由澳大利亚地质异常稳定的地块组成。从大地貌形态来说，自晚古生代以来的两亿多年中，它们没有发生过明显变化。

尽管气候发生了巨大变化，但是澳大利亚荒漠（沙漠）沙丘形貌却具有惊人的稳定性。与世界其他地区沙丘的多变性不同，澳大利亚荒漠（沙漠）沙丘形成后成千上万年不变，有些沙丘形成后甚至百万年内鲜有变化。过去人们把这种稳定归因于沙丘上良好的植被，但近代研究则归因于"黏性沙丘"，即沙粒是在多变风况气候条件下黏结在一起的。新的卫星图片揭示了澳大利亚荒漠（沙漠）沙丘形貌的多样性，而过去人们没有认识到这种多样性。沙丘连续排布、互相连通、平顶尖顶、错坐落有致。这些形貌及稳定性首先与风况的多变和流沙的不足有关，其次也与沙丘碳酸钙、石膏、石英及黏土的成土作用密切相关[135, 136]。澳大利亚荒漠（沙漠）纵向沙丘覆盖了广大地区，这些独立的沙丘相互平行，可以延伸较长距离，例如，辛普森荒漠（沙漠）中有的沙丘长达 30 余公里。虽然每个地区的沙丘倾向于直线方向前进，但从更大范围观察，这些沙丘都具有同一中心的倾向，沙丘形成与大陆上反气漩涡活动所控制的盛行风向完全一致。

大沙荒漠（沙漠）到处有沙和沙丘，沙垄方向与盛行风向一致，连绵的沙垄可长达数十千米，高 20～30 m。荒漠（沙漠）周围分布有山脉和高原。东部有两条东西走向的山脉，北为麦克唐奈尔山脉，南为马斯格雷夫山脉，都是东西走向。麦克唐奈尔山脉南北宽 30～40 km，东西长 650 km。

澳大利亚荒漠（沙漠）分布有季节性湖泊，最著名的要数艾尔湖。这些湖泊周围聚集了大量水鸟和其他动物。

澳大利亚荒漠（沙漠）形成的主要原因是：①南回归线横贯大陆中部，大部分地区终年受到副热带高压控制，因气流下沉不易降水；②澳大利亚大陆轮廓比较完整，海湾深入内陆，而且大陆又是东西宽、南北窄，扩大了回归高压带控制的面积；③地形上高大的山地大分水岭紧接东部太平洋沿岸，缩小了东南信风和东澳大利亚暖流的影响范围，使多雨区局限于东部太平洋沿岸，而广大内陆和西部地区降水稀少；④广大的中部和西部地区地势平坦，不起抬升作用，西部印度洋沿岸盛吹离陆风，沿岸又有西澳大利亚寒流经过，有降温减湿作用。这些原因使澳大利亚荒漠（沙漠）面积特别广大，而且直达西海岸。

澳大利亚荒漠（沙漠）是一块远在人类产生以前就被风和流水侵蚀的神奇而贫瘠的土地，原住民基本维护了这里的生态平衡和可持续发展，自从欧洲人到达后，这里被注入了新元素，从维护生物多样性和地球家园原生态衡量，这些元素既有积极的也有消极的。

艾尔斯岩石（Ayers rock）又称乌鲁鲁石（Uluru stone）（图 1-24），由石英砂岩构成，位于澳大利亚中北部的艾利斯斯普林斯西南方向约 340 km 处。当地原住民赋予其图腾意义，把它看成是澳大利亚的心脏，艾尔斯岩石对土著人就是永恒的象征。艾尔斯岩石长 3.62 km，宽 2 km，高 348 m，基围周长约 8800 m，是世界上最大的整体岩石，露出地面的仅是其一小部分。艾尔斯岩石气势雄伟，伫立于茫茫荒原上，散发着迷人的光辉。
1873 年，威廉·克里斯蒂·高斯横跨了这片荒漠，当他又饥又渴之际发现眼前这块与天
等高的石山时，还以为是一种幻觉，难以置信。高斯来自南澳大利亚州，故以当时南澳
大利亚州总理亨利·艾尔斯的名字命名这座石山。如今这里已辟为国家公园，每年有十
多万人从世界各地纷纷慕名前来，欲求一睹艾尔斯岩石风采。它的神秘之处是岩石表面
的氧化物在不同角度阳光照射下显示不同的颜色，所以艾尔斯岩石又得名"五彩独石"。
在黎明前，艾尔斯岩石呈现黑红色，清晨随着天色渐亮，它由赭红变为棕红，最后变成
金黄色，黄昏时，它又变成淡黄色。下雨天，艾尔斯岩石呈现的颜色接近黑色。在艾尔
斯岩石周围好几英里，没有任何人烟，没有任何人为造就的景观，没有纪念品店，没有
餐厅或酒吧，没有任何现代的娱乐场所，这些都是为了防止破坏它浑然天成的岩石地貌，
原住民希望这里永远保留原生态。

图 1-24　澳大利亚沙漠中心的艾尔斯岩石（乌鲁鲁石）
摄影：Barbara L. Rice 和 Mark Westoby，摄于 1987 年 1 月

2. 气候

澳大利亚领土的 1/3 位于南回归线以北，该线附近为广阔的热带沙漠气候。受副热
带高压的影响（夏季澳大利亚南部，冬季澳大利亚中部），澳大利亚荒漠（沙漠）风况随
季节变化。风的强度和方向也受 ENSO（鉴于厄尔尼诺与南方涛动之间的密切关系，气
象上把两者合称为"恩索" ENSO）和 IPO（跨太平洋年代际振荡）的影响，澳大利亚荒
漠（沙漠）多风，最典型的是辛普森荒漠（沙漠），旱季多强风。

澳大利亚荒漠（沙漠）雨水稀少、干旱异常，其最干旱部分是艾尔湖附近地区，年
降雨量大约只有 100 mm，而且由于受 ENSO 和 IPO 的影响，降雨年际变化很大[137]。

澳大利亚荒漠（沙漠）大部分地区位于干旱和半干旱地带，但大沙荒漠（沙漠）北

部属于半湿润区，南部、西南及东部边界的零星地带属于湿润区[138]。

澳大利亚荒漠 (沙漠) 夏季的最高温度可达 50 ℃。澳大利亚整个大陆除沿海地带，特别是东南沿海受海洋影响较大外，大部分地区气候干热，大陆性显著。冬春两季 (6～11 月)，北部和中部地区在副热带高压下沉气流控制下，降水稀少、气候干旱，东南角和西南角则盛行西风，温度较低、降雨较多。夏秋季 (12 月至翌年 5 月) 副热带高压带南移，大陆南部地面普遍增温，气候变干，北部沿海地区则迎来海洋暖湿气流，雨水较多，这时东部海岸也有较多的降水。最热月 1 月平均气温北部 29 ℃，南部 18 ℃，内陆大部分地区在 30 ℃以上。昆士兰州的克隆卡里附近，最高纪录气温达 51 ℃。最冷月 7 月平均气温北部 24 ℃，南部 10 ℃，最低在东南部山地，只有 5 ℃。

3. 动植物

澳大利亚荒漠 (沙漠) 并非常见的枯燥荒漠 (沙漠)，这块本不适合孕育生命的土地时而干旱时而洪水泛滥，却蕴藏着无数独特的生物。荒漠 (沙漠) 中心可见顽皮的桃红鹦鹉、虎皮鹦鹉甚至鱼类。澳大利亚是地球上最奇异的大陆，是最艰苦的栖息之地，但也是最奇特动植物的生存之地。澳大利亚的许多生物独特，进化缓慢，如水中的鸭嘴兽、树上的考拉及许许多多大小不一的有袋类动物，这些生物在世界其他地方几乎难以找到。干旱和草原大火助长了硬叶植物林地的发展，中新世桉属和金合欢属在澳大利亚荒漠 (沙漠) 普遍分布。上新世藜科植物灌丛及草地逐渐形成，更新世干燥冰川期迫使许多植物种群成为冰期生物残遗物，之后的间冰期残存种群扩张，结果是物种常在靠近海岸地带产生，而不是在干旱地带特殊种群内繁衍。无论源自于何方，在澳大利亚荒漠 (沙漠) 灌丛中繁茂的植物种群与北美荒漠 (沙漠) 的种群没有明显不同。原住民在澳洲生活了 4 万多年，他们知道如何利用荒漠 (沙漠) 获取不同的水源，从草丛中得到食物，如采用火耕，烧掉多刺的滨刺草，种植可食用的植物。原住民成功利用了野番茄、甜薯及野莓。一些袋鼠靠大火后的嫩枝繁衍生存；比尔比兔也从火中得到好处，大火过后，贫瘠的土壤变肥沃，它们有更多的植物与昆虫可以食用。原住民通过火烧、收割及转运影响了植物种群的繁衍。在干旱贫瘠的澳大利亚荒漠 (沙漠)，氮磷是比碳水化合物更难得到的植物营养，所以许多植物长成坚硬的木质 (主要由碳水化合物组成) 来防御食草动物，产生假种皮、花蜜及新鲜果实，意外地形成了高水平生物量。在澳大利亚，有袋类哺乳动物从距今 5000 万年延续到现代，蝙蝠大约来自相似的年代，但是来自亚洲的啮齿目动物只有距今 600 万年的历史，这里的鸟类则属于冈瓦那血统与第三纪晚期来自亚洲鸟类的混合后代。澳大利亚荒漠 (沙漠) 具有中等数量的特有动植物，爬行动物是冈瓦那血统与中新世来自北方爬行动物的混合种。本土特征的无脊椎动物也很多[139]。

在地球其他大陆，像狮子、大象及人类这些胎生哺乳动物赢得了进化竞争。从进化的观点，澳大利亚是一个特例，一些能高效利用有限食物的小型动物得以生存和繁衍，一些对食物需求量大的大型动物在竞争中失败，逐渐灭绝。在澳大利亚这块大地所谓的死亡心脏，土地是那样的贫瘠，如果生物不能有效地利用能源，它们就不能生存。澳大利亚哺乳动物灭绝速度惊人，大约 30%的哺乳动物群处于灭绝、危险或危机中，澳大利亚荒漠（沙漠）中的动物种群也是处于急剧减少状态[140]。欧洲殖民澳大利亚时期引入家兔，其大量繁殖给干旱地区植被造成灾难性后果，草原破坏引起土地沙漠化。为了限制兔子的数量，人们引进红狐和野猫等食肉动物，而这些动物的引入及栖息地的破坏，首先引起一些穴居动物数量的大量减少。由于穴居草原袋鼠和兔耳袋狸对地表土壤的贡献，它们大范围减少对生态系统产生了巨大冲击。与兔子不同，草原袋鼠、兔耳袋狸及沙巨蜥的共同活动造成的地坑能够积聚落叶、植物种子、雨水及地表土，使被破坏的生态系统得到一定程度的恢复。研究表明，一些哺乳动物群的灭绝是生态系统恶化的关键因素[141]。随着人们认识的提高，现在澳大利亚已经建立了保护区，在沙漠化地区人为引进关键哺乳动物群以协助平衡那里的生态系统。

　　澳大利亚荒漠（沙漠）有各种各样的蜥蜴，仅一个沙丘中可能会发现多达 40 只的蜥蜴，最大的超过 1 m，这些蜥蜴的后代大多在白蚁穴孵化。

　　维多利亚大荒漠（沙漠）以动植物的珍异闻名，是世界上桉树的原产地，有袋鼠、针鼹、鸭嘴兽及黑天鹅等珍稀动物。澳大利亚有许多世界独一无二的动物，其中一些动物生活在沙漠地带。

　　在澳大利亚荒漠（沙漠）的中心，动物的种类多得惊人。有些动物进化成无须饮水，以食物补充它们所需的水分和营养，这类动物最典型的属黑冠袋鼠。红袋鼠是澳大利亚荒漠（沙漠）最大的本土动物，分布广泛，构成了奇特的动物风景线。

　　英国广播公司（British Broadcasting Corporation，BBC）《野性澳洲》描述了澳大利亚荒漠（沙漠）局部场景，这些场景使人们有亲临其境的感受。150 年前，当欧洲人到达澳大利亚中心地带寻找耕地时，他们发现了沙漠。当时他们用"死寂中心"来形容这里，斥之为毫无用处的荒地，但其后的发现证实他们起初的认识是错误的。澳洲中心干燥地带在地球上无与伦比而且充满生机。中心地带虽然炎热，但看起来一点也不像沙漠。第一批探险家祷告能在这里找到草地，结果他们找到一片片滨刺草，这是唯一能在干燥贫瘠土壤生长的草。这种草坚硬难以咀嚼，包括袋鼠在内的许多动物都没办法消化利用这种草，但是白蚁以滨刺草为食。澳大利亚约 1/5 是类似这样的地方，所以白蚁是最强大的力量之一，遍地的蚁丘展示这种动物的兴旺。白蚁吃草，蜈蚣吃白蚁，壁虎吃蜈蚣，形成繁荣的生物链。沙漠中心地带，除了滨刺草还有成片的野提子林、槐树、黑木与鬼胶树林。新移民起初使用骆驼，道路修好后骆驼遭到遗弃，这是澳大利亚沙漠野骆驼的起源。澳大利亚荒漠（沙漠）有 1000 多种蚂蚁，蚂蚁是这里真正的主宰，它们带到地下的死体为植物提供了肥料，是野提子林繁茂生长的动力。流经澳大利亚荒漠（沙漠）腹地的芬克河是世上最古老的河流之一，大约存在了 3 亿年，它不流入大海，而是在沙漠中穿行约 700 km。芬克河沿岸有许多树林，它们与红尾黑色凤头鹦鹉共同构成了这片土地独特的景观。艾尔湖的面积约为 99000 km²，位置低于海平面 15 m，覆盖厚盐层。这里每 30 年就会下一场豪雨，成为泽国。雨水没有流入大海，而是向内汇入艾尔湖，洪水后艾尔湖有许多鱼虾供鸟儿食用。澳大利亚荒漠（沙漠）里的鸟比英国加起来还多，最典型的有虎皮鹦鹉和斑胸草雀。艾尔湖周围的鸟更是多得惊人，其周边是澳大利亚最干旱的地区，但航测发现了至少 30 个种类的水鸟，11 月是鸟数量最多的时期，多达 300000 只，包括 135000 鸽形目鸟类。该估计数比实际水鸟的数量可能还要低约 50%。航测发现在其中一个小岛就有白鹈鹕 448 窝，银海鸥 4754 窝，里海燕鸥 80 窝[142]。沙漠的盐湖附近也有许多水鸟（表 1-5 ）。

表 1-5 干旱澳洲 20 个湿地的位置、面积和空中计数的水鸟数目及种类[143]

湿地	面积/hm²	丰度	种类
下贝尔溪湖 Lower Bells Creek Lakes（29°32′S, 144°50′E）	210	12800	18
布鲁米斯湖 Brummeys Lake（32°35′S, 143°21′E）	1190	16900	18
阿尔蒂布卡湖 Lake Altibouka（29°49′S, 142°45′E）	565	19000	38
布兰奇湖 Lake Blanche（29°15′S, 139°40′E）	73330	147800	26
艾尔湖北 Lake Eyre North（28°28′S, 138°37′E）	843000	325000	24
加利利湖 Lake Galilee（22°24′S, 145°47′E）	24020	25400	38
霍普湖 Lake Hope（28°23′S, 139°17′E）	3480	28000	28
穆恩达拉湖 Lake Moondara（20°35′S, 139°33′E）	1720	38000	38
芒果湖 Lake Mumbleberry（29°15′S, 139°40′E）	1290	54400	21
努马拉湖 Lake Numalla（28°44′S, 144°18′E）	2900	35000	39
波罗科湖 Lake Poloko（30°40′S, 143°39′E）	3720	28000	22
托奎尼湖 Lake Torquinie（29°18′S, 138°37′E）	2420	47500	19
怀亚拉湖 Lake Wyara（28°42′S, 144°14′E）	3800	85500	31
穆拉乌尔卡盆地 Mullawoolka Basin（30°31′S, 143°48′E）	2030	50300	41
佩里湖 Peri Lake（30°46′S, 143°35′E）	5000	33300	30
盐湖 Salt Lake（30°05′S, 142°07′E）	5650	72700	23
华伯顿溪和卡拉韦里纳溪 Warburton Creek（30）（27°52′S, 137°15′E）& Kalaweerina Creek（27°50′S, 137°48′E）	9800	10200	37
烟塔班吉湖 Yantabangee Lake（30034, S, 143°45′E）	1430	20800	38
烟塔布拉沼泽 Yantabulla Swamp（29°15′S, 139°40′E）	37200	40700	37

澳大利亚荒漠（沙漠）降雨以难以预测著称，季节性洪水造就了大量的湿地，养育了成千上万的水鸟。

澳大利亚拥有超过 140 种有袋动物，包括袋鼠、沙袋鼠、考拉和袋熊，这些动物中的一部分生活在沙漠或沙漠附近。袋鼠和沙袋鼠在体型和体重上差别极大，从 0.5 kg 到 90 kg 不等，沙袋鼠体型一般比较小。据估计，澳大利亚的袋鼠数量在 3000 万～6000 万只之间。沙袋鼠在澳大利亚各地都有分布，尤其是在较为偏远、岩石较多和地形崎岖的地区。

澳大利亚荒漠（沙漠）拥有比任何大陆都多的毒蛇种类，实际上，世界上最致命的 25 种毒蛇中，澳大利亚荒漠（沙漠）就有 21 种。

澳大利亚荒漠（沙漠）许多地方的土壤成分主要是没有养分的石英，只有对水分和营养需求极少的植物才能生存。昆虫和鸟类在这里非常稀少，植物几乎没有潜在的授粉者。为了生存，这里的植物必须与昆虫和其他动物建立密切的关系。植物盛开鲜艳多蜜汁的花朵就是为了吸引动物采食（图 1-25），而当动物采食花朵时，它们帮助植物完成授粉。大自然在这里甚至展现了其奇妙的另一面，植物变成了掠食者，猪笼草属植物引诱昆虫进入其进化完美的陷阱，产生消化酶将昆虫消化吸收。有些植物如毛毡苔甚至能够主动捕获昆虫，从昆虫获取土壤所严重缺乏的矿物质[144]。

图 1-25　生长在澳大利亚荒漠（沙漠）中的野花

图片来源：Feargus Cooney/Getty

　　北美和地中海干旱区降雨少但可以预测，土壤富含营养，但澳大利亚干旱区则有两点不同，一是降雨少且不可预测（引发大面积干旱、偶发和局部洪水）；二是土壤缺磷，营养严重匮乏。由于这两个原因，澳大利亚荒漠（沙漠）的植物以富含碳水化合物群落为主（图 1-26），这些植物群落决定了依附于它们的动物种群主要是以植物汁液和富含碳水化合物植物为食物的无脊椎动物。富含碳水化合物的植物易于引发大火，所以在澳大利亚荒漠（沙漠）原野大火经常发生[139]。火既是这里生命的破坏者也是创造者，周期性的大火燃尽退化植被，当然也燃烧珍贵的森林，大火为新生植物的生长提供了清场的作用，燃烧灰烬也为新发芽牧草和树丛的生长提供了营养。这里的植物长期适应贫瘠土壤，所以它们甚至不能耐受人工施肥。

　　与图 1-26 对应的植被、土壤和地理带等列于表 1-6。

表 1-6　澳大利亚荒漠（沙漠）植被组成和地理带的差异[139]

植被类型	季节性降雨	地理位置	土壤类型及肥力	植被组成
鬣刺属灌丛	夏季	辛普森、大沙、小沙、维多利亚及塔纳米荒漠（沙漠）	硅土沙，肥力低	鬣刺属及金合欢属
金合欢灌丛	夏季	昆士兰灌丛带，澳大利亚北部，西澳大利亚州	红土，肥力差	刺槐灌丛
	冬季	新南威尔士灌丛地带，南澳大利亚州，西澳大利亚州		刺槐灌丛或低矮林地
藜科灌丛	冬季	纳勒博平原，藜属平原，石漠地带	中等肥力	藜科植物灌丛
草丛草地	夏季	米切尔草原，巴克利台地，石漠地带	开裂黏土，肥力高	米契尔草属草地
干旱-半	夏季	北部干旱和半干旱林地	红及棕红土壤，肥力低	桉树稀树草原
干旱低林地	冬季	北部干旱和半干旱林地		桉属林

续表

植被类型	季节性降雨	地理位置	土壤类型及肥力	植被组成
山地类	夏季	中央山脉，皮尔巴拉	多种土壤，肥力中等	多种灌丛，鬣刺属占优
	冬季	弗林德斯山脉		多种灌丛，有一些鬣刺属
排水系统	夏季	沙漠盆地，河流渠道，广阔洪泛平原（北部）	冲积层土壤，肥力中等到高	草丛地，草本草地，桉树林地，沼泽
	冬季	普拉亚斯，河流渠道（南部）		林地，盐生藜科植物灌丛

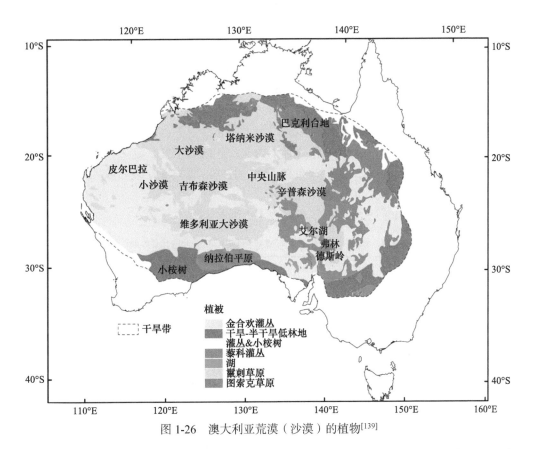

图 1-26　澳大利亚荒漠（沙漠）的植物[139]

　　澳大利亚荒漠（沙漠）土地十分贫瘠，原因是这里的地壳厚，没有断裂形成山脉，也没有被火山刺穿，而且其滋养物慢慢渗漏或被吹走。最重要的是冰河时期的不利因素，没有冰川去磨损岩石，释放生命赖以生存的元素。这里是大自然最自相矛盾的地方，最贫瘠的土地支撑了最大的生物多样性。由于这里的土壤过于贫瘠，强竞争生物种类无法取得主导地位。

　　维多利亚大荒漠（沙漠）有极丰富的地下水，形成若干地下潜水区。维多利亚大荒漠（沙漠）森林面积约占全国总面积的 5%，主要分布在东南部和西南部，盛产桉树、棕榈及松树等林木。

　　经过 4500 万年的发展，澳洲成为地球上一片独特的大陆。这片广阔的大陆蕴藏着特有而奇妙的野生生态：有热带森林，也有珊瑚礁；有灼热的沙漠，也有白色的雪山。这些都印证着澳洲独有的风光及生态。澳大利亚荒漠（沙漠）虽然是一片干旱的大陆，可是它却孕育着种种奇妙的野生动植物。

1.4　中国大荒漠（沙漠）举例——塔克拉玛干荒漠（沙漠）

中国的大荒漠（沙漠）主要有塔克拉玛干荒漠（沙漠）、古尔班通古特荒漠（沙漠）、巴丹吉林荒漠（沙漠）、腾格里荒漠（沙漠）、柴达木荒漠（沙漠）、库姆塔格荒漠（沙漠）、库布齐荒漠（沙漠）及乌兰布和荒漠（沙漠）。我国大众和媒体许多习惯上称呼的沙漠，从严格学术意义上讲它们应该被称为荒漠。但由于这些地方沙漠所占比例较大，沙漠特征突出，所以称为沙漠也可以接受。本节笔者使用了荒漠（沙漠）或荒漠（沙地）的描述。中国荒漠化土地面积超过 261.16 万 km^2，占国土面积的比例超过 27%，全国沙化土地面积 172.12 万 km^2，占国土总面积的 17.93%。沙化土地并不是沙漠，但有些沙化土地是由沙漠化造成的。中国是沙漠比较多的国家之一，沙漠总面积约 71.29 万 km^2。沙漠主要分布在内陆地区，呈一条弧带状绵延于西北、华北和东北。这一弧形沙漠带，南北宽 600 km，东西长 4000 km，主要分布在新疆、甘肃、青海、宁夏、陕西北部、内蒙古西部，以及辽宁、吉林和黑龙江三省的西部。

中国主要荒漠（沙漠或沙地）分布如表 1-7 所示。

表 1-7　中国主要荒漠（沙漠或沙地）的基本情况[145, 146]

沙漠名称	地理位置	总面积/万 km^2	流沙面积/万 km^2	所属省（自治区）
塔克拉玛干荒漠（沙漠）	北纬 37°～42° 东经 76°～90°	33.76	28.40	新疆
古尔班通古特荒漠（沙漠）	北纬 44°～48° 东经 76°～90°	4.88	0.15	新疆
库姆塔格荒漠（沙漠）	北纬 39°～41° 东经 90°～94°	2.28	1.43	新疆、甘肃
柴达木荒漠（沙漠）	北纬 37°～39° 东经 90°～96°	3.49	2.44	青海
巴丹吉林荒漠（沙漠）	北纬 39°～42° 东经 100°～104°	4.71	3.68	内蒙古
腾格里荒漠（沙漠）	北纬 37°54′～42°33′ 东经 103°52′～105°36′	4.27	3.97	内蒙古、甘肃、宁夏
乌兰布和荒漠（沙漠）	北纬 39°40′～41° 东经 106°～107°20′	0.99	0.39	内蒙古
库布齐荒漠（沙漠）	北纬 39°30′～39°15′ 东经 107°～111°30′	1.61	0.98	内蒙古
河东荒漠（沙地）	北纬 36°30′～39°15′ 东经 105°15′～107°35′		0.45	宁夏
毛乌素荒漠（沙地）	北纬 37°28′～39°23′ 东经 107°20′～111°30′	4.22	1.44	内蒙古、陕西、宁夏

续表

沙漠名称	地理位置	总面积/万 km²	流沙面积/万 km²	所属省（自治区）
浑善达克荒漠（沙地）	北纬 42°10′～33°50′ 东经 112°10′～116°30′	2.14	0.58	内蒙古
科尔沁荒漠（沙地）	北纬 43°～45° 东经 119°～124°	4.23	0.42	内蒙古、吉林、宁夏
呼伦贝尔荒漠（沙地）	北纬 47°50′～49°20′ 东经 117°30′～120°10′	0.91	零星	内蒙古

1. 地理位置及面积

塔克拉玛干荒漠（沙漠）位于我国最大的内陆盆地——新疆塔里木盆地的中央，四周高山环绕。盆地北为天山山脉，西为帕米尔高原，南为昆仑山，东南为阿尔金山[147]（图 1-27）。维吾尔语中，"塔克"和"塔格"都是山的意思，"拉玛干"准确的翻译应该是"大荒漠"，引申有"广阔"的含义。"塔克拉玛干"直译就是"山下面的大荒漠"。塔克拉玛干荒漠（沙漠）大部分地区的原始地面是一系列洪积冲积扇和三角洲所组成的平原，北部为塔里木河冲积平原，东部是塔里木河和孔雀河下游冲积平原，西部属喀什噶尔河、盖孜河、库山河及叶尔羌河的干三角洲，南部为昆仑山北坡诸河的冲积扇及干三角洲。塔克拉玛干荒漠（沙漠）东西长 1000 余千米，南北宽 400 多千米，面积约 33.76 万 km²，其中流沙所占比例超过 84%，约占全国沙漠面积的 47.4%，是我国最大的沙漠。塔克拉玛干荒漠（沙漠）干燥度大、风大、沙粒细，绝大多数沙丘无植被覆盖。其流动性沙漠面积为 28.4 万 km²，是我国最大的流动性沙漠，仅次于阿拉伯半岛的鲁卜哈利沙漠，是世界第二大流动沙漠[148]。

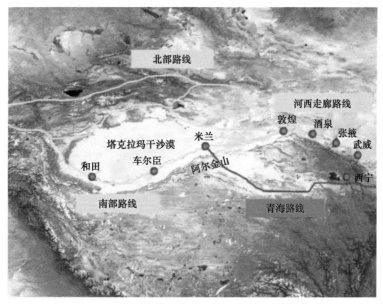

图 1-27 塔克拉玛干荒漠（沙漠）[149]

　　塔克拉玛干荒漠（沙漠）中流动沙丘占 84%，固定和半固定沙丘占 16%，沙丘的类型除一般沙漠常见的沙垄、新月形沙丘及沙丘链外，还有复合型纵向沙垄、金字塔沙丘、鱼鳞状沙丘及弯状沙丘等[150]。

　　世界各大荒漠（沙漠）中，塔克拉玛干荒漠（沙漠）是最神秘和最具有诱惑力的一个（图 1-28）。塔克拉玛干荒漠（沙漠）边缘的沙丘高度一般在 25 m 以下，内部沙丘多在 50～80 m 之间，100 m 以上者可占 10%（一般在 100～200 m，最高达 300 m 左右）。

图 1-28　塔克拉玛干荒漠（沙漠）
摄影：范书才

　　塔克拉玛干整个荒漠（沙漠）风沙活动十分频繁而剧烈，据测算低矮的沙丘每年可移动约 20 m，近 1000 年来，整个沙漠向南延伸了约 100 km。

　　塔里木河自西向东绕塔克拉玛干荒漠（沙漠）贯穿塔里木盆地，在一些地段，河水在沙漠边缘形成季节性湖泊，这也是塔克拉玛干荒漠（沙漠）边缘胡杨林形成的主要原因。

2. 气候

　　塔克拉玛干荒漠（沙漠）远离海洋，周围高山环绕，地形闭塞，因而该地区降水稀少，气候极度干旱。受地理条件、太阳辐射、大气环流等的综合影响，塔克拉玛干荒漠（沙漠）气候是由盆地地形和青藏高原及沙漠、戈壁下垫面在特定的环流条件下形成的盆地气候与沙漠气候的综合体，即中纬度极端干旱的大陆性气候。该气候表现为冷热巨变、干旱少雨，降水量少而集中，变率大[151, 152]。

　　塔克拉玛干荒漠（沙漠）年均温 12 ℃，无霜期 180～240 天，≥10 ℃的年积温一般在 4000 ℃左右，年温差 30～50 ℃，日温差一般在 10～20 ℃，属暖温带荒漠气候。塔克拉玛干荒漠（沙漠）内部冷热变化剧烈，白天最高温度可达 67.2 ℃，夜晚气温可降到 10 ℃以下，沙表面的温度也随之降到 10 ℃以下，昼夜温差最高达 40 ℃以上。1 月与 7 月日平均温差也超过 40 ℃。1 月平均气温在 –5.0～–1.0 ℃之间，最低气温在 –20.0～–15.0 ℃之间。7 月平均气温在 28.0～30.0 ℃之间，最高气温一般在 40.0 ℃左右[153]。

　　塔克拉玛干荒漠（沙漠）年降雨量少且难以预测，北部边缘年降水量 60～80 mm，南部边缘在 50 mm 以下，沙漠内部则更少，年均降水量只有 25～50 mm，有的地方只有

10 mm，而平均蒸发量高达 2500~3400 mm。各地降水主要集中在 6~9 月，冬季最少，春旱严重。沙漠地区降水以阵性为主，降水量的分布极不均匀，其趋势与盆地地形有关，即四周多于中心，山区多于平原，西部多于东部。降水量随高度而增加，最大值在 3000 m 左右，再向上呈递减现象。降水变率是南部大北部小，东部大西部小，平原大山区小。北部和西部降雨变率为 30%~40%，东部和东南部为 40%~50%。降水最多和最少年份的差异就更为悬殊。塔克拉玛干荒漠（沙漠）降水的另一特征是高度集中，当 24 h 降雨量超过 20 mm 时，极易造成山洪暴发。

1961~2007 年平均气温呈升高趋势，降水量呈增多趋势，潜在蒸发量和地表干燥度总体呈减小趋势。受其综合影响，气候总体呈较明显的暖湿化趋势。气温、降水、潜在蒸发量和地表干燥度分别存在准 3 a、8 a 的年际尺度和 16~23 a 的年代际尺度周期性变化[152]。

3. 动植物

塔克拉玛干荒漠（沙漠）中的极端气候限制了荒漠（沙漠）中的生物多样性。塔克拉玛干荒漠（沙漠）沙粒粒度小、起沙风值小、沙丘流动性大、土壤贫瘠，因此只有抵御风沙能力、耐盐能力及耐贫瘠能力极强的植物，才能在这种荒漠（沙漠）中生存。同样，只有适应在干旱和高矿化水质环境生存的动物，才能在这里被看到。塔克拉玛干荒漠（沙漠）大部分植物果实成熟期选择于当年夏季洪水产生之际，利用水热条件使落地种子在河滩、谷地、冲积区、淤泥带萌发，还可利用洪水在新的荒漠形成群落，种子还常借助风力飘移传播。

塔克拉玛干荒漠（沙漠）共有高等植物 73 种，隶属 20 科 53 属。它们的生活型组成是：高位芽植物占 30.1%，地上芽植物占 6.8%，地面芽植物占 34.3%，地下芽植物占 9.6%，一年生植物占 19.2%。按叶级划分，小型叶种类占 50.7%，微型叶种类占 31.5%，细型叶种类占 17.8%。塔克拉玛干荒漠（沙漠）中共有珍稀及特有植物 22 种，其中 5 种属国家重点保护植物，7 种属地方重点保护植物[154]。塔克拉玛干荒漠（沙漠）植物占优势的科依次为藜科（11 科，12 种）、柽柳科（2 科，11 种）、禾本科（8 科，9 种）、豆科（6 科，8 种）和菊科（6 科，7 种）。

塔克拉玛干荒漠（沙漠）腹地分布的种子植物有芦苇、沙旋覆花、河西菊、阿克苏牛皮消、罗布麻、沙米、刺沙蓬、白茎盐生草、小花天芥菜、管花肉苁蓉、沙生柽柳和塔克拉玛干沙拐枣 12 种，隶属于 9 科、12 属。塔克拉玛干荒漠（沙漠）腹地分布的主要植物其繁殖有两大特点：一是种子非常小且带长毛（除塔克拉玛干沙拐枣的瘦果为刺毛外）；二是根蘖能力很强，如芦苇、沙旋覆花、阿克苏牛皮消、河西菊、罗布麻、沙生柽柳和塔克拉玛干沙拐枣等[155]。塔克拉玛干荒漠（沙漠）是柽柳属植物的"小王国"。据研究，在塔克拉玛干荒漠（沙漠）中柽柳属植物有 10 余种，是中国柽柳属植物分布最集中的地区。由其所形成的"柽柳包"在塔克拉玛干荒漠（沙漠）边缘、河流故道及现代河流外侧广泛分布，构成了一种特殊的自然景观，是塔克拉玛干荒漠（沙漠）局部地段生态环境由湿变干的历史见证。由柽柳属植物为优势种所形成的柽柳灌丛，在现代河流两岸、丘间低湿地和沙漠边缘高水位地段有大面积分布。柽柳属植物在生长季节开放粉红色或黄色花朵，给浩瀚枯燥的沙漠带来生机，也是该沙漠具有代表性的一类景观植被[156]。

荒漠（沙漠）周边，沿塔里木河、和田河、叶尔羌河和车尔臣河两岸，有胡杨林和柽柳灌丛生长（图 1-29）。塔克拉玛干荒漠（沙漠）中，木材资源类有胡杨和灰杨，薪材资源类有柽柳群，药用资源类有管花肉苁蓉、锁阳、胀果甘草及胡杨"蘑菇"，轻工原料类有大花罗布麻和大叶白麻，食用资源类有沙棘和核桃等。

图 1-29　新疆尉犁附近塔克拉玛干荒漠（沙漠）边缘的胡杨

摄于 2016 年 10 月 24 日

塔克拉玛干荒漠（沙漠）及其周缘地带的脊椎动物共有 245 种，其中鱼类 16 种，两栖类 3 种，爬行类 13 种，鸟类 183 种，兽类 30 种。塔克拉玛干荒漠（沙漠）中属于国家重点保护的珍稀种类较多，其中属于国家Ⅰ级保护的兽类动物有 3 种，鸟类有 6 种，鱼类有 1 种；属于国家Ⅱ级保护的兽类动物有 5 种，鸟类有 33 种[157]。

塔克拉玛干荒漠（沙漠）中心地带，共发现动物 30 余种。除去人类伴生种类和迁飞路过的种类，仅有 8 种是在沙漠中生存的动物，它们是沙蜥、毛腿沙鸡、小沙百灵、白尾地鸦、赤狐、野生双峰驼、塔里木兔及三趾跳鼠等，隶属于 3 纲、7 目、8 科。野生双峰驼和塔里木兔分别为国家Ⅰ、Ⅱ级保护动物。

塔克拉玛干荒漠（沙漠）边缘地区的活动者包括羚羊、野猪、猞猁、塔里木兔、狼、狐狸、沙蟒、野马、天鹅及啄木鸟等动物。稀有动物包括栖息在塔里木河谷的西伯利亚鹿与野骆驼，整个荒漠（沙漠）动物约有 272 种。

参 考 文 献

[1] Harper D. "Desert". Online Etymology Dictionary. (2013-05-12)[2020-01-14].http://dict.youdao.com.

[2]　李禄康. 沙漠化孰荒漠化?——关于 DESERTIFICATION 汉译名之我见. 世界林业研究, 1994, 2: 87-88.

[3]　徐惟诚. 不列颠百科全书(国际中文版). 北京: 中国大百科全书出版社, 1998, 6: 105.

[4]　陈广庭. 土地荒漠化. 北京: 化学工业出版社, 2002.

[5]　董治宝, 王涛, 屈建军. 100a 来沙漠科学的发展. 中国沙漠, 2003, 23: 1-5.

[6]　董治宝. 沙漠科学的发展. 中学地理教学参考, 2017, (10): 1.

[7]　时永杰, 杜天庆. 荒漠化的类型及其分布. 我国西部荒漠化生态环境及其治理论文集, 2003: 81-85.

[8]　吴征镒. 中国植被. 北京: 科学出版社, 1980: 583.

[9]　潘伯荣. 荒漠与荒漠化. 生物学通报, 2005, 40(4): 3-5.

[10]　王涛, 陈广庭. 西部地标: 中国的沙漠·戈壁. 上海: 上海科学技术文献出版社, 2008.

[11]　马世威, 马玉明, 姚洪林, 王林和, 姚云峰. 沙漠学. 内蒙古: 内蒙古人民出版社, 1998.

[12]　世界十大荒漠. (2013-05-03)[2020-01-14]. http://www.mapsofindia.com/worldmap/desert.html.

[13]　世界主要荒漠分布. (2013-05-03)[2020-01-14]. http://www.mapsofindia.com/worldmap/desert.html.

[14]　李振山, 倪晋仁. 国外沙丘研究综述. 泥沙研究, 2000, (5): 73-81.

[15]　哈斯, 董光荣, 王贵勇. 腾格里沙漠东南缘格状沙丘的形态: 动力学研究. 中国科学(D 辑), 1999, 29: 466-471.

[16]　Hunter R E, Richmond B M, Alpha T R. Storm controlled oblique dunes of the Oregon coast. Geological Society of America Bulletin, 1983, 94: 1450-1465.

[17]　Mckee E D. Introduction to A Study of Global Sand Seas. US Geol Surv Prof Paper, No 1050. Washington: US Government Printing Office, 1979, 1-19.

[18]　董玉祥. 中国温带海岸沙丘分类系统初步探讨. 中国沙漠, 2000, 20: 159-166.

[19]　吴正. 中国沙漠及其治理. 北京: 科学出版社, 2009.

[20]　朱震达. 关于沙漠化地图编制的原则与方法. 中国沙漠, 1984, 4: 3-15.

[21]　杨岩岩, 刘连友, 屈志强, 张国明. 新月形沙丘研究进展. 地理科学, 2014, 34: 76-83.

[22]　梅奎·莫尼卡, 曲力. 世界荒漠和干旱地区. 干旱区研究, 1987, (4): 69-74.

[23]　哈斯. 抛物线形沙丘概况. 中国地理学会沙漠分会 2014 年学术会议, 2014.

[24]　Durán O, Herrmann H J. Vegetation against dunemobility. Physical Review Letters, 2006, 97: 188001.

[25]　Luna M C M M, Parteli E J R, Durán O, Herrmann H J. Modeling transverse dunes with vegetation. Physica A: Statistical Mechanics and its Applications, 2009, 388: 4205-4217.

[26]　哈斯, 董光荣, 王贵勇. 腾格里沙漠东南缘格状沙丘表面气流及其地貌学意义. 中国沙漠, 2000, 20(1): 30-34.

[27]　刘英姿. 腾格里沙漠中格状沙丘形态及成因研究. 西安: 陕西师范大学, 2013.

[28]　屈建军, 凌裕泉, 张伟民, 陆锦华. 金字塔沙丘形成机制的初步观测与研究. 中国沙漠, 1992, 12: 20-28.

[29]　朱震达, 吴正, 刘恕. 中国沙漠概论(修订版). 北京: 科学出版社, 1980.

[30]　杨逸畴, 洪笑天. 关于金字塔沙丘成因的探讨. 地理研究, 1994, 13: 94-99.

[31]　王秀梅, 刘志民, 刘博, 闫守刚. 流动沙丘区和固定沙丘区丘间低地植物种间关联关系. 生态学杂志, 2010, 29: 16-21.

[32]　闫德仁, 姚洪林, 胡小龙. 流动沙丘不同部位风蚀积沙特征研究. 水土保持通报, 2015, 35: 288-292.

[33]　高尚玉, 陈渭南, 靳鹤龄. 全新世中国季风区西北缘沙漠演化初步研究. 中国科学(B 辑), 1993, 23: 202-208.

[34]　阎满存, 董光荣, 李保生. 腾格里沙漠东南缘沙漠演化的初步研究. 中国沙漠, 1998, 18: 111-117.

[35]　丁国栋. 沙漠学概论. 北京: 中国林业出版社, 2002.

[36]　马玉林, 姚洪林. 光电子集沙仪对毛乌素沙地沙丘蚀积过程的观测. 中国沙漠, 2001, 21: 68-71.

[37] 董光荣, 李森, 李保生, 王跃, 闫满存. 中国沙漠形成演化的初步研究. 中国沙漠, 1991, 11: 23-32.

[38] Guo Z T, Ruddiman W F, Hao Q Z, Wu H B, Qiao Y S, Zhu R X, Peng S Z, Wei J J, Yuan B Y, Liu T S. Onset of Asian desertification by 22 Myr ago inferred from loess deposits in China. Nature, 2002, 416: 159-163.

[39] 王飞. 巴丹吉林沙漠形成演化的地质历史与亚洲内陆干旱化研究. 兰州: 兰州大学, 2015.

[40] 杨达源. 关于中国沙漠与黄土形成的古地理背景. 干旱区地理, 1987, 10: 1-6.

[41] 吴正. 塔克拉玛干沙漠成因的探讨. 地理学报, 1981, 36: 280-291.

[42] 唐志燕. 埃塞俄比亚提格雷土地荒漠化综合防治研究. 长沙: 中南林业科技大学, 2009.

[43] 董光荣, 靳鹤龄, 王贵勇, 高尚玉. 中国沙漠形成演化与气候变化研究. 中国科学院院刊, 1999, (4): 276-280.

[44] 武焱. 内蒙古西部沙漠形成的原因. 阴山学刊, 2009, 23: 59-62.

[45] 朱震达, 王涛. 从若干典型地区研究近十年来中国土地沙漠化演变趋势的分析. 地理学报, 1990, 45: 67-72.

[46] 朱震达. 中国土地荒漠化的概念、成因与防治. 第四纪研究, 1998, 2: 145-155.

[47] 贺大良, 申健友, 刘大有. 风沙运动的三种形式及其测量. 中国沙漠, 1990, 4: 9-17.

[48] 孙其诚, 王光谦. 模拟风沙运动的离散颗粒动力学模型. 泥沙研究, 2001, 4: 12-18.

[49] 刘大有, 董飞, 贺大良. 风沙二相流运动特点的分析. 地理学报, 1996, 5: 434-444.

[50] 王萍, 胡文文, 郑晓静. 沙粒的跃移与悬移. 中国科学(G辑), 2008, 7: 908-918.

[51] 董治宝, 罗万银. 风沙床面颗粒起动临界受力平衡模型的对比比较. 中国沙漠, 2007, 3: 356-361.

[52] 贺大良, 刘大有. 跃移沙粒起跳的受力机制. 中国沙漠, 1989, 2: 14-22.

[53] 赵永利. 风成跃移的数值模拟. 北京: 北京交通大学, 2004.

[54] 罗生虎. 风沙流结构的实验与数值研究. 兰州: 兰州大学, 2012.

[55] 中央气象局. 地面气象观测规范. 北京: 气象出版社, 1979.

[56] 史铁丑, 徐晓红, 李伟. 速生林对河北生态环境影响初探. 安徽农业科学, 2008, 36: 6941-6942.

[57] Liu T S, Gu X E, An Z S, Fan Y X. The dust fall in Beijing, China, on April 18, 1980//Pewe T L. Desert Dust. Geological Society of America Special Paper, 1981, 186: 149-157.

[58] 新华网. 沙尘暴或许比你想得更"有故事". (2016-05-04)[2020-01-14]. http://www.cma.gov.cn.

[59] 董治宝. 风沙起动形式与起动假说. 干旱气象, 2005, 23: 64-69.

[60] Dong Z B, Liu X P, Li F, Wang H T, Zhao A G. Impact/entrainment relationship in a saltating cloud. Earth Surface Processes and Landforms, 2002, 27: 641-658.

[61] 刘贤万. 实验风沙物理与风沙工程学. 北京: 科学出版社, 1995: 210.

[62] Goudie A S, Middleton N J. The changing frequency of dust storms through time. Climatic Change, 1992, 20: 197-225.

[63] Rea D K. The paleoclimatic record provided by eolian deposition in the deep sea: The geologic history of the wind. Reviews of Geophysics, 1994, 32: 159-195.

[64] 韩永翔, 张强, 董光荣, 宋连春, 奚晓霞. 沙尘暴的气候环境效应研究进展. 中国沙漠, 2006, 26: 307-311.

[65] 张小曳. 亚洲粉尘的源区分布、释放、输送、沉降与黄土堆积. 第四纪研究, 2001, 2: 29-40.

[66] Duce R A, Unni C K, Ray B J. Long range atmospheric transport of soil dust from Asia to the tropical North Pacific: Temporal variability. Science, 1980, 209: 1522-1524.

[67] 刘维明, 杨胜利, 方小敏, 王亚东. 中国西北主要粉尘源区地表物质的常量元素分析. 中国沙漠, 2008, 28: 642-648.

[68] 王文彩. 沙尘气溶胶的传输和气候效应的观测研究. 兰州: 兰州大学, 2013.

[69] 北京今日再现黄沙漫天, 为何说沙尘越来越少?(2018-03-28)[2020-01-14]. http://news.sina.com.cn/c/

nd/2018-03-28/doc-ifysqfni0916865.shtml.

[70] Jie X, Sokolik I N. Characterization of sources and emission rates of mineral dust in Northern China. Atmospheric Environment, 2002, 36: 4863-4876.

[71] 叶笃正, 丑纪范, 刘纪远. 关于我国华北沙尘天气的成因与治理对策. 地理学报, 2000, 25: 513-521.

[72] 钱正安, 贺慧霞, 瞿章. 我国西北地区沙尘暴的分级标准和个例谱及其统计特征//方宗义, 朱福康, 江吉喜, 等. 中国沙尘暴研究. 北京: 气象出版社, 1997: 1-10.

[73] 徐启运, 胡敬松. 我国西北地区沙尘暴天气时空分布特征. 应用气象学报, 1996, 7: 479-482.

[74] 王旭, 马禹, 汪宏伟, 陶祖钰. 北疆沙尘暴天气气候特征分析. 北京大学学报(自然科学版), 2002, 38: 681-687.

[75] 魏文寿. 古尔班通古特沙漠现代沙漠环境与气候变化. 中国沙漠, 2000, 20: 178-184.

[76] Wang S G, Dong G G, Yang D B. A study on sand-dust storms over the desert regions in North China. Journal of Natural Disasters, 1996, 5: 86-93.

[77] 魏文寿, 高卫东, 史玉光, Osamu A B E. 新疆地区气候与环境变化对沙尘暴的影响研究. 干旱区地理, 2004, 27: 137-142.

[78] 樊恒文, 肖洪浪, 段争虎, 李新荣, 李涛, 李金贵. 中国沙漠地区降尘特征与影响因素分析. 中国沙漠, 2002, 22: 559-565.

[79] Wang X M, Zhou Z J, Dong Z B. Control of dust emissions by geomorphic conditions, wind environments and land use in northern China: An examination based on dust storm frequency from 1960 to 2003. Geomorphology, 2006, 81: 292-308.

[80] Brazel A J, Nicking W C. The relationship of weather types to dust storm generation in Arizona. J Climatol, 1986, 6: 255-2751.

[81] 方宗义. 中国沙尘暴研究. 北京: 气象出版社, 1997.

[82] 王式功, 董光荣, 陈惠忠, 李希良, 金炯. 沙尘暴研究的进展. 中国沙漠, 2000, 20: 349-356.

[83] 张高英, 赵思雄, 孙建华. 近年来强沙尘暴天气气候特征的分析研究. 气候与环境研究, 2004, 9: 101-117.

[84] 陈圣乾, 刘建宝, 陈建徽, 陈发虎. 过去2000年中国东西部沙尘暴的不同演化模式及其驱动机制讨论. 中国科学: 地球科学, 2020, 50: 1-3.

[85] Bertrand J, Cerf A, Domergue J L. Repartition in space and time of dust Haze South of the Sahara. WMO, 1979, 538: 409-415.

[86] Sapozhnikova S A. 1973 Map diagram of the number of days with dust storms in the Hot Zone of the USSR and Ajacent Territories. Report HT-23-0027, US Army Foreign and Technology Center, Charlottesvillc, 1948.

[87] 陈洪武, 王旭, 马禹. 大风对新疆沙尘暴的影响. 北京大学学报 (自然科学版), 2003, 39: 187-193.

[88] 张正, 董治宝, 赵爱国, 韩兰英, 钱广强, 罗万银. 沙漠地区风沙活动特征. 干旱区研究, 2007, 24: 550-555.

[89] 王式功, 董光荣, 陈惠忠, 李希良, 金炯. 沙尘暴研究的进展. 中国沙漠, 2000, 20: 349-356.

[90] 李耀辉. 近年来我国沙尘暴研究的新进展. 中国沙漠, 2004, 24: 616-622.

[91] 韩永翔, 张强, 董光荣, 宋连春, 奚晓霞. 沙尘暴的气候环境效应研究进展. 中国沙漠, 2006, 26: 307-311.

[92] 娜仁花, 高润宏, 张明铁. 沙尘暴生态效应与防治的探讨. 中国沙漠, 2007, 27: 110-116.

[93] 邹学勇, 张春来, 吴晓旭, 石莎, 钱江, 王仁德. 城镇防沙的理论框架与技术模式. 中国沙漠, 2010, 30: 8-26.

[94] Choun H F. Dust storms in Southwestern Plains Area. Monthly Weather Review, 1936, 64: 195-199.

[95] Changery M J. A Dust Climatology of the United States. NOAA, Asheville, NC, 1983: 25.

[96] Dust Bowl D W. The Southern Plains in the 1930s. Oxford: Oxford University Press, 1979.

[97] 刘景涛, 杨耀芳, 李运锦, 吴学宏, 郑明倩. 中国西北地区 1993 年 5 月 5 日黑风暴的机理探讨. 应用气象学报, 1996, 7(3): 371-376.

[98] 江吉喜. 1993 年 5 月 5 日甘肃等地特大沙尘暴成因分析. 甘肃气象, 2013, 11: 35-39.

[99] 周旭. 中国西北地区沙尘气溶胶及其对气象场的影响. 兰州: 兰州大学, 2016.

[100] 郭勇涛. 沙尘天气对我国北方和邻国日本大气环境影响的初步研究. 兰州: 兰州大学, 2013.

[101] 吴禹, 周向东. 大气可吸入颗粒物与气道黏液纤毛清除机制. 中国药物与临床, 2005, 5(3): 203-205.

[102] Shukla A, Timblin C, BeruBe K. Inhaled particulate matter causes expression of nuclear factor (NF)-kappaB-related genes and oxidant-dependent NF-kappaB activation *in vitro*. American Journal of Respiratory Cell and Molecular Biology, 2000, 23: 182-187.

[103] 王金玉. 沙尘污染对人群呼吸系统慢性损伤的初步研究. 兰州: 兰州大学, 2014.

[104] Haley E R, Kathy D D, Jonathan E T. Light scattering and absorption by windblown dust: Theory, measurement, and recent data. Aeolian Research, 2010, 2: 5-26.

[105] 黄宁, 郑晓静, 陈广庭, 屈建军. 沙尘暴对无线电波传播影响的研究. 中国沙漠, 1998, 18: 350-353.

[106] Bashir S O, McEwan N J. Microwave propagation in duststorms: A review. IEE Proceedings, Part H: Microwaves, Antennas and Propagation, 1986, 133: 241-247.

[107] Adel A A. Effect of particle size distribution on millimeter wave propagation into sandstorms. International Journal of Infrared and Millimeter Waves, 1982, 7: 857-868.

[108] 郑晓静, 李兴财, 谢莉. 沙尘暴中球形沙粒局部带电对电磁波的交叉去极化效应. 中国沙漠, 2011, 31: 367-370.

[109] McKendry I G, Hacker J P, Stull R, Sakiyama S, Mignacca D, Reid K. Long-range transport of Asian dust to the Lower Fraser Valley, British Columbia, Canada. Journal of Geophysical Research, 2001, 106: 18361-18370.

[110] Uno I, Eguchi K, Yumimoto K, Takemura T, Shimizu A, Uematsu M, Liu Z, Wang Z, Hara Y, Sugimoto N. Asian dust transported one full circuit around the globe. Nature Geoscience, 2009, 2: 557-560.

[111] 曹鹏程. 沙尘暴有助于减少酸雨. 环球时报, [2006-04-28].

[112] Wang F, Pan X B, Wang D F, Shen C Y, Lu Q. Combating desertification in China: Past, present and future. Land Use Policy, 2013, 31: 311-313.

[113] Koren I, Kaufman Y J, Washington R, Todd M C, Rudich Y, Martins J V, Rosenfeld D. The Bodélé depression: A single spot in the Sahara that provides most of the mineral dust to the Amazon forest. Environmental Research Letters, 2006, 1: 4005.

[114] Bishop J K B, Davis R E, Sherman J T. Robotic observations of dust storm enhancement of carbon biomass in the North Pacific. Science, 2002, 298: 817-821.

[115] 孙佩敬, 李瑞香, 徐宗军, 朱明远, 石金辉. 亚洲沙尘对三种海洋微藻生长的影响. 海洋科学进展, 2009, 27: 59-65.

[116] Jickells T D, An Z S, Andersen K K, Baker A R, Bergametti G, Brooks N, Cao J J, Boyd P W, Duce R A, Hunter K A, Kawahata H, Kubilay N, Roche J, Liss P S, Mahowald N, Prospero J M, Ridgwell A J, Tegen I, Torres R. Global iron connections between desert dust, ocean biogeochemistry, and climate. Science, 2005, 308: 67-71.

[117] Martin J H, Fitzwater S E. Iron deficiency limits phytoplankton growth in the north-east Pacific subarctic. Nature, 1988, 331: 341-343.

[118] Zhuang G, Yi Z, Duce R A. Link between iron and sulfur suggested by the detection of Fe (II) in remote marine aerosols. Nature, 1992, 355: 537-539.

[119] Jickells T D, An Z S, Andersen K K. Global iron connections between desert dust, ocean

biogeochemistry, and climate. Science, 2005, 308: 67-71.

[120] Elderfield H. Carbonate mysteries. Science, 2002, 296: 1618-1620.

[121] 赵凤生, 石广玉. 气溶胶气候效应的一维模式分析. 大气科学, 1994, 18: 902-909.

[122] Monastersky R. A dusty way to break the ice age spell. Science, 1997, 15: 1-28.

[123] 潘伯荣. 生存有道——沙漠植物对干旱的适应策略. 生命世界, 2010, (6): 18-21.

[124] 徐倩. 沙漠植物在西北地区城市园林景观中应用研究. 保定: 河北农业大学, 2012.

[125] 朱玉来. 沙漠植物传奇. 新疆林业, 2003, (1): 42.

[126] 袁国映. 北非撒哈拉沙漠腹地地理环境特征. 干旱区研究, 2003, 20: 235-239.

[127] Schuster M, Duringer P, Ghienne J F, Vignaud P, Mackaye H T, Likius A, Brunet M. The age of the Sahara desert. Science, 2006, 311: 821-821.

[128] Tucker T J, Nicholson S E. 1980 ~ 1997 年撒哈拉沙漠的面积变化. AMBIO-人类环境杂志, 1999, 28: 587-591.

[129] 吕传彬. 不全是沙的撒哈拉沙漠. 创新科技, 2013, (01): 57.

[130] Abdelkareem M, Ghoneim E, Askalany F M. New insight on paleoriver development in the Nile basin of the eastern Sahara. Journal of African Earth Sciences, 2012, 62: 35-40.

[131] 张虎才. 撒哈拉沙漠东北部全新世气候环境与人类活动. 中国沙漠, 1997, 17: 291-294.

[132] 利霍尔罗 H N. 从生物气候的观点看撒哈拉沙漠的分区和范围. 干旱区研究, 1998, 15: 70-73.

[133] Langford-Smith T. 对澳大利亚沙漠的新展望. 段绍伯, 周建强, 朱谷丰, 摘译. 世界科学, 1989, (5): 35-38.

[134] Hesse P. Sticky dunes in a wet desert: Formation, stabilisation and modification of the Australian desert dunefields. Geomorphology, 2011, 134: 309-325.

[135] Hesse P P. The Australian desert dunefields: Formation and evolution in an old, flat, dry continent// Bishop P, Pillans B. Australian Landscapes: Special Publication, 346. Geological Society, London, 2010: 141-163.

[136] 马布特 J A, 曲力. 澳大利亚的荒漠地形. 干旱区研究, 1987, (2): 52-57.

[137] Morton S R, Stafford Smith M, Dickman R, Dunkerley D L, Friedel H, McAllister R J, Reid J R W, Roshier A, Smith A, Walsh J, Wardle M, Watson W, Westoby M. A fresh framework for the ecology of arid Australia. Journal of Arid Environments, 2011, 75: 313-329.

[138] Hesse P P, McTainsh G H. Australian dust deposits: Modern processes and the Quaternary record. Quaternary Science Reviews, 2003, 22: 2007-2035.

[139] Morton S R, Stafford Smith M, Dickman R, Dunkerley D L, Friedel H, McAllister R J, Reid J R W, Roshier A, Smith A, Walsh J, Wardle M, Watson W, Westoby M. A fresh framework for the ecology of arid Australia. Journal of Arid Environments, 2011, 75: 313-329.

[140] Short J, Smith A. Mammal decline and recovery in Australia. Journal of Mammalogy, 1994, 75: 288-297.

[141] James A I, Eldridge D J. Reintroduction of fossorial native mammals and potential impacts on ecosystem processes in an Australian desert landscape. Biological Conservation, 2007, 138: 351-359.

[142] Kingsford R T, Porter J L. Waterbirds of Lake Eyre, Australia. Biological Conservation, 1993, 65: 141-151.

[143] Kingsford R T. Occurrence of high concentrations of waterbirds in arid Australia. Journal of Arid Environments, 1995, 29: 421-425.

[144] 贤妮. 澳大利亚: 沙漠上的绿洲. 云南林业, 2013, 34(5): 68.

[145] 肖洪浪, 李福兴, 龚家栋, 赵雪, 屈建军. 中国沙漠和沙地的资源优势与农业发展. 中国沙漠, 1999, 19: 199-205.

[146] 景爱. 中国沙漠知多少. 中国减灾, 2007, (5): 6-7.

[147] 何兴东, 段争虎, 赵爱国, 陈珩. 塔克拉玛干沙漠腹地植物固沙工程. 北京: 海洋出版社, 2001.

[148] 张立运, 李振武. 塔克拉玛干沙漠和古尔班通古特沙漠植被的差异初探. 新疆环境保护, 1994, 16: 1-7.

[149] 王宜发. 塔克拉玛干——世界最大的流动沙漠成因分析. 中国地理教学参考, 1996, (10): 29.

[150] 朱震达, 吴正, 李钜章, 陈治平, 吴功成, 李炳元. 塔克拉玛干沙漠风沙地貌研究. 科学通报, 1966, 13: 620-624.

[151] 凌裕泉. 塔克拉玛干沙漠的气候特征及其变化趋势. 中国沙漠, 1990, 10: 9-19.

[152] 普宗朝, 张山清, 李景林, 王胜兰, 刘海荣, 李静. 近 47a 塔克拉玛干沙漠周边地区气候变化. 中国沙漠, 2010, 30: 413-421.

[153] 李江风. 塔克拉玛干沙漠气候和利用. 干旱区研究, 1989, (1): 1-6.

[154] 张立运, 夏阳. 塔克拉玛干沙漠的生物多样性及其保护. 新疆环境保护, 1994, 16: 7-13.

[155] 何兴东. 塔克拉玛干沙漠腹地天然植被调查研究. 中国沙漠, 1997, 17: 144-148.

[156] Yang X P, Li H W, Conacher A. Large-scale controls on the development of sand seas in northern China. Quaternary International, 2012, 250: 74-83.

[157] 马鸣, 罗宁, 贾泽信. 塔克拉玛干沙漠腹地动物调查. 动物学杂志, 1992, 27: 41.

第2章　荒漠化（沙漠化）

2.1　荒漠化（沙漠化）简介

2.1.1　荒漠化

Lavauden 在 1927 年的学术论文中首先使用了"荒漠化"（desertification）一词描述撒哈拉地区的荒漠化景观[1]。

全球对"荒漠化"一词的解释多达 100 多种，这表明了荒漠化问题的普遍性、复杂性及严重性。联合国已经对荒漠化给出了一个定义。20 世纪 90 年代以前，我国将国外文献及联合国使用的英文"desertification"一词译作"沙漠化"，90 年代以后发现这个译法不是十分符合"荒漠化"的原始定义，于是将其改译为"荒漠化"。截至目前，国内大多数学者认为荒漠化包含了沙漠化，沙漠化属于风蚀为主的荒漠化，即沙质荒漠化[2-6]。

1949 年，法国科学家 Aubreville 探讨了非洲一些地方森林景观逐渐变成荒漠景观的原因，提出了"desertification"。Aubreville 指出农垦、采伐森林及土壤侵蚀引起非洲一些地方森林植被的破坏，逐渐导致类似沙漠景观的出现。出现这种现象的根本原因是土地的退化[7]。Aubreville 使用"desertification"来描述稀树草原化的极端情况，即植物稀少的干旱荒漠范围扩大。其主要的标志是：土壤受到严重侵蚀，其理化性质发生了明显的变化。1968～1973 年，非洲萨赫勒地区发生了长时间的干旱，土地产出急剧减少，粮食供应严重不足，引发了空前的灾难。人员和经济的巨大损失使国际社会开始关注荒漠化现象[1]。我国在 1959 年开展治沙研究和实践时，竺可桢教授就特别提醒，人类的破坏把不应该成为沙漠的地方变成了沙漠，这个时期我国在进行沙漠研究和治沙实际活动中，已经涉及了"荒漠化"这一概念[8]。

1977 年，联合国在肯尼亚首都内罗毕召开了第一次联合国防止荒漠化会议，我国代表团出席并第一次接触到"desertification"一词，当时将其翻译为"沙漠化"。1995 年，联合国在纽约召开了第六次联合国防止荒漠化会议，会议期间中国政府代表团正式提出将"公约"中文文本中使用的"沙漠化"术语改为"荒漠化"。1995 年 4 月 1 日，联合国正式通知中国，《联合国防治荒漠化公约》中文文本中用"荒漠化"替代了"沙漠化"[9]。

目前，我国多数学者对"desertification"的翻译意见一致，认为"荒漠化"更为确切，但也有少数学者不太赞同用"荒漠化"替代"沙漠化"[10, 11]。

1993～1994 年，经多次反复讨论，国际防治荒漠化公约政府间谈判委员会（INCD）最后将荒漠化定义确定为："荒漠化是指包括气候变异和人类活动在内的种种因素造成的干旱、半干旱和亚湿润干旱地区的土地退化"。国际防治荒漠化公约政府间谈判委员会对荒漠化的定义包含 3 个基本要点：①荒漠化是气候变异（自然因素）和人类活动（人为因素）等多种因素综合作用的结果；②荒漠化主要发生在生态环境条件脆弱的干旱、半干旱与亚湿润干旱地区；③荒漠化是全球土地退化过程中的一部分[12, 13]。

我国荒漠化类型一般以下数个因子划分：根据土地退化的外应力划分为风蚀荒漠化、水蚀荒漠化、土壤盐渍荒漠化和冻融荒漠化；根据气候类型划分为干旱区荒漠化、半干旱区荒漠化和亚湿润干旱区荒漠化；根据土地利用类型划分为草场荒漠化、耕地荒漠化和林地荒漠化[14, 15]。

荒漠化使植物生物量、土地载畜量、作物产量和人类健康状况下降。土地沙化是细粒和易碎物质的流失过程，是荒漠化过程中的一个阶段。

1992 年，联合国环境与发展会议提出的“土地退化”的补充定义是：“一种或多种营力结合以及不合理土地利用，导致旱农地、灌溉农地、牧场和林地生物或经济生产力和复杂性下降及丧失，其中包括人类活动和居住方式所造成的土地生产力下降，例如土地的风蚀、水蚀，土壤的物理化学和生物特性的退化及自然植被的长期丧失”。地球陆地经过长期自然过程，其表面形成一层有利于植物生长的土壤层。没有土壤层，地球就不可能生长任何植物，食草动物就会没有食物，就不可能存在，食肉动物也不可能存在。没有土壤层，就没有食物，人类当然也不可能生存。

2.1.2　沙漠化

根据地貌学对风成地貌的解释[16]，沙漠是荒漠的类型之一。沙漠的本质是一种由流沙组成，且面积可能发生扩大或缩小的地质体。“沙漠化”与“荒漠化”的含义是不同的，这是两个相似但涵盖范围不同的表述。荒漠化的范围大，沙漠化的范围小，荒漠化包含沙漠化[17]，沙漠化属于荒漠化，有沙漠化必然有荒漠化，沙漠化防治也是荒漠化防治，但荒漠化防治不一定关系沙漠化防治。

有一定植被的土地，由于植被逐渐破坏，地面失去遮盖，干旱气候导致地面松软，大风引起沙尘流动，原先被绿色植被保护的固定的地表逐步变成沙漠，这一过程就是沙漠化。土地沙漠化主要出现在干旱和半干旱地区。不同地区的沙漠化，自然因素和人为因素所占的比重是不同的。大多数地区沙漠化的关键因素是自然因素，次要因素是人为因素。有些地区的沙漠化由自然因素主导，而有些地区的沙漠化则由人为因素主导。自然因素包括气温、蒸发量、降雨量、沙源及风力等。人为因素大多与其生产和生活活动相关，主要包括以下几个方面。

（1）不合理的垦荒。在有植被的沙漠边沿地区或干燥的草原，生态十分脆弱，一旦开垦，长期形成的植被即被破坏，土地逐渐沙漠化。

（2）过度放牧。不了解干旱和半干旱牧场的承载能力，行政命令取代科学依据，片面追求利益最大化，在有限的草原上放牧过多的牲畜。一旦草场、牧场超过其负载，所产草量不能满足牲畜需求，一些优质的草种长不到结种就被吃掉，或者种子没有成熟就被吃掉，造成的结果是这些牧草最先消失，然后能吃的牧草相继减少直至消失，使草原产草量越来越少，草原中不能被家畜食用的草和灌丛所占比例增加，固定土壤的植被逐渐消失，土壤层逐渐剥离和消失，造成恶性循环即所谓的“公地悲剧”。玛曲草原沿黄河两岸的沙漠化、青海共和盆地草原风蚀坑引起的沙漠化及祁连山局部沙漠化就是最新的例证。如果不采取有效干预措施，甘南草原、共和盆地及祁连山区域的沙漠化会急剧发展。

（3）人类燃料需求导致的植被破坏。做饭和取暖等需要大量的柴火，大量砍伐造成植被逐年减少，土壤层破坏，土地逐渐沙漠化。

一些人为的因素加速了沙漠化的形成，很多时候我们向大自然攫取资源的速度超过资源更新的速度，为此已经和将要受到惩罚。自然不是因为取悦人类而产生，也不是为了惩罚人类而发展。从大自然的角度看，整体上自然界的变化是有序的，人类的影响也是有限的，扩大的沙漠化让人类变得谦逊，让人类放弃导致沙漠化的生产和生活活动，这样沙漠化速度就会延缓，生态就会逐渐恢复。

治沙如果是指"治理沙漠化"，还能算是一个科学的口号，但如果是指治理"沙漠"，则又是一个违反自然规律的表述。如前所述，沙漠是一个地质单元（geographical unit），地质单元不需要治理。我们不能说治理海洋，但可以说防治海洋生态恶化；不能说治理大气，但可以说治理大气污染；同样我们不能说治理沙漠，只能说治理人为因素引发的沙漠化。人类能治理的大多数是人类自己引发的自然变化。

大自然让我们逐渐懂得，按照人的意愿治理沙漠，成功的可能性趋于零；按照人的意愿治理沙漠，要获得人所期望的成果也是不可能的；按照人的意愿治理沙漠，很可能造成环境的进一步恶化。沙漠有其存在的意义和价值，在我们还没有完全认知沙漠存在的意义和价值之前，笔者建议避免推动"治理沙漠"、"消灭沙漠"和"向沙漠进军"的工程。真的消灭了沙漠，所引起的环境风险有可能比沙漠存在时还要大，我们切记不要盲目妄为。

沙漠化和沙尘暴的蔓延，给我们的启示是极有价值的，无论是不是人为造成的，自然界不是田园风光的廉价批发商，不是仅供我们娱乐休闲的所在。自然环境遭受破坏力让我们痛苦，但人在这时会更贴近自然的真谛，能够更谦逊地认识自然。人在感恩自然的同时，还应该对自己的某些行为进行忏悔。人类是这个变幻莫测的自然的一部分，在逆境中人与自然也应水乳交融。对于大自然给人类带来的负面反馈，我们也应心存感恩。因为这种痛苦同样是人们与自然的相互拥抱和感情交流，只不过是以一种极端的方式表现出来罢了。我们迟早会明白人类需要自然，而自然不需要人类。只要我们做的不是豁出生存搞发展的玩命交易，只要我们依旧是朴素、节俭和对自然索取有度的人，即使在口贴泥土满面沙尘时，我们也会心怀感激[18]。

1935年，生态学家保罗·西尔斯写了一本题为《行进中的沙漠》的书，这是一部对土地使用实践具有深刻认识的书。人们开始认识到，许多地方因为人对草原的破坏而出现了沙漠化。那些愚蠢的实践，使大片的原野被剥去了植被，单一的经济作物取代了多样化的植被，摧毁了抵御风和干旱的保护层，也破坏了人与自然的和谐。

自然景观的形状、大小、高低、色彩、物理量、生物量及排布次序都是有规律的，人类对其理解目前还停留在非常表面层次。沙漠从总体讲是大自然精细"安排"的一部分，在一些地方人类生产活动导致这种"安排"发生变化，沙漠扩大就属于这种变化。

防止沙漠扩大有被动和主动活动：被动活动就是人类不按照自己的意愿改造自然，

而按照大自然法则适应自然。如果某固定区域只能容纳 100 人生活，就不能殖民 200 人甚至 1000 人。如果某固定区域不适合种植或放牧，就不应该去开垦或放牧。沙漠扩大的原因是，自然变化和人类将被动活动变成了主动活动，导致沙漠及其周边生态系统遭到严重破坏。主动活动就是人类在自然法则容许的范围内，以人的意志和思想去完成一些工程，如荒漠化防治或沙漠生态保护工程，这些工程从本质上讲不是去挑战荒漠或沙漠，而是减轻或消除人类错误行为导致的自然恶化。只有重建沙漠及其周边的生态系统，才能从根本上遏制沙漠的扩大。

我国荒漠化（沙漠化）研究主要围绕荒漠化（沙漠化）、水土流失和盐渍化等的防治展开。自 1977 年联合国防止荒漠化会议以来，我国沙漠科学研究的主要基地是原中国科学院兰州沙漠研究所（后与中国科学院兰州冰川冻土研究所合并为中国科学院寒区旱区环境与工程研究所，现为中国科学院西北生态环境资源研究院），该单位围绕沙漠和沙漠化进行了大量基础和应用基础研究。

在《中国土地沙质荒漠化》一书中，我国学者把在干旱多风的砂质地表条件下，由于人为活动引发生态恶化，造成地表出现以风沙活动为主要标志的土地退化称为沙质荒漠化，简称沙漠化[19, 20]。

沙漠化是我国北方干旱半干旱地区由人地关系不和谐造成的以风沙活动为主要标志的土地退化。沙漠化也存在着逆转和自我恢复的可能。这种可能性程度的大小及其时间进程的长短，则受不同自然条件（特别是水文条件）、沙漠化程度及人为活动的影响[21, 22]。

沙漠化与沙漠是隶属于不同范畴的两个概念，但它们互为因果关系。从词义上来说，沙漠化就是沙漠环境的形成和发展。沙漠化地区原来并不是沙漠，有些沙漠化地区原来是森林、草原或粮田，但逐渐出现了沙漠景观，因此沙漠化是指一种非沙漠地表景观向沙漠发展的过程，也是一种生态环境退化的过程；而沙漠是地球表层的一种地质单元、一种地理环境实体，属于地球上的一个自然地带。沙漠大多是自然产物，是自然母亲的孩子。沙漠化在人类出现以前就存在，因而有地质时代的沙漠化、人类时代以来的古沙漠化和工业革命以来的现代沙漠化之分[23]。此外，国内有些部门还经常使用"沙化"一词，以"沙化"来代替"沙漠化"。沙化一般是指由风蚀引起地面组成物质细粒部分损失，而出现表面粗化的过程。在北方干旱地区，因风蚀作用发生的土壤表皮层沙化，只是沙漠化发展过程中的初级阶段，它涵盖不了整个生产力系统在沙漠化过程中土壤生物能量或经济生产力受伤的情况。沙化还可以在除干旱半干旱地区外的其他地方由其他因素造成，如南方湿润地区风化作用强烈的花岗岩丘陵是由流水侵蚀（特别是暴雨侵蚀）造成的劣质地貌及表面粗化，但这种变化不属于沙漠化的范畴，因此沙化不能代替沙漠化[24]。干旱半干旱及大风条件下土地的沙化与沙漠化是同一过程，因此有时人们将这种沙化看作沙漠化。

我国学者把布德科的公式简化为 $D=E/P$，其中，E 代表蒸发量，P 代表同时期的降水量。国际上通常依据气象指标，规定年降水量在 200 mm 以下，干燥度指标 $D>10$ 是真正的沙漠指标，$7<D<10$ 为荒漠化指标。

人类对沙漠的认识与对其他事物的认识一样，也需要一个逐步完善的过程。沙漠是干燥气候和自然变化的产物。有些沙漠富产石油，而石油是由大量动植物演化而来的，说明这些地方曾经有大量的动植物，因此我们认为这些沙漠地带过去不是沙漠，其是后来气候逐渐变得干燥而形成的，是大自然运营过程。与此同时，一些原先是沙漠的地区，由于气候条件的变化，也会逐渐变成森林或草原。沙漠的形成反映了气候的变迁。而一些原本干旱的地区，也可能逐渐变得多雨湿润，沙漠逆转。这些自然过程都非常缓慢，不是几百年或几千年尺度下就能实现的。在人类活动产生影响以前，沙漠的形成可以说是自然沙漠化过程。所以除去人类的影响，沙漠就是自然母亲的杰作，它的产生、变化和迁移在很大程度上是自然力量在运行。在没有认识沙漠化之前，人类的生产和生活活动基本上促进了自然沙漠化过程，在人们逐渐认识了沙漠化的原因后，我们力图朝着防治沙漠化的方向前进。人类阻止沙漠化的步伐虽然十分缓慢，但效果是肯定的。

2.1.3　目前我国沙漠的变化特点

2003 年以前，我国主要沙漠活化较明显，平均年活化速率为 0.08%，每年平均有约 610 km² 的沙漠出现活化。有些沙漠在扩大，但扩大速度很慢，平均为 0.04%，即每年平均有约 310 km² 的土地变为沙漠。我国沙漠缩小速率也很小，约为 0.001%。也就是每年平均只有约 10 km² 的沙漠变为非沙漠土地[17]。"经过长期不懈努力，我国荒漠化土地面积连续 10 多年持续净减少，实现了由'沙进人退'到'绿进沙退'的历史性转变，成为全球防治荒漠化典范，为全球荒漠化防治贡献了中国经验和中国方案"。沙漠定义的基础指标不同，得到沙漠扩大或缩小的数据就不同。许多地方固定沙丘与流动沙丘共存，很难把它们界定为沙漠区域还是生态修复区域。沙漠及沙漠周边降雨变率较大，在降雨较多的年份，固定沙丘面积扩大，卫星图上显示沙漠缩小；但在降雨较少的年份，流动沙丘面积扩大，卫星图上显示沙漠扩大。所以在短期内（如几十年）所得到的数据说服性不强。一些地方每年铺设草方格 0.67×10⁴ hm²（约 10 万亩，1 亩≈ 666.67 m²），就统计为沙漠减少 0.67×10⁴ hm²（约 10 万亩），这是不科学的，应该观察几百年后的效果。

2.2　沙漠化成因

沙漠化的形成既受自然因素的影响，也和人为因素密切相关[6, 25, 26]。研究它们之间相互关系常用的方法主要有滑动平均法和灰色关联分析法。

滑动平均法是按一定的期效依次求出定期的平均数（计算机运算），消除各时期的波动，以显示该数据系列的变化趋势，在具体应用中，往往用在短期的分析上，其计算公式如下（缩略公式，需要运算软件）：

$$Y_t = \left[X_t + X_{t-1} + X_{t-2} + X_{t-(W-1)} \right] / W$$

式中，Y_t 为时间 t 的滑动平均值；X_t 为时间 t 的平滑值；W 为滑动平均时间间隔。

对序列 $X_1, X_2, \cdots, X_t$ 的几个前期值和后期值取平均，求出新的序列 Y_t，使原序列 X_t 光滑化，这就是滑动平均法，W 年取值 $W=1, 2, \cdots, n$。

灰色关联分析是以各因素的样本数据为依据，用灰色关联度来描述因素间关联强弱的大小和次序。如果样本数据反映出两个因素变化态势基本一致，则它们之间的关联度较大；反之，关联度则较小[27, 28]。

1969 年，美国提出累加效应概念，其基本含义是在不同时间和空间尺度，由于人为或自然的过程积累而成为爆发性的事件，尤其是指那些在较短时期内看似微不足道，而在一定的时间和空间上积累起来就具有明显表现的灾害性事件。

以科尔沁沙地为例，年平均温度和年降水量的累加作用持续的时间较短，基本稳定在 4 年之内。其中年平均温度对沙漠化影响的累加效应作用在 2 年时最大（即因温度升高导致的沙漠化土地扩大情况在 2 年后达到顶点），但作用不明显；年降水量对沙漠化的影响以 4 年最高，累加效应最明显。代表人为因素的耕地指数和草场载畜量对沙漠化影响的累加效应都比较明显，作用持续的时间较长（大于 8 年），其中耕地指数对沙漠化的影响以 7 年的累加效应最明显；草场载畜量对沙漠化的影响以 10 年的累加效应最明显，耕地指数和草场载畜量与沙漠化之间存在着较显著的回归关系。人口持续增长导致的对资源环境压力的增大是耕地指数和草场载畜量对沙漠化影响产生累加效应的根本原因[29]。在不同自然环境的不同地区，同一因素累加效应的时间尺度会有所不同。

2.2.1　沙漠化形成的自然因素

引发沙漠化的主要指标如下。

（1）社会指标。人口数量、人口变化趋势及人口结构。

（2）自然指标。气温、降雨量、蒸发量、土壤表层结构及组成（沙含量、有机质含量）、土壤风蚀量、移动沙丘比例、沙尘暴频度、风速和风向及地下水位等。

（3）生物学和农业指标。植被覆盖率、生物生产量、关键植物种的分布和频数、土地利用状况（如农、牧、樵采、工矿、水资源利用等）、农作物的产量、家畜成分及产量和各种经济活动的投入等[23]。沙漠化中与自然因素关系密切的是自然指标。

沙漠化是一个非常复杂的过程，既与自然条件变化有关，也与人类经济活动相关。由于沙漠化的机理及过程仍然是一个谜，很难就沙漠化的原因达成共识[30]。关于非洲沙漠化，20 世纪 60 年代，其被归罪于欧洲殖民地开拓造成的土地退化；70 年代，气候变化及短期干旱被认为是元凶；70 年代末期，土地不合理使用引起的退化又被认为是引发沙漠化的原因。在澳大利亚，牧场的沙漠化被认为主要是由欧洲移民引发的土地退化，而不是缘于气候因素[31]。

自然和人为因素共同造成了我国沙漠化的发生和发展。自然生态系统受到轻度损伤时，会通过自我调节而自然修复，自然生态系统可以在一定程度内保持稳定。关于沙漠化的自然成因已初步形成了一些理论，如脆弱生态理论、过渡带理论及全球气候变化理论等[22]。

一般而言，干旱和风沙活动的加强将导致沙漠化发展，植被退化，固定和半固定沙丘活化，出现沙漠化正过程；气候湿润和风沙活动减弱使沙丘活动性降低，流沙固定、退缩，出现沙漠化逆过程[32, 33]。沙漠化的成因显然是与干旱气候密切相关的，因此，干旱气候的成因也是沙漠化的成因[34]。

气温升高，土壤水分蒸发加强，土壤损失的水分增多，供给植物生长的水分减少，导致植被生长势衰退[35]。沙漠化土地植被稀少，地表干旱，特别是夏天的极端气温，使得土壤微生物减少，土壤黏粒减少，结构趋于疏松，最终逐步蜕变为沙地[36]。

降水和蒸发量决定了干旱程度，也决定了植被覆盖率，是对沙漠化影响比较大的因素[37]。

撒哈拉荒漠（沙漠）的变迁[38]说明了自然因素在沙漠化过程中所扮演的角色。德国科隆大学地质考古学家克洛普林领导发掘了东撒哈拉地区，他得出的结论是，占非洲面积将近 1/3 的撒哈拉沙漠曾经是热带稀树大草原，湖泊星罗棋布，野生动植物种类丰富，而且有许多古人类生活在那里。在 5550~10500 年以前，撒哈拉是理想的生存地带。克洛普林认为，有史以来，撒哈拉在绝大部分时间里是极为干燥的，但是该地区在每 100000 年里都会经历一个大约 5000 年的湿润阶段，这是由于地球倾斜度的变化和地球轨道的形状改变了阳光照射的角度[39]。

最近几十年，非洲西部的生态条件发生了剧烈变化，最明显的是气候带向南迁移，例如，撒哈拉荒漠（沙漠）向萨赫勒地带扩展。20 世纪 70 年代和 90 年代的干旱期过后，牲畜密度上升导致过度放牧，人类活动引起土地景观的变化与干旱气候的影响相似[39]。

萨赫勒地带包括塞内加尔、马里、毛里塔尼亚、布基纳法索、苏丹共和国、尼日利亚、尼日尔、乍得和厄立特里亚 9 个国家。“萨赫勒”的意思是“浩瀚的沙海之岸”，该地带以南是热带草原地带，被称作苏丹地区。“苏丹”的意思是“黑人之乡”，从苏丹地带南缘到几内亚湾沿岸是热带雨林地带。由于沙漠南侵，萨赫勒和苏丹这两个地带的分界在历史上不断变动。传统萨赫勒景观与苏丹景观存在较大差异。

萨赫勒地带荒漠化的主要原因是气候，副热带高压和信风带交替控制，使其炎热干燥，降水量减少。萨赫勒地带西海岸风向是陆地吹向海洋，东海岸风向是海洋吹向陆地，但有埃塞俄比亚高原阻挡水气。萨赫勒地带社会生产力低下，农业发展缓慢，农业技术含量低，粗放发展，对环境破坏大，且地区人口的增长对环境造成巨大压力。

萨赫勒已经成为“干旱”的代名词，该地区人口超过 6000 万，仅在过去 100 年间，这一地区就经历了 3 次毁灭性的干旱。第一次是 1910~1916 年；第二次是 1941~1945 年；第三次是 1968~1973 年。这 3 次严重干旱触发了严重的荒漠化，大片牧场植被遭受破坏，原来被植被固定的沙丘普遍活动，形成地表风蚀斑块或流动沙丘。80 年代，萨赫勒地带（600 mm 等雨量线）向苏丹地带迁移了 150 km。

科学家详细研究了干旱地的水文地理、荒漠化对生物物理的反馈（土地退化、植被与气候）、气候变化对荒漠化的驱动、社会活动对荒漠化的驱动、土地盐碱化对荒漠化的驱动、土地退化与人工浇水及人类对荒漠化的影响等，结论是气候变换及土地利用变化是生态系统朝荒漠化变化的主要驱动力[40]。

我国青海共和盆地土地沙漠化影响中，降水量和大风日数对沙漠化影响处于前两位，其贡献率为 24.6%[41]。

20 世纪 70 年代中期以来，新疆气候暖湿过程非常明显。80 年代后期以来，温度的突变是新疆环境恶化、灾害增多的主要原因之一[42]。

1951~2000 年，北疆和南疆都出现了暖湿化变化，降水增加有利于沙漠化的逆转。南疆塔里木河源流地区，60 年代初期、70 年代后期、80 年代前期和 90 年代初期，沙漠化土地面积所占比例分别为 59.07%、67.67%、68.58%和 63.63%，90 年代初期与 60 年代初期，沙漠化土地总面积较大，但与 70 年代后期和 80 年代前期相比，沙漠化出现了逆转趋势[43]。

宁夏中北部属典型的半干旱-干旱地区，年日照时数为 2194～3082 h，年太阳总辐射为 540～585 J/cm²，年降水量一般小于 300 mm，而蒸发量高达 2100 mm 以上，干燥度在 3.0 以上。研究区内的土壤含水率低、土壤结构疏松、黏结化差、抗风蚀能力弱。宁夏中北部土地沙质荒漠化的物质主要来源于周边沙漠，周边沙漠影响造成的宁夏沙化土地面积约占境内全部土地沙化面积的 70%以上[44]。

甘肃石羊河流域下游自汉代以来逐渐沙漠化，生态环境退化。其自然因素主要有：地形特征构筑了封闭的内陆河流域；水蚀是内陆河流域沙漠化的开始，上游集流区为中、下游提供了丰富的沙源；水资源的减少使得中、下游大面积湖积沙沙漠化[45]。有丰富的沙物质来源是沙漠化发生的物质基础[46]。在同样气候条件下，有些地方出现了沙漠化，有些地方则没有出现，这时其决定因素就是沙物质来源。总体讲，气温高、蒸发量远远大于降雨量、多风、附近有丰富的沙源，是沙漠化形成的自然因素。

2.2.2　沙漠化形成的人为因素

目前影响较大的沙漠化是近百年人为因素引起的，在百年尺度下，气候的变化不足以引发环境大的改变。人口和经济活动的急剧增加是沙漠化发生发展的主要原因。在大的不利环境背景条件下，人口压力持续增长和普遍采用滥垦、滥牧及滥樵等粗放掠夺式的生产经营方式，造成了植被破坏，沙漠化迅速发展。沙漠化的人为成因也已初步形成了如农牧交错带北移错位、人口危险阈值、人口压力与资源环境容量失衡等一些理论[22]。

北方农牧交错带是中国沙漠化发展最快和生态环境最脆弱的地区之一，其根本原因在于樵采、过牧、滥垦等人为活动的过度[47]。

1985～1998 年，陕北长城沿线农牧交错区土地退化的主导类型是土地沙漠化。从成因分析，土地沙漠化主要是长期以来人口超载、不合理的土地利用方式和高强度的土地开发行为激发了地表自然过程的退化性演替，致使潜在的自然环境脆弱性转化为现实的破坏。1989～2002 年，陕北长城沿线农牧交错区土地退化程度总体上在不断加剧，而且退化类型向多样化发展[48]。

人类活动也是近 50 年科尔沁地区沙漠化的主要因素。人类活动对土壤风蚀的加速可以是自然条件下的 4～10 倍；人类活动对土壤养分、生物多样性和生物生产量等方面退化的加速会达到自然条件下的 3～10 倍以上[49]。

石羊河流域下游自汉代以来逐渐沙漠化，生态环境退化，其人为因素主要有：农业开发是引起水资源减少的关键，而巩固边塞是引起河西走廊农业开发和耕地面积扩大的主要原因，战争对石羊河流域生态退化的影响不可忽视。石羊河下游民勤县的沙漠化自汉代以来人为因素处于不断增强态势。1958 年红崖山水库建成以来，人为因素主导了这里的沙漠化过程[45, 50]。近 20 年，黑河下游核心绿洲区的土地荒漠化特征主要是：①沙漠面积在不断增加。在近 20 年里，沙漠面积增加约 31 km²。②盐碱地面积增加。2001 年，盐碱地面积为 465.97 km², 比 1990 年增加 82.29 km², 2002 年分水工程实施后, 盐碱地面积开始减小, 2010 年又有所增加。③沙地在稳步增加, 林草地在持续减少, 二者之间的转换较为频繁。④在不同的土地覆被类型中, 林草地、盐碱地、沙地和水体的变化较大。社会经济和人口因素对该地区土地沙漠化的影响显著, 在自然因素的背景下, 人为因素对水资源时空分布的影响在短期内决定着该地区绿洲的演变方向[51]。

过度放牧区植物群和保护区植物群存在巨大差别。在过度放牧区, 一年生植物比例较高, 相反, 在保护区多年生植物比例较高。从气候、景观及植被看, 苏丹地带部分区域已经显示萨赫勒地带特性, 虽然不能完全排除气候因素, 但地貌景观和植物组成的变化很明显主要是人为因素造成的。不回到可持续农业, 即使气候条件恢复, 这一地区的景观及植被也会继续向萨赫勒地带特性转化[39]。

在非洲, 48%的研究认为过度农业和作物种植面积扩大是导致撒哈拉沙漠化的主要原因。农田的拓展和过度放牧使植被减少, 生物量和物种随之减少。

导致巴丹吉林-腾格里两大沙漠间沙丘活化带发展的主要人为因素包括三个方面: 第一是人口增加使得耕地面积增加, 人口增加和耕地面积增加必然引起用水量增加, 进而导致地下水位下降; 第二是家畜存栏数增加, 但草地面积并未增加, 结果是已有草地上的过度放牧导致草地退化沙漠化; 第三是盲目樵采导致这些区域植被进一步衰退。人为因素使区域内生物多样性受损, 加快了沙地扩展、草地退化和湿地萎缩等进程, 推动了两大沙漠间沙丘活化带的合并[52]。

旧石器时代晚期至中石器时代早期, 贺兰山与卫宁北山一带的自然环境十分优越, 草灌繁茂, 郁郁葱葱[53], 该地区沙漠化的原因主要如下: ①人口增长是这一地区土地沙漠化的根源。根据人口普查资料[54], 宁夏人口 1964 年比 1953 年增加了 60.13 万人, 增长 39.92%, 年均增长速度为 3.1%; 1982 年比 1964 年增加了 178.81 万人, 增长 20.62%, 年均增长速度为 1.82%; 2000 年比 1953 年增加了 410.93 万人, 增长 272.83%, 年均增长速度为 2.84%。人口增长加大了对土地资源利用的压力, 并造成进一步开垦草地和增大草场放牧, 由此不断形成新的荒地和沙地。②草地过度垦殖造成沙化。毁林毁草垦种, 则开垦出来的土地会成为新的荒漠。③过度樵采和滥挖药材加大了沙漠化面积。④过度滥牧也加速了土地沙漠化。

河西走廊生态环境的恶化主要发生在西汉大兴屯田期间、唐中后期吐蕃占领河西期间、清嘉庆年间及中华人民共和国成立后大修水库期间四个时段, 恶化的原因有以下几点[55]: ①人口急剧增加, 造成环境负荷增大, 达到其难以承受的程度。大量移民导致了水源涵养林的破坏和下游沙漠化的发生。②水的管理和使用缺乏科学依据, 导致下游严重缺水, 地下水位下降, 植物枯死。③落后的农业耕作方式。④过度放牧和过度采伐。民勤当地居民取暖和做饭的燃料多取自沙漠中的梭梭、柽柳及白刺等。古代的建筑又多用木料, 大兴土木, 对森林造成巨大破坏。⑤建库蓄水, 下游来水急剧减少[56]。上游建造水库拦截水流, 下游断流, 地下水下降, 造成大片植物死亡, 地表沙化。⑥以植树造林为核心, 造成水资源的进一步紧缺。⑦超采地下水, 导致地下水位下降和矿化度升高, 沙生植物大片枯死。

总体来讲, 人类主要在以下 4 个方面影响了沙漠化: ①过度樵采使固定半固定沙丘植被急剧减少；②过度放牧破坏了沙地表层稳定，活化了沙丘，强化了风蚀；③过度开垦荒地；④上游密集水库截流用尽流域水资源，使下游严重缺水[57]。

　　环塔里木经济圈是指天山南边与昆仑山北边的间隙区域，地理坐标介于东经71°39′～93°45′、北纬 34°20′～43°39′，其总面积为 106×10⁴ km²，占新疆总面积的64%，经济圈主要围绕塔里木盆地和塔克拉玛干沙漠，地貌由沙地、山地、荒地及植被等组成，其中 72.8%为荒地和沙地。在环塔里木经济圈，人类活动对生态安全造成的干扰或胁迫主要体现在以下几个方面：一是随着社会经济的发展，人类活动对生态系统的干涉范围逐渐扩大，主要体现为大量开垦土地和水资源严重不足。1990～2010 年，耕地面积增加8749.5 km²，年均增长 3.15%；建设用地面积从 2914.8 km² 增加到 5408.9 km²，年均增长3.14%；而林地、草地面积在减少，缩减面积分别为 1461 km² 和 5849 km²。塔里木河径流呈逐年减少的趋势，1961～1969 年，出山口天然径流为 189.0×10⁸ m³/a，到 2006 年为217×10⁸ m³/a，同期汇流站测量径流由 51.59×10⁸ m³/a 减少为 46.35×10⁸ m³/a，这表明径流出口地与河流汇合站中间区域水耗量增加，水资源需求量远远超过供给量。二是人为干扰因素导致生态环境的空间变化，人为干扰因素聚集区域的生态环境负效应逐步表现出来，即荒漠规模扩大及植被覆盖度下降。三是经济圈区域人均生态足迹与生态赤字水平呈增加的趋势。其中，人均生态足迹从 2000 年的 1.571 hm²/人增加到 2013 年的4.848 hm²/人，生态赤字水平从 2000 年的 0.38 hm²/人增加到 2013 年的 3.67 hm²/人。四是人为因素过度干扰态势的延续将超越生态系统的修复能力[58]。

2.3　沙漠化的物理过程[22]

　　沙漠化是一个极为复杂的过程。它是生态系统遭受干扰后，生态平衡受到破坏，植被及环境发生全面退化的过程。

2.3.1　土壤的风蚀退化过程

　　土壤的风蚀退化过程就是土壤表层结构和组成的变化，同时伴随宏观地貌的变化。沙漠化地区引起土壤表层恶质变化的主要原因是风蚀，风蚀使土壤中粒径≤0.001 mm 的黏粒成分减少，粒径≥0.05 mm 的土壤颗粒比例相对增加；土壤固结力减小，有机质减少，植物营养减少；土壤蓄水保水能力变差，土壤含水量下降。风蚀引发的后果是土壤沙化，质地变得越来越松散，越来越贫瘠，植被逐渐消失。土壤沙粒含量越高，土壤分形维数越低，显示农田沙漠化程度越高；土壤颗粒分形维数与土壤有机碳（SOC）、全 N 及黏粉粒含量之间存在显著的线性关系[59]。

　　土地沙漠化导致了土壤环境和植被的明显退化。其中严重沙漠化农田和非沙漠化农田相比，土壤有机质含量、速效氮、生长季土壤含水量均呈下降趋势，地温则呈上升趋势。土壤环境恶化首先威胁土壤微生物和土壤动物的生存，使土壤微生物和动物数量急剧下降，酶活力下降，同时植物多样性、种的饱和度和初级生产力也大幅度下降[60]。

　　沙漠化过程中，沙地农田土壤物理稳定性指数大多低于 5%，是土壤易发生风蚀沙化的内因。沙漠化过程中有机碳（SOC）和氮衰减的机理，一方面是与黏粉粒结合的有机碳和氮随黏粉粒直接被吹蚀，黏粉粒被吹蚀 1%，有机碳和全氮含量分别下降 0.169 g/kg 和 0.0215 g/kg；另一方面是与砂粒结合的颗粒有机碳（particulate organic carbon，POC）形成量减少，沙漠化程度每增加 1 级，颗粒有机碳和全氮含量分别下降 0.43 g/kg 和 0.059 g/kg[61]。

随着沙漠化程度的减小，中粗砂、极细砂和黏粉粒组分中有机碳、氮、磷及钾的含量及全土中有机碳、氮、磷及钾的含量均呈逐渐增大的趋势；不同粒组颗粒养分与全土养分呈极显著正相关，沙漠化逆转过程中全土有机碳、氮、磷及钾养分的固存效应是与不同粒径颗粒结合的有机碳、氮、磷、钾养分共同作用的结果[62]。

2.3.2　风成地貌的形成过程

（1）风力作用下砂质地表形态的发育过程。风力作用于地表，使地表较粗的颗粒发生滚动，滚动的颗粒继续打磨地表，风力作用使地表较细的颗粒通过跃移和悬移随风沙流飘走，风沙流的搬运和堆积作用，促进风蚀地貌和风积地貌形成。

（2）固定沙丘的活化。形成固定沙丘或者需要一定的植被，或者需要黏性较大的土壤微粒，在干旱和长期风蚀作用下，首先植被逐渐消失，接着细粒黏性成分逐渐损失，而后就会出现固定沙丘的活化过程：迎风坡活化缺口→风蚀窝→风蚀陡坎→风蚀坑→风蚀坑迎风坡变缓，其相应下风向的风积过程为：斑点草灌丛沙堆→小片状流沙→半流动片状流沙→流动沙丘及流动草灌丛沙堆→典型流动沙丘景观。

（3）沙漠边缘沙丘前移过程。风力作用于流动沙丘的沙粒，使其随风滚动，形成风沙流，风沙流的速度和方向是沙丘移动的决定因素，单位时间移动多少、向什么方向移动，都是由风沙流决定的[22]。

2.4　沙漠化的生物过程

2.4.1　沙漠化与植被演替

沙区植被沙漠化演变既有渐变，也有突变，这种渐变和突变既受制于土地沙漠化程度，又受制于其本身的结构功能。在相同类型沙漠化土地内，轻度沙漠化土地上的植被为渐变，重度沙漠化土地上的植被为突变；在不同类型沙漠化土地间，植被为突变。因过度放牧引起的草地沙漠化的植被演替规律是：牧场所产草量不能满足牲畜需求，一些优质的草种长不到结种或者种子没有成熟就被吃掉，造成的结果是这些牧草最先消失，接着能吃的牧草相继减少直至消失，使草原产草量越来越少，草地最终将被家畜不喜食或不食的劣质牧草和有害牧草占优势。沙区植被沙漠化演变的结果是草层高度、牧草产量、生物多样性及植被盖度均呈明显下降[22]。

2.4.2　沙漠化与动物类群

随着草地沙漠化的发展，土壤大型动物类群丰富度、Shannon-Wiener 多样性指数和个体密度均明显下降，均匀度和优势度均趋于增加，其中轻度和严重沙漠化阶段变化幅度最大；土壤动物群落组成不断变化，相似性降低，群落由多优势类群向单一优势类群，甚至无明显优势类群转化，致使群落发生逆行演替；沙漠化对草地土壤植食性动物影响相对较大，对杂食性和捕食性动物影响相对较小，导致群落功能群结构明显改变；草地沙漠化过程中，土壤动物群落的变化主要源于植被退化和土壤环境的恶化，特别是植被盖度和凋落物产量的下降及土壤质地、有机质和养分状况的恶化。土壤温度、水分和 pH 的影响未达到显著水平[63]。

2.4.3　沙漠化与景观生态学

从景观尺度上讲，初始小尺度的沙漠化常和一定类型地表的蚀、积过程相关，但并不影响景观特征；沙漠化发展到中尺度时，沙丘的固定程度就会发生变化，这时景观特征发生变化，但不影响景观属性；当大尺度的沙漠化发生时，则景观属性发生变化，原同一属性景观要素（如斑块）分化成具不同属性的景观要素[22]。

2.4.4　土壤荒漠化（沙漠化）评判指标

土壤有许多特征指标：①植被特征：木本植物盖度及地上/地下生物量、草本植物盖度及地上/地下生物量和凋落物量；②土壤理化特征：土壤容重、孔隙度、质地组成、pH、总碳、有机碳、可溶性碳、微生物量碳、全氮、无机氮（硝态氮、铵态氮）、微生物量氮、全磷、有机磷及有机磷组分、无机磷及无机磷组分、阳离子交换量等；③土壤盐渍化特征：土壤盐分含量及土壤可溶性盐离子含量（K^+、Na^+、Ca^{2+}、Mg^{2+}、HCO_3^-、NO_3^-、Cl^-、SO_4^{2-}）；④土壤水文特征：土壤水分特征曲线、田间持水量、萎蔫点土壤含水量、水分入渗率、2 m 深土层土壤水分季节动态等[64]。

根据土地沙漠化程度等级和指标，将土地沙漠化划分为以下四种类型：①潜在沙漠化土地。植被盖度大于 60%，流沙占地面积小于 5%，绝大部分土地未出现流沙，仅有斑点状流沙分布。②轻度沙漠化土地。植被盖度 30%～60%，流沙占地面积 5%～25%，出现小片流沙，有沙堆和风蚀坑出现，这类土地以固定沙地为主。③中度沙漠化土地。植被盖度 10%～30%，流沙大面积分布，沙堆密集、吹蚀强烈，这类土地多以半固定沙丘为主。④重度（强度）沙漠化土地。植被盖度小于 10%，流沙占地面积大于 50%，密集的流动沙丘占绝对优势[65, 66]。

2.5　荒漠化（沙漠化）对生态系统的影响

土地荒漠化是当前全球最主要的环境问题之一，它不断吞噬人类生存的空间，挑战着人类的生存极限，严重地威胁着人类的生存与发展，影响着当地居民的生产生活，不仅加剧了贫困，还间接影响社会经济可持续发展，对人类生存和发展构成了严重威胁[67]。

我国是世界上土地荒漠化现象最为严重的国家之一。据统计，我国已荒漠化的土地和易受荒漠化影响的土地合计达 332.7 万 km^2，超过国土面积的 34%[68]。

农田荒漠化（沙漠化）对植物造成的影响有四个方面：①土壤肥力下降，土地变瘠薄，植物生长缺乏营养；②农田表层粒径较小颗粒比例减少，粒径较大颗粒比例增加，土壤持水保水能力下降，植物生长缺水；③粗化和沙化地表调节温度能力大大降低，烈日下地表温度会急剧升高，入夜地表温度又会急剧下降，植物处于急剧变化的温度中，轻则生长缓慢，重则枯死；④风沙活动增强，微环境恶化，使抗风沙能力差的高大、宽叶和生育期长的植物消失，生物多样性降低，群落结构趋于简单、稀疏[22]。

2.6　中国荒漠化及沙漠化

本书既有官方数据，也有学者的研究数据。有些数据由于获取时间上的差异而出现不同，有些数据可能与统计者所界定的标准，甚至与统计者的观点相关，所以也导致数据上的差异，有些数据甚至产生矛盾。笔者的观点是：不同时间区间的数据，较新的数据比较可靠；不同方法获取的数据，用现代研究方法获得的数据更为可靠；学者和官方统计的数据，可相互印证的可靠。为了分析一些地区的荒漠化（沙漠化）过程，从中获取有益的经验教训，本书也列举了一些地区的荒漠化（沙漠化）示例。

2.6.1　中国荒漠化及沙化概况

2009～2010 年，我国进行了第四次全国荒漠化和沙化土地监测工作，共调查图斑592 万个，获取监测数据 2.5 亿个，获得了截至 2009 年年底全国荒漠化和沙化土地信息。2011 年 1 月发表了第四次《中国荒漠化和沙化状况公报》。2013～2015 年，我国又进行了第五次全国荒漠化和沙化土地监测工作。第五次全国荒漠化和沙化土地监测调查图斑634.46 万个，建立图片库 24.46 万个，获取信息录 3.43 亿条，获得了截至 2014 年年底全国荒漠化和沙化土地信息。2015 年 12 月发表了第五次《中国荒漠化和沙化状况公报》。与第四次《中国荒漠化和沙化状况公报》比较，第五次《中国荒漠化和沙化状况公报》直接参与监测的技术人员、调查图斑及获取各类信息记录的数量均有增加。

1. 荒漠化土地现状[69, 70]

截至 2014（2009）年，我国荒漠化土地面积 261.16（262.37）×10^4 km^2，占国土总面积的 27.20%（27.33%）。2014 年与 2009 年相比，荒漠化面积净减少 1.21×10^4 km^2，年平均减少 2420 km^2。荒漠化土地主要分布于新疆、内蒙古、西藏、青海、宁夏、甘肃、陕西、河北、山西、辽宁、吉林、北京、山东、河南、天津、海南、四川及云南 18 个省（自治区、直辖市）的 528 个县（旗、市、区）。

1）各省区市荒漠化现状

我国荒漠化土地主要分布在新疆、内蒙古、西藏、甘肃和青海，5 个省（自治区）2014（2009）年，面积分别为 107.06（107.12）×10^4 km^2、60.92（61.77）×10^4 km^2、43.26（43.27）×10^4 km^2、19.50（19.50）×10^4 km^2 和 19.04（19.14）×10^4 km^2，以上 5 省（自治区）荒漠化土地面积占全国荒漠化面积的 95.64%（95.48 %）；其他 13 省（自治区、直

辖市）占 4.36%（4.52%）。

2）各气候类型区荒漠化现状

按照气候类型区分布，2014（2009）年，干旱区荒漠化土地面积为 117.16（115.86）× $10^4\,km^2$，占全国荒漠化土地总面积的 44.86%（44.16%）；半干旱区荒漠化土地面积为 93.59（97.16）× $10^4\,km^2$，占 35.84%（37.03%）；亚湿润干旱区荒漠化土地面积为 50.41（49.35）× $10^4\,km^2$，占 19.30%（18.81%）。2014 年与 2009 年数据比较，半干旱区荒漠化土地面积有所减少，干旱区荒漠化土地面积有所增加。

3）荒漠化类型现状

2014（2009）年，风蚀荒漠化土地面积为 182.63（183.20）× $10^4\,km^2$，占全国荒漠化土地总面积的 69.93%（69.82%）；水蚀荒漠化土地面积为 25.01（25.52）× $10^4\,km^2$，占 9.58%（9.73%）；盐渍化土地面积为 17.19（17.30）× $10^4\,km^2$，占 6.58%（6.59%）；冻融荒漠化土地面积为 36.33（36.35）× $10^4\,km^2$，占 13.91%（13.86%）。2014 年与 2009 年数据比较，5 年间的变化趋势是所有类型荒漠化土地面积均减小。

4）荒漠化程度现状

2014 年，极重度荒漠化土地面积为 53.47× $10^4\,km^2$，占全国荒漠化土地总面积的 20.47%；重度荒漠化土地面积为 40.21× $10^4\,km^2$，占 15.40%；中度荒漠化土地面积为 92.55× $10^4\,km^2$，占 35.44%；轻度荒漠化土地面积为 74.93× $10^4\,km^2$，占 28.69%。

2. 沙化土地现状[69, 70]

截至 2014（2009）年，全国沙化土地总面积为 172.12（173.11）× $10^4\,km^2$，占国土总面积的 17.93%（18.03%），分布在除上海、台湾、香港和澳门外的 30 个省（自治区、直辖市）的 920 个县（旗、区）。2014 年与 2009 年数据比较，5 年间的变化趋势是全国沙化土地面积减小。

1）沙化土地类型现状

按照类型分布，2014（2009）年，流动沙地（丘）面积 39.89（40.61）× $10^4\,km^2$，占全国沙化土地总面积的 23.17%（23.46%）；半固定沙地（丘）面积 16.43（17.72）× $10^4\,km^2$，占 9.55%（10.24%）；固定沙地（丘）面积 29.34（27.79）× $10^4\,km^2$，占 17.05%（16.06%）；露沙地面积 9.10（9.97）× $10^4\,km^2$，占 5.29%（5.76%）；沙化耕地面积 4.85（4.46）× $10^4\,km^2$，占 2.82%（2.58%）；风蚀劣地（残丘）面积 6.38（6.46）× $10^4\,km^2$，占 3.71%（3.73%）；戈壁面积 66.12（66.08）× $10^4\,km^2$，占 38.41%（38.17%）；非生物治沙工程地面积 89（66）km^2，占 0.01%。2014 年与 2009 年数据比较，5 年间的变化趋势是全国流动沙地（丘）、半固定沙地（丘）及露沙地土地面积减小，固定沙地（丘）及沙化耕地面积增加。

2010 年学术界数据显示，我国沙漠、戈壁和风蚀劣地、沙地及沙漠化土地面积分别为 58.1× $10^4\,km^2$、59.9× $10^4\,km^2$、10.3× $10^4\,km^2$ 及 37.59× $10^4\,km^2$[71]。

2）各省区市沙化土地现状

按照省区市分布，沙化土地主要分布在新疆、内蒙古、西藏、青海和甘肃 5 省（自治区），2014（2009）年，面积分别为 74.71（74.67）× $10^4\,km^2$、40.79（41.47）× $10^4\,km^2$、21.58（21.62）× $10^4\,km^2$、12.46（12.50）× $10^4\,km^2$ 和 12.17（11.92）× $10^4\,km^2$，5 省（自

治区）沙化土地面积占全国沙化土地总面积的 93.95%（93.69）；其他 25 省（自治区、直辖市）占 6.05%（6.31）（图 2-1）。2014 年与 2009 年数据比较，5 年间全国沙化土地面积减小。

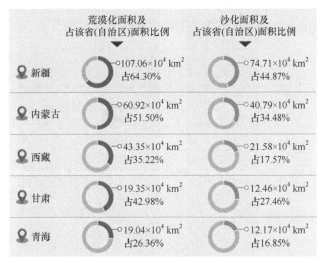

图 2-1　各地沙化土地比例（十年治理成绩排名，人民网［2016-06-17］）

3）沙化程度现状

按照沙化程度，截至 2014 年，我国轻度、中度、重度和极重度沙化土地面积分别为 26.11×10^4 km^2、25.36×10^4 km^2、33.35×10^4 km^2 和 87.29×10^4 km^2，分别占全国沙化土地总面积的 15.17%、14.73%、19.38% 和 50.71%。

4）沙化土地植被覆盖现状

沙化土地上植被覆盖草本型、灌木型、乔灌草型、纯乔木型及无植被覆盖型沙化土地面积分别为 71.89×10^4 km^2、38.51×10^4 km^2、6.08×10^4 km^2、0.52×10^4 km^2 及 55.13×10^4 km^2，分别占全国沙化土地总面积的 41.77%、22.37%、3.53%、0.30% 及 32.03%。植被覆盖类型占比次序是草本型>无植被覆盖型>灌木型>乔灌草型>纯乔木型。

3. 具有明显沙化趋势的土地状况[69, 70]

具有明显沙化趋势的土地虽然目前还不是沙化土地，但已具有明显的沙化趋势。截至 2014（2009）年，全国具有明显沙化趋势的土地面积为 30.03（31.10）$\times 10^4$ km^2，占陆地面积的 3.13%（3.24%）。主要分布在内蒙古、新疆、青海和甘肃 4 省（自治区），面积分别为 17.40（17.79）$\times 10^4$ km^2、4.71（4.75）$\times 10^4$ km^2、4.13（4.16）$\times 10^4$ km^2 和 1.78（2.18）$\times 10^4$ km^2，4 省（自治区）具有明显沙化趋势的土地面积占全国的 93.3%（92.86%）。

4. 荒漠化土地动态[69, 70]

2014 年与 2009 年相比，全国荒漠化土地面积净减少 1.21×10⁴ km^2，年均减少 2420 km^2。

1）各省区荒漠化动态变化

与 2009 年相比，18 个省（自治区、直辖市）的荒漠化土地面积全部净减少。其中，内蒙古减少 4169 km²，甘肃减少 1914 km²，陕西减少 1443 km²，河北减少 1156 km²，宁夏减少 1097 km²，山西减少 622 km²，新疆减少 589 km²，青海减少 507 km²。与 2004 年相比，我国荒漠化土地减少面积相当于 4 个上海（图 2-2）。

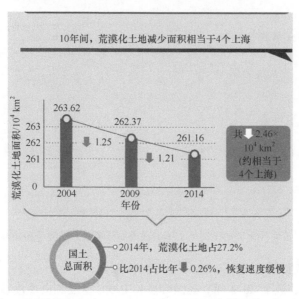

图 2-2　10 年荒漠化土地减少面积相当于 4 个上海（十年治理成绩排名，人民网［2016-06-17］）

2）荒漠化类型动态变化

2014 年与 2009 年相比，风蚀荒漠化、水蚀荒漠化、盐渍荒漠化及冻融荒漠化土地面积分别减少 5671 km²、5109 km²、1100 km² 及 240 km²。

3）荒漠化程度动态变化

2014 年与 2009 年相比，轻度荒漠化土地面积增加，中度荒漠化、重度荒漠化及极重度荒漠化土地面积减少。轻度荒漠化土地增加 8.36×10⁴ km²，中度荒漠化、重度荒漠化及极重度荒漠化土地分别减少 4.29×10⁴ km²、2.44×10⁴ km² 及 2.83×10⁴ km²。

5. 沙化土地动态[69, 70]

2014 年与 2009 年相比，全国沙化土地面积净减少 9902 km²，年均减少 1980 km²。

1）各省（自治区、直辖市）沙化土地动态变化

与 2009 年相比，内蒙古等 29 省（自治区、直辖市）沙化土地面积都有不同程度的减少。其中，内蒙古减少 3432 km²，山东减少 858 km²，甘肃减少 742 km²，陕西减少 593 km²，江苏减少 585 km²，青海减少 570 km²，四川减少 507 km²。与 2004 年比较，我国沙化土地减少面积相当于 3 个上海（图 2-3）。

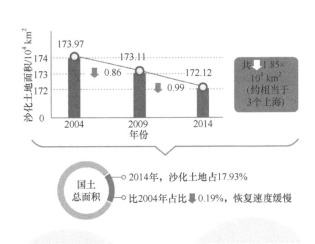

图 2-3　10 年沙化土地减少面积相当于 3 个上海[72]

2）沙化土地类型动态变化

固定沙地（丘）和沙化耕地增加，流动沙地（丘）、半固定沙地（丘）及露沙地面积减少。2014 年与 2009 年相比，固定沙地（丘）和沙化耕地分别增加 1.55×10^4 km² 和 3905 km²，流动沙地（丘）、半固定沙地（丘）及露沙地分别减少 7282 km²、12.84×10^4 km² 及 8722 km²。

3）沙化程度动态变化

2014 年与 2009 年相比，极重度沙化土地减少，轻度沙化、中度沙化及重度沙化土地面积增加。极重度沙化土地减少 7.48×10^4 km²，轻度沙化、中度沙化及重度沙化土地面积分别增加 4.19×10^4 km²、0.41×10^4 km² 及 1.89×10^4 km²。

6. 具有明显沙化趋势的土地动态变化[69, 70]

2014 年与 2009 年相比，全国具有明显沙化趋势的土地面积减少约 1.07×10^4 km²，年均减少 2140 km²。其中，内蒙古减少 3989 km²，甘肃减少 3978 km²，宁夏减少 669 km²，新疆减少 471 km²，河北减少 404 km²，青海减少 338 km²，陕西减少 329 km²。

20 世纪 80 年代中期，中国开始对荒漠化进行评估[73]。《联合国荒漠化治理公约》中国委员会（CCICCD）评估结果如下：中国荒漠化总面积为 262.2×10^4 km²，风蚀荒漠化、水蚀荒漠化、冻融荒漠化、盐渍荒漠化及其他原因引起的土地退化面积分别为 1607×10^3 km²、205×10^3 km²、363×10^3 km²、233×10^3 km² 及 214×10^3 km²，轻度、中度及重度荒漠化面积分别为 951×10^3 km²、641×10^3 km² 及 1030×10^3 km²，分别占荒漠化面积的 36.3%、24.4% 及 39.3%。80～90 年代中期年平均荒漠化面积估计达到 2460 km²[74]。

随后，原国家林业局防治荒漠化管理中心进一步完善了 CCICCD 的评估和监控办法。评估指标、遥控图像的解读及荒漠化范围界定的差异，使得报道的荒漠化面积有不少出入，但总体的局势基本是一致的（表 2-1 和表 2-2）[74, 75]。

表 2-1　风蚀荒漠化评价标准[75]

严重程度	评价标准
轻度	植被盖度>30%，没有明显的流沙，地面被固定或半固定沙丘覆盖
中度	植被盖度 10%～30%，有明显的流沙，沙丘上有流沙波纹
重度	植被盖度<10%，剥蚀地，雅丹地貌，风蚀残丘

表 2-2　中国北方沙漠化评价典型标准[75, 76]

沙漠化程度	面积/10^4 km²	典型地貌	典型地貌所占比例/%	年增加速率/%
极重度沙漠化	34	连续流动沙丘	>50	>3
重度沙漠化	61	流动沙丘，固定和半固定沙丘	26～50	2～3
新生沙漠化	81	成片流沙，灌丛，地表龟裂，风蚀粗化	6～25	1～2
潜在沙漠化	15.8	出现流沙和风蚀斑	<6	<1

2.6.2　新疆维吾尔自治区荒漠化及沙化现状[77, 78]

1. 荒漠化及沙化土地现状

截至 2014（2009）年年底，新疆荒漠化土地总面积为 107.06（107.12）×10^4 km²，占新疆总面积的 64.31%（64.34%）。分布于乌鲁木齐、克拉玛依、吐鲁番、哈密、昌吉、伊犁、塔城、阿勒泰、博尔塔拉、巴音郭楞、阿克苏、克孜勒苏柯尔克孜、喀什及和田 14 个地（州、市）及 5 个自治区直辖县级市中的全部 100 个县（市）（含兵团）。

1）气候类型区荒漠化现状

截至 2014（2009）年年底，新疆干旱区荒漠化土地面积为 76.14（76.24）×10^4 km²，占荒漠化土地总面积的 71.12%（71.17%）；半干旱区荒漠化土地面积为 28.97（28.94）×10^4 km²，占荒漠化土地总面积的 27.06%（27.02%）；亚湿润干旱区荒漠化土地面积为 1.95（1.94）×10^4 km²，占荒漠化土地总面积的 1.82%（1.81%）。

2）荒漠化类型现状

截至 2014（2009）年年底，新疆风蚀荒漠化土地面积为 81.22（81.18）×10^4 km²，占荒漠化土地总面积的 75.86%（75.78%）；水蚀荒漠化土地面积 11.57（11.69）×10^4 km²，占荒漠化土地总面积的 10.81%（10.91%）；盐渍化土地面积 9.25（9.23）×10^4 km²，占荒漠化土地总面积的 8.64%（8.62%）；冻融荒漠化土地面积 5.02（5.02）×10^4 km²，占荒漠化土地总面积的 4.69%（4.69%）。

3）土地利用类型荒漠化现状

截至 2014（2009）年年底，新疆主要是草地荒漠化和未利用地荒漠化，分别为 46.90（51.94）×10^4 km² 和 44.10（43.59）×10^4 km²，合计占全部荒漠化面积的 84.99%（89.2%），

其余耕地荒漠化为 5.06（3.74）×10^4 km^2、林地荒漠化为 11.00（7.85）×10^4 km^2，合计占全部荒漠化面积的 10.8%。

2. 荒漠化土地动态变化

2014 年与 2009 年相比，全疆荒漠化土地面积减少 589.21 km^2，年均减少 117.84 km^2。2009 年与 2004 年相比，全疆荒漠化土地面积减少 422.53 km^2，年均减少 84.5 km^2。

1）荒漠化类型动态变化

2014 年与 2009 年相比，风蚀荒漠化和盐渍化荒漠化土地面积分别增加 396.40 km^2 和 249.38 km^2；水蚀荒漠化和冻融荒漠化土地面积分别减少 1228.47 km^2 和 6.52 km^2。2009 年与 2004 年相比，风蚀荒漠化和水蚀荒漠土地面积分别减少 467.62 km^2 和 361.81 km^2；盐渍荒漠化和冻融荒漠化土地面积分别增加 402.36 km^2 和 4.54 km^2。

2）各土地利用类型荒漠化动态变化

2014 年与 2009 年相比，荒漠化耕地增加 13305.46 km^2，增加幅度 35.71%；荒漠化草地减少 50439.85 km^2，减少幅度 9.71%；荒漠化林地增加 31505.56 km^2，增加幅度 40.11%；荒漠化未利用地增加 5039.62 km^2，增加幅度 1.16%。2009 年与 2004 年相比，荒漠化耕地和荒漠化草地面积分别增加 10890.75 km^2 和 9037.35 km^2；荒漠化林地和荒漠化未利用地分别减少 2865.37 km^2 和 17485.26 km^2。

3. 沙化土地现状

截至 2014（2009）年年底，新疆沙化土地面积为 74.71（74.67）×10^4 km^2，占新疆总面积的 44.87%（44.84%），分布于乌鲁木齐、克拉玛依、吐鲁番、哈密、昌吉、伊犁、塔城、阿勒泰、博尔塔拉、巴音郭楞、阿克苏、克孜勒苏柯尔克孜、喀什及和田 14 个地（州、市）及 5 个自治区直辖县级市中的 89 个县（市）（含兵团）。乌鲁木齐、伊犁及塔城地区的 11 县（市）没有沙化土地分布。

1）沙化土地各类型面积现状

截至 2014（2009）年年底，新疆流动沙地面积为 28.64（28.49）×10^4 km^2，占沙化土地总面积的 38.34%（38.15%）；半固定沙地面积为 7.78（8.10）×10^4 km^2，占 10.41%（10.85%）；固定沙地面积为 6.56（6.57）×10^4 km^2，占 8.78%（8.79%）；沙化耕地面积为 0.41（0.18）×10^4 km^2，占 0.56%（0.25%）；非生物工程治沙地面积为 0.0055（0.0024）×10^4 km^2，占 0.01%（0.01%）；风蚀残丘面积为 0.14×10^4 km^2，占 0.18%；风蚀劣地面积为 0.55×10^4 km^2，占 0.73%；戈壁面积为 30.62（30.64）×10^4 km^2，占 40.99%（41.03%）。

2）各地（州、市）沙化土地现状

截至 2014（2009）年年底，新疆沙化土地主要分布在巴音郭楞、和田、哈密、阿克苏、吐鲁番、阿勒泰及喀什等 7 个地（州），面积分别为 24.61（24.48）×10^4 km^2、13.24（13.25）×10^4 km^2、9.47（9.3）×10^4 km^2、6.17（6.21）×10^4 km^2、4.72×10^4 km^2、4.47（4.49）×10^4 km^2 及 4.05（4.11）×10^4 km^2，7 个地（州）沙化土地面积占全区沙化土地总面积的 89.32%；其余地州 7.98×10^4 km^2，占 10.68%。

4. 沙化土地动态变化

2014 年与 2009 年相比，全疆沙化土地面积增加 367.18 km²，年均增加 73.44 km²。全区沙化土地面积扩展速度持续减缓，由每年 82.80 km² 降为 73.44 km²。2014 年与 2009 年相比，新疆流动沙地增加 1537.96 km²，半固定沙地减少 3240.85 km²，固定沙地减少 49.00 km²，沙化耕地增加 2284.18 km²，非生物工程治沙地增加 31.12 km²，风蚀残丘减少 3.67 km²，风蚀劣地减少 25.73 km²，戈壁减少 166.83 km²。2009 年与 2004 年相比，全疆沙化土地面积增加 414.03 km²，年均增加 82.8 km²。全区沙化土地面积扩展速度持续减缓，由年扩展 104.2 km² 降为 82.8 km²。2009 年与 2004 年相比，全疆流动沙地减少 59.28 km²，半固定沙地增加 269.46 km²，固定沙地减少 1255.69 km²，沙化耕地增加 1544.76 km²，非生物工程治沙地减少 42.09 km²，风蚀残丘（劣地）减少 5.04 km²，戈壁减少 38.09 km²。2009 年与 2004 年相比，全疆大部分地（州、市）沙化土地面积都有不同程度的减少。其中，阿克苏减少 1794.16 km²，和田减少 690.32 km²，喀什减少 273.47 km²，塔城减少 116.68 km²，伊犁减少 84.19 km²，哈密减少 59.72 km²，昌吉减少 34.14 km²，吐鲁番减少 35.39 km²，克孜勒苏柯尔克孜减少 10.57 km²，乌鲁木齐减少 15.03 km²，博尔塔拉减少 2.47 km²。一些地（州）沙化土地出现了扩展，其中，阿勒泰扩展 1702.89 km²，自治区直辖阿拉尔市扩展 1158.32 km²，巴音郭楞扩展 668.58 km²。此外，克拉玛依和石河子沙化土地增减幅度不大。

5. 具有明显沙化趋势的土地状况

截至 2014(2009)年年底，全区具有明显沙化趋势的土地面积为 4.71(4.75)×10⁴ km²，占总面积的 2.83%（2.85%）。主要分布在喀什、阿克苏、巴音郭楞和阿勒泰，面积分别为 1.26（1.24）×10⁴ km²、0.97（0.95）×10⁴ km²、0.75（1.06）×10⁴ km² 和 0.42×10⁴ km²，其面积占全区具有明显沙化趋势的土地面积的 72.45%。

2014 年与 2009 年相比，全区具有明显沙化趋势的土地面积减少 471.02 km²，年均减少 94.20 km²。2009 年有明显沙化趋势的土地面积为 4.75×10⁴ km²，与 2004 年相比，减少 523.12 km²，年均减少 104.62 km²。2009 年与 2004 年相比，监测区有明显沙化趋势的耕地面积增加 3695 km²，未利用地面积增加 47.4 km²，林地面积减少 1659.29 km²，草地面积减少 2606.21 km²。

6. 荒漠化和沙化总体趋势

2005～2009 年，荒漠化土地面积减少 422.53 km²，2009～2014 年，荒漠化土地面积减少 589.21 km²。2005～2009 年，沙化土地面积增加 414.03 km²；2009～2014 年，沙化土地面积增加 367.18 km²。2014 年与 2009 年相比，轻度荒漠化土地面积减少 1141.94 km²，减少 0.75%；中度荒漠化面积减少 1914.13 km²，减少 0.56%；重度荒漠化面积减少 2788.08 km²，减少 1.11%；极重度荒漠化面积增加 52.55 km²，增加 1.63%。轻度沙化土地面积减少 474.33 km²，中度沙化土地面积减少 941.36 km²，重度沙化土地面积增加 296.91 km²，极重度沙化土地面积增加 1485.95 km²。全区森林覆盖率已由"十一五"末的 4.24%提高到现在的 4.70%，国家重点公益林区的郁闭度平均提高 0.05～0.1，植被盖度平均提高 5%～10%。

7. 新疆维吾尔自治区沙漠化示例

1）古尔班通古特荒漠（沙漠）周边沙漠化

中国科学院考察队 1959 年对古尔班通古特荒漠（沙漠）的考察发现[79]，该荒漠（沙漠）基本为固定、半固定沙漠。

准噶尔盆地南缘是古尔班通古特荒漠（沙漠）的前沿地带，过去这一地带的许多地段有茂密的红柳、梭梭和胡杨林，沙丘多为固定沙丘，自然生态平衡。但人类活动的加剧破坏了植被，使沙丘活化，流沙蔓延，绿洲周围及荒漠（沙漠）边缘已经形成了长 350 km、宽 5～10 km 的沙丘活化带。区域内沙化土地面积 423.65×10^4 hm^2，其中，固定沙地 145.32×10^4 hm^2，半固定沙地 99.86×10^4 hm^2，流动沙地 5.32×10^4 hm^2，戈壁 169.45×10^4 hm^2。沙化土地中，流动沙地、半固定沙地、戈壁等植被盖度低于 30%的沙化土地面积 274.62×10^4 hm^2，占沙化土地总面积的 64.82%[80]。

2）塔克拉玛干荒漠（沙漠）周边沙漠化

进入 20 世纪 90 年代，由于气温升高及融雪（冰）量增加，塔里木河源流区来水量增加，但是，补给塔里木河干流的水量却减少。源流区增加的来水量没有注入塔里木河干流，主要是由于源流灌区用水量的增加。在一般年份，塔里木河的水量基本维持一定水平，上中游用水越多下游来水量就越少，这种减少会造成下游河道断流，尾闾湖泊干涸，地下水位下降，天然植被衰败，沙漠化过程加剧[81]。

塔里木河下游土地沙漠化的发展趋势呈现整体扩大、局部逆转的态势，治理与破坏并存，治理速度低于沙漠化速度，演变的结果是沙漠化与绿洲化并存，互有消长，但总趋势是沙进人退。沙漠和绿洲之间的稳定过渡带不断缩小，防护功能持续减弱，绿洲受到沙漠严重威胁[82]。

塔里木河干流的荒漠河岸林水平分布变化在一定程度上反映了该地区的沙漠化状况：①塔里木河干流荒漠河岸林面积为 58.42×10^4 hm^2，缺水造成了河岸林退化和减少，其防护功能减弱，沙漠化威胁加重；②沿河道两岸分布的荒漠河岸林对维持河岸附近生态稳定非常重要，离河道越远，河流渗入地下的水就越少，河岸林也就越少，塔里木河干流北岸影响范围为 38.33～45.51 km，南岸为 15.21～39.33 km；③塔里木河干流总体林地率不高，林地分布不均匀，荒漠河岸林分布范围 10～80 km，保护范围 0.8～12.3 km，恢复范围 2.2～24.5 km，重建范围 4.7～30.1 km[83]。

2.6.3　内蒙古自治区荒漠化及沙化现状[84, 85]

1. 荒漠化土地现状

内蒙古自治区全区第五次荒漠化和沙化土地监测结果显示，截至 2014 年，全区荒漠化土地面积 60.92×10^4 km^2，占总面积的 51.50%。

2. 荒漠化和沙化的总体形势

国家生态重点工程在内蒙古实施以来，防沙治沙取得一定成效。

（1）荒漠化和沙化土地面积减少。2009 年与 2004 年相比，荒漠化土地面积减少 4672 km²，沙化土地面积减少 1253 km²。

（2）土地荒漠化和沙化程度减轻。2009 年与 2004 年相比，荒漠化土地面积变化是中度～重度呈减少趋势，轻度稍有增加。具体为极重度减少 $0.13×10^4$ km²，重度减少 $0.51×10^4$ km²，中度减少 $1.11×10^4$ km²，轻度增加 $1.28×10^4$ km²。2009 年与 2004 年相比，沙化土地面积变化情况也是中度～重度呈减少趋势，轻度呈增加趋势，具体为极重度减少 $0.37×10^4$ km²，重度减少 $0.27×10^4$ km²，中度减少 $0.33×10^4$ km²，轻度增加 $0.85×10^4$ km²。

（3）重点治理区生态环境明显改善。京津风沙源治理工程区的流沙面积减少、植被增加、生物多样性增加。

3. 内蒙古自治区沙漠化示例

1）额济纳旗荒漠化

额济纳绿洲是黑河下游的天然绿洲。20 世纪 50 年代以来，额济纳绿洲现代荒漠化过程加剧，绿洲萎缩，生态恶化。额济纳绿洲荒漠化的驱动力是区域气候暖干化、强盛的风蚀侵蚀力、上中游过度开发水土资源的人为活动和额济纳绿洲内的"三滥"活动等。在自然因素和人为因素影响下，额济纳绿洲出现了严重的荒漠化[86]。

居延海（过去称居延泽）距额济纳县城约 50 km。鼎盛期的居延海是我国最大的内陆湖泊，据卫星图片和考古证实，水域面积最大时可能达 $5×10^4$ km² 左右，纵横跨度 200 km。居延海区域是我国汉代就有的最早的农垦区之一，养育了大量的游牧民族和农业人口，后来缩小为 726 km²。由于弱水流量不定，居延海的大小和位置在历史上常有变化，忽东忽西，忽南忽北，是一个"游移湖"。

从贺兰山到吐鲁番盆地，从祁连山到蒙古大戈壁广阔的领域内，只有居延海 1 个大湖泊。居延海养育了 7000 km² 大小的额济纳绿洲[87]，这个绿洲在中国北方生态体系中处于抵御沙尘暴侵袭的前沿位置。居延海形成了一个完整的生物系统，维持着内蒙古高原西部气候和生态系统的相对稳定。

自从 1992 年最后的东居延海干涸后，额济纳的气候和生态很快发生了巨大变化，鱼死鸟亡，野生动物数量急剧减少直至消失。原有的 26 种国家级保护动物中，9 种已经彻底消失，12 种迁徙他乡。整个绿洲的面积已由 6900 km² 锐减到 3328 km²。草本植物从20 世纪 50 年代的 200 多种锐减到 80 多种，原有的 130 多种可食牧草也仅存 20 余种。近 30 年来，东、西河两岸红柳、沙枣和梭梭林减少面积折合达 $8×10^4$ hm²（120 万亩），其中，胡杨林由 20 世纪 70 年代的 $5.27×10^4$ hm²（约 79 万亩）减少到 $2.33×10^4$ hm²（约 35 万亩）左右，每年减少 $0.10×10^4$ hm²（1.5 万亩）；红柳林面积由原来的 $1.5×10^4$ km²减少到 $1×10^4$ km²；梭梭林也斑片状地死亡。湖盆区和各河道低地的芦苇群落快速退化或死亡，现已十分稀疏和矮小。地下水位下降造成大片红柳枯死，使原来靠红柳固定的沙包活化，沿河中段东岸的无数沙丘在风力作用下活化后东移。自 20 世纪 60 年代以来，

40 多年间林草植被、地面水域和农田变为沙漠和盐碱滩的比例约占绿洲可利用土地总面积的 50%以上。20 世纪 80 年代至 2009 年期间，额济纳天然绿洲植被覆盖度明显减少，灌木减少了 29.23%，草地减少了一半多，水体减少了 14.82%，耕地和荒漠的面积都增加了，其中荒漠的面积增加了 63.22%。额济纳天然绿洲的景观多样性指数向减少方向发展，表明景观结构组成成分的复杂性趋于降低，绿洲的胡杨和灌木与草地结构趋向简单，生态功能减弱。总体上，额济纳天然绿洲由绿洲景观向荒漠景观转变的趋势较为明显[88]。

导致额济纳天然绿洲沙漠化的自然因素有：气温上升、降水量下降、气候出现暖干化趋势[89]。额济纳平原深居内陆腹地，是典型的大陆性气候，具有降水量稀少、蒸发强烈、温差大、风大沙多、日照时间长等特点。

导致其荒漠（沙漠）化的人为因素主要是上游用水量增加，流到额济纳天然绿洲的水量急剧减少，缺水是本地区生态恶化的直接原因。

黑河流域内 30 多条支流，以山丹河水系、洪水河水系、摆浪河水系和讨赖河水系为主。其中讨赖河为流域最大和向最下游注入黑河干流的支流，年径流量 $9.0×10^8$ m^3。山丹河注入干流的年径流量约 $0.95×10^8$ m^3，洪水河约 $1.3×10^8$ m^3。1944～1950 年，讨赖河修建鸳鸯池水库，后又维修扩建，总库容达 $1.1×10^8$ m^3，其下又增建解放村水库，总库容 $0.4 ×10^8$ m^3，使讨赖河完全被控制，水资源消失于金塔盆地。据水文资料，鸳鸯池水库以下测得年径流量约 $3.8×10^8$ m^3。山丹河、洪水河、摆浪河相关水库的修建，使水系发生明显改变，汇入干流水量急剧减少。尤其 1954～1963 年及 1968～1978 年两个阶段，水利建设达到高峰，分别建成大小水库 33 座和 39 座，尚未包括蓄水量小于 $100×10^4$ m^3 的小塘坝和平原小水库。水库总蓄水能力达到 $4.57×10^8$ m$^{3[90]}$。

2）巴丹吉林荒漠（沙漠）与腾格里荒漠（沙漠）之间活化带的发展

腾格里荒漠（沙漠）湖盆天然绿洲的变化主要表现在相对高的地段原生植被破坏，砂质土壤活化，引发裸平沙地和半裸平沙地的形成；在较低洼处的湖盆绿洲，过度放牧使优质牧草减少，造成植被持续退化，土壤粗化贫瘠化，最后转变为盐化干湖盆[91, 52]。

1989～2007 年，巴丹吉林-腾格里荒漠（沙漠）间沙丘活化带合并趋势显著，沙地斑块质心向西北偏移，即腾格里荒漠（沙漠）的西北缘向巴丹吉林荒漠（沙漠）的东南缘推进。自然和人为因素共同作用推动了两大荒漠（沙漠）间沙丘活化带的合并。气候的暖干趋势是土地荒漠（沙漠）化的前提，人口增长和超载过牧等人为因素加速了沙丘活化带的合并[52]。

阿拉善右旗雅布赖镇的九棵树地带曾是巴丹吉林和腾格里两大荒漠（沙漠）的隔离带。20 世纪 80 年代，九棵树地带还有许多沙生植物，地表有结皮，没有流沙。如今这里是巴丹吉林和腾格里荒漠（沙漠）的“握手”地带，到处黄沙飞扬。环境监测数据表明，巴丹吉林和腾格里两大荒漠（沙漠）合拢的面积，1996 年为 29 km^2，到 2002 年达到 57 km^2。巴丹吉林、腾格里和乌兰布和三大荒漠（沙漠）的面积 1996～2002 年的 6 年间增加了 1814 km$^{2[92]}$。

3）阿拉善盟荒漠（沙漠）化

阿拉善盟荒漠（沙漠）化自然因素为气候干旱，风大沙多；人为因素表现为人口及牲畜数量超过土地承载量，草场过牧。自然因素与人为因素共同作用的结果是土地严重沙漠化。一些斑斑点点的活化地带逐渐连成流动沙丘，沙漠面积扩张。乌兰布和荒漠（沙漠）面积 1 万多平方千米，据考证，这个以沙地为主的荒漠（沙漠）是近 1000 多年才形成的。

4）毛乌素荒漠（沙地）荒漠（沙漠）化

20 世纪 50～60 年代，毛乌素荒漠（沙地）景观发生了巨变，沙漠化急剧扩张。这期间，移动沙丘面积增加了 540915 hm²，所占比例从 30.24%增加到 44.53%；半固定沙丘面积增加了 399302 hm²，所占比例从 10.89%增加到 21.44%；固定沙丘减少了 572130 hm²，所占比例从 22.33%降低到 7.22%。50 年代，移动和固定沙丘是沙地主要景观，但是到了 90 年代，移动沙丘成了主要景观[93]。毛乌素荒漠（沙地）沙漠化的主要原因是过度放牧、过度垦荒及过度砍伐。70 年代，在毛乌素荒漠（沙地）的一些地方，过度放牧甚至超过 200%，尤其是大量啃食牧草根茎的山羊更加速了草原的沙漠化。由于人口增加、食物需求的驱动及地方政府的错误政策，一些地方大量垦荒，导致地面裸露，风蚀使新开垦的土地快速沙漠化。50～70 年代，伊克昭盟开垦了 4000 km² 草地，导致 1.2×10⁴ km² 草地退化，其他盟的境况也十分相似。统计数字显示，伊克昭盟每年超过 50 万 t 天然植物被砍伐，20 世纪 60～80 年代，这一地区由过度砍伐导致的荒漠（沙漠）化达到 2000 km²，占伊克昭盟草地的 4.4%。70 年代中期，乌审旗 1.37 万家庭每年取暖毁坏 240 km² 沙地灌木丛。

在中国北方农牧过渡带，鲜有植被的地表由多孔含沙沉积物组成，容易风蚀。毫无疑问，毛乌素荒漠（沙地）脆弱的生态系统和干旱气候是这一地区荒漠（沙漠）化的前提条件，但是就毛乌素荒漠（沙地）而言，自然因素不是引起荒漠（沙漠）化的根本原因。在毛乌素荒漠（沙地）的许多区域，年降水量超过 300 mm，完全满足形成植被的气候条件，除非有人为因素的干扰，否则不应该出现大面积的流动沙丘。在大约 1400 年前的唐代，毛乌素荒漠（沙地）是一片清溪涓涓的美丽草地，随后，由于汉王朝与北方少数民族间的战争，以及屯兵及移民占用草地，其逐渐荒漠（沙漠）化[94]。从 2000 年开始，国家对荒漠（沙漠）化防治越来越重视，投入也逐年增加，使得这里的荒漠（沙漠）化得到了明显缓解。据内蒙古日报 2009 年 2 月 9 日报道，毛乌素荒漠（沙地）治理率已达到 70%，这是毛乌素荒漠（沙地）荒漠（沙漠）化后的好消息。

5）科尔沁沙地沙漠化

大约 10 世纪，科尔沁地区仍然是大树成林、郁郁葱葱的陆地。12 世纪金朝，由于气候原因，森林逐渐消失，19 世纪中期，清朝政府为了满足不断增加的人口需求，实施了林地转换农田计划，使土地裸露，造成风蚀沙漠化。目前这一地区植被稀疏，只有斑斑点点的树林和草原[95]。

截至 2004 年，科尔沁荒漠（沙地）有荒漠（沙漠）化土地 520×10⁴ hm²，占沙区面积的 42.0%。其中，固定沙地 340×10⁴ hm²，占 65.6%；半固定沙地 6×10⁴ hm²，占 11.6%；流动沙地 4×10⁴ hm²，占 8.1%；露沙地 76×10⁴ hm²，占 14.7%，其他类型的荒漠（沙漠）化土地 2400 hm²，占 0.1%。与 20 世纪 50 年代相比，荒漠（沙漠）化的比例由 22%发展到 2004 年的 42.0%[96, 97]。

奈曼旗位于科尔沁荒漠（沙地）南缘，是我国北方农牧交错带荒漠（沙漠）化最严重的地区之一，也是中国荒漠（沙漠）化监测和治理的重要地区之一。自 20 世纪 80 年代以来开始实行一系列土地整治措施，土地覆盖/利用发生很大变化。80 年代以来，奈曼旗耕地与难利用土地大幅减少，林地和草地大幅增加。土地覆盖/利用变化的主要过程为：耕地退耕还草、还林，难利用土地恢复为草地，在适宜的草地上植树造林；景观变得破碎，土地利用的多样性增强[98]。

2.6.4　青海省荒漠化及沙化现状

1. 全省荒漠化土地基本情况

青海是我国荒漠（沙漠）化面积较大、分布海拔最高、荒漠（沙漠）化危害最严重的省（自治区、直辖市）之一，荒漠（沙漠）化土地面积位居全国第三位。西起茫崖镇，东至泽库县和日乡，呈西宽东窄的条带状分布，东西长近 1000 km，南北宽约 300 km，含 4 州的 8 县 2 市 3 镇，共计 57 个乡（镇）。

第五次全国荒漠化和沙化监测结果显示，2009～2014 年，青海省荒漠化土地面积减少 $5.1×10^4$ hm^2，年均减少 $1.02×10^4$ hm^2；沙化土地面积减少 $5.7×10^4$ hm^2，年均减少 $1.14×10^4$ hm^2[99]。

青海省荒漠化土地分布在西宁市的湟源县，海东市的平安、民和、乐都和互助土族自治县，黄南藏族自治州的尖扎县，海南藏族自治州共和、贵南和贵德县，海西蒙古族藏族自治州格尔木、德令哈、都兰、乌兰、天峻、大柴旦、冷湖和茫崖，海北藏族自治州祁连县，玉树藏族自治州治多县和曲麻莱县。

据 2012 年青海省林业厅提供的数据，全省 2009 年有沙化土地总面积 $1250.4×10^4$ hm^2，占全省面积的 17.4%。其中流动沙地（丘）$120.1×10^4$ hm^2，半固定沙地（丘）$115.6×10^4$ hm^2，固定沙地（丘）$118.1×10^4$ hm^2，露沙地 $199.3×10^4$ hm^2，非生物治沙工程地 $0.1×10^4$ hm^2，风蚀劣地 $312.1×10^4$ hm^2，风蚀残丘 $73.2×10^4$ hm^2，戈壁 $311.9×10^4$ hm^2。荒漠（沙漠）化造成土地沙化，草场退化，掩埋农田、公路、村庄，堵塞渠道等，严重制约着全省经济社会的可持续发展。

2000 年，青海省土地沙化总面积 $1196.5×10^4$ hm^2[100]，与最新数据比较，沙化土地面积在最近 10 年有所增加。从已知数据分析，2004 年达到最大 $1255.8×10^4$ hm^2，2009 年减少到 $1250.4×10^4$ hm^2。

2. 柴达木盆地荒漠（沙漠）化情况

柴达木盆地是青海省荒漠化危害最为严重的地区。盆地内格尔木、德令哈、都兰、乌兰、天峻、大柴旦、冷湖、茫崖皆有荒漠化土地分布，据 2009 年《青海省第四次荒漠化和沙化土地监测成果报告》，柴达木盆地现有荒漠化土地面积 $1664.1×10^4$ hm^2，占全省荒漠化土地总面积的 87%。按类型分，其中风蚀荒漠化 $1218.7×10^4$ hm^2，占荒漠化土地总面积的 73.2%；水蚀荒漠化 $217.2×10^4$ hm^2，占 13.1%；盐渍化荒漠化 $184.3×10^4$ hm^2，占 11.1%；冻融荒漠化 $43.9×10^4$ hm^2，占 2.6%。

柴达木盆地年平均地表水径流量为 $44.10×10^8$ m^3，加上新疆流入盆地的水量 $2.87×10^8$ m^3，共为 $46.97×10^8$ m^3，这些水源应该为缓解当地荒漠（沙漠）化提供物质基础。

柴达木盆地气温升高、降水量增多、蒸发量增加、地表径流量增加。1959 年不算沙漠区（流动、固定、半固定沙丘），戈壁、风蚀残丘的总面积为 4.68×10^4 km²，1999 年剧增到 7.43×10^4 km²（表 2-3）。1999~2012 年，荒漠（沙漠）化面积呈减少趋势[43]。

表 2-3　柴达木盆地沙漠化土地面积变化（10^4 km²）[43]

年份	戈壁	风蚀残丘	流动、固定、半固定沙丘	合计
1959	3.80	0.88	1.12	5.80
1977	4.40	0.88	2.44	7.72
1986	4.47	2.15	1.87	8.49
1994	4.59	2.04	3.62	10.25
1999	4.06	3.37	2.63	10.06

2.6.5　西藏自治区荒漠化及沙化现状[101]

第五次全国荒漠化和沙化监测结果显示，西藏荒漠化土地面积 4325.62×10^4 hm²，沙化土地面积 2158.36×10^4 hm²。与第四次监测结果相比，荒漠化土地面积减少 1.36×10^4 hm²，沙化土地面积减少 3.50×10^4 hm²[102]。

2.6.6　宁夏回族自治区荒漠化及沙化现状

2015 年 11 月 29 日国家林业局公布的第五次全国荒漠化和沙化监测结果显示，"十二五"期间，宁夏荒漠化土地和沙化土地面积双缩减。截至 2014 年，宁夏荒漠化土地总面积 278.90×10^4 hm²，占宁夏总土地面积 519.55×10^4 hm² 的 53.68%；沙化土地总面积 112.46×10^4 hm²，占宁夏总土地面积的 21.65%；有明显沙化趋势土地面积为 26.85×10^4 hm²，占宁夏总土地面积的 5.17%。实际有效治理的沙化土地面积 30×10^4 hm²，占沙化土地面积的 26.7%。

2000 年，宁夏荒漠化土地（包括土壤风蚀沙化、水土流失和土壤盐渍化）面积为 338.7×10^4 hm²，占全区面积的 65%，其中轻度占 22.1%，中度占 44.5%，重度占 33.4%。全区有 18 个县、市，532.1 万人遭受荒漠化威胁[103]。

宁夏土地沙化主要发生在海拔 1000 m 以上的中部地区，约占宁夏沙化面积的 70%。其次是黄河冲积平原两侧，引黄灌区内也有小面积分布，固原和海原北部仅有轻微沙化现象[104]。

2.6.7　甘肃省荒漠化及沙化现状[105, 106]

1. 甘肃荒漠化及沙化概况

第五次全国荒漠化和沙化监测结果表明：甘肃省荒漠化土地面积 1950.20×10^4 hm²，占监测区面积的 77.1%，占全省土地总面积的 45.8%。甘肃省沙化土地面积 1217.02×10^4 hm²，占监测区面积的 52.6%，占全省土地总面积的 28.6%。与 2009 年第四期监测结果相比，荒漠化土地总面积减少 19.14×10^4 hm²，沙化土地总面积减少 7.42 $\times 10^4$ hm²。

根据《甘肃省第四次荒漠化沙化监测》报告，截至 2009 年年底，甘肃省荒漠化土地总面积 1921.28×10⁴ km²，占全省总面积的 45.12%，分布于全省 10 个市（州）的 37 个县（市、区）。按气候类型区分：亚湿润干旱区 267.81×10⁴ hm²，半干旱区 895.66×10⁴ hm²，干旱区 757.81×10⁴ hm²。按荒漠化土地类型分：风蚀荒漠化 1549.82×10⁴ hm²、水蚀 284.91×10⁴ hm²、盐渍化 70.26×10⁴ hm²、冻融 16.29×10⁴ hm²。按荒漠化程度分：极重度 699.96×10⁴ hm²、重度 272.54×10⁴ hm²、中度 634.05×10⁴ hm²、轻度 314.73×10⁴ hm²。与 2004 年相比，2009 年全省荒漠化土地面积减少 1349×10⁴ km²，年均减少 270 km²。2009 年甘肃省沙化土地面积为 11.92×10⁴ km²，占全省总面积的 28.0%，分布于 8 个市（州）的 24 个县（市、区）。2009 年与 2004 年比，全省沙化土地面积净减少 1121 km²，年均减少 224 km²[107]。

2. 荒漠化和沙化土地现状

1）荒漠化土地现状

①各气候类型区荒漠化现状。截至 2014 年，甘肃省干旱区荒漠化、半干旱区荒漠化及亚湿润干旱区荒漠化土地面积分别为 1018.20×10⁴ hm²、669.58×10⁴ hm² 及 262.41×10⁴ hm²。②荒漠化类型现状。截至 2014 年，甘肃风蚀荒漠化、水蚀荒漠化、盐渍荒漠化及冻融荒漠化土地面积分别为 1584.42×10⁴ hm²、278.93×10⁴ hm²、71.83×10⁴ hm² 及 15.03×10⁴ hm²。③荒漠化程度现状。截至 2014 年，甘肃轻度荒漠化、中度荒漠化、重度荒漠化及极重度荒漠化土地面积分别为 325.82×10⁴ hm²、657.72×10⁴ hm²、303.28×10⁴ hm² 及 663.38×10⁴ hm²。

2）沙化土地现状

①沙化土地类型现状。截至 2014 年，甘肃流动沙地（丘）、半固定沙地（丘）、固定沙地（丘）、露沙地、沙化耕地、非生物治沙工程地、风蚀残丘、风蚀劣地及戈壁面积分别为 185.36×10⁴ hm²、133.76×10⁴ hm²、174.88×10⁴ hm²、4.39×10⁴ hm²、5.55×10⁴ hm²、847.7 hm²、3.99×10⁴、13.61×10⁴ hm² 及 695.41×10⁴ hm²。②沙化程度现状。截至 2014 年，甘肃轻度沙化土地、中度沙化土地、重度沙化土地及极重度沙化土地面积分别为 64.53×10⁴ hm²、198.14×10⁴ hm²、255.07×10⁴ hm² 及 699.30×10⁴ hm²。

3）具有明显沙化趋势的土地现状

全省有明显沙化趋势的土地面积 177.55×10⁴ hm²，占全省土地总面积的 4.2%。

3. 荒漠化和沙化土地动态

1）荒漠化土地动态变化

①各市（州）荒漠化动态变化。2014 年与 2009 年相比，全省 10 个市（州）荒漠化土地面积全部减少。减少绝对值由大到小的次序是酒泉市（7.87×10⁴ hm²）>兰州市（2.94×10⁴ hm²）>白银市（2.69×10⁴ hm²）>武威市（2.11×10⁴ hm²）>张掖市（1.97×10⁴ hm²）>金昌市（1.45×10⁴ hm²）>定西市（406.7 hm²）>嘉峪关市（397.2 hm²）>庆阳市（106.8 hm²）>临夏回族自治州（98.4 hm²）。②荒漠化类型动态变化。2014 年与 2009 年相比，风蚀荒漠化、水蚀荒漠化及冻融荒漠化土地面积分别减少 11.98×10⁴ hm²、5.98×10⁴ hm² 及

$1.24×10^4\,hm^2$，盐渍化荒漠化土地增加 $602.3×10^4\,hm^2$。③荒漠化程度动态变化。2014 年与 2009 年相比，极重度荒漠化土地减少 $49.43×10^4\,hm^2$，轻度荒漠化、中度荒漠化及重度荒漠化土地面积分别增加 $11.07×10^4\,hm^2$、$5.67×10^4\,hm^2$ 及 $13.56×10^4\,hm^2$。

2）沙化土地动态变化

①各市（州）沙化土地动态变化。2014 年与 2009 年相比，有 6 个市（州）沙化土地减少，只有 1 个州沙化土地增加。沙化土地减少绝对值由大到小的次序是酒泉市（$4.07×10^4\,hm^2$）>张掖市（$1.62×10^4\,hm^2$）>白银市（$0.62×10^4\,hm^2$）>武威市（$0.60×10^4\,hm^2$）>金昌市（$0.54×10^4\,hm^2$）>庆阳市（$0.12×10^4\,hm^2$）>嘉峪关市（$146.2\,hm^2$），甘南藏族自治州沙化土地增加 $0.17×10^4\,hm^2$。②沙化土地类型动态变化。2014 年与 2009 年相比，流动沙地（丘）、沙化耕地、非生物治沙工程地、风蚀劣地及戈壁面积减少，减少面积分别为 $13.63×10^4\,hm^2$、$0.64×10^4\,hm^2$、$868.2\,hm^2$、$2.45×10^4\,hm^2$ 及 $3.83×10^4\,hm^2$；半固定沙地（丘）、固定沙地（丘）、露沙地及风蚀残丘面积增加，增加面积分别为 $8.54×10^4\,hm^2$、$2.51×10^4\,hm^2$、$0.23×10^4\,hm^2$ 及 $1.94×10^4\,hm^2$。③沙化程度动态变化。2014 年与 2009 年相比，轻度沙化土地和中度沙化土地分别增加 $13.70×10^4\,hm^2$ 和 $19.97×10^4\,hm^2$；重度沙化土地和极重度沙化土地面积分别减少 $1.05×10^4\,hm^2$ 和 $40.04×10^4\,hm^2$。

3）具有明显沙化趋势的土地动态变化

2014 年与 2009 年相比，全省有 6 个市（州）具有明显沙化趋势的土地面积减少，共计减少 $39.78×10^4\,hm^2$。减少绝对值由大到小的次序是嘉峪关市（$441.5×10^4\,hm^2$）>酒泉市（$11.28×10^4\,hm^2$）>白银市（$8.62×10^4\,hm^2$）>张掖市（$6.88×10^4\,hm^2$）>金昌市（$4.86×10^4\,hm^2$）>庆阳市（$786.1\,hm^2$）。只有甘南藏族自治州具有明显沙化趋势的土地面积增加（增加 $193.6\,hm^2$）。

参 考 文 献

[1] 王涛，朱震达. 我国沙漠化研究的若干问题——1. 沙漠化的概念及其内涵. 中国沙漠, 2003, 23(3): 209-214.

[2] 李智佩. 中国北方荒漠化形成发展的地质环境研究. 西安: 西北大学, 2006.

[3] UN. United Nations Convention to Combat Desertification in Those Countries Experiencing Serious Drought and/or Desertification, Particularly in Africa. Paris: UNEP, 1994.

[4] UNEP. Status of desertification and implementation of the United Nations plan of action to combat desertification. Report of the executive director to the governing council, third special session, Nairobi: 1991.

[5] 陈广庭. "联合国防治荒漠化公约"与"荒漠化"有关的定义. 中国沙漠, 1994, 4: 71.

[6] 朱震达. 中国土地荒漠化的概念、成因与防治. 第四纪研究, 1998, 2: 145-153.

[7] Aubreville A. Climats, forests et desertification de l'Afrique tropicale. 2nd editions. Paris: Societe d'Editions Geographiques, Maritimes et Coloniales, 1949: 352.

[8] 朱震达. 中国荒漠化问题研究的现状与展望. 地理学报, 1994, 49: 650-659.

[9] 慈龙骏. "荒漠化"和"沙漠化". 科技文萃, 1995, 8: 32.

[10] 李禄康. 沙漠化孰荒漠化?——关于 DESERTIFICATION 汉译名之我见. 世界林业研究, 1994, 2: 87-88.

[11] 王礼先. 全球荒漠化防治现状及发展趋势. 世界林业研究, 1994, (1): 10-17.

[12] 马世威, 马玉明, 姚洪林, 王林和, 姚云峰. 沙漠学. 呼和浩特: 内蒙古人民出版社, 1998.

[13] 甘肃省科学技术厅. 荒漠化防治与治沙技术. 兰州: 甘肃人民出版社, 2001.

[14] 刘新春. 关于荒漠化研究几个问题的探讨. 沙漠与绿洲气象, 2007, 1: 27-31.

[15] 中华人民共和国林业部防治沙漠化办公室中国林业部防治沙漠化办公室. 联合国关于在发生严重干旱和/或沙漠化的国家特别是在非洲防治沙漠化的公约. 北京: 中国林业出版社, 1994: 77.

[16] 杨景春, 李有利. 地貌学原理. 北京: 北京大学出版社, 2001: 110-125.

[17] 李新坡. 现代沙漠化的影响因素及研究意义浅析. 水土保持研究, 2003, 10: 140-141.

[18] 李文波. 黄沙中的罪与罚. 森林与人类, 2002, 6: 17-19.

[19] 何绍芬. 荒漠化、沙漠化定义的内涵、外延及在我国的实质内容. 内蒙古林业科技, 1997, 1: 15-18.

[20] 朱震达, 陈广庭. 中国土地的沙质荒漠化. 北京: 科学出版社, 1994.

[21] 朱震达, 刘恕. 关于沙漠化概念及其发展程度的判断. 中国沙漠, 1984, 3: 1-8.

[22] 王涛, 赵哈林. 中国沙漠科学的五十年. 中国沙漠, 2005, 25: 145-165.

[23] 慈龙骏. 中国荒漠化及其防治. 北京: 高等教育出版社, 2005.

[24] 吴正. 中国沙漠及其治理. 北京: 科学出版社, 2009.

[25] 朱震达, 王涛. 从若干典型地区研究近十年来中国土地沙漠化演变趋势的分析. 地理学报, 1990, 45: 67-72.

[26] 杨晓辉. 半干旱农牧交错区土地荒漠化成因与荒漠化状况评价: 以内蒙古伊金霍洛旗为例. 北京: 北京林业大学, 2000.

[27] 徐建华. 现代地理学中的数学方法. 北京: 高等教育出版社, 1994.

[28] 阿如旱, 杨持. 内蒙古多伦县沙漠化驱动因素影响的累加效应分析. 中国沙漠, 2007, 27: 936-941.

[29] 常学礼, 赵学勇, 韩珍喜, 崔步礼, 陈雅琳. 科尔沁沙地自然与人为因素对沙漠化影响的累加效应分析. 中国沙漠, 2005, 25: 466-471.

[30] Mainguet M, Da Silva G G. Desertification and drylands development: What can be done? Land Degradation and Development, 1998, 9: 375-382.

[31] Pickup G. Desertification and climate change the Australian perspective. Climate Research, 1998, 11: 51-63.

[32] 董光荣, 陈惠忠, 王贵勇, 李孝泽, 邵亚军, 金炯. 150 ka 以来中国北方沙漠、沙地演化和气候变化. 中国科学(B 辑), 1995, 25: 1303-1312.

[33] 花婷, 王训明, 次珍, 张彩霞, 郎丽丽. 中国干旱、半干旱区近千年来沙漠化对气候变化的响应. 中国沙漠, 2012, 32: 618-624.

[34] 章基嘉, 殷显曦. 气候变化、干旱和沙漠化. 科学通报, 1986, 2: 1-4.

[35] 李晓兵, 陈云浩, 张云霞, 范一大, 周涛, 谢锋. 气候变化对中国北方荒漠草原植被的影响. 地球科学进展, 2002, 17(2): 254-261.

[36] 刘治彦. 人类不合理经济活动对荒漠化影响分析. 江西社会科学, 2004, 8: 181-188.

[37] 马安青, 高峰, 贾永刚, 单红仙, 王一谋. 基于遥感的贺兰山两侧沙漠边缘带植被覆盖演变及对气候演变响应. 干旱区地理, 2006, 29(2): 170-177.

[38] Stone A. 绿色撒哈拉. 胡德良编译. 海洋地质动态, 2007, 23(1): 41.

[39] Wittig R, Konig K, Schmidt M, Szarzynski J. A study of climate change and anthropogenic impacts in West Africa. Environmental Science and Pollution Research, 2007, 14: 182-189.

[40] D'Odorico P, Bhattachan A, Davis K F, Ravi S, Runyan C W. Global desertification: Drivers and feedbacks. Advances in Water Resources, 2013, 51: 326-344.

[41] 张登山. 青海共和盆地土地沙漠化影响因子的定量分析. 中国沙漠, 2000, 20: 59-62.

[42] 魏文寿, 张璞, 高卫东, 李红军. 新疆沙尘暴源区的气候与荒漠环境变化. 中国沙漠, 2003, 23: 483-487.

[43] 任朝霞, 杨达源. 近50a西北干旱区气候变化趋势及对荒漠化的影响. 干旱区资源与环境, 2008, 22: 91-95.

[44] 袁丽侠. 宁夏土地沙质荒漠化成因与防治对策研究. 自然灾害学报, 2002, 11: 132-137.

[45] 常兆丰, 韩福贵, 仲生年, 赵明, 梁泰. 石羊河下游沙漠化的自然因素和人为因素及其位移. 干旱区地理, 2005, 28: 150-155.

[46] Haynes C V. Great sand sea and Selima sand sheet, Eastern Sahara: Geochronology of desertification. Science, 1982, 217: 629-633.

[47] 廖允成, 付增光, 贾志宽, 王龙昌. 中国北方农牧交错带土地沙漠化成因与防治技术. 干旱地区农业研究, 2002, 20: 95-98.

[48] 刘彦随, Gao J. 陕北长城沿线地区土地退化态势分析. 地理学报, 2002, 57: 443-450.

[49] 王涛, 吴薇, 赵哈林, 胡梦春, 赵爱国. 科尔沁地区现代沙漠化过程的驱动因素分析. 中国沙漠, 2004, 24: 519-528.

[50] 李并成. 石羊河下游明清时期荒漠植被的破坏与沙漠化. 干旱区研究, 1989, 3: 25-31.

[51] 马骏, 刘蔚, 席海洋, 张涛, 鱼腾飞, 杨凯年. 近20a黑河下游核心绿洲区土地荒漠化特征及影响因素. 水土保持通报, 2014, 34: 160-165.

[52] 刘羽, 王秀红, 张雪芹, 张百平. 巴丹吉林-腾格里沙漠间沙丘活化带发展过程及其驱动力分析. 干旱区研究, 2011, 28: 957-966.

[53] 李祥石, 朱存世. 贺兰山与北山岩画. 银川: 宁夏人民出版社, 1993: 16-30.

[54] 宁夏回族自治区统计局. 宁夏统计年鉴. 北京: 中国统计出版社, 2001.

[55] 钱国权. 河西走廊生态环境恶化的历史反思. 开发研究, 2007, (3): 159-161.

[56] 甘肃省发展与改革委员会. 甘肃省国土资源开发利用与保护研究. 兰州: 甘肃人民出版社, 2005: 10.

[57] 魏文寿, 刘明哲. 古尔班通古特沙漠现代沙漠环境与气候变化. 中国沙漠, 2000, 20: 178-184.

[58] 奥布力·塔力普. 环塔里木经济圈人为干扰因素对生态安全的影响研究. 兰州: 兰州大学, 2015.

[59] 苏永中, 赵哈林. 科尔沁沙地农田沙漠化演变中土壤颗粒分形特征. 生态学报, 2004, 24: 71-74.

[60] 赵哈林, 赵学勇, 张铜会, 李玉霖, 苏永中. 北方农牧交错区沙漠化的生物过程研究. 中国沙漠, 2002, 22: 309-315.

[61] 苏永中, 赵哈林. 农田沙漠化过程中土壤有机碳和氮的衰减及其机理研究. 中国农业科学, 2003, 36: 928-934.

[62] 陈小红, 段争虎, 雒天峰, 谭明亮. 沙漠化逆转过程中不同粒组颗粒养分与全土养分的关系. 干旱区研究, 2013, 30: 992-997.

[63] 赵哈林, 刘任涛, 周瑞莲, 曲浩, 潘臣成, 王燕, 李瑾. 沙漠化对科尔沁沙质草地大型土壤动物群落的影响及其成因分析. 草业学报, 2013, 22: 70-77.

[64] 李锋瑞. 黑河中游人工绿洲土壤水文-生物学过程耦合研究进展. 中国地理学会沙漠分会 2014 年学术会议, 2014.

[65] 闫德仁, 杨文斌. 沙漠化土地治理程度等级指标的探讨. 中国沙漠, 2006, 26: 698-703.

[66] 甘肃省林业厅. 甘肃省荒漠化问题及其治理. 甘肃农业, 2003, (S2): 415-422.

[67] 李智佩, 岳乐平, 薛祥煦, 杨利荣, 王岷, 聂浩刚, 王飞跃. 坝上及邻区荒漠化土地地质特征与荒漠化防治. 西北大学学报(自然科学版), 2007, 3: 436-442.

[68] 何鹏杰, 张恒嘉, 王玉才, 康艳霞, 黄彩霞, 杨晓婷. 河西地区临泽县土地荒漠化影响因素分析. 环境工程, 2016, (S1): 1111-1116.

[69] 第四次中国荒漠化和沙化状况公报. 国家林业局, 2011. http://www.forestry.gov.cn/2011-01-04.

[70] 第五次中国荒漠化和沙化状况公报. 国家林业局, 2015. http://www.forestry.gov.cn/2015-12-29.

[71] 王涛. 团队和平台建设在沙漠科学发展中的作用与思考. 中国地理学会沙漠分会 2014 年学术会议, 2014.

[72] 超9成荒漠化沙化土地在这5省区 十年治理成绩排名出炉. (2016-06-17)[2020-01-14]. http://politics. people.com.cn/n1/2016/0616/c1001-28451348.html.

[73] Yang X, Zhang K, Jia B, Ci L. Desertification assessment in China: An overview. Journal of Arid Environments, 2005, 63: 517-531.

[74] 国际防治荒漠化公约中国执行委员会. 荒漠化及其防治. 北京: 中国林业出版社, 1997.

[75] Zhu Z. Status and trend of desertification in northern China. Journal of Desert Research, 1985, 5: 3-11.

[76] Zhu Z. The principles and methods for compiling the map of desertification of China. Journal of Desert Research, 1985, 4: 3-15.

[77] 新疆维吾尔自治区防沙治沙领导小组. 新疆荒漠化和沙化状况公报. 新疆林业, 2011, (5): 6-7.

[78] 新疆维吾尔自治区林业厅. 新疆荒漠化和沙化状况公报. (2016-10-10)[2020-01-14]. http://hmhfz. forestry.gov.cn.

[79] 胡式之, 芦云亭, 吴正. 新疆准噶尔盆地沙漠考察: 沙漠研究. 北京: 科学出版社, 1962: 43-61.

[80] 孙景梅. 准噶尔盆地南缘沙化土地成因及危害探析. 内蒙古林业调查设计, 2009, 32: 19-21.

[81] 陈亚宁, 崔旺诚, 李卫红, 张元明. 塔里木河的水资源利用与生态保护. 地理学报, 2003, 58: 215-222.

[82] 吐尔逊·哈斯木, 阿迪力·吐尔干, 杨家军, 阿不力提甫·吾甫尔. 塔里木河下游土地沙漠化与区域可持续发展. 水土保持通报, 2013, 33: 1-7.

[83] 白元, 徐海量, 刘新华, 凌红波. 塔里木河干流荒漠河岸林的空间分布与生态保护. 自然资源学报, 2013, 28: 776-785.

[84] 内蒙古自治区荒漠化和沙化状况公报. 内蒙古自治区林业厅, 2011. http: //www.northnews.cn/2011-03-27.

[85] 内蒙古公布全区第 5 次荒漠化和沙化土地监测结果. (2016-06-16)[2020-01-14]. www.scio.gov.cn.

[86] 李森, 李凡, 孙武, 李保生. 黑河下游额济纳绿洲现代荒漠化过程及其驱动机制. 地理科学, 2004, 24: 61-67.

[87] 林泉. 额济纳绿洲的宿命. 国土资源, 2007, (7): 57-62.

[88] 刘春雨, 赵军, 刘英英, 党国锋, 师银芳. 25 年来额济纳天然绿洲 LUCC 及景观格局时空变化. 干旱区资源与环境, 2011, 25: 32-38.

[89] 王旭东, 刘克利, 戴玉芝, 冯震, 金柏青, 孙红斌. 1957—2007 年额济纳荒漠绿洲暖干化趋势. 干旱区研究, 2009, 26: 771-778.

[90] 朱家涛, 马强, 谢海英. 浅析额济纳绿洲退化成因. 内蒙古水利, 2010, 2: 93-94.

[91] 乔江, 裴浩, 王永利, 梁存柱. 腾格里沙漠内湖及湖盆绿洲的动态研究. 内蒙古气象, 2006, 2: 26-28.

[92] 陆孝平, 刘杰, 郭福庆. 阿拉善地区沙漠化治理的探讨. 中国水利 2007, (8): 39-40.

[93] Wu B, Ci L J. Landscape change and desertification development in the Mu Us Sandland, Northern China. Journal of Arid Environments, 2002, 50: 429-444.

[94] 北京大学地理系. 毛乌素沙区自然条件及其改良利用. 北京: 科学出版社, 1983.

[95] Wang F, Pan X B, Wang D F, Shen C Y, Lua Q. Combating desertification in China: Past, present and future. Land Use Policy, 2013, 31: 311-313.

[96] 郑明军, 任于幽, 王美云, 高科. 科尔沁沙地植被逆向演替与防治对策研究. 干旱区资源与环境, 2000, 14: 35-40.

[97] 任鸿昌, 吕永龙, 杨萍, 陈惠中, 史雅静. 科尔沁沙地土地沙漠化的历史与现状. 中国沙漠, 2004, 24: 544-547.

[98] 赵杰, 赵士洞, 郑纯辉. 奈曼旗 20 世纪 80 年代以来土地覆盖/利用变化研究. 中国沙漠, 2004, 24: 317-322.

[99] 青海省荒漠化及沙化土地面积持续减少. 青海日报, 2016-02-01.

[100] 马正党. 青海省土地荒漠化现状及其治理. 攀登, 2002, 21: 83-84.

[101] 冯强, 甘世书, 孙继霖, 吴照柏, 蒋琼星. 西藏荒漠化现状及防治措施探讨. 中南林业调查规划, 2012, 31: 18-20.

[102] 西藏防沙治沙取得初步成效. (2016-03-02)[2020-01-14]. http://www.xzly.gov.cn/article/1433.

[103] 孙长春. 宁夏土地荒漠化现状与防治措施. 林业经济, 2003, (2): 36-38.

[104] 蒋齐, 李生宝, 范聪, 刘新, 王宁庚. 宁夏土地沙质荒漠化及其防治对策. 干旱区资源与环境, 1999, 13: 54-60.

[105] 甘肃省林业厅. 甘肃省荒漠化问题及其治理. 甘肃农业, 2003, S2: 415-422.

[106] 甘肃省林业厅. 甘肃省第五次荒漠化和沙化监测情况公报. (2016-06-16)[2020-01-14]. http://www.gansu.gov.cn/art/2016/6/16/art_36_276647.html.

[107] 赵洪民, 张龙生, 魏金平, 陈翔舜, 尚立照, 王小军, 高斌斌. 甘肃省土地荒漠化监测结果及动态变化分析. 中国水土保持, 2012, (6): 51-53.

第 3 章　荒漠（沙漠）化防控

3.1　概　　述

3.1.1　荒漠（沙漠）化危害

在人类所面临的生态和环境危机中，荒漠（沙漠）化是最严重的危机。根据联合国环境规划署组织编写的《全球环境展望（四）》报告，全球约有 20 亿人依靠干旱地区的生态系统生活，其中 90%生活在发展中国家。全球荒漠化面积约占地球整个陆地面积的 1/4，荒漠化面积总计达到 $3600×10^4$ km^2。荒漠化影响世界 1/6 的人口，导致这些人口生活在贫穷之中[1, 2]。土地荒漠化是当前全球最主要的环境问题之一，影响着当地居民的生产生活，不仅加剧了贫困，还间接影响着社会经济可持续发展，对人类生存和发展构成严重威胁[3]。

全球有 110 多个国家、约 10 亿多人正在遭受土地荒漠（沙漠）化的威胁，其中 1.35 亿人面临流离失所的危险。全球每年因土地荒漠化造成的直接经济损失超过 420 亿美元。人类在不断进行荒漠化防治，力图减少其影响，但荒漠化土地面积却以每年相当于爱尔兰的面积在扩大。到 20 世纪末，全球已损失 1/3 的耕地。

沙漠化在荒漠化中占比最大、危害最大、治理难度最大，可以说是人类心头之患。

1968～1974 年，西部非洲特大干旱夺走了 20 万人和数百万头牲畜的生命。在撒哈拉荒漠区的 21 个国家中，80 年代干旱高峰期受到影响的有 3500 多万人，其中"生态难民"达到 1000 多万。

我国是世界上荒漠（沙漠）化土地面积较大、危害最严重的国家之一。据统计，我国已荒漠化和易受荒漠化影响的土地合计达 332.7 万 km^2，占陆地面积比例高达 34%[4]。据报道[5]，我国每年因荒漠化造成的直接经济损失达 540 亿元，平均每天损失近 1.5 亿元。973 计划项目"中国沙漠与沙漠化"的最新研究成果显示[6]，近年中国生态破坏和环境污染造成的经济损失值约占 GDP 的 14%。据此推算，生态破坏的经济损失 1994 年为 4201.6 亿元，2000 年为 7000 亿元（其中，土地沙漠化经济损失约为 4700 亿元）。西部许多地区自然条件恶劣，风沙危害和水土流失严重，是我国生态环境十分脆弱的地区。新疆、内蒙古、宁夏、青海及甘肃的几十个县荒漠化还在不断加剧，有可能变成一个又一个的罗布泊。荒漠（沙漠）化是西部许多地区面临的最大生态危机，环境恶化已成为西部许多区域人民生存、生产和生活面临的最大挑战。

1993 年 5 月 4 日，特大沙尘暴从新疆西部边境出发，途经甘肃西部、宁夏中北部和内蒙古西部。这次沙尘暴在金昌、武威及古浪等县，造成了 85 人死亡，264 人受伤，31 人失踪，影响范围达到 1000000 km^2。整个河西地区在 4 h 之内损失牲畜 12 万头，有 $37×10^4$ hm^2

（555 万亩）耕地因黑风带来的沙土掩埋而绝收。

　　荒漠（沙漠）化已经由单纯的生态问题演变为经济和社会问题。人类生产活动造成的"有河皆干、有水皆污、土地退化、沙漠碰头"现象，必然给人类带来贫困和社会动荡。荒漠（沙漠）化会造成人民生活贫困，迫使人们背井离乡，成为"生态难民"。荒漠（沙漠）化已成为人类在环境领域面临的三大挑战之一。

3.1.2　荒漠（沙漠）化防治观点

　　荒漠化逐渐成为一个严重的生态和环境问题，1977 年，联合国防止荒漠化会议提出了这一问题。第 49 届联合国大会通过了 49/115 号决议，决定从 1995 年起，把每年的 6 月 17 日定为"世界防治荒漠化和干旱日"（World Day to combat desertification），旨在进一步提高世界各国政府和人民对防治荒漠化重要性的认识，唤起人们防治荒漠化的责任心和紧迫感。"世界防治荒漠化和干旱日"的主题体现了人类近些年在荒漠化防治方面的观点和关注重点。2002～2019 年，主题分别是："荒漠化与土地退化"（2002 年）、"水资源管理"（2003 年）、"移民与贫困"（2004 年）、"妇女与荒漠化"（2005 年）、"沙漠之美-荒漠化的挑战"（2006 年）、"荒漠化与气候变化——一个全球性的挑战"（2007 年）、"防治土地退化 促进可持续农业"（2008 年）、"节约土地和水资源，保护我们共同的未来"（2009 年）、"改善土壤 改善生活"（2010 年）、"林木维系荒漠生机"（2011 年）、"土地滋养生命-携手遏制退化"（2012 年）、"不要让人类的未来枯竭了"（2013 年）、"依靠生态系统适应气候变化"（2014 年）、"通过可持续粮食系统实现所有人的粮食安全"（2015 年）、"干旱和水资源短缺"（2016 年）、"我们的土地，我们的家园，我们的未来"（2017 年）、"土地无价 值得投资"（2018 年）及"防治土地荒漠化，推动绿色发展"（2019 年）。

　　在第 1 章沙尘暴部分（1.1.5 节中的"沙尘暴正面评价"），笔者列举了一些沙尘暴对地球有利的实例，讲述了来自沙漠的沙尘在维护热带雨林生态稳定、海洋藻类稳定及消除大气污染等方面的巨大作用，用以说明沙漠对地球的重要性。我们对风沙危害认识深刻，也了解风沙危害与沙漠密切相关，但千万不能据此就要消灭沙漠。事实上，我们对沙漠存在价值的认识还非常肤浅，对沙漠在大自然中所扮演的角色还没有完全认识，对消灭沙漠后可能出现的生态灾难基本没有概念，所以我们不能治理沙漠、消灭沙漠，而要研究沙漠、爱护沙漠、保护沙漠。要清晰界定治理荒漠（沙漠）化和治理沙漠的界限，就要把防治风沙危害、保护人类家园和保护沙漠看作是同一件事。治理荒漠（沙漠）化不是去挑战和战胜沙漠，是力求人类与沙漠和谐共存。

　　在进行荒漠（沙漠）化防控过程中，我们始终需要牢记比·特雷莫的名言："不以伟大的自然规律为依据的人类计划，只会带来灾难。"

　　人类要防治荒漠（沙漠）化，就要力求恢复大自然的和谐和平衡，就应该恢复被大面积破坏的沙地植被，让荒漠（沙漠）周边恢复其本来的面目，让荒漠（沙漠）停留在大自然让它产生的地方。

　　无论从事哪种与自然相关的活动，人类必须尊重自然、爱护自然、关注生存环境、关注地球的未来，绝不能为了一些短期利益，掠夺自然、破坏自然，否则将导致荒漠（沙漠）化。人类生活仰仗大自然，从祖宗继承的自然河山是属于人类世世代代赖以生存的福地，当我们将她遗留给子孙后代时，要保证她仍然是健美的，仍然是可以养育人类的伊甸园。

荒漠（沙漠）化形成和发展的主导力量是自然，但不可否认，人类在荒漠（沙漠）化过程中起到推波助澜的作用。随着人类对荒漠（沙漠）认识的不断加深，我们能够逐渐认识荒漠（沙漠）化的形成、发展及防控方法。

1. 沙漠不需要治理

面对浩瀚的沙漠，人类的力量显得微不足道。《联合国气候变化框架公约》执行秘书伊沃·德布尔曾说过，干旱地区的人们通过过度放牧、过度用水、森林砍伐及其他活动对环境施加了巨大压力，然而气候变化才是更大的威胁。"气候变化将更大地改变天气模式，特别是非洲，降雨量在减少，气候变化正在加速荒漠（沙漠）化。气候变化可能是荒漠（沙漠）化最大的诱因"[7]。气候是荒漠（沙漠）化的主因，也是大自然运行的产物。笔者认为：沙漠既然是自然产物，真正的沙漠无须治理。大自然主导的沙漠，仅靠人类的力量、按照人类的意志是不可能完全改变的。主张治理沙漠的人们，有些是对人类自己过于自信，有些是把沙漠与荒漠（沙漠）化混淆。如前所述，沙漠是地质单元，是自然形态，无论人类是否喜欢，它都会存在。如果自然演化需要，它必将存在很长时间，它的存在或消失反映自然营力，我们只能接受事实。

有学者认为，我们治理沙漠的地方，主要就是在沙漠边缘和人类生活密切相关的地带，或是像克拉玛依油田那样的地方，虽然处在沙漠中间但又是非常重要的地区。而人迹罕至的沙漠中心，本身对人类没什么危害，我们也不必去治理。沙漠作为地球古已有之的自然类型，在维持全球生态系统平衡上，它一直发挥着自己独特的作用。我们完全没必要"彻底战胜"沙漠。其实，现在人们已经远离了一定要"战胜沙漠"的年代。更和谐的观点认为，人在平原要生存，在山地要生存，在沙漠里也要生存，而不一定要治理沙漠。在沙漠地区如何利用现有自然资源，是当前沙漠科学中非常重要的问题[8]。生态环境保护是功在当代利在千秋的事业，我国人民已经认识到保护生态环境的紧迫性和艰巨性，认识到加强生态文明建设的重要性和必要性，也认识到必须树立尊重自然、顺应自然和保护自然的生态文明理念，而且要坚持节约优先、保护优先、自然恢复为主的方针。目前的观点使对人们沙漠的认识趋于理智，制定的政策对荒漠（沙漠）化防控具有指导意义。

2. 荒漠（沙漠）化可以缓解

有些荒漠（沙漠）化是由人为因素造成的，如过度用水、过度放牧、过度开垦、过度砍伐和滥采滥挖等导致的荒漠（沙漠）化。人为造成的荒漠（沙漠）化在除去人为因素后，荒漠（沙漠）化可以缓解。多年的实践使人们认识到，当人类做到以下几点时，人为因素引发的荒漠（沙漠）化则可以大大缓解：①停止所有旱区针对林木的砍伐等活动；②停止旱区的开荒垦殖；③停止在半干旱草原区的开垦和农作；④停止在半干旱地区草场过度放牧；⑤维持旱区人口平衡，适当向外迁移住民；⑥避免过度用水；⑦在沙漠边沿地区建设缓解带，在遭受沙害的铁路、公路及灌溉干渠沿线建设保护带，在农区林区与沙漠交界地区建设隔离带；⑧恢复沙漠周边地区或绿洲原有的生态系统。

3. 荒漠（沙漠）化可以局部防控

有些荒漠（沙漠）化地区，自然条件不是十分苛刻，有植物生长的基本条件，通过人为治理，荒漠（沙漠）化可以减缓甚至消失，生态可以局部恢复。即使在自然条件容许的条件下，荒漠（沙漠）生态自然修复过程还是十分缓慢，需要人类按照自然规律干预，从而达到减缓和消除荒漠（沙漠）化的目的。

3.1.3　中国荒漠（沙漠）化防控措施

荒漠（沙漠）化防控是指干旱、半干旱和亚湿润干旱地区为可持续发展而进行的土地修复活动，包括防止和减少土地退化、恢复部分退化的土地及合理垦复已荒漠化的土地等[9]。

中国荒漠（沙漠）化面积大、分布广，荒漠（沙漠）化防控技术和措施因地域类型和防控重点不同而各异[10]。中国是饱受长期和大范围荒漠（沙漠）化危害的发展中国家，同时具有与荒漠（沙漠）化斗争的长期历史，尤其是最近几十年，中国防控荒漠（沙漠）化工作更是取得了长足的进步。中国的经验和教训对于世界荒漠（沙漠）化防控是宝贵的财富。

1. 逐步建立和完善荒漠（沙漠）化防控相关法律和制度

我国先后制定并实施《中华人民共和国水土保持法》、《中华人民共和国防沙治沙法》、《中华人民共和国环境保护法》、《中华人民共和国森林法》、《中华人民共和国草原法》、《中华人民共和国农业法》、《中华人民共和国矿产资源法》和《中华人民共和国土地管理法》等多个法律，分别对水土流失和荒漠（沙漠）化预防与治理进行规范和指导。2014 年 4 月 24 日，《中华人民共和国环境保护法》（2014 年修订）通过立法程序，新的《中华人民共和国环境保护法》于 2015 年 1 月 1 日施行。新的《中华人民共和国环境保护法》第二十九条规定，国家在重点生态功能区、生态环境敏感区和脆弱区等区域划定生态保护红线，实行严格保护；第三十一条规定，国家建立、健全生态保护补偿制度。

2. 开展沙漠（化）科学研究和实践

中国科学院很早就重视荒漠（沙漠）化的防控，20 世纪 50 年代就成立了中国科学院治沙队，后来在兰州又成立了中国科学院兰州沙漠研究所（后与中国科学院兰州冰川冻土研究所合并为中国科学院寒区旱区环境与工程研究所，现为中国科学院西北生态环境资源研究院），对中国沙漠科学的建立和发展做出了重要贡献。除此之外，还有甘肃省治沙研究所、甘肃省荒漠化与风沙灾害防治国家重点实验室（培育基地）、兰州大学资源环境学院、西北师范大学生态功能高分子材料教育部重点实验室、风沙危害区生态修复与沙产业协同创新中心、甘肃省干旱生境作物学国家重点实验室（培育基地）等从事沙漠和荒漠（沙漠）化研究的国家和地方团队，事实上，兰州集结了我国有关沙漠研究的核心队伍。

1954 年，包兰铁路开工建设，在苏联专家彼得洛夫和阿阜宁的指导下，沙坡头地区开始大面积推广草方格。黄儒信是最早在沙坡头参与扎制草方格的科学家之一，他回忆道："1957 年春末，彼得洛夫来到沙坡头介绍了中亚铁路治沙的芦苇草障经验，并指导工人扎下了 1.5 m×1.5 m、2 m×2 m 的麦草方格沙障，当时在现场的有中科院治沙站的研究员李鸣冈和工程师李玉俊以及第一设计院的工程师，他们与民工一起扎下了第一片麦草方格"[11]。

中国科学院兰州沙漠研究所围绕中国西部沙漠中特有风沙地貌的形成、中国北方干旱半干旱地区历史时期的气候变化特征、干旱沙区土壤水循环的植被调控机理、荒漠化过程及其对人类活动和气候变化的响应与调控及重大工程风沙防治关键技术，进行了深入研究，在荒漠（沙漠）化地区进行了荒漠（沙漠）化防治示范，取得了一系列重要研究成果。

我国沙漠研究著名学者吴正教授总结了中国沙漠研究，归纳出以下成果。

（1）围绕农田、草场、铁路及公路沙害的治理，流沙防治的理论与应用研究得到迅速发展。在固沙研究基础上，开发和使用了效果良好的荒漠（沙漠）化防治方法。通过价廉和容易扎制的草方格沙障，配合栽植沙生植物，成功保护了包兰铁路。

（2）通过探索和实验，在化学固沙方面取得了一些成效。从 1966 年开始，先后使用乳化沥青、水玻璃、聚乙烯醇、造纸废液及乙酸乙烯乳液等进行固沙实验，取得了一些经验。

（3）植物固沙创造了多种先进技术。主要包括高秆和灌木结合造林法、沙区飞播沙生植物造林法、治沙丘间低地团块造林法及林草结合防沙技术等。

（4）在治沙工程理论方面取得进展。建立了室内室外风洞实验室，模拟沙漠环境进行实验，加深理解和验证工程防沙理论，促进了工程力学发展。

（5）出版了系列有关荒漠化（沙漠化）防治的专著。主要有朱震达等著的《治沙工程学》、吴正等著的《沙漠地区公路工程》、彭世古主编的《沙漠地区公路设计、施工与环保养护》、王涛编著的《中国沙漠与沙漠化》及慈龙骏编著的《中国的荒漠化及其防治》等[12]。

在长期科研积淀基础上，中国风沙物理研究围绕风沙活动及其危害问题，开展风沙运动规律、沙漠环境及其演变、荒漠（沙漠）化（含沙尘暴）过程及其防治研究，其研究内容可归纳为风沙物理、沙漠环境、荒漠（沙漠）化过程和防沙治沙原理与技术等四个主要领域[13]。

研究方法创新首先是新仪器新设备的使用，其次是自行研制开发专用仪器。1999 年以来，中国科学院沙漠与沙漠化重点实验室先后引进了粒子动态分析仪（particle dynamics analyzer，PDA）、多路压力扫描阀、热线风速仪、粒子图像测速系统（particle image velocimetry，PIV）、粒子动态分析仪，为风沙运动场测量提供了有效手段，极大地提高了我国风沙物理学研究水平。我国学者不但重视先进仪器的引进，也非常注重新仪器设备的自行研发，先后研制了防沙风速廓线采集系统、多路集沙仪、全方位集沙仪、沙尘水平通量测量仪、旋转式集沙仪及沙粒跃移捕获仪等 30 多种专用仪器和设备，得到了国际同行的普遍认可。仪器的引进和研制极大促进了我国在风沙物理领域的研究。在引进专门仪器设备和仪器设备自行研制与开发的同时,我国学者还不断尝试将探地雷达、近景摄影法及放射性元素示踪法等其他学科的现代技术应用于风沙物理研究中[13, 14]。

3. 建立沙漠研究观测站点

在基本查明了不同时期我国沙漠与沙漠化土地的成因、分布、程度和态势的基础上,为了实地科研和检测需要,也为了及时了解沙漠变化的实际状况,中国科学院在全国建立了一批定位研究试验站,带动了不同生物气候区沙漠的研究和沙漠化的防控。这些站点主要有:宁夏沙坡头沙漠生态系统国家野外科学观测研究站(国家站、中国科学院生态站)、奈曼沙漠化研究站(国家站、中国科学院生态站)、临泽内陆河流域综合研究站(国家站、中国科学院生态站)、新疆阜康荒漠生态系统国家野外科学观测研究站(国家站、中国科学院生态站)及新疆策勒荒漠草地生态系统国家野外科学观测研究站(国家站、中国科学院生态站)等。

4. 中国风沙危害区荒漠(沙漠)化防控模式

每一个地区的科研工作者和当地人民及政府,根据本地区的特点,都会在防治荒漠(沙漠)化过程中摸索出最佳方法。本章只简单介绍在中国风沙危害区已经被证明是行之有效和可以在大范围推广的模式[15]。

第一种模式是中卫沙坡头五带一体铁路防风固沙模式。为保障包兰铁路线宁夏段不受腾格里沙漠沙丘前移掩埋的侵害,根据"阻、固、输"的防沙治沙原理,科技人员在铁路沿线建立了"以固为主,固阻结合"的铁路防护体系。由铁路向外,建设了固沙防护带、灌溉造林带、草障植物带、前沿阻沙带和封沙育草带五带组成的防护体系,沿铁路上风方向 300 多米,下风方向 200 多米,总宽 500 多米,概称"五带一体",其中的无灌溉防护林带是必备的核心部分。

第二种模式是塔里木沙漠公路风沙危害防控。塔里木沙漠公路于 1995 年建成通车,北起 314 国道,南连 315 国道,途经轮南油田、塔里木河、塔中油田,南北贯通塔克拉玛干沙漠,全长 562 km,其中穿越流动性沙漠段长 442.5 km。塔里木沙漠公路属世界上穿越流动沙漠最长和沿线自然条件最为恶劣的等级公路,被收入吉尼斯世界纪录。

塔里木沙漠公路不仅是塔里木油气资源大规模勘探开发的交通支点,也是实现新疆南疆地区社会经济快速发展的交通命脉,它的全线贯通不仅加快了以塔中为基地的沙漠油气勘探开发的进程,而且使和田距乌鲁木齐的公路运距缩短了近 500 km,对巩固国防建设、促进边疆稳定、加强民族团结、有效带动塔里木盆地南缘国家级贫困地区的社会经济发展等均具有重要的现实和历史意义。

针对塔里木沙漠公路面临的风沙危害状况和生物防沙工程建设亟待解决的关键问题,中国科学院新疆生态与地理研究所经过十余年攻关研究和试验示范,重点解决了高抗逆性植物种选育、高矿化度水灌溉、防护林结构模式等技术难题,形成就地利用高矿化水灌溉造林技术体系和可持续管护技术体系,提出了塔里木沙漠公路防护林生态工程建设技术方案,并且于 2006 年在塔里木沙漠公路沿线建成了 436 km 的绿色走廊,不仅有效地防治了沙漠公路的风沙危害,而且彻底改变了公路两侧的荒芜景观(图 3-1)。

图 3-1　塔里木沙漠公路

摄影：徐新文

　　第三种模式是盐池荒漠（沙漠）化土地综合利用模式。此模式以林草建设为重点，提高环境质量，确保人们的生存和生活条件；以畜牧业为中心，加强高效草地建设；以草定畜发展舍饲，建立生态经济型畜牧业；以节水为关键，发展高产、优质和高效即"两高一优"生态农业，提高群众生活水平；保护、培植和合理利用沙地资源，发展沙产业。

　　第四种模式是绿洲腹地沙地沙产业工程开发模式。银川市西部有一片沙丘，连绵约 4000 hm²（约 6 万亩），俗称"西沙窝"。许多年来，沙丘以 0.8 m/a 的速度吞噬了 250 hm²（约 3750 亩）良田，沙害紧逼银川市区。宁夏水利科学研究院与企业联手，视沙地为宝贵资源，产、学、研结合，优势互补，资金加技术，以沙产业工程开发治理绿洲腹部流沙。将传统农业开发和现代农业技术相结合，推沙平地、打井修路、修建泵站电站并建设防风林网，开发应用智能化农业技术和采用先进的地理信息系统技术，实施节水喷灌，应用 28 项先进治沙技术，将 "西沙窝"1333 hm²（19995 亩）沙丘地成功地改造成了中药材种植基地，2000 hm²（30000 亩）沙荒地变成了葡萄种植基地，并带动了周边 4000 hm²（60000 亩）荒漠（沙漠）化土地的综合治理。

3.1.4　国外荒漠（沙漠）化防控措施

　　1. 政府主导型——美国、加拿大和德国

　　美国从 20 世纪 30 年代开始就陆续制定了调整土地退化地区的畜禽结构、限载畜量、推广围栏放牧技术、恢复退化植被、保护土壤、实施节水保温灌溉技术、节约水源、禁止乱伐森林等相关的法律，来保证荒漠（沙漠）化防控。美国荒漠（沙漠）化防控以防为主，治理为辅。加拿大政府部门建立了专门的土壤保护机构，针对容易退化的林业用地、农业用地和矿区土地制定了全面有效的管理和保护政策，取得了良好效果。德国号召回归自然，1965年开始大规模兴建海岸防风固沙林等林业生态工程。造林款由国家补贴（阔叶树85%、针叶树15%），免征林业产品税，只征5%的特产税（低于农业8%），国有林经营费用40%~60%由政府拨款[16]。

2. 科技主导型——以色列、阿联酋和印度

以色列采用高技术、高投入节水策略，在占其国土面积达75%的荒漠化土地上建成了高产高效农业，成为世界荒漠化土地利用的典范。以色列科技人员研发了适合本地种植的植物资源，保证了农牧林产品的优质化和多样化。印度利用卫星从更大范围监控和研究本国的荒漠（沙漠）化，他们也开发了系列固沙技术[16]。

3. 其他措施

巴基斯坦在荒漠化防治中采取的主要措施是：①引进生长速度较快的树种；②固定流动沙丘（通过使用当地枣树及猪屎豆，布置平行的或棋盘式分布的沙障阻挡沙丘流沙，在固定沙丘上造林）；③防风林（胶树、牧豆树、毛白杨、大枣树、沙拐枣）栽植降低风速；④旱地雨水收集；⑤利用空间技术防治荒漠化；⑥遥感和地理资讯协助荒漠化防治[17]。

伊朗由于人口急增，水资源短缺，以及过度开垦放牧，形成大片荒漠地区。最初主要采用沥青覆盖，植被恢复，建造防风障等措施进行荒漠（沙漠）化防治。2004年启动国家计划来防治荒漠（沙漠）化进程，这个计划主要强调广大群众参与，对已有荒漠（沙漠）化土地进行管理。建立不同部门间相互协作的荒漠（沙漠）化防治策略。例如，制定有关荒漠（沙漠）化防治执行及战略性文件；加强国际合作；对农村地区供应燃料；在农村地区建立太阳能洗澡、加热器等；对土地及水资源进行基线和可行性研究；参与式研讨及培训；建立干旱预警系统；用石油基材料稳定沙丘等。伊朗采取的沙丘稳定措施主要包括植被恢复、草原管理、水资源开发、土壤保护、流沙固定及一些土地资源管理[18, 19]。

葡萄牙科学家研究了某些植物，如洋麻、大麻、荨麻、芦苇、芒草、竹子、灯芯草、纸莎草等可以在废水中生长的习性，建议在水资源短缺的地区，利用废水促使这些植物生长，改善土壤营养，增加土壤植被覆盖度，降低风对土壤的侵蚀。但是，这种荒漠化治理措施必须考虑废水的质量、生物的质量及数量的问题，因为废水中可能有对环境造成污染的物质[20]。

4. 可借鉴的经验

沙特阿拉伯和埃及在沙漠土地利用方面积累了成功的经验，有些经验可以借鉴，其沙漠干旱地区农业及生态建设的主要经验如下[21]。

1）合理利用水资源[22]

①大力推广节水灌溉技术。为了充分利用有限的水资源，沙特阿拉伯、埃及两国特别强调发展新型节水型农业和实施节水科技生态治理，大力推广节水喷、滴灌技术。沙

特阿拉伯拉吉赫农场、埃及撒哈拉沙漠阿维乃特农场，小麦和土豆大田农作物的种植全部采用旋转喷灌作业。在水果及蔬菜的种植上都采用了滴灌技术。树木绿化也普遍采用滴灌或渗滴灌技术。②水资源的管理有严格的法规制度。沙特阿拉伯、埃及两国都非常重视水资源的管理，对水资源的管理都建有相应的法规，绝对禁止私人和公司对水资源的胡乱开采。特别对地下水的管理更有严格的监控措施。沙特阿拉伯朱夫地区的杜马市蓄排灌工程，以深层地下水为供水水源，共打深井 18 眼，每月取水 $120\times10^4\sim170\times10^4$ m³，浇灌 1600 hm²（2.4 万亩）土地。为确保地下水的长期稳定开采，严格控制布井间距，各水井间距均大于 1 km，目前已连续开采 9 年，水位下降不到 1 m。同时为了沙漠地下水资源的战略储备，严禁开采深层地下水。③微电子调控技术在供水和节水灌溉上的使用。沙特阿拉伯、埃及两国在供水和节水灌溉上普遍使用微电子调控技术。它们很多现代化的农场，其旋转喷灌装置都采用了电脑控制，土地的湿度和温度可通过传感器自动采集，并自动将所测数据通过地下专用传输电路传输到中央计算机控制室，控制室根据所传输来的信息，输入相应喷灌技术指令或程序，遥控旋转喷灌装置的自动行走、自动调节喷灌量和喷灌时间。④普及使用输水防渗技术。沙特阿拉伯、埃及两国在开发沙漠基础水利设施的建设上都做了大量工作，沙特阿拉伯朱夫地区杜马引水工程、埃及托斯卡引水工程、西奈半岛引水工程，其主输水渠长度都在几十公里到上百公里。杜马引水工程每天输水 5.6×10^4 m³，西奈半岛引水工程每天输水 12.2×10^4 m³。输水灌渠的施工采用了世界先进的防渗技术，即表层和底层均采用高标准的水泥沙石硬化，中间夹一层 2 mm 厚的超薄化学防渗材料。

2）推广科技生态建设[21]

①草木生态建设因地制宜，量力而行。对于便于汇水的山沟、洼地、平原先修蓄水池，尽可能地截留大气降水和地表洪水。然后根据蓄水池所蓄水量，采用节水灌溉方法种植相应面积的草木植被，在植被的行与行之间留有植被自然发展空间。②农业生态建设的大规模效应。无论是沙特阿拉伯的拉吉赫农场，还是埃及撒哈拉沙漠的阿维乃特农场，农作物及果木种植面积均达几万公顷，其中阿维乃特农场的远期规划达 10.47×10^4 hm²（157 万亩）。③大力发展循环农业。沙特阿拉伯、埃及两国在推行新型农业技术上，无论是国家的大型农场，还是私人企业承包的中、小型农场，都特别注重发展循环生态农业，即推行农（林）作物—产出粮食（水果）产品—秸秆转化饲料—喂养动物—产出肉食—动物粪便转化肥料—肥料又返回农田。

3）充分调动国内闲置资源为生态建设服务[21]

①大力调动闲置人力资源。埃及由国家投资修建的阿维乃特农场、托斯卡大型引水开发工程及西奈半岛大型引水开发工程，通过沙漠地区的治理改造，增加就业，既达到沙漠生态改良的效果，又能通过获取的资源提高人民的生活水平。②制定优惠政策，充分调动民间闲置资金。沙特阿拉伯、埃及两国在沙漠中的很多大型农场，都是由私人企业投资建设的。国家首先鼓励私人投资，其次制定很多优惠政策。③积极利用国家闲置动力资源。为了彻底根除尼罗河洪水泛滥所造成的灾害和提高尼罗河水的旱涝调蓄能力，20世纪 60 年代，埃及修建了阿斯旺高水坝。大坝共安装单机容量 17.5×10^4 kW 的水轮发电机组 12 台，年发电量 3600×10^8 kW・h，富裕的电能被用于发展沙漠生态农业，价格很低。

3.2 荒漠（沙漠）化研究方法

1960 年以来，新技术逐步被运用到荒漠（沙漠）化地貌研究中，加快了荒漠（沙漠）化研究的步伐。放射性测定年代方法可以更精确地确定形演变；矿物化学和电子显微镜可以在成分和形貌方面提供实证；通过孢粉学对古植物群丛进行分析，能极大地促进古气候研究。卫星和计算机的出现，演化出许多荒漠（沙漠）研究新方法。正确选择地面观测站点，在卫星图像基础上，利用计算机软件可以对荒漠（沙漠）气温、降雨量、地形地貌、植被种群、植被变迁、农作物种植、森林覆盖、动物种群、动物迁徙、土地利用、草场利用、沙漠面积、沙丘形状、沙丘移动、沙漠迁移及沙尘暴等进行科学分析和系统研究。在传统研究基础上，利用卫星遥感图像和计算机软件后，其研究范围更大、精度更高、结果更可靠。卫星和计算机技术必将极大促进人类对自然的认识，指导人类更好地利用自然资源，更自觉地与自然和谐相处。

现代科学技术不断被引入荒漠（沙漠）化研究中，促进了一些新的研究方法的出现和完善，使荒漠（沙漠）化研究方法和手段取得了很大进步。这些新技术包括：以现代电子技术和激光技术为基础的仪器设备被应用于风沙运动的研究；应用探地雷达开展有关沙丘内部沉积构造和下伏古地形的研究；遥感和地理信息系统（geographic information system，GIS）技术被应用于荒漠（沙漠）化动态监测与评价的研究；数字模拟方法被应用于风沙运动和土地荒漠（沙漠）化过程的研究；电子显微镜及电子探针等被应用于沙沉积物成因的分析；^{14}C、热释光（thermo luminescence，TL）和电子自旋共振（electron spin resonance，ESR）等被应用于风成沙年龄的测定等。这些研究对我国荒漠（沙漠）化研究由定性到定量化的发展起到了极其重要的推动作用[12]。

本节将要介绍的荒漠（沙漠）化研究新技术总体讲都与卫星和计算机有关，更确切讲是与遥感图像和计算机软件相关。

3.2.1 遥感图像相关融合

遥感的目的是获取和解释遥远地区的光谱测量进而提取地球表面结构和内容的信息。在遥感系统中，通常会接收到同一场景或同一目标的多幅遥感图像，对多源遥感图像所含信息进行去冗余等互补有机的处理，提高图像的可解释性与判读准确性，提升数据分类和目标识别等的精确性，这就是遥感数据融合技术所要解决的问题。记录各种地物电磁波大小的胶片（或相片）被称为遥感影像。用计算机处理的遥感图像必须是数字图像。以摄影方式获取的模拟图像必须用图像扫描仪等进行模/数（A/D）转换；以扫描方式获取的数字数据必须转存到一般数字计算机都可以读出的通用载体上。计算机图像处理要在图像处理系统中进行[23]。

利用光学卫星影像和 COSI-Corr（co-registration of optically sensed images and correlation）软件，可以大范围研究沙丘形貌、沙丘移动速度、沙尘量、风沙流、沙尘方向及跃移通量等，利用该方法已成功研究了撒哈拉中心沙丘移动现象，发现这一地区在

45 年内风的变化其实很小[24]。

　　亚马孙盆地是世界上奇妙的生态系统之一，孕育着大量的生命。这些生物所需的营养物质都是从哪里来的？过去很难回答这个问题。但现在利用卫星图像和计算机技术，人们不但能知道这些营养物质来自何方，而且知道它们有多少，甚至了解它们是什么时间通过什么方式来到亚马孙盆地的。通过计算机处理发现，亚马孙地区每年 56%的矿物质来自于撒哈拉沙漠，西非的沙尘在亚马孙的矿物质供应方面扮演了一个至关重要的角色[25]。

3.2.2　遥感图像与定位

　　遥感图像结合全球定位系统（global positioning system，GPS），可以被用来研究沙漠面积、沙漠地貌及沙丘移动。

　　遥感技术以其宏观性、综合性、获取信息量大和时间周期短等优势，已成为荒漠（沙漠）化监测与定量评价的重要数据来源和技术手段，但目前荒漠（沙漠）化遥感监测与评价指标体系还不完善，尺度效应及荒漠（沙漠）化信息提取方法研究不足。开展荒漠（沙漠）化多指标、多尺度综合监测与评价研究是未来的发展趋势之一[26]。

　　根据巴丹吉林沙漠相关领域的新研究成果和 2009 年野外考察取得的相关数据资料，结合遥感（remote sensing，RS）、GIS 及 GPS，就能确定巴丹吉林沙漠的面积，这一面积与以往所确定的数据有所不同（图 3-2）[27]。

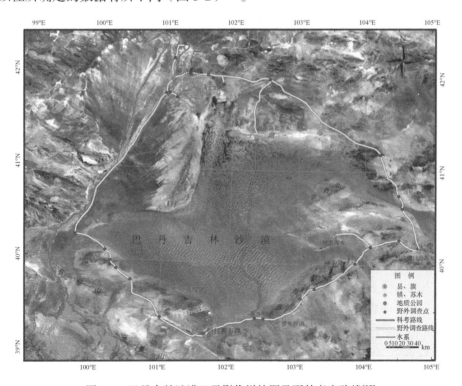

图 3-2　巴丹吉林沙漠卫星影像拼接图及野外考察路线[27]

　　遥感图像和 GIS 软件，能够为干旱区与半干旱区沙漠边缘带宏观土地覆盖变化的研究提供一种较为可靠的方法，也有助于人们更精确地把握沙漠边缘带土地覆盖变化的驱动因素[28]。遥感图像结合 GIS 分析，可以为景观格局在空间上的变化分析打下基础[29, 30]。

　　过去研究某一地区某一时间段荒漠（沙漠）化动态变化时往往力不从心，尤其是监控大范围区域较长时间段荒漠（沙漠）化的动态变化就更困难。利用现代化技术，就可以比较方便地研究某一区域某一时间段荒漠（沙漠）化的动态变化。利用 RS 和 GIS 技术，对艾比湖地区 1990～2010 年荒漠（沙漠）化动态变化进行的监测得出了非常有意义的结果：艾比湖地区分布着大面积的荒漠（沙漠）化土地，主要分布在其东部和西岸地区；近 20 年来，荒漠（沙漠）化转变尤为显著，气候变化和不合理的人类活动共同导致了研究区东部荒漠（沙漠）化程度的加剧[31]。

　　利用 1999 年 Landsat TM 卫星影像、2013 年 Digital Globe 遥感影像及 Google Earth 卫星影像，对科尔沁沙地沙丘群演化态势进行了分析，其结论拓展了人们的认识。①沙丘群演化的空间格局。远离居民点人为活动较弱的地方，只要河流作用比较活跃，沿河沙丘群往往会发生演进（空间范围扩大，沙丘的组合或复合的程度加大，空间尺度增大，大尺度空间结构与格局更为鲜明、规则；植被覆盖度降低乃至消失）。在遥感影像上色调浅呈亮白色的地段基本处于停滞（空间范围、空间尺度、沙丘组合或复合的程度维持原状）状态。沙丘边缘部分由于防护林和治沙措施的积极影响而抑制着整个沙丘带的推进。除部分地区沙丘群继续演进或停滞外，大部分地区的沙丘群总体上处于退化过程中（与演进发展态势相反。边缘及内部部分地段植被覆盖增大，沙丘群典型结构与格局钝化、模糊，趋向无序）。②河流断流和湖泊干涸的沙源意义。按理说水系干涸会为风力作用提供丰富沙源，沙丘群应不断演进，但事实是沙丘群出现了普遍退化的现象。这是因为河流断流后坡面逐渐被植被固定，坡面变缓，沙源消失，河谷谷坡的空气动力抬升作用减弱，这些都在很大程度上抑制了风蚀边的演进，导致沙丘群退化。③区域性沙丘群退化的原因。首先，进入 21 世纪以来，气温显著升高、降水减少明显，导致河流流量减少，河流作用减弱乃至消失。其次，风日减少、风力减弱，在很大程度上也使风沙活动的强度和频度显著减弱。再次，近 10～20 年来营造的防护林、围栏封育措施及沙丘固定措施开始发挥积极作用，特别是沙丘边缘或穿沙公路沿线防护带的兴建，起到了很好的分割沙源、削减风力的作用。最后，广泛的丘间沙质草原、平沙地和干涸水体的开垦，促进了机井的广泛使用，也在很大程度上固定了流沙[32]。

3.2.3　遥感图像与归一化水指数

　　归一化水指数（normalized difference water index，NDWI）是基于中红外与近红外波段的归一化比值指数，能有效地提取植被冠层的水分含量，在植被冠层受水分胁迫时，能及时响应，对旱情监测具有重要意义。

　　NDWI 与归一化湿度指数（normalized difference moisture index，NDMI），其意义与用途是一致的。在干旱地区，水资源减少可加重贫穷，引发社会不安，同时导致失去生物多样性。预测某一地区与水资源相关的社会、经济及生物价值，掌握该地区水资源详细资料就显得至关重要。利用卫星图像和 NDWI 可以为快速自动提取荒漠（沙漠）化土地水资源信息提供新思路，可以绘制干旱和半干旱地区的水资源图，用来指明这些地区表面常年水信息。NDWI 提供的信息可以被应用于许多需要检测或监控的地区，尤其是那些人迹罕至的地区[33, 34]。

3.2.4　遥感图像与归一化植被指数

归一化植被指数（normalized difference vegetation index，NDVI）与植物的蒸腾作用、太阳光的截取、光合作用及地表净初级生产力等密切相关。利用 NDVI 可检测植被生长状态和植被覆盖度等。归一化植被指数取值范围 $-1 \leqslant NDVI \leqslant 1$，负值表示地面覆盖为云、水、雪等，对可见光高反射；0 表示有岩石或裸土等；正值表示有植被覆盖，且随覆盖度增大而增大。NDVI 的局限性表现在，对高植被区具有较低的灵敏度，荒漠（沙漠）化地区植被盖度低，正好适合 NDVI 检测。NDVI 能反映出植物冠层与植被覆盖有关的背景影响，如土壤、潮湿地面、雪、枯叶及粗糙度等。

利用 NDVI，通过分析戈壁沙漠、卡拉库姆沙漠、卢特沙漠、塔克拉玛干沙漠及塔尔沙漠边界几十年内 NDVI 的变化，能够说明这些沙漠在某一时间区间扩大或缩小与气候及人类活动的相关性，这一方法也被用来监控沙漠植被的动态变化[35]（图 3-3 和图 3-4）。

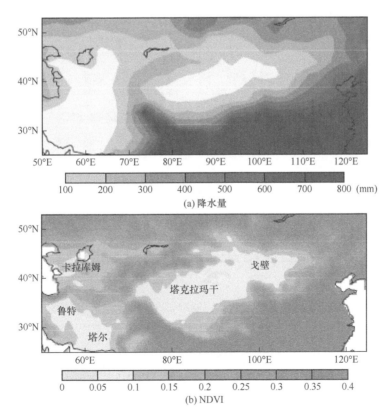

(a) 降水量

(b) NDVI

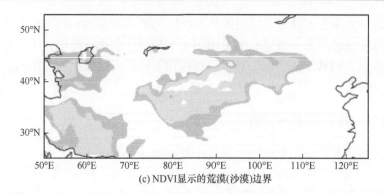

(c) NDVI显示的荒漠(沙漠)边界

图 3-3　利用 NDVI 得到的亚洲荒漠（沙漠）降水量（a）、NDVI（b）及荒漠（沙漠）边界（c）[35]

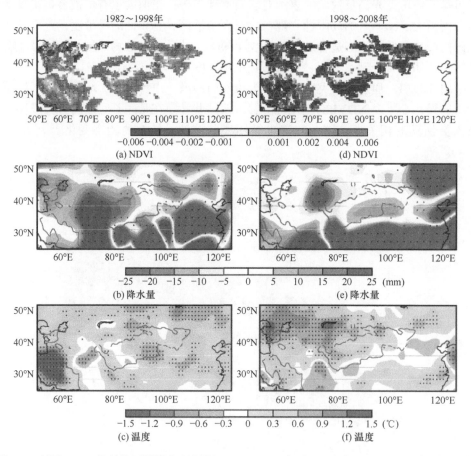

图 3-4　利用 NDVI 得到的亚洲荒漠（沙漠）1982～1998 年（a～c）和 1998～2008 年（d～f）
植被、降水量及温度变化[35]

　　利用 NDVI 技术，还可以建立基于 NDVI 数据的荒漠（沙漠）化分级指标体系。植被覆盖稀疏地区，NDVI 较小；植被覆盖较好地区，NDVI 整体较大。植被覆盖具有显著的空间差异性，这与地形因素、水分、热量条件、地貌形态和土壤理化性质等气候环境因子存在联系[36]。

选取一个研究区域，基于 TM 遥感影像，通过计算 NDVI 数据和地表反照率（Albedo）等指标，建立 NDVI-Albedo 特征空间，可以对研究区荒漠（沙漠）化的等级进行划分，而用地面人工方法几乎不可能完成这一任务[37]。对 Albedo-NDVI 特征空间含义进行扩展，建立荒漠（沙漠）化分级指数模型，还可以研究荒漠（沙漠）化土地时空变化特征，这一方法被用于研究土库曼斯坦地区土地荒漠（沙漠）化动态变化，得出了过去难以得到的信息。①近 13 年来，土库曼斯坦地区土地荒漠（沙漠）化面积总体呈减少趋势，荒漠（沙漠）化总面积减少了 9332.61 km²，但荒漠（沙漠）化程度加深，极重度荒漠（沙漠）化和重度荒漠（沙漠）化面积分别增加了 2173.27 km² 和 43428.47 km²；②极重度荒漠（沙漠）化和重度荒漠（沙漠）化面积的增加主要由轻度荒漠（沙漠）化转化而来，非荒漠（沙漠）化土地在 13 年间增加了 9332.61 km²，占非荒漠（沙漠）化土地的 12.4%；③2000～2012 年，13 年间各荒漠（沙漠）化土地类型的重心呈现由西北向东南迁移，再向北迁移的过程，平均向北迁移了 89.55 km，其中轻度荒漠（沙漠）化重心迁移最为明显，为 148.41 km[38]。

利用 GIMMS NDVI 数据，通过几何精纠正、辐射定标、大气校正、云检测、合成等步骤对图像进行处理，可以得到大范围（439.3×10⁴ km²）降水及植被变化数据，从而帮助人们了解大范围气候及荒漠（沙漠）化变化。例如，文献[39]利用 GIMMS NDVI 数据的实例，研究区降水减少站点 55 个，仅有 6 个达到显著性水平（$p<0.05$）；研究区降水增加站点 117 个，仅有 16 个达到显著性水平（$p<0.05$）。一些科学家利用美国国家海洋和大气管理局（NOAA）高分辨辐射仪的数据，采用监测与模型，归一化差异植被指数相关数据对地中海盆地，大西洋到红海的荒漠、南非旱地、中国内蒙古和南美旱地的主要部分，即世界上易受荒漠化影响的旱地进行了研究，表明这种综合性的研究方法是一种全球性的、非常可靠的评价和监测植被趋势和有关荒漠化的方法。用这种方法对我国极旱区、干旱区及半干旱区降雨、植被变化及荒漠化程度的研究也取得了可靠的结果[40]。

研究区植被长势变化如表 3-1 所示，其中植被长势基本不变的面积最大，重度退化植被面积极少。

表 3-1 研究区植被长势变化[39]

变化程度分类	总体植被区/10⁴ km²	90%显著性水平/10⁴ km²
重度退化：（$b\leqslant-0.008$）	0.1500	0.1400
中度退化：（$-0.008<b\leqslant-0.004$）	4.3400	3.7600
轻度退化：（$-0.004<b\leqslant-0.001$）	33.960	8.2400
基本不变：（$-0.001<b<0.001$）	263.06	344.29
轻度改善：（$0.001<b<0.004$）	90.590	36.740
中度改善：（$0.004<b<0.008$）	36.880	35.800

3.2.5 探地雷达方法

探地雷达方法在沙漠地区比较适用，其具有很好的分辨率，可以勘察到细致的风成沙结构。由于沙漠交通不便、沙物质松散，具有一定深度的坑探和钻探都不便实施。相对而言，地球物理方法可行性更大，其中探地雷达方法较为便携、快捷、无损、安全且精度高，更适合探测具有低阻性的沙丘内部的结构，对于沙漠地貌与演化研究具有很高的价值[41, 42]。

利用探地雷达开展有关沙丘内部构造、沙丘成因机理、演化过程等方面的研究是一条非常有效的途径。通过对沙丘形态和构造的地球物理勘察与地形勘测的结合，可以对沙丘内部构造有一个完整的了解，由此可对沙丘的成因和演化过程进行完整的评价。同时对其演化过程的研究也可为沙丘周边环境的变化提供良好的启迪[42]。

探地雷达方法可探测沙丘下伏地层的支撑物，可以分辨高大沙丘下层是沙还是基岩。一个成功例子是利用探地雷达技术对巴丹吉林沙漠南部高大沙丘的探测，该探测揭示了巴丹吉林沙漠南部测区内下伏地形平坦，基岩在该测区沙丘的形成中不起支撑作用，流沙覆盖区的风成沙覆盖于古湖相沉积层之上，高大沙山与湖泊交错相间分布，呈规则排列的特殊景观格局，证明风场为高大沙丘形成的主要影响因素[43]。

3.2.6　卫星遥感影像与景观分析

生物土壤结皮（biological soil crust，BSC）对防风固沙和荒漠生态系统维持具有重要作用，掌握沙漠生物土壤结皮的地面分布及其时空变化过程，对于保护沙漠的生物土壤结皮资源具有重要意义。过去由于技术限制，人们只能对局部沙漠生物土壤结皮进行分析和研究，很难掌握整个沙漠生物土壤结皮的分布、演变及其影响因素。随着卫星遥感影像技术及计算机软件技术的发展，科学家终于可以大范围研究沙漠生物土壤结皮状况。

利用卫星遥感影像技术及计算机软件监测和分析沙漠生物土壤结皮时，需要选取不同时间段若干景的 Landsat MSS、Landsat TM 或 Landsat ETM 图像，所选遥感影像应该能够基本覆盖整个研究区。原始数据经过辐射纠正、几何纠正和大气纠正可获得消除大气影响的地表反射率图像。利用这些图像和景观分析软件（Fragstats），就可分析固定时间区间某些区域沙漠生物土壤结皮覆盖变化情况，将这些变化与监测区气候变化、人类活动（油田开采、水利工程建设及牲畜放牧等）相联系，可以诊断气候和人为因素对沙漠生物土壤结皮的影响程度，对于宏观了解、保护和培植沙漠生物土壤结皮具有重要指导意义[44]。

3.2.7　环境综合评价方法

近几年，环境综合评价（integrated environmental assessment，IEA）方法得到学术界及政界的广泛重视。IEA 逐渐发展成为针对诸如气候变化及酸雨等大范围环境问题的评价方法，它既不属于纯粹的科学，也不属于纯粹的行政政策，而是被定义为科学决策范畴。由于 IEA 还是一个不断完善中的方法，关于其所代表的确切意义及实用性还没有形成统一的认知。但是至少可以确认：①IEA 提供了如何构建和使用有关环境问题的科学信息；②IEA 从技术层面提供了提高公众参与环境评价和决策的潜在有用的途径[45]。IEA 是一个有争议的术语，难以找到通用的定义，目前较为有用的定义包含两个要素[46]：①IEA 的主要目标是为关键决策者提供信息；②IEA 属于多学科综合。IEA 的基础是计算机综合评价模型（integrated assessment models，IAMs），IAMs 寻求将自然科学对环境的评述与人类对社会经济的陈述相结合。IEA 包括危险评价、成本效益分析及战略环境评价（strategic enviromental assessment，SEA）等。在制定战略评价的过程中，一般都提出多个可供选择的决策方案，这些方案质量的优劣、是否达到战略目标的要求，都要设计反映人们价值准则的战略评价指标体系，通过综合评价和比较，为战略决策者的择优决策提供科学依据。

大范围环境问题通常包括复杂的自然和人类系统，这种复杂性预示自然科学家、社会科学家及政策制定者均面对许多巨大的不确定性，需要各学科学者之间的协调。IEA 尝试将各种需求结合成综合方法。然而，如何综合会有许多可能性，引发了有关 IEA 如何发展的争论。有时，IEA 的核心问题可能不是环境，而是决策，是为决策提供的科学结论。

IEA 的核心体现在综合，它是不同学科甚至是不同领域的综合，既包含某一学科的数据，也包含人类的认识及决策者或执行者的观点。IAMs 代表有关自然和人类系统广阔的知识范围。例如，关于欧洲酸雨的 IAMs 就包含了人类排放、大气中的物理化学过程、酸雨对生态的影响、减排技术及成本效益等相关信息。模型创建者选择系统信息的重要特性，在计算机模型中通过一系列公式代表它们，模型可能是简单模拟系统，也可能包含有关可行性的决策原则。

人们对人类活动与环境之间的相互作用，在理解方面还很肤浅，有些作用就其应用而言，是不可知的。因此，关于某个特殊环境问题的确切表述似乎很难完成。为了说明某个环境问题所涉及的各个方面，IEA 可以给出多个解决方案，这些方案并非全部可行。不同领域的学者，甚至同一领域持不同观点的学者，对方案都会有不同解读和选择。

IEA 在国内被成功使用的例子比较少，有关退耕还林和草地禁牧政策与荒漠（沙漠）化变化关系的研究，则贯穿了 IEA 的思想。这个研究从分析荒漠（沙漠）化的物理机制入手，将生态建设政策对荒漠（沙漠）化的作用以政策指数（PIX）来表示，并将其分解为空间广度（PSS）和时间强度（PEF）两个变量，PIX=（PSS+PEF）/2。他们利用计算机软件，以宁夏盐池县退耕还林和草地禁牧两种政策为例，在政策实施区分别选取 40 个样本点，提取荒漠（沙漠）化变化、植被指数变化及政策指数等数据进行计算。结果表明：退耕还林和草地禁牧政策与荒漠（沙漠）化变化的相关系数分别为-0.664 和-0.746，两种政策都对荒漠（沙漠）化面积的减少起到了显著的作用。政策广度和政策强度都与荒漠（沙漠）化的逆转显著相关，说明构建的政策指数可以更准确地反映政策因素对荒漠（沙漠）化的作用。政策因素对荒漠（沙漠）化作用的定量分析，对荒漠（沙漠）化治理政策的绩效评价及新制度的设计都有重要意义[47]。对一个项目的绩效评价虽然也很重要，但这种评价毕竟是后续性的，即使人们知道了项目有许多缺陷，在经费等方面已经是完成式，难以补救。目前最缺乏的是超前的科学决策，综合评价思路可以让决策更加科学、更加先行，使项目更加高效。

3.2.8　土壤风蚀模型

早期风蚀的定义为"风蚀是指沉积物被风分离、搬运及沉积，它是松散、干旱和裸露土壤被强风传输的一个动力学和物理学过程"[48]。国内学者认为风蚀的合理定义应是"风力作用导致表土物质脱离原空间位置的过程"[49]。

1947 年，美国开始有计划地实施风蚀方程（wind erosion equation，WEQ）研究，试图通过土块、土垄粗糙度、田块尺度、气候和植被物质 5 个关键因子研究解决农田土壤风蚀问题[50]。美国农业部于 20 世纪 80 年代中期同时开始 2 个土壤风蚀模型研究，即修正风蚀方程（revised wind erosion equation，RWEQ）[51]和风蚀预报方程（wind erosion prediction system，WEPS）[52]。RWEQ 与 WEQ 在模型结构上没有本质差别，将影响因子划分为 5 类，即土壤可蚀性因子、土壤结皮因子、作物残留物因子、土壤表面粗糙度因子和气候因子。

RWEQ 继承了 WEQ 的模型结构，在 RWEQ 的 5 类影响因子中，土壤可蚀性因子和土壤结皮因子都共同使用土壤 $CaCO_3$ 含量、有机质含量、粉粒含量、砂粒含量和黏粒含量 5 个要素表达；作物残留物因子包括作物的平铺残余物、直立残茬和活立作物 3 个要素，使用单位面积上作物残余物干质量表达；地表粗糙度包括土垄糙度和表土粗糙 2 个要素，使用地形起伏程度表达，而非空气动力学粗糙度；气候因子使用风速观测次数、土壤湿度、积雪覆盖和计算周期日数 4 个要素表达[49]。

模型的基本形式为

$$Q = \frac{2x}{s^2} \cdot \left[109.8(\mathrm{WF} \cdot \mathrm{EF} \cdot \mathrm{COG} \cdot K' \cdot \mathrm{SCF}) \right] \cdot \mathrm{e}^{-\left(\frac{x}{s}\right)^2}$$

式中，x 为实际田块长度；s 为达到最大土壤转移量 63.2%处的田块长度；WF 为气候因子；EF 为土壤可蚀性因子；COG 为土壤结皮因子；K' 为地表粗糙度因子；SCF 为结合残茬因子。

WEPS 被认为是目前最完整、手段最先进的土壤风蚀模型，其突出特点是应用了最新的计算机技术，将通常所称的风蚀影响因子以子模型的形式表达，并实现高度程序化运行。WEPS 共有 7 个子模型和 4 个数据库。水文子模型包括融雪、地表径流、土壤储水量、潜在蒸散量、潜在土壤蒸发和植物蒸腾量；管理子模型包括地表处理方式、土壤处理方式、植物体处理方式和土壤改良；土壤子模型包括垄沟高度、自由糙度、结皮、结皮厚度、结皮覆盖度、结皮稳定性、结皮的松散可蚀性物、干团聚体稳定性及团聚体粒径分布；作物子模型包括物候、作物生长期、作物萌发、生物量产出、地上和地下生物量分量、叶茎面积生长过程、衰亡期叶面积指数下降过程及植株高度；分解子模型包括作物的直立秸秆分解、地表残留秸秆分解、埋入土壤秸秆分解及根系分解；侵蚀子模型是 WEPS 的主体，在考虑地表粗糙度、地表作物残体覆盖、表土湿度和作物直立生物量的条件下，计算的要素包括每个小区的摩阻风速和临界摩阻风速、生成模拟区域网格点、模拟区每个格点的初始化数值、土壤损失和沉积量等；气候子模型主要利用风速概率密度函数（被定义为 Weibull 分布），计算逐日平均风速和风向、逐日最小和大于临界侵蚀风速的最大风速值。土壤风蚀影响因子分类见表 3-2[49]。

表 3-2　土壤风蚀影响因子分类[49]

风蚀影响因子	因子特性	风蚀影响要素	要素属性和力学特性
风力侵蚀因子	地表以上空间的气流特性，反映风对表土产生的侵蚀力，是土壤风蚀的原动力，用剪切力表达	风速（m/s）、风向（°）、湍流（%）、空气密度（kg/m³）、空气黏度（N·s/m²）	描述风力侵蚀因子特性，决定风力侵蚀力强弱的关键要素
粗糙干扰因子	介于气流与表土之间的粗糙元对风力侵蚀力的干扰特性，反映地表粗糙元对风力侵蚀力的削弱程度，是阻碍土壤风蚀的重要因子，用粗糙元分担的剪应力表达	植被/留茬覆盖（%）、植被/留茬平均高度（m）、平铺残余物覆盖（%）、平铺残余物质量（kg/m²）、土垄高度和间距（m）、地形起伏（%）、砾石覆盖（%）、土块覆盖（%）、土块尺寸（m）、空气动力学粗糙度（m）	描述粗糙元形态及其与气流相互作用，决定粗糙元扰动因子削弱风力侵蚀力作用能力的关键要素
土壤抗蚀因子	表土理化性质决定的风蚀难易程度特性，反映表土抵抗风蚀的能力，是阻碍土壤风蚀的关键因子，用土壤表面分担的剪应力表达	土壤比重（kg/m³）、土壤颗粒尺寸分布（m）、盐分质量含量（%）、有机质量含量（%）、土壤水分质量含量（%）、土块密度（kg/m³）、植物根系密度（m/m³）、pH（无量纲）、结皮覆盖（%）	描述表土理化特性和植物根系对土壤颗粒的固结作用，决定表土抵抗风力侵蚀力能力的关键要素

　　基于 GIS 的土壤风蚀模型软件，能够为大尺度风蚀检测、风蚀量计算、风蚀强度统计和风蚀灾害变化提供信息服务，也可以用于荒漠（沙漠）化的评价，为土地合理使用、遏制沙地扩张和风沙危害区生态保护提供科学支撑。

3.3　荒漠（沙漠）化防控方法和技术

3.3.1　工程固沙

　　中国在防沙治沙实践中做出了举世瞩目的成就，探索出了许多行之有效的防沙治沙措施。通过模拟实验、野外观测和数值模拟等，对防沙治沙原理开展了更为精细的研究。研究的内容涉及草方格、栅栏及防护林带等主要防沙措施的空气动力学原理和防沙体系防沙效果的评价[53]。

　　工程固沙就是采用工程技术，根据风沙移动的规律，在沙面上设置各种形式的障碍物，以此控制风沙流动的方向、速度及结构，改变蚀积状况，达到阻沙固沙，改变风的作用力及地貌状况等目的。设置沙障是工程固沙中常用的方法，是根据不同沙丘特征设置防沙网、阻沙墙、挡沙栅栏、草方格沙障、黏土沙障及篱笆沙障等，达到防风固沙的目的。主要适宜风沙危害区流动沙丘区域。沙障能明显降低风速，导致近地表风沙流结构发生变化。一些沙障还能改善其附近土壤成分，草方格沙障可以提高沙地的有机质含量，沙柳沙障能明显提高 0～60 cm 土壤中养分浓度[54, 56]。

　　根据工程固沙的作用，将其分为固定、输导、封闭、阻拦、改向和消散 6 类。按固沙使用材料与实施动力不同可分为沙障、水力拉沙、风力输沙和化学固沙[57-59]。其中化学固沙成本较高，要求施工机械特殊；风力拉沙仅限局部治沙或部分特殊地段，对机械设计要求较高；水力拉沙选择在水资源充裕地区实施，因而以沙障防沙治沙最为普及[60-62]。

沙障是最早被应用于防风沙危害的技术之一，是植物治沙的前提和保证。设置沙障不仅能明显改良沙地土壤，还可以调节局部气候，增加下垫面粗糙度，有效降低近地表风速，使防护对象免受沙害[63]。由于设置沙障所用材料、设置方法、配置形式及沙障的高低、结构和性能等不同而形成了复杂多样的沙障分类[64]。根据沙障防沙原理与设置方法将其分为平铺和直立两种形式；根据材料不同将其分为砾石、柴草、黏土及其他化学材料沙障；根据其本身透风度不同可分为紧密、透风和不透风三种结构型沙障；根据沙障配置形式不同可分为网格、行列式、羽状与不规则沙障[65, 66]；根据沙障形状可分为圆形、网格、半圆形及拱形等；根据沙障作用不同可分为疏导分流形和阻隔固定形[67-69]。

对中国荒漠（沙漠）化土地类型进行的分形研究认为：①荒漠（沙漠）化土地斑块面积和形状指数的标度-频度分形关系客观存在，不受统计时所使用的标度影响。②荒漠（沙漠）化土地类型的斑块周长-面积分形关系客观存在，具有分形特征。③潜在风移沙地分维最大，为 1.5148，其图斑镶嵌结构最复杂。流动沙丘分维最小，为 1.2422，其图斑镶嵌结构最简单。④流动沙丘稳定性指数最大，为 0.2578，其图斑镶嵌结构最稳定。⑤潜在风移沙地稳定性指数最小，为 0.0148，其图斑镶嵌结构最不稳定。⑥由于潜在风移沙地、潜在荒漠（沙漠）化土地稳定性差，所以，在防治荒漠（沙漠）化过程中，特别是要注重和加强对潜在风移沙地、潜在荒漠（沙漠）化土地的生态保护与恢复，在这些地区建设防沙工程，防止人为作用的进一步破坏[70]。一些大型荒漠（沙漠）化治理工程主要集中在潜在风移沙地、潜在荒漠（沙漠）化土地。

3.3.2　直立式沙障固沙成功实例——草方格

沙障是一种防风固沙、涵养水分的治沙方法。草方格（straw checkerboards）固沙属于工程固沙中直立式沙障固沙，因为方法比较完善，推广使用面积广，所以本书将其作为实例来介绍。

草方格固沙，是用钝铁锨将作物秸秆（麦草或稻草等）从中部压入沙中，插入沙中的深度为 15 cm 左右，露出沙地表面的高度为 15~25 cm。实验表明，当出露草头高度 15~20 cm 时，尺寸为 1 m×1 m 方形格是最科学和最经济的，草方格可将地面风速降低 40 多倍，经过 3~4 年麦草风化后可重新再扎。如此循环，有机质在沙层表面沉积，形成一层沙结皮，最终自然成为沙地表层的保护膜，流沙便可被固定[71]。

关于用草方格固沙，人们曾做过很多其他尝试。针对草方格沙障防护区域内流场的特点，用单排理想涡列模型模拟实际风沙流场，在此基础上，利用流体力学的分析方法，可以得出与目前工程实际所建议的尺寸比较吻合的草方格沙障间距（或草方格边长）与出露草头高度的对应关系。通过理论推导给出：

$$\Gamma = -2U_\infty l$$

式中，U_∞ 为远离地面处的风速。该式表明在一定沙流速度下，沙障内旋涡强度 Γ 与沙障间距 l 成正比。意味着沙障间距越大，沙障内旋涡越强烈，进而越容易起沙。因此，在

实际施工中 l 取值不能太大。通过建立模型和计算得出的露草头高度与沙障距离关系如表 3-3 所示[72]。

表 3-3　露草头高度与最大间距的对应关系（cm）[72]

草头高度	最大间距	草头高度	最大间距
1.0	5.387523	16.0	86.200370
2.0	10.775050	17.0	91.587890
3.0	16.162570	18.0	96.975420
4.0	21.550090	19.0	102.362900
5.0	26.937610	20.0	107.750500
6.0	32.325140	21.0	113.138000
7.0	37.712660	22.0	118.525500
8.0	43.100190	23.0	123.913000
9.0	48.487710	24.0	129.300600
10.0	53.875230	25.0	134.688100
11.0	59.262750	26.0	140.075600
12.0	64.650280	27.0	145.463100
13.0	70.037800	28.0	150.850600
14.0	75.425320	29.0	156.238200
15.0	80.812840	30.0	161.625700

其他形式的草墙，长方形、三角形、棱形、圆形等的防沙效果都比不上正方形，即草方格沙障。人们在试做草方格时，除了扎 1 m×1 m 方格之外，还扎了 1 m×2 m、2 m×2 m、2 m×3 m 等规格，实验结果证明，1 m×1 m 大小、10～20 cm 高的麦草方格的防沙效果最好。主要原因是，其中心部分被气流产生的旋涡仅掏空约 10 cm，而 2 m×2 m、2 m×3 m 方格的中心部分却被掏蚀很深，固沙防沙效果不好。已经确定，一般情况下，风主要在距地表 10 cm 内搬运沙粒，超出这个高度，输沙很少。通过草方格辅助建设灌木林带，可使其地表风蚀起沙的临界摩擦速度达到 1.15 m/s，是林带建立前的 4.1 倍，地表顺风向沙粒通量和垂直尘粒通量均减小为 0，完全抑制了地表风蚀起沙[73]。

草方格等植物沙障能明显降低风速，可使近地表风沙流结构发生变化；植物沙障能明显提高 0～60 cm 土壤中养分浓度[54, 56]。

使用机械化设备可以大大节省劳动力，但是机械化铺设对地形有一定要求，不能普遍适用[74]。

风沙流是指含有沙粒的运动气流，是一种沙粒的群体运动[75]。它是风与其携带的沙物质组成的气固两相流，是风沙物理研究的核心内容，也是风沙地貌、荒漠（沙漠）化、风沙工程的基础理论之一[76]。沙害主要由沙粒输送和堆积过程引发。风沙流结构是指风沙流中的沙量在垂直高度上的分布规律，是风与地表相互作用的产物。

戈壁地表风沙活动层主要集中在距地表 20 cm 高度范围内，其极值出现的高度随风速的增加而上移。由于草方格构成的下垫面复杂多变，其对风沙流结构与风沙活动层风速廓线的影响很难确定。下垫面对气流的紊动性起重要作用，而携沙气流又是影响风沙流特性的主要因素。在沙粒的物理学特性（粒度、水分含量、磨圆度等）相同的情况下，下垫面性质通过影响风沙活动层气流的能量分布来改变风沙流结构[77]。

草方格固沙被认为是目前世界上最好的固沙方法，但是由于麦草或稻草一般气候条件下 3～4 年基本完全分化，所以需要反复扎制。我国一些气候条件苛刻的地区，中华人民共和国成立以来已经反复扎制超过 60 次，总投资十分巨大。机械化收割的麦草长度已不能满足草方格要求，草方格材料来源出现困难。随着麦草稻草价格及人工费用的上升和运费的增加，草方格固沙成本也在逐渐上升，加之其耐候性一般（持久性 3 年左右），科学家正在探寻比草方格固沙更好的固沙方法。

3.3.3　生物固沙-生物土壤结皮固沙

微生物类固沙材料是利用沙漠生物土壤结皮固沙或是从生物土壤结皮中分离出可固沙的细菌，然后将制成的液体菌剂直接用于固沙的固沙方法。微生物修复技术是利用土壤微生物的生命活动，分解有机质、促进土壤团粒结构的形成、改善植物立地环境，主要适宜土壤条件退化严重，不利于植物修复的区域。采用微生物修复技术，通过人工辅助方法，可使荒漠（沙漠）化区域土壤结皮快速形成。生物土壤结皮的形成可促进结皮层微生物量增加，表层土中脲酶蛋白酶转化酶活性增强[78]。

荒漠藻（沙漠藻）类在生物土壤结皮方面的研究得到了广泛的关注。印度学者在印度的多个地方研究了不同形状的蓝藻形成生物土壤结皮的过程[79]。澳大利亚学者研究发现蓝藻所形成的土壤结皮对预防土壤荒漠（沙漠）化非常重要[80]。我国学者在中国第二大沙漠古尔班通古特沙漠中发现了由蓝藻、地衣和苔藓等藻类形成的结皮，他们通过实验证实了保护和恢复生物土壤结皮对沙漠土壤化至关重要[81]。生物土壤结皮对沙漠中植物的生长也非常重要，有生物土壤结皮的沙丘上可能有植物的生长，而没有生物土壤结皮的沙丘上就没有植物的生长[82]。通过模拟土壤微生物结皮形成的自然规律，近年来人们对沙漠人工生物土壤结皮进行了大量研究，在适宜条件下，采取人工促进技术能够快速形成生物土壤结皮层[83-85]。我国著名科学家魏江春院士提出以"沙漠生物地毯"治理沙漠和恢复生态，就是利用沙漠藻人工辅助形成生物土壤结皮固沙。

沙漠中形成生物土壤结皮对于防沙固沙非常重要，但是沙漠中气候干旱、温度变化大，因此形成较厚的生物土壤结皮需要周期较长。所以在防沙固沙的早期，如果防护不当则较难形成结皮，达不到防沙固沙的目的。笔者课题组发现，相同条件下，在沙表面抛洒一定量的黏土（黑土、红土及青土）或黄土，可以大大促进生物土壤结皮的形成和生长。黏土或黄土可以从以下四个方面促进生物土壤结皮的形成：①与沙结合，可以减缓或阻止沙的流动，为沙漠藻生长提供固定床；②可以为藻类繁育和生长提供基础营养，从而促进其生长；③与沙粒比较，可有效保水，为藻类繁育和生长提供水分；④与沙粒比较，可降低地面升温和降温速度，减缓沙漠地表温度的骤变，有利于藻类生长。

1. 荒漠藻（沙漠藻）

荒漠藻又称沙漠藻（desert algae），其分泌的多糖不仅能为植物和藻类提供能源，而且能够使沙粒黏结。荒漠藻（沙漠藻）生长过程能够产生生物土壤结皮，防止沙粒流动，在防风固沙和土壤生态演替过程中具有重要的作用。

在宁夏沙坡头及其他地区沙漠藻结皮中已发现藻类植物 24 种，其中，硅藻门 7 种、绿藻门 5 种、蓝藻门 10 种、裸藻门 2 种。结皮下 0～50 mm 深度有藻类 15 种，其中，蓝藻 6 种，硅藻 4 种，绿藻 3 种，裸藻 2 种；50～100 mm 深度有藻类 10 种，其中，蓝藻、绿藻、硅藻各 3 种，裸藻 1 种[86]。

2. 地衣

地衣（lichen）是一种由三种生物构成的生命复合体（两种真菌和一种绿藻或蓝细菌）。地衣是真菌和光合生物之间稳定而又互利的联合体，真菌是主要成员。过去，人们认为地衣是一类特殊而单一的绿色植物。直到 1867 年，德国植物学家施文德纳通过仔细研究，才发现地衣是由两种截然不同的生物组成的共生体。全世界已发现的地衣有 500 多属，26000 多种。从两极至赤道，由高山到平原，从森林到荒漠，到处都有地衣生长。生长在岩石上的地衣被称为岩生地衣或石生地衣；生长在植物表面的被称为附生地衣；生长在土表的被称为土生地衣[87, 88]。

壳状地衣通常是指形体微小的地衣，其下表面紧密固着于基物上，并且很难从基物上剥离。壳状地衣通常呈粉状、颗粒状、麸皮状或小鳞芽状，以菌丝牢固地紧贴在基质上，有的甚至伸入基质中，仅以子实体外露，因此很难剥离。壳状地衣约占全部地衣的 80%，如生于岩石上的茶渍属和生于树皮上的文字衣属等。壳状地衣如果生长在岩石或沙漠上，其地衣酸的螯合作用能够溶解岩石或沙粒，可使沙粒中的植物营养释放出来，促进沙粒的成土过程，因而包括壳状地衣在内的地衣常被誉为岩石风化的"先锋生物"，也可以作为固沙辅助生物[89]。

3. 苔藓

苔藓与菌类、藻类、地衣及蕨类等植物被统称为孢子植物。苔藓植物属于最低等的高等植物，无花，无种子，以孢子繁殖。全世界约有 23000 种苔藓植物，中国约有 2800 多种。苔藓植物门包括苔纲、藓纲和角苔纲。苔纲包含至少 330 属，约 8000 种苔类植物；藓纲包含近 700 属，约 15000 种藓类植物；角苔纲有 4 属，近 100 种角苔类植物[90,91]。

许多苔藓植物都能够分泌一种液体，这种液体可以缓慢地溶解岩石表面，加速岩石的风化，促成土壤的形成，所以苔藓植物也是其他植物生长的开路先锋，是固沙和改良沙漠的辅助植物。苔藓植物具有保持水土的作用，群集生长和垫状生长的苔藓植物具有良好的保持土壤和储蓄水分的作用。

4. 生物土壤结皮

BSC 是由隐花植物如蓝藻、荒漠藻（沙漠藻）、地衣、苔藓类、土壤中微生物及相关的其他生物体通过菌丝体、假根和分泌物等与土壤表层颗粒胶结形成的十分复杂的复合体，是干旱半干旱荒漠地表景观的重要组成之一。BSC 又称微小植物结皮（microphytic crust）、微生物结皮（microbiotic crust）、隐花植物结皮（cryptogamic crust）和生物结皮

（biological crust）等，目前更多地使用"生物土壤结皮"这一术语[92, 93]。

BSC 对防风固沙、区域生态环境变化及物质能量交换都起到了很大作用[94]。目前，对 BSC 的研究多数仍处在对其功能和作用的认识阶段。从应用的角度看，尽管国内外有相关报道，尤其是在国内以 BSC 为材料进行流沙固定来实现沙化土地的恢复受到很大关注，但如何从实验阶段进入多途径和综合手段相结合的应用推广阶段，仍然是技术攻关的难点[95]。

我国科学家李新荣及其团队以沙坡头为基地，系统研究了 BSC 的形成与演变规律，考察了其在生态过程、生物地球化学循环过程和防沙治沙中的应用。首次提出了 BSC 形成的理论模式，明确了 BSC 演替规律及其调节机制（图 3-5）；阐明了 BSC 对土壤形成及土壤理化和生物学属性的影响机制；明确了 BSC 与土壤微生物和土壤动物多样性的内在联系，证实了 BSC 是沙地系统食物链的重要组成（图 3-6）；研发了藻类、地衣和藓类的快速繁育关键方法及产业化的技术规程，并在流沙固定等治沙实践中得到应用及推广[96-102]。

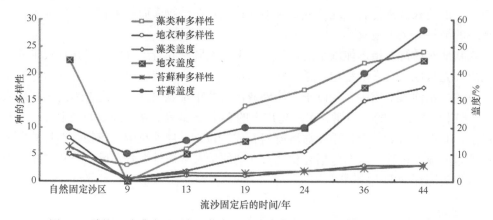

图 3-5　腾格里沙漠沙丘固定后藻类、地衣和藓类种的多样性和盖度的演变[103]

沙漠微生物结皮的演变包括三个阶段，首先是风积物沉积和降水过程中雨滴作用形成的结皮，然后进一步发展到以苔藓为优势成分的结皮，最后形成藻类、苔藓和叶苔等为主的微生物结皮[104]。

（1）藻结皮。藻结皮是由藻类植物与地表无机物形成的结皮，是荒漠、半荒漠地区土壤表面由于藻类植物的生长而形成的。藻类结皮也是生物土壤结皮，在荒漠、半荒漠地区的土壤拓殖演替中具有重要作用。形成藻类结皮的优势类群是球状蓝藻和丝状蓝藻。已经形成和发育的藻结皮呈灰黑色或灰绿色，具有一定抗压抗风蚀作用及固沙作用，能提高土壤抗风蚀性能[105]。

（2）地衣结皮。地衣植物为蓝藻、绿藻与真菌的共生体，蓝藻、绿藻与真菌联合形成地衣。地衣结皮是荒漠和半荒漠地区常见的结皮，厚度较大，呈现黑色，在地表土壤形成和物质固定方面具有重要作用。地衣结皮能有效防止风蚀，风化矿物，可为土壤增加有机物含量，协助地表涵养水分，能有效改善沙漠地表土壤环境，对于干旱地区植物的生长至关重要[106]。

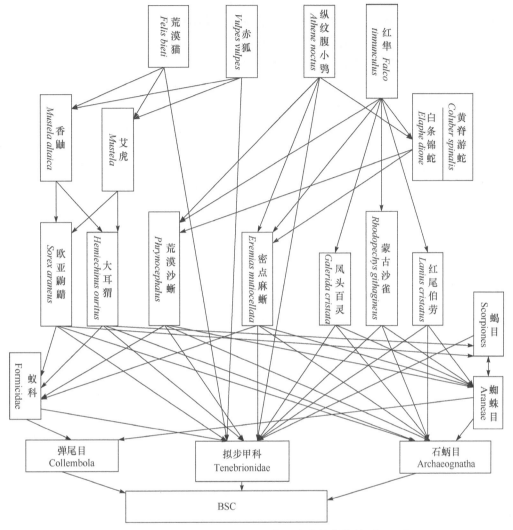

图 3-6　沙坡头荒漠区以 BSC 为主的食物链营养关系[107-109]

（3）苔藓结皮。苔藓结皮是苔类和非微管束植物形成的十分复杂的聚合体。苔藓结皮作为土壤表面的一个特殊层次，广泛分布于荒漠半荒漠地区，在土壤物理、土壤侵蚀、土壤水文和土壤生态等方面起着重要作用。与地衣结皮和藻结皮相比，苔藓结皮具有更强抗机械能力和固沙作用[110]。

5. 荒漠藻（沙漠藻）人工藻结皮技术

　　荒漠藻（沙漠藻）人工藻结皮技术，就是运用藻类生态、生理学原理和生物土壤结皮理论，分离和选育野生结皮中的优良藻种，经大规模人工培养后返接流沙表面，使其在流沙表面快速发育形成具有藻类、细菌、真菌、地衣及苔藓在内的生物土壤结皮，而用以治理荒漠（沙漠）化的一项综合技术。该技术主要包括五个方面：①优良结皮藻种的分离、纯化与选育；②藻种的大规模培养；③工程化制种；④野外工程化接种；⑤人工藻结皮的培植与维护[111]。沙漠自身有藻类，只是由于没有藻类繁衍的条件而难以形成藻结皮，当沙漠某些地段满足藻类繁衍的条件时，藻结皮就会出现。

荒漠藻（沙漠藻）人工结皮的优点主要包括四点：增强沙漠地表的抗侵蚀能力、改善沙漠土壤养分、保持沙漠土壤水分及促进沙生植物的拓殖和恢复[112]。

科学家通过采用人工藻结皮技术，将微鞘藻和伪枝藻等藻类经大规模人工培养制种后，分别进行了流沙藻类接种、流沙草方格藻类接种、披碱草-藻类接种、沙蓬-藻类接种、沙打旺-沙蒿-藻类接种、沙柳-羊草-藻类接种及杨树-羊草-藻类接种等模式的实验。实验发现，藻种接入流动沙地 9 天就可形成结皮，20 天后，厚度可达 1 mm、叶绿素含量达 65.73 μg/cm^2，而流沙对照区无藻结皮，叶绿素含量仅为 4.59 μg/cm$^{2[113]}$。固沙藻结皮在 22 天就可以抗 4.3 级风力。藻结皮的沙土表层土壤有机质含量增加，土壤肥力提高[112]，流沙藻结皮区普遍出现了沙生植物的拓殖和大量生长，如披碱草、猪毛菜、沙蓬、羊草、沙蒿和苦豆子等。与直接接种在流动沙丘上的藻结皮生物量比较，接种到草方格、沙蓬、沙柳、沙蒿和披碱草下的藻结皮发育更好。

地表生物土壤结皮移除后，经过 1 年的恢复，能够形成沙粒相互黏结的状态。经过 4 年的恢复，藻类结皮又会逐渐形成，抗压强度可增加至（32.53±3.08）Pa[94]。

6. 黏土（或黄土）促进生物土壤结皮技术

在沙面抛洒一些黏土（或黄土），①遇雨可形成沙土结皮，这些结皮能够防止细沙流动，相当于平铺式沙障，可为生物土壤结皮提供固定床，使藻类及苔藓类不被掩埋或被风吹走；②与主要成分为二氧化硅的细沙不同，黏土（或黄土）含藻类及苔藓类生长和繁衍所必需的基础营养，有了黏土（或黄土），藻类及苔藓类就获得了生长的基本条件；③黏土结皮能显著降低沙面温度的骤变，避免藻类及苔藓类因温度骤变而枯死或停止生长；④与细沙比较，黏土结皮可以透水集水，且能有效防止水分的蒸发，为藻类及苔藓类提供沙面弥足珍贵的水分[114]。

干旱地区的植被覆盖是决定荒漠化的关键变量。地表物理结皮一般减少渗透，增加径流，使供给本地植物的水分减少。生物土壤结皮与物理结皮产生类似的效果。尽管在温度较低的荒漠中，生物土壤结皮会通过减小径流从而增强入渗，如果径流对植物来说是不可用的，那么结皮也会降低植物的可用水量，并导致荒漠化加剧。但如果增加的径流又被截留并渗透到植被生长的地点，或渗入植物通过横向根系可以吸收的区域，土壤结皮或生物土壤结皮就可以减轻荒漠化[115]。

3.3.4　生物固沙-植物固沙

1. 植物固沙优势及机理

植物修复技术的前提是有植物，包括沙生植物的种植和保护，理想的植物固沙需要植被有一定的覆盖度，如前所述，植被覆盖度超过 50%的沙丘就是固定沙丘。植物茎秆可以防止大风对沙丘表面的吹蚀，植物灌丛发达的根系可以固定其周边的流沙，植物的落叶及其灌丛所固定和截留的粉尘能够改善沙丘土壤条件。植物固沙技术适宜于沙漠化地区，可以用来辅助退化草地生态修复，也可以用来在农田、绿洲、道路及主灌区与沙漠之间建设隔离带。采用植物修复技术，可使土壤有机碳、全氮、速效钾、水分、植被盖度、生物量等指标明显增加[116, 117]。在植物修复技术体系中，还包括一系列的植物辅助种植技术，如以种子包衣技术为主体的飞播固沙技术，抗逆性植物的育种技术等[118, 119]。

植物防沙是根据植物对流沙的不同适应与功能，在流沙上恢复和建立植被，以取得最佳治理效果。在各项防沙措施中，植物防沙应用最为普遍，效果最为持久，是世界各国防沙的主要措施。植物通常以 3 种形式来影响风蚀：①覆盖地表，使被覆盖部分免受风的直接吹蚀；②分散地面之上一定高度内的风动量，从而减少气流与地面物质之间的动量传递；③阻止被蚀物质的运动[120-122]。

沙漠边缘种植灌木丛是最理想的，主要原因是：①灌木丛可以自动生长扩张，不像乔木砍伐干死后就必须要再植，灌木丛具有再生功能，只要树桩遇水就能再生长出来；②灌木丛匍匐在沙土上，可以为沙土保水减少蒸发，阻挡本地沙土被风吹起；③灌木丛耗水量比同样面积的乔木少，在干旱半干旱地区，凡是节水的治理措施都是优势措施。在水肥许可的条件下，灌木丛片区还可以有选择地种植一些挡风乔木林。

荒漠-绿洲过渡带通过稳定沙丘、保护绿洲免受沙害、维护农业内部稳定及维护可持续发展等，能有效维护干旱、半干旱地区的生态稳定。理论建模和数值模拟为荒漠-绿洲过渡带沙丘地的演化提供了重要的解释[123]。

以防风固沙、修复退化土地为目标，从提高水分利用率、植被稳定性和加快修复速度的角度出发，营建低覆盖度（15%～30%）防沙治沙体系，形成的乔灌草覆层结构，能够促进土壤与植被快速修复。乔灌草覆层结构体系可以抵御 20 年一遇的干旱；促进带间植被和土壤恢复；使生物生产力提高 8%～30%[124]。

2. 固沙植物

固沙植物就是沙生植物，种类繁多，适宜生长的环境不尽相同。本部分内容将结合土基材料辅助沙生植物和经济林木种植，在第 8 章详细介绍。

3.3.5　低覆盖度治沙方法

低覆盖度治沙方法最早由杨文斌研究员提出[125]。50 多年来的沙漠治理研究工作取得了成千上万项研究成果，支撑了我国的防沙治沙工程，其中一项重要的成果："植被覆盖度大于 35%～40%为固定沙地，10%～35%为半固定、半流动沙地，小于 10%为流动沙丘"，成为我国防沙治沙工程中最重要的效果指标。执行这项指标的结果是治理初期效果非常好，但是，中幼龄林就开始衰败或者成片死亡、大量地消耗了有限的水资源、建立的固沙林等植被不能够自然修复等，致使多数地方必须再造林，或者已固定的沙地再度活化，难以实现持续发展的目标。

一方面是"高覆盖度"的固沙林能够完全固定流沙却出现中幼龄林衰败与死亡，另一方面是"低覆盖度"的固沙林不能完全固定流沙，达不到人类固沙的目标，引发了 20 世纪 90 年代以来学术界的一场"以林为主"还是"以草为主"治理沙地的大论战。因此，探索固沙林合理的覆盖度，提高其防风固沙效益成为防沙治沙工程中急需解决的"瓶颈"

问题。

在种群生态学中，一般把种群的空间分布格局分为 3 种类型：随机分布（random distribution）、均匀分布（regular distribution）和集群分布（clumped distribution），而行带式格局是一种特殊的集群分布格局。植物种群格局决定着水分的利用效率，在水分非常少的干旱区，不同配置格局的植物固沙林可能在水分利用方面差异显著，研究确定更加合理高效利用有限水分的格局意义重大。行带式分布的固沙林显著改变了降水的截留、渗透与植物利用的机理，明显的边行生长优势是依靠从边行向外侧形成的一个由低向高的含水率梯度支撑着，并明显地出现了一个高的土壤水分带，成为土壤水分渗漏补给带。因补给带无树冠对降水的截留，更加有利于降水在土壤中的渗透，故含水率高；这个带有可能确保降水在多雨年份下渗补给地下水，并能够在干旱年份保证固沙林的水分供给。

近十几年中，杨文斌等首先对现有分布在干旱、半干旱区的天然植被进行了广泛的调查，在深入研究后，他们依据"仿生学"与"点格局"的原理，按照"近自然林业"的概念，强调尽可能按照当地自然分布植被的特征（如固沙造林时选用乡土树种、设计的固沙林在成林后覆盖度尽量接近自然等），营造接近当地自然植被的固沙林。在确保营造的固沙林能够稳定正常生长条件下，提高其防风固沙效益；探索既能够充分发挥乔木、灌木与草本植物各自的特性，又能够形成复合的、生态作用互补的和接近自然地带性植被的修复技术。

（1）覆盖度在 15%～25%的稀疏固沙林，乔灌木个体的分布格局是影响疏林防风固沙效益的重要因素，疏林的灌（丛）间出现了类似"狭管"抬升风速的现象；而覆盖度在 15%～25%的稀疏固沙林，配置成合理的集群格局（如行带式）则能够完全固定流沙，比同覆盖度的随机分布的疏林防风效果提高了 25%～50%，实现了行带阻风低覆盖治沙。

（2）把覆盖度降低到与当地自然植被的覆盖度相似的水平，确保了固沙林的水量平衡，配置成为集群格局（如行带式）后，降低了林分的截留消耗和地表蒸发量，水分利用效率提高了 10%～20%；在多雨年份，确保有降雨渗漏补给到土壤深层或者地下水，不但提高了水分的利用效率，同时，避免了因土壤干旱导致的"地气不通现象"。

（3）低覆盖度行带式固沙林营造后，组合出多个林（乔、灌）草界面，巧妙地把生物物流与能流特别活跃的界面生态学（林学的边行优势）原理应用到固沙植被的建设中；带间形成的生态小气候效益和景观界面（landscape interface），既是生态过渡区（transition zone），又是边际效应（edge effects）产生区，这是生态系统中，生物与生物之间、生物与环境之间在界面上的物质、能量及信息的传递和交换的活跃带，具有良好的界面的生态过程与生态效益，同比生物生产力提高 8%～30%。

（4）低覆盖度行带式固沙林形成了窄的林带与宽的自然植被修复带的组合，固沙林起到防风固沙作用后实现了治沙的第一目标。沙面稳定后，有利于自然侵入或者人工播种的以草本为主的带间植被发育，使植被和土壤的恢复速度提高 3～5 倍；在促进沙漠（地）土壤、植被发育，修复沙漠（地）生态环境方面具有更加重要的作用，是实现沙漠（地）环境修复的必要条件；形成的林（乔、灌）与草结合的沙漠（地）植被更加稳定。

（5）低覆盖度防风固沙体系可降低固沙林造林成本 30%～60%和林分生态用水量20%～30%，在干旱区，降低生态用水的生态修复技术尤为重要，而低覆盖度固沙林恰恰做到了既能够防风固沙又能够显著减少生态用水的功能。

按照他们研究的水量平衡及治沙格局等，在确保固沙林完全固定流沙和健康生长的条件，按照半干旱、干旱和极端干旱 3 个区，分别研究出了 3 个区的适宜固沙林造林密度，同时，在极端干旱区，为控制过量的、不合理的生态用水，提出了造林固沙的造林密度上限。

低覆盖度防沙固沙体系属于疏林的范畴，其成林的标准如下。半干旱区：乔木林，郁闭度 0.15；灌木林，覆盖度 25%；乔灌混交林，覆盖度 25%。干旱区：乔木林，郁闭度 0.1；灌木林，覆盖度 20%；乔灌混交林，覆盖度 15%。极端干旱区：乔木林，郁闭度 0.1；灌木林，覆盖度 15%；乔灌混交林，覆盖度 10%。

任何植物（包括乔、灌木）都有自己的生理寿命，作为林分中的一株植物，最终都是要"寿终正寝"；人工生态林达到过成熟林（也包括死亡和衰退的中幼林）死亡后，只能人工更新，而到目前，还没有能够使人工固沙林到达寿命后使其自然修复的技术。因此，人工固沙林应该是一种"长寿命的生物沙障"，而低覆盖度行带式固沙林是具有促进自然植被和土壤快速修复功能的、能够长久固碳和提高生物生产量的生物沙障。所以，营造行带式固沙林，充分发挥其生物沙障的作用，利用带内自然植被快速修复和土壤发育的功能，使沙地土壤、植被向地带性的土壤与植被演变，直到人工固沙林"寿终正寝"后，确保自然修复的植被和土壤更加接近地带性植被和土壤，同时能够继续稳定生长发育。这样，行带式固沙林能够较好地实现人工植被向自然植被的和谐过渡，在一定程度上弥补了人工林不能自然更新的缺陷，达到可持续固定流沙的最终目标，这是低覆盖度行带式固沙林的重要生态功能之一。

3.3.6　化学固沙方法

通过化学材料和工艺，制备得到化学固沙材料，将可溶性化学物质喷洒在流沙表面，化学物质将沙丘表面流沙黏结形成一层硬壳（结皮），防止沙粒随风流动与进一步风蚀，从而达到固沙效果。化学固沙材料主要有无机固沙材料、有机固沙材料及复合固沙材料。化学固沙材料总体局限性较大，有些效果好但成本太高，有些成本低但效果不够理想。化学固沙材料的致命缺陷主要有两点，一是耐候性差，二是对土地的污染。各种单一的固沙措施都有其特点和局限性，化学固沙持久性差且存在一定环境污染；工程固沙成本太高；生物固沙受制于气候和水文条件。将多种方法联合使用，可以克服各自的缺陷，达到优势互补，产生综合效果。化学固沙其实包含了流沙固结和保水增肥两方面，它和植物固沙相结合可大大提高治理效果。

1. 无机固沙材料

无机固沙材料主要为水玻璃类（硅酸盐）。硅酸盐固沙材料成本低廉，操作工艺简便，有一定的抗风蚀性能和耐老化性等优点，是被广泛重视和研究过的固沙材料。在用硅酸盐材料进行固沙的过程中，水玻璃水解形成具有一定黏结性能的胶体氧化硅，将沙粒黏结形成结皮。水玻璃水解速度缓慢，黏结性并不是很强，耐酸耐水性也差。因此硅酸盐材料形成的固沙结皮机械性能差，保水耐水效果不理想。为了克服这些缺陷，用硅酸盐材料固沙时，通常添加其他有机或无机固化剂，促进水玻璃水解交联，生成耐压强度得到改善的结皮。单一使用水玻璃固沙容易引起碱污染，用水玻璃处理过的沙漠地带，几乎所有植物都难以生长。笔者课题组在喷洒水玻璃溶液后，再按照水解需要定量喷洒硫酸铝溶液和高分子材料，硫酸铝与水玻璃既可以互相促进水解，也可以降低水玻璃的碱性，高分子材料则可以提高结皮的强度和保水性能[126]。

2. 有机固沙材料

有机类固沙材料主要是石油产品类固沙材料，如原油、重油、渣油、沥青及乳化沥青，其中乳化沥青是当前世界各国化学固沙应用最广泛的材料。但是石油产品在使用中也存在如抗老化性能差和引起污染等问题。20 世纪 60 年代出现了有机高分子固沙剂，这种材料一般以有机单体为原料，通过聚合反应得到[127, 128]。聚醋酸乙烯酯用于沙丘表面时，可以防止风蚀，有利于植物存活，其具有吸水保水性能，可以促进植物生长[129]。粉煤灰和聚丙烯酰胺制备的复合材料成本低、抗风蚀能力强，适合风沙危害的防控[130]。

3. 有机-无机复合固沙材料

无机物固沙材料耐候性强，施用成本低，但力学性能差，缺乏保水保肥性；有机固沙材料力学性能优良，具有保水保肥性能，但耐候性差且成本较高。为了解决无机和有机固沙材料各自的缺陷，人们开始研究有机-无机复合固沙材料。在有机-无机复合固沙材料中常用的有机组分是由丙烯酸或丙烯酰胺单体通过聚合反应得到的高吸水树脂[131, 132]，这种吸水树脂具有特殊的三维空间网络结构，既能吸水又能保水。高吸水树脂的主要功能是集水保水，通过对植物提供水分、促进植被生长，实现防沙固沙。将成本低廉效果持久的无机材料与高吸水树脂等有机高分子复合，就能取得比较全面的防沙效果[133, 134]。功能高分子材料修复技术是采用高分子化学材料制成防止土壤风蚀的覆盖层，上下层是高分子材料，中间夹有植物种子等。主要适宜风沙大、土壤保水保肥能力差的区域。采用此技术修复可明显提高沙土保水保肥、种子萌发率和植株成活率[135, 136]。

生物质聚合物对环境没有危害，使用简单，能增加土壤颗粒凝聚力，可以防止土壤侵蚀，对恢复土壤性能、促进植被恢复、保持土壤水分都有非常好的效果，生物质聚合物是一种很好的治理荒漠化的材料[137]。

笔者课题组利用丙烯酸、土及秸秆制备得到固沙保水剂，其可生物降解、价格低廉、效果良好，将在后续章节中详细介绍。

4. 其他固沙材料

随着荒漠（沙漠）化的日渐严重，已有传统化学材料已经无法满足荒漠（沙漠）化防控的需求，人们开始寻求新型复合材料。目前研发的新型复合固沙材料主要有微生物固沙材料和生态环境（功能）固沙材料[138]。

生态环境（功能）固沙材料围绕荒漠（沙漠）化防控的需求，以纤维素、木质素、废旧塑料等为原料，经过特殊改性和加工，使其物理化学性能满足荒漠（沙漠）化防控需求。这种材料的最大缺点仍然是环境安全性[139, 140]。

　　人类的发展证明，生态环境是制约资源开发利用和社会经济发展的最重要因素，生态环境安全关系到可持续发展和人类能否健康安全生存。荒漠（沙漠）化防控已经成为各国生态建设的重要任务之一。成本低、效果好、施工简便和生物相容性好的荒漠（沙漠）化防控材料和技术是人们追求的主要方向[141]。

　　节水灌溉修复技术是通过建立地下井汲水工程，结合喷灌滴灌等节水灌溉技术有效利用水资源的一种修复技术，适宜极度干旱区域。与大水漫灌相比，防渗渠灌节水 40.4%，滴灌节水 49%～55.6%，喷灌节水 59.2%[142]。

　　改变种植作物品种，免耕，少耕，以及不同作物之间的间作轮种的农业措施，也可以被用于荒漠（沙漠）化防控[143, 144]。

3.3.7　荒漠（沙漠）化防控发展趋势

　　依据对现有荒漠化防治的研究可以发现其发展趋势大致有以下几个方面。①多学科交叉。荒漠（沙漠）化的防控技术将会更多地与恢复生态学、生态水文学、材料学及生态工程学等相关学科相结合，在防沙治沙的同时更好地调节当地的生态系统[145]。②多技术组合和使用高新技术。固沙技术、保水技术、耐旱耐盐植物培育和种植技术、人工辅助生物土壤结皮技术、组合沙障技术、防蒸发技术及防渗漏技术联用或选择组合使用，可有效提高荒漠（沙漠）化防控效益。荒漠（沙漠）化防控将会继续同当地的社会经济发展相结合，因地制宜统筹规划，选择合理的技术，尽可能多地组合防沙措施，使不同措施协同作用更高效地发挥作用[146, 147]。③使用先进监测技术。现代技术将被逐步应用于荒漠化监测系统，为荒漠化防治提供更加快速和精准的信息。④以沙养沙。防沙治沙结合沙产业发展，以沙产业促进荒漠化防控，促进可持续发展[148]。

参 考 文 献

[1] Middleton N, Thomas D S. World atlas of desertification. The Geographical Journal, 1994, 160(2): 210.

[2] Salvati L, Ateriano A, Zitti M. Long-term land cover changes and climate variations: A country-scale approach for a new policy target. Land Use Policy, 2013, 30: 401-407.

[3] 李智佩, 岳乐平, 薛祥煦, 杨利荣, 王岷, 聂浩刚, 王飞跃. 坝上及邻区荒漠化土地地质特征与荒漠化防治. 西北大学学报(自然科学版), 2007, 3: 436-442.

[4] 何鹏杰, 张恒嘉, 王玉才, 康艳霞, 黄彩霞, 杨晓婷. 河西地区临泽县土地荒漠化影响因素分析. 环境工程, 2016, (S1): 1111-1116.

[5] 宋方灿. 中国因荒漠化平均每天直接经济损失 1.5 亿元. 人民日报, 2007-12-25.

[6] 章轲. 国家 973 项目: 沙漠化致年均经济损失逾 4700 亿. 财经日报, 2006-04-18.

[7] 潘基文, 王瀛. 气候变化: 对我们的健康和我们地球健康的重大威胁. 人类居住, 2008, (2): 11-13.

[8] 中国国家地理: 宁夏专辑. 中国国家地理, 2010.

[9] 周金星, 韩学文, 孔繁斌, 王贤. 我国荒漠化防治学科发展研究. 世界林业研究, 2003, 2: 42-47.

[10] 崔向慧, 卢琦. 中国荒漠化防治标准化发展现状与展望. 干旱区研究, 2012, 5: 913-919.

[11] 沙坡头建在麦草方格上的绿洲. (2016-01-22)[2020-01-14]. http://blog.sina.com.cn.

[12] 吴正. 中国沙漠与治理研究 50 年. 干旱区研究, 2009, 26: 1-7.

[13] 董治宝, 郑晓静. 中国风沙物理研究 50 a(Ⅱ). 中国沙漠, 2005, 25: 795-815.

[14] Dong Z B, Liu X P, Wang H T. The aerodynamic roughness with a blowing sand boundary layer (BSBL):

A redefinition of the owen effect. Geophysical Research Letters, 2003, 30(2): 1047.

[15] 卢琦, 雷加强, 李晓松, 杨有林, 王锋. 大国治沙: 中国方案与全球范式. 中国科学院院刊, 2020, 35(6): 656-664.

[16] 包英爽, 卢琦. 防治荒漠化和土地退化的国际经验. (2013-11-18)[2020-01-14]. http://www.forestry.gov.cn.

[17] Anjum Shakeel A, Wang L C, Xue L L, Saleem Muhammad F, Wang G X, Zou C M. Desertification in Pakistan: Causes, impacts and management. Journal of Food Agriculture & Environment, 2010, 8: 1203-1208.

[18] Amiraslani F, Dragovich D. Cross-sectoral and participatory approaches to combating desertification: The iranian experience. Natural Resources Forum, 2010, 34: 140-154.

[19] Amiraslani F, Dragovich D. Combating desertification in iran over the last 50 years: An overview of changing approaches. Journal of Environmental Management, 2011, 92: 1-13.

[20] Barbosa B, Costa J, Fernando A L, Papazoglou E G. Wastewater reuse for fiber crops cultivation as a strategy to mitigate desertification. Industrial Crops and Products, 2015, 68: 17-23.

[21] 张林平. 沙特埃及沙漠干旱地区农业及生态建设的主要经验. 农业环境与发展, 2002, 4: 39-41.

[22] 张林平. 沙特、埃及水资源合理开发与利用. 世界农业, 2002, 11: 27-29.

[23] 闫晗晗, 邢波涛, 任璐, 张琳, 姚麟倩, 段子阳, 李晨曦, 李锵. 遥感数据融合技术文献综述. 电子测量技术, 2018, 41: 26-36.

[24] Vermeesch P, Leprince S. A 45-year time series of dune mobility indicating constant windiness over the central Sahara. Geophysical Research Letters, 2012, 14: 1-5.

[25] Koren I, Kaufman Y J, Washington R, Todd M C, Rudich Y, Martins J V, Rosenfeld D. The Bodélé depression: A single spot in the Sahara that provides most of the mineral dust to the Amazon forest. Environmental Research Letters, 2006, 1: 1-5.

[26] 康文平, 刘树林. 沙漠化遥感监测与定量评价研究综述. 中国沙漠, 2015, 34: 1222-1229.

[27] 朱金峰, 王乃昂, 陈红宝. 基于遥感的巴丹吉林沙漠范围与面积分析. 地理科学进展, 2010, 29: 1087-1094.

[28] 马安青, 高峰, 贾永刚, 单红仙, 王一谋. 基于遥感的贺兰山两侧沙漠边缘带植被覆盖演变及对气候演变响应. 干旱区地理, 2006, 29(2): 170-177.

[29] 马明国, 王雪梅, 角媛梅, 陈贤章. 基于 RS 与 GIS 的干旱区绿洲景观格局变化研究——以金塔绿洲为例. 中国沙漠, 2003, 23: 53-58.

[30] 杨美玲, 米文宝, 李同昇, 周民良, 王婷玉. 宁夏限制开发生态区生态敏感性综合评价与保护对策. 水土保持研究, 2014, 21: 103-108.

[31] 曾小箕, 丁建丽, 樊亚辉. 新疆艾比湖地区土地沙漠化时空演变及其成因. 水土保持通报, 2014, 34: 287-292.

[32] 韩广. 科尔沁沙地沙丘群演化态势分析. 中国地理学会沙漠分会 2014 年学术会议, 2014.

[33] 李辉霞, 李森, 周红艺, 郑影华. 基于 NDWI 的海南岛西部沙漠化信息自动提取方法研究. 中国沙漠, 2006, 26: 215-219.

[34] Campos J C, Sillero N, Brito J C. Normalized difference water indexes have dissimilar performances in detecting seasonal and permanent water in the Sahara-Sahel transition zone. Journal of Hydrology, 2012, 25: 438-446.

[35] Jeong S J, Ho C H, Brown M E, Kug J S, Piao S. Browning in desert boundaries in Asia in recent decades. Journal of Geophysical Research: Atmospheres, 2011, D2: 27.

[36] 刘艳, 李杨, 张璞, 阮惠华. 多源 NDVI 在玛纳斯河流域荒漠化监测中的应用. 干旱地区农业研究, 2010, 28: 207-213.

[37] 任艳群, 刘海隆, 唐立新, 姜亮亮, 安小艳. 基于 NDVI-Albedo 特征空间的沙漠化动态变化研

究——以准格尔盆地南缘为例. 水土保持通报, 2014, 34: 267-271.

[38] 张严俊, 塔西甫拉提·特依拜, 夏军, 姜红涛, 吴雪梅. 中亚地区土地沙漠化遥感监测——以土库曼斯坦为例. 干旱区地理, 2013, 36: 724-730.

[39] 郭坚. 过去25年基于GIMMS NDVI的中国干旱半干旱区植被长势变化研究. 中国地理学会沙漠分会 2014 年学术会议, 2014.

[40] Helldén U, Tottrup C. Regional desertification: A global synthesis. Global and Planetary Change, 2008, 64: 169-176.

[41] 俞祁浩, 屈建军, 郑木兴, 赵爱国. 探地雷达在沙漠研究中的应用. 中国沙漠, 2004, 24: 371-375.

[42] 李孝泽, 王振亭, 陈发虎, Lancaster N, 李志刚, 李国强, 任孝宗, 董光荣. 巴丹吉林沙漠横向沙山沉积 GPR 雷达探测研究. 第四纪研究, 2009, 29: 797-805.

[43] 白旸, 王乃昂, 何瑞霞, 李景满, 赖忠平. 巴丹吉林沙漠湖相沉积的探地雷达图像及光释光年代学证据. 中国沙漠, 2011, 31: 842-847.

[44] 杨伟, 陈晋, 张元明, 王雪芹. 古尔班通古特沙漠 1970～2000 年代生物结皮覆盖变化研究. 自然资源学报, 2006, 21: 934-941.

[45] Bailey P D. IEA: A new methodology for environmental policy? Environmental Impact Assessment Review, 1997, 17: 221-226.

[46] Parson E A. Searching for integrated assessment. A preliminary investigation of methods and projects in the integrated assessment of global climate change. Cambridge: F. John. Kennedy School of Government, Harvard University, 1994.

[47] 樊胜岳, 徐裕财, 徐均, 兰健. 生态建设政策对沙漠化影响的定量分析. 中国沙漠, 2014, 34: 893-900.

[48] Zobeck T M, Van Pelt R S. Wind Erosion//Soil Management: Building a Stable Base for Agriculture. Madison: Soil Science Society of America, 2011: 209.

[49] 邹学勇, 张春来, 程宏, 亢力强, 吴晓旭, 常春平, 王周龙, 张峰, 李继峰, 刘辰琛, 刘博, 田金鹭. 土壤风蚀模型中的影响因子分类与表达. 地球科学进展, 2014, 29: 875-889.

[50] Sporcic M A, Skidmore E L. 75 years of wind erosion control: The history of wind erosion prediction//Flanagan D C, Ascough J C, Nieber J L. International Symposium on Erosion and Landscape Evolution (Paper No. 11031). St. Joseph, Mich: American Society of Agricultural and Biological Engineers, 2011.

[51] Fryrear D W, Saleh A, Bilbro J D, Schromberg H M, Stout J E, Zobeck Ted M. Revised wind erosion equation. Wind Erosion and Water Conservation Research Unit, USDA-ARS, Southern Plains Area Cropping Systems Research Laboratory. Technical Bulletin No. 1, 1998.

[52] Hagen L J, Wagner L E, Tatarko J. Wind erosion prediction system (WEPS). Wind Erosion Research Unit, USDAARS, Technical Documentation, 1996.

[53] 董治宝, 郑晓静. 中国风沙物理研究 50 a(Ⅱ). 中国沙漠, 2005, 25: 795-815.

[54] 高永, 邱国玉, 丁国栋, 清水英幸, 虞毅, 胡春元, 刘艳萍, 户部和夫, 王义, 汪季. 沙柳沙障的防风固沙效益研究. 中国沙漠, 2004, 24(3): 365-370.

[55] 廖咏梅, 王琼. 我国西部地区土地荒漠化及其生态防治措施. 环境与可持续发展, 2006, 3: 44-47.

[56] 高菲, 高永, 高强, 严喜斌. 沙柳沙障对土壤理化性质的影响. 内蒙古农业大学学报, 2006, 27(2): 39-42.

[57] 甘肃省科学技术厅. 荒漠化防治与治沙技术. 兰州: 甘肃人民出版社, 2000: 43-78.

[58] 刘贤万. 实验风沙物理与风沙工程学. 北京: 科学出版社, 1995: 138-208.

[59] 韩致文, 王涛, 董治宝, 张伟民, 王雪芹. 风沙危害防治的主要工程措施及其原理. 地球科学进展, 2004, 23: 13-21.

[60] 张奎壁, 邹受益. 治沙原理与技术. 北京, 中国林业出版社, 1989: 1-175.

[61] 王涛, 赵哈林. 中国沙漠化研究的进展. 中国沙漠, 1999, 9(4): 299-310.

[62] 马全林, 王继和, 詹科杰, 刘虎俊. 塑料方格沙障的固沙原理及其推广应用前景. 水土保持学报, 2005, 19(1): 36.

[63] Fan S Y, Gao X C. Desert control in China, models and institutional innovations. Social Science in China, 2001, (4): 25-28.

[64] 龚福华, 何兴东. 塔里木沙漠公路不同固沙体系的性能和成本比较. 中国沙漠, 2001, 21(1): 45-49.

[65] 刘虎俊, 王继和, 李毅, 马瑞, 孙涛, 朱国庆. 我国工程治沙技术研究及其应用. 防护林科技, 2011, (1): 55-58.

[66] 刘贤万. 实验风沙物理与风沙工程学. 北京: 科学出版社, 1995: 138-208.

[67] 雷自强, 马国富, 张哲, 王爱娣, 许剑, 沈智, 马恒昌. 一种组合式防沙固沙障: 202175942U. 2012-03-28.

[68] 雷自强, 张文旭, 马国富, 张哲. 一种组合型黏土基沙障: 107604890A. 2018-01-19.

[69] 雷自强, 张哲, 马国富, 张文旭, 康玉茂. 极旱荒漠区风沙危害防控保护带及其使用方法: 107896544A. 2018-04-13.

[70] 朱晓华, 色布力马. 中国沙漠化土地类型的分形研究. 中国沙漠, 2006, 26: 35-39.

[71] 刘必隆. 麦草方格的故事. 中国民族杂志, 2002, 10: 19-20.

[72] 王振亭, 郑晓静. 草方格沙障尺寸分析的简单模型. 中国沙漠, 2002, 22: 229-232.

[73] 汪万福, 申彦波, 王涛, 沈志宝, 杜明远. 敦煌莫高窟顶风沙综合防护体系固沙效应的数值模拟. 水土保持学报, 2005, 19: 40-43.

[74] 李玉印, 潘海兵, 刘晋浩. 草方格铺设机构的研究与设计. 林业机械与木工设备, 2009, 37: 13-15.

[75] 吴正. 风沙地貌与治沙工程学. 北京: 科学出版社, 2003: 17.

[76] 李振山, 倪晋仁. 风沙流研究的历史、现状及其趋势. 干旱区研究, 1998, 9: 89-97.

[77] 张克存, 屈建军, 俎瑞平, 方海燕. 不同下垫面对风沙流特性影响的风洞模拟研究. 干旱区地理, 2004, 27: 352-355.

[78] 陈永胜. 沙漠化土地治理中土壤微生物对生物结皮作用的研究. 呼和浩特: 内蒙古师范大学, 2007.

[79] Tirkey J, Adhikary S P. Coanobacteria in biological soil crusts of India. Current Science, 2005, 89: 515-521.

[80] Williams W J, Eldridge D J, Alchin B M. Grazing and drought reduce cyanobacterial soil crusts in an Australian Acacia woodland. Journal of Arid Environments, 2008, 72: 1064-1075.

[81] Chen R Y, Zhang Y M, Li Y. The variation of morphological features and mineralogical components of biological soil crusts in the Gurbantunggut Desert of Northwestern China. Environmental Geology, 2009, 57: 1135-1143.

[82] Zhao H L, Guo Y R, Zhou R L, Drake S. Biological soil crust and surface soil properties in different vegetation types of Horqin Sand Land, China. Catena, 2010, 82: 70-76.

[83] 胡春香, 刘永定, 宋立荣, 黄泽波, 李敦海, 陈兰洲. 荒漠藻对流沙的固定方法: CN1282511. 2001-02-07.

[84] 任天瑞, 次素琴, 刘京玲, 陈亚宁, 李卫红. 一种菌藻联合固定荒漠流沙的方法: CN1833484. 2006-09-20.

[85] 毕永红, 胡征宇. 土壤藻类对荒漠半荒漠土壤的改良方法: CN1654596. 2005-08-17.

[86] 胡春香, 刘永定. 宁夏回族自治区沙坡头地区半沙漠土壤中藻类的垂直分布. 生态学报, 2003, 1: 38-44.

[87] Spribille T, Tuovinen V, Resl P, Vanderpool D, Wolinski H, Aime M C, Schneider K K, Stabentheiner E, Toome-Heller M, Thor G, Mayrhofer H, Johannesson H, McCutcheon J P. Basidiomycete yeasts in the cortex of ascomycete macrolichens. Science, 2016, 353: 488-492.

[88] 邓红, 魏江春. 地衣标本的采集、制作与保存. 菌物研究, 2007, 5(1): 55-58.

[89] Mason E H. The Biology of Lichens. 5th ed. London: Edward Arnold Publishers Ltd., 1983: 97-107.

[90] 戴蕃瑨. 苔藓的初义与其使用后的演变. 科学通报, 1957, (23): 735.

[91] 罗健馨. 什么是苔藓植物. 植物杂志, 1977, (4): 38-40.

[92] Eldridge D J, Greene R S B. Microbiotic soil crusts: A view of their roles in soil and ecological processes in the rangelands of Australia. Australian Journal of Soil Research, 1994, 32: 389-415.

[93] 李新荣, 张元明, 赵允格. 生物土壤结皮研究: 进展、前沿与展望. 地球科学进展, 2009, 24: 11-24.

[94] 张元明. 荒漠地表生物土壤结皮的微结构及其早期发育特征. 科学通报, 2005, 50: 42-47.

[95] Bowker M A. Biological soil crust rehabilitation in theory and practice: an underexploited opportunity. Restoration Ecology, 2007, 15: 13-23.

[96] Jia R L, Li X R, Liu L C, Gao Y H, Li X J. Responses of biological soil crusts to sand burial in a revegetated area of the Tengger Desert, northern China. Soil Biology and Biochemistry, 2008, 40: 2827-2834.

[97] Li X R. Influence of variation of soil spatial heterogeneity on vegetation restoration. Science in China Series D: Earth Sciences, 2005, 48: 2020-2031.

[98] Li X R, He M Z, Duan Z H, Mao H L, Jia X H. Recovery of topsoil physicochemical properties in revegetated sites in the sand-burial ecosystems of the Tengger Desert, northern China. Geomorphology, 2007, 88: 254-265.

[99] Li X R, Zhang Z S, Tan H J, Gao Y H, Liu L C, Wang X P. Ecological restoration and recovery in the wind-blown sand hazard areas of northern China: Relationship between soil water and carrying capacity for vegetation in the Tengger Desert. Science China-Life Sciences, 2014, 57: 539-548.

[100] Zhang Z S, Li X R, Nowak R S, Wu P, Gao Y H, Zhao Y, Huang L, Hu Y G, Jia R L. Effect of sand-stabilizing shrubs on soil respiration in a temperate desert. Plant and Soil, 2013, 367: 449-463.

[101] 李新荣, 回嵘, 赵洋. 中国荒漠生物土壤结皮生态生理学研究. 北京: 高等教育出版社, 2016.

[102] 李新荣, 谭会娟, 回嵘, 赵洋, 黄磊, 贾荣亮, 宋光. 中国荒漠与沙地生物土壤结皮研究. 科学通报, 2018, 63(23): 2320-2334.

[103] Li X R, Zhou H Y, Wang X P, Zhu Y G, Conner P J O. The effects of sand stabilization and revegetation on cryptogam species diversity and soil fertility in the Tengger Desert, northern China. Plant and Soil, 2003, 251: 237-245.

[104] 李新荣, 龙利群, 王新平, 张景光, 贾玉奎. 干旱半干旱地区土壤微生物结皮的生态学意义及若干研究进展. 中国沙漠, 2001, 21: 4-11.

[105] 胡春香, 刘永定, 宋立荣, 黄泽波. 半荒漠藻结皮中藻类的种类组成和分布. 应用生态学报, 2000, 11: 161-165.

[106] 吴楠, 张元明, 潘惠霞. 古尔班通古特沙漠地衣结皮对放牧踩踏干扰的小尺度响应. 干旱区研究, 2012, 29: 1032-1038.

[107] Li X R, Chen Y W, Su Y G, Tan H J. Effects of biological soil crust on desert insect diversity: Evidence from the Tengger Desert of northern China. Arid Land Research and Management, 2006, 20: 263-280.

[108] Chen Y W, Li X R. Spatio-temporal distribution of nests and influence of ant (*Formica cunicularia* Lat.) activity on soil property and seed bank after revegetation in the Tengger Desert. Arid Land Research and Management, 2012, 26: 365-378.

[109] Li X R, Jia R L, Chen Y W, Huang L, Zhang P. Association of ant nests with successional stages of biological soil crusts in the Tengger Desert, northern China. Applied Soil Ecology, 2011, 47: 59-66.

[110] 郑敬刚, 张志山, 冯丽, 何明珠, 李新荣. 饱和流沙和苔藓结皮在蒸发过程中的水分特征研究. 中国沙漠, 2007, 27: 234-238.

[111] 饶本强, 刘永定, 胡春香, 李敦海, 沈银武, 王伟波. 人工藻结皮技术及其在沙漠治理中的应用. 水生生物学报, 2009, 33: 756-761.

[112] Yang J P, Yan D R, Liu Y D. Study on the technology ways of rapid recovering vegetation for controlling sand dust storm example for the east part of Kubuqi Desert. Journal of Arid Land Resources and Environment, 2006, 20: 193-196.

[113] Yan D R, Yang J P, An X L. Report of crust sand fixation by algae. Journal of Arid Land Resources and Environment, 2004, 18: 147-150.

[114] 雷自强, 马国富. 一种黄土-荒漠藻复合固沙材料的制备方法: 107012098A. 2017-08-04.

[115] Assouline S, Thompson S E, Chen L, Svoray T, Sela S, Katul G G. The dual role of soil crusts in desertification. Journal of Geophysical Research: Biogeosciences, 2015, 120(10): JG003185.

[116] 傅华, 陈亚明, 周志宇, 爱东, 周志刚. 阿拉善荒漠草地恢复初期植被与土壤环境的变化. 中国沙漠, 2003, 23: 661-664.

[117] 张伟华, 关世英. 不同恢复措施对退化草地土壤水分和养分的影响. 内蒙古农业大学学报, 2000, 21: 31-35.

[118] 贾慧聪, 王静爱, 杨洋, 潘东华, 杨佩国, 张万昌. 关于西北地区的自然灾害链. 灾害学, 2016, 1: 72-77.

[119] 解丽敏. 水土保持与荒漠化防治措施探讨. 江西建材, 2016, 2: 124-127.

[120] Bressolier C, Yves F T. Studies on wind and plant interactions on French Atlantic Coastal Dunes. Journal of Sedimentary Research (SEPM), 1977, 47: 331-338.

[121] Wolfe S A, Nickling W G. The protective role of sparse vegetation in wind erosion. Progress in Physical Geography, 1993, 17: 50-68.

[122] 董治宝, 陈渭南, 李振山, 杨佐涛. 植被对土壤风蚀影响作用的实验研究. 土壤侵蚀与水土保持学报, 1996, 2: 1-8.

[123] Bo T L, Zheng X J. Numerical simulation of the evolution and propagation of aeolian dune fields toward a desert-oasis zone. Geomorphology, 2013, 180-181: 24-32.

[124] 杨文斌. 我国沙漠(地)深层渗漏水量及过程探究. 中国地理学会沙漠分会 2014 年学术会议, 2014.

[125] 杨文斌, 党宏总, 卢琦, 冯伟, 杨红艳, 姜丽娜, 李卫, 吴雪琼. 低覆盖度治沙原理、模式与效果. 北京: 科学出版社, 2015.

[126] 雷自强, 王爱娣, 马国富, 张志芳, 彭辉, 张哲. 一种黏土基复合固沙材料: 102229804A. 2011-11-02.

[127] 程忻荃. 黄原胶接枝共聚新型环保固沙抑尘剂的制备与研究. 北京: 北京化工大学, 2017.

[128] 苏鹏. 丙烯酸聚合物固沙剂的合成及性能研究. 北京: 北京化工大学, 2011.

[129] Liu J, Shi B, Lu Y, Jiang H T. Effectiveness of a new organic polymer sand-fixing agent on sand fixation. Environment Earth Science, 2012, 65(3): 589-595.

[130] Yang K, Tang Z J. Effectiveness of fly ash and polyacrylamide as a sand-fixing agent for wind erosion control. Water Air Soil Pollution, 2012, 223(7): 4065-4074.

[131] Ryoichi Tokiumi. Gels Handbook. US: Academic Press, 2001: 286.

[132] 蒿凤延, 董波, 漆文华. 高分子环保固沙剂的研究. 环境科学与管理, 2005, 30(5): 46-47.

[133] 卫秀成, 赵正华, 堪文武, 李培勋. LZU 固沙新材料及固沙综合技术研究. 兰州大学学报(自然科学版), 2007, 43: 37-40.

[134] Zhang Z Z, Wang B T. Preparation and properties of clay-based air-permeable and water-retention material. Procedia Engineering, 2012, 27: 475-481.

[135] 陈洁瑢, 颜景莲, 张云泽. 功能高分子材料在改善西部荒漠化中的应用. 塑料, 2002, 31(1): 17-19.

[136] 白日军, 张强. 功能高分子材料在山西省土地荒漠化防治中的应用. 山西农业科学, 2003, 31(3): 87-91.

[137] Chang I, Prasidhi A K, Im J, Shin H D, Cho G C. Soil treatment using microbial biopolymers for *anti*-desertification purposes. Geoderma, 2015: 253-254.

[138] 周明吉, 周玉生, 孙加亮, 刘珊, 刘建辉. 我国固沙材料研究及应用现状. 材料导报, 2012, 26: 332-334.

[139] Dong Z, Wang L, Zhao S. A potential compound for sand fixation synthesized from the effluent of pulp and paper mills. Journal of Arid Environments, 2008, 72: 1388.

[140] 包亦望, 苏盛彪, 陈友治. 利用白色污染废料研制开发固沙胶结材料治理沙漠化. 中国建材, 2001, 6: 55.

[141] 居炎飞, 邱明喜, 朱纪康, 张家铭, 周杨. 我国固沙材料研究进展与应用前景. 干旱区资源与环境, 2019, 33(10): 138-144.

[142] 李怀林. 金沟河流域旱地农业节水灌溉技术应用现状分析. 吉林农业, 2012, (11): 234.

[143] 张丽霞. 中国沙漠化土地成因及治理的主要模式. 陕西林业科技, 2016, 3: 77-79.

[144] 朱震达, 吴焕忠, 崔书红. 中国土地荒漠化/土地退化的防治与环境保护. 农村生态环境, 1996, 3: 1-6.

[145] 赵红羽. 内蒙古自治区荒漠化防治研究综述. 内蒙古民族大学学报(自然科学版), 2014, 29(5): 562-565.

[146] 王涛, 陈广庭, 赵哈林, 董治宝, 张小曳, 郑晓静, 王乃昂. 中国北方沙漠化过程及其防治研究的新进展. 中国沙漠, 2006, 4: 507-516.

[147] 程磊磊, 尹昌斌, 卢琦, 吴波, 却晓娥. 荒漠化成因与不合理人类活动的经济分析. 中国农业资源与区划, 2016, 7: 123-129.

[148] 刘颖. 荒漠绿洲沙产业的可持续发展研究——以新疆和田地区瑞博企业为例. 中国林业产业, 2016, 3: 132.

第4章 土基固沙材料

4.1 材料简介

4.1.1 材料分类

材料是制造业和人类赖以生存和发展的物质基础，是当代文明的三大支柱之一。材料按组成可分为金属材料（黑色金属和有色金属）、无机非金属材料（二氧化硅、玻璃、石墨、混凝土、陶瓷和水泥等）、有机高分子材料（塑料、橡胶和纤维）及复合材料（金属基复合材料、非金属基复合材料及有机高分子基复合材料）；按用途可分为电子材料、航空航天材料、绝缘材料、磁性材料、透光材料、导电材料、半导体材料、核材料、建筑材料、生物材料、能源材料、阻燃材料、含能材料及服装材料；按性能及功能可分为结构材料、功能材料及智能材料；按使用时间和范围可分为传统材料及新材料（稀土功能材料、稀有金属材料、半导体材料、智能医用材料、生态建筑材料、生态修复材料、电子信息材料、新能源材料、生物医药材料、轻合金材料、特种橡胶、工程塑料、有机硅材料、氟材料、功能膜材料、陶瓷复合材料、超导材料、生物陶瓷材料、智能纺织材料和纳米材料等）。

4.1.2 材料性能

材料性能包括热学性能（热容、热导率、熔化热、分解温度、热膨胀系数、熔沸点等）、力学性能（弹性模量、拉伸强度、抗冲击强度、屈服强度、耐疲劳强度等）、电学性能（电导率、电阻率、介电性能、击穿电压等）、磁学性能（顺磁性、反磁性、铁磁性等）、光学性能（光的反射、折射、吸收、透射及发光、荧光等）、化学性能（反应活性、耐腐蚀性、耐溶剂性、抗氧化性、催化性能、离子交换性能等）、热-电转换性能（热敏电阻、红外探测等）、光-热转换性能、光-电转换性能（太阳能电池）、力-电转换性能、磁-光转换性能、电-光转换性能、声-光转换性能等。

4.1.3 高分子及高分子材料

土基固沙材料中的一个组分是高分子材料，而高分子材料与高分子密切相关，所以在此对高分子先作简单介绍。

高分子（macromolecule）又称大分子或聚合物，"高分子"、"大分子"及"聚合物"这些术语一般可以通用，但是在与基础研究相关时，尤其是与高分子化学相关时，一般使用"高分子"概念；与生命科学相关时，一般用"大分子"概念；与工程及材料相关时，一般使用"聚合物"概念。传统教科书中高分子的定义是指由许多结构单元通过共价键组成的分子量很大的分子，其中每一结构单元都包含几个原子。有些高分子是由重复结构单元组成的，有些则是由不同的结构单元组成的。通常把组成高分子的结构单元或重复结构单元所对应的原始分子称为单体，如果结构单元在原子组成上与单体相同，它们又可称为单体单元，如果结构单元的原子组成与单体不同，就不能把它们称为单体单元。高分子化学属于化学一级学科下的二级学科，它是在有机化学这个化学二级学科基础上衍生出来的。高分子化学属于自然科学中的基础科学，其研究的对象是高分子化合物，高分子化合物的结构决定其性能，其合成方法和表征手段的不断改进和创新，促进了这一基础学科的迅猛发展。高分子材料的基础是高分子化合物，与把高分子称为聚合物相对应，高分子材料也称为聚合物材料。高分子材料的基体是高分子化合物，高分子材料中一般还添加或复合非高分子组分。

高分子（材料）可根据其来源、性能、用途及基体主链结构来分类。按照来源，高分子（材料）分为天然高分子（材料）和合成高分子（材料）两大类；按照性能，高分子（材料）分为塑料、橡胶、纤维、涂料和黏合剂五大类；按照用途，高分子（材料）分为通用高分子（材料）、工程高分子（材料）、功能高分子（材料）、仿生高分子（材料）、医用高分子（材料）、高分子药物、高分子试剂、高分子催化剂和生物高分子（材料）等；根据基体（高分子化合物或称聚合物）的主链结构，高分子（材料）分为碳链高分子（材料）、杂链高分子（材料）、元素有机高分子（材料）和无机高分子（材料）四大类。

常见通用高分子（材料）主要有聚乙烯、聚丙烯、聚氯乙烯、聚苯乙烯、锦纶、涤纶、腈纶、维纶、丁苯橡胶、顺丁橡胶、异戊橡胶和乙丙橡胶；常见工程高分子（材料）有聚甲醛、聚碳酸酯、聚醚、聚酰亚胺、聚芳醚、聚芳酰胺、含氟高分子（材料）及含硼高分子（材料）；常见功能高分子（材料）有磁性高分子（材料）、离子交换树脂、感光性高分子（材料）、导电高分子（材料）、液晶高分子（材料）、高分子试剂和高分子催化剂等。

随着科学技术的发展，出现了超分子聚合物，这类高分子的形成不是通过共价键形成的，而是通过配位键、离子键或分子间弱相互作用力形成的。

通过研究高分子溶液的性能，可以推测高分子的形态结构；利用高分子溶液的特有性质（黏度、溶解度、光散射及吸收等），可以测定高分子的分子量。对于可溶性高分子，现在一般利用凝胶渗透色谱（gel permeation chromatography，GPC）测定其分子量。GPC可同时给出被测高分子的数均分子量、重均分子量、黏均分子量及分子量分布。

高分子材料在一定范围内可代替木材、陶瓷、金属及玻璃等常规材料。高分子具有密度小、耐腐蚀及色彩绚丽等优点，可以广泛应用于工业、农业及日常生活。用高分子材料替代交通运输工具的部分零件后，可以减轻这些工具的质量，提高运行速度；高分子材料用于农用薄膜后，可以采光和保温，能够提高所覆盖或所保护作物和蔬菜的产量并促进其提前上市；高分子材料用于包装材料及建筑材料，价廉且观感美，拼装也方便。

高分子材料给人的一般印象是硬度、强度、耐热等性能较差，这是人们从塑料得到的认知，事实上一些高分子材料可以硬过钢铁，有些高分子材料如聚芳酰亚胺可以长期在300℃以下使用。

高分子材料与其他材料相比，具有以下优点：①质量轻、相对密度小；②良好的电绝缘性能；③优良的隔热、保温和绝热性能；④良好的化学稳定性；⑤良好的耐磨及耐疲劳性质；⑥良好的透光率；⑦宽范围内的力学可选择性；⑧原料来源广泛、适宜大批量生产且成本低。在高分子材料基础上，衍生出许多功能或复合材料（图 4-1），极大地丰富了材料的种类。

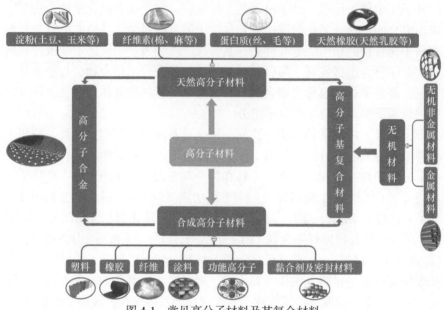

图 4-1　常见高分子材料及其复合材料

4.1.4　复合材料及其分类

　　复合材料一般是指由两种或两种以上性质不同的物质复合形成的固体材料。复合材料的每一组分都有其相对独立的性能，且复合后材料的性能会有很大改善，不只是组分材料各自性能的加和。复合材料兼具原材料的性能和复合后产生的新功能。根据需要可以有目标地设计制备复合材料，力求达到所需要的使用性能。在复合材料中，连续相称为基体，分散相称为增强体。分散相一般是通过物理方法填充在连续相中，连续相与分散相之间存在着相界面。一种复合材料可以是一个连续相与一个分散相的复合，也可以是两个或两个以上连续相与分散相之间的复合。

　　复合材料的连续相（基体）材料有金属和非金属两大类。常用金属连续相（基体）材料有铝、铜、镁、钛及其合金；非金属连续相（基体）材料主要有合成树脂、陶瓷、橡胶及石墨等。复合材料的分散相（增强体）材料主要有碳纤维、玻璃纤维、金属丝、硼纤维、碳化硅纤维、芳纶纤维、石棉纤维、晶须和硬质细粒等。复合材料按组成分为金属与金属复合材料、非金属与金属复合材料、非金属与非金属复合材料；按结构特点分为纤维复合材料、细粒复合材料、夹层复合材料及混杂复合材料；按性能分为先进复合材料和普通复合材料；按生产方式分为天然复合材料和人工复合材料；按基体种类分为聚合物基（热固性聚合物基、热塑性聚合物基和橡胶基）复合材料、石墨基复合材料、金属基复合材料、混凝土基复合材料及陶瓷基复合材料；按增强体种类分为纤维增强复合材料、颗粒增强复合材料及晶须增强复合材料；按增强体形状分为零维（颗粒）复合材料、一维（纤维）复合材料、二维（片状或平面织物）复合材料及三维（三维编织体）复合材料；按性能和功能分为结构复合材料、功能复合材料及智能复合材料。

4.2　含土复合材料

4.2.1　土的组成及性能

土是尚未固结成岩的松软堆积物，位于地壳的表层，是人类经济活动的主要地质环境。一般将土的特性分为基本特性、亚基本特性及关联基本特性三类。基本特性包括压硬性、剪胀性与摩擦性三种，它们是土区别于其他材料的最根本特性。亚基本特性是指应力路径依存性、软化特性、应力历史依存性、结构性、蠕变特性、各向异性、温度特性及颗粒破碎特性等。关联基本特性包括屈服特性、相关联性、正交流动性、共轴特性及临界状态特性等[1]。

土壤（soil）由不同厚度的多层土壤层（soil horizon）构成，主要成分是矿物质。土壤是由母质（岩石）经过风化作用后形成的，其特性与母质不尽相同，存在着固体、气体和液体三态。不同地方的土壤其组成和性质都有差别，土和土壤都有专门分类和名称，本节主要采用容易被大众理解、应用时容易辨识的黏土（黑土、红土、青土、坡缕石、蒙脱土及高岭土）和黄土（loess）等通俗描述，不采用严格的土壤学术语。

1. 黏土的组成及性能

常见黏土矿物有：高岭石（$Al_2O_3 \cdot 2SiO_2 \cdot 2H_2O$）、石脂$\{Al_2[(OH)_4|Si_2O_5] \cdot nH_2O\}$、蒙脱石$\{(Al,Mg)_2[(OH)_2|Si_4O_{10}](Na,Ca)_x \cdot nH_2O\}$、伊利石$[K_{0.65}\{Al_{2.0}[Al_{0.65}Si_{3.35}O_{10}](OH)_2]$、蛭石$((Mg,Ca)_{0.31}(H_2O)_n\{Ti_{0.18}Al_{0.03}Fe(III)_{1.09}Mg_{1.25}[Si_{2.80}Al_{1.20}O_{10}(OH)_2]\})$及水铝英石（$Al_2O_3 \cdot SiO_2 \cdot 2.5H_2O$）。

黏土中二氧化硅含量一般为 43%～55%，三氧化二铁为 1%～3.5%，三氧化二铝为 20%～25%，二氧化钛为 0.8%～1.2%。常见红土和黑土主要成分为黏土，但红沙土主要成分不是黏土。

黏土一般具有可塑性、收缩性、持水性、结合性、触变性及烧结性等基本性能。黏土作为固沙材料，主要是利用了它的结合性、持水性及其矿物营养[2]。

黏土包括黑土（black soil）、棕黏土（brownclay soil）、暗黏土（darkclay soil）、青黏土（greenclay soil）及红黏土（redclay soil），固沙材料主要使用红黏土。红黏土就是通常说的红土，是在热带、亚热带在湿热条件下经过物理作用、化学作用和红土化作用而形成的一种褐红色、黄色的黏性土。红黏土在地球表面主要分布于亚洲、欧洲、非洲及南美洲。我国红黏土主要分布于广西、贵州、广东、四川、云南及湖南等地[2, 3]。

红黏土中粒径 0.002 mm 的土粒含量高，一般均超过 50%。土层主要化学成分有二氧化锰、三氧化二铝、二氧化硅、三氧化二铁、氧化锰及氧化铁等。红黏土颗粒主要为伊利石、蒙脱石、高岭石及蛭石等矿物[2]。

红黏土具有高强度、高液限、低压缩性、高含水率、大空隙比、多裂隙性、高塑性等特性。红黏土与红色或棕色石灰土呈复区分布。除符合湿润黑土的诊断特征外，红黏土还具备下列特性：表层湿态亮度大于等于 3.5，干态亮度大于等于 5.5，湿态彩度大于等于 2。它以具有变性特征且黏粒硅铝率大于等于 2.4 而区别于红色或棕色石灰土。

2. 黄土的组成及性能

黄土又称黄泥土、黄泥巴、大黄土等，一般指在干燥气候条件下形成的黄色粉性土。黄土粒径范围为 0.005～0.05 mm，不同地区的黄土，粒度大小和分布不同。黄土颗粒比黏土大，但比细沙小。黄土主要分布于亚洲、北美和欧洲。多数学者认为黄土是钙质风成土。

马兰黄土在我国北方广泛分布，尤其是黄河中游地区更突出，分布面积大约 276000 km²。马兰黄土中化学成分含量较高的是硅〔260000 ppm（1 ppm=10^{-6}）〕、铝（59600 ppm）、钙（57800 ppm）、铁（53500 ppm）；其次是钾（17200 ppm）、镁（15800 ppm）、钠（13100 ppm）、钛（2620 ppm）和锰（779 ppm）；含量最少的是铍（1.96 ppm）和钼（0.722 ppm）。马兰黄土中主要组成矿物为石英、长石、云母和方解石，其次为其他副矿物。黄河中游山西、陕西、甘肃及宁夏马兰黄土的化学成分基本类似，反映了黄土物质成分的均一性。但在区域上的变化也有一定的规律可循，其中硅、镁和铁（Ⅱ）等元素的含量由北往南减少，而铝、铁（Ⅲ）、钾、锌、铜和锰等的含量由北往南增加，锡和铅的含量几乎没有变化。这些元素含量的变化规律与马兰黄土中矿物成分的区域变化和粒度成分的分带性相一致[4]。

黄土性土壤中硅、钙和铝元素的含量较高，其次是铁、钾、镁、钠、钛和锰，钼的含量最低，这与其母质马兰黄土各元素的含量基本类似。但黄土性土壤中硅、铁、镁、钾、钠和锰等元素含量均略低于马兰黄土的平均含量，而铝和钙的含量略高于马兰黄土的平均含量。黄土经风化形成黄土性土壤后，元素的有效态含量一般都较母质增加，但黄土性土壤中有效态锌、锰、钼的含量仍低于临界值，仅有效态铜的含量略高于临界值，似表明在黄土区可能存在有效态锌、锰、钼的供给不足，而有效态铜基本能满足植物生长的需要。土壤中的钼含量低，造成了植物中缺钼，进而导致人体缺钼致病[2, 3]。

黄土的矿物成分有黏土矿物、碎屑矿物及自生矿物。碎屑矿物的主要成分是石英、云母和长石，占碎屑矿物总量的 80%，其次是辉石、绿帘石、角闪石、绿泥石及磁铁矿等。黄土中含量较多的碳酸盐矿物主要是方解石。黄土的化学成分主要是 SiO_2，其他成分有 Al_2O_3、CaO、Fe_2O_3、MgO、K_2O、FeO、Na_2O、TiO_2 和 MnO 等。黄土最典型的物理性质为疏松、多孔隙及垂直节理发育，这些性能导致其容易被流水侵蚀，容易沉陷和崩塌。黄土颗粒之间结合疏松，孔隙度在 40%～50%。

一些黄土具有与黏土相似的结构和性能，但大多数黄土组成、结构和性能与黏土有一定差异，一般不能把黄土称作黏土。

黏土（包括红土、黑土、蒙脱土、膨润土及凹凸棒土等）和黄土是自然界存在最为广泛的无机矿物，它们可作为建筑材料、陶瓷材料、耐火材料、阻燃材料、吸附材料、塑料添加材料、固沙材料、固土材料、防蒸发材料、防渗漏材料、保水材料、分离材料、肥料缓释材料、抑菌材料、密封材料及催化剂载体材料[5-8]。土作连续相，其他材料作分散相可以制得土基复合材料。土基复合材料原料易得、环境友好、耐候性强，是理想的固沙和生态修复辅助材料。

人们将黏土或黄土作为添加剂用来改性现有高分子材料，取得了一些比较好的结果。在有机高分子中添加黏土或黄土时，由于无机黏土或黄土与有机高分子相容性差，无机物容易团聚并与有机高分子之间形成微界面，引起高分子性能恶化，所以需要先将无机物进行有机改性，以改善其与有机高分子的相容性和材料的力学性能。目前最常见的制备聚合物/黏土（或黄土）纳米复合材料的方法有原位聚合法、共混法及插层聚合法。原位聚合法就是通过悬浮或乳化方法，将单体和黏土（或黄土）纳米粒子均匀分散在聚合体系中，然后利用引发剂引发聚合，所形成的聚合物/黏土（或黄土）纳米复合材料中聚合物是基体，黏土（或黄土）纳米粒子是分散相。与纯聚合物材料比较，聚合物/黏土（或黄土）纳米复合材料的机械性能会得到一定程度的改善。共混法包括溶液共混法和熔融共混法。溶液共混法是将有机黏土（或黄土）和聚合物制成乳液，使聚合物进入有机黏土或黄土的片层或颗粒间，干燥后形成纳米复合材料。熔融共混法是借助于机械剪切作用将聚合物熔体嵌入黏土片层或黄土颗粒间形成纳米复合材料。插层聚合包括气固相插层聚合和乳液插层聚合，一般先将催化剂引入具有层状结构的无机矿物的片层间，通入单体聚合就能得到插层型纳米复合材料。有机黏土在一定含量时，可以起到对复合材料的增韧增强作用。与传统的复合材料相比，有机高分子/改性黏土（或黄土）复合材料具有高尺寸稳定性、高强度、高模量及低吸湿性，其耐老化性能及综合机械性能也优于纯有机高分子材料[9-11]。目前，含土高分子复合材料都是以高分子为基体，添加少量黏土或黄土制备而成。将黏土或黄土作为基体，添加少量有机高分子的材料目前还非常少。作为一种固沙材料，从原料成本考虑，不可能使用以有机高分子为基体的材料，理想的目标基体材料就是价廉环保的黏土或黄土。

4.2.2　无机矿物（土）-有机聚合物复合材料[12]

利用黏土矿物巨大的比表面积与表面活性，研究其在环境净化、环境修复、生态建材、催化剂载体及药物载体等领域的应用具有重要的理论和实践意义。由于有机/无机两相的不相容性，黏土在有机溶剂中分散性极差，在与高分子材料复合时，黏土自身非常容易团聚在一起，很难达到均匀分散。无机物的团聚使材料的界面力学性能变差，致使材料的某些性能恶化。所以无机物在有机物中的均匀分散性问题是有机/无机复合材料的难题之一。

有机高分子材料具有质量轻、耐腐蚀、介电性能好及易加工成形等优点。但是与金属材料和无机材料相比，大多数有机高分子材料机械强度、模量、耐冲击强度及耐热性能都较差，这些缺陷限制了有机高分子材料在高性能工程材料领域及作为固沙材料的应用。聚合物直接作为固沙材料，施工方便，能快速形成固沙结皮，但是其持久性（耐候性）较差，一般固沙效果只能持续 1～2 年。因此，对聚合物机械强度、模量、耐冲击强度及耐热性能进行增强改性是聚合物材料成为高性能工程材料或固沙材料必不可少的手段。

聚合物改性包括物理改性和化学改性，采用这两种方法改性的材料其综合性能的改善程度不同。物理改性是指通过物理或机械方法，将无机颗粒或有机分子加入聚合物中，也可通过将两种或两种以上聚合物共混来进行改性；化学改性是通过高分子的共聚、接枝及交联等反应对聚合物进行改性。化学改性后，聚合物的综合机械性能和加工性能都会得到改善，成本也会下降。

增强改性分为分子自增强方式和加入增强剂两种。前者对材料的增强效果有限，或在部分增强的同时较多地丧失了其他物理机械性能，或显著降低了加工性能，生产成本也会明显提高。而在材料中加入增强剂是提高聚合物强度、模量及耐热性等性能非常有效的手段。向聚合物中加入无机矿物（黏土矿物）粒子改性得到有机聚合物/无机粒子复合材料，是以树脂或橡胶等为连续相，无机粒子（金属、玻璃及黏土粒子）为分散相，通过物理或化学方法将分散相均匀地分散于连续相材料中，形成含有一定尺寸无机材料的均相复合体系。广义上讲，在多相聚合物复合材料体系，只要某一组成相是纳米尺度（1～100 nm），就可将其视为纳米复合材料[13]。复合材料根据其中连续相的不同可以分为非聚合物复合材料和聚合物复合材料，其中聚合物复合材料有聚合物/聚合物复合材料和聚合物/无机复合材料两种[14]。

在纳米复合高分子材料中，由于高分子对纳米粒子具有一定的复合稳定作用，可使聚合物稳定性增加，而纳米粒子与聚合物载体相结合，不仅可以控制晶粒的半径及微粒的稳定性，而且与基体材料相比，性能会大大提高，具有较好的力学、加工及热稳定性等综合性能。以聚合物为有机相与无机相的纳米粒子或纳米前驱体进行复合组装形成的复合材料被称为无机/有机聚合物纳米复合材料，通常使用无机粒子（氧化物、黏土、蒙脱土、滑石粉等）来制备。聚合物和无机纳米材料复合，一般体现出两种材料共同的优点，得到的聚合物复合材料不仅具有聚合物力学性能等方面的功能（弹性模量、拉伸强度、抗冲击强度、屈服强度、耐疲劳强度、保水、固沙、防蒸发、防渗漏），又具有无机纳米材料的刚性及特殊功能（磁性、导电、发光、屏蔽、阻燃及光电催化等），在光学、电子、离子、机械、膜、保护涂层、催化剂、传感器、生物及生态修复等方面有着广泛的应用[15-17]。聚合物/无机纳米粒子复合材料方面的研究对开发具有高性能、高附加值、有特殊功能的功能材料也具有重要意义[18-20]。

聚合物复合材料的最大优点是既兼具复合组分的功能，又能提高材料的某些综合性能。黏土颗粒粒径分布很广，最小达到纳米级，最大达到微米级。笔者课题组研究的土基复合材料包括土基固沙材料（抗风蚀材料）、土基固土材料（抗水蚀材料）、土-秸秆吸水材料（保水材料）、土基防蒸发材料（抗收缩材料、抗皲裂材料）和土基防渗漏材料（盐碱隔离材料）。土基固沙材料、土基固土材料、土基防蒸发材料和土基防渗漏材料中土含量一般在98%以上，高分子含量很低，这一方面是由于荒漠生态修复材料用量巨大，必须降低成本；另一方面是由于土在环境中稳定，而大多数高分子的耐候性不如土。

作为固沙材料的土基复合材料，要求具有一定的机械强度和耐候性，具备这些功能的材料在实验室中制备时需要一定的反应条件，一般来说温和条件下难以完成。荒漠（沙漠）化土地面积十分巨大，由于受成本限制，不可能在荒漠（沙漠）化土地使用实验室或工厂制备的复合材料。土基固沙材料在野外制备时要求原料易得（主要原料为当地获得）、价格低廉（无成本或成本很低）、水为溶剂、反应条件温和（自然温度和压力）及在野外原位生成（不需要实验室或工厂）。本节简单介绍了一些土基固沙材料的实验室研制过程，主要是明确了固沙复合材料的功能如何获得，影响固沙材料性能的因素有哪些，实验室的前期研究可以为野外固沙材料的制备和使用提供技术支撑。

目前聚合物/土复合材料的制备方法主要有插层聚合法、溶胶-凝胶法（sol-gel）、原位聚合法、活性聚合和可控聚合等几大类。

1. 插层聚合法

插层聚合法一般是先将催化剂引入具有层状结构的无机物的片层间，通入单体聚合在无机物片层中形成聚合物。具有片层结构的无机物常见的有硅酸盐类黏土、磷酸盐类及石墨等。插层聚合过程中无机物片层间距会扩大直至解离，片层无机物在聚合物基体中达到较小尺度的分散，从而获得具备一定功能的复合材料。插层聚合可以有效提高聚合物-无机复合材料的力学性能和机械性能，是复合材料制备中常用的方法。利用插层聚合法制备的聚甲基丙烯酸甲酯/蒙脱土（PMMA/MMT）及聚（甲基丙烯酸甲酯/丙烯酸丁酯）/蒙脱土 P(MMA/BA)/MMT 纳米复合材料，其冲击强度和耐热性能均得到提高[21]。将聚醚多元醇插层进入蒙脱土片层中制得的复合材料，其拉伸强度和断裂伸长率得到提高[22]。以双苯基二甲基十八烷基溴化铵（TBDO）为插层剂，对钠基蒙脱土进行插层化处理制备得到的复合材料，玻璃化转变温度（T_g）降低，热稳定性提高[23]。

乳液插层聚合是利用乳化剂，将片层无机物均匀分散在水中，通过自由基引发，在无机物片层中嵌入聚合物。利用溶液插层法制备的 β-羟基丁酸酯和 β-羟基戊酸酯共聚物（PHBV）/有机化蒙脱土（OMMT）复合材料，其熔融温度（T_m）和结晶度下降[24]。聚甲基丙烯酸甲酯与膨胀石墨通过溶液共混制成的插层复合材料，膨胀石墨层间距接近纳米尺寸，其渗滤阈值远低于普通炭黑和石墨[25]。以聚乙烯醇和钠质蒙脱土为原料，通过溶液插层法制备的含蒙脱土聚乙烯醇复合材料，其热稳定性和拉伸强度得到了提高[26]。利用乳液插层法制备的丙烯酸丁酯/有机蒙脱土纳米复合材料，其储能模量大大提高[27]。

熔体插层法是将聚合物和层状无机物混合，再将混合物加热到软化点以上，实现熔体直接嵌入。它无须任何溶剂，适合大多数聚合物。有机改性（$C_{18}H_{37}NH_3^+$）的蒙脱土与三元乙丙胶（EPDM）通过熔融共混制备的纳米复合材料，其拉伸和剪切强度、模量都有很大提高[28]。通过熔体插层法制备的硅橡胶/蒙脱土纳米复合材料，其力学性能和耐热性能得到提高[29]。

2. 溶胶-凝胶法

溶胶-凝胶法是利用易于水解的金属化合物在某种溶剂中与水发生反应，经过水解与缩聚过程而逐渐凝胶化，再经干燥、烧结等后处理，最后制得所需的材料。该法涉及溶胶-凝胶过程中的水解反应及水解中间产物的聚合和缩合反应。基本反应有水解反应和聚合反应。采用溶胶-凝胶法已经成功制备了可溶性聚酰亚胺/二氧化硅纳米复合材料[30]。

3. 原位聚合法

将单体和无机纳米粒子均匀分散（加入分散剂、超声或机械搅拌）在水中，通过自由基引发聚合就能得到纳米复合材料。水溶液中的原位聚合反应条件温和，复合材料两相分散均匀。利用原位聚合法制备得到聚甲基丙烯酸甲酯/二氧化硅（PMMA/SiO$_2$）纳米复合材料，SiO$_2$在复合材料基体中均匀分散，无机物团聚轻微。通过 SiO$_2$ 的引入，可以有效改善基体的热稳定性及机械性能[31]。利用原位聚合制得的含 2wt% SiO$_2$ 的液晶纳米复合材料，具有优异的热稳定性，其热分解温度在 438 ℃以上[32]。

4. 活性聚合和可控聚合

作为无机土微粒，通过改变颗粒粒径可以适当改善其在有机聚合物中的相容性，但它们在有机聚合物中的分散仍然是不均匀的。土微粒的加入，在提高复合材料一些性能的同时，有机/无机的不相容性使得材料两相界面存在剪应力，导致另一些性能的恶化。采用一般物理填充法制备复合材料，难以解决无机微粒在聚合物基体中的均匀分散问题，化学方法则可以在一定程度上解决这一问题。通过对无机微粒进行表面有机化修饰或在其表面接枝聚合物链，可以提高无机微粒与有机物两相间的相容性和相界面结合力，使所制备的有机/无机纳米复合材料中无机颗粒在聚合物基底中的分散更均匀，有机与无机物间的界面得到一定程度消除，使两相间界面导致的材料机械性能恶化得到缓解。传统的接枝方法存在接枝层分布不均匀、接枝层厚度不可控、接枝率较低及不能得到嵌段接枝聚合物等弊端，活性聚合方法则可以克服这些传统方法的缺点。

活性聚合的目标是尽可能降低链终止和不可逆链转移反应速率，最理想的活性聚合不存在链终止和不可逆链转移反应。活性聚合的特征是链引发速率远远大于链增长速率，聚合过程活性中心浓度不变。活性聚合时产物分子量分布很窄，分子量大小可控[33-35]。

理论上讲，任何一种传统聚合方法都可以实现活性聚合。目前已经实现的活性聚合主要包括阴离子活性聚合、基团转移活性聚合、开环活性聚合、配位活性聚合、阳离子活性聚合及络合负离子活性聚合等[36-47]。学术界最常用的活性聚合方法是原子转移自由基聚合（ATRP），这个方法扩展了活性聚合单体范围，使制备分子量可控、结构规整和具有特殊功能团有机/无机复合材料成为可能。

在实验室，现有活性聚合方法已能解决一些制备聚合物和聚合物复合材料时所遇到的问题，但聚合条件复杂、苛刻，需无水无氧操作，所以生产成本高，难以实现工业化。使用活性聚合制备固沙材料也不现实。自由基聚合是目前制备聚合物材料最重要的方法之一，具有反应条件温和、可选单体种类多、可以水为介质和容易实现工业化生产等优点[48-50]。能实现"活性"-可控自由基聚合的途径有三种：①通过稳定自由基（2,2,6,6-四甲基-1-哌啶氮氧自由基，TEMPO）的使用实现自由基稳定休眠[51]；②引发-转移-终止法（iniferter）[52, 53]；③原子转移自由基聚合[54-56]。

5. 无机矿物（土）-聚合物复合材料性能

1）力学性能

使用无机矿物（土）材料，改性有机材料形成复合材料后，与原有机材料比较，复合材料的硬度和刚性会提高，但韧性和延展性会下降。纳米粒子与聚合物复合后，一般可使聚合物的性能得到很大提高。复合在聚合物中的无机纳米粒子，首先可以使其周围的聚合物发生变形，吸收一定的变形能，从而提高韧性；其次，无机纳米粒子的填充，可以适当减小聚合物树脂裂纹的扩展并增大扩展阻力，使裂纹终止，防止聚合物材料内部形成破坏性裂缝[57, 58]。

2）阻隔性能

复合到聚合物材料中的无机纳米粒子，可以提高复合材料的阻透性。纳米粒子分散在复合材料中，可以延长复合材料中分子的扩散路径和速度，从而提高材料的阻隔性。尼龙 6/蒙脱土（PA6/MMT）复合材料比纯尼龙 6 的气体透过性与水透过性都显著下降，阻隔性能提高 3～6 倍[59]。在聚己内酯/蒙脱土体系中，纳米材料与传统填充聚合物及一般聚合物相比，相对透过性均显著下降，并随蒙脱土含量的增加而迅速下降，即阻隔性能显著上升[60]。作为固沙材料，阻隔性能虽然对水的渗入不利，但能提高材料的耐水性能。

3）热稳定性

有机/无机复合材料中，无机纳米粒子和有机聚合物两相间存在界面相互作用力，这种作用力使复合材料中分子链的运动受到束缚，表现为复合材料与原聚合物比较，其热稳定性会得到一定程度的提高。聚苯胺/二氧化锆（PANI/ZrO$_2$）复合材料，热稳定性比纯聚苯胺就有较大提高[61]。聚氨酯/多壁碳纳米管弹性体复合材料，玻璃化转变温度增加 10 ℃，其热稳定性也明显提高[62]。

由于成本限制，土基固沙材料不可能是聚合物基复合材料，只能是土基聚合物复合材料，在这种复合材料中，聚合物含量应尽可能少，复合材料抗压强度和耐候性要尽可能提高。在无机矿物（土）连续相中的少量有机高分子，要使无机矿物（土）和沙有效结合，达到固沙效果，高分子必须具备易溶易分散性能。

6. 坡缕石黏土/有机聚合物复合材料[12, 63-65]

1）坡缕石黏土（凹凸棒土）

由于形成条件苛刻，坡缕石黏土（凹凸棒土）是世界性稀缺的环境矿物材料。世界上有开采价值的坡缕石主要分布于中国、美国、西班牙、塞内加尔、法国、澳大利亚、墨西哥、俄罗斯等少数国家。据不完全统计，坡缕石的探明储量（除中国以外）为 4000 多万 t，目前世界年产量约 100 万 t，主要产地是美国。

坡缕石是近些年引起重视的一类无机黏土矿物，其化学式为 $Mg_5Si_{20}(OH_2)$ $(H_2O) \cdot nH_2O$。产地不同，坡缕石的结构和所含金属离子也不同。坡缕石晶体中含结晶水、沸石分子水、羟基结构水和包结水等[66, 67]。有些产地的坡缕石是中空纤维状晶体，长度微米级，直径纳米级，具有较大比表面积（图 4-2）。

坡缕石黏土不是层片层结构的无机矿物，因此不会有插层聚合反应，但是坡缕石独特的纳米棒晶结构使其适合作为准二维无机填料，与有机聚合物复合制备聚合物纳米复合材料。坡缕石纤维中空，比表面积大、表面羟基等功能基团具有一定反应活性等，虽然可以作为惰性填料与有机聚合物制备复合材料，但是直接复合也容易引起材料力学性能恶化。通过坡缕石表面活性基团与有机物进行反应制备的功能化（有机化）坡缕石，其与聚合物复合时就可以改善复合材料中两相的相容性、分散性及亲和性，最终可以得到性能优异的聚合物/坡缕石纳米复合材料。常用的表面改性有三大类：偶联剂改性、表面活性剂改性及酸化处理[12]。

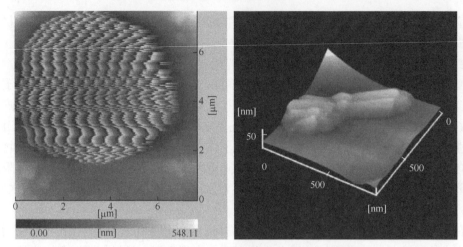

图 4-2　坡缕石黏土（凹凸棒土）的原子力显微镜图

（1）偶联剂改性。坡缕石黏土表面含有大量的 Si—OH 极性基团，因此通过偶联剂对坡缕石黏土表面进行处理，使偶联剂改性的坡缕石与聚合物基体形成交联结构，从而达到改性目的。近几年在复合材料的制备中常用的是硅烷偶联剂。偶联剂的添加方法主要有两种：整体共混法是将偶联剂、填料及树脂一起共混；预处理法是先用偶联剂预处理填料，然后将处理过的填料与树脂共混[68-71]。无论采用哪种方法，使用偶联剂制备的复合材料价格都比较高，用于野外固沙不太现实。

（2）表面活性剂改性。坡缕石等电点的 pH 约为 3，因此通常情况下显负电性，易吸附阳离子改性剂[72]。据此可以选用有机阳离子表面活性剂，与坡缕石的 Na+和 Ca2+ 等阳离子进行离子交换，使坡缕石表面吸附有机化基团，增强与高聚物的亲和性。

（3）酸化处理。利用稀酸（最常用的是稀硫酸或稀盐酸）通过反应除去坡缕石黏土中的碳酸盐及可与酸反应的氧化物。

笔者课题组利用可控聚合方法制备土基固沙材料，在研制过程中首先需要选取坡缕石黏土。经过反复实验，实现了黏土（坡缕石）基质上的活性聚合及可控聚合，但实验室制备条件无法在野外实现。以下简单介绍实验室坡缕石基质上的活性聚合，该方法仅作为制备固沙材料的一种实验室方法。

2）坡缕石黏土的活化

称取 10 g 坡缕石原矿，索氏提取至恒重（THF 溶剂），除去其中含有的有机物。将 6.0 g 经过索氏提取处理的坡缕石和 150 mL 10% NaOH 溶液加入 250 mL 圆底烧瓶中，100 ℃下回流反应 12 h。将反应混合物降到室温，离心得到固体，用大量蒸馏水洗涤至中性，90 ℃下真空干燥 24 h 得到活化坡缕石。用碱处理坡缕石是为了增加其表面羟基的数量。

3）坡缕石黏土表面羟基的氯代

将苯（25 mL）、碱处理坡缕石（4.0 g）及氯化亚砜（25 mL）依次加入 250 mL 圆底烧瓶中，回流温度下搅拌反应 50 h。之后蒸馏除去未反应的氯化亚砜和苯，所得固体在 90 ℃下真空干燥 24 h。氯化后的坡缕石于真空下储存在干燥器中[12, 63, 64, 73]。

4）坡缕石黏土表面过氧基团的引入

将 1,4-二氧杂六环（25 mL）、氯代坡缕石（3.0 g）、NaHCO₃（0.15 g）及叔丁基过氧化氢（TBHP）（10 mL）依次加入 100 mL 圆底烧瓶中，氮气保护下于 20 ℃避光反应 12 h 后离心得到固体。之后加入甲醇搅拌均匀后离心，反复处理三次除去未反应的叔丁基过氧化氢，20 ℃下真空干燥 24 h[74]，避光储存在真空干燥器中。

在 50 mL 烧瓶中分别加入 0.2 g 过氧化坡缕石、10 mL 乙酸酐及 0.5 g 碘化钾，搅拌 20 min 后，用淀粉作指示剂，0.1 mol/L 硫代硫酸钠滴定游离的碘离子，确定坡缕石上过氧基团的含量。

5）坡缕石黏土-*g*-聚甲基丙烯酸甲酯（Pal-*g*-PMMA）复合材料的制备

在 50 mL 烧瓶中分别加入 0.2 g 过氧化处理的坡缕石和 10 mL 环己酮，搅拌并超声分散 30 min 后分别加入 0.0675 g CuCl₂ 和 0.1569 g 联吡啶（bipy），抽换氮气三次，再用针管注入 10 mL 甲基丙烯酸甲酯（MMA），抽换氮气三次，在氮气保护，搅拌和 80 ℃下发生聚合（不同反应时间对应不同产物）。反应结束后用四氢呋喃（THF）稀释反应混合物，离心分离产物并用 THF 洗涤多次。之后加入甲醇-水（2∶1）混合溶液沉淀产物，50 ℃下真空干燥。最后索氏提取至恒重（THF 作溶剂），50 ℃下真空干燥 24 h，得到 Pal-*g*-PMMA 复合材料（图 4-3）[12, 63]。

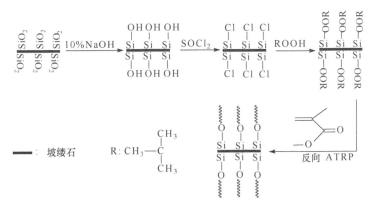

图 4-3　坡缕石基质上反向原子转移自由基聚合示意图

6）坡缕石黏土-有机聚合物复合材料中聚合物的解离

为了定量分析接枝于坡缕石上有机聚合物的接枝量、分子量及分子量分布，需要将其从复合材料中解离出来，一般利用氢氟酸处理。在 1 mL 甲苯中，依次加入 100.0 mg Pal-*g*-PMMA 复合材料、10.0 mg 相转移催化剂 Aliquat 336 和 1 mL 49%氢氟酸，室温下搅拌反应 12 h。将滤去固体的反应混合液转入 10 mL 甲醇溶液中，使接枝在坡缕石上的甲基丙烯酸甲酯聚合物沉淀并用甲醇充分洗涤，真空抽滤，50 ℃下真空干燥 24 h。

7）坡缕石黏土-有机聚合物复合材料表征

所制备材料的表征包括结构、组成及形貌表征。

（1）FTIR 分析。

相比于未处理坡缕石(图 4-4 中 a)，Pal-*g*-PMMA 复合材料的 FTIR 谱图在 1732 cm⁻¹、2925 cm⁻¹ 及 753 cm⁻¹ 处出现了新的吸收峰（图 4-4 中 b），这三个峰分别是甲基丙烯酸甲酯聚合物的羰基伸缩振动吸收峰、C—H 伸缩振动吸收峰及 C—Cl 伸缩振动吸收峰。C—Cl 伸缩振动吸收峰的存在表明聚合体系存在活性烷基氯，它可以继续引发聚合，说明聚合链没有失活，还能继续引发有机单体的聚合，使原单体聚合改变其分子量，也可以与不同的单体实现共聚，合成多嵌段共聚物。

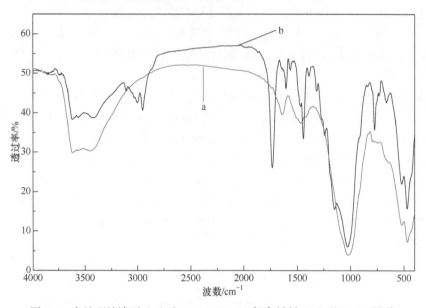

图 4-4　未处理坡缕石（a）和 Pal-g-PMMA 复合材料（b）的 FTIR 图谱

（2）GPC 及动力学分析。

由某一时刻单体的转化率，可以计算得到 ln（[M_0]/[M]）（其中 [M_0] 和 [M] 分别是单体起始和某时一刻的浓度）值，ln（[M_0]/[M]）与反应时间作图，可以得到有机单体在无机物表面原子转移自由基活性聚合的一级动力学曲线（图 4-5）。如果聚合的动力学曲线是一条直线，即 ln（[M_0]/[M]）与反应时间成正比，就说明此反应在动力学上对单体浓度是一级反应，同时也说明链增长自由基浓度在整个聚合过程中保持不变，这个聚合就是活性聚合。

传统自由基聚合过程中由于自由基浓度大，所以容易发生链转移和链终止反应，造成产物的分子量分布很宽且分子量不可控。原子转移自由基聚合过程中，引入交替"活化-钝化"可逆反应，体系中自由基浓度始终处于较低水平，链转移和链终止反应速率很低，这样聚合中分子量与转化率、时间之间就存在线性关系，聚合物的分子量随转化率升高而增大，分子量分布与单体转化率间也存在一定的线性关系（图 4-6），聚合物的分子量分布相对较窄（小于 1.18）。聚合物的分子量及其分布与单体转化率的线性关系就是体系活性聚合的标志[63, 64]。

表 4-1 中数据显示：反应 3 h 的理论分子量、重均分子量、数均分子量及分子量分布分别为 3468、4498、3874 及 1.16；反应 15 h 的理论分子量、重均分子量、数均分子量及分子量分布分别为 14786、18476、15896 及 1.16；反应 24 h 的理论分子量、重均分子量、数均分子量及分子量分布分别为 23594、30514、26636 及 1.14。在整个反应过程

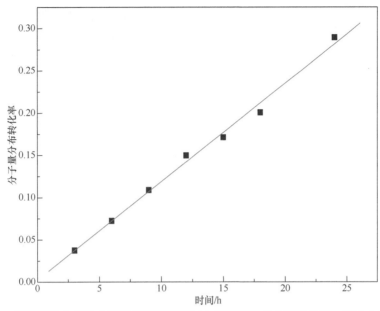

图 4-5　坡缕石黏土基质上甲基丙烯酸甲酯反向原子转移自由基聚合的一级动力学曲线

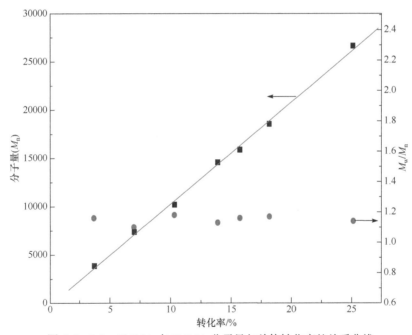

图 4-6　Pal-*g*-PMMA 中 PMMA 分子量与单体转化率的关系曲线

中，转化率随反应时间的延长而呈线性增加，分子量随反应时间的延长而不断增加；数均分子量与理论分子量比较接近；整个反应时间区间内分子量分布变化不大（图 4-6）。表 4-1 中数据说明，PMMA 在坡缕石纳米粒子表面进行的反向原子转移自由基聚合是一个"活性"-可控聚合。

表 4-1　坡缕石基质上 PMMA 原子转移自由基聚合实验结果

实验编号	反应时间/h	转化率 [a]/%	$M_{n\,GPC}$	$M_{n\,th}$	$M_{w\,GPC}$	PDI [b]
1	3	3.690	3874	3468	4498	1.16
2	6	6.990	7381	6570	8149	1.10
3	9	10.32	10211	9700	12098	1.18
4	12	13.90	14581	13066	16476	1.13
5	15	15.73	15896	14786	18476	1.16
6	18	18.18	18575	17089	22640	1.17
7	24	25.13	26636	23594	30514	1.14

注：反应条件：溶剂环己烷，［坡缕石担载引发剂］：［$CuCl_2$］：［bipy］：［MMA］=1：10：20：2000，温度：80 ℃；

a. 用重量分析法确定转化率；

b. PDI：通过 M_w/M_n 计算得到分子量分布。

（3）透射电子显微镜分析。

透射电子显微镜（TEM）能够提供有关接枝聚合复合材料形态、尺寸大小等方面的信息。坡缕石具有纤维结构，存在团聚现象［图 4-7（a）］。随着聚合时间的延长，坡缕石晶体纤维直径在逐渐变大，团聚现象逐渐减小［图 4-7（b）和（c）］。聚合时间达到 24 h 时，团聚现象消失。坡缕石晶体纤维长度分布在 0.5～5 μm，直径分布在 20～80 nm，聚合后坡缕石晶体纤维的直径为 120 nm 左右，由此可以推测接枝聚合物的厚度超过 40 nm。随着聚合时间的延长，接枝聚合物逐渐覆盖在坡缕石表面，坡缕石晶体纤维表面逐渐不再光滑规整［图 4-7（b）与（c）比较］，这个结果也说明坡缕石表面的接枝聚合发生了。

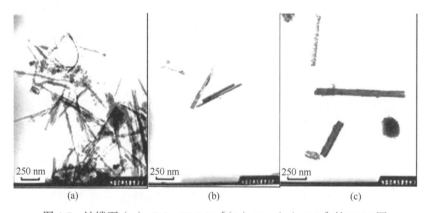

图 4-7　坡缕石（a）、Pal-g-PMMA［（b）6 h，（c）24 h］的 TEM 图

（4）热重分析。

接枝聚合物的质量随着反应时间的延长而增加，在热重（TGA）曲线中反应时间越长的材料，失重越多（有机聚合物含量越多）（图 4-8）。之前的分析已经证明，在给定反应体系，坡缕石基质上甲基丙烯酸甲酯的接枝聚合是活性聚合，聚合过程自由基浓度

基本恒定（聚合链数量基本恒定），随着时间的延长，聚合物（有机物）不断增加的量（TGA曲线中失重增加的量）是每一聚合物链分子量的增加引起的，不是通过增加新自由基（聚合链数量）得到的。

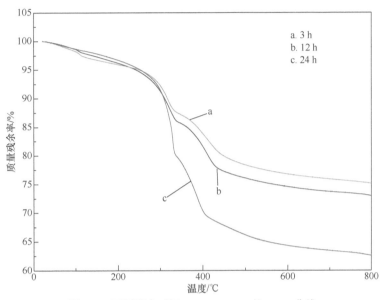

图 4-8　不同聚合时间 Pal-*g*-PMMA 的 TGA 曲线

7. 黄土复合材料[75,76]

1）黄土的提纯

天然黄土中一般含有少量细沙、植物碎屑及其他矿物杂质，因此在反应前要进行提纯。实验室一般采用悬浮法来提纯黄土，即将黄土配制成 10 wt%的水悬浮液，静置后，除去最上层和最下层杂质，将中间的黄土泥浆离心后，干燥粉碎，制得粒径大约为0.074 mm（200 目）的纯黄土[77]。

2）瓜尔胶-*g*-聚丙烯酸/黄土（GG-*g*-PAA/loess）复合材料的制备

首先将 1.2 g 瓜尔胶（GG）溶解在 40 mL 0.067 mol/L NaOH 溶液中，用油浴将混合液加热至 70 ℃形成胶浆，搅拌下将 4 mL 含 0.1008 g 引发剂过硫酸铵（APS）的水溶液加入胶浆中，70 ℃下搅拌反应 20 min。将 7.2 g 丙烯酸（AA）用 8.5 mL 8 mol/L NaOH中和，使中和度达到 70%，氮气保护和搅拌下将 21.6 mg 交联剂 *N*,*N*'-亚甲基双丙烯酰胺（MBA）和 1.5 g 细黄土加入中和后的丙烯酸中，冷却到 55 ℃后，将含有单体 AA、黄土及交联剂 MBA 的混合物加入之前的 GG 胶浆中，70 ℃下聚合 3 h。产品在 70 ℃烘箱中干燥至恒重，研碎至 0.12 mm（120 目）。

3）瓜尔胶-*g*-聚丙烯酸/黄土复合材料的表征

（1）FTIR 分析。

在黄土的红外光谱图中（图 4-9 中 a），3616 cm⁻¹ 和 1631 cm⁻¹ 处的峰分别是其—OH的伸缩振动和弯曲振动吸收峰，这两个吸收峰在聚合反应后基本消失；1029 cm⁻¹ 处的峰是其 Si—O 伸缩振动吸收峰，这一吸收峰在复合材料中明显减弱（图 4-9 中 d）。在瓜尔胶的红外光谱图中（图 4-9 中 b），1017 cm^{-1}、1073 cm^{-1} 和 1154 cm^{-1} 处的吸收峰是其 C—OH 相关的振动吸收峰，这些吸收峰在复合材料中明显减弱（图 4-9 中 d），在瓜尔胶-*g*-聚丙烯酸/黄土复合材料的红外光谱图中（图 4-9 中 d），1406 cm^{-1}、1452 cm^{-1} 和 1560 cm^{-1} 处的峰是其—COO$^-$ 的对称伸缩振动和非对称伸缩振动吸收峰。

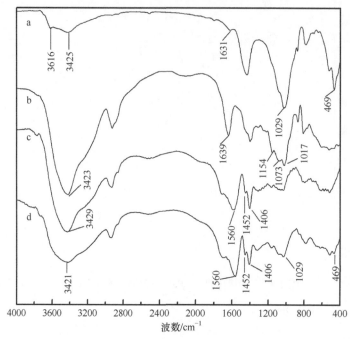

图 4-9　黄土（a）、瓜尔胶（b）、瓜尔胶-*g*-聚丙烯酸（c）及瓜尔胶-*g*-聚丙烯酸/黄土复合
材料（2%）（d）的红外光谱图

（2）SEM 分析。

不含黄土的瓜尔胶-*g*-聚丙烯酸与含有黄土的瓜尔胶-*g*-聚丙烯酸/黄土复合材料比较，表面形貌和断面结构都发生了改变，瓜尔胶-*g*-聚丙烯酸的表面和断面结构均比较平滑、致密，而瓜尔胶-*g*-聚丙烯酸/黄土复合材料的表面相对粗糙，断面相对疏松且有许多孔状结构。这表明黄土的加入对复合材料的结构产生了影响。

8. 红土复合材料[78]

1）红土的提纯

天然红土（red-soil/laterite）中常含有粗粒矿物杂质，由于产地不同，这些杂质的含量和成分也不同。红土中的杂质既不利于发生化学反应，也影响复合材料的性能，因此在反应前要对红土进行提纯。通常采用悬浮法来纯化红土，将 10wt%红土水悬浮液机械搅拌 5 min 并静置 3 h，除去上层清液和底层颗粒矿物杂质，取中间红土泥浆离心后干燥粉碎，得到粒径大约为 0.074 mm（200 目）的纯红土。

2）黄原胶-*g*-聚丙烯酸/红土（XG-*g*-PAA/laterite）复合材料的制备

在氮气保护下，将 1.2 g 黄原胶分散到 30 mL 蒸馏水中，在持续搅拌下升温至 70 ℃

反应 1 h。将反应混合物冷却到室温并滴加 5 mL 过硫酸铵（0.1 g APS）水溶液，70 ℃下反应 15 min，之后将反应物降温至 50 ℃，加入中和后的丙烯酸（7.2 g 丙烯酸和 8.5 mL 8 mol/L NaOH 溶液）、0.03 g 交联剂 N,N′-亚甲基双丙烯酰胺及 0.95 g 纯化红土的混合溶液。搅拌 15 min 后缓慢升温至 70 ℃并在此温度下反应 3 h。将反应混合物冷却后过滤，用水充分洗涤。产物于干燥箱内 60 ℃下干燥至恒重，得到黄原胶-g-聚丙烯酸/红土复合材料，粉碎至 0.12 mm（100 目）备用。黄原胶-g-聚丙烯酸/红土复合材料的制备过程如下（图 4-10）。

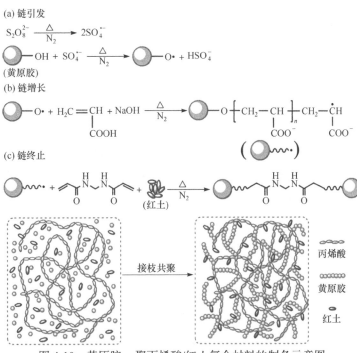

图 4-10　黄原胶-g-聚丙烯酸/红土复合材料的制备示意图

3）黄原胶-g-聚丙烯酸/红土复合材料的表征

（1）FTIR 分析。

在红土的红外光谱图中（图 4-11 中 a），3620 cm^{-1} 处的峰是红土表面—OH 的伸缩振动吸收峰，反应生成黄原胶-g-聚丙烯酸/红土复合材料以后，该吸收峰消失（图 4-11 中 c）；1631 cm^{-1} 和 1620 cm^{-1} 处的峰是其—OH 的弯曲振动吸收峰，在形成复合材料后消失（图 4-11 中 c）；1446 cm^{-1} 和 1436 cm^{-1} 处的峰是其 Si—OH 的弯曲振动吸收峰，这两个吸收峰反应后消失；1028 cm^{-1} 处的强峰是其≡SiO—的伸缩振动吸收峰，该吸收峰在反应后也消失。黄原胶-g-聚丙烯酸/红土复合材料的红外光谱在 1614 cm^{-1} 处出现了新的吸收峰（图 4-11 中 c）。这证明丙烯酸接枝到了黄原胶骨架上，而红土通过其表面的活性硅羟基基团也参与了接枝聚合[79, 80]。

（2）元素分布分析。

红土中的主要元素铝、硅和铁均匀地分散在了黄原胶-g-聚丙烯酸/红土复合材料中（图 4-12）。

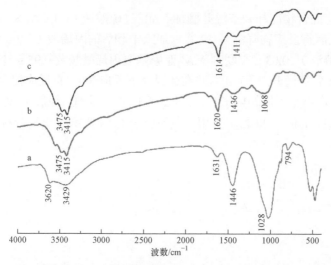

图 4-11　红土（a）、黄原胶（b）和黄原胶-*g*-聚丙烯酸/红土复合材料（c）的红外光谱图

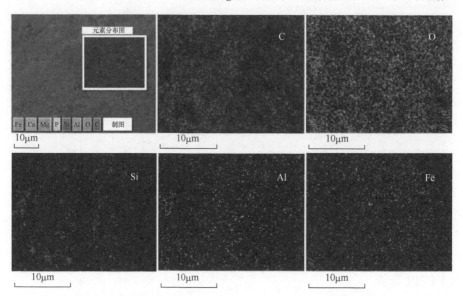

图 4-12　黄原胶-*g*-聚丙烯酸/红土复合材料中的元素分布

（3）X 射线衍射分析。

在红土的 X 射线衍射（XRD）图谱中，主要的晶型结构有石英（PDF 65-0466，$2\theta=20.84°$、$26.62°$、$50.12°$和$59.92°$），方解石（PDF 05-0586，$2\theta=8.78°$、$19.78°$、$34.98°$和$61.66°$）及白云母（PDF 07-0042，$2\theta=23.02°$、$29.42°$、$36.54°$、$39.46°$、$43.2°$、$47.54°$和$48.58°$）（图 4-13）。在黄原胶-*g*-聚丙烯酸/红土复合材料的 XRD 图谱中，位于$2\theta=21.58°$处较宽的衍射峰是由水凝胶中的结晶度较低的非晶态结构所致，而红土中的主要衍射峰消失或减弱说明其晶型结构发生了变化。在发生脱落的结构中观察不到很多的衍射峰，这是由于在反应的过程中粒子板块发生了轻微的崩溃，导致层间距减小，表明红土与聚合物之间发生了反应，而不是简单地嵌入[81]。

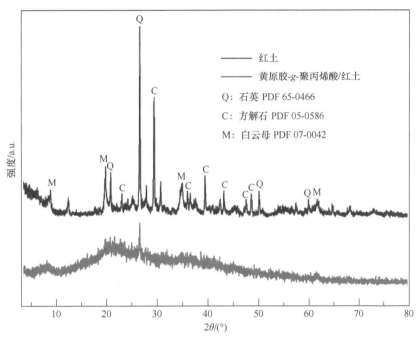

图 4-13　红土和黄原胶-*g*-聚丙烯酸/红土复合材料的 XRD 图谱

4.3　土基固沙材料概述及其性能

4.3.1　土基固沙材料简介

中国风蚀荒漠化土地面积 182.63×10^4 km^2，主要分布在干旱和半干旱地区。风蚀荒漠化的最终结果大多是沙漠化。风蚀是指地表物质在风力作用下的剥蚀、分选及搬运过程，包括地表物质受到风吹撞击而破碎的磨蚀过程和地表细粒物质被风吹起和输移的吹蚀过程。风蚀在微观上表现为地表细粒物质被搬运，地表粗粒物质相对含量增加，土壤发生侵蚀和堆积；在宏观上则表现为土地发生沙化和荒漠化。风蚀使地表表土流失、土壤粗化、肥力和生产力下降。质地黏重、有机质含量高、团聚体结构好、稳定性强和表层含水量高的土壤抗蚀性较强，反之较弱[82]。黏土（或黄土）基综合固沙技术采取的方法是逆风蚀过程。返还被风吹失的细粒土，使用黏土或黄土，增加黏重土比例，改善沙地的团聚性能；建造降低风速和改变风向的黏土（或黄土）组合沙障，减少风蚀；采取集水和防蒸发技术，提高沙地持水和保水性能；通过黏土（或黄土）的输入，为藻类、苔藓及植物生长提供基础营养和固定床；利用黏土（或黄土）与沙形成的结皮，降低沙面温度骤变，为藻类、苔藓及植物提供保护。

如第 3 章所述，目前普遍采用的固沙技术有生物（植物）固沙技术、工程固沙技术及化学固沙技术。工程固沙技术中最常用、最有效的是草方格沙障、聚乙烯网沙障、尼龙网沙障、聚乳酸沙障、葵花秆沙障、编织袋沙障、棉花秆沙障、串草把沙障、生态垫沙障、发泡剂沙障、沥青沙障及水泥沙障等。工程治理措施的优点是能够立即奏效，但工程固沙中除了草方格沙障可以大面积推广外，其余则由于费工多、成本高而难以大面积推广，但如果自然条件十分恶劣，风沙危害又十分严重，别无选择时也可以局部使用。生物固沙主要包括植物固沙和微生物结皮固沙，其中，植物固沙是用植物固定流动和半固定沙地。生物固沙是需水工程，或者有水源，或者年降雨量大于 200 mm，在没有水源和年降雨量特别低的地区，无法实施生物固沙。化学固沙一般使用高分子材料，在风沙危害比较严重地区使用，最好的高分子材料应该可以溶解在水中，通过喷洒使其在沙地面形成防护结皮，提高沙面的抗风蚀性能，在易发生沙害的沙丘或砂质地表，建造能够防止风力吹扬又具有保持水分和改良沙地性质的固结层，可以达到控制和改善沙害环境、提高沙地生产力的目的。化学固沙因其具有可机械施工、简单快速、固沙效果立竿见影的特点，得到了很大的重视。但是大多数化学固沙剂是由大量无机、有机化学品组成，价格昂贵，对环境会造成一定的污染。因此开发一种成本低廉、环境友好，能够在防沙固沙中兼具工程固沙、化学固沙和生物固沙多重功能的固沙材料和方法非常重要。

理想的固沙材料应该具有以下特点：

（1）具有良好的沙土稳定性能、持水持肥性能、抗风蚀性能、抗水蚀性能和抗冻融性能；

（2）具有一定的亲水性、吸水性、保水性及防蒸发性能；

（3）固沙材料无毒害，具有适当的可降解性，保证使用后不会危害环境；

（4）使用成本较低，在沙漠地区推广时经济上可行；

（5）既可固沙，又能够为植物和微生物提供营养；

（6）能够降低沙面温度骤变；

（7）具有适宜的耐候性能，能够保持长久的固沙效果。

西北师范大学在 30 多年生态功能高分子材料的研究过程中，通过原位聚合、可控聚合、互穿网络聚合及复配等方法制备了一系列含土复合材料，这些材料均可以作为固沙材料使用。但是沙漠化面积巨大，考虑到成本承受力，在对大量功能高分子材料研究的基础上，西北师范大学生态功能高分子课题组筛选得到土基固沙材料（防风蚀材料）、土基固土材料（防水蚀材料）、含土保水材料（超吸水材料）、土基防蒸发材料（防收缩材料、防皲裂材料）及土基防渗漏材料（盐碱隔离材料），研发得到可大面积推广的综合工程技术，可用于风沙危害区生态修复、水土流失区沟壑治理和促进沙产业发展。土基固沙材料的主要成分（质量比 98.0%～99.9%）是自然界分布广泛、储量丰富和环境友好的天然黏土（红土及黑土等）或黄土，其中使用的环境友好高分子材料比例很低（质量比 0.1%～2.0%）。土基固沙材料是一种可以固沙、能为植物和藻类提供营养、能缓解地温骤变、耐压强度高、抗老化性能良好、保水耐水效果好、环境友好和价格低廉的生态修复材料。土基综合固沙技术是综合工程固沙、生物固沙及化学固沙的优良技术，可全面考虑疏导、分散、减缓、阻隔和固定（疏、分、减、阻、固），分散风沙流方向，降低风沙流速度，阻挡风沙流前进，固定流沙。土基固沙可将沙漠化防治与沙产业相结合，将水土流失防控与发展经济相结合。土基固沙技术容易实现机械化，可大面积推广[83-86]。

4.3.2　固沙材料组成

土基固沙材料的主要组分是天然黏土或黄土和沙漠中的沙，可以选择黄土、红土或黑土,根据当地具体情况就地选择,黏土(或黄土)和沙在复合材料中的质量比超过98%。土基固沙材料中的另一个成分是环境友好高分子材料,包括以下七类。

(1)农产品类。马铃薯泥、红薯泥、米粉、沙蒿粉、玉米粉、木薯粉及红薯粉等。

(2)生物质类。农作物秸秆、树木枝条、果皮、果壳(文冠果壳、核桃壳、花生壳)、马铃薯废渣及红薯废渣等。

(3)纤维素类。羧甲基纤维素、羧甲基纤维素钠、甲基纤维素、甲基纤维素钠、羟乙基纤维素、羟乙基纤维素钠、羟丙基纤维素、羟丙基纤维素钠、羟丙基甲基纤维素及羟丙基甲基纤维素钠等。

(4)加工淀粉类。氧化淀粉、可溶性淀粉、改性淀粉、羧甲基淀粉、羧甲基淀粉钠、羟乙基淀粉、羟乙基淀粉钠、羟丙基淀粉、羟丙基淀粉钠、糖浆、糊精及壳聚糖等。

(5)植物胶类。瓜尔胶、羟丙基瓜尔胶、羟乙基瓜尔胶、魔芋胶、亚麻胶(胡麻胶)、沙蒿胶、阿拉伯树胶、田菁胶、卡拉胶(麒麟菜胶、石花菜胶、鹿角菜胶、角叉菜胶)、香豆胶、葫芦巴胶、明胶、槐胶、果胶及松香胶等。

(6)海藻酸类。海藻酸、海藻酸钠、海藻酸丙二醇酯等。

(7)合成聚合物类。聚丙烯酸、丙烯酸-单烯烃共聚物、丙烯酸-丙烯酰胺共聚物、聚丙烯酰胺、丙烯酰胺-单烯烃共聚物、聚乙烯醇、聚乙二醇、黏土/有机聚合物复合材料、黏土/互穿聚合物网络、黄土复合材料及红土复合材料。

在年降雨量大于200 mm或风沙不是很大的地方,甚至可以不用有机高分子材料。

4.3.3 纤维素基和淀粉基胶黏剂的制备及与土的复配

1. 羧甲基纤维素钠的制备

羧甲基纤维素钠,可以直接采购使用。如果对纯度要求不是很严,也可以自制。取一定量的农作物秸秆,在一定的温度下干燥,粉碎,浸泡在乙醇中,30 ℃下向其中加入一定量的氢氧化钠乙醇溶液,碱化1 h;再加入一定量的氯乙酸乙醇溶液,升温至70 ℃反应30 min;之后加入一定量的氢氧化钠乙醇溶液,醚化15 min。然后用盐酸中和、洗涤、干燥、粉碎即得到羧甲基纤维素钠(图4-14)。

图4-14 秸秆制备羧甲基纤维素钠流程图

该方法主要经历了以下化学反应过程。

碱化:

$$[C_6H_7O_2(OH)_3]_n + nNaOH \longrightarrow [C_6H_7O_2(OH)_2ONa]_n + nH_2O$$

醚化:

$$[C_6H_7O_2(OH)_2ONa]_n + nClCH_2COONa \longrightarrow [C_6H_7O_2(OH)_2-OCH_2COONa]_n + nNaCl$$

纤维素基胶黏剂可以是甲基纤维素（钠），也可以是乙基纤维素（钠）、羟乙基纤维素（钠）、乙基羟乙基纤维素（钠）、羟丙基甲基纤维素（钠）等。不同的纤维素基胶黏剂和土进行复配形成固沙材料，其性能有所不同，但差别不是很大。

对纤维素进行接枝改性（图 4-15），能够改善这些材料的抗紫外老化性、抗风蚀性和耐水性等性能。

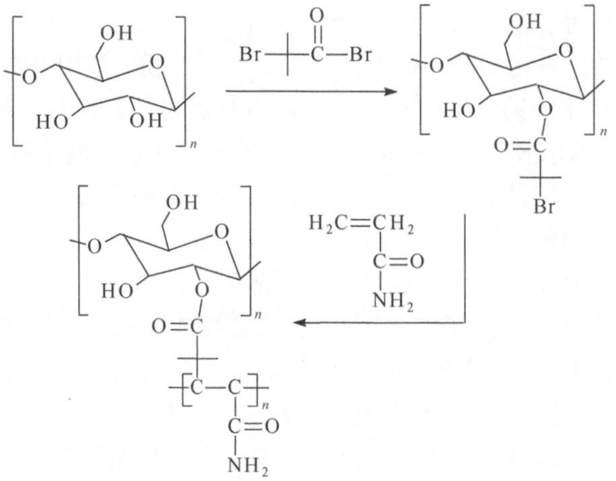

图 4-15　纤维素接枝丙烯酰胺聚合

2. 淀粉胶黏剂的制备

（1）取一定量的淀粉配制成一定浓度的水溶液，加入催化剂亚硫酸铁，用氢氧化钠调节 pH，加入一定量的过氧化氢进行氧化。

（2）加入定量的氢氧化钠进行糊化。

（3）糊化结束后加入一定量的还原剂硫代硫酸钠阻止氧化反应继续进行。

（4）为增加黏合能力，加入交联剂搅拌 30 min。为增加胶黏剂的黏合能力和干燥速度，可以在氧化阶段加入无机催干剂坡缕石黏土或蒙脱土等，也可以利用接枝共聚法对胶黏剂进行催化改性。由于聚乙烯醇分子中含有大量仲羟基和少量乙酰氧基，通过聚乙烯醇与淀粉 "接枝"，可以进一步提高淀粉基材料的持水保水性能。聚乙烯醇是能溶于水的聚合物，有优良的成膜性和乳化性。也可以应用聚丙烯、环氧氯丙烷、聚丙烯酸、脲醛树脂、有机硅偶联剂、氰乙醇及丙烯腈等和淀粉交联，制备耐水性好、黏合力强、干燥速度快的胶黏剂，这些材料可以在固沙中替代羧甲基纤维素（钠）（图 4-16）。

淀粉高分子链易被氧化位置是 C6、C2、C3 及 C4 和 C1 上的羟基，氧化剂和氧化程度不同，产物也不同。用酸性高锰酸钾氧化，主要氧化位置在 C6 上，伯羟基被氧化为羧基，分子链中的仲羟基不被氧化，碳链不断开。用高碘酸氧化，氧化发生在含羟基的相邻碳链上，碳碳键断裂，产物是含双醛基淀粉。用次氯酸钠氧化时，C2、C3 被氧化。

淀粉氧化主要发生在 C1、C2、C3 和 C6 上，其氧化过程的主要反应见图 4-17。

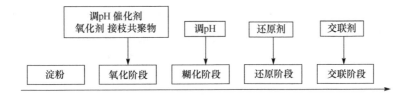

图 4-16　淀粉接枝改性流程图

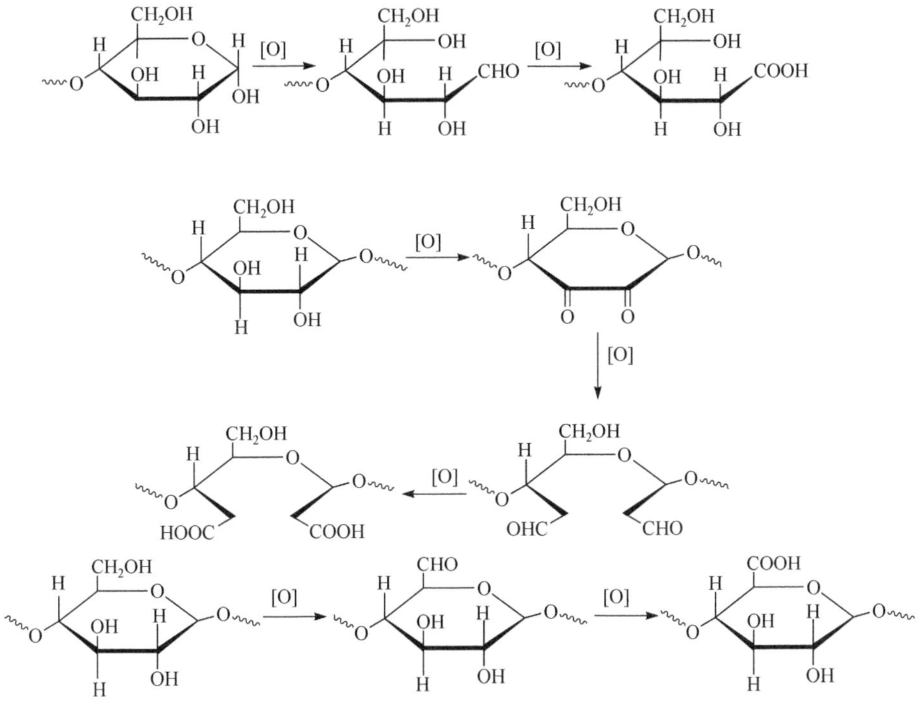

图 4-17　淀粉氧化过程

　　淀粉氧化程度越大，其分子中羧基越多，得到的氧化淀粉分子量越小，越容易和有机物共聚，制备淀粉接枝共聚物。应用不同氧化剂得到的不同氧化淀粉胶黏剂对固沙性能具有不同影响。利用丙烯、丙烯酸、环氧氯丙烷、脲醛树脂、氰乙醇、有机硅偶联剂及丙烯腈等和淀粉接枝共聚，可以制备得到不同结构的改性淀粉，这些改性淀粉胶黏剂的固沙性能也不同。事实上许多变性淀粉都可以从商业渠道得到。

　　淀粉基胶黏剂还可以是糊精、磷酸酯淀粉胶黏剂等。

3. 坡缕石-丙烯酰胺-纤维素基胶黏剂复合固沙材料

　　丙烯酰胺类聚合物有大量的酰胺基，纤维素基胶黏剂有大量的羟基和羧基，这些基团都可以和沙土表面形成弱相互作用，将沙粒黏结起来，从而达到固沙的目的。纤维素基胶黏剂材料以农业废弃生物质为原料制备，成本低廉，对环境无污染，有较强的抗紫外老化性、抗风蚀性能和耐老化性。

　　将制备好的坡缕石-丙烯酰胺类聚合物和纤维素基胶黏剂按照不同的比例混合到水

中，静止，陈化，即得到固沙样品。将得到的样品喷洒到沙土表面，就可以形成具有一定抗压强度、抗紫外老化、耐水、抗风蚀和抗冻融性能的固沙结皮。不同纤维素基胶黏剂含有的功能基不同；同一纤维素基胶黏剂，在不同比例下和坡缕石-丙烯酰胺类聚合物复配，材料的固沙性能也会不同。在实验室可以通过研究不同结构的纤维素基胶黏剂（甲基纤维素、乙基纤维素、羧甲基纤维素、羟乙基纤维素、乙基羟乙基纤维素、羟丙基甲基纤维素）对坡缕石-丙烯酰胺类聚合物复合固沙材料性能的影响，来确定哪种纤维素具备更优良的抗压强度、抗紫外老化、耐水、抗风蚀和抗冻融性能（图 4-18）。也可以直接用纤维素基胶黏剂（甲基纤维素、乙基纤维素、羧甲基纤维素、羟乙基纤维素、乙基羟乙基纤维素、羟丙基甲基纤维素）作固沙剂，在野外与沙和土反应达到固沙目的。

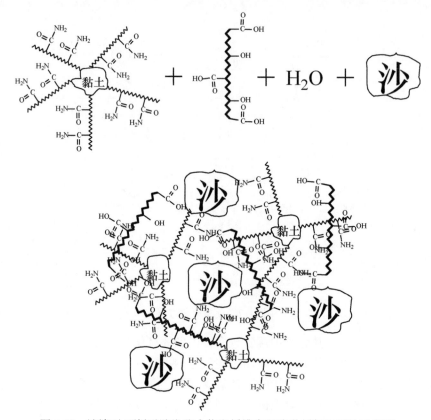

图 4-18　坡缕石-丙烯酰胺类聚合物和纤维素基胶黏剂复配固沙示意图

4. 坡缕石-丙烯酰胺-淀粉基胶黏剂复合固沙材料

淀粉是自然界中含量非常丰富的有机物，通过氧化可增加功能基团，提高胶黏性，同时有利于应用有机高分子对其进行改性。改性后的淀粉基胶黏剂黏结力强、耐水性好、耐老化性能提高、成本低，有利于在固沙中推广应用。与纤维素基胶黏剂相似，将淀粉基胶黏剂和坡缕石-丙烯酰胺类聚合物复配也可以制备固沙材料（图 4-19）。

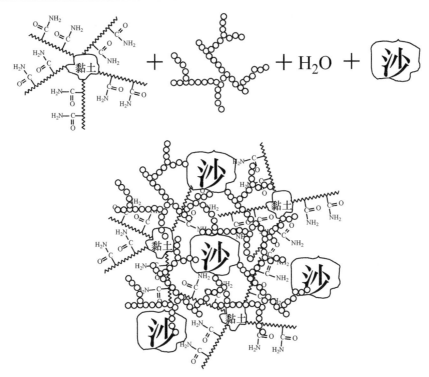

图 4-19　坡缕石-丙烯酰胺类聚合物和淀粉基胶黏剂复配固沙示意图

4.3.4　土基固沙材料优点

（1）土基固沙材料价廉。土基固沙材料的主要原料黏土（或黄土）在自然界广泛分布，储量丰富，可直接取用，所复配的合成高分子材料或天然高分子材料所占比例小，在年降水量 150 mm 以上地区甚至可以完全不用有机高分子材料。

（2）土基固沙材料性能优异。土基固沙材料黏结性强，容易以黏土（或黄土）结皮和黏土（或黄土）沙障的方式固沙；所形成的固沙结皮和固沙沙障抗压强度高、抗老化性能好、抗风蚀能力强；土结皮容易透水，可以保水和降低蒸发。土基固沙材料耐水性能也较好。土基固沙材料能为沙漠中植物提供营养，促进沙生植物繁殖和生长，也可以为藻类和苔藓类提供固定床和营养，促进其繁衍和形成生物土壤结皮；土结皮可有效降低沙漠地表的升温和降温速度，缓解沙漠地温的骤变。

（3）土基综合固沙方法容易推广。土基综合固沙方法实施过程简单，普通劳动者几分钟就可学会要领，也容易实现机械化和大面积推广。

4.3.5　土基固沙材料功能介绍

土基固沙材料与保水材料复配使用，通过土结皮、土沙障、土障、土柱、土方块、土组合沙障、土组合土障、辅助沙生植物栽植、辅助生物土壤结皮、辅助沙生植物保护和与草方格等现有固沙方法联用等，实现化学固沙、工程固沙和生物固沙技术的综合使用，土基固沙材料的应用将在第 8、9 章详细介绍。

土基固沙材料中土的作用：一是填充沙粒间的空隙，防止沙粒滚动，二是通过其表面羟基和金属离子与高分子结合；高分子的作用：一是高分子链与沙和土缠结，二是高分子链羟基、羧基及酰胺基等功能基与土和沙表面羟基和离子，通过氢键及配位键等作用力，将沙、土和高分子黏结成一个具有一定机械强度的整体，限制沙粒的流动，达到固沙目的（图 4-20）。对于土而言，颗粒细小且富含金属离子有利于其与高分子和沙反应，有利于固沙；对于高分子而言，分子链具有比较多的羟基、羧基及酰胺基等功能基有利于其与土和沙的反应，比较高的分子量有利于高分子与沙和土的缠绕，水溶性可以使其功能基最大限度地与沙和土反应。在有水存在的条件下，土可以通过其表面羟基及可溶性金属离子与沙反应，直接起到固沙作用，但固沙能力较弱。单独高分子也可以固沙，但达到一定固沙效果时高分子用量较大，导致固沙成本升高。失去土的保护，高分子更易老化。土与高分子可以互相促进、协同作用，达到良好固沙效果。

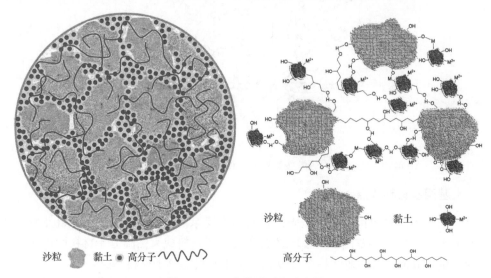

图 4-20　土-高分子固沙示意图

固沙材料中的土，颗粒越小越好。土所含金属离子，尤其是铁盐及铁氧化物，对于提高其固沙效果具有重要作用。在自然沙漠化地区，选择固沙原料基本是因地制宜，不可能远距离运输，所以所选择的固沙材料可能不是最理想的，效果也可能不是最好的。

水分子间有氢键结合，造成水的沸点比较高。干燥的土粒，通常处于松散状态，容易被风吹起，但湿润的土粒就能结合成整体，不容易被风吹起。同样的道理，干燥的沙粒通常也是处于松散状态，也容易被风吹动，但湿润的沙粒虽然不能形成一个整体，却不容易被风吹起。水分子间的氢键及水与它所接触材料间的氢键，从宏观观察就相当于一种黏结力。一般不认为水是黏合剂，但就宏观作用力而言，水对于土粒或细沙沙粒，其作用就相当于黏合剂。干燥的土壤或沙地容易发生风蚀，而湿润的土壤或沙地就不容易发生风蚀；有水的地方就有植被，植被可以将土粒或沙粒固定，减缓风对地面的风蚀。这就是在湿润半湿润地区很少发生荒漠（沙漠）化，而在干旱半干旱地区容易发生荒漠（沙漠）化的原因。

经验告诉我们，用松散的细土粒（沙粒）将一个物体填埋一定的高度（如 0.5 m），很容易将填埋的物体从细土（细沙）中拔出。但是如果在细土（细沙）中加水，将它们制成泥浆（砂浆），用泥浆（砂浆）将相同的物体填埋 0.5 m，要从泥浆（砂浆）中拔出该物体就需要使用更大的力。相对而言，泥浆的结合力更强，这就是由水分子间以及水与其他材料间的氢键作用力造成的。

氢键等分子间相互作用力比化学键弱很多，一个氢键的作用力完全可以忽略，但是由于这些分子间的弱相互作用点很多，或者说数量巨大，所以总体上这种作用力表现得不可忽略。从提高固沙材料耐压强度和耐候性考虑，用土作为主要固沙材料，正是利用了土遇水容易黏结成块的特性。简单讲，只要有水有土，就能实现固沙，但在干旱和风沙危害特别严重的地方，如果仅使用土和水（土泥浆），过不了多久土就会干燥碎裂，固沙和抗风蚀性能就会降低，所以在这些地方还必须复合有机高分子材料。

土基固沙原材料中土占的比例超过 98%，土的选择需要注意六点：①颗粒大小。颗粒细小则表面积大，裸露于表面的可反应的功能基相对就比较多，有利于其填补尽可能多的沙粒间的空隙，有利于其与沙及高分子反应。②石英（SiO_2）含量。日常生活经验告诉我们，沙含量（主要是石英）严重影响土的黏结性能。石英（沙）含量高的土，黏结性能、填充性能及反应性能差，不利于形成固沙结块；石英（沙）含量低的土，黏结性能、填充性能及反应性能好，有利于形成固沙结块。③表面反应性基团或离子。土表面反应性基团（—OH）和离子（Ca^{2+}、Al^{3+}、Mg^{2+}、Fe^{2+}、Na^+、Cl^-、CO_3^{2-}等）越多，越有利于其与高分子反应形成结块。④pH。湿润土的 pH 影响其吸水保水性能，也影响植物生长，所以选择固沙的黏土或黄土的 pH 为中性（pH=7）最好，一般不能超出 5～8 范围，否则既影响固沙结块的耐压强度，又影响植物存活和生长。⑤土源距离。土源距固沙地点越近，运输成本越低，固沙费用越低。⑥机械化作业。土源最好选择机械化作业容易展开的地方，既降低成本，又可加快进度。

土基固沙材料中常用土从外观描述有红土、黑土、青土及黄土，其中在西北风沙危害区黄土分布最广、最容易得到。沙漠边缘湖泊附近的土矿物含量过高，碱性较强（pH>9），这种土不适合用作固沙材料原料。

固沙原料高分子占固沙材料的比例一般低于 0.5%（使用秸秆时超过 0.5%），虽然所占比例很低，但所起的作用却很大。高分子的选择需要注意五点：①高分子分子量。较高分子量的高分子有利于缠绕沙粒和土粒，有利于固沙。②高分子链功能基团。高分子链反应性功能基团（如羧基、羟基、酰胺基等）越多，越有利于高分子与土或沙表面反应，越有利于固沙，实验证明反应能力（固沙能力）羧基>羟基>酰胺基。没有功能基的高分子，固沙能力一般很弱。③毒性。用来固沙的高分子必须对环境友好，对动植物无毒害，既要有一定的耐候性，又要有生物可降解性，且降解后无毒无害，不加重环境负担。目前广泛使用的尼龙网和高密度聚乙烯网是尼龙或聚乙烯的复合材料，添加了一些稳定剂，这些材料需要 6～7 年才会降解，其碎片和碎屑会对环境造成污染，塑料微粒具有环境风险，应尽量避免使用。④水溶性。用于固沙的高分子，水溶性好有利于其所含功能基与其他固沙组分反应形成固沙结块，有利于固沙。水溶性差的高分子，反应位点少，与其他固沙材料的结合力弱，所以不利于固沙。⑤价格。荒漠（沙漠）化地区都是比较贫困地区，当地可用于荒漠（沙漠）化防控的资金非常短缺，政府虽然投入很大，但相对于巨大的荒漠（沙漠）化面积，每亩的投入其实也很少。成本虽然既不是学术问题也不是技术问题，但对于一项荒漠（沙漠）化防控技术的可行性而言，是现实问题。

　　本节介绍的固沙材料中常用高分子有纤维素（钠）、羧甲基纤维素（钠）、沙蒿胶、胡麻胶、黄原胶、淀粉、改性淀粉、聚乙烯醇、聚丙烯酸、聚丙烯酰胺、海藻酸（钠）、植物秸秆、坡缕石-聚甲基丙烯酸甲酯复合材料、黄土复合材料及红土复合材料。笔者实验室制备的土基材料的基本特点列于表 4-2。

表 4-2　一些土基固沙材料的基本特点[*]

材料名称	耐压强度/MPa	风蚀率/[g/(min ·m²)]	环境风险	获得难易	大面积使用可行性
红土	0.64	0.0000[a]	无	易	可行
黄土	0.44	1.8462[a]	无	易	可行
红土	0.64	3.2967[b]	无	易	可行
黄土	0.44	4.3956[b]	无	易	可行
红土-沙（质量比 1∶1）	1.30	4.3956[b]	无	易	可行
黄土-沙（质量比 1∶1）	0.59	6.5934[b]	无	易	可行
红土-沙（质量比 1∶1）	1.30	1.2308[a]	无	易	可行
黄土-沙（质量比 1∶1）	0.59	4.2308[a]	无	易	可行
黄土-胡麻胶（胡麻胶 0.5%）	1.82	3.9560[b]	无	易	可行
红土-胡麻胶（胡麻胶 0.5%）	1.99	2.7473[b]	无	易	可行
黄土-黄原胶（1∶1，黄原胶 0.5%）	1.71	1.4285[b]	无	易	可行
黄土-沙蒿胶（1∶1，沙蒿胶 0.5%）	1.63	0.5494[b]	无	易	可行
红土-黄原胶（1∶1，黄原胶 0.5%）	1.55	0.9890[b]	无	易	可行
红土-沙蒿胶（1∶1，沙蒿胶 0.5%）	1.64	0.0000[b]	无	易	可行
红土-沙（质量比 1∶5，胡麻胶 0.5%）	1.85	3.2967[b]	无	易	可行
红土-沙（质量比 5∶1，胡麻胶 0.5%）	1.69	0.0000[b]	无	易	可行
红土-NaCMC（NaCMC 0.5%）	2.10	0.0000[a]	无	易	可行
黄土-NaCMC（NaCMC 0.5%）	1.30	0.3077[a]	无	易	可行
红土-秸秆（秸秆 0.5%）	1.00	0.0000[a]	无	易	可行
黄土-秸秆（秸秆 0.5%）	0.70	1.6159[a]	无	易	可行
红土-PVA（PVA 0.5%）	1.30	0.0000[a]	无	易	可行
黄土-PVA（PVA 0.5%）	0.92	0.4015[a]	无	易	可行

续表

材料名称	耐压强度/MPa	风蚀率/[g/(min ·m²)]	环境风险	获得难易	大面积使用可行性
红土-沙(质量比 1∶1)-NaCMC(NaCMC 0.5%)	2.30	0.4615[a]	无	易	可行
红土-沙（质量比 1∶1）-PVA（PVA 0.5%）	1.70	0.6923[a]	无	易	可行
红土-沙（质量比 1∶1）-秸秆（秸秆 0.5%）	1.52	1.2308[a]	无	易	可行
黄土-沙(质量比 1∶1)-NaCMC(NaCMC 0.5%)	1.48	0.8462[a]	无	易	可行
黄土-沙（质量比 1∶1）-PVA（PVA 0.5%）	1.11	1.5385[a]	无	易	可行
黄土-沙（质量比 1∶1）-秸秆（秸秆 0.5%）	0.73	6.9231[a]	无	易	可行
坡缕石黏土/聚丙烯酰胺复合材料	2.90		有	较难	不可行
坡缕石黏土/聚苯乙烯复合材料	1.90		有	较难	不可行
黄原胶-聚丙烯酸-红土/红土（2/98）	2.19		有	较难	不可行
黄原胶-聚丙烯酸-黄土/黄土（2/98）	2.11		有	较难	不可行
聚乙烯醇/坡缕石/环氧树脂/聚氨酯互穿聚合物网络（有机物 0.8%）	2.54		有	难	不可行

*NaCMC 代表羧甲基纤维素，PVA 代表聚乙烯醇；测试样品均为圆柱体；坡度 0°，风速 10 m/s，时间 15 min。
a 24 m 风洞；b 38.9 m 风洞。

后续的研究基本围绕表 4-2 中可大面积使用的材料进行。

4.3.6　土基固沙试样及性能

1. 一般土基固沙试样

为了测试基础数据，需要制备样品进行实验，一些样品制备方法如下。

在红土或黄土中加入不同种类和不同比例（0%、0.1%、0.3%、0.5%、1.0%）的纤维素（钠）、羧甲基纤维素（钠）、沙蒿胶、胡麻胶、黄原胶、淀粉、改性淀粉、聚乙烯醇、聚丙烯酸、聚丙烯酰胺、海藻酸（钠）、植物秸秆、坡缕石-聚甲基丙烯酸甲酯复合材料和 30% 的自来水，机械搅拌（400 r/s）2 h，分别制成圆柱形（直径 6.0 cm、高 4.0 cm）、正方体（边长 4.0 cm）、圆锥（直径 6.0 cm、高 4.0 cm）、大圆柱（直径 10 cm、高 4.0 cm）、六方格（边长 15 cm，高 4.0 cm）及圆柱体（高度为 0.5 cm，直径为 4.0 cm）样品，室温下自然干燥。实验设计若干组，每组试样至少 10 个，样品自然风干后再进行性能实验[83-86]。

2. 含黄土复合材料固沙试样

将取自腾格里或巴丹吉林沙漠的细沙按一定比例分别与 0.4%、0.8%、1.2%、1.6% 及 2% 的含黄土复合材料（瓜尔胶-g-聚丙烯酸/黄土）混合，加自来水混匀，然后浇注到高 0.5 cm、直径 4.0 cm 的原型模具中，在 80 ℃的烘箱中放置 24 h，形成固沙硬块

（图 4-21）。

图 4-21　含 2%黄土复合材料（以沙为基准）固沙试样

3. 含红土复合材料固沙试样

按照上述方法可制备得到含红土复合材料固沙试样。

4.3.7　固沙材料形貌和组成

利用 SEM 就可以对实验室制备的固沙材料及原料进行表征。SEM 通过将图像放大几百到几十万倍，显示样品的表面形貌，同时可以给出材料中元素的种类及相对含量。SEM 可以定性给出组成成分的大致比例，预示成分的大趋势，但不能精确定量。

民勤青土湖位于巴丹吉林沙漠和腾格里沙漠中间，沙漠中的细沙在风力作用下不断运动，相互打磨，其表面一般比较光滑，但形状无规则（图 4-22）。沙漠中沙粒的组分含量占比最高的是硅（以二氧化硅的形式存在），达 59.45%。除了硅以外的其他元素含量由高到低依次是钾（10.12%）、铁（9.04%）、钙（8.38%）和铝（7.78%）。沙漠细沙不仅含有金属元素，还含有一些阴离子。带正电的阳离子与带负电的阴离子形成难溶盐，大多数金属以氧化物形式存在，使其质地坚硬且化学性质稳定。

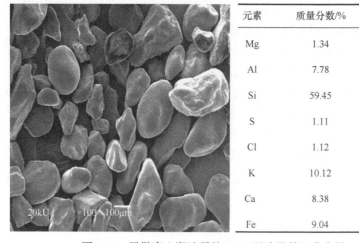

元素	质量分数/%	原子分数/%
Mg	1.34	1.73
Al	7.78	9.04
Si	59.45	66.34
S	1.11	1.08
Cl	1.12	0.99
K	10.12	8.11
Ca	8.38	6.56
Fe	9.04	6.15

图 4-22　民勤青土湖沙子的 SEM 照片及其组分含量

沙坡头位于腾格里沙漠边缘，其沙粒比较细小，多呈橙黄色，沙粒粒径较为均匀，沙粒间空隙较小（图 4-23）。与青土湖沙粒成分相似，沙坡头沙粒中主要成分也是硅，达到 56.12%（二氧化硅），其他金属的含量由高到低依次是铁（12.33%）、钾（9.39%）、铝（9.13%）和钙（6.68%），钛、镁及硫的含量很低。沙坡头沙子与民勤青土湖沙子比较，后者硅含量更高，说明民勤青土湖的沙子中石英含量更高。大多数植物不能吸收石英，因此石英含量越高，越不适合植物生长。

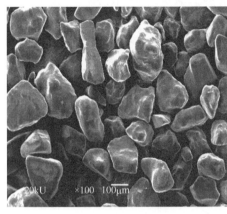

元素	质量分数/%	原子分数/%
Mg	0.72	0.94
Al	9.13	10.77
Si	56.12	63.60
S	1.14	1.13
Cl	0.98	0.88
K	9.39	7.65
Ca	6.68	5.31
Ti	3.01	2.00
Fe	12.33	7.03

图 4-23 沙坡头沙子的 SEM 照片及其组分含量

黏土是一种重要的无机矿物原料，其颗粒大小处于胶体尺寸范围内，是晶体和非晶体的混合体，形状不规则。红土属于黏土，研究红土的形貌和组成，有利于掌握引入固沙材料的原料成分，避免将有环境风险的材料引入沙漠。民勤红土颗粒大小不均一，其组成中硅（36.10%）含量最高，其次是钙（24.52%）、铁（14.16%）、钾（9.86%）、铝（7.44%）、钛（2.03%）、硫（1.09%）和镁（1.03%）（图 4-24）。黏土由多种水合硅酸盐和一定量的氧化铝、碱金属氧化物及碱土金属氧化物组成，并含有硫酸盐、硫化物及碳酸盐等组分。红土与沙比较，硅含量降低，这代表着石英含量降低，组成松散，无机营养裸露，可被植物吸收利用。

元素	质量分数/%	原子分数/%
Mg	1.03	1.45
Al	7.44	9.50
Si	36.10	44.27
S	1.09	1.17
Cl	3.77	3.66
K	9.86	8.68
Ca	24.52	21.07
Ti	2.03	1.46
Fe	14.16	8.73

图 4-24 民勤红土的 SEM 照片及其组分含量

黏土表面带负电，因此有很好的物理吸附和表面化学活性，也具有与其他阳离子交换的能力。由于大量游离氧化铁的存在，其胶结作用使得颗粒之间产生了特殊的连接形式。游离氧化铁具有较高的活性，pH 越大，土中颗粒含量越多，塑性指数越高，比表面积和阳离子交换容量越大；pH 越小，吸附力和胶结力越强，力学性能越强。

　　沙坡头红土的形貌及其组分含量与民勤红土的相似（图 4-25）。

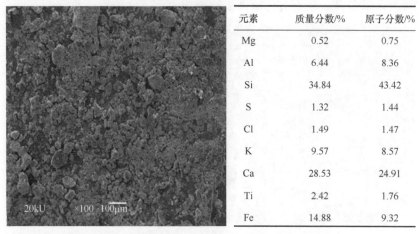

元素	质量分数/%	原子分数/%
Mg	0.52	0.75
Al	6.44	8.36
Si	34.84	43.42
S	1.32	1.44
Cl	1.49	1.47
K	9.57	8.57
Ca	28.53	24.91
Ti	2.42	1.76
Fe	14.88	9.32

图 4-25　沙坡头红土的 SEM 照片及其组分含量

　　黄土由结构单元（单矿体、集合体和凝块）、胶结物（黏粒、有机质及碳酸钙）和空隙（大空隙、架空空隙、粒间空隙和粒内空隙）三部分组成。民勤黄土颗粒表面形貌不规则，组成成分中也是硅含量最高（34.57%），其他金属元素含量由高到低依次是钙（21.92%）、铁（14.92%）、钾（10.55%）和铝（7.07%），钛、镁、氯及硫的含量很低（图 4-26）。除硅酸盐外，黄土中含有大量以碳酸钙为主的难溶盐。在黄土中碳酸钙既是骨架，也是将黄土颗粒黏结在一起的主要成分。碳酸钙胶结作用较大，是黄土组成团粒必不可少的组分，使黄土的强度也随之增大。钙离子和铁离子的存在对黄土的结构有着重要的作用，使黄土的物理化学性质也随之改变。与红土相似，黄土中硅含量较低，代表黄土中石英含量比沙中低，无机营养裸露，可被植物吸收利用。

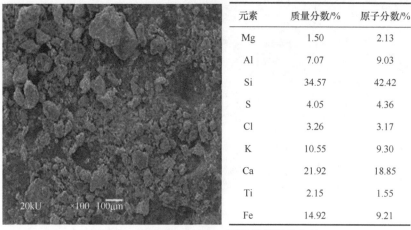

元素	质量分数/%	原子分数/%
Mg	1.50	2.13
Al	7.07	9.03
Si	34.57	42.42
S	4.05	4.36
Cl	3.26	3.17
K	10.55	9.30
Ca	21.92	18.85
Ti	2.15	1.55
Fe	14.92	9.21

图 4-26　民勤黄土的 SEM 照片及其组分含量

　　沙坡头黄土的形貌和组成与民勤黄土的相似（图 4-27）。

元素	质量分数/%	原子分数/%
Al	8.81	11.33
Si	37.59	46.44
S	1.13	1.23
Cl	0.94	0.92
K	9.33	8.28
Ca	21.76	18.84
Ti	2.60	1.89
Fe	17.83	11.08

图 4-27　沙坡头黄土的 SEM 照片及其组分含量

　　选择民勤和沙坡头的红土和黄土作为实验原料，是因为这两个地方在沙漠边缘，其红土和黄土的实验数据可以直接用于指导当地的固沙和生态修复。

　　细沙与红土质量比为 1∶1 制备的样品中，沙粒之间的空隙被红土部分填充，阻止了沙粒的滚动。由于红土比表面积较大，表面带负电，可吸引带正电的离子，具有很好的可塑性及黏合性，因此有利于和沙子结合，形成一个坚固的整体［图 4-28（a）］。在红

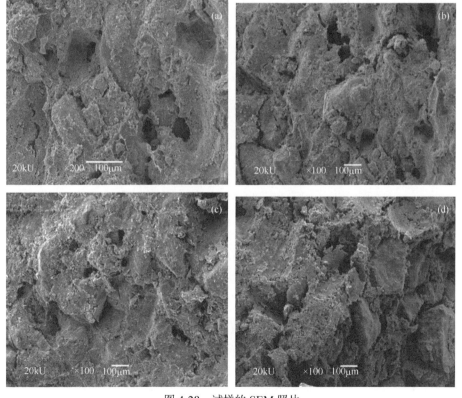

图 4-28　试样的 SEM 照片
（a）沙土试样；（b）沙土-羧甲基纤维素钠；（c）沙土-植物秸秆；（d）沙土-聚乙烯醇

土-沙（质量比1∶1）中分别添加 NaCMC（质量分数为 0.5%）、植物秸秆（质量分数为 1%）和 PVA（质量分数为 0.5%）的样品，沙粒和土及所加入的高分子分散较为均匀，沙粒表面被土类物质所覆盖，沙粒间空隙被红土填充［图 4-28（b）～（d）］。红土和沙的表面含有羟基，能够与所选择的高分子通过氢键结合而黏结，使沙、红土及高分子紧密地粘连在一起。因为加入的高分子类物质都具有一定黏合性，所以与沙子、土结合可形成一个壳状或膜状的保护层，称其为土结皮。土结皮可以阻隔风力对沙面的直接作用，达到防止沙粒移动，保墒集水、改变土壤结构和减缓地表温度骤变的目的。黏土（或黄土）使固沙材料的气孔率降低、密实度增加、机械性能提高、持水持肥性得到改善。与沙粒不同（主要成分是不能被大多数植物吸收利用的石英），土中含有可被植物和藻类吸收利用的各种离子、硅酸盐和铝酸盐成分，可为植物和藻类提供无机基础营养和固结基质。因此土基固沙材料可以促进沙漠植物的生长和藻类生物土壤结皮的形成。

　　不加固沙剂的细沙彼此分离［图 4-29（a）］，可以随风沙流移动。添加 2%瓜尔胶-*g*-聚丙烯酸/黄土复合材料的样品，固沙剂将沙粒黏结，限制了沙粒的流动［图 4-29（b）］。固沙剂与水通过弱相互作用（主要是氢键）形成胶结物，黏结在细沙表面，使每一粒沙粒表面均具有了黏结性，彼此黏结不能自由移动，起到固沙作用。在实际应用时，可将固沙剂喷洒在沙面或将其与表面细沙混匀，遇雨会形成结皮，阻止沙粒的流动和防止地面进一步风蚀。

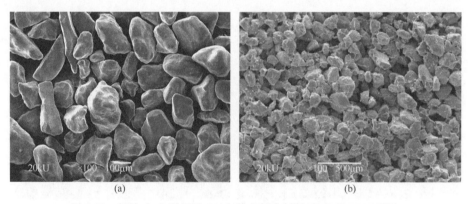

图 4-29　细沙（a）及细沙-2%含黄土复合材料（b）的 SEM 照片

4.3.8　固沙试样抗压强度

　　抗压强度又称耐压强度，是指在无侧束状态下样品单位面积所能承受的最大压力。抗压强度的单位很多，国际标准单位是 Pa（帕斯卡），$1\,Pa=1\,N/m^2$，但这是个很小的单位，常用的是 MPa（兆帕），$1\,MPa=1000000\,Pa$。

$$\delta=P/S$$

式中，δ 为样品的抗压强度，MPa；P 为样品的破坏荷载，N；S 为样品的受压面积，m^2。

　　抗压强度是评价固沙剂固沙效果的重要指标，决定了固沙材料形成结皮的机械性能，是固沙结皮或沙障破裂前单位面积承受的最大作用力。抗压强度与材料颗粒之间的键合状况有关，宏观表现为颗粒之间的黏结力。抗压强度高的固沙剂，在抵御机械损坏方面具有优势,但抗风蚀性能不一定更好。将黏土或黄土和一定量的高分子材料[纤维素(钠)、羧甲基纤维素(钠)、沙蒿胶、胡麻胶、黄原胶、淀粉、改性淀粉、聚乙烯醇、聚丙烯酸、聚丙烯酰胺、海藻酸(钠)、植物秸秆、坡缕石-聚甲基丙烯酸甲酯复合材料、聚乙烯醇/坡缕石/环氧树脂/聚氨酯互穿聚合物网络、黄土复合材料及红土复合材料中的一种]混合均匀,加入一定量的水制备成泥料,然后加入圆形模具中,压实,自然环境干燥,即得到固沙试样。或者将土和取自沙漠中的沙(腾格里沙漠或巴丹吉林沙漠)按不同比例混合,加入环境友好型高分子材料,按照相同的方法制备固沙试样,测定其抗压强度。试样面积 22.9 cm^2,厚度 0.5 cm,为了模拟野外状态,在试样下面铺垫 2 cm 厚度的沙进行测定。使用 YYW-Ⅱ电动石灰土无侧限压力试验仪对固沙样品进行大量单轴抗压强度测试。以应力峰值计算其抗压强度,以试样出现裂纹为破坏判据。

1. 高分子对红土试样抗压强度的影响

高分子种类和用量对红土基固沙材料的抗压强度有显著影响(图 4-30)。未加高分子材料时红土固结块的抗压强度为 0.64 MPa,加入高分子后,试样的抗压强度都显著提高。高分子通过机械缠绕、功能基团间的弱相互作用及静电引力使沙粒和土彼此黏结,形成具有一定抗压强度的硬壳。

添加 NaCMC 的红土基材料,NaCMC 用量从 0.1%增加到 0.5%时,所制备的样品的抗压强度从 1.10 MPa 增加到 2.10 MPa。加入 0.1% NaCMC 后,样品的抗压强度增加为纯红土的大约两倍。随着 NaCMC 用量的增加,试样的抗压强度增加非常明显。

添加 PVA 的红土基材料,抗压强度也得到提高。PVA 用量从 0.1%增加到 0.5%时,所制备样品的抗压强度从 0.69 MPa 增加到 1.30 MPa。PVA 与 NaCMC 比较,NaCMC 对试样抗压强度的提升更快。

秸秆在我国农村地区大量存在,有些地区随意丢弃或者焚烧,造成环境污染。其实秸秆是一种可利用的重要生物质资源,在固沙材料中,经过简单的处理,秸秆可以成为一种廉价的、环保型的"黏合"剂。添加秸秆的红土基材料的抗压强度也得到改善。秸秆用量从 0.1%增加到 0.5%,所制备样品的抗压强度从 0.83 MPa 增加到 1.00 MPa。

加入一定量的高分子材料后,红土基材料的抗压强度均有所提高,相比而言,加入 NaCMC 的试样的抗压强度最高,这主要是因为 NaCMC 可以溶解在水中,与红土形成固结块时 NaCMC 中的活性基团(羟基和羧基)能和红土中的羟基及金属离子形成弱相互作用,从而增强了试样的抗压强度。PVA 的溶解性相比 NaCMC 较差,因此在相同条件下制备得到的试样中,PVA 分散性较差,其和红土的相互作用点少,PVA 中的活性基团(羟基)和红土中羟基及金属离子之间的作用也较弱,表现为其抗压强度较低。秸秆既可作为材料的骨架,起支撑作用,也可作为胶结剂,将材料中各组分机械连接。秸秆作为"黏结剂",起作用的主要是纤维素的机械连接作用。由于秸秆起化学黏结作用的主要是表面的纤维素,内部纤维素被阻隔,因此其黏结性较纯的 NaCMC 和 PVA 差,表现为使用秸秆制备的试样其抗压强度低于其他两种黏合剂。虽然秸秆样品的抗压强度稍低,但也能完全满足固沙需求,而且秸秆是三种高分子中最廉价易得的,所以它仍然可以作为固沙材料的选择对象。

2. 高分子对黄土试样抗压强度的影响

高分子及其用量对黄土基固沙材料的抗压强度影响与对红土的影响相似（图 4-31）。黄土的黏结性比一般黏土弱，主要原因有两个：其一是一般黄土颗粒较粗；其二是黄土中的金属离子含量，尤其是铁离子的含量低于红土。表现在抗压强度上，黄土样品低于对应红土样品。例如，纯黄土样品的抗压强度为 0.44 MPa，低于纯红土的 0.64 MPa。加入高分子的黄土试样，其抗压强度也低于相同条件下的红土试样。

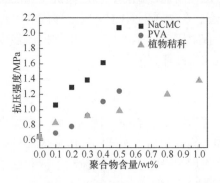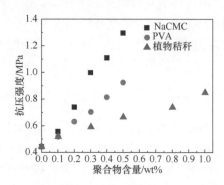

图 4-30　高分子及其用量对红土试样抗压强度的影响　　图 4-31　高分子及其用量对黄土试样抗压强度的影响

NaCMC 的用量从 0.1%增加到 0.5%时，黄土基材料的抗压强度从 0.56 MPa 增加到 1.30 MPa。PVA 的用量从 0.1%增加到 0.5%时，黄土基材料的抗压强度从 0.52 MPa 增加到 0.92 MPa。秸秆的用量从 0.1%增加到 0.5%时，黄土基材料的抗压强度则从 0.51 MPa 增加到 0.70 MPa。相同条件下红土所形成的固结块的抗压强度明显高于黄土。在黄土中加入高分子制备的样品，高分子种类和高分子用量对其抗压强度的影响趋势和红土样品相似，说明黄土和高分子的作用机理与红土相似。

3. 固沙复合材料对试样抗压强度的影响

与添加高分子材料相似，在红土或黄土中添加合成复合材料也能提高材料的抗压强度。如图 4-32 所示，抗压强度随着瓜尔胶-*g*-聚丙烯酸/黄土复合材料用量（0.4%～2%，

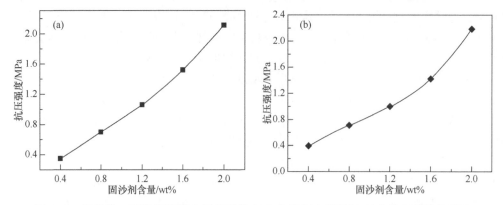

图 4-32　瓜尔胶-*g*-聚丙烯酸/黄土用量对黄土（a）和红土基材料（b）抗压强度的影响

以沙的质量为基准）的增加而升高。当复合材料用量从 0.4%增加到 2%时，固沙试样的抗压强度从 0.38 MPa 升高到 2.11 MPa。复合材料遇水形成胶结物，填充了沙粒之间的空隙，长链高分子通过缠绕、弱相互作用力及静电引力使沙粒彼此黏结，形成具有一定抗压强度的网状硬壳，阻止沙粒流动和防止风蚀。使用 1.2%瓜尔胶-g-聚丙烯酸/黄土复合材料制成的试样的抗压强度仍然高于 1 MPa[75-78, 87]。

黄原胶-聚丙烯酸/红土（XG-g-PAA/laterite）复合材料用量与固沙试样抗压强度之间也存在与黄土复合材料相似的趋势[75]。

4. 沙土比例对试样抗压强度的影响

相对于沙粒而言，黏土或黄土团聚性较强，其表面的功能基团及金属离子容易与高分子发生作用而相互黏结。沙粒间不能直接黏结，在沙子中加入黏土或黄土既可填充沙粒间的空隙，也可实现土-沙-高分子之间的黏结，从而大大提高沙土结块的抗压强度。沙子与红土的比例对试样的抗压强度也有较大影响（图 4-33），当沙子与红土比值从 0.25 增加到 1 时，所制备的试样的抗压强度从 0.69 MPa 增加到 1.30 MPa，此后随着沙子与红土比值进一步增大，试样的抗压强度反而降低，当其比值增加到 4 时，抗压强度减小到 0.39 MPa。沙子与黄土的比值也是

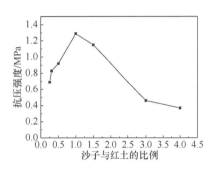

图 4-33 沙与红土不同比例对抗压强度的影响

在 1：1 时样品的抗压强度最高，但低于相同条件下纯红土样品的抗压强度。

沙粒除了含 SiO_2 和盐类外，还有少量的 Si—OH、Mg^{2+} 及 Ca^{2+}，当高分子遇到沙粒后，高分子主链上的功能基团（羧基、羟基和酰胺基等）可以与沙粒表面的 Si—OH、Mg^{2+} 及 Ca^{2+} 等发生化学反应，依靠配位键使高分子链与沙粒表面的金属离子紧紧结合；通过氢键使高分子链与沙粒表面的 Si—OH 等紧密结合，加上高分子链的缠绕作用，最终使沙粒和高分子结合成一个耐风蚀、富有弹性的和坚固的网络状整体。沙与黏土或黄土比较，其比表面积较小，表面羟基等活性基团也较少，因而与高分子之间的反应比较弱。

土-沙-高分子形成的固沙试样，抗压强度主要受三种因素影响：其一是高分子链活性基团（羟基、羧基、氨基、酰胺基、酯基等）与黏土或黄土中活性基团（主要是羟基和正负离子）之间的化学作用力；其二是高分子的缠绕固结作用；其三是材料本身的硬度和变形性。沙与黏土或黄土比较，由于颗粒大所以沙粒间空隙也大，与高分子接触面积小，其与高分子的作用较弱，但沙本身的硬度较高，变形性较弱，所以在黏土或黄土样品中加入一定量的沙可以提高样品的抗压强度。含沙比例较低时（如低于 1：1），随着沙含量的增加，抗压强度增大，在这个区间内，化学作用力、高分子缠绕作用及沙的机械支撑作用对抗压强度的贡献起到协同作用。当黏土或黄土中沙的含量超过某一数值后，随着沙含量的增加，抗压强度减小，这是因为当沙含量超过一定比例后，化学作用力和高分子缠绕作用相对减弱，沙的机械支撑作用无法得到固定，因而抗压强度下降。

固定沙子与红土的质量比为1∶1，加入NaCMC后样品的抗压强度几乎呈直线上升（图4-34）。当NaCMC用量从0.1%增加到0.5%时，样品的抗压强度从1.47 MPa增加到2.30 MPa。试样的抗压强度明显高于纯红土中加入相同量NaCMC的抗压强度。随着PVA加入量的增加，样品的抗压强度的增幅较NaCMC缓慢，但趋势相同。PVA与NaCMC比较，在相同条件下，NaCMC对试样抗压强度的改善更加明显。当秸秆用量从0.1%增加到0.5%时，样品的抗压强度从1.33 MPa增加到1.52 MPa。一定量沙子的加入一方面降低了黏土的用量，另一方面增加了试样的抗压强度，这应该主要归功于沙子的硬度。

在黄土-沙（质量比1∶1）中加入高分子制备的样品，高分子种类和用量对其耐压强度的影响趋势与红土-沙（质量比1∶1）样品相似（图4-35）。当NaCMC用量从0.1%增加到0.5%时，黄土样品的抗压强度从0.59 MPa增加到1.48 MPa；当PVA用量从0.1%增加到0.5%时，其抗压强度从0.59 MPa增加到1.11 MPa；当秸秆用量从0.1%增加到0.5%时，其抗压强度从0.59 MPa增加到0.73 MPa。

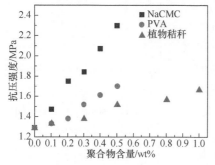 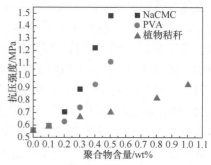

图4-34　高分子用量对红土-沙试样抗压强度的影响　　图4-35　高分子用量对黄土-沙试样抗压强度的影响

4.3.9　固沙试样耐水性能

虽然沙漠地区一般十分干旱，但有时夏天也会下比较大的阵雨，这就要求沙漠地区的固沙材料也要具备一定的耐水性。固结层的耐水性实验可以在室内模拟降雨进行，观察固沙样品的形态变化进行简易定性判断。主要考察试样耐水性的两个指标，即固结层的透水性和水稳定性。固沙材料的透水性良好，有利于沙漠中珍贵的降雨能够渗入地下。但是透水性好的材料，其耐水性不一定好。在研究和应用固沙材料时，必须同时考虑透水性和水稳定性。通过筛选，可以得到抗压强度较高的材料的复配比例及制备方法，在野外固沙实验进行前，需要对固沙试样的透水性和水稳定性进行评价。

取抗压强度测试值较大的红土试样（NaCMC质量分数为0.5%，植物秸秆质量分数为1%，PVA质量分数为0.5%）和红土-沙试样（沙子与红土质量比为1∶1，NaCMC质量分数为0.5%，植物秸秆质量分数为1%，PVA质量分数为0.5%）两组样品进行耐水性测试，在所有实验中，喷壶喷洒的水（相当于中到大雨水平）均能完全透过这些样品，如果在沙漠中使用，预示可以让一般降雨（小雨、中雨及大雨）完全渗过。

耐水性实验是将完全干燥的试样放入50 mL自来水中浸泡一周后，观察其形貌变化，分析其耐水性。

在耐水性测试中，试样浸入水中起初有气泡出现，这是因为试样中存在空隙。试样在水中静置一周之后，加入 NaCMC 和 PVA 的红土试样边缘出现破裂，整体未完全溃散；加入植物秸秆的试样渗透性好，但形貌整体溃散，耐水性差。

红土-沙（质量比为 1:1）中分别加入一定含量的不同高分子（NaCMC、植物秸秆、PVA）样品的耐水性测试显示，试样在水中静置一周之后，加入植物秸秆的沙土试样溃散，说明其耐水性差。加入 NaCMC 和 PVA 的沙土试样在水中稳定，不易溃散，说明试样耐水性强。沙漠地区被降雨存水浸泡一周这种特殊状况十分罕见，一般阵性降雨可能在局部造成存水几小时，所以在沙漠地区使用能够耐水一周的固沙材料，其水稳定性完全满足需求。

4.3.10　固沙试样耐老化性能

1. 高分子/土试样耐老化性能

由于沙子的导热性和储藏热量的能力小，所以其所吸收的辐射能主要集中于沙地表面，促使沙面剧烈增温。因此，沙漠里日出后气温就快速升高。白天太阳辐射强，地面加热迅速，沙面温度可高达 50～70 ℃，夜间地面冷却极快，可以在短时间降到 10 ℃左右，甚至可以降到 0 ℃以下。沙漠中气温日变化相当大，有时甚至可以高达 50 ℃以上。除了温度骤变外，沙漠地区一般晴空万里，紫外线很强。因此，防治荒漠（沙漠）化的各种固沙材料在沙漠气候条件下，可能出现开裂、变色、脆化及强度降低等现象，这就要求固沙材料具有较强的耐老化性能，延缓老化的速度，防止风蚀，效果持久。

在实验室测定固沙材料的耐老化性能时，可采用紫外线加速老化法，通过加速材料的老化来测定其耐老化性能。这个方法的缺陷是测定时间有限，不可能将一个样品在紫外线照射下测试数年，只能在几百至几千小时时间范围测试，得到耐老化趋势。材料的实际耐老化能力还是要到沙漠去经受考验。固定沙子与土质量比为 1:1，加入不同高分子（NaCMC 质量分数为 0.5%，植物秸秆质量分数为 1%，PVA 质量分数为 0.5%）制备成黏土或黄土基固沙材料进行耐老化性能测试。室内实验时，将红土和黄土固沙试样置于 2 个紫外线灯正下 15 cm 位置的紫外老化箱中，设定温度为 30 ℃，紫外线强度为 200 mW/m^2，紫外线指数为 8，经紫外线连续照射，定期测定其抗压强度损失，并观察其形态变化。

选取抗压强度最大、耐水性最强的红土和黄土试样进行耐老化性能测试。随着老化时间延长，试样的抗压强度变小，照射时间达到 840 h 后，加入 NaCMC 的红土（图 4-36）和黄土（图 4-37）试样的抗压强度损失率分别为 20% 和 22%，加入植物秸秆的红土试样的抗压强度损失率为 36.8%。加入 PVA 的红土和黄土试样经老化后抗压强度损失率分别为 24.3% 和 39.9%。加入植物秸秆的试样耐老化性较差，抗压强度损失率较大，加入高分子 NaCMC 和 PVA 的试样抗压强度损失率相对较小。测试 840 h 后，红土试样的抗压强度值仍在 1 MPa 以上，符合对固沙强度的要求。特别有意义的是，加入 NaCMC 的黄土样品在测试 700 h 后，抗压强度趋于稳定，仍然维持在 1.2 MPa 左右，不再降低，这正是我们所追求的目标。黄土试样虽然比相应红土试样抗压强度低，但老化趋势较小，而且可以达到稳定期，所以从耐老化性能分析，黄土应该是固沙优选材料。

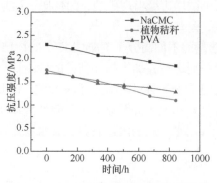
图 4-36　红土固沙试样耐老化性能测试

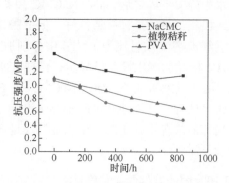
图 4-37　黄土固沙试样耐老化性能测试

2. 黄土（或红土）复合材料/沙试样耐老化性能

由于高分子在紫外线照射下会发生降解和变形，所以其性能也相应发生变化。合成复合材料与高分子比较，其固沙性能存在差异，耐老化性能也不相同。添加高分子的固沙试样，随着紫外线的照射，其抗压强度持续降低，添加合成复合材料的固沙试样，随着紫外线的照射，其抗压强度并不是持续降低。

瓜尔胶-*g*-聚丙烯酸/黄土复合材料含量为 1.2%和 2%的试样分别在实验开始后的前 96 h 和 144 h 内，随着辐照时间延长，其抗压强度有所升高，这可能是由于紫外线照射引起了交联反应，使材料机械性能和抗压强度提高。随着紫外线照射的继续进行，交联反应趋于完成，随后辐射引起高分子降解，试样抗压强度随之降低［图 4-38（a）］[88]。含 2%复合固沙剂的试样在强紫外线辐照 480 h 后，其抗压强度仍然保持在 2 MPa。红土复合材料黄原胶 -*g*-聚丙烯酸/红土的耐老化性能试验结果与黄土复合材料相似［图 4-38（b）］[78]。

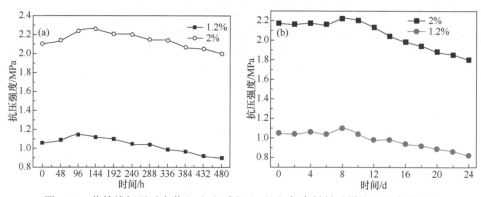
图 4-38　紫外线辐照对含黄土（a）或红土（b）复合材料试样抗压强度的影响

热老化实验是在 60 ℃条件下，将含黄土复合材料瓜尔胶-*g*-聚丙烯酸/黄土试样在空气中放置 24 天，每 2 天测试一次抗压强度，结果显示，前 8 天抗压强度随着热老化实验的进行而升高，随后其抗压强度随热老化实验的进行持续下降（图 4-39）。与紫外老化实验相似，热老化实验的开始阶段，随着加热，复合固沙剂高分子间可能发生了交联反应，使其抗压强度升高。在随后的热老化实验中，交联反应完成，加热导致高分子不断降解，使复合固沙剂抗压强度持续降低[75, 76]。含红土复合材料黄原胶-*g*-聚丙烯酸/红土的热老化实验结果与黄土复合材料相似。

4.3.11　固沙试样抗冻融性能

冻融实验在–25 ℃条件下进行，每次将试样冷冻 22 h，25 ℃下恢复 2 h。沙漠地区日气温和年际气温变化都很大，所以理想的固沙材料不但要具备耐高温和抗紫外线性能，而且需要具备优良的冻融适应性。

实验室冻融实验结果是随着冻融循环次数的增加，试样的抗压强度持续降低。冻融和熔融过程导致材料体积的膨胀和收缩，使材料内的空隙和黏结力发生变化，材料内部发生崩塌，导致材料力学性能恶化，所以其抗压强度降低。含 2%瓜尔胶-*g*-聚丙烯酸/黄土复合材料的试样在经过 20 次冻融实验后，其抗压强度只降低了 7.6%（图 4-40）[75, 76]。

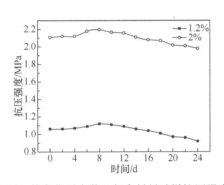

图 4-39　热老化对含黄土复合材料试样抗压强度的
影响

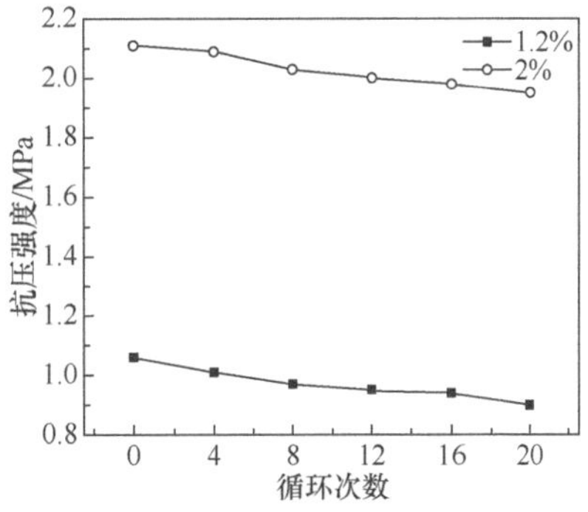

图 4-40　冻融对含复合固沙剂试样抗压强度的
影响

4.3.12　固沙试样抗风蚀性能

春季大风天气频繁，在沙漠地区造成风沙天气。中国沙漠地区一般以春季和初夏风速最大。超过一定速度（5～6 m/s，3～4 级风）后，沙漠里的沙粒就可以被风吹动。近年来，人类活动的加剧使得某些地区的风蚀现象愈演愈烈，因此，研究固沙材料抗风蚀性能，对于制备较强抗风蚀材料具有非常重要的意义。

风洞实验可以模拟室外沙漠风况，定量研究固沙材料的抗风蚀性能，利用风洞实验测定固沙试样的风蚀量，比野外测试更便捷、节省时间。风洞实验不受自然条件的限制，可以缩短研究周期，可以研究一系列材料的风蚀量，也可以研究沙障形状和排列方式对风蚀及积沙的影响。风洞实验使一些野外难以实现的研究得以顺利进行。但风洞实验只是提供一些参考，许多材料在自然沙漠中的表现与风洞实验中的表现还是有很大差别。

风洞实验一般在直流封闭口式低速风洞实验室进行，这种风洞实验室的实验段长短不等，风蚀风洞常见长度为 24～39 m。

通过风洞实验可以了解固沙材料的抗风蚀性能，初步确定固沙沙障形状、高度及排列方式对风沙流的分流、疏导、阻隔和固定作用。草方格由于受草长度的限制，沙面上草的高度一般为 20～25 cm，采用这一高度铺设 1 m×1 m 正方形沙障最有利于防风固沙。对于土沙障而言，首先高度可以调整；其次稍有雨水，土就可能被冲刷至沙障内外形成结皮，这种结皮可以有效防止沙障内漩涡对沙的掏空，所以土沙障尺寸可以比草方格大。圆柱形、圆锥形、圆形、半圆形、拱形和土堆等沙障有利于疏导和分流风沙流；网格、半网格、蜂巢、行带式及人字形沙障有利于阻隔和固定风沙流。在沙漠周边的持续输沙区域，风沙流前沿地区铺设疏导、分流和减缓型沙障，其后铺设阻隔固定型沙障，这种组合沙障能有效防止风沙流的前行和堆积。六边形或圆形沙障不但使用材料节省，而且最有利于在其内部形成结皮。当每三个圆形沙障或土堆沙障呈三角形排列时，可以有效分流和疏导风沙流。

1. 风洞实验[85, 86]

考察黏土或黄土基固沙材料的抗风蚀性能时，选取红土或黄土和沙子混合后分别加入高分子，或者红土或黄土直接加入不同种类不同比例的高分子［NaCMC、植物秸秆及 PVA 均为 0.5%（质量分数，后同），羟丙基甲基纤维素（HPMC）0.1%～0.5%，黄原胶 0.1%～0.5%，胡麻胶 0.1%～0.5%，沙蒿胶 0.1%～0.5%］制备成试样进行测试。

将固沙试样置于风洞底架上，分别于不同风沙流环境下测定其在不同坡度（0°、15° 和 30°）下和不同风速（7 m/s、10 m/s、13 m/s、15 m/s 和 20 m/s）下的风蚀量，测试时间为 7～15 min。对每一组实验样品测定一定风速作用下的风蚀强度，以风蚀率 E_r 表示。用天平分别称量风蚀前后的质量而得出风蚀量，据此计算得到风蚀率。为了了解风蚀过程，需要对每组试样在不同风速下的吹蚀过程进行记录和拍摄。

风洞气流为直流下吹式，风洞实验分别在洞体总长 38.9 m 或 24 m 两种风洞中进行，洞体总长 38.9 m，风洞实验段长 16 m，截面为 1.2 m×1.2 m，风速在 4～35 m/s 范围内连续可调（图 4-41）。不同风洞中同一个样品测定的数据并不完全相同，但变化趋势相同，

图 4-41　直流风洞实验设备

得出的结论相同，所以在其后的讨论中，使用了两种风洞的实验数据。测定时在实验段风洞底架上平铺足够的沙源，厚度约 3～10 cm，测定其在不同风速（7 m/s、10 m/s、13 m/s、15 m/s 及 20 m/s）下的风蚀量，计算风蚀率。在 7m/s、10 m/s、13 m/s、15m/s 及 20 m/s 风速下吹 7～15 min，每个实验重复 3 次。风蚀率为

$$E_r = (m_0 - m_1) / (t \cdot s)$$

式中，E_r 为风蚀速率，简称风蚀率，$g/(min \cdot m^2)$；m_0 和 m_1 分别为风蚀前和风蚀后样品质量，g；s 为固沙试样面积，m^2；t 为风蚀时间，min。风速太高（如 20 m/s），风洞洞体中的沙 5～8 min 就会全部吹到洞外，无法进行更长时间的实验。

无论在哪种风洞中进行实验，其目标都是相同的：其一是考察所制备材料的风蚀率，从而筛选抗风蚀性能优异的材料，结合实验室制备过程明确材料的组成和制备方法，为野外固沙提供参考数据；其二是考察沙障形状对风蚀率和积沙的影响，明确哪种形状的沙障对抗风蚀和阻沙效果最好，指导实际防风沙危害工程的实施；其三是考察沙障排列和组合方式对风蚀和阻沙的影响，明确组合沙障的最佳布阵方式，从而为防沙工作中的组合沙障提供模型；其四是研究沙障周边压力梯度、沙粒运动轨迹及沙障与沙丘间的关系，在理论上对沙丘形成和沙丘移动进行解释，指导科学防沙工作。

2. 沙土及高分子对材料抗风蚀性能的影响

表 4-3 是坡度为 0°、风速为 10 m/s 时一些试样的风蚀量和风蚀率。黄土圆柱体的风蚀量为 0.0266 g/min，风蚀率为 4.3956 $g/(min \cdot m^2)$，红土（黏土）圆柱体的风蚀量为 0.0200 g/min，风蚀率为 3.2967 $g/(min \cdot m^2)$，表明红土（黏土）的抗风蚀性能优于黄土。红土（黏土）试样之所以具有更高的抗风蚀性能，是因为首先红土颗粒比黄土细小，比表面积大，颗粒间结合更紧密；其次两种土的金属含量不同，团聚力也不同。1∶1 沙-黄土圆柱体的风蚀量为 0.0400 g/min，风蚀率为 6.5934 $g/(min \cdot m^2)$，1∶1 沙-红土圆柱体的风蚀量为 0.0266 g/min，风蚀率为 4.3956 $g/(min \cdot m^2)$，表明 1∶1 沙-红土试样与纯黄土的风蚀量相当。固定植物胶胡麻胶添加量为 0.5%，2∶1、1∶1、1∶2 及 1∶5 沙-黄土圆柱体风蚀率分别为 3.2967 $g/(min \cdot m^2)$、2.1978 $g/(min \cdot m^2)$、1.3186 $g/(min \cdot m^2)$ 及 0.9890 $g/(min \cdot m^2)$，可见沙土试样的风蚀率与沙土比例有关，含沙量越高，风蚀率越高。沙-红土-植物胶试样的风蚀率也是这种趋势。在沙-土中加入植物胶（0.5%）后，材料的抗风蚀性能均提高；加入不同植物胶（胡麻胶、黄原胶及沙蒿胶）的材料其抗风蚀性能不同。

表 4-3　沙、红土及黄土的抗风蚀量性能*

试样	比例	风蚀量/（g/min）	风蚀率/[g/（min·m²）]
黄土		0.0266	4.3956
沙-黄土	1∶1	0.0400	6.5934
沙-黄土-胡麻胶	5∶1	0.0266	4.3956

续表

试样	比例	风蚀量/（g/min）	风蚀率/［g/（min·m²）］
沙-黄土-胡麻胶	2∶1	0.0200	3.2967
沙-黄土-胡麻胶	1∶1	0.0133	2.1978
沙-黄土-胡麻胶	1∶2	0.0080	1.3186
沙-黄土-胡麻胶	1∶5	0.0060	0.9890
沙-黄土-黄原胶	1∶1	0.0086	1.4285
沙-黄土-沙蒿胶	1∶1	0.0033	0.5494
红土		0.0200	3.2967
沙-红土	1∶1	0.0266	4.3956
沙-红土-胡麻胶	5∶1	0.0200	3.2967
沙-红土-胡麻胶	2∶1	0.0133	2.1978
沙-红土-胡麻胶	1∶1	0.0100	1.6483
沙-红土-胡麻胶	1∶2	0.0033	0.5494
沙-红土-胡麻胶	1∶5	0.0000	0.0000
沙-红土-黄原胶	1∶1	0.0060	0.9890
沙-红土-沙蒿胶	1∶1	0.0000	0.0000

*圆柱体试样，测定时坡度 0°，风速 10 m/s，时间 15 min，高分子含量 0.5%，38.9 m 风洞。

　　我国许多地方有丰富的红土（黏土）资源，这些地区固沙沙障尽量使用红土（黏土）；在土资源丰富的地区多用土少用沙，可使沙障具备较好的抗风蚀性能；在风沙危害严重的地方，需要使用添加高分子的材料。

　　风洞实验结果表明，红土或黄土基固沙材料的应用能够大幅度提高沙面抗风蚀性能。如前所述，在相同条件下，红土试样的风蚀率低于黄土试样，纯土试样的风蚀率低于沙土试样，无论是红土还是黄土试样，随着风速的增大，试样的风蚀率均增大。例如，试样摆放坡度为 0°，风速为 20 m/s 时，纯红土试样的风蚀率为 1.5400 g/（min·m²），纯黄土试样的风蚀率为 48.692 g/（min·m²）。当沙土的比例为 1∶1 时，同样条件下红土试样的风蚀率为 3.1538 g/（min·m²），黄土试样的风蚀率为 90.692 g/（min·m²）（表 4-4～表 4-6）。

表 4-4　高分子材料对黄土试样风蚀量的影响*

试样	坡度/（°）	风速/（m/s）	风蚀量/（g/min）	风蚀率/［g/（min·m²）］
黄土	0	7	0.0009	0.6923
黄土	0	10	0.0024	1.8462

续表

试样	坡度/（°）	风速/（m/s）	风蚀量/（g/min）	风蚀率/［g/（min·m²）］
黄土	0	20	0.0633	48.692
黄土-NaCMC	0	7	0.0001	0.0769
黄土-NaCMC	0	10	0.0004	0.3077
黄土-NaCMC	0	20	0.0108	8.3077
黄土-PVA	0	7	0.0005	0.3846
黄土-PVA	0	10	0.0006	0.4615
黄土-PVA	0	20	0.0213	16.385
黄土-秸秆	0	7	0.0010	0.7692
黄土-秸秆	0	10	0.0021	1.6159
黄土-秸秆	0	20	0.0410	31.538
黄土	15	7	0.0029	2.2308
黄土	15	10	0.0059	4.5385
黄土	15	20	0.2191	168.54
黄土-NaCMC	15	7	0.0012	0.9231
黄土-NaCMC	15	10	0.0018	1.3846
黄土-NaCMC	15	20	0.0335	25.769
黄土-PVA	15	7	0.0014	1.0769
黄土-PVA	15	10	0.0020	1.5385
黄土-PVA	15	20	0.0569	43.769
黄土-秸秆	15	7	0.0038	2.9231
黄土-秸秆	15	10	0.0055	4.2308
黄土-秸秆	15	20	0.2183	167.92
黄土	30	7	0.0006	0.4615
黄土	30	10	0.0027	2.0769
黄土	30	20	0.1319	101.46
黄土-NaCMC	30	7	0.0007	0.5385
黄土-NaCMC	30	10	0.0010	0.7692
黄土-NaCMC	30	20	0.0265	20.385
黄土-PVA	30	7	0.0000	0.0000
黄土-PVA	30	10	0.0006	0.4615
黄土-PVA	30	20	0.0284	21.846
黄土-秸秆	30	7	0.0009	0.6923
黄土-秸秆	30	10	0.0037	2.8462
黄土-秸秆	30	20	0.1239	95.308

*NaCMC 及 PVA 含量 0.5%，秸秆含量 1.0%；吹蚀时间 10 min（7 m/s 及 10 m/s）和 7 min（20 m/s），24 m 风洞。

表 4-5　高分子材料对红土试样风蚀量的影响*

试样	坡度/(°)	风速/(m/s)	风蚀量/(g/min)	风蚀率/[g/(min·m²)]
红土	0	7	0.0000	0.0000
红土	0	10	0.0000	0.0000
红土	0	20	0.0020	1.5400
红土-NaCMC	0	7	0.0000	0.0000
红土-NaCMC	0	10	0.0000	0.0000
红土-NaCMC	0	20	0.0000	0.0000
红土-PVA	0	7	0.0000	0.0000
红土-PVA	0	10	0.0000	0.0000
红土-PVA	0	20	0.0000	0.0000
红土-秸秆	0	7	0.0000	0.0000
红土-秸秆	0	10	0.0000	0.0000
红土-秸秆	0	20	0.0010	0.7700
红土	15	7	0.0011	0.8462
红土	15	10	0.0013	1.0000
红土	15	20	0.0032	2.4615
红土-NaCMC	15	7	0.0003	0.2307
红土-NaCMC	15	10	0.0007	0.5385
红土-NaCMC	15	20	0.0016	1.2308
红土-PVA	15	7	0.0008	0.6154
红土-PVA	15	10	0.0014	1.0769
红土-PVA	15	20	0.0015	1.1538
红土-秸秆	15	7	0.0004	0.3077
红土-秸秆	15	10	0.0009	0.6923
红土-秸秆	15	20	0.0047	3.6154
红土	30	7	0.0004	0.3077
红土	30	10	0.0015	1.1538
红土	30	20	0.0023	1.7692
红土-NaCMC	30	7	0.0004	0.3077
红土-NaCMC	30	10	0.0009	0.6923
红土-NaCMC	30	20	0.0017	1.3077
红土-PVA	30	7	0.0005	0.3846
红土-PVA	30	10	0.0007	0.5385
红土-PVA	30	20	0.0008	0.6154
红土-秸秆	30	7	0.0005	0.3846
红土-秸秆	30	10	0.0023	1.7692
红土-秸秆	30	20	0.0032	2.4615

*NaCMC 及 PVA 含量 0.5%，秸秆含量 1.0%；吹蚀时间 10 min（7 m/s 及 10 m/s）和 7 min（20 m/s），24 m 风洞。

表 4-6　沙-土试样的风蚀量和风蚀率*

试样	坡度/(°)	风速/(m/s)	风蚀量/(g/min)	风蚀率/[g/(min·m²)]
沙-红土	0	7	0.0001	0.0769
沙-红土	0	10	0.0002	0.1538
沙-红土	0	20	0.0041	3.1538
沙-红土	15	7	0.0011	0.8462
沙-红土	15	10	0.0016	1.2308
沙-红土	15	20	0.0144	11.077
沙-红土	30	7	0.0013	1.0000
沙-红土	30	10	0.0019	1.4615
沙-红土	30	20	0.0082	6.3077
沙-黄土	0	7	0.0032	2.4615
沙-黄土	0	10	0.0042	3.2308
沙-黄土	0	20	0.1179	90.692
沙-黄土	15	7	0.0033	2.5385
沙-黄土	15	10	0.0071	5.4615
沙-黄土	15	20	0.4999	384.54
沙-黄土	30	7	0.0051	3.9231
沙-黄土	30	10	0.0055	4.2308
沙-黄土	30	20	0.1895	145.77

*沙与土质量比为 1 : 1，吹蚀时间 10 min（7 m/s 及 10 m/s）和 7 min（20 m/s），24 m 风洞。

向纯土试样和沙土试样中添加高分子材料后，能够大幅度提高固沙试样的抗风蚀性能。例如，试样摆放坡度 0°，风速为 20 m/s 时，向纯红土中分别添加 NaCMC（0.5%）、PVA（0.5%）和植物秸秆（1.0%）的固沙试样的风蚀率分别为 0 g/（min·m²）、0 g/（min·m²）和 0.7700 g/（min·m²）；向纯黄土中分别添加 NaCMC（0.5%）、PVA（0.5%）和植物秸秆（1.0%）的固沙试样的风蚀率分别为 8.3077 g/（min·m²）、16.385 g/（min·m²）和 31.538 g/（min·m²），比不含高分子的试样的风蚀率大大降低。

以坡度 0°，风速 20 m/s 为例，纯黄土的风蚀率约 49 g/（min·m²）（表 4-4），1：1 沙-黄土试样的风蚀率约 91 g/（min·m²）（表 4-6），黄土-NaCMC 试样的风蚀率为 8.3077 g/（min·m²）（表 4-4），沙-黄土试样与纯黄土比较，风蚀率增大了约 0.9 倍，黄土-NaCMC 试样与纯黄土比较，风蚀率约为纯黄土的 1/6；在同样条件下，纯红土风蚀率约 1.5 g/（min·m²）（表 4-5），1：1 沙-红土试样的风蚀率约 3.2 g/（min·m²）（表 4-6），红土-NaCMC 试样的风蚀率为 0 g/（min·m²）（表 4-5），沙-红土试样与纯红土比较，风蚀率增大了约 1.1 倍，红土-NaCMC 试样与纯红土比较，风蚀率由 1.5 g/（min·m²）降低到 0 g/（min·m²）。

相应沙-土试样风蚀率比纯土试样风蚀率高（表 4-4 及表 4-5 与表 4-6 比较，数据来自 24 m 风洞）。坡度为 0°，风速分别为 7 m/s、10 m/s 和 20 m/s 时，纯红土的风蚀率分别为 0 g/（min·m²）、0 g/（min·m²）和 1.5400 g/（min·m²），1：1 沙-红土试样对应数据分别为 0.0769 g/（min·m²）、0.1538 g/（min·m²）和 3.1538 g/（min·m²），风

蚀率增大。坡度为 0°，风速分别为 7 m/s、10 m/s 和 20 m/s 时，纯黄土的风蚀率分别为 0.6923 g/（min·m²）、1.8462 g/（min·m²）和 48.692 g/（min·m²），1∶1 沙-黄土试样对应数据分别为 2.4615 g/（min·m²）、3.2308 g/（min·m²）和 90.692 g/（min·m²），与沙-红土试样相似，沙-黄土试样的风蚀率也有很大增加。上述数据说明，1∶1 沙-红土试样和 1∶1 沙-黄土试样的抗压强度最高，与表 4-4～表 4-6 比较说明抗压强度最高的试样，其抗风蚀性能不一定最优，这些实验结果提醒我们在研制固沙材料时，仅考虑抗压强度这一指标还不够，需要综合考虑其他指标。沙土试样中的沙粒，遇到风沙流时更容易被打落，宏观造成风蚀率增大。其他坡度下的风蚀率数据与 0° 时具有相似趋势。在沙-土混合物中添加高分子，也会大大提高抗风蚀性能，同样沙-土比例明显影响材料的风蚀率（表 4-3，数据来自 38.9 m 风洞）。总体看风速越高，风蚀量越大。

3. 沙障形状对材料抗风蚀性能的影响

考察不同形状沙障和不同高分子及其含量材料风蚀率的目的是协助选择风蚀率最小的沙障形状和最佳高分子及其含量，对实际应用提供技术参数，指导工程的实施。

风速 10 m/s 时（表 4-7），圆锥体黄土空白样的风蚀量为 0.0400 g/min，风蚀率为 12.175 g/（min·m²），圆锥体红土空白样的风蚀量为 0.0286 g/min，风蚀率为 8.7256 g/（min·m²）；圆柱体黄土空白样的风蚀量为 0.0266 g/min，风蚀率为 4.3956 g/（min·m²），圆柱体红土空白样的风蚀量为 0.0200 g/min，风蚀率为 3.2967 g/（min·m²）；正方体黄土空白样的风蚀量为 0.0333 g/min，风蚀率为 8.2304 g/（min·m²），正方体红土空白样的风蚀量为 0.0266 g/min，风蚀率为 6.5843 g/（min·m²）。纯红土及纯黄土圆锥体、圆柱体及正方体沙障比较，风蚀率大小次序是圆锥体沙障>正方体沙障>圆柱体沙障。分析添加高分子试样沙障（表 4-7），红土-胡麻胶（0.1%）圆锥体、圆柱体及正方体沙障比较，圆锥体沙障风蚀率 ［6.0876 g/（min·m²）］>正方体沙障 ［4.6090 g/（min·m²）］>圆柱体沙障 ［2.7473 g/（min·m²）］；黄土-胡麻胶（0.1%）圆锥体、圆柱体及正方体沙障比较，圆锥体沙障风蚀率 ［10.146 g/（min·m²）］>正方体沙障 ［6.5843 g/（min·m²）］>圆柱体沙障 ［3.9560 g/（min·m²）］；红土-胡麻胶（0.3%）圆锥体、圆柱体及正方体沙障比较，圆锥体沙障风蚀率 ［5.2759 g/（min·m²）］>正方体沙障 ［3.6213 g/（min·m²）］>圆柱体沙障 ［2.1978 g/（min·m²）］；黄土-胡麻胶（0.3%）圆锥体、圆柱体及正方体沙障比较，圆锥体沙障风蚀率 ［8.1168 g/（min·m²）］>正方体沙障 ［5.7613 g/（min·m²）］>圆柱体沙障 ［3.2967 g/（min·m²）］；红土-胡麻胶（0.5%）圆锥体、圆柱体及正方体沙障比较，圆锥体沙障风蚀率 ［2.0292 g/（min·m²）］>正方体沙障 ［0.6584 g/（min·m²）］>圆柱体沙障 ［0 g/（min·m²）］；黄土-胡麻胶（0.5%）圆锥体、圆柱体及正方体沙障比较，圆锥体沙障风蚀率 ［4.0584 g/（min·m²）］>正方体沙障 ［2.1399 g/（min·m²）］>圆柱体沙障 ［0.8791 g/（min·m²）］。风速 13 m/s 时（表 4-7），得到的趋势与风速 10 m/s 时相同。

总结表 4-7～表 4-9，纯土及加入植物胶（胡麻胶、黄原胶及沙蒿胶）的沙障，在不同风速下均显示共同规律：风蚀率大小次序是圆锥体沙障>正方体沙障>圆柱体沙障，过去防沙的沙障都铺成正方形，实施比较容易，但从抗风蚀考虑，其实并不是最好的选择。

表 4-7　沙障形状对材料风蚀量的影响*

含量/%	圆柱体				正方体				圆锥体			
	红土（胡麻胶）		黄土（胡麻胶）		红土（胡麻胶）		黄土（胡麻胶）		红土（胡麻胶）		黄土（胡麻胶）	
	风蚀量/(g/min)	风蚀率/[g/(min·m²)]	风蚀量/(g/min)	风蚀率/[g/(min·m²)]	风蚀量/(g/min)	风蚀率/[g/(min·m²)]	风蚀量/(g/min)	风蚀率/[g/(min·m²)]	风蚀量/(g/min)	风蚀率/[g/(min·m²)]	风蚀量/(g/min)	风蚀率/[g/(min·m²)]
风速 10 m/s												
0.0	0.0200	3.2967	0.0266	4.3956	0.0266	6.5843	0.0333	8.2304	0.0286	8.7256	0.0400	12.175
0.1	0.0166	2.7473	0.0240	3.9560	0.0186	4.6090	0.0266	6.5843	0.0200	6.0876	0.0333	10.146
0.3	0.0133	2.1978	0.0200	3.2967	0.0146	3.6213	0.0233	5.7613	0.0170	5.2759	0.0266	8.1168
0.5	0.0000	0.0000	0.0053	0.8791	0.0026	0.6584	0.0086	2.1399	0.0066	2.0292	0.0133	4.0584
风速 13 m/s												
0.0	0.0233	3.8461	0.0333	5.4945	0.0293	7.2427	0.0400	9.8765	0.0353	10.7548	0.1100	33.4821
0.1	0.0200	3.2967	0.0300	4.9450	0.0240	5.9259	0.0346	8.5596	0.0266	8.1168	0.0766	23.3360
0.3	0.0160	2.6373	0.0266	4.3956	0.0193	4.7736	0.0300	7.4074	0.0206	6.2905	0.0533	16.2337
0.5	0.0066	1.0989	0.0100	1.6483	0.0106	2.6337	0.0133	3.2921	0.0133	4.0584	0.0333	10.1461

*坡度为 0°，吹蚀时间 15 min，红土或黄土基胡麻胶试样，38.9 m 风洞。

表 4-8　沙障形状对材料风蚀量的影响*

含量/%	圆柱体沙障				正方体沙障				圆锥体沙障			
	红土（黄原胶）		黄土（黄原胶）		红土（黄原胶）		黄土（黄原胶）		红土（黄原胶）		黄土（黄原胶）	
	风蚀量/(g/min)	风蚀率/[g/(min·m²)]	风蚀量/(g/min)	风蚀率/[g/(min·m²)]	风蚀量/(g/min)	风蚀率/[g/(min·m²)]	风蚀量/(g/min)	风蚀率/[g/(min·m²)]	风蚀量/(g/min)	风蚀率/[g/(min·m²)]	风蚀量/(g/min)	风蚀率/[g/(min·m²)]
风速 10 m/s												
0.0	0.0200	3.2967	0.0266	4.3956	0.0266	6.5843	0.0333	8.2304	0.0286	8.7256	0.0400	12.175
0.1	0.0113	1.8681	0.0200	3.2967	0.0133	3.2921	0.0240	5.9259	0.0173	5.2759	0.0286	8.7256
0.3	0.0080	1.3186	0.0160	2.6373	0.0100	2.4691	0.0180	4.4444	0.0120	3.6525	0.0220	6.6964
0.5	0.0000	0.0000	0.0033	0.5494	0.0020	0.4938	0.0053	1.3168	0.0053	1.6233	0.0093	2.8409
风速 13 m/s												
0.0	0.0233	3.8461	0.0333	5.4945	0.0293	7.2427	0.0400	9.8765	0.0353	10.755	0.1100	33.482
0.1	0.0153	2.5274	0.0266	4.3956	0.0200	4.9382	0.0300	7.4074	0.0220	6.6964	0.0533	16.234
0.3	0.0133	2.1978	0.0213	3.5164	0.0166	4.1152	0.0266	6.5843	0.0186	5.6818	0.0400	12.175
0.5	0.0046	0.7692	0.0080	1.3186	0.0066	1.6461	0.0100	2.4691	0.0100	3.0438	0.0200	6.0876

*坡度为0°，吹蚀时间15 min，红土或黄土基黄原胶试样，38.9 m风洞。

表 4-9 沙障形状和高分子用量对材料风蚀量的影响*

含量/%	圆柱体				正方体				圆锥体			
	红土（沙蒿胶）		黄土（沙蒿胶）		红土（沙蒿胶）		黄土（沙蒿胶）		红土（沙蒿胶）		黄土（沙蒿胶）	
	风蚀量/(g/min)	风蚀率/[g/(min·m²)]	风蚀量/(g/min)	风蚀率/[g/(min·m²)]	风蚀量/(g/min)	风蚀率/[g/(min·m²)]	风蚀量/(g/min)	风蚀率/[g/(min·m²)]	风蚀量/(g/min)	风蚀率/[g/(min·m²)]	风蚀量/(g/min)	风蚀率/[g/(min·m²)]
风速 10 m/s												
0.0	0.0200	3.2967	0.0266	4.3956	0.0266	6.5843	0.0333	8.2304	0.0286	8.7256	0.0400	12.175
0.1	0.0066	1.0989	0.0133	2.1978	0.0080	1.9753	0.0166	4.1152	0.0133	4.0584	0.0266	8.1168
0.3	0.0026	0.4395	0.0060	0.9890	0.0040	0.9876	0.0080	1.9753	0.0086	2.6379	0.0186	5.6818
0.5	0.0000	0.0000	0.0000	0.0000	0.0000	0.0000	0.0006	0.1646	0.0013	0.4058	0.0026	0.8116
风速 13 m/s												
0.0	0.0233	3.8461	0.0333	5.4945	0.0293	7.2427	0.0400	9.8765	0.0353	10.7548	0.1100	33.4821
0.1	0.0113	1.8681	0.0166	2.7472	0.0133	3.2921	0.0200	4.9382	0.0160	4.8701	0.0400	12.1753
0.3	0.0066	2.1978	0.0133	2.1978	0.0100	2.4691	0.0173	4.2798	0.0133	4.0584	0.0266	8.1168
0.5	0.0026	0.4395	0.0060	0.9890	0.0040	0.9876	0.0066	1.6460	0.0066	2.0292	0.0093	2.8409

*坡度为 0°，吹蚀时间 10 min，红土或黄土基沙蒿胶试样，38.9 m 风洞。

　　加入植物胶（胡麻胶、黄原胶及沙蒿胶）的黄土和红土试样与未加入高分子材料的试样比较，其抗风蚀能力明显提高，并且随着高分子添加量的增加，试样风蚀率减小，抗风蚀能力增强。当黄原胶添加量达到 0.5%时，圆柱体型红土基黄原胶沙障的风蚀率为零（表 4-8），当沙蒿胶添加量达到 0.5%时，圆柱体型红土及黄土基沙蒿胶沙障的风蚀率均为零，正方体红土基沙蒿胶沙障的风蚀率为零（表 4-9）。在实际应用中，考虑到成本问题，高分子的加入量受到限制，只要材料的抗风蚀性能达到一定要求即可。

　　沙障形状不仅影响风蚀率，也影响阻沙效果。沙障形状不同，风沙流对沙障的作用力、作用方向及作用面积不同，沙障风蚀率不同，其周围风沙流形成的压力梯度也不同，造成的后果是沙障前的积沙厚度不同，甚至沙障周围形成的沙丘形状也不同。利用高速摄影、粒子图像测速及相关软件，可以对沙粒运动轨迹、湍流及压力梯度进行定量计算，给出理论解释。与常识不同，风洞实验中在沙障后方的积沙最早被吹空（图 4-42 和图 4-43）。

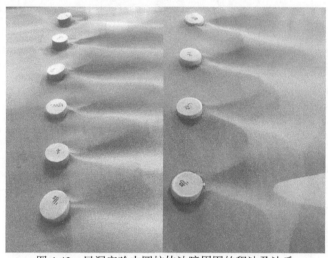

图 4-42　风洞实验中圆柱体沙障周围的积沙及沙丘
风速 10 m/s，沙障正后方的沙首先被掏空，38.9 m 风洞

图 4-43　风洞实验中正方体沙障周围的积沙及沙丘
风速 10 m/s，38.9 m 风洞

4. 坡度和风速对沙障阻沙性能的影响

随着固沙试样放置角度的升高，如从 0°、15°到 30°，固沙试样的风蚀率发生较大变化。在洞体 24 m 风洞条件下，放置平均边长 15 cm、高 4 cm、宽 2 cm 的黏土（或黄土）基六方格沙障；或直径 8 cm、高 4 cm 的圆形沙障。首先根据实验室黏土（或黄土）基固沙材料优化配方加入环境友好型高分子材料，配制成泥料，然后将这些沙障制备在宽 1.18 m、长 1.2 m 的胶木板上，胶木板表面用乳胶黏一层沙，以增加粗糙度，便于观察风沙流的流动形态。将有沙障模型的木板放在风洞中，距离沙障 2 m 的地方铺一层 10 cm 厚的来自沙漠的干燥细沙，将所制备的黏土（或黄土）基沙障模型（图 4-44～图 4-46）置于风洞中，在不同坡度 0°、15°和 30°，以及不同风速 7 m/s、10 m/s 和 20 m/s 下测定其对风沙流的阻挡和疏导能力。

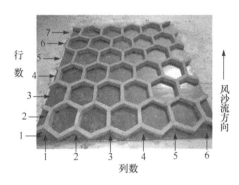

图 4-44　黏土（或黄土）基六方格沙障风洞实验　　　图 4-45　黏土（或黄土）基圆形沙障风洞实验

图 4-46　六方格沙障风洞实验照片
坡度 0°，风沙流 7 m/s，时间 10 min，24 m 风洞

黏土（或黄土）基六方格沙障在不同坡度的防沙效果不同（坡度 0°，风沙流 7 m/s，时间 10 min）（图 4-46 和表 4-10）。流沙在黏土（或黄土）基六方格沙障前出现堆积，并出现沙波纹。在六方格沙障前即模型第 1 行，沙子堆积明显，从左到右，积沙高度分别达到 1.5 cm、1.8 cm、1.6 cm、2.3 cm、1.8 cm 和 2.1 cm。不同位置的积沙高度不同，主要是风沙流形成过程中沙障前面的沙面不平整，造成风沙流不均匀，经过沙障不同位置时携沙量不同造成了积沙高度的差异。从第 3 行开始，积沙高度出现明显降低趋势，中间部位第 4 和 5 行几乎没有积沙，第 6 和 7 行又出现积沙，这是因为在黏土（或黄土）

六方格沙障的第 1～3 行，在沙障的作用下，颗粒较大的沙粒在重力作用下沉降下来，而质量较轻的颗粒越过第 4 和 5 行沉降在靠后的第 6 和 7 行。同时，第一排的沙障抬升了风沙流的高度，在其后的颗粒较小的沙粒主要发生了跃移，而平移和蠕移相对较弱，但是这种跃移的量较小。例如，第 6 行各列的积沙高度分别为 0.3 cm、0.1 cm、0.5 cm、0.4 cm、0.3 cm 和 0 cm，第 7 行各列的积沙高度分别为 0.4 cm、0.3 cm、0.6 cm、0.3 cm、0.2 cm 和 0.4 cm。

表 4-10　六方格沙障不同位置积沙高度（cm）

行数	列数					
	1	2	3	4	5	6
1	1.5	1.8	1.6	2.3	1.8	2.1
2	0.2	0.2	0.5	0.4	0.3	0.0
3	0.1	0.3	0.1	0.2	0.1	0.1
4	0.0	0.0	0.0	0.0	0.0	0.0
5	0.0	0.0	0.0	0.0	0.0	0.0
6	0.3	0.1	0.5	0.4	0.3	0.0
7	0.4	0.3	0.6	0.3	0.2	0.4

注：坡度 0°，风沙流 7 m/s，时间 10 min，24 m 风洞。

增大黏土或黄土六方格的铺设坡度，其对沙粒的阻挡和固定更加明显（图 4-46）。当增大六方格铺设的坡度时，沙障对流沙的阻力增大，同时改变风沙流的方向，使风沙流沿一定的坡度爬升，从而使风沙流所携带的沙粒的动能降低，在六方格沙障的阻挡下，沙粒完全被固定在六方格内。沿风沙流方向，六方格内沙粒堆积高度逐渐降低。

以纯土（黄土和红土）试样，风速 20 m/s 为例，纯黄土试样在坡度为 0°、15° 及 30° 时的风蚀率分别为 49 g/（min·m^2）、169 g/（min·m^2）和 101 g/（min·m^2）（表 4-11），即坡度为 15° 时风蚀率最大，0° 时最小。同样条件下，纯红土试样在坡度为 0°、15° 及 30° 时的风蚀率分别约为 1.5 g/（min·m^2）、2.5 g/（min·m^2）和 1.8 g/（min·m^2）（表 4-11）。坡度 0°、15° 及 30° 比较，红土试样同样是 15° 时风蚀率最大，0° 时最小。坡度为 0° 时，风沙流与试样接触面积最小，可以解释风蚀率最小；随着坡度增大，风沙流与试样接触面积逐渐增大，理论上风蚀率应该随坡度而增大，之所以坡度为 30° 时的风蚀率反而降低，是因为随着坡度增大，在沙障前的积沙也在增加，风沙流与试样的接触面积就不仅仅与角度有关了。

同样以纯土（黄土和红土）试样，坡度 15° 为例，风速分别为 7 m/s、10 m/s 和 20 m/s 时，纯黄土的风蚀率分别约为 2.2 g/（min·m^2）、4.5 g/（min·m^2）和 168.5 g/（min·m^2），同样条件下，纯红土的风蚀率分别为 0.8 g/（min·m^2）、1.0 g/（min·m^2）和 2.5 g/（min·m^2）（表 4-11）。坡度为 15° 时的数据说明，随着风速加大，风蚀率增加。考察坡度为 0° 和 30° 时不同风速下的风蚀率，同样是风速增大，风蚀率增加。风速增大，作用于试样的风沙流的动量增大，因而风蚀率增加。

表 4-11　坡度和风速对土试样风蚀量的影响

试样	坡度/(°)	风速/(m/s)	风蚀量/(g/min)	风蚀率/[g/(min·m²)]
红土	0	7	0.0000	0.0000
红土	0	10	0.0000	0.0000
红土	0	20	0.0020	1.5400
黄土	0	7	0.0090	0.6923
黄土	0	10	0.0024	1.8462
黄土	0	20	0.0633	48.692
红土	15	7	0.0011	0.8462
红土	15	10	0.0013	1.0000
红土	15	20	0.0032	2.4615
黄土	15	7	0.0029	2.2308
黄土	15	10	0.0059	4.5385
黄土	15	20	0.2191	168.54
红土	30	7	0.0004	0.3077
红土	30	10	0.0015	1.1538
红土	30	20	0.0023	1.7692
黄土	30	7	0.0006	0.4615
黄土	30	10	0.0027	2.0769
黄土	30	20	0.1319	101.46

注：时间 10 min（7 m/s、10 m/s）和 7 min（20 m/s），24 m 风洞。

风速越大，相同条件下的风蚀率越高，风速越大，添加高分子的固沙材料的抗风蚀性能越明显。

试样面与风沙流呈 15°夹角，风速分别为 7 m/s、10 m/s 和 20 m/s 时，纯黄土试样的风蚀率分别约为 2.2 g/（min·m²）、4.5 g/（min·m²）和 168.5 g/（min·m²）（表 4-11）；黄土-NaCMC 试样的风蚀率分别约为 0.9 g/（min·m²）、1.4 g/（min·m²）和 25.8 g/（min·m²）（表 4-12）；沙-黄土试样的风蚀率分别约为 2.5 g/（min·m²）、5.5 g/（min·m²）和 384.5 g/（min·m²）（表 4-13）；沙-黄土-NaCMC 试样的风蚀率分别约为 0.9 g/（min·m²）、1.5 g/（min·m²）和 16.5 g/（min·m²）（表 4-13）。风速由 7 m/s 增加到 20 m/s，纯黄土试样的风蚀率增大 76 倍，沙-黄土试样的风蚀率增大 154 倍，黄土-NaCMC 试样的风蚀率增大 29 倍，沙-黄土-NaCMC 试样的风蚀率增大 18 倍。试样面与风沙流呈 15°夹角，风速分别为 7 m/s、10 m/s 和 20 m/s 时，纯红土试样的风蚀率分别约为 0.8 g/（min·m²）、1.0 g/（min·m²）和 2.5 g/（min·m²）（表 4-11）；红土-NaCMC 试样的风蚀率分别约为 0.2 g/（min·m²）、0.5 g/（min·m²）和 1.2 g/（min·m²）（表 4-5）；沙-红土试样的风蚀率分别为 0.8 g/（min·m²）、1.2 g/（min·m²）和

11.1 g/（min·m²）（表 4-14）；沙-红土-NaCMC 试样的风蚀率分别为 0.5 g/（min·m²）、0.5 g/（min·m²）和 2.9 g/（min·m²）（表 4-14）。风速由 7 m/s 增加到 20 m/s，纯红土试样的风蚀率增大 3.1 倍，沙-红土试样的风蚀率增大 13.9 倍，红土-NaCMC 试样的风蚀率增大 6.0 倍，沙-红土-NaCMC 试样的风蚀率增大 5.8 倍。分析 0°、15°及 30°时不同风速条件下材料的风蚀率，得到的趋势是一致的（表 4-5、表 4-11～表 4-17）：①黄土对风速更敏感，所以在一些风速不是很大的地区，可以选取黄土作为固沙材料，但在风速比较大的地区，则适合使用红土。②沙-土试样抗风蚀性能不如相应纯土试样，所以在土源较近地区尽可能使用纯土材料。③沙-土-高分子试样的抗压强度高，且随着风速增大，风蚀率增大趋势较缓，所以在土源较远的地区，使用沙-土-高分子固沙材料比较经济。

表 4-12　坡度为 15°时风沙流与黄土试样风蚀量的关系*

试样	风速/（m/s）	风蚀量/（g/min）	风蚀率/［g/（min·m²）］
黄土	7	0.0029	2.2308
黄土	10	0.0059	4.5385
黄土	20	0.2191	168.54
黄土-NaCMC	7	0.0012	0.9231
黄土-NaCMC	10	0.0018	1.3846
黄土-NaCMC	20	0.0335	25.769
黄土-PVA	7	0.0014	1.0769
黄土-PVA	10	0.0020	1.5385
黄土-PVA	20	0.0569	43.769
黄土-秸秆	7	0.0038	2.9231
黄土-秸秆	10	0.0055	4.2308
黄土-秸秆	20	0.2183	167.92

*NaCMC 及 PVA 含量 0.5%，秸秆含量 1.0%，24 m 风洞。

表 4-13　坡度为 15°时风沙流与沙-黄土试样风蚀量的关系*

试样	风速/（m/s）	风蚀量/（g/min）	风蚀率/［g/（min·m²）］
沙-黄土	7	0.0033	2.5385
沙-黄土	10	0.0071	5.4615
沙-黄土	20	0.4999	384.54
沙-黄土-NaCMC	7	0.0012	0.9231
沙-黄土-NaCMC	10	0.0019	1.4616
沙-黄土-NaCMC	20	0.0215	16.539
沙-黄土-PVA	7	0.0013	1.0000
沙-黄土-PVA	10	0.0024	1.8461
沙-黄土-PVA	20	0.0776	59.692

试样	风速/（m/s）	风蚀量/（g/min）	风蚀率/［g/（min·m²）］
沙-黄土-秸秆	7	0.0048	3.6923
沙-黄土-秸秆	10	0.0118	9.0769
沙-黄土-秸秆	20	0.5600	430.77

*沙与黄土质量比为 1：1，NaCMC 及 PVA 含量 0.5%，秸秆含量 1.0%，24 m 风洞。

表 4-14　坡度为 15°时风沙流与沙-红土试样风蚀量的关系*

试样	风速/（m/s）	风蚀量/（g/min）	风蚀率/［g/（min·m²）］
沙-红土	7	0.0011	0.8462
沙-红土	10	0.0016	1.2308
沙-红土	20	0.0144	11.077
沙-红土-NaCMC	7	0.0006	0.4615
沙-红土-NaCMC	10	0.0006	0.4615
沙-红土-NaCMC	20	0.0038	2.9231
沙-红土-PVA	7	0.0005	0.3846
沙-红土-PVA	10	0.0009	0.6923
沙-红土-PVA	20	0.0034	2.6154
沙-红土-秸秆	7	0.0011	0.8462
沙-红土-秸秆	10	0.0016	1.2308
沙-红土-秸秆	20	0.0115	8.8462

*沙与红土质量比为 1：1，NaCMC 及 PVA 含量 0.5%，秸秆含量 1.0%，24 m 风洞。

表 4-15　坡度为 0°时风沙流与沙-黄土试样风蚀量的关系*

试样	风速/（m/s）	风蚀量/（g/min）	风蚀率/［g/（min·m²）］
沙-黄土	7	0.0032	2.4615
沙-黄土	10	0.0042	3.2308
沙-黄土	20	0.1179	90.692
沙-黄土-NaCMC	7	0.0002	0.1538
沙-黄土-NaCMC	10	0.0007	0.5385
沙-黄土-NaCMC	20	0.0076	5.8462
沙-黄土-PVA	7	0.0015	1.1538
沙-黄土-PVA	10	0.0017	1.3077
沙-黄土-PVA	20	0.0203	15.6153
沙-黄土-秸秆	7	0.0042	3.2308

试样	风速/(m/s)	风蚀量/(g/min)	风蚀率/[g/(min·m²)]
沙-黄土-秸秆	10	0.0124	9.5385
沙-黄土-秸秆	20	0.1212	93.231

*沙与黄土质量比为1:1，NaCMC及PVA含量0.5%，秸秆含量1.0%，24 m风洞。

表 4-16　坡度为0°时风沙流与沙-红土试样风蚀量的关系*

试样	风速/(m/s)	风蚀量/(g/min)	风蚀率/[g/(min·m²)]
沙-红土	7	0.0001	0.0769
沙-红土	10	0.0002	0.1538
沙-红土	20	0.0041	3.1538
沙-红土-NaCMC	7	0.0000	0.0000
沙-红土-NaCMC	10	0.0000	0.0000
沙-红土-NaCMC	20	0.0013	1.0000
沙-红土-PVA	7	0.0000	0.0000
沙-红土-PVA	10	0.0000	0.0000
沙-红土-PVA	20	0.0011	0.8462
沙-红土-秸秆	7	0.0007	0.5385
沙-红土-秸秆	10	0.0010	0.7692
沙-红土-秸秆	20	0.0387	29.769

*沙与红土质量比为1:1，NaCMC及PVA含量0.5%，秸秆含量1.0%，24 m风洞。

表 4-17　坡度为30°时风沙流与沙-黄土试样风蚀量的关系*

试样	风速/(m/s)	风蚀量/(g/min)	风蚀率/[g/(min·m²)]
沙-黄土	7	0.0051	3.9231
沙-黄土	10	0.0055	4.2308
沙-黄土	20	0.1895	145.77
沙-黄土-NaCMC	7	0.0009	0.6923
沙-黄土-NaCMC	10	0.0011	0.8462
沙-黄土-NaCMC	20	0.0111	8.5385
沙-黄土-PVA	7	0.0010	0.7692
沙-黄土-PVA	10	0.0020	1.5385
沙-黄土-PVA	20	0.0650	50.000
沙-黄土-秸秆	7	0.0027	2.0769

续表

试样	风速/（m/s）	风蚀量/（g/min）	风蚀率/［g/（min·m²）］
沙-黄土-秸秆	10	0.0090	6.9231
沙-黄土-秸秆	20	0.0669	51.462

*沙与黄土质量比为 1∶1，NaCMC 及 PVA 含量 0.5%，秸秆含量 1.0%，24 m 风洞。

5. 沙障排布方式对积沙的影响

对于按照等边三角形排列的圆形沙障，由于沙障排列方式的影响，风沙流沿着圆形沙障的切线方向前行，在经过逐级的圆形沙障的阻挡及沿切线方向的动能递减，最终沙粒被固定在圆形沙障所排列的阵列中。增大风速，圆形沙障对风沙流的分流、疏导和减缓效果更加明显。

圆形沙障会对风沙流的方向产生影响，进而影响沙粒的动能。改变圆形沙障的铺设坡度，由于重力作用，大多数沙粒沿着一定的坡度堆积在沙障的底部。在风速为 20 m/s 时，随着沙障铺设坡度的增大，流沙主要被阻挡在沙障的底部。

将红土基圆柱体、正方体及圆锥体沙障按照图 4-47 排布在洞体 38.9 m 风洞中，左右间距 15 cm，行间距分别为 25 cm 和 35 cm，风速 10 m/s，吹蚀时间 15 min，测量每一排的平均积沙高度，结果显示沙障形状影响积沙高度，总体看行间距为 25 cm 时，积沙高度正方体沙障>圆柱体沙障>圆锥体沙障；间距为 35 cm 时，积沙高度正方体沙障>圆柱体沙障~圆锥体沙障。前面的结论是不同形状的沙障具有不同的风蚀率。在不同风速下

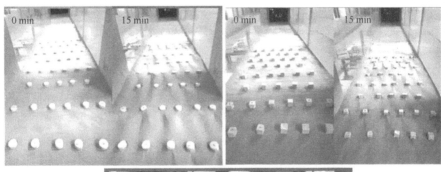
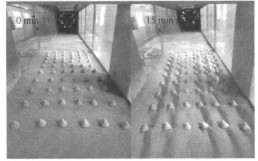

图 4-47　红土基圆柱体、正方体及圆锥体沙障风洞实验

坡度 0°，风速 10 m/s，时间 15 min，38.9 m 风洞

的共同规律是风蚀率大小依次是圆锥体沙障>正方体沙障>圆柱体沙障。图 4-48 显示沙障形状也影响在风沙环境中的积沙。正方体沙障具有最高的积沙，说明这种沙障的阻沙效果比较好，也预示其在流沙区前沿容易被沙埋；圆柱和圆锥体沙障积沙较低，则说明这两种沙障疏导和分流效果较好。

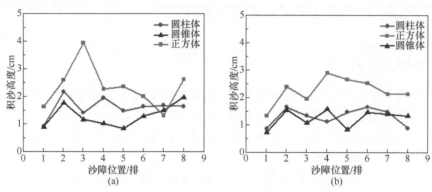

图 4-48　红土基圆柱体、正方体及圆锥体沙障的积沙曲线
坡度 0°，风速 10 m/s，时间 15 min，38.9 m 风洞；（a）行间距 25 cm，（b）行间距 35 cm

2016 年 7 月 29 日，在中卫沙坡头腾格里沙漠持续输沙区，用土铺设了土堆型（锥形）、圆形（圆柱）及方格（正方体）沙障各 1000 m²，至 2019 年 6 月 5 日，土堆型沙障只有少部分被埋（剩余约 780 m²），圆形沙障大部分被埋（剩余约 200 m²），方格沙障基本全部被埋（剩余约 70 m²）。风沙流到达土堆型（锥形）沙障后，部分沿切线方向分流，起初朝一个方向运动的风沙流被分散为多个方向；部分被反弹，被反弹的风沙流对原方向风沙流起到对抗和减缓作用。也就是说风沙流遇到土堆型（锥形）沙障后，被分散和削弱。土堆型（锥形）沙障能很好地减缓和分流风沙流，能有效减缓输沙区沙的堆积，可用于组合沙障面对持续输沙的前沿部分。在持续输沙区，圆形与方格沙障前会形成积沙，所以它们不适合铺设在输沙前沿区域，但圆形与方格沙障具有较好的集水效果，能够辅助沙地种子库植物种子的发芽，促进植被的形成，所以这种沙障可以在没有持续输沙的区域铺设，或铺设于组合沙障位于土堆型沙障之后（持续流沙动量被分散和减缓）。

蜂巢式结构防沙固沙黏土或黄土基沙障及等边三角形排列的土堆型（锥形）沙障能够固定或影响流沙的流动形态，降低沙粒的动能，使流沙改变方向，从而使流沙得以疏导、分流和减缓。风沙流遇到土堆型沙障时，在沙障正面的风沙流被沙障反弹减速，沿切线方向的风沙流则被分流，造成起初朝向一个方向的风沙流改变方向，使风沙流方向混乱，达到疏导和分流风沙的作用。风洞实验证明圆形沙障在疏导风沙流方面效果最好，野外实验证明土堆型沙障在削减风沙流动量方面效果最好。使用蜂巢式结构黏土或黄土基沙障及圆形沙障后，当风速增大时，沙粒仍能被固定在六方或圆形沙障的阵列内；在坡度较大的迎风沙面铺设，这些沙障对流沙的固定更加显著。风洞实验假定风是朝一个方向吹的，但现实中风况多变，所以风洞实验数据只是一个参考，与实际所遇到的问题差距较大。在野外铺设的沙障，需要根据当地的风沙流状况合理布局，与生物方法组合使用，才能达到持久固沙和生态修复效果。

　　风洞实验及前期沙漠现场实验显示，在防沙固沙材料的选择上，可以根据沙区的气候条件选用不同的固沙材料。例如，一般沙区可以直接选用黏土（红土、黑土）或黄土铺设组合沙障；风速较高的沙区可以选用黏土（或黄土）-高分子复合材料铺设组合沙障。在没有持续输沙的区域，固沙沙障最好使用网格型，它容易建造，对风沙流的阻隔固定作用最强；在有持续输沙的沙漠边缘，固沙沙障应该选用组合沙障，在输沙前沿，铺设具有疏导、分流和减缓作用的土堆型沙障，在其后铺设具有减缓、阻隔和固定作用的圆形、半圆形及人字形沙障，最后铺设具有阻隔和固定作用的网格型沙障。

参 考 文 献

[1] 姚仰平, 张丙印, 朱俊高. 土的基本特性、本构关系及数值模拟研究综述. 土木工程学报, 2012, 45: 127-150.

[2] 陈道松. 基于水土作用下红黏土的力学特性研究. 南宁: 广西大学, 2017.

[3] 高彬, 陈筠, 杨恒, 程旭波, 邬忠虎. 红黏土在不同应力路径下的力学特性试验研究. 地下空间与工程学报, 2018, 14(10): 1202-1212.

[4] 余素华, 文启忠, 刁桂仪, 孙福庆. 黄河中游地区马兰黄土及其上部土壤的平均化学成分. 环境科学, 1982, 3: 47-50.

[5] Galan-Marin C, Rivera-Gomez C, Petric J. Clay-based composite stabilized with natural polymer and fibre. Construction and Building Materials, 2010, 24: 1462.

[6] Heath A, Paine K, McManus M. Minimising the global warming potential of clay based geopolymers. Journal of Cleaner Production, 2014, 78: 75.

[7] Lee S M, Tiwari D. Organo and in organo-organo-modified clays in the remediation of aqueous solutions: An overview. Applied Clay Science, 2012, 59-60: 84.

[8] Li Y C, Kim Y S, Shields J, Davis R. Controlling polyurethane foam flammability and mechanical behaviour by tailoring the composition of clay-based multilayer nanocoatings. Journal of Materials Chemistry A, 2013, 1: 12987.

[9] 张秀兰, 栗印环. PVC/黏土纳米复合材料研究进展. 广东化工, 2008, 35: 72-76.

[10] 梁玉蓉, 谭英杰. PP/黏土纳米复合材料的结构与性能. 化工学报, 2008, 59: 1571-1577.

[11] 刘小强, 闫军, 杜仕国. 无机纳米粒子改性 PVC 研究进展. 塑料科技, 2005, (1): 53-57.

[12] 温守信. 坡缕石基质上的可控聚合及其杂化材料性能研究. 兰州: 西北师范大学, 2007.

[13] Roy R. Ceramics via the solution-sol-gel route. Sciences, 1987, 238: 1664-1669.

[14] Roy R, Komarnei S, Roy D M. Multi-phasic ceramic composites made by sol-gel technique. MRS Proceedings, 1984, 32: 347-359.

[15] Sanchez C, Soler-Illia G J A A, Ribot F. Designed hybrid organic-inorganic nanocomposites from functional nanobuilding blocks. Chemistry of Materials, 2001, 13: 3061-3083.

[16] Schottner G. Hybrid sol-gel-derived polymers, applications of multifunctional materials. Chemistry of Materials, 2001, 13: 3422-3435.

[17] Pyun J, Matyjaszewski K. Synthesis of nanocomposite organic/inorganic hybrid materials using controlled/"living" radical polymerization. Chemistry of Materials, 2001, 13: 3436-3448.

[18] 廖凯荣, 陈学信, 郑臣谋. 轻质碳酸钙/聚丙烯共混物中聚丙烯 β-晶的成核结晶的研究. 高等学校化学学报, 1995, 16(1): 143-146.

[19] Liang J Z. Toughening and reinforcing in rigid inorganic particulate filled poly(propylene). Journal of

Applied Polymer Science, 2002, 83(7): 1547-1555.

[20] Wu S H. Phase structure and adhesion in polymer blends: A criterion for rubber toughening. Polymer, 1985, 26(12): 1855-1863.

[21] 方少明, 周立明, 张留成, 赵清香, 高丽君. 丙烯酸酯类聚合物/蒙脱土纳米复合材料的研究. 工程塑料应用, 2005, 33(3): 16.

[22] 黄文勇, 庞浩, 廖兵. 聚氨酯/蒙脱土纳米复合弹性体材料: (Ⅰ)聚醚多元醇插层蒙脱土影响因素的研究. 高分子材料科学与工程, 2005, 21(1): 195.

[23] 金星, 戚嵘嵘, 周持兴. 原位插层聚合法制备聚苯乙烯-蒙脱土纳米复合材料. 高分子材料科学与工程, 2005, 21(4): 105.

[24] 王淑芳, 宋存江, 陈广新. β-羟基丁酸与β-羟基戊酸酯共聚物/有机化蒙脱土纳米复合材料热性能、结晶性能与生物降解性能的研究. 离子交换与吸附, 2004, 20(4): 299.

[25] Zheng W, Wong S C. Electrical conductivity and dielectric properties of PMMA/expanded graphite composites. Science and Technology, 2003, 63(2): 225-235.

[26] 彭人勇, 张英杰. 聚乙烯醇/蒙脱石纳米复合材料的结构与性能. 塑料科技, 2005, 2: 15.

[27] 李静, 唐颂超, 徐建荣, 王庆海. 用乳液插层法制备丙烯酸丁酯/有机蒙脱土纳米复合材料. 合成橡胶工业, 2007, 30(1): 65.

[28] Chang Y W, Yang Y, Ryu S, Nah C. Preparation and properties of EPDM/organomontmorillonite hybrid nanocomposites. Polymer International, 2002, 51: 319-424.

[29] 丁国芳, 张长生, 石耀刚, 王建华. 熔体插层制备硅橡胶/蒙脱土纳米复合材料的性能研究. 弹性体, 2006, 16(1): 47.

[30] 杨勇, 朱子康. 溶胶-凝胶法制备可溶性聚酰亚胺/二氧化硅纳米复合材料的研究: Ⅰ. 溶胶-凝胶转变过程和反应机理的研究. 功能材料, 1999, (1): 78.

[31] 欧玉春, 杨峰. 原位分散聚合聚甲基丙烯酸甲酯/二氧化硅纳米复合材料研究. 高分子学报, 1997, 2: 199-205.

[32] Reynaud E, Jouen T, Gauthier C, Vigier G, Varlet J. Nanofillers in polymeric matrix: A study on silica reinforced PA6. Polymer, 2001, 42(20): 8759-8768.

[33] Szwarc M, Levy M, Milkovich R. Polymerization initiated by electron transfer to monomer. A new method of formation of block polymers. Journal of the American Chemical Society, 1956, 78: 2656-2657.

[34] Szwarc M. 'Living' polymers. Nature, 1956, 178: 1168-1169.

[35] Webster O W. Living polymerization methods. Science, 1991, 251: 887-893.

[36] Webster O W, Hertler W R, Sogah D Y. Group-transfer polymerization. 1. A new concept for addition polymerization with organosilicon initiators. Journal of the American Chemical Society, 1983, 105(17): 5706-5708.

[37] Ivin K J, Saegusa T. Ring Opening Polymerization. London and New York: Elsevier Applied Science Publisher Ltd., 1984.

[38] Yuan J Y, Pan C Y. "Living" free radical ring-opening copolymerization of 4,7-dimethyl-2-methylene-1, 3-dioxepane and conventional vinyl monomers. European Polymer Journal, 2002, 38: 2069-2076.

[39] Miyamoto M, Sawamoto M, Higashimura T. Living polymerization of isobutyl vinyl ether with hydrogen iodide/iodine initiating system. Macromolecules, 1984, 17(3): 266-272.

[40] Faust R, Kennedy J P. Living carbocationic polymerization. Polymer Bulletin, 1986, 15(4): 317-323.

[41] Fayt R, Forte R, Teyssie P. New initiator system for the living anionic polymerization of tert-alkyl acrylates. Macromolecules, 1987, 20(6): 1442-1444.

[42] Doi Y, Velci S, Keii T. "Living" coordination. Polymerization of propene initiated by the soluble V(acac)$_3$-Al(C$_2$H$_5$)$_2$Cl system. Macromolecules, 1979, 12(5): 814-819.

[43] Grubbs R H, Tumas W. Polymer synthesis and organotransition metal chemistry. Science, 1989, 243: 907-915.

[44] Schrock R R. Living ring-opening metathesis polymerization catalyzed by well-characterized transition-metal alkylidene complexes. Accounts of Chemical Research, 1990, 23(5): 158-165.

[45] Masuda T, Yoshimura T, Fujimori J, Higashimura T. Living polymerization of substituted acetylenes by MoCl₅-and MoOCl₄-based catalysts. Journal of the Chemical Society, Chemical Communications, 1987, 23: 1805-1806.

[46] Asano S, Aida T, Inoue S. 'Immortal' polymerization. Polymerization of epoxide catalysed by an aluminium porphyrin-alcohol system. Journal of the Chemical Society, Chemical Communications, 1985, 17: 1148-1149.

[47] Reetz M T. New methods for the anionic polymerization of α-activated olefins. Angewandte Chemie, 1988, 27(7): 994-998.

[48] Chen X P, Qiu K Y. Study of "living"/controlled radical polymerization. Progress in Chemistry, 2001, 13(3): 224-233.

[49] Matyaszewski K, Gaynor S, Greszta D, Shigemoto T. 'Living' and controlled radical polymerization. Journal of Physical Organic Chemistry, 1995, 8(4): 306-315.

[50] Webster O W. Living polymerization methods. Science, 1991, 251: 887-893.

[51] Georges M K, Veregin R P N. Narrow molecular weight resins by a free-radical polymerization process. Macromolecules, 1993, 26(11): 2987-2988.

[52] Otsu T, Yoshida M, Tazaki T. A model for living radical polymerization. Die Makromolekulare Chemie, Rapid Communications, 1982, 3(2): 133-140.

[53] Otsu T, Yoshida M. Role of initiator‐transfer agent-terminator (iniferter) in radical polymerizations: Polymer design by organic disulfides as iniferters. Die Makromolekulare Chemie, Rapid Communications, 1982, 3(2): 127-132.

[54] Wang J S, Matyaszewski K. Controlled/"living"radical polymerization. Halogen atom transfer radical polymerization promoted by a Cu(I)/Cu(II)redox process. Macromolecules, 1995, 28(23): 7901-7910.

[55] Matyjaszewski K, Jo M S, Paik H, Shipp D A. An investigation into the CuX/2,2′-bipyridine (X = Br or Cl) mediated atom transfer radical polymerization of acrylonitrile. Macromolecules, 1999, 32(20): 6431-6438.

[56] Kato M, Kamigaito M, Sawamoto M, Higashimura T. Polymerization of methyl methacrylate with the carbon tetrachloride/dichlorotris-(triphenylphosphine)ruthenium(II)/methylaluminum bis(2,6-di-tert-butylphenoxide) initiating system: Possibility of living radical polymerization. Macromolecules, 1995, 28(5): 1721-1723.

[57] Tjong S C. Structural and mechanical properties of polymer nanocomposites. Materials Science & Engineering R: Reports, 2006, 53: 73-197.

[58] 周卫平, 朱光中, 翟泽军. 纳米技术在高聚物中的应用及其进展. 现代化工, 2002, 22(6): 19-23.

[59] Kojima Y, Usuki A, Okada A. Sorption of water in nylon 6 clay hybrid. Journal of Applied Polymer Science, 1993, 49: 1259-1264.

[60] Mesersmith P B, Giannelis E P. Synthesis and barrier properties of poly(ε-caprolactone)-layered silicate nanocomposites. Journal of Polymer Science Part A: Polymer Chemistry, 1995, (7): 1047-1057.

[61] Wang S, Tan Z, Li Y, Sun L, Zhang T. Synthesis, characterization and thermal analysis of polyaniline/ZrO₂ composites. Thermochimica Acta, 2006, 441(2): 191-194.

[62] Xiong J, Zheng Z, Qin X, Li M, Li H, Wang X. The thermal and mechanical properties of a polyurethane/multi-walled carbon nanotube composite. Carbon, 2006, 44(13): 2701-2707.

[63] Lei Z Q, Wen S X. Synthesis and decoloration capacity of well-defined and WMA-grafted palygorskite

nanocomposites. European Polymer Journal, 2008, 44(9): 2845-2849.

[64] Lei Z Q, Wen S X. Preparation and decoloration property of polystyrene-grafted palygorskite nanoparticles. Materials Letters, 2007, 61(19-20): 4076-4078.

[65] 康文韬, 王刚, 刘少敏. 坡缕石在高聚物改性中的应用. 天津化工, 2002, (11): 26-28.

[66] 朱海青, 周杰. 凹凸棒石粘土的开发利用现状及发展趋势. 矿产保护与利用, 2004, (4): 14-17.

[67] 郑自立, 鞠党辰, 唐家中, 李虎杰, 杨大地. 坡缕石的脱水作用及其与八面体阳离子间相互关系研究. 矿产综合利用, 1996, 6: 16.

[68] 冯启明, 周玉林, 郑自立. 坡缕石粘土的硅烷偶联剂表面改性研究. 矿产综合利用, 1996, (6): 38-41.

[69] 沈钟. 固体表面改性及其应用. 化工进展, 1993, (3): 44-50.

[70] 吴森纪. 有机硅及其应用. 北京: 科学文献出版社, 1990.

[71] 梅冬生, 陈卫, 陶再山, 魏红. 钛酸酯偶联剂及其应用. 塑料助剂, 1998, (3): 12-15.

[72] 沈钟, 褚翠英, 邵长生, 许淮. 凹凸棒土表面的有机化改性及其在橡胶中的应用. 化学工程师, 1996, (2): 3-5.

[73] Fery N, Hamann K. Polyreactionen an pigmentoberflächen. Ⅲ. Mitteilung: Polyreaktionen an SiO$_2$-oberflächen. Angewandte Makromolekulare Chemie, 1973, 34: 81-109.

[74] Tsubokawa N, Ishida H. Graft polymerization of methyl methacrylate from silica initiated by peroxide groups introduced onto the surface. Journal of Polymer Science Part A: Polymer Chemistry, 1992, 30: 2241-2246.

[75] 冯恩科. 生物胶-黄土复合材料的制备及保水固沙性能研究. 兰州: 西北师范大学, 2015.

[76] Feng E K, Ma G F, Wu Y J, Lei Z Q. Preparation and properties of organic-inorganic composite superabsorbent based on xanthan gum and loess. Carbohydrate Polymers, 2014, 111, 463-468.

[77] Xue S, Reinholdt M, Pinnavaia T J. Palygorskite as an epoxy polymer reinforcement agent. Polymer, 2006, 47: 3344-3350.

[78] 冉飞天. 黏土基高分子复合材料的制备及其保水固沙性能研究. 兰州: 西北师范大学, 2016.

[79] Wang W, Zheng Y, Wang A. Syntheses and properties of superabsorbent composites based on natural guar gum and attapulgite. Polymers for Advanced Technologies, 2008, 19(12): 1852-1859.

[80] Gils P S, Ray D, Sahoo P K. Characteristics of xanthan gum-based biodegradable superporous hydrogel. International Journal of Biological Macromolecules, 2009, 45(4): 364-371.

[81] Rashidzadeh A, Olad A. Slow-released NPK fertilizer encapsulated by NaAlg-g-poly(AA-co-AAm)/MMT superabsorbent nanocomposite. Carbohydrate Polymers, 2014, 114: 269-278.

[82] 王升堂, 程宏, 赵延治. 旱作农区土壤风蚀过程、影响因素及其防治技术措施. 国土与自然资源研究, 2005, (3): 36-38.

[83] 雷自强, 王爱娣, 马国富, 张志芳, 彭辉, 张哲. 一种黏土基复合固沙材料: 102229804A. 2011-11-02.

[84] 雷自强, 马国富, 张哲, 王爱娣, 许剑, 沈智, 马恒昌. 一种组合式防沙固沙障: 202175942U. 2012-3-28.

[85] 王爱娣. 黏土基复合固沙材料性能研究. 兰州: 西北师范大学, 2013.

[86] 刘瑾. 土基高分子固土材料的制备及其性能研究. 兰州: 西北师范大学, 2019.

[87] Han Z W, Hu Y D, Chen G T, Yao Z Y. The suitability of chemical engineering stabilization in controlling aeolian hazard along the highway in Tarim Basin. Environmental Science, 2000, 21(5): 86-88.

[88] Yang J, Wang F, Fang L, Tan T. Synthesis, characterization and application of a novel chemical sand-fixing agent-poly(aspartic acid)and its composites. Environmental Pollution, 2007, 149(1): 125-130.

第5章 土基固土材料

5.1 水土流失与保持

5.1.1 我国水土流失概况

水土流失（water and soil loss）是指在水力、重力、风力等外营力作用下，水土资源和土地生产力的破坏和损失，包括土地表层侵蚀和水土损失，也称水土损失[1-3]。

水利部 2018 年全国水土流失动态监测成果显示：2018 年与 2011 年比较，全国水土流失面积由 294.92 万 km^2 减小到 273.69 万 km^2，净减少 21.23 万 km^2。2018 年，全国水土流失面积占国土面积（不含港澳台）的 28.6%。我国水土流失以水力侵蚀和风力侵蚀为主，2018 年，我国风蚀和水蚀面积分别为 158.60 万 km^2 和 115.09 万 km^2，分别占水土流失总面积的 58% 和 42%（占国土面积的 16.6% 和 12%）。水土流失强度分 5 个等级（轻度、中度、强烈、极强烈、剧烈侵蚀），2011~2018 年，我国水土流失面积中以轻度占比最高，2018 年，轻度水土流失面积占水土流失总面积的 61.5%（168.25 万 km^2），中度及以上占比 38.5%（105.44 万 km^2）[4]。

根据 2018 年、2011 年、1999 年及 1985 年四次调查（监测）结果，全国水土流失总面积分别为 273.69 万 km^2、294.92 万 km^2、355.56 万 km^2 及 367.03 万 km^2，三个时段水土流失均有减少，1985~2018 年，水土流失总计减少了 93.34 万 km^2。与 2011 年相比，2018 年中度以上侵蚀面积共减少了 51.11 万 km^2，减幅达 32.65%。当前水土流失以中轻度侵蚀为主，占比 78.7%。与 2011 年相比，全国风蚀和水蚀面积分别减少 6.99 万 km^2 和 14.24 万 km^2，水蚀面积减少量高于风蚀。与 2011 年对比，2018 年西、中及东部地区水土流失面积分别减少 15.31 万 km^2、3.32 万 km^2 和 2.59 万 km^2，减幅分别为 6.27%、9.97% 和 15.00%。西部地区水土流失面积减少绝对量大，但减小比例小，东部地区减少绝对量小，但比例较大[4]。2008 年以前统计的数字显示年平均输入黄河的泥沙量达 16 亿 t，黄河下游河道平均每年淤高 10 cm。输入黄河的泥沙 80% 以上来源于黄土高原地区。黄河是中华民族的母亲河，是人类文明的发祥地，也是世界上泥沙最多的河流。

5.1.2 水土流失类型

水土流失一般由重力侵蚀、水力侵蚀、风力侵蚀、冻融侵蚀等四种侵蚀引发（图 5-1）。

（1）重力侵蚀。土由于受到自身重力作用，失去平衡而产生迁移的侵蚀过程称作重力侵蚀。在陡坡和沟壑的两岸沟壁，下部被水流冲刷掏空，上部岩石土块在其自身重力作用下不能继续保留在原来的位置，造成局部成大面积崩塌、滑坡和泄流等。

（2）水力侵蚀。水力侵蚀通常是由降雨造成的，每逢农田灌溉季节和雨季来临，降

图 5-1　四种土壤侵蚀类型[5]

雨量的大小影响土壤侵蚀，强度大的暴雨会冲蚀地面，产生泥沙，超过土壤入渗速度的降雨就会产生地表径流，径流会对地表形成冲刷侵蚀，水力侵蚀是水土流失最常见的表现类型。夏季暴雨季节，地面坡度大、植被稀疏的地区，雨滴对地面冲蚀更强劲，径流对流经地区的侵蚀更重，所造成的溶洞、陡壁、陷穴等更多，沟壑的扩展速度更快，水土流失加重[6, 7]。

（3）风力侵蚀。风力侵蚀是水土流失的另一种类型，是在大风气流作用下，细粒物质脱离地表随风飘浮迁移，堆积到其他地方沉积的过程。

（4）冻融侵蚀。在气候寒冷地区，土壤颗粒的孔隙中或者岩石裂缝中的水分常会被冻结，体积发生膨胀，使整块土体或岩石发生碎裂，内部结构变得疏松。当冰融化后，由于水与冰的密度不同，土壤水不断相变使土壤冻胀和融沉现象频繁发生，导致土壤物理、化学和生物性质发生变化，土壤的抗侵蚀能力减弱，顺坡向下产生位移，很容易发生流失。冻融侵蚀是仅次于水蚀和风蚀的，在全国分布较广的土壤侵蚀类型[8, 9]。

5.1.3　黄土高原地区水土流失

黄土高原位于黄河中上游，地理坐标为东经 100°24′～114°，北纬 34°～40°20′。黄土高原地区面积大约 64 万 km²，其水土流失面积达 45.4 万 km²，水蚀和风蚀面积分别为 33.7 万 km² 和 11.7 万 km²。黄土高原地区土壤侵蚀模数大于 1000 t/（km²·a）、5000 t/（km²·a）、10000 t/（km²·a）及 15000 t/（km²·a）的面积分别为 29.2 万 km²、16.6 万 km²、7.63 万 km² 及 4.03 万 km²（表 5-1）。由于侵蚀强度大，黄土高原地区沟壑纵横，沟谷密度可达 3.47～5.11 km/km²，仅在陕北地区长度达 1 km 以上的沟道就达近 3 万条[10]。

表 5-1 黄土高原地区各省（自治区）土地侵蚀面积[11] （单位：万 km²）

省 （自治区）	侵蚀模数/[t/（km²·a）]						
	>500	>1000	>5000	>10000	>15000	>20000	>25000
河南	11748	8228	308	无	无	无	无
青海	13789	11814	2977	无	无	无	无
内蒙古	26538	20980	12888	8959	6139	2019	767
宁夏	29286	19074	8669	58	无	无	无
陕西	83556	73384	44985	32659	19659	6659	2650
山西	86189	75707	47638	23756	12956	1665	无
甘肃	87680	82410	48791	10898	1544	无	无
合计	338786	291597	166256	76330	40298	10343	3417

目前黄土高原地区土层流失的速度是每年大约 1 cm，而形成的速度要慢 120~400 倍，需要 120~400 年才能形成 1 cm 的土层。在自然状态下要形成 1 m 厚的土壤，需要 1.2 万~4 万年[10]。

黄土高原地区 2018 年水土流失面积比 2011 年减少 2.15 万 km²。2018 年动态监测结果显示，黄土高原将近 50%的水土流失面积得到初步治理，土壤侵蚀强度逐步下降，绿色回归大地，生态逐渐恢复。但黄土高原地区仍然是我国乃至全世界水土流失最严重的地区，生态环境十分脆弱，土壤侵蚀强度居全国之冠[4]。

5.1.4 黄土高原水土流失特点

黄土高原地区水土流失与黄土的特性、黄土高原的地形及季节性降雨等自然因素有关。黄土是风成土，其中占比最高的是粒径在 0.005~0.05 mm 范围的粉砂粒成分，其中粒径 0.05~0.01 mm 的粗粉砂超过总质量的 50%；黄土中普遍存在空隙，有些空隙达 0.5~1 cm；黄土垂直节理非常发达，水很容易沿着其垂直方向渗入。黄土的这些特性就决定了其在水中极易分散悬浮，迅速崩解。地形制约着土地利用和水土流失程度，地面坡度影响径流冲刷，径流的大小由降雨量、地面坡度及径流的特性（数量、深度和速度）决定。在一定范围内，地面坡度越大，水土流失越严重。黄土高原年降水量不是很大（400~600 mm），但降雨时空分布极不均匀，每年 7~9 月的降雨量约占全年的 60%以上。暴雨形成的径流是黄土高原水土流失不断发展的主要动力因素[12, 13]。青藏高原、云贵高原、内蒙古高原有数不尽的美景和风光，但人们提到黄土高原时总会联想到贫瘠和荒凉的景象，这一景象与荒漠化密切相关，黄土高原常与水土流失和生态恶化相联系。2000 万年以前，青藏高原逐渐隆起，阻挡了来自印度洋的水汽，亚洲内陆地区降雨减少，干旱、大风频繁导致出现沙漠。青藏高原的隆起不但造成了内陆的干旱，还改变了大气环流的路径，大风在沙漠中卷起持续不断的沙尘暴，沿着青藏高原的边缘到达今天甘肃、陕西、山西境内，接连遇到太行山、六盘山及秦岭等的阻挡，沙尘颗粒在山脉西侧不断沉降形成黄土层。所以黄土高原是由风力搬运沙尘的沉积形成的（图 5-2）。黄土高原横跨青海、甘肃、宁夏、陕西、山西、河南、内蒙古 7 省（自治区），周边是太行山、秦岭及古长城，集中了地球上 70%的黄土，是世界上黄土覆盖面积最大、最厚、最连续的区域。黄土高原总面积高达 47.8 km²（黄土高原地区面积比黄土高原大），其中大部分是水土流失区（表 5-2）。

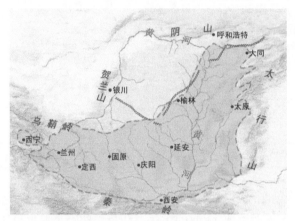

图 5-2　黄土高原的形成（引自 https://image.baidu.com）

表 5-2　黄土高原水土流失的主要特点[14]

流失特点	流失状况描述
面积广	黄土高原地区轻度以上水土流失面积［侵蚀模数大于 1000 t/（km²·a）］占全区总面积的 58.5%，水土流失总面积占全区总面积的 70.9%
强度大	黄土高原局部地区土地侵蚀模数超过 30000 t/（km²·a），黄土高原地区 0.5 km 以上的沟道有 27 万多条
区域明显	黄河中游地区面积约 19 万 km²，其输沙量占黄河年总输沙量 16 亿 t 的近 90%
产沙集中	黄土高原地区产沙量主要集中在其丘陵沟壑区，泥沙占全部输沙量的 58.8%~65.5%
成因复杂	黄土高原地区九个类型区水土流失各有其特点，面蚀、沟蚀、水蚀、风蚀相互交叉，滑塌、崩塌、泄流等重力侵蚀异常活跃

　　黄土高原的森林覆盖率在春秋战国及以前高达 53%，《史记》曾记述了周天子、秦文公在陕北、陇东的森林草原上追逐鹿群。随着人口的增长和大量砍伐林木，黄土高原生态环境开始恶化，森林植被逐渐减少，塬退化为墚、墚退化为峁，水土流失越来越严重。自秦汉以来，强盛的农耕王朝开始在中国反复出现，几乎每一轮农耕王朝的兴起都会带动一轮黄土高原植被的大破坏。秦代森林覆盖率降至 42%，唐代再降至 32%，明代继续在长城沿线屯垦，黄土高原自然环境进一步恶化，清代森林覆盖率降到 4%，有的地方甚至到了无水无柴的地步[15]。人口增长和不合理的发展模式致使人类生存环境逐渐恶化，生活条件越来越差，追逐生活必需品激发了更大程度的生态破坏，生活越差生态破坏越严重，贫穷与生态恶化互相促进，黄土高原进入恶性生态循环。水土流失的自然原因是植被稀少、夏季多暴雨、土壤疏松易溶、千沟万壑及坡面水土易流失等；人为原因包括开垦、采矿、修路、毁林毁草、破坏植被及破坏地表等。人类活动是引起黄土高原水土流失的主要因素。黄土高原地区的许多区域年降雨量不足 400 mm，气候干旱，植被稀疏，黄土结构疏松，一经雨水冲刷即形成泥沙随水流去，造成严重的水土肥流失。

黄土高原地区降水多集中在夏季和夏秋之交,集中降雨引起的季节性洪水是黄河泥沙的主要来源,对黄河下游构成严重的威胁。

黄土高原地区土地中的丘陵山地约占整个地区的80%,而河谷平川只有20%。黄土高原植被覆盖率低,30%~40%的地方都是荒山秃岭,人工草地很少。水土肥的流失是当地自然生态恶化即荒漠化的主要原因。黄土高原地区季节性洪水对当地是宝贵的水资源,对黄河下游地区则是潜在二次灾害的危险源。解决了水土肥流失问题,对当地而言,可以促进生态修复实现荒漠化防控,生态恢复是减轻和消除贫穷的先决条件;对黄河下游而言,可以减少泥沙淤积,消除潜在的水患威胁。

5.1.5　黄土高原水土流失危害

黄土高原水土流失的直接后果是当地的荒漠化,间接后果是对黄河的泥沙输入和潜在洪水灾害[16-18, 19]。

黄土高原地区水土流失的主要危害包括带走地表肥土,降低土地肥力和生产力,使农作物产量下降;使沟谷增多、扩大、加深,从而导致耕地面积减少;向黄河输送大量泥沙,给下游带来潜在危险。黄土高原地区水土流失面积占整个地区的比例达到67%。黄土高原地区因水蚀及风蚀造成的水土流失都很严重,尤其是季节性暴雨造成的侵蚀更突出,不但引起土壤耕种土层的损失(以泥沙方式),还随泥沙的流失造成土壤肥力下降(氮、磷、钾随泥沙流失)。长期的水蚀造成地面沟壑交错(图5-3)。黄土高原地区有些地方沟壑密度达 2.5~7.5 km/km²,滑坡、泥石流及崩塌等自然灾害频发,适合耕种的土地持续减少[10]。

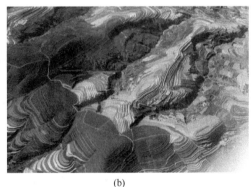

(a)　　　　　　　　　　　　　　　(b)

图 5-3　黄土高原的典型地貌[14]
(a) 摄影:陈明, (b) 摄影:林生库

黄土高原的荒漠地带主要由缺水缺肥造成,其千沟万壑则是由于暴雨水流形成。所以黄土高原的朋友是水,敌人也是水,水被留住、被利用就是朋友,水携土肥流失就是敌人。将同一个属性的物质由敌人变成朋友,关键步骤就是固土保水。

黄土高原在全国地貌格局中属于第二阶梯。水蚀沟壑是黄土高原的典型地貌。黄土高原的黄土极易水蚀流失,造成本地区自然环境脆弱,加上人类大量垦荒造地,破坏植被,使水土流失更加严重。黄土高原水土流失不但使良田失去沃土,土地产出下降,而且将大量泥沙带入黄河,给黄河沿线带去次生灾害。

　　水土流失产生初级和次生灾害，初级灾害在当地，次生灾害在下游。初级灾害主要是土壤侵蚀，随着耕地水、土、肥的大量流失，土地田间持水持肥能力下降，土壤日益瘠薄，粮食减产；次生灾害主要是引发下游水洪涝[10]。

5.1.6　黄土高原水土流失治理

　　生态学、农业、水资源、地质学、环境科学、工程和自然地理是目前全球水土保持学科研究的主要研究领域。旱地发展范式，全球气候变化、人类活动、荒漠化及相互关系的研究非常活跃。土壤侵蚀相关的环境评价、水土流失与生态关系及土壤侵蚀建模等是研究的前沿热点。由于黄土高原地区水土流失的面积广、强度大、产沙集中、危害巨大及其有别于其他地区水土流失的特色明显，所以这一地区一直是水土保持领域研究的重点和热点[20, 21]。土壤侵蚀的经验模型和物理模型是水土保持研究领域通常采用的研究方法，土壤侵蚀的产生是多种自然和社会因素相互作用、相互制约的结果。土壤侵蚀建模主要有气候模型、水侵蚀模型、风蚀方程、泥石流模型、植被覆盖-土壤侵蚀关系模型及多模型结合。建模具有研究模型多样和涵盖面广等特点，目前采用的方法主要有RUSLE、分布式、WEPP、二维模型方法和综合方法等，其中主要的研究模型是与气候、水力、泥石流、风成及植被覆盖相关的模型[21]。土壤侵蚀建模之所以普遍，是因为土壤侵蚀研究涉及的范围广，面对的地形地貌复杂，需要处理的变量多，不可能用一种模型解决所有土壤侵蚀问题。

　　我国学者在了解中国水土流失特点和规律的基础上，先后建立了土壤侵蚀分类系统，逐渐形成以土壤侵蚀学、区域水土保持学及流域生态与管理学为基础的水土保持理论体系。经过长期的实践，逐渐形成了以工程措施、林草措施及耕作措施为核心的黄土高原地区水土流失治理方法。

　　（1）工程措施。工程措施是通过工程辅助，减少季节性暴雨所产生的径流。比较好的工程措施有打坝淤地、引洪灌地、修水平梯田及小流域综合治理。通过打坝淤地措施，可以拦截一部分泥沙，既能减少肥土淤泥的流失，又能在坝内增加可耕地。引洪灌地是通过一定的工程引导，将季节性暴雨产生的含泥沙洪水引流到相对较平坦的区域，既可减少含泥沙洪水的量，又可肥田。水平梯田一般建设在坡度较小的缓坡上。通过修建水平梯田，就能达到平田整地和减少水土流失，实现保水、保土和保肥。以梯田建设为主的高标准农田可有效防止水土流失，实现旱涝保收。小流域治理是黄土高原水土流失防治的一个单元体，具有一定的独立性。小流域治理一般是组合式系统工程，按照优化组合原则，将几项措施进行科学配置，形成流域内综合治理模式[10, 12, 13]。

　　（2）林草措施。我国实施多年的退耕还林还草政策，已被证明是非常有效的水土流失防治措施。植被覆盖率提高，相应水土流失就会减少，实践证明当覆盖率达到20%～40%时，就具有明显减少水土流失的作用，覆盖率达到60%以上时，水土流失可减少90%以上。林草措施的核心是植树造林和提高植被覆盖度，这一措施依赖于一定量的降雨或比较充足的水资源。在降雨量200～400 mm的地区，种植灌草就可以促进生态系统的自我修复。近年对一些地广人稀、降雨适当的地区采取的退耕、封育、禁牧等措施，促进了这些地区生态的自然修复，有效地防止了水土流失[12, 13, 15, 18]。退耕还林的同时如果充

分考虑经济林木和牧草的种植，在生态恢复的同时还能促进经济发展，对于乡村振兴将
具有促进作用。

（3）耕作措施。遵循客观规律，"宜农则农、宜林则林、宜牧则牧"。比较平缓和坡
度小于 25°的区域适合种植农作物和林果蔬菜；坡度大于 30°的坡地应实行草灌间作，增
加人工草场，辅助发展畜牧业[12, 13, 15, 18]。

最近十年，由于退耕还林政策的实施，黄土高原许多地方的生态得到逐渐恢复，生
态环境进入良性发展。但由于自然条件和人类生活方式的双重压力，黄土高原许多地区
的生态仍然十分脆弱（图 5-4）。

图 5-4　宁夏海原黄土高原地貌

摄于 2017 年 11 月 18 日

5.2　土基固土材料概述及其性能

5.2.1　土基固土材料简介

固沙需要提高材料的抗风蚀性能，设计原理是使材料颗粒间尽可能紧密结合，遇风
沙流侵蚀时材料整体不易破碎，不易被风吹蚀。固土需要提高材料的抗水蚀性能，与固
沙材料相似，固土材料的设计原理是使材料颗粒间也尽可能紧密结合，遇水侵蚀时不易
破碎，不易被水冲蚀。固沙与固土面对的外界因素不同，固沙面对的主要因素是干燥条
件下的风及风沙流，防控对象主要是风蚀；固土面对的主要因素是大雨条件下的水及洪
水，防控对象则主要是水蚀；在水蚀风蚀交错区，防控对象既有风蚀又有水蚀。耐风蚀
与耐水蚀虽然是两个不同的概念，但其共同点都关系到土壤抗侵蚀、土壤安全、地形地
貌稳定、农林牧健康发展、荒漠化防控、生态和环境安全。

防止水土流失的固土材料其实就是抗水蚀材料，这种材料最好是不溶于水、不与水
发生化学反应、耐水冲蚀。土中的大多数成分是不溶于水的，但土尤其是黄土颗粒间结

合力弱，遇水很容易形成泥沙被侵蚀。理论上可以通过化学反应使土粒间紧密结合，提高抗水蚀性能，这在实验室容易实现，第 4 章的部分固沙材料都可以作为固土材料。由于水土流失面积非常巨大，不可能在巨大面积的野外控制温度和压力进行反应，所以野外固土材料和固土技术必须满足以下条件：①避免剧烈化学反应。固土的目的是保留水土肥，促进发展农林牧业，所以不能像实验室那样进行剧烈的化学反应，生成新的化学键和新的化学物质，这就要求反应物间进行的是弱相互作用或发生反应部分所占比例很小，反应后材料的基本属性不变，土还是土，水还是水。②反应条件温和。在野外反应不可能控制温度和压力，所以固土材料适合反应的条件应该是野外的自然温度和压力，即自然室温室压。物理或化学概念的室温室压是指 25 ℃和 1 atm（1 atm=1.01325 × 10^5 Pa），自然室温室压则指当地任何时候的温度和压力。③使用的材料对环境友好。治理水土流失必须遵循可持续发展原则，需要在不引起任何环境污染条件下实现，所以使用的材料应该是已经证明没有环境风险的材料。④材料用量少，价格低廉。我国水蚀面积 165 万 km^2，仅黄土高原地区水土流失面积就达到 45 万 km^2，在这样巨大面积实施水土保持，所需要的材料总量也非常巨大，这就要求具有良好固土功能的材料的使用量要少，且价格低廉，否则没有推广意义。⑤制备过程简单。大规模的野外工程需要材料制备过程简单，容易操作。⑥可机械化作业。由于需要治理的水土流失不但面积巨大，而且许多都是沟壑地段，需要工程措施，这就需要在实施治理工程时能够机械化施工，既可加快进度，又可减轻劳动强度。

水和土是人类赖以生存的物质基础，是发展农林牧业的关键因素。环境污染尤其是水污染与水土流失是本领域的两大世界难题。据联合国《世界土壤资源状况》（2015）报告，世界上大多数土地资源状况仅为一般、较差或很差。全球土壤整体面临着土壤侵蚀、土壤有机碳丧失、土壤植物多样性丧失等十大威胁。

目前虽然已经有一些有关路基、建筑地基和滨海盐渍土固化的研究[22, 23]，但有关水土流失防控固土材料和技术的研究总体很少。有学者建议用 SQ 值（土壤水稳性结构熵）、A%（大于 2 mm 团粒的百分比）及 WMWD（湿筛土壤平均重量粒径）作为衡量干土团聚性能和湿土团聚水稳性能的主要指标，或作为对不同高分子固土材料的改土性能进行评价的重要指标[24]。这个建议依据的研究基础太少，也缺乏水土侵蚀的验证实例，所以可靠性有待验证。将大于 2 mm 团粒的百分比作为指标有很大疑问，黄土颗粒粒径较大，但非常容易水蚀，所以颗粒粒径大小不是关键因素，颗粒间的结合力才是关键因素。笔者认为以上指标不足以反映真正耐水材料的抗水蚀性能，最能说明材料抗水蚀性能的指标应该是材料的水蚀率。材料的水蚀率是指在某一坡度下，一定时间内一定流量径流（或一定降雨量）冲刷下材料被冲蚀量占初始量的百分比，即 $E_r = (M_1-M_2)/M_1 \times 100\%$。式中，$E_r$ 为土壤侵蚀率；M_1 和 M_2 分别为材料初始和测定时间的质量。材料的水蚀率越低，其耐水性越强，抗水蚀性能越好。

5.2.2　土-合成高分子固土材料[9, 25-27]

1. 合成高分子材料简介

根据材料性能，合成高分子材料可分为合成高分子结构材料和合成高分子功能材料两大类。合成高分子结构材料主要包括塑料（通用塑料：聚乙烯、聚氯乙烯、聚丙烯、聚苯乙烯及酚醛树脂等；工程塑料：聚酰胺、聚碳酸酯、聚甲醛、聚苯醚、热塑性聚酯、聚酰亚胺、聚芳酯、聚苯酯、聚砜、聚醚醚酮及氟塑料等）、橡胶（通用合成橡胶：丁苯橡胶、乙丙橡胶、顺丁橡胶、丁基橡胶及氯丁橡胶等；特种合成橡胶：丁腈橡胶、硅橡胶、氟橡胶、丙烯酸酯橡胶及聚氨酯橡胶等）和纤维（合成纤维：涤纶、锦纶、腈纶、丙纶、芳香聚酰胺纤维、聚乙烯纤维及聚酰亚胺纤维）三大合成材料；功能材料种类繁多，主要包括反应型高分子（高分子催化剂）、光敏型高分子（光刻胶、感光材料及光致变色材料等）、电活性高分子（导电高分子）、膜高分子（分离膜和缓释膜）及吸附型高分子（离子交换树脂）等。

考虑到水溶性、环境风险、价格因素及获得的难易程度，能用来制备固土材料的合成高分子材料其实并不多。这里介绍在实验室使用的合成高分子，主要有聚丙烯酸、聚丙烯酸钠、聚丙烯酰胺、聚乙烯醇、聚乙二醇及其共聚物。

（1）聚丙烯酸（polyacrylic acid，PAA）。聚丙烯酸分子式为$(C_3H_4O_2)_n$，无色或淡黄色液体，易溶于强碱水溶液，结构式如下：

$$\left[\begin{matrix} H_2C-CH \\ \quad | \\ \quad COOH \end{matrix}\right]_n$$

聚丙烯酸可由聚丙烯腈或聚丙烯酸酯在 100 ℃左右的温度下进行酸性水解得到，或由丙烯酸单体直接在水介质中通过自由基聚合而成。聚合温度根据引发剂选择，实验室一般选择 60～100 ℃的自由基引发聚合，这个温度比较容易控制。适宜聚合的丙烯酸浓度一般控制到 10%～30%。不同引发剂的使用量也是不同的，以过硫酸铵$(NH_4)_2S_2O_8$为引发剂时，其用量控制在丙烯酸质量的 8%～15%。可加分子量调节剂（如异丙醇，加入量在配方中一般占质量的 10%～20%）以控制产品聚丙烯酸的分子量。聚丙烯酸对眼和皮肤有刺激作用，但对人体无急性毒性，属于低毒聚合物。生物耗氧量（BOD）和化学耗氧量（COD）的测定数据也表明聚丙烯酸是无害物质。

（2）聚丙烯酸钠（sodium polyacrylate，PAAS）。聚丙烯酸钠分子式为$(C_3H_3O_2Na)_n$，水溶性直链高分子聚合物，结构式如下：

$$\left[\begin{matrix} H_2C-CH \\ \quad | \\ \quad COONa \end{matrix}\right]_n$$

分子量较大的聚丙烯酸钠为白色粉末或颗粒，无臭无味。聚丙烯酸钠吸湿性极强，遇水快速膨胀。聚丙烯酸钠既含有亲水基也含有疏水基，能缓慢溶于水形成透明液体，溶解越多，其溶液黏度越高。聚丙烯酸钠的黏性并非吸水膨润［如羧甲基纤维素（CMC）、海藻酸钠］产生，而是由聚合物分子内阴离子官能团的离子现象造成的。聚丙烯酸钠的黏度可达 CMC 或海藻酸钠的 15～20 倍。

随着分子量增大，聚丙烯酸钠的形态可自无色稀溶液转变至透明弹性胶体乃至固体，分子量几千到几百万不等，性质、用途也随分子量不同而有明显区别。聚丙烯酸钠主要用作分散剂、阻垢剂、增稠剂、保水剂及絮凝剂。

分子量低的聚丙烯酸钠是由丙烯酸在引发剂和链转移剂存在下聚合，用氢氧化钠中和即可得到产品。控制反应温度、引发剂的种类和用量、链转移剂的种类和用量、单体浓度、反应时间和加料方式等条件，可得到不同分子量的产品。分子量高的聚丙烯酸钠，是将丙烯酸用氢氧化钠中和精制后在引发剂存在下聚合得到[28, 29]。

（3）聚丙烯酰胺［poly(N-isopropyl-acrylamide)，PAM］。聚丙烯酰胺为白色粉末或者小颗粒，分子式为$(C_3H_5NO)_n$，结构式如下：

$$\left[H_2C-CH \right]_n$$
$$O=C$$
$$NH_2$$

聚丙烯酰胺是丙烯酰胺均聚物及共聚物的统称，主要包括非离子型聚丙烯酰胺（NPAM）、阳离子型聚丙烯酰胺（CPAM）、阴离子型聚丙烯酰胺（APAM）及两性聚丙烯酰胺（AmPAM）等4类。聚丙烯酰胺是由丙烯酰胺（AM）单体经自由基引发聚合而成的水溶性线型高分子聚合物。聚丙烯酰胺本身及其水解产物没有毒性，其毒性来自未聚合的单体丙烯酰胺。丙烯酰胺为神经性致毒剂，对神经系统有损伤作用。聚丙烯酰胺主要用作助凝剂、絮凝剂、稀释剂、堵漏剂、分散剂、栓塞剂、药物缓释载体、助滤剂、上浆剂、织物整理剂、黏结剂及保水剂等[30, 31]。

（4）聚乙烯醇（polyvinyl alcohol，PVA）。聚乙烯醇为白色或淡黄色粉末或粒状固体，分子式为$(C_2H_4O)_n$，结构式如下：

$$\left[H_2C-CH \right]_n$$
$$OH$$

聚乙烯醇在强酸中会溶解或分解；与强碱或弱酸作用时变软或溶解。聚乙烯醇分子量越低，水溶性越好。依水解度不同，产物溶于水或仅能溶胀。聚乙烯醇一般根据聚合度和醇解度分类。聚乙烯醇是由乙酸乙烯酯（VAc）经聚合醇解而制成，一般用作胶黏剂、涂料、乳化剂、降阻剂、泡沫稳定剂、固定化酶载体、吸水剂、蓄冷剂、吸附剂、涂料、活性剂、土壤改良剂[32]。

（5）聚乙二醇（polyethylene glycol，PEG）。聚乙二醇分子式为$HO(CH_2CH_2O)_nH$，结构式如下：

$$HO\left[CH_2-CH_2-O \right]_n H$$

聚乙二醇是乙二醇的聚合物，分子量不同时性状不同，由无色、无臭、黏稠液体至蜡状固体，无毒、无刺激性，具有良好的水溶性，并与许多有机物组分有良好的相溶性，具有优良的润滑性、保湿性、分散性、水溶性、不挥发性、生理惰性、温和性和润滑性等。

聚乙二醇由乙二醇缩聚得到，也可以由环氧乙烷与水或乙二醇加聚而得。聚乙二醇主要用作化妆品、隐形眼镜用液、合成润滑剂、药物缓释和固定化酶的载体、缓泻剂、包衣添加剂等。

（6）聚乙二醇二丙烯酸酯［poly(ethylene glycol) diacrylate，PEGA］。聚乙二醇二丙烯酸酯分子式为$(C_3H_3O)-(C_2H_4O)_n-(C_3H_3O_2)$，结构式如下：

$$CH_2=CH-C\left[OCH_2CH_2 \right]_n O-C-CH=CH_2$$
$$\parallel O \qquad\qquad\qquad O \parallel$$

聚乙二醇二丙烯酸酯分子链具有良好的柔性和很好的极性，与丙烯酸系列树脂有很好的相容性。可通过聚乙二醇与丙烯酸反应、聚乙二醇与丙烯酰氯反应或聚乙二醇钠与丙烯酰氯反应制备具有不同分子量的聚乙二醇二丙烯酸酯低聚物。聚乙二醇二丙烯酸酯可与许多烯烃类单体共聚，用来制备用途广泛的多种共聚产品。聚乙二醇二丙烯酸酯主要用于涂料、油墨、黏合剂、光刻胶、柔性印刷板及纺织品等[33]。

2. 实验室土-合成高分子固土材料制备[9, 25-27]

土-合成高分子材料属于无机-有机聚合物复合材料，通过选择反应条件和原料粒径，可以制备得到同时具备无机材料和有机聚合物材料各自优点的无机-有机聚合物复合材料。制备土-合成高分子材料可以促进新型防水蚀材料的研究。

将合成高分子溶于水，与纯土（黄土或红土）充分搅拌制成泥料，室温室压下反应24 h。将反应后的泥料压成直径 5 cm、高 1.5 cm 的圆饼状试样进行水蚀量测试。采用喷头模拟人工降雨或径流进行斜坡面冲刷试验，水流控制在 25 mL/s 左右、冲刷槽长 80 cm、宽 6 cm、高 5 cm、坡度 6°～60°、冲刷高度 0.02～1 m，下端设有出水口，盛接被侵蚀材料。水蚀率 $E_r = (m_1 - m_2)/m_1 \times 100\%$（$m_1$ 为冲刷前样品的质量；m_2 为冲刷一定时间后剩余样品的质量）。在实验室可通过一系列试验，筛选水蚀率较低的材料作为野外应用的基础。实验室优化材料组成和制备方法的主要优点是速度快、选择范围广、条件容易控制，但实验室与野外有很大不同，材料最终的使用功能需要到水土流失野外考察，作为过渡，可首先进行模拟降雨或径流下的耐水蚀试验。

表 5-3 选用的合成高分子通常情况下为易溶于水的固体，在水中容易形成黏稠液体，通过高分子的缠绕及高分子与黄土或红土之间的化学反应，使黄土或红土颗粒形成团聚整体，从而提高了材料的耐水蚀性能。纯黄土最大冲蚀时间 T_{max} 为 5 min（0.08 h）（完全垮塌崩解，被水冲蚀），纯红土最大冲蚀时间为 29 min（约 0.50 h）。添加 1.0%聚丙烯酰胺（0.5%聚乙烯醇、1.0%聚丙烯酸、1.0%聚乙二醇）后，黄土基复合固土材料最大抗冲蚀时间增加到 0.20 h（1.50 h、0.25 h、0.17 h）；红土基复合固土材料最大抗冲蚀时间增加到 1.5 h（2.0 h、0.7 h、1.2 h）（表 5-3）。

表 5-3　黄土和红土基高分子固土材料抗水蚀数据

聚合物种类	黄土-合成高分子固土材料			红土-合成高分子固土材料			抗水蚀效果
	百分含量/%	T_{max}/h	E_r/（g/h）	百分含量/%	T_{max}/h	E_r/（g/h）	
聚丙烯酰胺	1.0	0.20	250.0	1.0	1.5	33.33	较好
聚乙烯醇	0.5	1.50	33.33	0.5	2.0	25.00	较好
聚丙烯酸	1.0	0.25	200.0	1.0	0.7	166.7	差
聚乙二醇	1.0	0.17	294.1	1.0	1.2	41.67	差

黄土-聚乙烯醇类固土材料的粒径与纯黄土比较均有增大（图 5-5）。添加相同百分比时，不同醇解度的聚乙烯醇的黄土基材料，其粒径增大幅度基本相同。

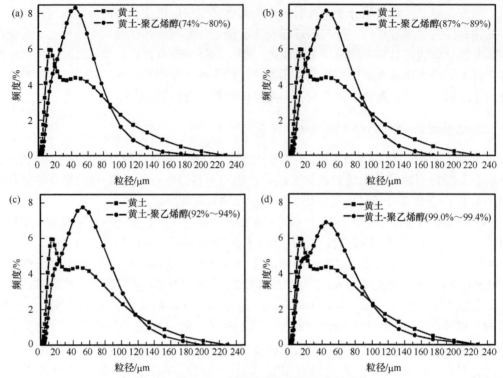

图 5-5　黄土-聚乙烯醇类固土材料的粒径分布

聚乙烯醇含量 2%，括弧内数据是醇解度

5.2.3　土基植物胶固土材料[9, 25-27]

1. 植物胶简介

1）黄原胶

黄原胶（xanthan gum）又称黄胶、汉生胶、昔嘌呤树胶、玉米糖胶，是一种由黄单胞杆菌发酵产生的细胞外酸性杂多糖。它是由 D-葡萄糖、D-甘露糖和 D-葡萄糖醛酸按 2：2：1 组成的多糖类高分子化合物，分子量在 100 万以上。黄原胶分子内通过氢键形成棒状双螺旋二级结构。黄原胶分子式为$(C_{35}H_{49}O_{29})_n$，结构如图 5-6 所示[34]。

图 5-6　黄原胶分子结构示意图

黄原胶一般为白色粉末，具有优良的热稳定性、水溶性、增稠性、乳化性、悬浮性及酸碱稳定性。黄原胶的 LD_{50}>10 g/kg（小鼠，经口），ADI（每日允许摄入量）不需要规定，可安全用于食品。到目前为止，黄原胶被认为是国际上性能最优越的植物胶，所以可作为乳化剂、稳定剂、凝胶增稠剂、浸润剂、悬浮剂及膜成型剂等，已被广泛应用于石油工业、食品工业及化妆品工业[35]。

生产黄原胶的基本原料是碳水化合物，包括葡萄糖、蔗糖（甘蔗、甜菜）、淀粉类等。黄原胶的生产方法主要有：①在氮源、磷酸氢二钾和微量元素存在下，通过野油菜黄单胞菌菌株对一些碳水化合物进行发酵，产品经提取、干燥、粉碎等工序制得。②将含有1%～5%的葡萄糖和无机盐的培养基调 pH 为 6.0～7.0，加入野油菜黄单胞菌接种体，培养 50～100 h，得到 4～12 Pa·s 的高黏度液体。杀菌后，加入异丙醇或乙醇使其沉淀，再用异丙醇或乙醇精制后干燥、粉碎而得。③以葡萄糖或淀粉为碳源，蛋白质水解物或无机铵为氮源，用黄杆菌属的甘蓝黑腐病黄单胞菌培养发酵，用有机溶剂提取或高价金属盐沉淀的方法从培养液中分离出黄原胶[36-38]。

2）瓜尔豆胶

瓜尔豆胶（guar gum）又称古耳胶、瓜尔胶、胍胶、温纶胶、瓜耳树胶、大豆低聚肽、瓜胶。瓜尔豆胶分子式$(C_{10}H_{14}N_5Na_2O_{12}P_3)_n$，结构如图 5-7 所示。

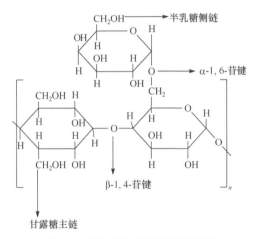

图 5-7　瓜尔豆胶分子结构示意图

瓜尔豆胶一般为白色粉末，是黏度最高的天然植物胶，在水中能形成黏稠液（1%瓜尔豆胶溶液的黏度为 4～5 Pa·s）。在瓜尔豆胶溶液中添加四硼酸钠时溶液转变成凝胶。瓜尔豆胶溶在冷水中黏度逐渐增大，24 h 可达到最大黏度。瓜尔豆胶水溶液为中性，在接近中性的溶液中黏度最高，pH 高于 10 后黏度迅速降低。瓜尔豆胶的大鼠 LD_{50} 为 7.35 g/kg；口服：6.77 g/kg（全麦的）。食品级瓜尔豆胶主要应用于冷冻食品、烘烤食品、饮料、色拉酱、奶酪、奶油、熟肉食品及素肉食品。工业级瓜尔豆胶主要应用于油井压裂、纺织印染、皮革化工、建筑材料、瓷片、造纸工业、制药业、洗涤剂、护肤品、化妆品、乳胶涂料及外墙乳胶漆。

制取瓜尔豆胶的原料是瓜尔豆种子的胚乳部分，将种子的胚乳部分干燥粉碎，经加压水解和用 20%乙醇沉淀，分离可得产品。商品胶一般为白色至浅黄褐色粉末，含 75%～85%的多糖，5%～6%的蛋白质，2%～3%的纤维及 1%的灰分[39-41]。

3）羟丙基瓜尔胶

羟丙基瓜尔胶（hydroxypropyl guar gum）又称瓜胶、羟丙基瓜尔胶粉，为乳白色至淡黄色粉末，无刺激性气味。羟丙基瓜尔胶易溶于水，水溶液黏度高，是一种高级非离子增强剂，在水中具有良好的分散溶解性能。羟丙基瓜尔胶能有效降低洗涤剂对皮肤的刺激，保护角蛋白不受损伤，使皮肤平滑，减少皮肤中天然脂质的损失，增加皮肤的柔软度。它在日化配方用作稳定剂。

羟丙基瓜尔胶是一种以天然瓜尔胶为原料生产的有较高羟丙基取代的高分子衍生植物胶。制备原料配比和条件为瓜儿胶片 300 kg、环氧丙烷 28 kg、四乙基溴化铵 1 kg、烧碱 13 kg、冰醋酸 14 kg，反应温度 70 ℃，反应时间 3～4 h[42, 43]。

4）亚麻胶

亚麻胶（linseed gum）又称富兰克胶、亚麻籽胶、胡麻胶，为黄色颗粒状晶体或白色至米黄色粉末，干粉有淡淡甜香味。亚麻胶在水中溶解性能良好，低浓度时能完全溶解，缓慢形成低黏度溶液。亚麻胶在水中的溶解度高于瓜尔胶，低于阿拉伯树胶。

亚麻胶的急毒试验和微核试验结果为阴性，表明为无毒物。亚麻胶的 $LD_{50} \geqslant 15$ g/kg（小鼠，经口），ADI 不作特殊规定。作为优良食品添加剂，亚麻胶被广泛应用于食品工业和制药工业，在食品工业中用作增稠剂、稳定剂及乳化剂，替代果胶、琼脂及海藻胶等。

亚麻胶是以亚麻的种子或籽皮为原料，经提取、浓缩精制及干燥等加工工艺制成的粉状制品[44]。

5）沙蒿胶

沙蒿胶（sa-son seed gum）又称沙蒿籽胶，黏度（1%水溶液可达 9000 Pa·s）为明胶的 1800 倍，不溶于水，但可均匀分散于水中，吸水数十倍后溶胀成蛋清样胶体，$LD_{50} > 10$ g/kg（小鼠，经口）。沙蒿胶主要被用于增稠剂、面团调节剂、保水剂、稳定剂、成膜剂及胶凝剂。宁夏流行的蒿子面之所以筋道，起作用的就是沙蒿胶，拉面如果不用碱而用沙蒿胶，效果会更好。

沙蒿胶以沙蒿籽为原料，经水浸提而得成品[45, 46]。

6）葫芦巴胶

葫芦巴胶（fenugreek gum）为白色至稍带黄褐色无定形粉状物，无嗅或稍有气味，遇水溶胀成黏度很高的黏稠液，溶于冷水及碱性溶液，不溶于有机溶剂，pH 为 6 时黏度最大，黏弹性较瓜尔豆胶和槐豆胶低，$LD_{50} > 10$ g/kg（小鼠，经口），主要被用于增稠剂[47]。

葫芦巴胶由豆科植物葫芦巴种子经粗粉碎后分出胚乳，用水溶解后离心净化，用乙醇沉淀后干燥而得，得率约 45%。

通过羧甲基化葫芦巴胶，可以制备得到阴离子葫芦巴胶（图 5-8）。有机硼交联剂（硼酸盐离子）与葫芦巴胶原粉中的顺式邻位羟基，通过分子间交联反应生成有机硼交联阴离子葫芦巴胶（图 5-9）。改性后的葫芦巴胶的流性指数减小，稠度系数增大[48]。

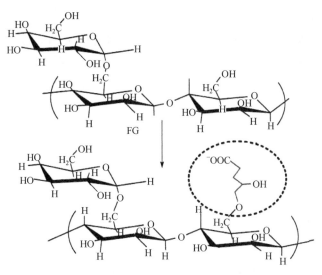

图 5-8　阴离子葫芦巴胶制备示意图

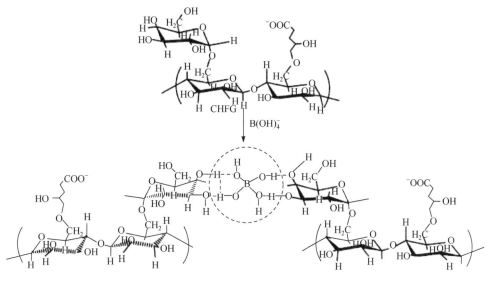

图 5-9　有机硼交联阴离子葫芦巴胶制备示意图

7）田菁胶

田菁胶（sesbania gum）又称豆胶、咸菁胶，分子式为 $[C_6H_7O_2(OH)_3]_n$，奶油色松散状粉末，溶于水，不溶于醇、酮、醚等有机溶剂。常温下，它能分散于冷水中，形成黏度很高的水溶胶溶液，其黏度一般比天然植物胶、海藻酸钠、淀粉高 5～10 倍。它在 pH 6～11 范围内是稳定的，pH 为 7.0 时黏度最高，pH 为 3.5 时黏度最低。田菁胶有絮凝、增稠、沉清及浮选性能，因此被广泛应用于选矿、造纸、纺织、石油、印染、建筑、涂料、烟草、农药、化妆品等工业领域。通过化学改性，可以制备交联氧化田菁胶，改善其使用性能。田菁胶可用作食品的乳化剂、增稠剂和稳定剂，以改善食品的质量。这主要是由于它溶于水中形成水溶性亲水胶，可使增稠性、稳定性和乳化性明显增高[49-51]。

田菁胶由豆科植物田菁的种子经热水浸泡，分离出胚乳（占 33%～39%）、烘干、提纯、增稠、粉碎、脱色、脱味、灭菌、干燥而成。田菁主要生长于广东、福建、浙江等地。

田菁胶分子中半乳糖和甘露糖之比为 1：2，其分子中可引入亲水基团提高亲水性。田菁胶的化学改性主要有下面几种途径：①羧甲基化；②羟乙基化；③羟丙基化；④羟羧基化或羧羟基化；⑤季铵盐化；⑥硫酸（磷酸）酯盐化；⑦聚氧乙烯化；⑧氧化法[52, 53]。

8）角豆胶

角豆胶（carob gum）又称长角豆胶、槐豆胶、槐豆树脂、洋槐豆胶、槐豆胶及刺槐豆胶，分子式为$(C_{10}H_{11}ClN_2O_2)_n$，浅黄色粉末，无臭，可分散于水中形成黏稠液，pH 为 5.4～7.0，添加少量四硼酸钠则成凝胶。它在 pH 为 3.5～9.0 范围内黏度稳定，钙离子、镁离子也不影响其黏度，但酸或氧化剂会使其盐析而降低黏度。它的 LD_{50} 为 13 g/kg（大白鼠，经口），ADI 不作特殊规定，主要被用于增稠剂、稳定剂、乳化剂及胶凝剂。

角豆胶是由豆科植物角豆的种子胚乳部分制成，种子经稀硫酸溶液在高温下脱壳或经焙炒后，磨碎、过筛得胚乳，用沸水抽提，除去不溶物后浓缩、干燥、粉碎而成[54]。

9）阿拉伯树胶

阿拉伯树胶（arabic gum）又称阿拉伯树脂、阿拉伯橡胶、阿拉伯胶、亚克西胶、塞内加尔胶、金合欢胶、桃胶，分子式为$(C_{12}H_7ClN_2O_3)_n$。阿拉伯树胶产品一般为浅白色、半透明、块状固体或粉末，不溶于乙醇等有机溶剂，水中缓慢溶解，溶液黏稠。阿拉伯树胶低毒，LD_{50} 为 16000 mg/kg（大鼠，经口）；LD_{50} 为 16000 mg/kg（小鼠，经口），ADI 不作特殊规定[55]。

从阿拉伯树胶树或亲缘种金合欢属树的茎和枝割流收集胶状渗出物，除去杂质后经干燥并粉碎得到阿拉伯树胶。

阿拉伯树胶主要应用于食品、饮料、医药及印刷工业。

10）卡拉胶

卡拉胶（kappa-carrageenan）又称鹿角菜胶、角叉菜胶、爱尔兰苔菜胶，分子式为$C_{24}H_{36}O_{25}S_2$，不溶于冷水，易溶于热水成半透明的胶体溶液，不溶于有机溶剂。卡拉胶主要作为增稠剂和乳化剂用在食品工业[56, 57]。

11）明胶

明胶（gelatin），分子式为 $C_{102}H_{151}N_{31}O_{39}$，为淡黄色至黄色、半透明、微带光泽的粉粒或薄片，无臭，潮湿后易为细菌分解，可吸水膨胀并软化，质量可增加 5～10 倍。明胶能溶解于热水中，不能溶解于乙醇、氯仿或乙醚中。

明胶是以动物的皮、骨为原料，通过分类、洗浸、脱脂、中和、水解、过滤、浓缩、凝胶、烘干和粉碎等十几道工序制成，为一种无味、半透明、坚硬的薄片、颗粒或粉末。生产工艺有酸法（A 型）、碱法（B 型），还有极少数采用酶法[58]。

12）魔芋胶

魔芋胶（amorophophallus konjac）又称魔芋粉，分子式为 $C_{21}H_{28}N_6O_6S$，外观呈白色粉状，无气味、溶解速度快、黏度高、胶体透明度高，易溶于水，形成黏性胶液，可与玉米淀粉、小麦淀粉共溶，凝胶热稳定性好，耐酸性能好。魔芋胶一般作为增稠剂应用于食品工业。

魔芋胶来源于魔芋。魔芋是魔芋属植物的地下块茎，主要成分是多糖类。魔芋属植物有 160 余种，我国魔芋属有 30 种，其中药食兼用的有 8 种，花魔芋和白魔芋被广泛开发利用[59]。

魔芋胶生产方法主要有干法、醇洗法、醇洗-干法、水增塑-膨化（干燥）-粉碎法及鲜芋直接加工法等[60]。

13）果胶

果胶（pectin）有低脂果胶、高脂果胶，结构如图 5-10 所示。果胶为白色或带黄色或浅灰色、浅棕色的粗粉至细粉，口感黏滑，溶于 20 倍水，形成乳白色黏稠状胶态溶液，呈弱酸性。果胶耐热性强，几乎不溶于乙醇及其他有机溶剂。果胶用乙醇、甘油、砂糖糖浆湿润，或与 3 倍以上的砂糖混合可提高其溶解性，LD_{50} 为 4000 mg/kg（大鼠，经口）；4720 mg/kg（兔，经皮）。

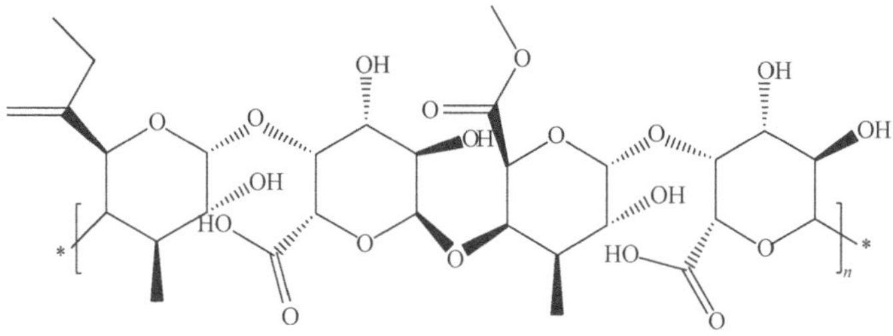

图 5-10　果胶分子结构示意图

果胶无毒、无刺激性，被广泛应用于胶冻、果酱和软糖等食品的添加剂。果胶也可以用作乳化稳定剂、增稠剂和黏结剂。

果胶是羟基被不同程度甲酯化的线型聚半乳糖醛酸和聚 L-鼠李糖半乳糖醛酸。果胶提取方法有酸水解法、离子交换树脂提取法、酶提取法、草酸铵提取法、微波辅助提取法及超声波提取法等，应用最广泛的是酸水解法[61]。以苹果皮为原料，将其充分洗净，添加 1.8 倍果皮质量的热水，然后加入浓盐酸，在加热下萃取，通过压滤机过滤，最后在真空浓缩罐中浓缩。浓果胶液再加入乙醇、酒石酸，搅拌均匀，经沉淀、压干、洗涤、真空干燥、粉碎、过筛而得。另外也可在柑橘类果皮等其他含果胶的植物中提取[62]。

2. 实验室土基植物胶固土材料制备

目前治理水土流失的工程措施、生物措施及农业措施，都存在投资大、周期长和见效慢等问题，在一些沟壑区这些措施几乎无能为力。使用化学材料防治水蚀、提高雨水利用率是水土流失治理方面的另一种措施。使用合成高分子材料来改良土壤结构、增加土壤团聚、减少水蚀是非常有效的方法。在土壤中添加聚丙烯酰胺、聚乙烯醇、脲醛树脂、聚丙烯酸等以调节土壤结构，增加土壤入渗率，减少径流量，以达到防治水土流失、减少土壤侵蚀的目的。目前研究出的固土材料对水蚀都具有显著的效果，但使用这些高分子存在固化时间短、添加化学物质较多、成本相对较高、具有环境风险和操作复杂等缺点。

　　实验室制备固土材料并对其耐水蚀性能进行考察，其目的是快速筛选价格低廉、易得、无环境风险的优良固土材料，为野外大范围实施水土保持工程提供参数。实验室制备固土材料所选择的试验条件应尽可能与野外相似。

　　将植物胶溶于水，与纯土（黄土或红土）充分搅拌制成泥料，室温室压下反应 24 h。将反应后的泥料压成直径 5 cm、高 1.5 cm 的圆饼状试样，或将黄土与红土、黄土与坡缕石、红土与坡缕石按照配比为 8∶0、7∶1、6∶2、5∶3、4∶4、3∶5、0∶8 的比例制成相似试样。采用喷头模拟人工降雨或径流进行斜坡面冲刷试验，试验过程与 5.2.2 节相同，水流控制在 25 mL/s 左右，冲刷槽长 80 cm、宽 6 cm、高 5 cm，坡度为 6°～60°，冲刷高度 0.02～1m，冲刷槽下端设有出水口，盛接被侵蚀材料。

　　如果在自然界材料中通过简单配比或简单反应就能得到优良固土材料，将会极大推动水土保持工程，所以人们在制备优良固土材料时必然会首先使用自然界的材料，试图通过简单方法得到固土材料，但事实上这种想法往往不能变成现实。

　　纯黄土最大冲蚀时间为 5 min，纯红土最大冲蚀时间为 29 min；黄土与红土最优抗水蚀性能配比为 3∶5 时，最大冲蚀时间为 39 min；黄土与坡缕石最优抗水蚀性能配比为 3∶5 时，最大冲蚀时间为 67 min；红土与坡缕石最优抗水蚀性能配比为 3∶5 时，最大冲蚀时间为 60 min。选择自然界中的土资源，原料易得、成本低廉、无环境风险，但通过这种方法得到的混合物只能小幅度提高抗水蚀性能，不能满足水土保持的基本要求。防止水土流失，既要制备强抗水蚀材料，又要通过工程措施，实现季节性洪水的分流、疏导和围堵，使弥足珍贵的水土资源留在原地，最大程度降低水土肥的流失。

　　植物胶的显著特点是具有很强的黏聚作用，其作为土壤结构改良剂能够改善土壤的结构和增加土壤中团聚体的水稳定性，具有防止土壤龟裂、增加土壤入渗率、减少地表径流、防止水土流失及具有较好的抑制土壤水分蒸发性能。使用植物胶能够促进土壤保水、保土和保肥，已成为增产、节水的较好方法与措施之一。另外，植物胶类材料还具有可再生、生物可降解及无毒等优点。

　　实验室研究的重点是为解决现有防水蚀材料存在的耐水蚀时间短、添加化学物质较多、成本相对较高等问题提供基础数据。在基础材料选择方面，优先选择自然界储量丰富、价廉及无环境风险的黏土或黄土为基质，通过一系列试验筛选出成本低、环境友好、反应条件温和、以水为唯一溶剂、操作工艺简单和抗水蚀性能好的植物胶，进而制备具有能够抗暴雨和洪水冲刷，透气性良好、有利于植物发芽和生长、集水保水保肥固土的土基高分子植物胶复合防水蚀材料。

　　土基植物胶防水蚀材料的实验室制备方法：将纯天然黏土或黄土粉碎、提纯、过筛，加入不同配比浓度的高分子植物胶（亚麻胶、田菁胶、角豆胶、沙蒿胶、香豆胶、瓜尔豆胶及魔芋胶等），加一定量的自来水，室温室压下搅拌反应 24 h 后制成直径为 5 cm、高 1.5 cm 的圆饼状试样，在 40 ℃下干燥 24 h，即得到土基植物胶防水蚀试样。土基植物胶防水蚀材料的实验室另一种制备方法是先将高分子植物胶溶解于少量自来水中，分别拌入黏土或黄土中，然后加入质量分数相等的自来水，搅拌后制成防水蚀材料模型。

3. 实验室植物胶固土材料表征

一般而言，需要对所制备的材料进行结构、组成及形貌表征，从材料制备过程中结构的变化推测所发生的化学反应；将组成和结构关联可以对材料的结构或组成进行调控，从而得到最优功能材料。样品如果含植物胶比例较低（如含植物胶 0.1%），其红外光谱中特征峰的变化较小，为了使样品的红外光谱吸收峰变化更明显，实际测试时所使用的样品含植物胶 2%。黄土的红外光谱图 [图 5-11（a）和（c）] 中 1438 cm^{-1} 处的吸收峰归因于 Si—OH 的弯曲振动，1026 cm^{-1} 处的强吸收峰归因于 ═Si—O 的伸缩振动，470 cm^{-1} 处的吸收峰归因于 Si—O—Si 的弯曲振动。在黄土中添加植物胶制备得到的防水蚀材料中，1438 cm^{-1} 处的吸收峰明显减弱，1026 cm^{-1} 和 470 cm^{-1} 处的强吸收峰变化则比较小。植物胶（黄原胶、胡麻胶、沙蒿胶）在 3427 cm^{-1} 处出现的吸收峰归因于植物胶羟基（—OH）的伸缩振动，2925 cm^{-1} 处出现较弱的吸收峰归因于 C—H 的伸缩振动，1060 cm^{-1} 处出现的吸收峰为分子链构成中的 β-糖苷键，1625 cm^{-1} 处的吸收峰归因于 —OH 的弯曲振动，这些特征吸收峰在黄土-植物胶固土材料的红外光谱图中发生偏移且明显减弱。红土-植物胶固土材料的红外光谱变化与黄土相似 [图 5-11（b）和（d）]。由于植物胶在土基材料中的含量很低（一般低于 1%），所以红外光谱图中特征吸收峰的变化不是特别典型，但也足以说明问题。

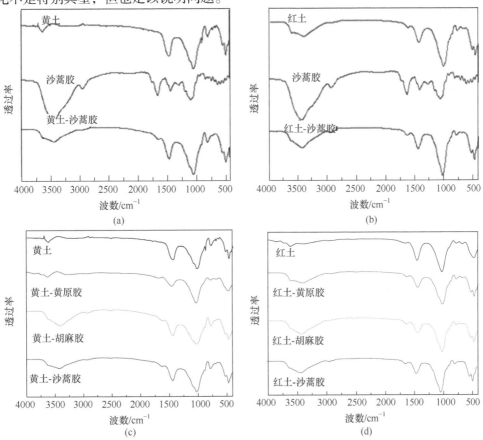

图 5-11　黄土-植物胶 [（a）、（c）] 和红土-植物胶 [（b）、（d）] 固土材料的红外光谱图

图 5-12（a）～（h）分别为纯黄土、黄土-胡麻胶、黄土-田菁胶、黄土-角豆胶、黄土-沙蒿胶、黄土-香豆胶、黄土-瓜尔豆胶及黄土-魔芋胶复合材料的 SEM 图；图 5-13（a）～（h）分别为纯红土、红土-胡麻胶、红土-田菁胶、红土-角豆胶、红土-沙蒿胶、红土-香豆胶、红土-瓜尔豆胶及红土-魔芋胶复合材料的 SEM 图。从图 5-12 和图 5-13 中可以看出，土基材料的表面形貌均因植物胶的加入而发生了改变，无机黏土的表面颗粒之间相对疏松，而添加了植物胶之后，其微观表面形貌变得相对紧密，颗粒之间的黏结性增强，孔隙减小，可以在一定程度上阻碍水分子通过，从而达到抗水蚀的效果。

图 5-12　黄土-植物胶固土材料的 SEM 图
（a）纯黄土；（b）黄土-胡麻胶；（c）黄土-田菁胶；（d）黄土-角豆胶；（e）黄土-沙蒿胶；
（f）黄土-香豆胶；（g）黄土-瓜尔豆胶；（h）黄土-魔芋胶

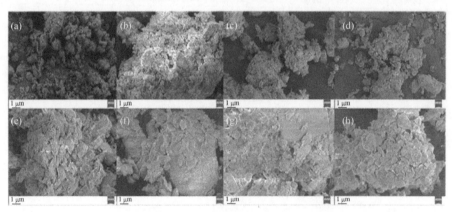

图 5-13　红土-植物胶固土材料的 SEM 图
（a）纯红土；（b）红土-胡麻胶；（c）红土-田菁胶；（d）红土-角豆胶；（e）红土-沙蒿胶；
（f）红土-香豆胶；（g）红土-瓜尔豆胶；（h）红土-魔芋胶

图 5-14 为添加不同种类的植物胶后土基复合材料的粒径分布。其中，图 5.14（b）～（f）分别为黄土-田菁胶、黄土-胡麻胶、黄土-香豆胶、黄土-黄原胶及黄土-沙蒿胶复合材料的粒径分布图。纯黄土粒径分布于 180～300 nm，添加植物胶生成复合材料后其颗粒粒径明显变大。黄土-田菁胶、黄土-胡麻胶、黄土-香豆胶、黄土-黄原胶及黄土-沙蒿胶复合材料的粒径分布分别为 500～725 nm、700～1500 nm、800～1700 nm、1300～2000 nm

和 1500～2300 nm。由于植物胶大分子的主、侧链上含有大量的羟基、羧基等活性基团，与黄土表面的羟基、硅氧键等亲水基团通过分子间相互作用形成氢键，同时，植物胶的缠结作用使黄土颗粒形成良好的团粒结构，因而增大了颗粒的体积。

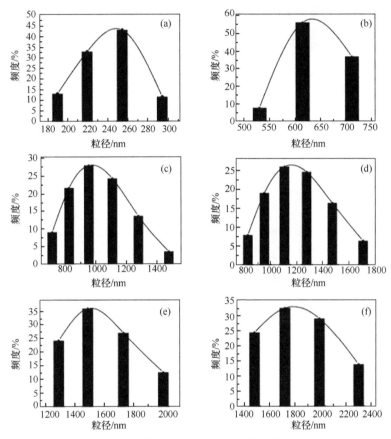

图 5-14　黄土-植物胶抗水蚀复合材料的粒径分布图
（a）黄土；（b）黄土-田菁胶；（c）黄土-胡麻胶；（d）黄土-香豆胶；
（e）黄土-黄原胶；（f）黄土-沙蒿胶

图 5-15（b）～（f）分别为红土-田菁胶、红土-胡麻胶、红土-香豆胶、红土-黄原胶及红土-沙蒿胶复合材料的粒径分布图。纯红土颗粒粒径分布于 350～625 nm，添加植物胶改性后红土颗粒明显团聚变大。红土-田菁胶、红土-亚麻胶（胡麻胶）、红土-香豆胶、红土-黄原胶及红土-沙蒿胶的粒径分布分别为 700～1500 nm、900～2000 nm、900～2000 nm、1500～2300 nm 和 2250～4200 nm。红土基复合材料粒径变大的原因与黄土基材料相似。

图 5-16（a）～（d）分别为黄土-黄原胶、红土-黄原胶、黄土-胡麻胶及红土-胡麻胶复合材料的 XRD 图谱。以红土-黄原胶材料为例［图 5-16（b）］，与植物胶形成复合材料后，红土衍射峰的位置发生了微小变化，当植物胶含量很低时，样品 XRD 图谱特征峰变化很小，为了使样品 XRD 图谱特征峰变化更明显，实际测试时所使用的样品中含植物胶 2%。红土原样特征峰对应衍射 2θ 为 20.78°（4.25Å）和 26.52°（3.34Å），分别对应

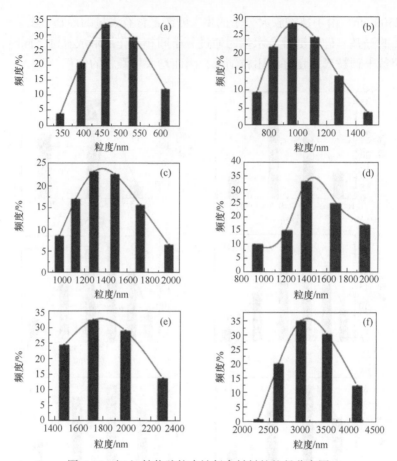

图 5-15　红土-植物胶抗水蚀复合材料的粒径分布图

（a）红土；（b）红土-田菁胶；（c）红土-胡麻胶；（d）红土-香豆胶；
（e）红土-黄原胶；（f）红土-沙蒿胶

（100）和（101）晶面。红土-黄原胶复合材料的特征峰对应的 2θ 值为 20.72°，表明红土中添加黄原胶后其特征峰对应的衍射角均减小，根据布拉格公式 $2d\sin\theta = n\lambda$ 可知晶面间距增大，说明黄原胶嵌入红土片中。其他土基植物胶材料 XRD 图谱发生的变化［图 5-16（a）、（c）、（d）］与红土-黄原胶材料相似。复合材料的特征峰对应的 2θ 值变化比较小的原因是复合材料中植物胶含量很低，这表明复合材料中并不是所有晶体都发生了化学反应，而是只有很少一部分发生了反应，反映在 XRD 图谱上就是衍射角变化并不是很大。

4. 实验室植物胶固土材料防水蚀性能

在黄土或红土中添加 0.05%～2.5% 的植物胶（黄原胶、沙蒿胶、角豆胶、瓜尔豆胶、胡麻胶、田菁胶、海藻胶、香豆胶、魔芋胶、阿拉伯树胶或卡拉胶），其水蚀率会得到很大改善。表 5-4 数据显示抗水蚀性能较优的植物胶有黄原胶、沙蒿胶、胡麻胶、香豆胶，最大抗冲蚀时间均超过 12 h；效果次之的有田菁胶、角豆胶、瓜尔豆胶，最大抗冲蚀时

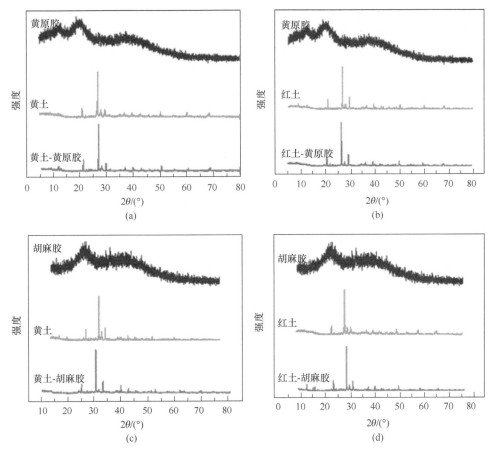

图 5-16　黄土-黄原胶（a）、红土-黄原胶（b）、黄土-胡麻胶（c）
及红土-胡麻胶复合材料（d）的 XRD 图谱

间超过 8 h；海藻胶、阿拉伯树胶、卡拉胶、魔芋胶效果较差。黄原胶、沙蒿胶、胡麻胶
及香豆胶黄土基复合材料抗冲刷性能优于相应红土基材料（表 5-4）。

表 5-4　土基植物胶类复合材料抗水蚀数据

植物胶种类	黄土基材料			红土基材料			黄土-红土混合土材料			黄土-坡缕石混合土材料		
	含量/%	T_{max}/h	E_r/(g/h)	含量/%	T_{max}/h	E_r/(g/h)	含量/%	T_{max}/h	E_r/(g/h)	含量/%	T_{max}/h	E_r/(g/h)
黄原胶	0.4	12	4.16	0.3	14	3.56	0.3	12	4.16	0.2	14	3.56
沙蒿胶	0.4	15	3.33	0.4	13	3.84	0.2	12	4.16	0.2	14	3.56
胡麻胶	0.4	13	3.84	0.6	12	4.16	0.2	12	4.16	0.3	12	4.16
田菁胶	0.4	8.0	6.24	0.7	8.0	6.24	0.4	9.0	5.54	0.4	8.0	6.24
角豆胶	0.7	10	4.99	0.5	9.0	5.54	0.5	8.0	6.24	0.4	8.0	6.24
海藻胶	0.5	0.1	38.4	0.5	1.2	41.6	0.5	2.0	24.9	0.5	2.0	24.9
香豆胶	0.3	12	4.16	0.4	12	4.16	0.2	12	4.16	0.2	16	3.12

植物胶种类	黄土基材料			红土基材料			黄土-红土混合土材料			黄土-坡缕石混合土材料		
	含量/%	T_{max}/h	E_r/(g/h)	含量/%	T_{max}/h	E_r/(g/h)	含量/%	T_{max}/h	E_r/(g/h)	含量/%	T_{max}/h	E_r/(g/h)
卡拉胶	0.4	1.5	33.3	0.4	0.5	99.8	0.5	2.0	24.9	0.5	2.0	24.9
魔芋胶	2.5	2.0	24.9	2.5	3.0	16.6	2.0	3.0	16.6	2.0	4.0	12.5
阿拉伯树胶	0.4	0.5	99.8	0.4	1.0	49.9	0.5	2.0	24.9	0.5	3.0	16.6
瓜尔豆胶	0.5	8.0	6.24	0.4	8.0	6.24	0.3	8.0	6.24	0.3	12	4.16

1）红土-植物胶固土材料

一些红土-植物胶固土材料具有优良抗水蚀性能，纯红土最大抗冲蚀时间为 29 min，添加 0.3%黄原胶（0.4%沙蒿胶、0.6%胡麻胶、0.7%田菁胶、0.5%角豆胶、0.5%海藻胶、0.4%香豆胶、0.4%卡拉胶、2.5%魔芋胶、0.4%阿拉伯树胶、0.4%瓜尔豆胶）后，固土材料最大抗冲蚀时间增加到 14 h（13 h、12 h、8.0 h、9.0 h、1.2 h、12 h、0.5 h、3.0 h、1.0 h、8.0 h）（表 5-4）。在年降雨量小于 400 mm 的水蚀区，连续下十几小时大雨的情况并不多见，所以耐冲蚀时间达到 10 h 就足够了，只要大雨季节水土肥不流失，一年内就会有植被长成，就会形成工程-生物综合防控效果（详见第 9 章）。在实验室筛选的植物胶中，黄原胶、沙蒿胶、胡麻胶及香豆胶都可以作为备选植物胶，在实际应用中还要考虑价格和水溶性。

纯红土最大抗冲蚀时间为 29 min，添加 0.1%胡麻胶材料抗冲蚀时间达到 53 min，随着胡麻胶添加量的增加，材料的抗水蚀效果明显提高。胡麻胶添加量变化范围 0.1%～0.6%时，最大抗冲蚀时间增加幅度 1～12 h［图 5-17（a）］。随着植物胶添加量的进一步加大，抗冲蚀时间也会随之增加，考虑到实际应用需求和成本，没有必要添加很多植物胶制备固土材料。0.1%黄原胶材料抗冲蚀时间达到 120 min，黄原胶添加量增加到 0.3%时，最大抗冲蚀时间可以增加到 14 h［图 5-17（b）］。0.1%沙蒿胶材料抗冲蚀时间达到 190 min，沙蒿胶添加量从 0.2%增加到 0.4%时，最大抗冲蚀时间由 4 h 增加到 12 h［图 5-17（c）］。添加 0.4%香豆胶红土基材料，最大抗冲蚀时间达到 12 h［图 5-17（d）］。添加 0.7%田菁胶红土基材料，最大抗冲蚀时间达到 7 h［图 5-17（e）］。

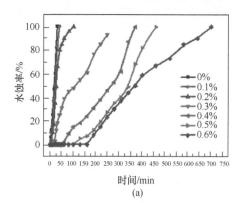

(a)

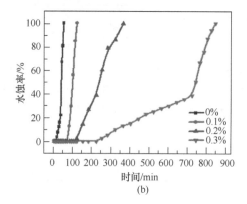

(b)

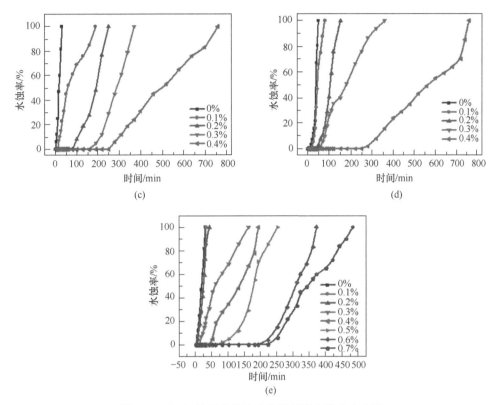

图 5-17 红土-植物胶类抗水蚀材料的水蚀率变化图

（a）红土-胡麻胶；（b）红土-黄原胶；（c）红土-沙蒿胶；（d）红土-香豆胶；（e）红土-田菁胶

2）黄土-植物胶固土材料

纯黄土最大抗冲蚀时间只有 5 min，添加 0.4%黄原胶（0.4%沙蒿胶、0.4%胡麻胶、0.4%田菁胶、0.7%角豆胶、0.5%海藻胶、0.3%香豆胶、0.4%卡拉胶、2.5%魔芋胶、0.4%阿拉伯树胶、0.5%瓜尔豆胶）后，固土材料最大抗冲蚀时间分别增加到 12 h（15 h、13 h、8.0 h、10 h、0.1 h、12 h、1.5 h、2.0 h、0.5 h、8.0 h）（表 5-4）。黄土基植物胶固土材料筛选中，黄原胶、沙蒿胶、胡麻胶、角豆胶及香豆胶都可以作为备选植物胶。

添加 0.05%胡麻胶黄土基材料抗冲蚀时间为 25 min，胡麻胶添加量变化范围 0.1%～0.4%时，最大抗冲蚀时间增加幅度 1～15.8 h［图 5-18（a）］。黄土中添加 0.1%黄原胶材料抗冲蚀时间达到 110 min，添加量变化范围 0.1%～0.4%时，最大抗冲蚀时间可增至 12 h［图 5-18（b）］。0.1%沙蒿胶材料抗冲蚀时间为 60 min，沙蒿胶添加量从 0.2%增加到 0.4%时，最大抗冲蚀时间由 3 h 增加到 15 h［图 5-18（c）］。添加 0.4%香豆胶黄土基材料的最大抗冲蚀时间达到 16 h［图 5-18（d）］。添加 0.6%田菁胶黄土基材料，最大抗冲蚀时间达到近 16 h［图 5-18（e）］。

3）混合土-植物胶固土材料

黄土与红土具有最优抗水蚀性能时的配比为 3∶5，最大冲蚀时间为 39 min［图 5-19（a）］，在此配比混合土中加入植物胶，其抗水蚀性能也能得到明显改善。添加 0.3%黄原胶（0.2%沙蒿胶、0.2%胡麻胶、0.4%田菁胶、0.5%角豆胶、0.5%海藻胶、0.2%香豆胶、

0.5%卡拉胶、2.0%魔芋胶、0.5%阿拉伯树胶、0.3 瓜尔豆胶）后，固土材料最大抗冲蚀时间分别增加到 12 h（12 h、12 h、9.0 h、8.0 h、2.0 h、12 h、2.0 h、3.0 h、2.0 h、8.0 h）（表 5-4）。

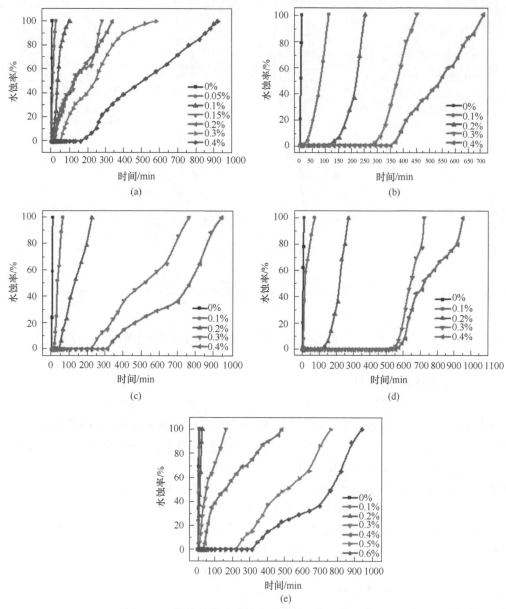

图 5-18　黄土-植物胶类抗水蚀材料的水蚀率变化图

（a）黄土-胡麻胶；（b）黄土-黄原胶；（c）黄土-沙蒿胶；（d）黄土-香豆胶；（e）黄土-田菁胶

添加 0.1%黄原胶混合土复合材料的抗冲蚀时间达到 115 min，随着黄原胶添加量的增加，材料的抗水蚀效果明显提高。黄原胶添加量变化范围 0.2%～0.4%时，混合土-黄原胶复合材料最大抗冲蚀时间增加幅度 4～15 h（图 5-20）。纯黄土中添加 0.1%黄原胶材料的抗冲蚀时间达到 110 min，添加量为 0.4%时，最大抗冲蚀时间为 12 h［图 5-18（b）］。相比较而言，添加相同比例植物胶的黄土-红土混合土比纯黄土具备更优的抗水蚀性能。

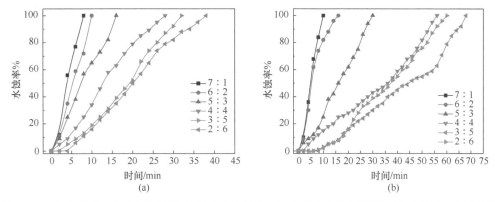

图 5-19　（a）黄土与红土不同配比材料抗水蚀性能；（b）黄土与坡缕石不同配比材料抗水蚀性能

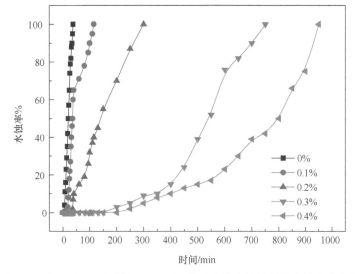

图 5-20　黄土-红土（质量比 3∶5）-黄原胶抗水蚀材料的水蚀率变化图

4）黄土-坡缕石-植物胶固土材料

与黄土-红土混合土材料相似，在黄土与坡缕石质量比为 3∶5 时，最大冲蚀时间为 67 min［图 5-19（b）］，在此配比混合土中加入植物胶，其抗水蚀性能也能得到明显改善。添加 0.2%黄原胶（0.2%沙蒿胶、0.3%胡麻胶、0.4%田菁胶、0.4%角豆胶、0.5%海藻胶、0.2%香豆胶、0.5%卡拉胶、2.0%魔芋胶、0.5%阿拉伯树胶、0.3 瓜尔豆胶）后，固土材料最大抗冲蚀时间分别增加到 14 h（14 h、12 h、8.0 h、8.0 h、2.0 h、16 h、2.0 h、4.0 h、3.0 h、12 h）（表 5-4）。

在黄土与坡缕石混合土中（质量比为 3∶5）添加 0.1%黄原胶时，材料抗冲蚀时间达到 350 min，随着黄原胶添加量的增加，材料的抗水蚀效果进一步提高。黄原胶添加量达到 0.3%时，最大抗冲蚀时间增加到 20 h（图 5-21）。纯黄土中添加 0.1%黄原胶材料

的抗冲蚀时间达到 110 min，添加量为 0.4%时，最大抗冲蚀时间为 12 h［图 5-18（b）］；当
黄原胶添加量变化范围 0.1%～0.3%时，混合土-黄原胶最大抗冲蚀时间增加幅度为 6～
20 h（图 5-21）。相比较而言，添加相同比例植物胶的黄土-坡缕石混合土具备更优的抗
水蚀性能。

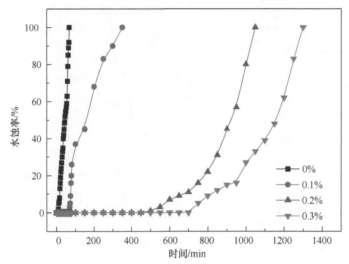

图 5-21　黄土-坡缕石（质量比 3∶5）-黄原胶抗水蚀材料的水蚀量变化图

5. 实验室植物胶固土材料持水性能

100 g 纯黄土和纯红土饱和持水量分别为 38 g/100g 和 51 g/100g，含 0.1%黄原胶的
黄土和红土基复合材料饱和持水量分别为 40 g/100g 和 53 g/100g。随着黄原胶含量增大，
土基材料的饱和持水量持续增加（图 5-22）。含 0.6%黄原胶的黄土基复合材料饱和持水
量可达 56 g/100g，比纯黄土增加了 18 g/100 g，饱和持水量提高了 47%。含 0.6%黄原胶
的红土基复合材料饱和持水量为 73 g/100 g，比纯红土增加了 22 g/100 g，饱和持水量提
高了 43%。在干旱少雨地区或漏沙地，提高土地持水量有利于节水和为植物提供有效水
分，减少干旱胁迫，提高植物存活率或促进植物生长。

与土基黄原胶复合材料相似，添加香豆胶后，也能有效提高饱和持水量。含 0.1%香
豆胶的黄土和红土基复合材料饱和持水量分别为 52 g/100g 和 68 g/100g，与黄原胶材料
趋势相同，随着香豆胶含量增大，土基材料的饱和持水量持续增加（图 5-23）。含 0.6%
香豆胶的黄土基复合材料饱和持水量达 66 g/100 g，比纯黄土增加了 28 g/100 g，饱和持
水量提高了 74%。含 0.6%香豆胶的红土基复合材料饱和持水量为 92 g/100 g，比纯红土
增加了 41 g/100 g，饱和持水量提高了 80%。

与土基黄原胶及土基香豆胶复合材料相似，黄土-胡麻胶复合材料持水量也能明显提
高。含 0.6%胡麻胶的黄土基复合材料饱和持水量达到 65 g/100 g，比纯黄土增加了 27 g/100 g，
饱和持水量提高了 71%。含 0.6%胡麻胶的红土基复合材料饱和持水量 93 g/100 g，比纯红
土增加了 42 g/100 g，饱和持水量提高了 82%（图 5-24）。

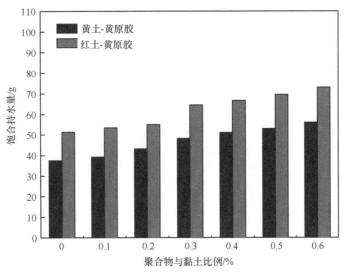

图 5-22　土基黄原胶复合材料的饱和持水性能

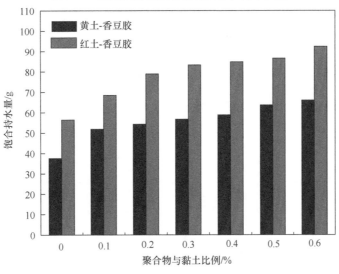

图 5-23　土基香豆胶复合材料的饱和持水性能

6. 实验室植物胶固土材料持肥性能

表 5-5 是含不同质量分数（0.0%、0.1%、0.2%、0.3%、0.4%、0.5%）黄原胶的黄土基复合材料对不同浓度（1.0 mg/mL、2.0 mg/mL、4.0 mg/mL、6.0 mg/mL）尿素溶液中尿素的淋溶量（溶液经过复合材料后检测到的浓度），尿素溶液经过复合材料后，其浓度越高（浓度降低越少），说明材料持肥性能越差；相反，其浓度越低（浓度降低越多），说明材料持肥性能越好。尿素溶液淋溶经过黄土基黄原胶复合材料后，其浓度均有不同程度降低，随着材料植物胶含量的增加，对尿素保持量逐渐增大，淋溶后的溶液浓度逐渐降低。

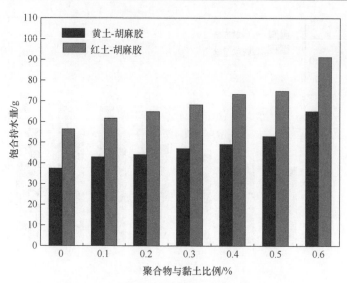

图 5-24　土基胡麻胶复合材料的饱和持水性能

表 5-5　黄土基黄原胶复合材料的持肥性能

黄原胶含量/%	尿素浓度/（mg/mL）			
	1.0	2.0	4.0	6.0
0.0	1.0	2.0	4.0	5.9
0.1	1.0	1.9	3.8	5.7
0.2	1.0	1.8	3.7	5.6
0.3	1.0	1.7	3.7	5.6
0.4	0.9	1.6	3.6	5.5
0.5	0.9	1.4	3.6	5.4

　　表 5-6 是含量为 0.5%时不同种类植物胶（香豆胶、田菁胶、胡麻胶、沙蒿胶）的黄土或红土基复合材料对不同浓度尿素溶液（200 μg/mL、400 μg/mL、600 μg/mL、800 μg/mL、1000 μg/mL）中尿素的吸收情况。尿素溶液淋溶经过土基植物胶材料后，其浓度均有不同程度降低（尿素被保留在复合材料中），浓度下降越多（被保留在复合材料中的尿素越多），说明材料的持肥性能越好。

表 5-6　土基植物胶抗水蚀复合材料的持肥性能

植物胶	尿素浓度/（μg/mL）				
	200	400	600	800	1000
黄土-香豆胶	188	381	545	793	969
黄土-田菁胶	195	381	577	784	966
黄土-胡麻胶	198	393	555	767	984
黄土-沙蒿胶	184	383	586	790	986

植物胶	尿素浓度/（μg/mL）				
	200	400	600	800	1000
红土-香豆胶	159	355	517	790	942
红土-田菁胶	190	355	535	757	992
红土-胡麻胶	193	365	542	760	972
红土-沙蒿胶	172	357	532	754	981

5.2.4　土基纤维素类固土材料[9, 25-27]

1. 纤维素类简介

1）羧甲基纤维素钠

羧甲基纤维素钠（carboxy methyl cellulose sodium，NaCMC）又称碱纤维素，是由天然纤维素经过化学改性得到的一种水溶性纤维素醚。羧甲基纤维素钠一般为白色纤维状粉末，具有吸湿性，能够溶于水，但不溶于乙醇等有机溶剂。

由于羧甲基纤维素酸式结构的水溶性不好，为了能够更好地对其进行应用，其产品普遍制成钠盐（碱纤维素），分子式为 $[C_6H_7O_2(OH)_2OCH_2COONa]_n$，结构式如图 5-25 所示。羧甲基纤维素钠对热稳定，在碱性溶液中也很稳定，但遇酸易水解，pH 为 2～3 时主要成分是羧甲基纤维素，在水中溶解度降低，遇多价金属盐会发生反应形成沉淀。羧甲基纤维素钠的黏度和溶解度与取代程度有关[63]。

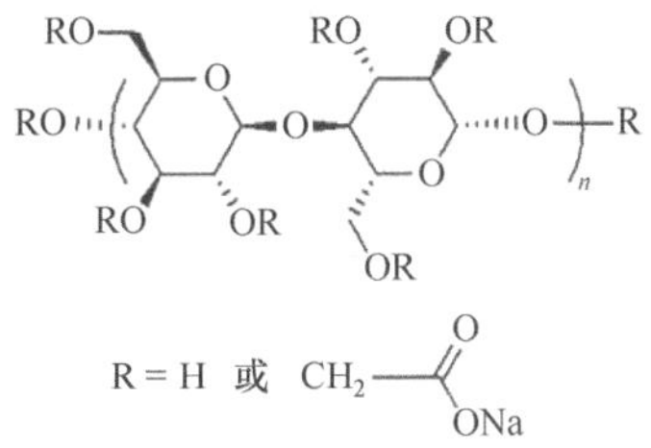

图 5-25　羧甲基纤维素钠分子结构示意图

羧甲基纤维素钠本身是由纤维素与氢氧化钠反应产生的，再与一氯乙酸钠反应，得粗品，然后再精制得成品。取代度（DS）和聚合度（DP）是各等级羧甲基纤维素钠的典型指标[64, 65]。

羧甲基纤维素钠安全性高，其允许摄入量为 0～25 mg/（kg·d）。但羧甲基纤维素钠与强酸溶液、可溶性铁盐及一些其他金属（如铝、汞和锌等）有配伍禁忌，在 pH < 2 及与 95%的乙醇混合时会产生沉淀。羧甲基纤维素钠与明胶及果胶可以形成共凝聚物，也可以与胶原形成复合物，能沉淀某些带正电的蛋白质。羧甲基纤维素钠可用于黏合剂、增稠剂、悬浮剂、乳化剂、分散剂、稳定剂及上浆剂等[66, 67]。

2）羧甲基纤维素

羧甲基纤维素（carboxy methyl cellulose，CMC）是白色固体，溶于水、碱性溶液、氨和纤维素溶液，不溶于有机溶剂，具有增黏、乳化、悬浮、抗盐及热稳定性好等优良特性。替代度（或称醚化度）分高、中、低三种，高替代度（1.2 以上）羧甲基纤维素溶于有机溶剂，中替代度（0.4～1.2）溶于水，低替代度（0.4 以下）溶于碱性溶液。高替代度羧甲基纤维素黏度（1%水溶液）大于 2000 mPa·s；中替代度黏度（2%水溶液）300～600 mPa·s；低替代度黏度（2%水溶液）25～50 mPa·s。

羧甲基纤维素是最具代表性的离子型纤维素醚，一般可利用生物质资源制备。已经用于制备羧甲基纤维素的生物质主要有玉米秸秆、小麦秸秆、废弃棉织物、棉花秆、稻草、桑枝皮、竹屑、木屑、甜菜、香蕉茎秆、橘皮、甘蔗渣、废糖粕、海带废渣及马铃薯淀粉渣等[68]。

羧甲基纤维素主要被用于乳化剂、分散剂、稳泡剂、上浆剂、稳定剂、抗沉淀剂、增稠剂、胶合剂及浮选剂。

3）羟乙基纤维素

羟乙基纤维素（hydroxyethyl cellulose，HEC）为白色至淡黄色纤维状或粉状固体，无毒、无味、易溶于水，结构式如图 5-26 所示。羟乙基纤维素不溶于一般有机溶剂，pH在 2～12 范围内黏度变化较小，但超过此范围则黏度下降，具有增稠、乳化、悬浮和保持水分等性能，可制备不同黏度范围的溶液。羟乙基纤维素熔点 288～290 ℃，密度 0.75 g/mL（25 ℃），软化温度 135～140 ℃，表观密度 0.35～0.61 g/mL，分解温度 205～210 ℃。

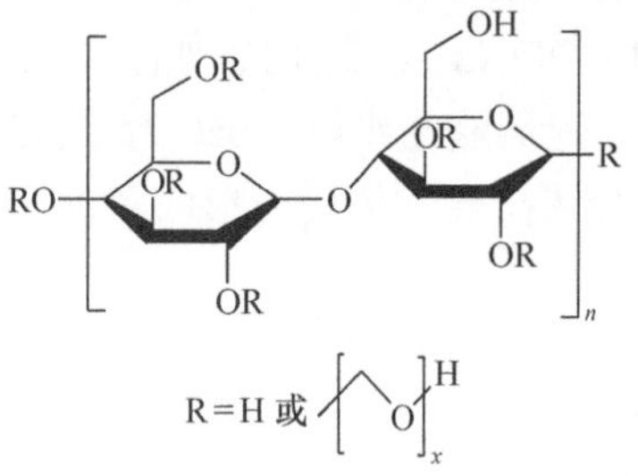

图 5-26　羟乙基纤维素分子结构示意图

R=H 或

羟乙基纤维素主要被用作胶黏剂、分散剂、表面活性剂、胶体保护剂、乳化剂及分散稳定剂等，在涂料、油墨、造纸、纤维、染色、化妆品、选矿、农药、采油及医药等领域具有广泛的应用。

羟乙基纤维素的制备方法主要有三种：①由碱纤维素生成羟乙基纤维素。将原料棉短绒或精制粕浆浸泡于 30%的液碱中，0.5 h 后取出压榨。压榨到含碱水比例达 1∶2.8，进行粉碎。将粉碎的碱纤维素投入反应釜中，密闭，抽真空，充氮，重复抽真空充氮将釜内空气完全置换。压入预冷的环氧乙烷液体，反应釜夹套通入冷却水，控制 25 ℃左右反应 2 h，得羟乙基纤维素粗品。粗品用乙醇洗涤，加乙酸中和至 pH 4～6，再加乙二醛交联老化。然后用水洗涤，离心脱水，干燥，磨粉，得羟乙基纤维素。②气相法。气相法是指碱纤维素和环氧乙烷在气相中反应。以棉纤维为原料，先用 NaOH 溶液处理得到碱纤维素。③液相法。液相法是在稀释剂存在下进行醚化反应。棉短绒经碱化、压榨后，在稀释剂存在下，与环氧乙烷在 20～60 ℃下反应 1～3 h，得到羟乙基纤维素粗品。常用的稀释剂有丙酮、异丙醇、叔丁醇或它们的混合物。产物在稀释剂中保持不溶。气相法与液相法两种生产工艺需预先制备碱纤维素，即将纤维素于 20 ℃左右浸渍于 18% NaOH 溶液中进行脱脂，醚化反应后，经过中和、洗涤、干燥、粉碎，获得最终产品[69]。

4）乙基纤维素

乙基纤维素（ethyl cellulose，EC）为白色或浅灰色的流动性粉末，无臭，结构式如图 5-27 所示。商品化的乙基纤维素一般不溶于水，而溶于不同的有机溶剂，热稳定性好，燃烧时灰分极低，很少有黏着感或发涩，能生成坚韧薄膜，在低温时仍能保持挠曲性。乙基纤维素无毒，有极强的抗生物性能。对于特殊用途的乙基纤维素，也有可分别溶于碱液和纯水中的种类。取代度在 1.5 以上的乙基纤维素具有热塑性，软化点 135～155 ℃，熔点 165～185 ℃，密度 0.3～0.4 g/cm³，相对密度 1.07～1.18。乙基纤维素醚化度大小影响其溶解性、吸水性和力学性能。醚化度升高，乙基纤维素在碱液中溶解度变小，而在有机溶剂中溶解度增大，常用的溶剂是甲苯与乙醇（4∶1，质量比）的混合溶剂。醚化度提高，乙基纤维素软化点和吸湿性降低。乙基纤维素使用温度–60～85 ℃，拉抻强度 13.7～54.9 MPa。

乙基纤维素因其不溶于水，主要用作片剂黏合剂、薄膜包衣材料、骨架缓释片、骨架材料阻滞剂、包衣缓释制剂、缓释小丸、包囊辅料制剂、分散剂、稳定剂及保水剂等。

制备乙基纤维素首先将浆粕或棉短绒用 40%～50%氢氧化钠水溶液处理，纤维素与碱的质量比为 1∶3，温度为 24～40 ℃，时间为 3～3.5 h，多余的碱液经压榨或离心分离除去，再在真空中使纤维素干燥。将碱化纤维素投入压热器中，1 份纤维素加 3 份氯乙烷（质量比）。搅拌下逐渐升温至 130 ℃，保持在 0.14 MPa 压力下乙基化反应 10～12 h。在反应物中加过量水，使乙基纤维素沉淀出来，再经过滤，水洗和干燥得成品[70]。

5）羟丙基甲基纤维素

羟丙基甲基纤维素（hydroxypropyl methyl cellulose，HPMC）为白色或类白色纤维状或颗粒状粉末，结构式如图 5-28 所示，密度 1.39 g/cm³，不溶于无水乙醇、乙醚及丙酮中，在冷水中溶胀成澄清或微浑浊的胶体溶液。羟丙基甲基纤维素具有增稠能力、pH 稳定性、保水性、尺寸稳定性、优良的成膜性、广泛的耐酶性、分散性和黏结性等特点。

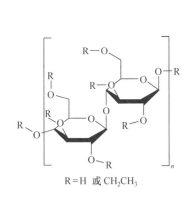

图 5-27　乙基纤维素分子结构示意图

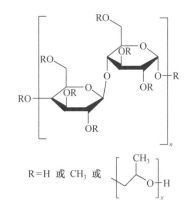

图 5-28　羟丙基甲基纤维素分子结构示意图

羟丙基甲基纤维素在纺织工业中用作增稠剂、分散剂、黏结剂、赋形剂、耐油涂层、填料、乳化剂及稳定剂。

羟丙基甲基纤维素的制备是将精制棉纤维素用碱液在 35～40 ℃下处理 0.5 h，压榨，将纤维素粉碎，于 35 ℃适当进行老化，使所得的碱纤维素平均聚合度在所需的范围内。将碱纤维素投入醚化釜，依次加入环氧丙烷和氯甲烷，在 50～80 ℃下醚化 5 h，最高压力约 1.8 MPa。然后在 90 ℃的热水中加入适量盐酸及草酸洗涤物料，使体积膨大，用离心机脱水，洗涤至中性，当物料中含水量低于 60%时，以 130 ℃的热空气流干燥至含水 5%以下，最后粉碎过 20 目筛得成品[71]。

6）羟丙基纤维素

羟丙基纤维素（hydroxypropyl cellulose，HPC）的结构式如图 5-29 所示，炭化温度 280～300 ℃，相对密度 1.26～1.31，溶解于水和一些有机溶剂。

低取代羟丙基纤维素（L-HPC）主要以增稠剂和黏结剂添加于食品，用于饮料及糕点等的制造。高取代羟丙基纤维素可用作黏结剂、增稠剂、稳定剂及凝胶剂。

羟丙基纤维素的制备方法：先用碱和氯化丙烯处理纤维素，或用高浓度氢氧化钠浸渍处理木浆或木素浆，生成碱性纤维素溶液，将此溶液过滤及压榨，除去过剩的氢氧化钠后，进一步与环氧丙烷反应而得[72]。

7）甲基纤维素

甲基纤维素（methyl cellulose，MC）为白色或类白色纤维状或颗粒状粉末，其结构式如图 5-30 所示。甲基纤维素平均分子量为 186.86n（n 为聚合度），是一种长链取代纤维素。甲基纤维素在无水乙醇、乙醚、丙酮中几乎不溶，在 80～90 ℃的热水中迅速分散、溶胀，降温后迅速溶解，水溶液在常温下相当稳定，高温时形成凝胶，凝胶随温度变化与溶液互相转变。甲基纤维素具有优良的润湿性、乳化性和保水性，能耐酸、碱、微生物及热等的作用。

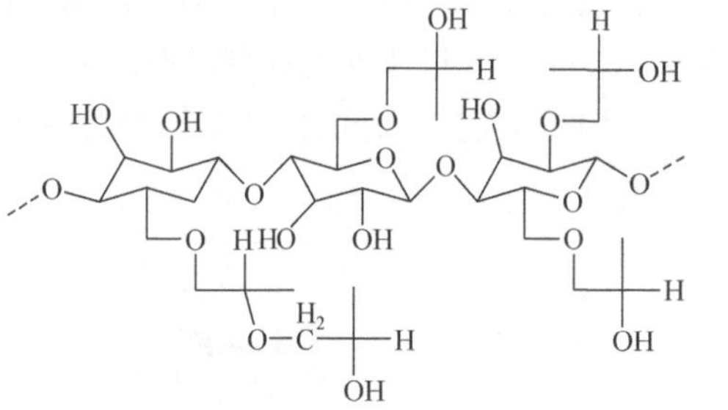

图 5-29　羟丙基纤维素分子结构示意图 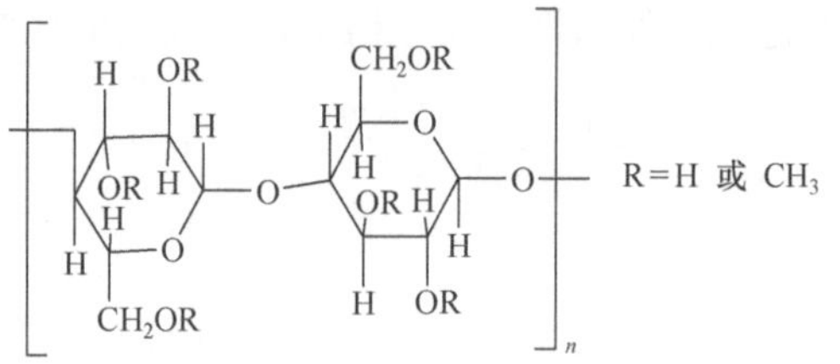　　　图 5-30　甲基纤维素分子结构示意图

甲基纤维素被广泛用于建筑业中水泥、灰浆、接缝胶泥等的混合剂和黏合剂，在化妆品、医药及食品工业中被用作增稠剂、稳定剂、乳化剂及成膜剂，在纺织印染工业中被用作上浆剂，在合成树脂中被用作分散剂、涂料成膜剂及增稠剂。

甲基纤维素与氨吖啶盐酸盐、氯甲酚、氯化汞、酚、间苯二酚、鞣酸、硝酸银、对羟苯甲酸、对氨基苯甲酸、羟苯甲酯、羟苯丙酯、羟苯丁酯均有配伍禁忌。无机酸（尤其是多元酸）盐、苯酚及鞣酸可使甲基纤维素溶液凝结，但加入乙醇（95%）或乙二醇二乙酸可阻止此过程的发生。甲基纤维素是用碱处理木浆或棉花，再用氯化甲烷将碱纤维素甲基化而得[73]。

8）醋酸纤维素

醋酸纤维素（cellulose acetate，CA）的结构式如图 5-31 所示，是一种人造纤维，价格低廉，具有很好的编织性能。醋酸纤维素透气性好、干燥快、无静电吸附、无毒、无害、长期和皮肤接触不过敏；易溶于丙酮和其他有机溶剂；易吸湿，在织物中可吸汗，增加织物舒适性；比表面积大。

醋酸纤维素最主要的用途是用作过滤器材和纺丝。二醋酸纤维素（CA）主要用于制作板材、片材，其产品有眼镜镜框和高级工具手柄等。三醋酸纤维素（TAC）主要用作电子薄膜，如液晶显示器的偏光片、电影胶片、相机胶卷。

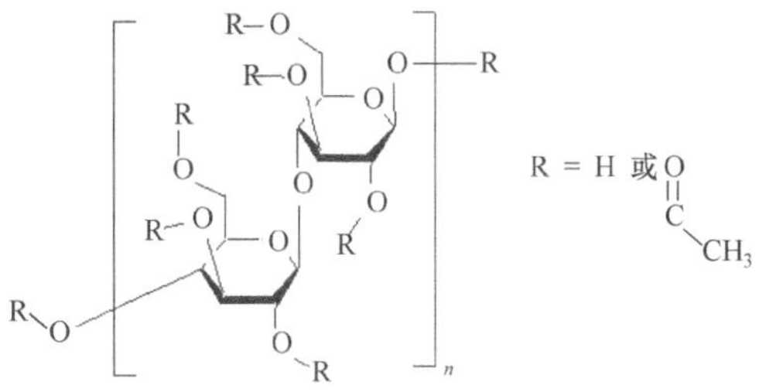

图 5-31　醋酸纤维素分子结构示意图

醋酸纤维素又称纤维素醋酸酯，是棉花纤维或木材纤维在催化剂作用下用乙酸和乙酐混合物进行酯化而得。根据纤维素酯化的程度（每 100 个葡萄糖残基中被酯化的羟基数）分为三醋酸纤维素，酯化度为 280～300，结合乙酸含量为 60.5%～62.5%；二醋酸纤维素，酯化度为 200～260，结合乙酸含量为 48.8%～58.8%。醋酸纤维素的主要制备方法如下：①以干燥和乙酸活化精制棉短绒、乙酸及乙酐混合液为原料，在硫酸催化下进行酯化反应，然后加稀乙酸水解。中和催化剂，使产物沉淀析出，经脱酸洗涤、精煮、干燥可得。②以干燥和乙酸活化精制棉短绒、7 倍于精制棉短绒的乙酸和乙酐混合液为原料，在硫酸催化剂存在下进行酯化反应，然后加稀乙酸水解到所需要的水解度（1.72～1.95）。中和催化剂，使产物沉淀析出，经脱酸洗涤、精煮、干燥后即得一醋酸纤维素。在乙酰化反应时，改变加入的乙酸和乙酐混合液的量，可制得二醋酸纤维素和三醋酸纤维素。乙酸和乙酐混合液的量为精制棉短绒的 8.5 倍时，反应后加稀乙酸水解可得到取代度为 2.28～2.49 的二醋酸纤维素。乙酸和乙酐混合液的量为精制棉短绒的 10 倍时，反应后加稀乙酸水解可得到取代度为 2.8～2.9 的三醋酸纤维素[74, 75]。

9）醋酸丁酯纤维素

醋酸丁酯纤维素（cellulose acetate butyrate，CAB）又称纤维素丁酯，结构式如图 5-32 所示。醋酸丁酯纤维素与树脂的相容性好，具有耐紫外光、透明及电绝缘等性能，广泛应用于汽车、石油、电影胶片及电线电缆等领域。

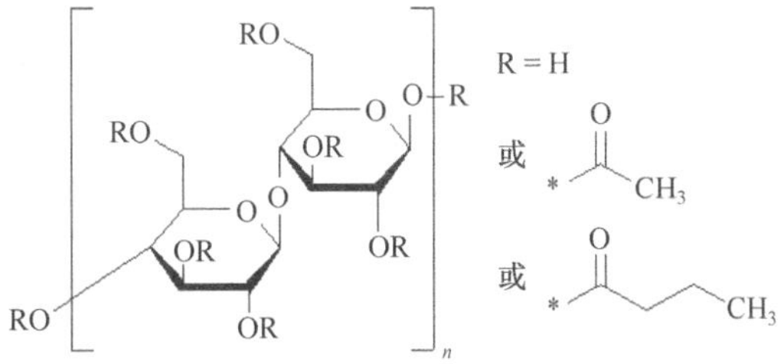

图 5-32　醋酸丁酯纤维素分子结构示意图

制备醋酸丁酯纤维素时，第一步是丁酐的制备：将乙酸制成乙酐，以乙酐和丁酸为原料，通过酸酐交换法制取丁酐。第二步是醋酸丁酯纤维素的制备：以精制干燥的棉短绒为原料，以乙酸和丁酸为溶剂，在硫酸催化下进行酯化反应，粗产品经水解、沉析、蒸煮和干燥得到醋酸丁酯纤维素[76, 77]。

10）醋酸邻苯二甲酸纤维素

醋酸邻苯二甲酸纤维素（cellulose acetate phthalate，CAP）又称乙酸纤维素邻苯二甲酸酯，结构式如图 5-33 所示，为白色自由流动的粉末，具有吸湿性，有微弱的乙酸气味，在水、乙醇、氯代烷和烷烃中几乎不溶，在大量的酮、酯、醚醇、环醚和某些混合溶剂中可溶，可溶于某些 pH 为 6.0 的缓冲溶液。醋酸邻苯二甲酸纤维素在药剂中可用作肠溶包衣材料和缓释材料[78, 79]。

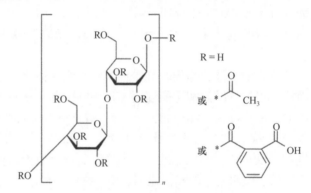

图 5-33　醋酸邻苯二甲酸纤维素分子结构示意图

2. 土基纤维素类固土材料

与植物胶相似，纤维素类也具有很强的黏聚作用，而且纤维素类材料原料易得，工业化产品很多，无毒或低毒，可生物降解。

土基纤维素类（羧甲基纤维素钠、羧甲基纤维素、羟丙基甲基纤维素、羟乙基纤维素）防水蚀材料制备：与合成高分子固土材料制备方法相似（详见 5.2.2 节），将纯天然黏土或黄土粉碎、提纯、过筛，加入不同配比浓度的纤维素类高分子，加一定量的自来水，搅拌充分反应后制成直径 5 cm，高 1.5 cm 的圆饼状模型，在 40 ℃下干燥 24 h，得到土基纤维素类土壤防水蚀材料。或将纤维素类材料溶解于少量自来水中，分别拌入黏土或黄土中，然后加入适量自来水，搅拌后制成防水蚀材料模型。

3. 实验室纤维素类固土材料表征

土基纤维素类复合材料的形貌、组成及结构表征与土基植物胶类复合材料相似，通过 SEM 说明材料表面的形貌变化（图 5-34）；通过红外光谱中特征吸收峰的变化（位置及强弱），说明原材料之间哪些基团发生了化学反应；通过复合材料反应前后颗粒平均粒径的变化，说明复合材料团聚状态。分析过程及结论与 5.2.3 节相似，这里不再赘述。

4. 实验室纤维素类固土材料性能

纯黄土最大冲蚀时间为 5 min，纯红土最大冲蚀时间为 29 min；最优混合比（黄土：

图 5-34 黄土（a）、黄土-羟乙基纤维素钠（b）、黄土-羧甲基纤维素钠（c）、
黄土-羟丙基甲基纤维素钠（d）、红土（e）、红土-羟乙基纤维素钠（f）、红土-羧甲基纤维素钠（g）、
红土-羟丙基甲基纤维素钠（h）的 SEM 图

红土 = 3∶5）时，黄土-红土混合土最大冲蚀时间为 39 min；最优配比（黄土∶坡缕石 = 3∶5）时，黄土与坡缕石最大冲蚀时间为 67 min。在黄土或红土中添加一定比例的纤维素类（羧甲基纤维素钠、羟甲基纤维素钠、羟乙基纤维素钠、羟丙基纤维素钠、羟丙基甲基纤维素钠、甲基纤维素或乙基纤维素），其水蚀率会得到一些提高。表 5-7 数据显示抗水蚀性能较优的纤维素有羧甲基纤维素钠和羟丙基甲基纤维素钠，最大抗冲蚀时间超过 12 h。

表 5-7 土基纤维素类复合材料抗水蚀性能

纤维素种类	黄土基材料			红土基材料			黄土-红土混合土材料			黄土-坡缕石混合土材料		
	含量/%	T_{max}/h	E_r/（g/h）	含量/%	T_{max}/h	E_r/（g/h）	含量/%	T_{max}/h	E_r/（g/h）	含量/%	T_{max}/h	E_r/（g/h）
羧甲基纤维素钠	0.4	12	4.16	0.4	14	3.56	0.3	14	3.56	0.3	15	3.33
羟甲基纤维素钠	0.4	6.0	8.31	0.4	7.0	7.13	0.4	6.0	8.32	0.4	8.0	6.24
羟乙基纤维素钠	0.5	8.0	6.24	0.4	8.0	6.24	0.4	8.0	6.23	0.4	10	4.99
羟丙基纤维素钠	0.4	0.2	250	0.3	166		0.4	0.7	71.3	0.4	1.2	41.6
羟丙基甲基纤维素钠	0.4	12	4.16	0.3	12	4.16	0.3	14	3.56	0.3	16	3.12
甲基纤维素	0.4	4.0	12.5	0.4	5.0	9.98	0.3	5.0	9.98	0.3	6.0	8.32
乙基纤维素	0.4	0.2	250	0.3	166		0.4	0.7	71.3	0.4	1.1	45.4

1）红土（黄土）-纤维素类固土材料

与红土（黄土）-植物胶类固土材料比较，大多数纤维素类固土材料的抗水蚀性能较差，但羧甲基纤维素钠和羟丙基甲基纤维素钠也具有优良抗水蚀性能。如前所述，纯红土（黄土）最大抗冲蚀时间为 29 min（5 min），添加 0.4%羧甲基纤维素钠（0.4%羟甲基纤维素钠、0.4%羟乙基纤维素钠、0.4%羟丙基纤维素钠、0.3%羟丙基甲基纤维素钠、0.4%甲基纤维素、0.4%乙基纤维素）后，红土基和黄土基材料最大抗冲蚀时间分别增加到 14 h（7.0 h、8.0 h、0.3 h、12 h、5.0 h、0.3 h）和 12 h（6.0 h、8.0 h、0.2 h、12 h、4.0 h、0.2 h）（表 5-7）。在实验室筛选的纤维素中，羧甲基纤维素钠和羟丙基甲基纤维素钠可以作为固土材料的备选材料，在实际应用中还要考虑价格和水溶性。

　　纯红土（黄土）最大抗冲蚀时间为 29 min（5 min），添加 0.1%羟丙基甲基纤维素钠的红土基（黄土基）材料抗冲蚀时间达到 150 min（35 min），随着羟丙基甲基纤维素钠添加量的增加，红土或黄土基材料的抗水蚀效果明显提高。当羟丙基甲基纤维素钠添加量增加至 0.3%时，红土基和黄土基材料最大抗水蚀时间分别提高 12 h 和 6h〔图 5-35（a）和（b）〕。随着羟丙基甲基纤维素钠添加量的进一步加大，抗冲蚀时间也会随之增加，考虑到实际应用需求和成本，没有必要添加很多纤维素制备固土材料。添加 0.1%羧甲基纤维素钠的红土基（黄土基）材料抗冲蚀时间达到 40 min（30 min），当羧甲基纤维素钠添加量提高至 0.5%时，红土基和黄土基材料最大抗水蚀时间分别达到 17 h〔图 5-35（d）〕和 14 h〔图 5-35（c）〕。

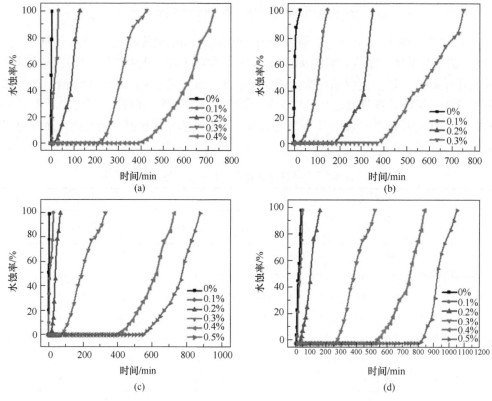

图 5-35　土基纤维素类抗水蚀材料的水蚀量变化图
（a）黄土-羟丙基甲基纤维素钠；（b）红土-羟丙基甲基纤维素钠；
（c）黄土-羧甲基纤维素钠；（d）红土-羧甲基纤维素钠

　　2）黄土-红土及黄土-坡缕石混合土-纤维素类固土材料

　　黄土-红土和黄土-坡缕石混合土最优比例（3∶5）时最大抗冲蚀时间分别为 39 min 和 67 min，在黄土-红土混合土中添加 0.3%羧甲基纤维素钠（0.4%羟甲基纤维素钠、0.4%羟乙基纤维素钠、0.4%羟丙基纤维素钠、0.3%羟丙基甲基纤维素钠、0.3%甲基纤维素、0.4%乙基纤维素）后，黄土-红土混合土基复合材料最大抗冲蚀时间达到 14 h（6.0 h、8.0 h、

0.7 h、14 h、5.0 h、0.7 h）（表 5-7）。在黄土-坡缕石混合土中添加 0.3%羧甲基纤维素钠（0.4%羟甲基纤维素钠、0.4%羟乙基纤维素钠、0.4%羟丙基纤维素钠、0.3%羟丙基甲基纤维素钠、0.3%甲基纤维素、0.4%乙基纤维素）后，黄土-坡缕石基复合材料最大抗冲蚀时间达到 15 h（8.0 h、10 h、1.2 h、16 h、6.0 h、1.1 h）（表 5-7）。

5.2.5　土基淀粉类固土材料[9, 25-27]

1. 淀粉类简介

淀粉是一类多糖,在植物种子、块茎和块根中含量丰富,大米含淀粉可达 62%～86%,玉米含淀粉 65%～72%,小麦含淀粉 57%～75%,马铃薯含淀粉约 20%。依据来源,淀粉主要有大米淀粉、绿豆淀粉、小米淀粉、马铃薯淀粉、木薯淀粉、甘薯淀粉、红薯淀粉、小麦淀粉、莜麦淀粉、荞麦淀粉、菱角淀粉、青稞淀粉、藕淀粉及玉米淀粉等;依据结构,淀粉有直链淀粉和支链淀粉两类。直链淀粉由几百至 1 万个葡萄糖单元,通过 α-1,4-苷键形成（图 5-36）,支链淀粉由几万个葡萄糖单元,通过 α-1,4-苷键和 α-1,6-苷键形成图 5-37 所示的结构。在天然淀粉中直链淀粉占 20%～26%,它是可溶性的,其余的则为支链淀粉。

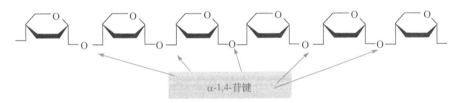

图 5-36　直链淀粉结构示意图

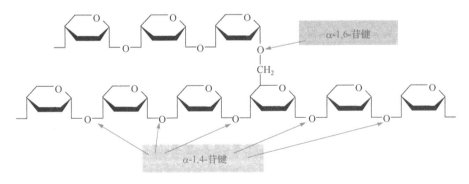

图 5-37　支链淀粉结构示意图

1）玉米淀粉

玉米淀粉（corn starch）的分子式为$(C_{12}H_{22}O_{11})_n$,又称玉蜀黍淀粉、六谷粉,为白色微带淡黄色的粉末,吸湿性强,最高能达 30%以上。玉米淀粉在水中 55 ℃开始膨胀,64 ℃开始糊化,72 ℃糊化完成。

将玉米用 0.3%亚硫酸浸渍,通过破碎、沉淀、干燥及磨细等工序即可制成玉米淀粉。普通玉米淀粉中含有少量脂肪和蛋白质等。玉米淀粉浓度超过 3.5%经煮沸就能形成软的凝胶，若浓度达到 6%左右便会变成弹性系数极大的凝胶。玉米淀粉常被用作黏结剂、上浆剂及各种食品的增稠剂[80, 81]。

2）氧化淀粉

氧化淀粉（oxidized starch）的分子式为$(C_{12}H_{22}O_{11+x})_n$，为白色粉末，糊液呈微黄色，无腐蚀性。氧化淀粉使淀粉糊化温度降低，热糊黏度变小而热稳定性增加，糊透明，成膜性好，抗冻融性好，是低黏度高浓度的增稠剂。

氧化淀粉是以淀粉为原料，与氧化剂作用，使淀粉局部氧化而得到的一种变性淀粉。氧化淀粉根据其所用氧化剂分为次氯酸钠氧化淀粉、过氧化氢氧化淀粉、高锰酸钾氧化淀粉及高碘酸氧化淀粉。氧化淀粉主要用于造纸工业的表面施胶剂、涂布胶黏剂、纺织工业的上浆剂、食品工业的乳剂等[82, 83]。

3）可溶性淀粉

可溶性淀粉（soluble starch）的分子式为$(C_{12}H_{22}O_{11+y})_n$，白色或淡黄色粉末，无臭无味，不溶于冷水，在热水中则可成为透明溶液。可溶性淀粉一般用作增稠剂、稳定剂、填充剂及碘量滴定分析法指示剂。

以木薯淀粉为原料，加盐酸进行水解或将淀粉、氢氧化钠及氯乙酸进行反应均可制备可溶性淀粉。将淀粉、氢氧化钠和氯乙酸按一定比例（淀粉∶氢氧化钠∶氯乙酸的摩尔比为 1∶2∶1）加入反应器中，以水-乙醇作溶剂，控制反应温度 40～50 ℃进行碱化醚化，5 h 后终止反应。用冰醋酸调 pH 至中性，浓缩结晶，过滤，用乙醇充分洗滤饼，干燥得产品[84, 85]。

4）羧甲基淀粉钠

羧甲基淀粉钠（carboxymethyl starch sodium，CMS）也称羧甲基淀粉，白色或黄色粉末，无臭、无味、无毒且易吸潮，溶于水形成胶体状溶液，对光和热稳定，不溶于乙醇、乙醚及氯仿等有机溶剂。CMS 是一种阴离子淀粉醚，也是能溶于冷水的变性淀粉之一，是水溶性阴离子高分子，属于醚类淀粉。

羧甲基淀粉钠通常用作黏合剂、崩解剂、填充剂、润滑剂、软膏剂、防腐剂、芳香剂、抗氧剂、矫味剂、乳化剂、助溶剂、增溶剂及渗透压调节剂。

通常采用干法、湿法和醇法三种方法制备羧甲基淀粉钠。采用干法生产的羧甲基淀粉钠的取代度和黏度不高；采用湿法生产的羧甲基淀粉钠也很难制得高取代度、高黏度的产品。综合干法和湿法的优点，在甲醇与水的非均相体系中，采用二次加碱法制备的羧甲基淀粉钠，取代度和黏度较高[86, 87]。

5）木薯淀粉

木薯淀粉（cassava starch）为白色、无气味粉体。木薯淀粉蒸煮后可形成无色透明浆糊，适合用各种色素调色。木薯淀粉可通过改性消除黏性产生疏松结构，其冷冻-解冻稳定性高。

木薯淀粉主要用作膨化剂、增稠剂、黏结剂、稳定剂、甜味剂、增量剂及调味剂载体，广泛应用在食品、饮料、胶黏剂、纺织、造纸、药品及化妆品。

以木薯为原料，通过木薯粉碎—淀粉提取—脱汁浓缩—精制—脱水—干燥等工艺可制备商用木薯淀粉[88]。

6）羟丙基淀粉

羟丙基淀粉（hydroxypropyl starch）又称 2-羟基丙基淀粉、变性淀粉，分子式为 $(C_{24}H_{42}O_{21})_n$，是一种白色无特殊气味的粉末，不溶于冷水，加热条件下可糊化成黏稠透明胶体。羟丙基淀粉糊化液对酸碱稳定。醚化后，冻融稳定性和透明度都有所提高。

羟丙基淀粉一般应用于食品工业的增稠剂、悬浮剂及黏合剂，造纸工业的表面施胶，纺织工业的浆料和糊料，医药工业的崩解剂及血浆增量剂，日用化工的黏合剂、悬浮剂和增稠剂。

将一定量的膨胀抑制剂硫酸钠加入水中，40 ℃下搅拌溶解，之后加入小麦淀粉制成淀粉乳，加氢氧化钠溶液，氮气和密封条件下加入环氧丙烷。反应后用 3%的盐酸溶液调节 pH 至 5.5，离心分离固体，充分水洗，50 ℃干燥后粉碎过筛，制得羟丙基淀粉[89]。

7）羟乙基淀粉

羟乙基淀粉（hydroxyethyl starch）又称羟乙基淀粉醚，分子式为$(C_6H_{10}O_5)_m(C_2H_5O)_n$，白色粉末，在水及二甲基亚砜中易溶，在无水乙醇中部分溶解，易吸潮。羟乙基淀粉通常用于造纸工业中的添加剂，纺织工业的糊液稳定剂和分散剂，石油工业的原油破乳剂及钻井液添加剂，医药领域的血浆体积增量剂。

羟乙基淀粉是通过玉米淀粉或者马铃薯淀粉经酸水解和与环氧乙烷发生羟乙基取代，最后经过超滤制备。羟乙基淀粉主要制备方法有水煤法、干法及溶媒法[90]。

8）红薯淀粉

红薯淀粉（sweet potato starch）又称山芋淀粉或地瓜淀粉。红薯不但含有丰富的淀粉、维生素、纤维素等营养成分，而且含有镁、磷、钙、硒等矿物元素。红薯淀粉主要用作食品包装纸（袋）、服装布料、天然无铅布料、西药片剂添加剂、味精原料、氨基酸原料及变性淀粉等。

传统红薯淀粉的生产工艺流程为红薯选取—水洗—磨碎过滤—兑浆—撇浆—起粉—干燥。机械化生产流程为输送—清洗—碎解—筛分—除沙—沉淀（或浓缩）—脱水—烘干—风冷包装[91, 92]。

9）壳聚糖

壳聚糖（chitosan）又称脱乙酰甲壳素，化学名 β-(1,4)-2-氨基-2-脱氧-D-葡萄糖，分子式为$(C_6H_{11}NO_4)_n$（图 5-38）。

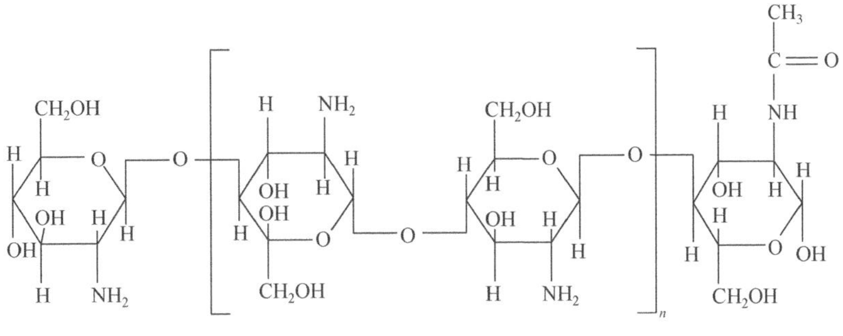

图 5-38　壳聚糖分子结构示意图

壳聚糖通常由甲壳素（又称几丁质）经脱乙酰基作用获得。甲壳素在自然界中广泛存在于高等真菌及节肢动物（虾、蟹、昆虫等）的外壳中，其中虾壳、蟹壳是工业生产壳聚糖的主要原料。壳聚糖的生产方法主要有化学降解法、微生物培养法、微波技术及酶降解法。其中微波技术生产高黏均分子量壳聚糖的最优条件为：微波功率 462 W，微波反应时间 20 min，NaOH 浓度 50%，乙醇浸泡时间 2.5 h，乙醇浓度 80%[93]。

10）改性淀粉

改性淀粉（modified starch）又称变性淀粉。广义讲，凡是通过化学结构修饰过的淀粉都可称为变性淀粉，进一步改性可以得到氧化淀粉、双醛淀粉、接枝淀粉及淀粉黄原酸酯等。

变性淀粉具有无毒、原料来源广、价格低及易于生物降解等优点，近年来得到了广泛重视与应用。以过硫酸铵为引发剂，通过接枝共聚反应在淀粉骨架上引入聚丙烯酰胺，可得到新型絮凝剂[94]。

2. 土基淀粉类固土材料制备

淀粉是自然界中可再生的天然高分子化合物，然而原淀粉存在一些性质上的不足，如不能在冷水中溶解、成膜性比较差、易老化、低温下容易凝沉等，从而限制了原淀粉在医药、食品及化工等领域的广泛应用。对原淀粉进行改性处理，改变原淀粉的缺陷并且赋予其新功能，以此来拓宽原淀粉的应用范围非常有意义。淀粉在适当温度下（各种来源的淀粉所需温度不同，一般为 60～80 ℃）在水中溶胀形成均匀糊状溶液的作用称为糊化作用。糊化作用的本质是淀粉中有序及无序（晶质与非晶质）态的淀粉分子之间的氢键断开，分散在水中成为胶体溶液。糊化作用的过程可分为三个阶段：①可逆吸水阶段。水分进入淀粉粒的非晶质部分，体积略有膨胀，此时冷却干燥，颗粒可以复原，双折射现象不变。②不可逆吸水阶段。随着温度升高，水分子进入淀粉微晶间隙，不可逆地大量吸水，双折射现象逐渐模糊以至消失，也称结晶"溶解"，淀粉粒胀至原始体积的50～100 倍。③淀粉粒最后解体。淀粉分子全部进入溶液，糊化后的淀粉又称为 α-化淀粉。将新鲜制备的糊化淀粉浆脱水干燥，可得易分散于凉水的无定形粉末，即"可溶性 α-淀粉"。

本实验是以淀粉（氧化淀粉、玉米淀粉、可溶性淀粉、羧甲基淀粉钠、马铃薯淀粉、玉米变性淀粉、红薯淀粉、木薯淀粉）为原料，复配天然黄土或红土，制备土基淀粉类抗水蚀复合材料。其中制备方法有两种，一种是将淀粉溶解在水中于 0 ℃下搅拌 30 min，另一种是 80 ℃下将淀粉在水中搅拌糊化 30 min，对比糊化前后淀粉材料的抗水蚀性能。

添加一定量的原淀粉类不能大幅度提高复合材料的抗水蚀性能，但是经过糊化处理的淀粉能够大幅度提高复合材料的抗水蚀性能。以黄土材料为例，纯黄土最大抗冲蚀时间为 5 min，添加 2.0%红薯淀粉（2.0%木薯淀粉、2.0%马铃薯淀粉、2.0%玉米淀粉、2.0%玉米变性淀粉、2.0%羧甲基淀粉钠、2.0%氧化淀粉、2.0%可溶性淀粉）后，黄土基淀粉复合材料最大抗冲蚀时间为 0.3 h（0.9 h、1.0 h、0.5 h、0.5 h、0.6 h、0.3 h、0.2 h），添加 2.0%糊化红薯淀粉（2.0%糊化木薯淀粉、2.0%糊化马铃薯淀粉、2.0%糊化玉米淀粉、2.0%糊化玉米变性淀粉、2.0%糊化羧甲基淀粉钠、2.0%糊化氧化淀粉、2.0%糊化可溶性淀粉）后，黄土基糊化淀粉复合材料最大抗冲蚀时间可以达到 11 h（15 h、18 h、2.5 h、12 h、14 h、12 h、2.6h）（表 5-8）。

表 5-8　黄土基淀粉类复合材料抗水蚀数据

聚合物 种类	黄土基淀粉抗水蚀材料				黄土基糊化淀粉抗水蚀材料			
	含量/%	T_{max}/h	E_r/（g/h）	抗水蚀效果	含量/%	T_{max}/h	E_r/（g/h）	抗水蚀效果
红薯淀粉	2.0	0.3	200	差	2.0	11	4.55	优
木薯淀粉	2.0	0.9	55.6	差	2.0	15	3.33	优
马铃薯淀粉	2.0	1.0	50.0	差	2.0	18	2.78	优
玉米淀粉	2.0	0.5	111	差	2.0	2.5	20.0	良
玉米变性淀粉	2.0	0.5	100	差	2.0	12	4.17	优
羧甲基淀粉钠	2.0	0.6	83.3	差	2.0	14	3.57	优
氧化淀粉	2.0	0.3	167	差	2.0	12	4.17	优
可溶性淀粉	2.0	0.2	250	差	2.0	2.6	19.2	良

淀粉未经糊化处理时，土基淀粉类复合材料在质量分数为 0%～2%的范围内抗水蚀效果普遍较差，样品在短时间内容易被水冲蚀。当将淀粉在 80 ℃下搅拌糊化 30 min 后，2%黄土基糊化淀粉复合材料抗水蚀性能明显提高，最大抗水蚀时间达到 18 h。红土基淀粉类复合材料在 30 ℃干燥过程中样品干裂，其抗皲裂性能差，抗水蚀性能也较黄土基材料差。

5.2.6　模拟降雨条件下土基高分子材料水蚀性能

1. 试验材料及方法

模拟降雨一般可在人工模拟降雨大厅进行。

试验抗水蚀材料制备：分别称取 40 kg 黄土四份，分为空白对照组和分别加入 0.5%沙蒿胶（ASKG）、0.5%黄原胶（XG）及 0.5%羟丙基甲基纤维素（HPMC）实验组，每组加水 28.8 kg，搅拌均匀，室温（7～13 ℃）反应 20 h。模拟降雨系统：采用侧喷式自动模拟降雨系统，喷头高 16 m，降雨特性接近天然降雨，降雨强度 105 mm/h。

冲刷土槽：试验土槽长 2 m，宽 0.5 m，深 0.4 m，坡度 0°～30°可调，本试验设计坡度 13.5°，实验土槽共 4 个。试验前先将土壤风干，使土壤含水量均一。装土时先在土槽最底层装 5 cm 厚的沙子，然后依次装六层土，每层厚 5 cm，装土容重控制在 1.2 g/cm³左右，最上面一层装 2 cm 土，最后将制备好的抗水蚀材料平铺一层，约 3 cm 厚，室内静置 20 h 后进行降雨试验。

试验方法：试验前在各个土槽的上中下三个部位各放雨量筒一个，标定实际降雨量。试验中记录初始产流时间，产流随时间的变化，每隔 3 min 采一次样，共采集 15 组，记录采样时间和采样体积。

2. 坡面土侵蚀与坡面产流特征

侵蚀率 = 泥沙质量/（取样时间×小区投影面积），单位为 g/（m²·min）。

取样时间 = 3 min，小区投影面积=长×宽×cos 坡度=0.9723 m²。

表 5-9 和图 5-39 均显示高分子可以提高土壤抗水蚀能力。与对照组相比较，高分子黄原胶、沙蒿胶的加入使坡面泥沙侵蚀量明显减少。对照组材料每 3 min 的平均侵蚀量为 207.5 g，平均侵蚀率为 70.98 g/（m²·min），对应黄原胶材料的平均侵蚀量为 49.37 g，较对照组减少了 76.21%，平均侵蚀率为 16.92 g/（m²·min），较对照组减少了 76.16%。沙蒿胶材料的平均侵蚀量为 28.12 g，较对照组减少了 86.45%，平均侵蚀率为 9.653 g/（m²·min），较对照组减少了 86.40%。羟丙基甲基纤维素的加入对坡面泥沙侵蚀量影响不大。黄土基羟丙基甲基纤维素复合材料平均侵蚀量为 181.6 g，较对照组只减少了 12.48%，平均侵蚀率为 62.41 g/（m²·min），较对照组只减少了 12.07%。

表 5-9　黄土基高分子抗水蚀材料坡面土侵蚀数据

时间/ min	纯黄土		0.5%黄原胶-黄土		0.5%沙蒿胶-黄土		0.5%羟丙基甲基纤维素-黄土	
	泥沙量 /g	侵蚀率/ [g/（m²·min）]	泥沙量 /g	侵蚀率/ [g/（m²·min）]	泥沙量 /g	侵蚀率/ [g/（m²·min）]	泥沙量 /g	侵蚀率/ [g/（m²·min）]
3	166.4	49.98	12.68	3.981	6.511	2.119	245.2	84.24
6	273.2	96.03	36.11	12.69	16.22	5.574	214.3	73.66
9	240.9	82.78	43.23	14.86	24.44	8.399	224.2	77.03
12	243.2	83.57	48.11	16.44	28.76	9.883	193.9	66.63
15	210.2	72.25	48.63	16.71	29.17	10.02	201.4	69.21
18	241.9	83.14	54.78	18.62	30.87	10.61	176.4	60.62
21	207.8	71.43	52.90	17.84	31.44	10.81	179.6	61.73
24	210.9	72.47	51.59	17.73	31.23	10.73	177.6	61.03
27	222.9	76.59	56.92	19.56	31.71	10.89	159.9	54.94
30	196.7	67.59	55.01	18.91	31.52	10.83	151.5	52.07
33	201.5	69.24	56.01	19.25	32.19	11.06	160.7	55.23
36	190.7	65.55	55.83	19.19	32.39	11.13	165.1	56.73
39	177.8	61.10	57.79	19.86	28.66	9.849	157.4	54.09
42	168.4	57.88	53.92	18.53	32.86	11.29	154.1	52.96
45	160.3	55.09	57.11	19.63	33.77	11.60	162.8	55.95
平均值	207.5	70.98	49.37	16.92	28.12	9.653	181.6	62.41

坡面产流强度=水体积/（取样时间×小区投影面积），单位为 L/（m²·min）。

植物胶和纤维素虽然可以提高土壤抗水蚀能力，但也提高了坡面产流强度，这对于收集径流来说是有利因素，但对于水的入渗不利。对照组坡面产流强度平均值为 1.395 L/（m²·min），添加黄原胶、沙蒿胶及羟丙基甲基纤维素的黄土基材料，其产流强度平均值分别为 1.619 L/（m²·min）、1.601 L/（m²·min）及 1.449 L/（m²·min），与对照组相比较，添加黄原胶、沙蒿胶及羟丙基甲基纤维素的黄土基材料的坡面产流强度均有增加，但增加幅度较小（图 5-40 和表 5-10）。

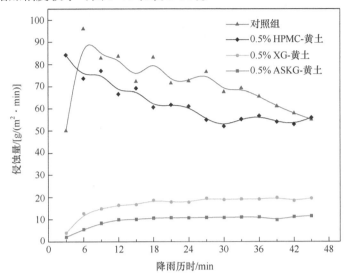

图 5-39　黄土基高分子抗水蚀材料坡面土侵蚀实验

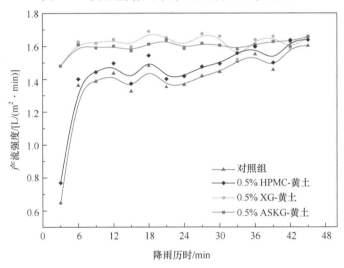

图 5-40　土基抗水蚀材料对坡面产流的影响

表 5-10　土基抗水蚀材料坡面产流数据

时间 /min	纯黄土		0.5%黄原胶-黄土		0.5%沙蒿胶-黄土		0.5%羟丙基甲基纤维素-黄土	
	产流量/L	产流强度 / [L/（m²·min）]	产流量/L	产流强度/ [L/（m²·min）]	产流量/L	产流强度 / L/（m²·min）	产流量/L	产流强度 / [L/（m²·min）]
3	2.155	0.6470	4.714	1.480	4.550	1.481	2.237	0.7687
6	3.876	1.362	4.627	1.627	4.682	1.609	4.075	1.401
9	4.034	1.386	4.707	1.618	4.625	1.589	4.198	1.443
12	4.177	1.435	4.772	1.639	4.656	1.600	4.353	1.496
15	3.853	1.324	4.643	1.596	4.576	1.572	3.994	1.373

续表

时间 /min	纯黄土		0.5%黄原胶-黄土		0.5%沙蒿胶-黄土		0.5%羟丙基甲基纤维素-黄土	
	产流量/L	产流强度/ [L/ (m²·min)]	产流量/L	产流强度/ [L/ (m²·min)]	产流量/L	产流强度/ [L/ (m²·min)]	产流量/L	产流强度/ [L/ (m²·min)]
18	4.309	1.481	4.915	1.689	4.689	1.611	4.491	1.543
21	3.931	1.351	4.805	1.651	4.765	1.637	4.077	1.401
24	3.976	1.366	4.638	1.594	4.613	1.585	4.126	1.418
27	4.128	1.419	4.875	1.675	4.704	1.617	4.296	1.476
30	4.202	1.444	4.831	1.660	4.671	1.605	4.347	1.494
33	4.385	1.507	4.723	1.519	4.606	1.583	4.531	1.557
36	4.511	1.550	4.771	1.639	4.683	1.609	4.645	1.596
39	4.237	1.456	4.827	1.659	4.735	1.627	4.361	1.499
42	4.647	1.597	4.594	1.579	4.739	1.629	4.762	1.636
45	4.661	1.602	4.826	1.658	4.823	1.658	4.765	1.637
平均值	4.072	1.395	4.751	1.619	4.674	1.601	4.217	1.449

参 考 文 献

[1] 《中国水利百科全书》第二版编辑委员会. 中国水利百科全书·第一卷. 北京: 中国水利水电出版社, 2006.

[2] 中国大百科全书编辑委员会. 中国大百科全书·水利卷. 中国: 中国大百科全书出版社, 1992.

[3] 王礼先. 水土保持学. 中国: 中国林业出版社, 2005.

[4] 中华人民共和国水利部. 水利部发布 2018 年全国水土流失动态监测成果. http://www.mwr.gov.cn/hd/ zxft/zxzb/fbh. (2019-06-28)[2020-01-14].

[5] 刘瑾. 土基高分子固土材料的制备及其性能研究. 兰州: 西北师范大学, 2019.

[6] 彭珂珊. 黄土高原地区水土流失特点和治理阶段及其思路研究. 首都师范大学学报, 2013, 34(5): 82-89.

[7] 秦天枝. 我国水土流失的原因、危害及对策. 生态经济, 2009, (10): 163-169.

[8] Dagesse D F. Freezing-induced bulk soil volume changes. Canadian Journal of Soil Science, 2010, (90): 389-401.

[9] 刘淑珍, 刘斌涛, 陶和平, 张立新. 我国冻融侵蚀现状及防治对策. 中国水土保持, 2013, (10): 41-44.

[10] 高照良, 李永红, 徐佳, 王珍珍, 赵晶, 郭文, 宋慧斌, 张兴昌, 彭珂珊. 黄土高原水土流失治理进展及其对策. 科技和产业, 2009, 9: 1-12; 姜鹏. 黄土高原地区生态系统恢复模式研究. 咸阳: 西北农林科技大学, 2015.

[11] 上官周平, 彭珂珊, 彭琳. 黄土高原粮食生产与可持续发展研究. 西安: 陕西人民出版社, 1999.

[12] 鲁塞琴. 黄土高原水土流失治理的对策与措施. 产业与科技论坛, 2009, 8(8): 107-112.

[13] 成六三, 侯海燕, 黄春林. 陇东黄土高原水土流失现状以及防治策略. 甘肃林业科技, 2008, 33(2): 55-58.

[14] 高照良, 彭珂珊. 西部地区生态修复与退耕还林还草研究. 北京: 中国文史出版社, 2005.

[15] 星球研究所. 黄土高原为什么这么苦? (2017-06-21)[2020-01-14]http://news.ifeng.com/a.

[16] 水利部黄河水利委员会. 黄河流域地图集. 北京: 中国地图出版社, 1989.

[17] 甘枝茂. 黄土高原地貌与土壤侵蚀研究. 西安: 陕西人民出版社, 1989.

[18] 许桂兰. 我国黄土高原水土流失问题治理研究. 科技情报开发与经济, 2008, 18: 111-114.

[19] 李忠魁. 小流域治理的哲学思考. 水土保持通报, 1994, (1): 30-37.

[20] 王万忠, 焦菊英. 黄土高原侵蚀产沙强度的时空变化特征. 地理学报, 2002, 57(2): 210-217.

[21] 陈茁新, 张金池. 近 10 年全球水土保持研究热点问题述评. 南京林业大学学报(自然科学版), 2018, 42: 167-174.

[22] 侯浩波, 周旻, 张大捷. HAS 土壤固化剂固化土料的特性及工程应用. 工业建筑, 2006, 36(7): 32-34.

[23] 杨永江, 赵玮. 固土材料及优选固化滨海盐渍土方法. 科技创新导报, 2009, (27): 32.

[24] 王小彬, 蔡典雄, 张锐. 几种高分子材料固土性能比较与评价研究. 中国农业科学, 2005, 38: 1608-1615.

[25] 雷自强, 刘瑾, 彭辉, 程莎, 张文旭, 马国富. 一种水溶性环保固沙剂的制备及应用方法: 108383946A. 2018-08-10.

[26] 雷自强, 刘瑾, 彭辉, 杨志旺, 周小中, 孙煜娇, 孙晓梅. 一种天然土基生物胶土壤防水蚀材料的制备方法: 109294591A. 2019-02-01.

[27] 雷自强, 刘瑾, 彭辉, 程莎, 马国富, 张文旭. 一种土基高分子复合防水蚀材料的制备方法: 108467227A. 2018-08-31.

[28] 廖列文, 尹国强. 水溶性聚丙烯酸钠的应用. 化学世界, 2006, 3(19): 188-190.

[29] 张明月. 水溶性聚丙烯酸钠的合成及其应用. 广州化工, 2005, 33(2): 9-12.

[30] 张海波, 陈岚岚. 聚丙烯酰胺的合成及应用研究进展. 高分子材料科学与工程, 2016, 32(8): 177-190.

[31] 张桐郡, 张明恂, 娄轶辉. 聚丙烯酰胺产业现状及发展趋势. 化学工业, 2009, 27(6): 26-33.

[32] 汪宝林. 聚乙烯醇的结构与性能研究. 中国胶粘剂, 2014, 23(3): 30-36.

[33] 刘亚兰, 雷忠利, 赵俊超. 聚乙二醇丙烯酸酯的合成与表征. 现代植物医学进展, 2006, 6(5): 41-43.

[34] 李凤林、黄聪亮、余蕾. 食品添加剂. 北京: 化学工业出版社, 2008.

[35] 陈焕章. 黄原胶的生产与应用. 化学工业与工程, 2016, 13: 61-64.

[36] Feng E K, Ma G F, Wu Y J, Wang H P, Lei Z Q. Preparation and properties of organic-inorganic composite superabsorbent based on xanthan gum and loess. Carbohydrate Polymers, 2014, 111: 463-468.

[37] 李铭杰, 李仲谨, 郝明德, 赵燕, 张超武. AC/XG-g-PAA 复合高吸水性树脂的制备及性能研究. 精细化工, 2010, 27: 947-952.

[38] 陈焕章. 黄原胶的生产与应用. 化学工业与工程, 2016, 13: 61-64.

[39] 冯恩科, 王辉, 李佳佳, 马国富. GG-g-PAA/loess 复合高吸水性树脂的制备与性能. 精细化工, 2013, 30: 1344-1365.

[40] 凌关庭. 食品添加剂手册(第二版). 北京: 化学工业出版社, 1997: 856.

[41] 顾振东, 刘晓艳. 瓜尔豆胶的生产及其应用研究进展. 广西轻工业, 2010, (7): 11-13, 34.

[42] 邹时英. 羟丙基瓜尔胶的制备及表征. 成都: 四川大学, 2003.

[43] 李杰. 羟丙基瓜尔胶生产配方优化. 化工管理, 2014, (24): 100.

[44] 孙晓东, 史峰山, 赵秀峰, 张贵彬. 亚麻籽胶性能研究. 中国食品添加剂, 2001, (4): 7-11.

[45] 刘俞辰, 刘进荣. 食用沙蒿胶提取工艺的研究进展. 内蒙古石油化工, 2009, (12): 1-2.

[46] 秦振平, 曹庆生, 樊世科. 食用沙蒿胶的提取研究. 食品科学, 2001, 22: 54-56.

[47] 汤凤霞, 王忠敏. 葫芦巴胶溶液流变特性研究. 食品科学, 2004, 25(5): 46-52.

[48] 张雄, 秋列维, 孙同成, 方裕燕, 侯帆. 阴离子型葫芦巴胶压裂液体系研究. 陕西科技大学学报, 2017, 35: 116-120.

[49] 姚瑶. 交联氧化田菁胶的制备、性能及应用研究. 沈阳: 沈阳工业大学, 2017.

[50] 冯永华, 范明娟, 李欣. 如何提高田菁胶的粘度. 植物学通报, 1984, 2(2-3): 57-59.

[51] 王宗训, 黄启华, 李欣, 华瑾. 田菁胶及其应用. 北京: 科学出版社, 1982.

[52] 唐燕祥. 瓜尔胶与田菁胶化学改性的研究进展. 矿冶, 1995, 4: 67-71.

[53] 姚瑶, 唐洪波. 交联氧化田菁胶的制备及性能研究. 科技创新导报, 2017, (13): 77-81.

[54] 杨永利, 郭守军, 陈涌程, 张伟彪, 黄光勋, 蔡向岸. 刺槐豆胶复合涂膜保鲜剂低温保鲜荔枝的研究. 食品研究与开发, 2009, 30(12): 150-153.

[55] 吴佳煜, 龚静妮, 庞杰, 吴先辉. 魔芋葡甘聚糖对阿拉伯树胶凝胶特性的影响. 核农学, 2018, 32(5): 0924-0932.

[56] 柏云衫. 卡拉胶的制备、性质及应用研究. 化学通报, 1995, (5): 42-45.

[57] 林巧, 宁正祥. 魔芋胶-卡拉胶相互作用特性研究. 添加剂与检测, 1997, 9: 29-31.

[58] Haldar K, Chakraborty S. Role of chemical reaction and drag force during drop impact gelation process. Colloids and Surfaces A: Physicochemical and Engineering Aspects, 2018, 559: 401-409.

[59] 陈运中. 魔芋粉与黄原胶的协同增效作用及应用研究. 食品科学, 1999, 12: 12-14.

[60] 李斌, 谢笔钧. 魔芋胶生产工艺研究进展. 粮食与饲料工业, 2002, (3): 43-45.

[61] 张皓, 孙初锋. 果胶的提取工艺研究及其应用. 化工管理, 2017, (5): 44.

[62] 汪海波. 低酯果胶的凝胶质构性能研究. 食品科学, 2006, 27(12): 123-130.

[63] 吴淑茗, 柯萍萍, 黄俊祥, 陈梦霞, 许心怡, 王玮靖. 羧甲基纤维素钠的研究进展. 化学工程与装备, 2018, (10): 246-247.

[64] 王万森. 农作物秸秆制备羧甲基纤维素工艺的研究. 天津化工, 2004, 18(1): 10-11.

[65] Feng M J. Preparation of carboxymethyl cellulose (CMC) with plant straw. Guangxi Chemical Industry, 1999, 28(3): 12-14.

[66] 李外, 赵雄虎, 季一辉, 贾佳, 赵武. 羧甲基纤维素制备方法及其生产工艺研究进展. 石油化工, 2013, 42(6): 693-702.

[67] 邱海燕, 薛松松, 张洪杰, 兰贵红, 曾文强, 张名. CMC-g-P(AM-co-NaAMC$_{14}$S)高吸水性树脂的合成及性能. 精细化工, 2018, (9): 1610-1615.

[68] 杨全刚, 诸葛玉平, 曲扬, 刘春增. 小麦秸秆纤维素均相醚化制备羧甲基纤维素工艺优化. 农业工程学报, 2017, 33: 307-314.

[69] 严瑞煊. 水溶性高分子. 北京: 化学工业出版社, 1998: 434.

[70] 姬静, 郭圣荣, 方晓玲. 乙基纤维素在药物制剂中的应用. 中国医药工业杂志, 2000, 31(2): 89-92.

[71] 延凤英. 羟丙基甲基纤维素醚工艺技术介绍. 盐科学与化工, 2018, 47: 39-40.

[72] 陈四发, 赵书申. 羟丙基纤维素的生产及应用. 湖北化工, 1989, (2): 41-45.

[73] 陈桦. 国外甲基纤维素及其衍生物的生产动向. 化工新型材料, 1997, (5): 40-41.

[74] 山炜巍, 周志宏. 醋酸纤维素的生产、应用与市场. 乙醛醋酸化工, 2016, (4): 15-21, 31.

[75] 何建新, 唐予远, 王善元. 醋酸纤维素的结晶结构与热性能. 纺织学报, 2008, 29: 12-16.

[76] 陈明光, 周韬. 浅谈醋酸丁酸纤维素在木材涂料中的应用. 中国涂料, 1997, (01): 38-40.

[77] Xing C Y, Wang H T. Mechanical and thermal properties of eco-friendly poly(propylene carbonate)/cellulose acetate butyrate blends. Carbohydrate Polymers, 2013, 92: 1921-1927.

[78] 青岛医院卫生学教研组. 增塑剂邻苯二甲酸二异丁酯毒性试验. 青岛医学院学报, 1977, (1): 9-11.

[79] 胡大强. 邻苯二甲酸醋酸纤维素的新应用. 中国药业, 2004, 13(4): 78.

[80] 邱红星, 张大力, 修琳, 郑明珠, 刘景圣. 玉米淀粉湿法生产工艺研究. 食品科技, 2015, 40: 136-139.

[81] 唐玉琴, 李凤林. 玉米淀粉多菌种发酵饮料工艺研究及探讨. 中国粮油学报, 2007, 22(1): 48-50.

[82] 许烽. 氧化淀粉的制备工艺研究. 包装学报, 2013, 5: 15-19.

[83] 曾洁, 高海燕, 李新华. 酶解对氧化淀粉应用性质的影响. 食品工业科技, 2003, (12): 29-31.

[84] 谢丽娟, 宋少芳. 木薯淀粉酸水解制可溶性淀粉. 广西化工, 1995, 24: 38-41.

[85] 杜峰, 项尚林, 方显力. 可溶性淀粉对水性聚氨酯固沙剂性能的影响. 江苏农业科学, 2012, 40(8):

330-331.

[86] 张海俊, 刘亚伟, 邢伟亮, 田景霞. 高粘度羧甲基淀粉的制备研究. 食品工业科技, 2008, (3): 225-227.

[87] 张昊, 范新宇, 王建坤, 郭晶, 梁卡. 交联羧甲基淀粉的制备及其对重金属离子的吸附性能. 化工进展, 2017, 36(7): 2554-2561.

[88] 吴霞, 范力仁. 变性木薯淀粉凝胶的制备与结构表征. 精细石油化工进展, 2009, 10(5): 44-47.

[89] 陈杭, 邬应龙, 陈小欢. 羟丙基糯米淀粉的制备及其性质的研究. 食品科技, 2007, 32: 57-60.

[90] 王明珠, 王虹, 周尧, 赵雄燕, 印杰. 高品质羟乙基淀粉的制备及精制技术的研究. 塑料科技, 2017, 45(3): 34-37.

[91] 方降龙, 海子彬, 谢显传, 郑志侠. 农村红薯淀粉低污染生产模式探讨. 现代农业科技, 2014, (18): 213-214, 222.

[92] 李红云, 徐晓萍, 陈厚荣, 陶晓奇, 张甫生. 高静压处理对红薯淀粉颗粒结构的影响. 食品科学, 2018, 39(13): 106-111.

[93] 张立英. 壳聚糖的制备方法及研究进展. 山东工业技术, 2018, (2): 22.

[94] 李玲玉. 改性淀粉的制备方法研究. 化工设计通讯, 2018, 44(6): 142-143.

第 6 章　含土复合吸水材料

6.1　吸水材料简介

超（高）吸水性树脂（superabsorbent resin，SAR）是一种具有特殊功能的高分子材料，通常又被称为"高吸水性聚合物"、"吸水性高分子树脂"、"超强吸水剂"、"吸水材料"或"吸水剂"。超（高）吸水性树脂是指通过水合作用能快速吸收自重几百至几千倍水分后溶胀而呈凝胶状，且在加压的条件下仍能长时间保持所吸水分的一种具有轻度交联的三维网状结构的功能高分子。超（高）吸水材料是含超（高）吸水性树脂的复合材料，其中超（高）吸水性树脂的性能决定了材料的基本吸水和保水性能，复合材料中的其他组分则用来改善材料的吸水性能、保水性能及环境稳定性，提高吸水材料的机械性能并降低其成本。

6.1.1　吸水材料分类

自然界中有些材料能够吸收水超自重几倍至几十倍，如棉花和海绵等，这种吸附属于物理吸附，主要是毛细管吸附原理，物理吸附的水容易通过加压挤出；另一些材料甚至可以吸水超自重几百至几千倍，这种吸附既有物理吸附也有化学吸附。化学吸附是材料结构中亲水基团（羟基、羧基、酰胺基、磺酸基等）通过化学键将水吸附在三维网络中。化学吸附的水与吸水材料结合牢固，不会通过加压被挤出。一般超吸水材料的吸水既有物理吸附也有化学吸附，吸水最高可以达到几千倍。

超吸水树脂或材料从原料的来源分为合成聚合物类、淀粉类及纤维素类。

1. 合成聚合物类吸水材料

合成聚合物类高吸水树脂或材料主要包括以下几种：①聚丙烯酸盐类。该类吸水材料由丙烯酸或其盐类在水溶液中聚合而成，目前生产最多的就是这类材料，其吸水倍率一般均在千倍以上，主要用来制备商用产品。在过硫酸钾（KPS）引发条件下，N,N'-亚甲基双丙烯酰胺（MBA）为交联剂，丙烯酸（AA）和丙烯酰胺（AAm）与壳聚糖接枝聚合制备得到的超吸水树脂，未皂化（碱性水解）树脂吸水倍率随聚合反应中丙烯酸加入量的增加而升高，但皂化后，树脂吸水倍率则随聚合反应中丙烯酰胺加入量的增加而升高。这一现象提示人们用作吸水材料的聚丙烯酰胺，碱性水解后才具有最佳吸水倍率。丙烯酸聚合时需要中和，中和度对聚合物的吸水倍率有重要影响，以丙烯酸酯为单体得到的吸水树脂，与丙烯酰胺相似，聚合后也需要水解[1]。含 10%腐殖酸钠的壳聚糖-g-聚丙烯酸-腐殖酸钠（CTS-g-PAA/SH）多功能吸水材料，吸蒸馏水和 0.9%盐水倍率分别为

183 g/g 和 41 g/g，这个材料吸水倍率虽不高，但植物毒性降低[2]。②聚丙烯腈水解产物。这类吸水材料制备时先合成聚丙烯腈，然后将聚丙烯腈用氢氧化钠溶液水解，最后使用交联剂交联。例如，将废腈纶丝水解后用氢氧化钠处理就得到此类吸水复合材料。氰基是难水解功能基团，如果水解比例不高，所制备的复合材料含亲水基团就少，吸水倍率就低，一般在 500～1000 倍。聚丙烯腈水解产生的废液较难处理，对环境危害较大。③乙酸乙烯酯共聚物。该类吸水材料通过共聚来制备，共聚单体通常是乙酸乙烯酯和丙烯酸甲酯。与聚丙烯腈类吸水材料相似，将共聚物用氢氧化钠溶液水解后就可得到吸水树脂。这类树脂在吸水后有较高的机械强度，适用范围较广。乙酸乙烯酯水解同样会产生难处理的废液。④改性聚乙烯醇类。该类吸水树脂由聚乙烯醇与环状酸酐在不需外加交联剂的条件下反应得到。这类材料吸水倍率较低，一般在 150～400 倍，但由于吸水速率快、耐热性较好，因而也是一类适用面较广的高吸水材料[3]。

2. 淀粉类吸水材料

淀粉类高吸水材料是指淀粉多糖结构单元通过化学引发或辐射引发产生活性中心后，与乙烯基单体衍生物发生接枝共聚反应制备得到的高吸水材料[4]。

常用淀粉类高吸水材料主要是淀粉与其他单体的接枝共聚物。淀粉与丙烯腈接枝共聚后，用氢氧化钠溶液水解可以生成羧基、羟基及酰胺基等亲水性基团；淀粉与丙烯酸或丙烯酰胺接枝聚合后，其交联产物就是吸水材料。

20 世纪 60 年代，美国农业部北方研究所以淀粉为原料，在铈盐催化下，使淀粉与丙烯腈接枝共聚制备了淀粉基共聚物。后来美国谷物加工公司利用淀粉接枝丙烯腈碱性水解生产了高吸水材料。日本三洋化成株式会社也是较早研究淀粉接枝丙烯酸共聚物的公司，他们的商品化产品有 Sanwet IM-700 和 IM-1000，其吸水倍率分别达到 700 g/g 和 1000 g/g。瑞典研究者于 1981 年也制备了淀粉接枝丙烯腈吸水材料，碱性水解后其吸水倍率达到 800 g/g。上海大学于 1983 年制备了淀粉接枝丙烯酸吸水材料并研发了系列产品。吉林石油化工设计研究院于 1984 年制备得到了吸水倍率达 700～1000 g/g 的淀粉接枝乙烯材料。山东济宁化工厂使用糊化红薯淀粉，通过自由基聚合得到丙烯酸接枝共聚物，其吸水倍率达到 250～500 g/g[5]。

淀粉在自然界是可再生资源，原料丰富，以淀粉为原料的吸水材料，制备成本低、生物可降解、吸水倍率较高（最高 5300 g/g）、吸水速率快且保水性能优良[5]。淀粉类吸水材料的缺点是耐热性及凝胶强度不够理想，且在使用过程中易受微生物侵害变质，导致其吸水和保水能力降低。

以淀粉接枝共聚物（丙烯腈、丙烯酸、丙烯酰胺、乙酸乙烯、多元单体及苯乙烯接枝共聚物）为主的吸水材料，在市场上占有一定份额。淀粉接枝共聚物制备过程只需采用普通的自由基或氧化-还原聚合方法，主要共聚引发体系包括铈盐体系、Fe^{2+}-H_2O_2 及锰盐体系等。

以铈盐法制备淀粉接枝丙烯腈共聚物为例，制备时在氮气保护下，将淀粉在 92～94 ℃下糊化，之后冷却至室温，硝酸铈铵引发丙烯腈与淀粉接枝共聚，将得到的淀粉接枝丙烯腈共聚物在 NaOH 溶液中水解，使氰基（—CN）水解为酰胺基（—CONH₂，部分水解）和羧基（—COOH，完全水解），—COOH 与 NaOH 反应生成羧酸盐（—COONa）。—CONH₂、—COOH 及—COONa 均为吸水基团，—CN 全部水解后，用酸调 pH=2～3，将分离产物用碱调 pH = 7.6，在 110 ℃下干燥，产品吸水倍率为 1200 g/g[5-7]。

Fe²⁺-H₂O₂ 法制备的淀粉接枝丙烯腈共聚物吸水倍率可达到 1000 g/g。淀粉-丙烯腈-第三单体三元共聚法制备的淀粉-丙烯腈-丙烯酰胺-2-甲基丙磺酸共聚物、淀粉-丙烯腈-丙烯酸共聚物、淀粉-丙烯腈-乙烯磺酸共聚物及淀粉-丙烯腈-丙烯酸酯共聚物，吸水倍率分别达到 5300 g/g、1590 g/g、1200 g/g 和 1030 g/g[5, 7, 8]。

3. 纤维素类吸水材料

纤维素类高吸水材料主要是以纤维素大分子链为骨架，在其结构单元通过化学引发或辐射引发产生活性中心后，与乙烯基类单体发生接枝共聚反应制备得到的吸水复合材料[9]。目前广泛使用的纤维素类吸水材料制备方法主要有两种：一种是在纤维素上引入亲水基团，最常用的方法是在纤维素上引入羧甲基，然后再进行交联，这类材料的吸水倍率可达 500～2000 g/g；另一种与淀粉基吸水材料制备相似，以纤维素为原料，通过自由基聚合方法，将亲水性单体接枝到纤维素分子上制备共聚物。纤维素类高吸水材料的吸水倍率较低，易受细菌分解而失去吸水和保水能力。

纤维素类高吸水材料的制备常见的有纤维素羧甲基化、纤维素接枝共聚及纤维素衍生物接枝共聚等。

1）纤维素羧甲基化

羧甲基纤维素由氯代乙酸或氯代乙酸钠盐与碱纤维素反应制得，是产量较大的吸水材料。工业化生产羧甲基纤维素的方法主要有溶液法、水媒法及溶媒法，反应中一般以异丙醇为稀释剂。羧甲基纤维素的吸水能力由端羧基取代数量决定，通过控制羧甲基纤维素制备中原料用量和反应试剂的配比，可以得到吸水能力很强的产品。为了进一步提s高羧甲基纤维素的吸水能力，可以通过交联和醚化处理[10]。

2）纤维素接枝共聚

在纤维素分子链上接枝含有亲水基团的单体，可以制备得到高吸水性材料。例如，以纤维素为原料，与丙烯腈接枝共聚制备的吸水材料，吸水倍率可达到 1000 g/g[11]。利用纤维素接枝共聚制备高吸水材料，不但可利用废弃物，还可以生物降解。

3）纤维素衍生物的接枝共聚

纤维素黄原酸、羧甲基纤维素及羟乙基纤维素是常见的吸水材料。以羧甲基纤维素和丙烯酸为原料，通过接枝共聚得到的吸水材料，吸水倍率可达 800 g/g[12-14]。以羧甲基纤维素和丙烯酸为原料，通过反相乳液聚合得到的产品，其吸水倍率可达到 1200～2000 g/g[15]。利用两个或两个以上单体，与纤维素进行接枝共聚，可以改善共聚物的吸水性能。以麦草浆为原料，首先制备一取代度羧甲基纤维素，以其为原料与丙烯酰胺及丙烯酸进行接枝共聚，可以得到吸水倍数达 430 g/g 的吸水材料，这种使用两个单体的接枝共聚物的吸水速率也较快[16]。在有机共聚物中引入无机物，所形成的材料具有互穿网络结构，可以有效提高材料的热稳定性。例如，在羟乙基纤维素-丙烯酸-丙烯酰胺三元接枝共聚物中添加 SiO_2，既可以提高复合吸水材料的热稳定性，也可以通过硅溶胶活性表面与吸水性离子形成交联结构，提高材料的强度[17]。

4. 有机-无机复合吸水材料

通过原位聚合或表面接枝聚合，可以将无机组分连接在高吸水材料中，制备有机-无机复合吸水材料。这种吸水材料虽然吸水倍率和吸水速率在多数状况下较低，但材料凝胶强度、可降解性及改良土壤性得到改善，特别是材料成本大大降低，更适合农业和林业领域使用。黏土的空间网络，在吸水材料中可起到支撑三维网络作用；其表面可反应的活性基团能够与聚合单体聚合形成吸水材料。国内外有机-无机复合吸水材料的研究已经有很多[18]。已知可用来制备有机-无机复合吸水材料的黏土类矿物有坡缕石黏土（凹凸棒土）、膨润土（蒙脱土）、水滑石、高岭土、黄土、红土及硅藻土等。这些含黏土或黄土复合吸水材料，不但可以增加土壤团粒结构，还可以为植物提供生长所必需的营养元素，在农作物育种、沙地旱地经济林木种植、沙生植物栽植、经济林木培育及牧草种植等方面有着潜在的应用前景[19, 20]。

1）膨润土型

膨润土的主要成分是蒙脱石，由于结构特点，蒙脱石具有很高的膨胀性、吸附性、阳离子交换容量及分散性，这些性能可以使膨润土稳定分散在水溶液中，与溶于水的丙烯酸盐类等亲水单体进行聚合，制备有机-无机复合吸水材料[20, 21]。

以膨润土（蒙脱土）、丙烯酰胺、丙烯酸及尿素为原料，通过反相悬浮法制备得到的有机-无机复合吸水材料，不但具有良好吸水性和保水性，而且对化肥具有缓释作用[22]。以膨润土（蒙脱土）、丙烯酸和壳聚糖为原料，采用溶液聚合法制备的吸水材料，吸水倍率可以达到 425 g/g[23]。有机化膨润土（蒙脱土）与丙烯酸反应制得的有机-无机复合吸水材料，吸水倍率达 955 g/g。利用膨润土的结构特点，可以对其进行插层改性，在膨润土硅酸盐片层中插入有机聚合物，增大层间距，改善膨润土片层结构及层间的环境，从而得到综合性能优良的有机-无机复合吸水材料[24]。膨润土（蒙脱土）与聚丙烯酰胺通过交联反应形成的复合吸水材料，膨润土粒子构成吸水材料三维网络的网络点。固定交联剂用量所制备的膨润土-聚丙烯酰胺复合吸水材料，随着膨润土含量的增加，网格增多，凝胶强度提高，但其吸水倍率会有所下降[20, 25]。

以膨润土（蒙脱土）和丙烯酸制备的吸水材料，不但吸水性能良好，而且能够吸附金属离子，其中对 Pb^{2+}、Ni^{2+}、Cd^{2+} 和 Cu^{2+} 等重金属离子的吸附量可分别达到 16661.6 mg/g、2701.2 mg/g、416.6 mg/g 和 222.2 mg/g[26]。

2）坡缕石黏土（凹凸棒土）型

坡缕石黏土（凹凸棒土）是一种富镁的硅酸盐矿物，由于产地不同其形貌也不同，理想化学成分为 $Mg_5Si_8O_{20}(OH)_2(H_2O)_4 \cdot nH_2O$，其中 SiO_2 为 56.96%，MgO 为 23.83%。坡缕石矿物在世界上只分布在中国、美国、塞内加尔、西班牙、法国、俄罗斯、澳大利亚及墨西哥等几个国家，属于比较稀缺的环境矿物材料。坡缕石由于结构上的特点（中空纤维和比较大的比表面积），因而在环境净化（如杀菌及消毒）和环境修复（如大气、水污染治理等）等领域具有广泛的应用前景。利用坡缕石矿物巨大的比表面积与表面活性，在其内部嵌入引发剂或催化剂，实现坡缕石基质上的原位及可控聚合，制备既能吸水又能吸附重金属的复合材料，将为我国丰富的坡缕石资源开辟新的应用途径，为开发新型环保吸水材料及多功能吸附材料提供理论和实践依据。坡缕石矿物一般为棒状中空纤维，不但比表面积大，而且具有独特的三维空间结构。坡缕石表面有大量 Si—OH，酸化后碳酸盐分解，钙离子减少，通过进一步活化硅羟基和改变坡缕石黏土的物理化学性质，可以制备含坡缕石有机-无机复合吸水材料。添加改性坡缕石黏土后，复合吸水材料的吸水性、耐盐性及热稳定性都会提高。使用未纯化坡缕石黏土，通过反相悬浮聚合制备的坡缕石-聚丙烯酸钠吸水材料，吸蒸馏水倍率一般在 500 g/g 左右。使用纯化坡缕石黏土制得的吸水材料，吸纯水和吸盐水倍率分别达到 877 g/g 和 98 g/g[27]。膨润土和坡缕石黏土混合物与聚丙烯酸钠制得的吸水材料，在保持高吸水倍率的同时，吸水速率也会提高[28]。利用季铵盐改性的坡缕石黏土制备的有机改性坡缕石黏土-聚丙烯酰胺吸水材料，与未改性的坡缕石黏土-聚丙烯酰胺吸水材料比较，其吸水倍率和速率均有所提高[20, 29]。

壳聚糖-g-聚丙烯酸/坡缕石复合吸水材料吸蒸馏水和 0.9%盐水的倍率分别为 159.6 g/g 和 42.3 g/g。壳聚糖的平均分子量、丙烯酸与壳聚糖质量比、交联剂用量及坡缕石用量均对复合材料的吸水性能有影响。坡缕石的加入提高了吸水材料的热稳定性，协助形成更加有利于吸水的多孔结构[30]。含 10%坡缕石淀粉接枝聚丙烯酸/坡缕石复合吸水材料，吸蒸馏水和 0.9%盐水的倍率分别为 1077 g/g 和 61 g/g，可以生物降解，对环境友好[31]。聚丙烯酸/坡缕石复合吸水材料吸蒸馏水和 0.9%盐水的倍率分别为 1017 g/g 和 77 g/g[32]。

3）高岭土型

高岭土表面的电荷分为可变电荷和永久结构电荷两种，前者来自高岭土可离子化基团与水溶性离子之间的反应，这些可离子化基团的酸、碱性质决定了其 pH 相关性及电荷的正-负电性，同时也是进行聚合反应的必要条件；后者来源于硅氧四面体片中 Al^{3+} 对 Si^{4+} 的类质同象替代[33]。以高岭土、2-丙烯酰胺基-2-甲基丙磺酸（AMPS）及丙烯酸为原料，通过反相悬浮聚合制备得到的高岭土-有机聚合物复合吸水材料，其吸水倍率可达 581 g/g，吸盐水倍率可达 91 g/g。高岭土-有机聚合物复合吸水材料中，高岭土无机颗粒可以支撑三维网络交联点，使有机-无机复合吸水材料的凝胶强度提高，黏结现象得到部分消除，后加工处理变得容易[34]。以高岭土、丙烯酸及丙烯酰胺为原料，过硫酸铵为引发剂，通过反相悬浮聚合制备的高岭土-淀粉复合吸水材料，已经在建筑混凝土中得到应用，通过复合材料的吸水来提高混凝土的吸水性，有望在边坡防护方面得到应用[35, 36]。丙烯酸-高岭土-水解胶原蛋白吸水材料的吸水倍率可达到 674 g/g，研究发现制备丙烯酸-高岭土-水解胶原蛋白吸水材料时，引发剂是对吸水性能影响最大的因素[20]。

以马铃薯淀粉-g-丙烯酰胺-超细高岭土组成的新颖吸水复合材料，皂化后其吸水倍率达到 4000 g/g。马铃薯淀粉-g-丙烯酰胺-高岭土粉的吸水倍率，比马铃薯淀粉-g-丙烯酰胺-膨润土粉及马铃薯淀粉-g-丙烯酰胺-脉石粉的都要高[37, 38]。

4）其他类型

在有机-无机吸水材料的制备方面，使用过的其他无机材料有硅藻土、滑石、SiO_2 及 Fe_3O_4 等。通过甲基丙烯磺酸钠（SMAS）插层改性水滑石（MAS-HT），采用反相悬浮聚合可以得到聚(丙烯酸-丙烯酰胺)-水滑石复合吸水材料,这种材料也具有较高的吸水倍率[39]。硅藻土-聚乙烯醇吸水材料由于添加了硅藻土,不仅可降低成本,而且可提高吸水材料的吸水倍率[40]。利用膨胀蛭石,以丙烯酸、腐殖酸钠(SH)和丙烯酰胺为原料制备的聚(丙烯酸-co-丙烯酰胺)-膨胀蛭石-腐殖酸钠吸水材料,不但吸水性能良好,而且具有缓释功能[41]。以 SiO_2、丙烯酸及丙烯酰胺为原料制备的吸水材料,吸水倍率可达600 g/g,盐溶液中吸液倍率达到98.5 g/g[42]。通过添加 Fe_3O_4 磁粉制备的吸水材料,可应用于油田定向堵水中[20, 43]。

利用无机矿物制备的有机-无机复合吸水材料,其吸水性能、保水性能、吸水速率及耐盐性不一定最优,但与纯有机聚合物吸水材料比较,其凝胶强度提高,且具有缓释及可降解性,特别重要的是成本下降,使其在许多领域的应用成为可能。有机化无机材料的使用可使聚合反应更容易发生,制备的吸水材料力学性能更优,吸水保水性能得到改善,但其缺陷是生产工艺更复杂、生产成本提高。总体讲,有机-无机复合吸水材料应用前景看好,但目前工业化产品很少,所以这类产品距离大规模应用还有一段路程要走。笔者认为应加强本领域的研究,尤其应重视以下几种有机-无机复合吸水材料的基础研究和工业化:第一是研制具有综合吸水保水性能的缓释材料,可提高肥料和水分利用率,特别是应该研究智能缓释吸水材料,当植物需要肥料和水分时能大量释放,而当植物对肥料和水分的需求降低时能够储存肥料和水分;第二是利用秸秆、黏土为原料的营养型吸水材料,不但价格低廉,而且可降解,无毒副作用,可为植物提供水分和营养;第三是具有去除重金属离子功能的吸水材料,在为植物提供水分的同时,可以将土壤中的有毒重金属离子结合于吸水材料,使重金属离子移动受限,通过悬浮法收集这些吸附了重金属离子的材料,降低植物中的重金属浓度。

一些主要吸水材料列于表 6-1。

表 6-1　常见高吸水材料

类别	主要品种	聚合方法	吸水倍率/(蒸馏水, g/g)	吸水倍率/(0.9%NaCl 溶液, g/g)	参考文献
淀粉类	β-CD-g-P(AA/AM) β-环糊精-接枝-聚(丙烯酸/丙烯酰胺)	反相悬浮聚合	1544.8	144.5	[44]
	starch-g-PAN 淀粉-接枝-聚丙烯腈	自由基聚合	—	—	[45]
	pearl corn starch-g-PAN 珍珠玉米淀粉-接枝-聚丙烯腈	接枝共聚	1900.0	—	[6]
	st-AA-AMPS/PVA 可溶性淀粉-丙烯酸-2-丙烯酰胺基-2-甲基丙磺酸/聚乙烯醇	水溶液聚合	1214.0	116.0	[46]
	starch-g-PAA 淀粉-接枝-聚丙烯酸	辐射接枝	1815.4	—	[47]
	starch-g-P(AA/AM) 淀粉-接枝-聚(丙烯酸/丙烯酰胺)	反相悬浮聚合	379.2	88.1	[48]
	starch-g-PAA 淀粉-接枝-聚丙烯酸	自由基聚合	41.2	—	[49]

类别	主要品种	聚合方法	吸水倍率/（蒸馏水, g/g）	吸水倍率/（0.9%NaCl 溶液, g/g）	参考文献
纤维素类	CMC-g-P(AM-co-NaAMC₁₄S) 羧甲基纤维素-接枝-聚(丙烯酰胺-共聚-2-丙烯酰胺基十四烷基磺酸钠)	水溶液聚合	1425.6	78.6	[50]
	HA-PAA-CMC 腐殖酸-聚丙烯酸-羧甲基纤维素	水溶液聚合	732.0	70.0	[51]
	NaCMC-g-P(AA-co-AM-co-AMPS)/MMT 羧甲基纤维素钠-接枝-聚(丙烯酸-共聚-丙烯酰胺-共聚-2-丙烯酰胺基-2-甲基丙磺酸)/蒙脱土	自由基聚合	680.2	328.2	[52]
	starch/CMC-g-PAA 淀粉/羧甲基纤维素-接枝-聚丙烯酸	接枝共聚	淀粉：108.0 CMC：152.0	—	[12]
	HEC-g-P(AM-co-AA)/SiO₂ 羟乙基纤维素-接枝-聚（丙烯酸-丙烯酰胺）/二氧化硅	水溶液聚合	867.0	102.0	[17]
	CMC-g-P(AA-co-AM) 羧甲基纤维素-聚（丙烯酸-丙烯酰胺）	三元接枝共聚	430.0		[16]
	CMC-g-PAA 羧甲基纤维素-接枝-聚丙烯酸	接枝共聚	800.0	500.0（自来水）	[13]
	聚纤维素醚	—	114.0		[14]
壳聚糖类	CS-SAP/AEMCS-SAP 壳聚糖-超吸水性聚合物/氨基乙基壳聚糖-超吸水性聚合物	自由基聚合	644.0	99.0	[53]
	chemically modified wood-derived cellulosic fibers/carboxymethylated chitosan 化学改性的木质纤维素纤维/羧甲基壳聚糖	交联反应	610.0	85.0	[54]
	PACS-SAP （2-吡啶）乙酰壳聚糖-接枝-聚（丙烯酸-co-丙烯酰胺）	自由基聚合	615.0	44.0	[55]
植物胶类	TG-GA-PVA 黄蓍胶-戊二醛-聚乙烯醇	聚合反应	—	—	[56]
	HTCC-TG/AAc 2-N-羟丙基-3-三甲胺氯化壳聚糖-卡拉胶/丙烯酸	接枝聚合	650.0	65.0	[57]
	CMT-g-PAA 羧甲基黄蓍胶-接枝-聚丙烯酸	接枝共聚	864.0	105.0	[58]
	XG-g-PAA/loess 黄原胶-接枝-聚丙烯酸/黄土	自由基聚合	610.0	54.0	[59]
生物质类	CFP-g-PKA/PVA semi-IPNs SAR 鸡毛蛋白-接枝-聚丙烯酸钾/聚乙烯醇半互穿高吸水性树脂	自由基聚合	714.2	70.1	[60]
	MB-PAA 玉米麸皮-聚丙烯酸	UV 辐射共聚	2507.0	658.0	[61]
	PCMC-g-P(AA-co-AM)/carclazyte 菠萝皮羧甲基纤维素-接枝-聚（丙烯酸-共聚-丙烯酰胺）/高岭土	接枝共聚	515.2	37.9	[62]
	MB/P(AA-co-AM) 桑枝条/聚（丙烯酸-共聚-丙烯酰胺）	接枝聚合	420.0	56.0	[63]
	WSC-g-PKA/PVA semi-IPNs SAR 小麦秸秆纤维素-接枝-聚丙烯酸钾/聚乙烯醇半互穿高吸水性树脂	接枝共聚	266.8	34.3	[64]

类别	主要品种	聚合方法	吸水倍率/（蒸馏水, g/g）	吸水倍率/（0.9%NaCl 溶液, g/g）	参考文献
生物质类	AM/PVP IPN 聚丙烯酰胺/聚乙烯吡咯烷酮互穿水凝胶	前端聚合	800.0	88.0	[65]
聚丙烯酸类	PAA 聚丙烯酸	聚合反应	909.0	—	[66]
	LLDPE-g-PAA/kaolin 线型低密度聚乙烯-接枝-聚丙烯酸/高岭土	接枝共聚	760.0	40.0	[67]
	HEC-g-PAM/bentonite clay 羟乙基纤维素-接枝-聚丙烯酸/膨润土	接枝共聚	538.0	—	[68]
	PAAMPS 聚（丙烯酸/2-丙烯酰胺-2-甲基丙磺酸）	悬浮聚合	—	—	[69]
	P(AA-VAc)-PVA 聚（丙烯酸-乙酸乙烯酯）-聚乙烯醇	反相悬浮聚合	1889.0	124.0	[70]
	PAA/kaolin 聚丙烯酸/高岭土	水溶液聚合	132.0	—	[71]
	P(AA-AM)/PVA 聚（丙烯酸-丙烯酰胺）/聚乙烯醇	水溶液聚合	500.0	50.0	[72]
	starch-g-PAA 淀粉-接枝-聚丙烯酸	辐射接枝	1815.4	—	[47]
	CMT-g-PAA 羧甲基黄蓍胶-接枝-聚丙烯酸	接枝共聚	864.0	105.0	[58]
	MB-PAA 玉米麸皮-聚丙烯酸	UV 辐射共聚	2507.0	658.0	[61]
聚丙烯酰胺类	PAM/PVP 聚丙烯酰胺/聚乙烯吡咯烷酮	前端聚合	800.0	267.0	[65]
	PAM/bentonite 聚丙烯酰胺/膨润土	水溶液聚合	1200.0	—	[73]
	starch-g-PAM/clay 淀粉-接枝-聚丙烯酰胺/黏土	水溶液聚合	3010.0	138.0	[74]
	β-CD-g-P(AA/AM) β-环糊精-接枝-聚（丙烯酸/丙烯酰胺）	反相悬浮聚合	1544.8	144.5	[44]
	CMC-g-P(AM-co-NaAMC₁₄S) 羧甲基纤维素-接枝-聚（丙烯酰胺-共聚-2-丙烯酰胺基十四烷基磺酸钠）	水溶液聚合	1425.6	78.6	[50]
	MB/P(AA-co-AM) 桑枝条/聚（丙烯酸-共聚-丙烯酰胺）	接枝聚合	420.0	56.0	[63]
聚丙烯腈类	PAN/starch 聚丙烯腈/淀粉	皂化接枝	2000.0	250.0	[75]
	PAN 聚丙烯腈	热交联法	414.0	—	[76]
	PAN 聚丙烯腈	皂化交联	850.0	161.0	[77]
	PAN 聚丙烯腈	悬浮聚合	420.0	41.0	[78]
其他聚合物类	waste polyethylene film-g-AA/DMDAAC 废聚乙烯薄膜-接枝-丙烯酸/二甲基二烯基氯化铵	反相乳液聚合	286.3	213.5（雨水）	[79]

类别	主要品种	聚合方法	吸水倍率/（蒸馏水, g/g）	吸水倍率/（0.9%NaCl溶液, g/g）	参考文献
其他聚合物类	poly(ICA-H/Na) 聚（异戊二烯羧酸钠）	自由基聚合	250.0	—	[80]
	PVA/CS 聚乙烯醇/壳聚糖	化学交联	188.6	—	[81]
	PVA/SA 聚乙烯醇/海藻酸钠	化学交联	2635	—	[82]
	LLDPE-g-PAA/kaolin 线型低密度聚乙烯-接枝-聚丙烯酸/高岭土	接枝共聚	760.0	40.0	[67]
有机-无机复合类	PMAA-g-Cell/Bent 聚甲基丙烯酸-接枝-纤维素/膨润土	接枝共聚	2000.0	—	[83]
	CTS-g-PAAm/MMT 壳聚糖-接枝-丙烯酰胺/蒙脱土	自由基聚合	60.0	52.0	[84]
	CMC-g-PAA/GO 羧甲基纤维素-接枝-聚丙烯酸/氧化石墨烯	原位接枝聚合	750.0	85.0	[85]
	HEC-g-PAM/bentonite clay 羟乙基纤维素-接枝-聚丙烯酸/膨润土	溶液聚合	538.0	—	[68]
	AM-AA/SiO₂ 丙烯酰胺-丙烯酸/二氧化硅	水溶液聚合	600.5	98.5	[42]
	PAA/bentonite 聚丙烯酸/膨润土	溶液聚合	955.0	—	[24]
	PAA/attapulgite 聚丙烯酸/凹凸棒石	接枝共聚	1017.0	77.0	[32]
	starch-graft-acrylamide/mineral 淀粉-接枝-丙烯酰胺/矿物	接枝共聚	4000.0	—	[37]
	poly(NIPAAm-co-AAm) 聚（N-异丙基-丙烯酰胺-共聚-丙烯酰胺）		35.6	36.0	
	poly(NIPAAm-co-AAc) 聚（N-异丙基-丙烯酰胺-共聚-丙烯酸）		26.1	6.0	[19]
	poly(AAm-co-AAc) 聚（丙烯酰胺-共聚-丙烯酸）	共聚反应	201.5	25.0	
	chitosan-g-poly(acrylic acid)/attapulgite 壳聚糖-接枝-聚丙烯酸/凹凸棒	接枝聚合	159.6	42.3	[30]
	starch-graft-polyacrylamide/clay 淀粉-接枝-聚丙烯酰胺/黏土	接枝共聚	4000.0	—	[38]
	starch-graft-poly(acrylic acid)/attapulgite 淀粉-接枝-聚丙烯酸/凹凸棒	接枝共聚	1077.0	61.0	[31]
	attapulgite /bentonite /sodium polyacrylate 凹凸棒-膨润土-聚丙烯酸钠	水溶液聚合	500.0	—	[28]
	purification attapulgite/PAA 纯化凹凸棒/聚丙烯酸钠	反相悬浮法	877.0	98.0	[27]
	AA-AM/MMT 丙烯酸-丙烯酰胺/蒙脱土	反相悬浮聚合	740.0	95.0	[23]
	kaolin/starch-g-AM-AA 高岭土复合淀粉-接枝-丙烯酰胺-丙烯酸	反相悬浮法	647.0	77.0	[35]
	PAA/CTS/MMT 聚丙烯酸/壳聚糖/蒙脱土	溶液聚合	425.0	65.0	[23]

续表

类别	主要品种	聚合方法	吸水倍率/（蒸馏水, g/g）	吸水倍率/（0.9%NaCl 溶液, g/g）	参考文献
有机-无机复合类	diatomite/NaCMC 硅藻土/羧甲基纤维素钠	水溶液聚合	1695.1	120.0	[46]
	PAA-AM/SMAS-HT 聚丙烯酸-丙烯酰胺/插层的水滑石	反相悬浮聚合	904.3	148.3	[39]
	PAA/clay 聚丙烯酸/黏土	水溶液聚合	1300.0	96.0	[18]
	poly sodium acrylate-acrylamide/kaoline 聚丙烯酸钠-丙烯酰胺/高岭土	水溶液聚合	350.0	63.0	[33]
	NaCMC-g-P(AA-co-AM-co-AMPS)/MMT 羧甲基纤维素钠-接枝-聚（丙烯酸-共聚-丙烯酰胺-共聚-2-丙烯酰胺基-2-甲基丙磺酸）/蒙脱土	自由基聚合	680.2	328.2	[52]
	LLDPE-g-PAA/kaolin 线型低密度聚乙烯-接枝-聚丙烯酸/高岭土	接枝共聚	760.0	40.0	[67]
	starch-g-PAM/clay 淀粉-接枝-聚丙烯酰胺/黏土	水溶液聚合	3010.0	138.0	[74]
其他	fiy ash/AA/AM 粉煤灰/丙烯酸/丙烯酰胺	水溶液聚合	543.7	178.6	[86]
	yeast-g-poly(acrylic acid) 酵母-接枝-聚丙烯酸	接枝共聚	398.9	52.6	[87]
	blending waste plastics/PAA 混合废塑料/聚丙烯酸	接枝聚合	343.0	125.0	[88]

6.1.2　吸水材料吸水原理

吸水材料中的吸水树脂与水接触时，存在三种相互作用：第一种是水分子与疏水基团的分子间作用，第二种是水分子与吸水树脂电负性强的原子（如氧原子和氮原子）间的氢键的作用；第三种是水分子与亲水基团（—OH、—CONH$_2$、—COOH 及—SO$_3$H 等）间的相互作用。仪器分析证明，高吸水树脂处于凝胶状态时，水主要以冻结水的形式存在。水合作用一般可以形成厚度为 0.5～0.6 nm 的水分子层，这种水分子层包括极性基团与水分子间形成的水合水及水分子与水合水之间形成的水层。水合水层主要是通过氢键形成的，其总量不超过 6～8 mol $_水$/g $_{极性分子}$。水合水的数量比高吸水树脂总吸水量相差 2～3 个数量级，这就说明高吸水树脂的总吸水量主要不是水合水，实际上是吸水树脂三维空间网络间吸收了大量的自由水储存树脂内，这才是吸水树脂吸水的主要原因。吸水树脂三维空间网络的吸附不如化学吸附牢固，所吸附的水仍具有普通水的基本性质，但是水分子的运动在吸水树脂三维空间网络中受到限制[89]。

高吸水材料中的树脂具有轻度交联的空间网络结构，它既有物理交联（聚合物间的物理缠绕）也有化学交联。吸水前，高分子长链通过物理和化学交联形成网状结构，在一定条件下可以保持一定的形貌。高吸水性材料吸水前，树脂网络是固态网束，没有电离，当树脂遇水时，水合作用使树脂网束扩展，由于网络内外的离子浓度差而产生渗透压差。树脂网络内外的渗透压差正是水分子运动（树脂吸水）的动力。树脂吸附含盐水时，树脂网络内外渗透压差减小，吸水能力因而降低。总之，树脂网络结构中的亲水基团及其离子是产生渗透压差、扩张三维网络进而促进吸水的关键。亲水离子对是高吸水性材料能够完成吸水全过程的主要动力因素[89]。

以纤维素类吸水材料为例。纤维素类吸水材料是由纤维素改性得到的，其结构包含吸水和保水的三维空间网络。改性纤维素类吸水材料的吸水既包括物理吸附，又包括化学吸附。与其他吸水材料相似，纤维素类高吸水树脂也是含有亲水基团和疏水基团的交联型高分子，最初树脂的吸水是通过毛细管的作用来实现的，接着水分子通过氢键与树脂中的亲水基团作用，使之发生离解，阴离子固定在高分子链上，阳离子则作为可移动离子在树脂内部维持电中性。随着亲水基团的进一步离解，高分子链上的阴离子数目增多，阴离子之间的静电排斥力使树脂的网络扩张；同时为了维持电中性，阳离子不能向外部溶剂扩散，导致阳离子在树脂网络内浓度增大，于是网络内外产生渗透压，水分子进一步渗入。随着吸水量的增大，树脂内部的阳离子浓度降低，网络内外的渗透压差趋向于零；在网络扩张的同时，其弹性收缩力也在增加，逐渐抵消阴离子的静电排斥，最终达到吸水平衡[10]。

高吸水材料中的树脂具有大多数高分子化合物的共性，分子量大、多分散性及结构复杂（一维、二维及三维，线型、体型及支链）。相比其他高分子，高吸水材料中的树脂的独特性能来自其具有的三维网状结构及结构中分子链段上大量的亲水基团（—OH、—CONH$_2$、—COOH 及—SO$_3$H 等）和疏水基团。高吸水材料与外界水溶液接触后，水分子进入材料中树脂的三维网状结构中，引起聚合物链段延伸，体积溶胀；同时，三维网状结构中的疏水基团因疏水作用而斥向材料中树脂的网状结构的内侧，使进入三维网状结构中的水分子由于极性作用而局部冻结达到溶胀平衡。图 6-1 是生物质-丙烯基聚合物/坡缕石高吸水材料水合作用示意图[3]。

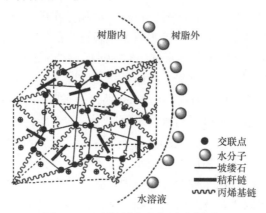

图 6-1　吸水材料水合作用示意图[3]

由 Flory 离子溶胀理论[90]得知，高吸水材料中树脂的吸水倍率主要取决于复合材料中树脂中的亲水基团的种类、数量、树脂三维网状结构的弹性及高分子的交联密度（与凝胶强度相关）。高吸水树脂接触水溶液时，水溶液首先渗入树脂网状结构使其体积膨胀，使吸水材料中树脂网状结构向周边扩展，这样树脂网状结构中的交联网因受到应力而产生弹性收缩，网络空间就会缩小，外界水难以进一步渗入树脂网状中。当这两种相反的作用相互抵消时，高吸水材料中的树脂达到溶胀平衡，吸水倍率达到最大值。在高吸水材料中树脂的溶胀过程中，体系的自由能 ΔF 为

$$\Delta F = \Delta F_m + \Delta F_{el} \tag{6-1}$$

式中，ΔF_m 为树脂与溶剂的混合自由能；ΔF_{el} 为树脂的网格弹性自由能。

根据 Flory-Huggins 理论导出，ΔF_m 为

$$\Delta F_m = RT[n_1 \ln \varphi_1 + n_2 \ln \varphi_2 + \chi_1 n_1 \varphi_2] \tag{6-2}$$

根据高弹性统计理论导出，ΔF_{el} 为

$$\Delta F_{el} = \frac{1}{2} NkT(\lambda_1^2 + \lambda_2^2 + \lambda_3^2 - 3) \tag{6-3}$$

式中，R 为摩尔气体常数；T 为热力学温度；n_1 为体系中水的摩尔数；n_2 为体系中聚合物的摩尔数；φ_1 为体系中水的体积分数；φ_2 为体系中聚合物的体积分数；χ_1 为弗洛里-哈金斯相互作用参数；N 为单位体积中交联聚合物的有效链数目；k 为玻尔兹曼常数；λ 为溶胀后与溶胀前交联聚合物各边长之比。由于高吸水材料中的树脂通常是各向同性的，故溶胀后各边长的 λ 都相等。因此，将其合并并代入式（6-3）可得

$$\Delta F_{el} = \frac{1}{2} NkT(3\lambda^2 - 3) = \frac{1}{2} NkT(3\varphi_2^{-2/3} - 3) = \frac{3\rho_2 RT}{2M_c}(\varphi_2^{-2/3} - 1) \tag{6-4}$$

式中，ρ_2 为聚合物的密度，是有效链的平均分子量。当材料中的超吸水树脂吸水达到溶胀平衡时，凝胶体内部水的化学位与凝胶体外部水的化学位相等，即

$$\Delta \mu_1 = \frac{\partial \Delta F}{\partial n_1} = \frac{\partial \Delta F_m}{\partial n_1} + \frac{\partial \Delta F_{el}}{\partial \varphi_2} \frac{\partial \varphi_2}{\partial n_1} = 0 \tag{6-5}$$

在树脂交联网络中，链段数 χ 可作无穷大处理，因此可得

$$\ln(1 - \varphi_2) + \varphi_2 + \chi_1 \varphi_2^2 + \frac{\rho_2 V_1}{M_c} \varphi_2^{1/3} = 0 \tag{6-6}$$

式中，V_1 为水的摩尔体积；φ_2 为树脂在溶胀体中所占的体积，即吸水倍率 Q 的倒数。高吸水树脂如果具有理想的交联度，吸水倍率可达自重的几百至几千倍，故 φ_2 很小。将式（6-6）中的 $\ln(1-\varphi_2)$ 展开，略去高次项，可近似得式（6-7）：

$$Q^{5/3} = \frac{M_c}{\rho_2 V_1}\left(\frac{1}{2} - \chi_1\right) = \frac{V_2}{V_1}\left(\frac{1}{2} - \chi_1\right) \tag{6-7}$$

式中，V_2 为树脂的摩尔体积；V_1 为水的摩尔体积。由式（6-7）可知，树脂的交联密度较小（M_c 较大）时，有利于吸水倍率的提高；所吸水分与树脂的亲和性越大（χ_1 越小），吸水倍率也越大。事实上，高吸水树脂中亲水性基团的电解质离子强度对树脂的吸水倍率也有重要影响。当树脂与外界水溶液接触时，一方面，由于网状结构内外侧的渗透压不同，在渗透压和聚合物电解质与水分子之间的亲和性作用下，赋予聚合物优异的吸水倍率；另一方面，网状结构中的橡胶弹性会抑制树脂的吸水过程。如前所述，这两种因素的平衡决定了树脂的吸水倍率。

渗透压差是吸水的关键。1953 年，Flory[91]从热力学的角度出发，运用弹性凝胶理论

推出了超吸水树脂 SAP 溶胀能力的数学表达式：

$$Q^{5/3} = \left[\left(\frac{i}{2V_2 s^{1/2}} \right)^2 + \left(\frac{1}{2} - \chi_1 \right) / V_1 \right] / \left(V_c / V_0 \right) \tag{6-8}$$

式中，Q、s、χ_1、V_1、$(1/2-\chi_1)/V_1$、V_c、V_0、V_c/V_0、V_2、i 及 i/V_2 分别代表吸水倍率、外部溶剂的离子强度、弗洛里-哈金斯相互作用参数、高分子的比容积、对水的亲和力、交联单体单元体积、单体单元总体积、交联密度、单体单元摩尔体积、电荷密度及固定在树脂上的电荷密度。

式（6-8）表达超（高）吸水树脂吸水倍率、交联度、外界离子强度、对水的亲和力及树脂上电荷密度之间的关系。虽然式（6-8）在计算吸水倍数时误差较大，但在讨论树脂吸水倍率影响因素时，其结果是合理的。Flory-Huggins 理论为超吸水树脂分子设计提供了理论依据。式（6-8）中的第一项表示吸水树脂网络内外的渗透压，第二项表示吸水树脂与水的亲和力。对于非离子型的超吸水树脂而言，由于没有第一项，吸水能力较离子型的差。

超（高）吸水树脂的另一重要理论基础是相转变理论[92]。浸在溶剂中的凝胶，其体积会随着溶剂的组成和温度的缓慢改变而变化，这种不连续的变化就是凝胶相转变现象。凝胶中普遍存在相转变现象，超（高）吸水树脂属于凝胶，也存在相转变现象。凝胶相转变理论是超吸水树脂吸水基础理论之一。凝胶的相转变理论认为：凝胶体积变化的决定因素是其渗透压。当凝胶处于平衡状态时，其渗透压等于零，作为吸水材料，这时吸水达到平衡。基于凝胶相转变理论得出的结论是高分子越硬，且每条高分子的抗衡离子数越多，凝胶相转变的体积变化率就越大，转变的换算温度就越低[93]。

从式（6-8）分析可知，交联密度过小，聚合物难以形成有效的三维网状结构，复合材料吸水后容易发生形变，宏观上表现为水溶性较大；但是如果交联密度过大，复合材料中吸水树脂三维网络中的交联点就多，网络结构致密，不利于吸水后膨胀，限制了其吸水能力，吸水倍率降低。从热力学观点来说，如果标准化学位之差 $\Delta U_0 < 0$ 时，水分子在高吸水材料内稳定，所以水渗入材料内部的前提是高分子结构中存在易于生成氢键的基团；当标准化学位之差 $\Delta U_0 > 0$ 时，高吸水材料的溶胀就受到一定的限制，导致材料吸水倍率较低。生物质类高吸水材料网状结构溶胀过程如图 6-2 所示。

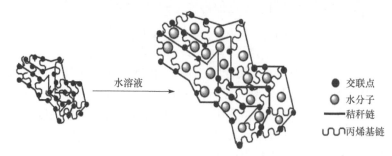

图 6-2　吸水材料溶胀示意图[3]

6.1.3 吸水材料制备方法

文献报道的高吸水材料的制备方法有许多种，常用的方法主要有水溶液聚合法、悬浮聚合法、乳液聚合法和本体聚合法。

1. 水溶液聚合法

将单体和引发剂溶于适当溶剂中进行的聚合称为溶液聚合。水溶液聚合法是指将反应单体和复配单体溶于水相中，经加热、光照、引发剂或辐射等条件进行聚合的方法。一般根据单体性质、聚合物性质及聚合条件来选择溶剂，有机溶剂适合大多数单体聚合，在有机溶剂中的聚合一般为均相聚合。使用有机溶剂的缺点是温度变化太快，控温比较困难，且需要增加溶剂回收和纯化工序。水作溶剂的聚合一般为非均相聚合，水的比热较大，水溶液聚合体系的黏度较低，搅拌和散热比较容易，有利于温度控制和设备运行。溶液聚合中常用的引发剂有偶氮类引发剂和过氧类引发剂。实验室溶液聚合中一般不适合使用高温、低温和超低温引发剂，常用中温（40～100 ℃）引发剂，这类引发剂包括过氧化苯甲酰、过氧化十二酰、偶氮二异丁腈及过硫酸钾等。

利用水溶液聚合法制备高吸水树脂的方法由于生产成本低、过程易操作，一般可用于较大规模的生产。但这种方法制备得到的聚合物分子量相对较低、颗粒大小不均一、树脂吸水倍率较低。

2. 悬浮聚合法

悬浮聚合又称珠状聚合，与溶液聚合不同的是悬浮聚合需要加入分散剂和悬浮稳定剂，在机械搅拌条件下单体以微小液滴悬浮在水中进行聚合。悬浮稳定剂的作用机理是吸附在液滴表面，形成保护层。悬浮稳定剂主要包括水溶性有机高分子和不溶于水的无机盐。水溶性有机高分子主要有明胶、甲基纤维素、羟甲基纤维素、聚丙烯酸、聚甲基丙烯酸盐及马来酸酐-苯乙烯共聚物等；不溶于水的无机盐主要有碳酸镁、碳酸钙、硫酸钡、磷酸钙及滑石等。悬浮聚合的反应介质也是水，如前所述，水的比热较大，水溶液聚合体系的黏度较低，混合搅拌和散热比较容易，有利于温度控制和设备运行；悬浮聚合的产品容易分离、洗涤和干燥。悬浮聚合产品纯度不及本体聚合，难以连续生产。悬浮聚合应用很广，例如，聚氯乙烯和聚苯乙烯树脂主要采用悬浮聚合法生产。

3. 乳液聚合法

乳液聚合体系由单体、水溶性引发剂、水及乳化剂组成。乳化剂是一类可使互不相容的油和水转变成难以分层的乳液的物质，属于表面活性剂。乳化剂分子通常由亲水的极性基团和亲油的非极性基团两部分组成，常用乳化剂有阴离子型、阳离子型、两性型及非离子型。阴离子型乳化剂主要有烷基和烷基芳基羧酸盐（硬脂酸钠）、硫酸盐（十二烷基硫酸钠）、磺酸盐（十二烷基磺酸钠）等；阳离子型乳化剂主要有季铵盐类；两性型乳化剂主要有氨基酸。乳化剂是乳液聚合的关键，单体在水溶液中形成乳液才能使聚合顺利进行。与悬浮聚合相似，乳液聚合也是非均相聚合，需要机械搅拌。与溶液聚合和悬浮聚合相似，乳液聚合中的反应介质也是水，所以与水介质相关的优点也体现在乳液聚合中。除此之外，乳液聚合反应速率快，分子量高，适合制备高黏性聚合物。乳液聚合产物如果需要提纯，后续工序比较复杂，所以乳液聚合产物一般直接干燥或作为聚合混合物使用。

乳液聚合的引发剂与水溶液聚合相似，主要有油溶性和水溶性两种。

一般乳液聚合的连续相是水，单体通过乳化剂乳化形成小液珠分散在水中。反相乳液聚合的连续相是非极性溶剂，聚合单体溶于水相中，单体在乳化剂作用下，通过机械搅拌或振荡分散到油相中，形成小液珠，聚合发生在小液珠内。利用反相乳液聚合法制备高吸水树脂，能够使水溶性单体具有高的聚合速率并得到相对高分子量的聚合物。反相乳液聚合法具有操作方便、产品分子量较高及后处理简单等优点[94]，缺点是控温困难，使用的原料成本高，生产使用的机械设备要求较高，且聚合过程为间歇式生产，生产效率较低。

4. 本体聚合法

本体聚合法是指在引发剂、光、热或辐射等条件下，仅由纯单体（不用任何溶剂）进行聚合的方法。适合本体聚合的单体包括气态、液态及固态。利用本体聚合法制备高吸水树脂具有方法简单、过程易操作、产品纯度较高的优点。在利用本体聚合法制备高吸水树脂的过程中，由于存在反应爆聚、产物易凝聚等问题，现已很少使用这种方法制备吸水树脂。

6.2 含土复合吸水材料概述及其性能

由于高吸水材料具有吸水、节水、抗旱保苗、改良土壤及促进植物生长等特殊性能，现已被广泛应用于农林、园艺、医疗、卫生、石油、化工、建筑、日用品和荒漠（沙漠）化防控等领域。高吸水材料通过膨胀和收缩（吸水和释放水）使土壤结构变得疏松，辅助土壤形成团粒结构，提高土壤的通透性（透水和透气性），降低土壤中的昼夜温差，在吸收水分的过程中还能吸收肥料及农药并使它们缓慢释放，增加肥料和农药的利用率。同时，在农林和园艺方面使用高吸水材料可以减少灌溉次数，加快作物的生长速度，降低作物的死亡率。高吸水材料对于干旱、半干旱地区绿化和荒漠化防控具有重要意义[95]。

含土和秸秆复合吸水材料与一般吸水材料在本质上并无差别，但是更适合应用于荒漠（沙漠）化防控。荒漠（沙漠）化防控吸水材料首先也要考虑吸水倍率和凝胶强度，这是一般吸水材料研究中必须考察的指标。除此之外，荒漠（沙漠）化防控吸水材料还要考察耐盐、植物营养及生物降解等性能，对价格的要求也更严格。由于荒漠化地区高温干旱，相对比较贫穷和偏远，所以用于荒漠（沙漠）化防控的吸水材料要求原料易得、价格低廉、降解时间较长及可多次反复吸水。目前市场流通性能较好的高吸水树脂价格昂贵、不易降解，且易造成土壤板结，因此，急需开发一类吸水倍率高、成本低、易降解和不对土壤造成板结的高吸水材料。

近年来，国内外对生物质与丙烯基聚合物接枝制备高吸水材料的研究非常活跃。所利用的生物质有小麦秸秆、高粱秸秆、大豆秸秆、玉米秸秆、剑麻纤维、亚麻屑纤维、稻草、稻壳、马铃薯废渣、甘蔗渣、棉花秆、葵花秆芯、玉米棒芯、树叶、牲畜粪便、回收纸箱、麸皮、废棉布、木质素磺酸盐及腐殖酸等，但主要集中在小麦秸秆和玉米秸秆上，可能是由于这两类秸秆产量大、成本低廉。小麦秸秆与丙烯酸或丙烯酰胺接枝，再通过与坡缕石等无机矿物复配制备的缓释吸水材料，具有很好释放氮和硼元素的效果，并且吸水能力也较好[96-102]。

经过 20 余年的努力，西北师范大学生态功能高分子材料课题组利用生物质材料（高粱秸秆、玉米秸秆、玉米棒芯、麸皮及马铃薯废渣）、聚合物单体（丙烯酰胺及丙烯酸）、黏土（坡缕石、蒙脱土、红土、高岭土和硅藻土）或黄土通过接枝共聚成功制备了吸水倍率高和成本低廉的高吸水复合材料（表 6-2），作为一些例证，对高吸水复合材料的相貌、结构、组成、热稳定性、降解性能、吸纯水倍率、吸盐水倍率、吸水性能及保肥性能进行了详细考察[3, 96, 97, 103-110]。这种含土和秸秆吸水材料成本相对市场同类产品下降了30%左右，可应用于沙地旱地沙生植物（沙枣、梭梭、柠条、沙拐枣、胡杨、沙蒿及柽柳等）、经济林木（枸杞、黑枸杞、葡萄、文冠果、核桃、李广杏、文冠果、欧力果、李杏、苹果、梨、油牡丹、梭梭-肉苁蓉、白刺-锁阳及大枣等）、牧草（苜蓿、红豆草、沙打旺）、中草药（黄芪、党参及红花等）、蔬菜（西红柿、茄子及辣椒等）及瓜果（西瓜、甜瓜、甜菜）等的种植；也可应用于荒漠化生态的修复和保护；还可以应用于荒漠濒危和特有植物的种植和保护。

表 6-2　复合吸水材料汇总

吸水材料	原料	（糊化温度/℃）/（时间/min）	引发剂/（用量/%）	（引发温度/℃）/（时间/min）	交联剂/（用量/%）	（交联温度/℃）/（时间/min）	吸蒸馏水倍率/（g/g）	吸0.9%盐水倍率/（g/g）	参考文献
高粱秸秆-聚丙烯酸/黏土	高粱秸秆、丙烯酸、坡缕石	75/35	KSB/1.20	65/10	MBA/0.15	95/50	440	37	[3], [97]
高粱秸秆-聚丙烯酰胺/黏土	高粱秸秆、丙烯酰胺、坡缕石	75/35	KSB/0.90	65/10	MBA/0.16	95/50	408	36	[106]
聚乙烯醇-g-聚丙烯酸/黏土	聚乙烯醇、丙烯酸、坡缕石		APS/0.10	70/10	MBA/0.01	70/180	680	53	[104]
麦麸皮-聚丙烯酸/黏土	麦麸皮、丙烯酸、红土（坡缕石、高岭土、硅藻土）		KSB/0.95	70/90	MBA/0.03	70/120	1425	72	[105]
核桃皮-聚丙烯酸/黏土	核桃皮、丙烯酸、红土	75/35	KSB/0.95	70/90	MBA/0.02	70/120		72	[108]
马铃薯废渣-聚丙烯酸/黏土	马铃薯废渣、丙烯酸、坡缕石		KSB/0.91	65/10	MBA/0.12	95/50	538	41	[3]

续表

吸水材料	原料	（糊化温度/℃）/（时间/min）	引发剂/（用量/%）	（引发温度/℃）/（时间/min）	交联剂/（用量/%）	（交联温度/℃）/（时间/min）	吸蒸馏水倍率/（g/g）	吸0.9%盐水倍率/（g/g）	参考文献
羧甲基淀粉-聚丙烯酸/黏土	羧甲基淀粉钠、丙烯酸、红土	75/30	KSB/0.90	70/90	MBA/0.02	75/120			[108]
海藻酸钠-聚丙烯酸/黄土	海藻酸钠、丙烯酸、黄土		APS/0.10	60/15	MBA/0.02	70/180	656	69	[107]
瓜尔胶-聚丙烯酸/黄土	瓜尔胶、丙烯酸、黄土		APS/0.10	70/20	MBA/0.02	70/180	602	45	[106]
黄原胶-聚丙烯酸/黄土	黄原胶、丙烯酸、黄土		APS/0.10	70/20	MBA/0.02	70/180	610	54	[109]
玉米秸秆-聚丙烯酸/凹凸棒	玉米秸秆、丙烯酸、坡缕石	70/35	KSB/0.90	65/10	MBA/0.10	95/50	700		[107]
香蕉皮-聚丙烯酸/凹凸棒	香蕉皮、丙烯酸、坡缕石	75/45	KSB/0.90	70/90	MBA/0.02	95/50	850		[110]
羧甲基纤维素钠-聚（丙烯酸-co-2-丙烯酰胺-2-甲基-1-丙磺酸）/红土	羟甲基纤维素钠、丙烯酸、2-丙烯酰胺-2-甲基-1-丙磺酸、红土		APS/0.10	50/15	MBA/0.10	70/180	1300	120	[108]
西瓜皮-g-聚（丙烯酸-co-双丙酮丙烯酰胺）/坡缕石	西瓜皮、丙烯酸、双丙酮丙烯酰胺、坡缕石		APS/1.4%	70/10	MBA/0.10	65/150	1300	107	[109]
秸秆-g-聚丙烯酰胺发泡型/坡缕石	秸秆、丙烯酰胺、坡缕石、发泡剂	75/60	APS/1.2%	70/10	MBA/0.02	95/60	720	90	[110]
玉米棒芯-g-聚丙烯酸/坡缕石	玉米棒芯、丙烯酸、坡缕石	60/35	APS/1.0%	70/30	MBA/0.02				[3]

注：KSB 代表过硫酸钾，MBA 代表 N,N-亚甲基双丙烯酰胺，APS 代表过硫酸铵。

1995 年我国粮食播种面积达 16.5 亿亩，总产量达 4.67 亿 t，粮食与其相应秸秆比例一般为 1∶1.2，加上如马铃薯、红薯藤条等，全国每年产生的秸秆近 6 亿 t。秸秆有机质的主要来源是其所含的纤维素类，氮、磷、钾和微量元素主要来源是其所含的蛋白质及矿物。高粱、玉米及小麦等禾本科作物秸秆钾含量较高，而大豆及豌豆等豆科作物秸秆氮含量较高。每亿吨秸秆所含肥料相当于 67 多万吨尿素，117 多万吨过磷酸钙和 117 多万吨硫酸钾，秸秆是我国农业有机肥的重要来源（1995 年，秸秆提供的有机肥占总有机肥的 13%～19%），可见秸秆还田具有非常重要的意义，事实上秸秆还田已经是中国沃土工程的重要内容。

1995 年，全国 6 亿 t 秸秆通过粉碎、高留茬及覆盖还田的总量只有 1 亿多吨（20%），还有大量秸秆没有合理利用。干旱和半干旱地区通过秸秆覆盖还田，既可以为土壤增肥，又可以提高水的利用率，协助农业增产增收。虽然秸秆已经得到了应用，但大多数秸秆仍然被抛弃或焚烧，使这一重要有机肥资源变成了污染源，所以开辟秸秆利用新途径，对于最大限度地利用秸秆，减少焚烧造成的空气污染和抛弃造成的地面污染具有重要意义。

西北师范大学生态功能高分子材料课题组利用来源广泛、价格低廉及可生物降解植物秸秆作为原料之一，与丙烯酰胺（或丙烯酸）、纤维素类、植物胶类、淀粉类、磺酸基烯烃、黏土（或黄土）等接枝共聚，得到具有良好综合性能的复合吸水材料，既降低了吸水材料的成本，也为植物秸秆的应用寻求了一个新的途径，同时提高了复合吸水材料的凝胶强度和耐盐碱性，进一步增加了吸水材料的使用性能和寿命[97]。

6.2.1　含土和秸秆复合吸水材料[3, 97, 106]

含土和秸秆复合吸水材料的主要原料包括以下几种：①有机材料，包括生物质材料（树木根茎、树叶、作物枝叶、玉米秸秆、小麦秸秆、大豆秸秆、高粱秸秆、向日葵秸秆、花生秸秆、稻谷秸秆、棉花秸秆、草类秸秆、马铃薯藤及红薯藤等）。②无机材料，包括无机黏土矿物（坡缕石、蒙脱土、红土、高岭土、硅藻土）及黄土。③聚合单体，包括丙烯酸、取代丙烯酸、丙烯酰胺、取代丙烯酰胺、丙烯腈及取代丙烯腈等。本节选择高粱秸秆-聚丙烯酰胺/坡缕石吸水材料为例进行介绍（参见表 6-2）。

1. 植物秸秆-聚合单体/黏土吸水材料制备

以实验室制备高粱秸秆-聚丙烯酸/坡缕石（SS-*g*-PAA/PAL）吸水材料为例（图 6-3），将植物秸秆粉碎过 120 目筛，与水以 1∶11 的质量比混合后，加热至 60 ℃，搅拌 30 min

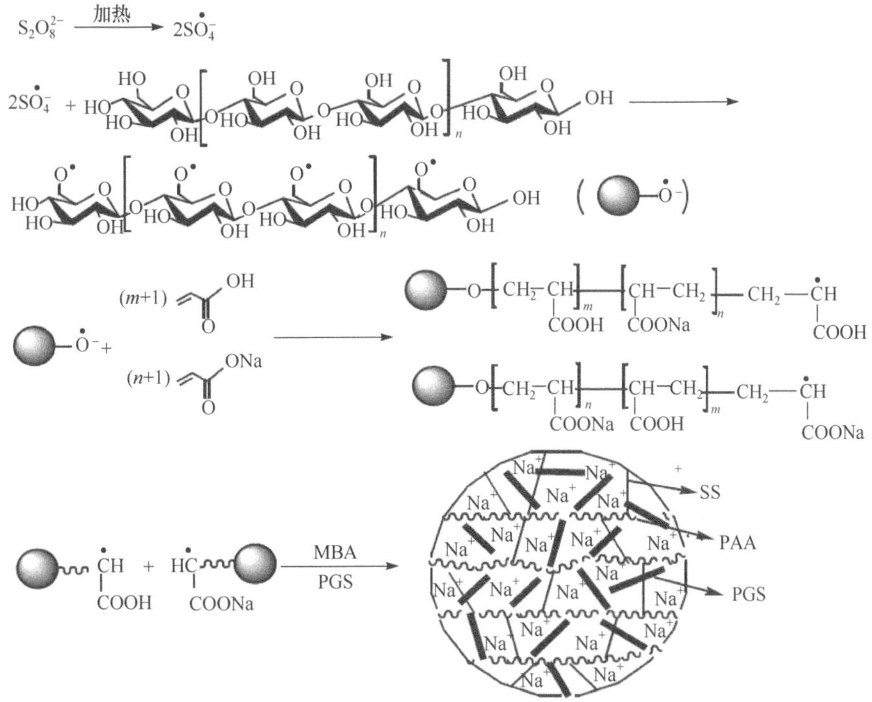

图 6-3　高粱秸秆-聚丙烯酸/坡缕石网络结构的形成

后升温至 65 ℃，加入植物秸秆质量 1%的引发剂，继续搅拌 30 min 后加入植物秸秆质量 4 倍的丙烯酰胺（或丙烯酸）、植物秸秆质量 2 倍的黏土（或黄土）和植物秸秆质量 0.9% 的交联剂，搅拌 10 min。之后加入植物秸秆质量 1 倍、浓度 1 mol/L 的氢氧化钠溶液，升温至 80 ℃，皂化反应 0.5 h；产物用甲醇水溶液洗涤至 pH = 5～7。

将洗涤后的产物放入烘箱中，于 50 ℃下干燥直至恒重，研磨粉碎，过 80 目筛，密封包装。实验室制备的植物秸秆-聚合单体/黏土吸水材料，每克吸自来水 200 g，蒸馏水 800 g。

中试实验配方：将高粱秸秆粉碎过 120 目筛，称取一定量的秸秆粉末，加入秸秆质量 11 倍的蒸馏水，在氮气保护下，60 ℃糊化 30 min，加入秸秆质量 2 倍的坡缕石黏土，6 倍的丙烯酸及 1.1%的交联剂，升温至 65 ℃，加入秸秆质量 1%的引发剂，搅拌 80 min，造粒干燥。吸水能力：蒸馏水 350～500 g/g；自来水 120～180 g/g。

2. 植物秸秆-聚合单体/黏土吸水材料反应条件优化

利用植物秸秆制备复合吸水材料时，需要考虑的主要内容包括制备条件的确定（秸秆的糊化温度、糊化时间、引发剂用量、引发温度、引发时间、交联剂用量、交联温度、交联时间、黏土与单体质量比、秸秆或马铃薯废渣与聚合单体的质量比及丙烯酸的中和度等），各种秸秆、聚合单体（丙烯酰胺或丙烯酸）及黏土（坡缕石、蒙脱土、红土）或黄土之间的反应都要进行反应条件和原料配比的优化。快速优化应进行正交实验，在以下的叙述中，为了确定单一因素对吸水材料性能的影响，均以高粱秸秆、丙烯酰胺及坡缕石制备复合吸水材料单项优化过程为例。

1）糊化处理温度

秸秆中的纤维素和半纤维素等大分子链段上的羟基间形成了大量的分子内和分子间氢键，聚集成结晶性原纤结构，大部分羟基被封闭在结晶区内，使其反应活性大大降低，导致秸秆中纤维素和半纤维素等大分子在酯化、醚化及接枝共聚等反应只能在局部进行，而且反应活性低，参与反应的羟基少，反应不均，影响了所制备相关聚合物的功能。因此，制备高吸水材料时秸秆需要碱处理或高温糊化，以便使被封闭在结晶区内具有反应活性的羟基裸露，增加反应活性中心数量，提高反应速率。烯烃类单体不能与未经处理的植物秸秆发生聚合反应，用于制备吸水材料的秸秆可以通过碱处理再与单体接枝聚合，但碱处理会引起严重的环境污染，就像造纸引起的后果一样。处理植物秸秆的另一方法是高温糊化，相对于碱处理，高温糊化方法引起的环境问题较小。通过优化，可以得到所使用秸秆的最佳糊化温度（对高粱秸秆而言是 75 ℃，图 6-4）。

2）糊化处理时间

秸秆的糊化时间对所制备的吸水材料吸水倍率具有很大影响，作为例证，将高粱秸秆糊化处理时间绘图（图 6-5），得到其最佳糊化时间为 35 min。当高粱秸秆的糊化时间低于 35 min 时，随着糊化时间的增加，材料的吸水倍率逐渐提高；糊化时间超过 35 min 后，材料的吸水倍率随糊化时间的增加反而逐渐降低。这是因为，当高粱秸秆糊化时间较短时，被封闭在结晶区内具有反应活性的羟基未能完全裸露，秸秆与丙烯酰胺接枝聚合后团粒结构依然存在，聚丙烯酰胺只是覆盖在秸秆的团粒表面，使其吸水倍率降低；

随着糊化时间的增加，当达到 35 min 时，秸秆纤维素大分子链段上具有反应活性的羟基数目达到最佳值，反应位点最适合形成聚合物网络，所形成的材料吸水倍率增大到最高；当糊化时间超过 35 min 时，随着糊化时间的进一步延长，其一是过多裸露的羟基之间形成分子间的氢键，影响聚合，其二是过多的反应位点导致形成的聚合物支链较短，材料中树脂的吸水倍率也降低。

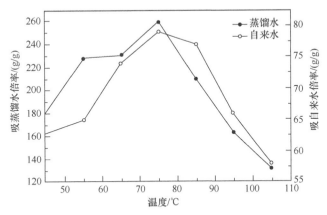

图 6-4　高粱秸秆的糊化温度对材料吸水倍率的影响

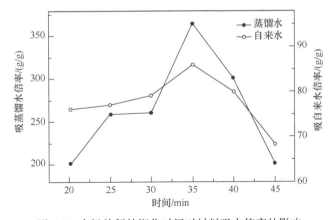

图 6-5　高粱秸秆的糊化时间对材料吸水倍率的影响

3）引发反应时间

自由基聚合是由自由基引发的聚合，属于链增长反应。自由基聚合中选择引发剂的依据是反应介质、反应条件及单体性质。聚合物性能与聚合物分子量、结构及分子量分布相关，而聚合物分子量、结构及分子量分布是由聚合反应条件决定的。因此，可以说聚合物性能是由聚合条件决定的。在所选定的聚合条件（能够得到所需性能的聚合物）下，自由基的数量、诱导时间及稳定性要与聚合条件匹配。一般实验室所使用的自由基聚合引发剂主要有偶氮类、氧化还原类及过氧类。为了方便实验操作，实验室多使用中温（40～100 ℃）引发剂（偶氮二异丁腈、过硫酸盐及过氧化二酰等）；溶液聚合、乳液聚合及悬浮聚合适合使用水溶性引发剂（偶氮化合物、过硫酸盐及过氧化氢等）；本体聚合多使用油溶性引发剂。一般通过加热、紫外辐照、高能辐照和电解等方法产生自由基。

一般吸水高分子材料中树脂的合成所采用的引发剂主要是过氧化物引发剂、偶氮类引发剂及氧化还原引发剂。

以高粱秸秆-聚丙烯酰胺/坡缕石吸水材料制备过程为例（图 6-6），当引发剂过硫酸钾的引发时间低于 10 min 时，添加到反应体系中的过硫酸钾未能全部转化为自由基，导致高粱秸秆只有很少一部分被引发产生反应活性中心，接枝率低，复合材料吸水倍率较低；当引发时间在 10 min 左右时，过硫酸钾所产生的自由基能恰当引发接枝共聚，此时得到的高粱秸秆-共聚单体/黏土吸水材料具有最高吸水倍率；当引发时间超过 10 min 时，随着引发时间的延长，体系过多的自由基引发过多的反应位点，导致所得到的材料中接枝链段分子量较小，复合材料的吸水倍率随时间的推移反而逐渐降低。

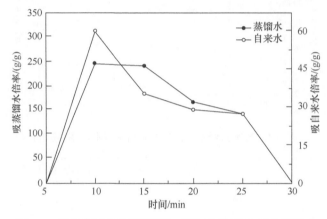

图 6-6   引发剂过硫酸钾的引发时间对材料吸水倍率的影响

4）引发反应温度

如前所述，一般可根据聚合温度选择引发剂。高温引发剂（高于 100 ℃）不能用在中温（40～100 ℃）或低温（0～40 ℃）范围聚合，否则引发剂分解速率过低，自由基浓度过低，不但聚合时间长，而且很可能得不到所需的聚合物。同理，中温引发剂不能用于高温范围聚合，否则引发剂分解速率过快，引发剂浓度过高，引发的聚合链过多，链终止速率高，得到的聚合物分子量会很低，单体浪费严重，生产效率降低。在制备高粱秸秆-聚丙烯酰胺/坡缕石吸水材料时，以过硫酸钾为引发剂。高粱秸秆与聚合单体接枝共聚引发温度优化结果显示，过硫酸钾的最佳引发温度是 65 ℃（图 6-7）。引发温度过高或过低均不利于增加复合材料的吸水倍率，主要原因是引发温度低，引发自由基太少，被引发的纤维素和半纤维素自由基的数目也少，反应速率慢，与丙烯酰胺的接枝率低，且大部分高粱秸秆和坡缕石黏土被包裹在形成的树脂中，反应基材浪费严重；随着引发温度的升高，被引发的纤维素和半纤维素自由基数目增多，使链引发和链增长反应加快。但引发温度过高时，可能更容易造成链终止反应发生，结果是接枝链段变短，材料的吸水倍率反而降低[111]。

5）引发剂用量

在每个具体的自由基聚合反应中，原则上引发剂用量都需要优化，根据长期经验积累，一些常用引发剂用量可以根据以往的比例加入。在自由基聚合反应中，引发剂用量直接影响聚合

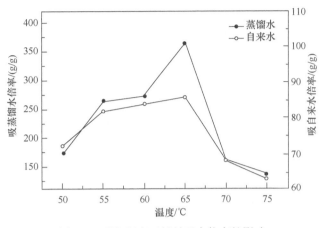

图 6-7　引发温度对材料吸水倍率的影响

物的分子量、分子量分布及聚合转化率，有时错误的用量甚至导致聚合反应失控。在制备高粱秸秆-聚丙烯酰胺/坡缕石吸水材料时，以过硫酸钾为引发剂，其用量也需要优化（图6-8）。引发剂的用量显著影响合成材料的吸水倍率，在制备高粱秸秆-聚丙烯酰胺/坡缕石吸水材料反应体系中，起初复合材料吸水倍率是随着引发剂用量的增加而逐渐提高的。聚合中最优过硫酸钾加入量是 0.899%（引发剂占聚合体系固体总质量的比例），这个比例下得到的吸水材料具有最大吸水倍率。原因是随着引发剂用量的不断增加，在纤维素和半纤维素主链上的葡萄糖单元形成的自由基活性点将增多，产生更多的活性高分子链段，自由基聚合反应的速率不断增加，在一定范围内可以形成吸水所需的三维空间网络结构。当加入聚合体系引发剂的量高于最优量时，随着引发剂过硫酸钾用量的增加，材料中树脂的吸水倍率反而降低。原因是过多的引发剂将意味着产生更多的活性高分子链段，此时将加速链终止反应，导致聚合物分子量下降，其结果是吸水材料的吸水倍率降低。另外，引发剂过硫酸钾用量过大导致聚合树脂三维网络交联点间的分子质量过小，聚合物三维网络体积变小，其结果是吸水树脂吸水膨胀受限，也会导致吸水倍率下降。引发剂用量过小，吸水树脂中聚合物分子量过大，可溶部分增多，树脂吸水后溶液变形，变形前的吸水率也下降[112]。

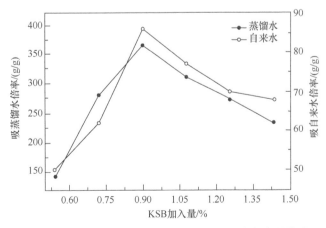

图 6-8　引发剂过硫酸钾的加入量对材料吸水倍率的影响

6）交联反应温度

通过交联反应，可以制备吸水树脂形成三维网络结构（吸水的主要结构）。从单体出发，通过自由基共聚（如苯乙烯与二乙烯基苯的共聚），可以制备三维网络骨架；从已合成的线型或支链型预聚物开始，利用物理或化学（橡胶硫化、环氧树脂固化、皮革的鞣制及不饱和聚酯固化等）交联，也可以制备树脂的网络。常用交联剂包括有机过氧化物类交联剂、硅烷类交联剂、叠氮类交联剂和助交联剂等。分子中含多种可反应官能团或不饱和键是构成交联剂的基本结构，前者如多元酸、多元胺及多元醇等，后者如二乙烯基苯、MBA 及二异氰酸酯等。交联反应的目的是通过交联对聚合物进行改性，提高一些线型聚合物的力学强度、弹性、耐溶剂性、尺寸稳定性及化学稳定性。在制备高粱秸秆-聚丙烯酰胺/坡缕石吸水材料时，以 MBA 为交联剂进行反应，交联温度优化反应如图 6-9 所示。当交联温度较低时，交联反应速率慢，聚合物可能未能形成有效的三维空间网状结构储存外界水分；当交联温度为 95 ℃时，聚合物可能形成了最有利于吸水的有效三维空间网状结构，高吸水材料的吸水倍率达到最大值；当交联温度超过 95 ℃时，交联反应速率加快，容易在反应单体之间产生爆聚或自聚，交联度增大，网络交联点增多，强度增大，不利于吸水膨胀，材料宏观上表现为水溶性差，吸水倍率低。

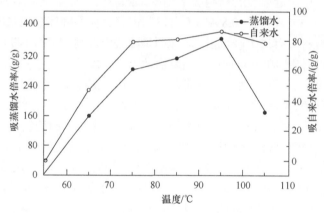

图 6-9　交联温度对材料吸水倍率的影响

7）交联反应时间

交联度既与加入反应体系交联剂的量有关，也与交联反应时间有关。在制备高粱秸秆-聚丙烯酰胺/坡缕石吸水材料时，使用 MBA 为交联剂进行优化（图 6-10）。吸水材料中树脂交联度与其吸水倍率之间具有密切关系，交联度过低，吸水材料中树脂的凝胶强度较低，材料中聚合物网络结构难以形成，吸水后易破碎，有些聚合物甚至溶于水，检测到的吸水倍率较低。在制备高粱秸秆-聚丙烯酰胺/坡缕石吸水材料时，当 MBA 用量一定和交联温度为 95 ℃时，优化实验证明最佳交联时间为 50 min，此时聚合物可能形成了最有利于吸水的有效三维空间网状结构，其吸水倍率达到最大值。当交联时间不足 50 min 时，吸水材料中树脂的凝胶强度较低，材料聚合物网络结构难以形成，吸水倍率较低；当交联时间超过 50 min 时，在聚合物网络结构中形成过多的接枝点，导致聚合物空间结构过于致密，也影响其吸水性能。

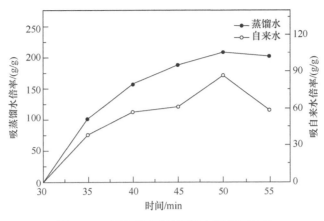

图 6-10 交联时间对材料吸水倍率的影响

8）交联剂用量

在制备高粱秸秆-聚丙烯酰胺/坡缕石吸水材料时，加入交联剂 MBA 进行优化实验（图 6-11）。交联温度为 95 ℃，交联反应时间为 50 min 时，优化实验得到的交联剂最佳用量为 0.162%（交联剂占体系中固体总量的质量分数）。当交联剂用量低于 0.162% 时，高吸水材料中树脂的交联密度太低，不能形成有效的三维空间网络结构，主要形成水溶性高分子聚合物[32]，所以吸水倍率较低；当交联剂添加量达到 0.162% 时，所制备的材料具有最大吸水倍率；当交联剂用量超过 0.162% 时，随着交联剂用量的增加，吸水网络聚合物中固结点增多，吸水材料弹性随之降低，吸水后膨胀体积逐渐减小，导致材料吸水倍率逐渐降低。根据 Flory 吸水理论，高吸水材料中树脂的吸水倍率与其交联密度成反比，树脂的交联密度越高，其吸水倍率就越小。

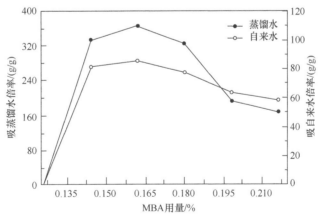

图 6-11 交联剂 MBA 用量对材料吸水倍率的影响

9）丙烯酰胺与高粱秸秆的质量比

在制备高粱秸秆-聚丙烯酰胺/坡缕石吸水材料时，单体丙烯酰胺与高粱秸秆的质量比对复合材料吸水倍率的影响也很大，优化实验显示（图 6-12），当丙烯酰胺与高粱秸秆的质量比为 8∶2 时，吸水材料有最大的吸水倍率。在丙烯酰胺与高粱秸秆的质量比小于 8 : 2 的条件下，随着单体丙烯酰胺比例的增加，聚合更容易进行，吸水材料中亲水性基团的含量随之逐渐增大，吸水倍率增大。这是由于较多的酰胺基水解时在吸水材料网络内产生更多的阳离子，这些阳离子能增加吸水材料与外界液体之间的渗透压，从而增大吸水倍率。随着单体丙烯酰胺比例的增加，复合材料中树脂的分子量随之增加，也能提高吸水倍率。当丙烯酰胺与高粱秸秆的质量比超过 8 : 2 时，在交联密度不变的条件下，丙烯酰胺均聚物增多，一定分子量丙烯酰胺均聚物可以溶于水中，导致吸水材料整体吸水倍率降低[113]。

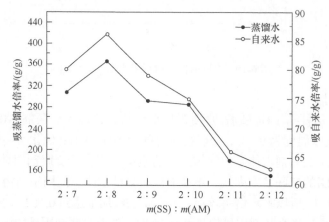

图 6-12 高粱秸秆与丙烯酰胺的质量比对材料吸水倍率的影响

10) 坡缕石黏土用量

这里仍然以制备高粱秸秆-聚丙烯酰胺/坡缕石吸水材料为例，坡缕石黏土用量对材料吸水倍率有很大影响（图 6-13），在复合材料的制备过程中适当添加坡缕石黏土可以改善复合材料的吸水能力。在反应体系中，当坡缕石用量达到体系固体总质量的 12.9% 时，复合材料的吸水倍率达到最大。坡缕石黏土一般形成中空纤维，在聚合物形成网状结构的过程中起到交联骨架作用，其主要成分 SiO_2 和 MgO 表面含有能够参与反应的羟基，因而使聚合物形成有利于提高吸水倍率的网状结构；坡缕石黏土具有巨大的比表面积，

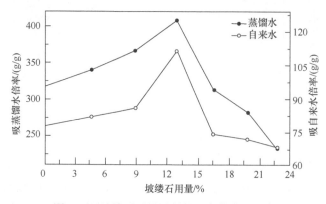

图 6-13 坡缕石用量对材料吸水倍率的影响

其刚性减少了聚合物主链的无效物理缠绕，支撑了复合材料较大的内部空间；坡缕石黏土本身所含的各种金属阳离子可以分散在复合材料中，增大复合材料与外界液体的渗透压，这些因素都可以提高吸水材料的吸水倍率[113-115]。但是添加过多的坡缕石黏土，第一，引起过多交联，使吸水三维网络平均体积缩小，降低吸水倍率；第二，过多的坡缕石黏土会堵塞网状结构中的孔道，也会降低材料的吸水倍率和吸水速率。

3. 植物秸秆-聚合单体/黏土吸水材料结构表征

高吸水材料的性能与其组成和结构有关，其表征主要包括结构、组成及形貌表征。本节以高粱秸秆-聚丙烯酰胺/坡缕石吸水材料结构表征为例，说明其表征过程。

1）红外光谱表征

红外光谱测试是研究高分子材料结构的一种重要手段。利用红外光谱可以鉴定高吸水聚合物结构中所存在的主要官能团，根据一些官能团的特征吸收峰的强度及位置变化可以判断有关单体是否发生了聚合反应。红外光谱也可以定性表征聚合物链中化学键的振动类型，用以说明原子或基团的存在，推断聚合物链的结构。因此，红外光谱测试在高吸水材料结构的定性表征中是不可缺少的。

高粱秸秆-聚丙烯酰胺/坡缕石吸水材料的红外光谱如图 6-14 所示。图 6-14 中 a 是坡缕石的红外光谱曲线，其中相关振动对应的吸收峰分别为：3552 cm^{-1} 处的 Al—OH 伸缩振动；3404 cm^{-1} 处的 Si—OH 伸缩振动；1654 cm^{-1} 处的—OH 弯曲振动；1072 cm^{-1} 处的 Si—O 伸缩振动；478 cm^{-1} 处的 Si—O 弯曲振动。图 6-14 中 b 是高粱秸秆的红外光谱曲线，其中相关振动对应的吸收峰分别为：3414 cm^{-1} 处的—OH 伸缩振动；2919 cm^{-1} 处的亚甲基特征振动；1650 cm^{-1} 处的羧基伸缩振动；1049 cm^{-1} 处的 β-1,4-糖苷键，是纤维素的特征吸收峰。图 6-14 中 c 为吸水材料的红外光谱曲线，比较 a、b 与 c 可以发现，聚合后 1413 cm^{-1}、1371 cm^{-1} 及 670 cm^{-1} 处高粱秸秆的纤维素—OH 伸缩振动峰几乎消失，

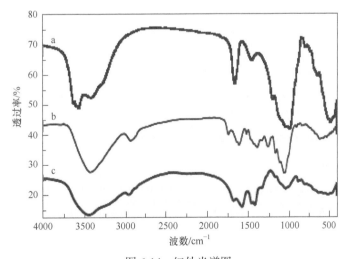

图 6-14　红外光谱图
a. 坡缕石黏土；b. 高粱秸秆；c. 吸水材料高粱秸秆-聚丙烯酰胺/坡缕石

说明高粱秸秆的纤维素与单体丙烯酰胺之间发生了接枝聚合反应[116]；坡缕石黏土3552 cm⁻¹ 处的 Al—OH 和 3404 cm⁻¹ 处的 Si—OH 伸缩振动吸收峰，以及 1654 cm⁻¹ 处的 —OH 弯曲振动吸收峰消失，1072 cm⁻¹ 处的 Si—O 伸缩振动及 478 cm⁻¹ 处的 Si—O 弯曲振动吸收峰减弱，说明丙烯酰胺和坡缕石黏土之间也发生了反应[3, 106, 117]。

2）热力学表征

热重测试是指在程序升温的环境中，确定试样的质量对温度的依赖关系。通过该分析方法，可以获得共混高聚物、共聚物或均聚物的水分蒸发、失去结晶水、低分子易挥发物的逸出、热稳定性、氧化及老化等信息，了解聚合物的结构与性能的关系以确定其使用的条件等。

热重分析需要在氮气保护下进行，高粱秸秆-聚丙烯酰胺和高粱秸秆-聚丙烯酰胺/坡缕石吸水材料热重测试程序升温速率采用 10 ℃/min，得到热重分析结果（图 6-15），两种不同高吸水材料在 25～800 ℃的加热过程均有三次明显的质量损失，损失温度分别为30 ℃、250 ℃和 380 ℃。对比两种高吸水材料的热失重曲线，添加坡缕石黏土制备得到的高吸水材料在每次的质量损失过程中比不添加坡缕石黏土的高吸水材料的质量损失少，最重要的是对应的失重温度也有所提高。热重分析质量损失少说明坡缕石无机物在相应温度下难分解；而对应失重温度的提高则说明在高吸水材料中添加一定质量的坡缕石黏土能适当地提高吸水材料的热稳定性。

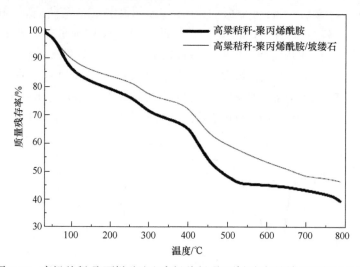

图 6-15　高粱秸秆-聚丙烯酰胺和高粱秸秆-聚丙烯酰胺/坡缕石的热重曲线

3）电子显微镜形貌表征

电子显微镜是利用电子与物质作用所产生的信号来鉴定微区域晶体结构、微细组织、化学成分和电子分布情况的电子光学装置，常用的有 TEM 和 SEM。与光学显微镜相比，电子显微镜用电子束代替了可见光，用电磁透镜代替了光学透镜，并使用荧光屏将肉眼不可见的电子束成像。利用 SEM 测试可以观察到聚合物的表面形貌特征，如梯段高度、纵横比、粒径分布、表面形状及孔隙度等信息。观察高吸水材料的形貌结构，对其吸水机理的研究和聚合物性能的改进都有十分重要的意义。

高粱秸秆-聚丙烯酰胺和高粱秸秆-聚丙烯酰胺/坡缕石的 SEM 照片如图 6-16 所示。SEM 照片显示添加坡缕石黏土的吸水材料，其表面更加粗糙多孔，这可能有利于形成理想的三维网状结构，改善吸水材料的吸水速率和吸水倍率[3, 106]。一般较小的形貌变化在 SEM 照片上很容易被忽略，作为复合材料，其不均匀性也可能产生误导。

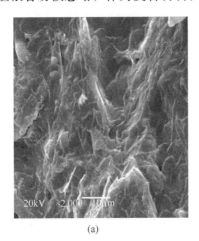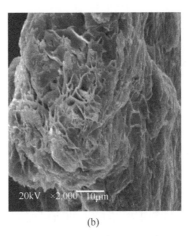

（a）　　　　　　　　　　（b）

图 6-16　高粱秸秆-聚丙烯酰胺（a）和高粱秸秆-聚丙烯酰胺/坡缕石（b）的 SEM 照片

4. 植物秸秆-聚合单体/黏土吸水性能

评价吸水复合材料（吸水树脂）性能的主要指标包括吸水倍率、吸水速率、稳定性、保水性能、反复吸水性能、耐盐性能、凝胶强度及在使用环境的降解性能，这些指标或性能都要在研究和生产中去检测。

1）吸水倍率

吸水倍率指单位质量材料的吸水量，是高吸水材料性能的最重要指标，单位是 g/g 或 mL/g，目前报道的最大吸水倍率是 5300 g/g。高吸水材料吸水倍率的测定方法有很多，如过滤法、筛网法、茶袋法、抽吸法、离心法等。常用方法为过滤法，检测时称取一定量的干燥树脂放于烧杯中，加入水，达到吸水平衡后，用纱布滤去未吸收的水，采用 $Q = (m_2-m_1)/m_1$ 计算材料的吸水倍率，其中，Q 为吸水倍率；m_1 为干燥吸水材料的质量；m_2 为材料溶胀饱和后的质量。

吸水材料（树脂）的结构组成是影响吸水倍率的主要因素。材料（树脂）所含亲水基团越多，亲水基团的亲水性越强，材料中树脂与水的亲和力就越大，吸水倍率也就越高。亲水基团的亲水能力与这些功能基团的结构及其与水形成氢键的能力有关，常见的亲水基团中磺酸基（—SO_3H）亲水能力最强，其次是羧基（—$COOH$）、酰胺基（—$CONH_2$）及羟基（—OH）。固定在吸水材料（树脂）上的电荷是其组成的一部分，电荷密度越大，树脂三维网络内外的渗透压也就越大，吸水倍率就越高[91]。以淀粉接枝共聚物材料为例，当其电荷密度达到 35% 时，吸水倍率最大，电荷密度小于 35% 时，吸水倍率随着电荷密度的增大而增加，大于 35% 后，吸水倍率随着电荷密度的增加反而下降。吸水材料（树脂）上电荷密度超过一定值后，由于高分子链的伸展（同种电荷的斥力），相邻电荷之间的距离就会增加，影响了电荷之间作用的有效性，导致吸水倍率下降。吸水树脂交联度也是其组成的一部分，交联度与树脂的凝胶强度和三维网络有关。对于复合吸水材料而言，交联度也有最优数值，太大或太小都不利于提高吸水倍率[91, 118]。从提高吸水倍率的角度考虑，应在保证材料不溶解的前提下，尽可能地降低交联度，但吸水后的吸水材料显示出橡胶的弹性行为，其凝胶强度与交联度成正比，降低交联度会导致凝胶强度的下降。

被吸溶液的性质也是影响吸水材料（树脂）吸水倍率的重要因素。被吸溶液中离子的浓度和价数即离子强度是影响吸水树脂网络内外渗透压差的主要因素。首先离子强度越大，相关的渗透压差就越小；其次，被吸溶液的离子强度会屏蔽树脂上的电荷，降低静电斥力。这两种因素影响的结果是相同的，都会导致吸水倍率下降。被吸溶液的离子强度对离子型吸水树脂的吸水倍率影响较大，但对非离子型吸水树脂的影响较小。一般离子型吸水树脂吸收生理盐水（0.9%氯化钠溶液）的倍率仅为其吸收蒸馏水的约 1/10。通常的耐盐性吸水树脂都是非离子型树脂。不同盐对吸水倍率的影响不同，其影响次序一般为：$NaCl < Na_2SO_4 < MgCl_2 < CaCl_2$。$Ca^{2+}$大幅度减低吸水倍率的原因是 Ca^{2+} 与 COO^- 反应形成了络合物，减少了阴离子之间的静电斥力[118]。吸水树脂在盐水中的吸水倍率是评价其性能的一个重要指标。如何提高离子型吸水树脂的耐盐性是亟待解决的问题[93]。在一定范围内，同类聚合物的交联度较低时，其吸水倍率相对较高，但其保水性、稳定性和凝胶强度则较低，反之亦然。所以，如果需要吸水树脂的使用周期较长（稳定性高），就需要较高的交联度。没有办法通过调控交联度来同时提高吸水树脂的吸水倍率、凝胶强度及吸水速率，只能根据实际需求而有所取舍。凝胶强度与吸水倍率是相互矛盾的，对同一类型的吸水树脂，凝胶强度在一定范围保证吸水网络的形成和稳定，是吸水树脂重要的指标。但是当凝胶强度达到一定值后，凝胶强度越高则吸水倍率越低。凝胶强度高的吸水树脂吸水后形状稳定性好，不易破碎和变形，利于在土壤中形成空隙，提高土壤的透气性。凝胶强度高的吸水树脂吸放水可逆性也好。由于农用吸水树脂使用时一般埋入地下，因而需要考虑加压时的吸水性能。以高粱秸秆-聚丙烯酰胺/坡缕石为例，其吸纯水倍率为 350 g/g，吸水倍率并不高，吸河水或土壤中水的倍率则更低。但是由于其凝胶强度较高，所以吸水后在土壤中不易变形，失水后体积减小，使用这种吸水材料有利于土壤疏松和促进土壤团粒结构的形成。

2）吸水速率

吸水速率指单位质量的树脂在单位时间内吸收水分的质量或体积。其测定方法也很多，如凝胶体积膨胀法、凝胶质量法、静止吸干法、涡流法、毛细管法及搅拌停止法等。商用吸水树脂要求吸水速率越快越好。有些吸水树脂达到吸水平衡时，其吸水倍率很大，达到平衡需要的时间很短，凝胶强度适当，吸水后不易解体，这种树脂从吸水角度衡量就是优良吸水剂，市场价格很高。有些吸水树脂达到吸水平衡时，其吸水倍率不是很大，但达到平衡需要的时间较短，凝胶强度也较高，这些树脂也有其适应的用途。与选择其他用途吸水树脂考虑的因素相似，用于荒漠化防控的吸水材料也要求考虑其吸水倍率和吸水速率，但是由于受价格因素的限制，一般只能选择吸水倍率中低等、吸水速率较小及在土壤中能存在较长时间的材料。以高粱秸秆-聚丙烯酰胺/坡缕石为例，其吸纯水达到平衡所需时间在 1 h 以内。

3）稳定性

高吸水材料在实际使用过程中必然会受到外界条件，如光、热、化学物质、微生物及其他条件的影响，使其吸水性能和保水性能发生改变。因此，高吸水材料的稳定性直接影响着材料的使用寿命。高吸水材料的稳定性主要包括热稳定性、光稳定性和储存稳定性等。

4）保水性能及其功效

高吸水材料的保水性能指材料达到溶胀平衡后能保持其所吸水分不易流出的能力，这是吸水材料所具有的独特性质。使用吸水材料的直接效果是吸水和降低蒸发。由于吸水材料能吸收相当于自身重量成百倍的水，使用吸水材料，可以提高土壤饱和含水量，抑制土壤水分蒸发、渗漏和流失，实现保水节水的目的。使用保水材料，植物根系由于吸水剂的刺激和供水，可以生长和发育得更好，总体上根的长度和条数都增加，在极旱和干旱条件下，使用过吸水材料的植物长势更好。吸水材料的其他功效有三点：第一是保肥。吸水材料吸收了溶解在水中的肥料后，减少水的渗漏和蒸发，也就减少了溶于水中植物营养物质的损耗，节水保肥，使用于植物生长的水肥比例增加，从而提高了水肥的利用率。第二是保温。水在所有物质中比热最大，使用吸水材料后，其吸收的水分白天吸收太阳热储存于水中，夜间缓慢释热降低降温速度，达到保温效果。实验显示在砂壤土中施用一定比例（0.1%～0.2%）的吸水材料后，沙壤土层 10 cm 处昼夜温差减少为 11～13.5 ℃（对照实验为 11～19.5 ℃）。第三是改善土壤结构。施入土壤中的保水材料，其膨胀和收缩的规律性变化引起土壤颗粒间空隙增大，土壤更加疏松，透气透水性能得到改善。

高吸水材料的保水能力一般用离心法来测定。具体做法是将达到溶胀平衡后的凝胶置于离心机，以 4000 r/min 的转速离心脱水，测定脱水后的凝胶质量。采用 $R = m_4/m_3$ 计算材料的保水性。式中，R 为保水率；m_3 为干样品的质量；m_4 为溶胀平衡后的凝胶经离心脱水后的质量[119]。利用离心实验测定的高粱秸秆-聚丙烯酰胺/坡缕石的保水性能如图 6-17 所示。溶胀的高吸水材料高粱秸秆-聚丙烯酰胺/坡缕石经 4000 r/min 离心30 min，保水率能达到 96.0%。

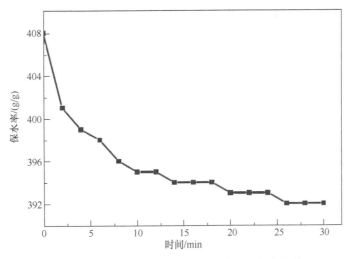

图 6-17　高粱秸秆-聚丙烯酰胺/坡缕石的保水性能

5）反复吸水性能

准确称量两份各 0.5 g 干燥的高吸水材料（颗粒直径 20～30 目）装到用尼龙纱布制作的小袋中，分别浸入盛有 1000 mL 蒸馏水和自来水的烧杯中，达到溶胀平衡后测量其吸水倍率，然后将溶胀的材料放置于 50 ℃的鼓风干燥烘箱中加热使其完全失水，再次分别浸泡在盛有蒸馏水和自来水的烧杯中达到溶胀平衡。重复多次以评价高吸水材料的反复吸水性能。

高粱秸秆-聚丙烯酰胺/坡缕石反复吸蒸馏水和自来水的能力不是很强（图 6-18），重复吸水 6 次后基本上失去再吸水能力，每次重复实验时吸水倍率降低很多，重复 3 次吸蒸馏水倍率降到 100 g/g 以下，吸自来水倍率降到约 50 g/g。按照每次吸水自然干燥超过 30 天计算，这种吸水材料在 3 个月内吸水性能可以保证，基本能满足农业、园艺等领域的实际使用要求。

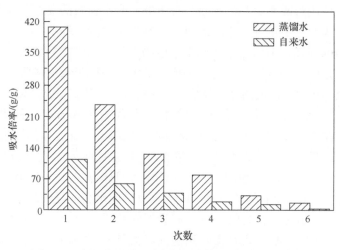

图 6-18　高粱秸秆-聚丙烯酰胺/坡缕石的反复吸水性能

6）耐盐性能

化学合成高吸水树脂对纯水一般具有很高的吸水倍率，但吸盐溶液倍率则较低。影响吸水材料耐盐性能的因素主要是材料的结构、盐溶液中金属离子价态及盐溶液浓度。吸水材料中亲水基团越多，亲水基团亲水性越强，固定在吸水材料上的电荷密度最佳时，材料的吸水倍率越高。溶液的离子强度增大，导致材料网络内外的渗透压差变小，材料上的静电斥力减小，吸水倍率就降低。通过亲水基团多样化、调整交联度、改善材料的结构和内环境（引入长链疏水性单体或与无机物复合），可以有效提高吸水材料的耐盐性能[120]。高粱秸秆-聚丙烯酰胺（图 6-19 中 a）、高粱秸秆-聚丙烯酰胺/坡缕石（图 6-19 中 b）及市售高吸水材料（图 6-19 中 c）吸盐水（0.9%NaCl 溶液）的倍率分别为 31.0 g/g、36.4 g/g 和 62.0 g/g。加入坡缕石黏土的吸水材料高粱秸秆-聚丙烯酰胺/坡缕石，相比没有坡缕石的吸水材料高粱秸秆-聚丙烯酰胺，其吸盐水倍率差别不大。

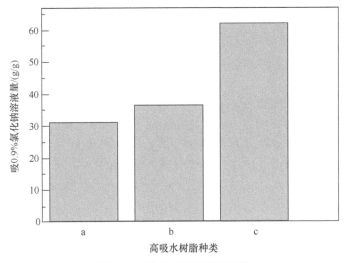

图 6-19 吸水材料的耐盐性能

a. 高粱秸秆-聚丙烯酰胺；b. 高粱秸秆-聚丙烯酰胺/坡缕石；c. 市售高吸水材料

7）凝胶强度

吸水材料的凝胶强度就是其中的树脂吸水达到平衡后水凝胶的强度。吸水材料中凝胶的强度与聚合物本身的结构、组成及加工形状有关。检测吸水材料（树脂）的凝胶强度时，常用振荡应力流变计测定树脂凝胶粒的剪切模量，通过数据处理就可代表凝胶强度。也可以利用拉力试验机测试吸水材料（树脂）的凝胶强度，通过拉伸和压缩等力学性能测试，评估其力学性能。

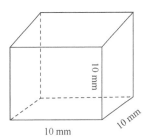

图 6-20 高吸水材料凝胶强度测试模型

以测定高粱秸秆-聚丙烯酰胺/坡缕石吸水材料凝胶强度为例，将干燥的高粱秸秆-聚丙烯酰胺/坡缕石吸水材料浸泡在一定体积的蒸馏水中达到溶胀平衡后，用刀片将溶胀凝胶切为如图 6-20 所示的模型，每个试样做 5 组相同的测试模型，运用微机控制电子万能试验机测试高吸水材料的力学性能。不同吸水材料的力学性能参数列于表 6-3。

表 6-3 高粱秸秆-聚丙烯酰胺及高粱秸秆-聚丙烯酰胺/坡缕石的力学性能

	高粱秸秆-聚丙烯酰胺			高粱秸秆-聚丙烯酰胺/坡缕石		
	最大力/N	破坏压缩率/%	最大力压缩率/%	最大力/N	破坏压缩率/%	最大力压缩率/%
平均值	0.595	13.180	11.700	1.180	16.070	15.300
标准偏差	0.250	5.872	5.371	0.211	8.980	9.475
变异系数	41.990	44.570	45.750	17.900	55.870	61.770

借助式（6-9）计算出吸水材料高粱秸秆-聚丙烯酰胺和高粱秸秆-聚丙烯酰胺/坡缕石的凝胶强度分别为 5.95 kPa 和 11.80 kPa。与高粱秸秆-聚丙烯酰胺比较，高粱秸秆-聚丙烯酰胺/坡缕石材料的凝胶强度明显提高，这是因为向吸水网络添加适量的坡缕石黏土，

具有刚性棒状结构的坡缕石既可以增加吸水材料网状结构中的交联密度，又可以在溶胀凝胶中起骨架支撑作用，协助阻抗外界对吸水材料所施加的破坏力，维持溶胀凝胶的形态。

$$G=F/S \tag{6-9}$$

8）降解性能

高吸水材料的降解性能指在一定的条件下材料自动分解至消失。为了保护环境，吸水材料必须具有很好的降解性能，以避免在使用过程中对环境造成二次污染。因此作为吸水材料，降解性能是其越来越重要的衡量指标。适用于田间的吸水材料（树脂），完全不降解将会给环境造成污染，但如果很快降解，则为植物提供水分的时间有限。所以理想的辅助农林业的吸水材料应该能在使用环境完全降解，且降解时间适当或可控。在测试吸水材料降解性能时，需要模拟吸水材料使用的真实环境，将吸水材料置于使用环境中，每隔一段时间测定其降解量。作为例子，将 0.5 g 高粱秸秆-聚丙烯酰胺/坡缕石浸泡在 1000 mL 的蒸馏水中使其达到溶胀平衡，过滤掉未吸收的蒸馏水后，将溶胀凝胶与一定质量的土壤混埋并置于特定湿度和温度的模拟环境中，每隔 7 天测定一次数据，考察其降解行为（图 6-21）。模拟环境中经过 77 天降解，其降解率为 10.5%。根据实际需要，可以专门生产一定时间（如 1 年或 2 年）降解的吸水材料。

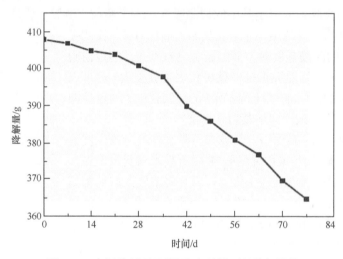

图 6-21　高粱秸秆-聚丙烯酰胺/坡缕石的降解性能

6.2.2　含土和果壳或麸皮复合吸水材料[105, 121]

含土和果壳或麸皮复合吸水材料的主要原料：①有机材料，包括生物质材料［麦麸皮（WB）、稻壳、玉米棒芯、核桃壳及花生壳等］；②无机材料，包括无机黏土矿物（坡缕石、蒙脱土、红土、高岭土、硅藻土）及黄土；③聚合单体，包括丙烯酸、取代丙烯酸、丙烯酰胺、取代丙烯酰胺、丙烯腈及取代丙烯腈等。本节选择含土和麦麸皮复合吸水材料为例进行介绍。

与植物秸秆比较，果壳或粮食麸皮由于可反应羟基受限较小，更容易与单体进行接枝聚合制备复合吸水材料。与植物秸秆相似，利用果壳或麸皮制备复合吸水材料时，需要优化的内容包括果皮或麸皮糊化温度、糊化时间、引发剂用量、引发温度、引发时间、交联剂用量、交联温度、交联时间、黏土与单体的质量比、果皮或麸皮与聚合单体的质量比、丙烯酸的中和度、果皮或麸皮种类,以及聚合单体(丙烯酰胺或丙烯酸)及黏土(坡缕石、蒙脱土、红土)或黄土之间的反应需要进行反应条件和原料配比的优化。优化过程、材料表征和性能考察与 6.2.1 节相似,优化数据列于表 6-2,详细过程不再赘述。本节主要介绍以下内容:①通过改变黏土种类(红土、坡缕石、硅藻土和高岭土)开发新型环境友好型麦麸皮黏土基高吸水性复合材料;②黏土类型对高吸水复合材料溶胀能力、溶胀动力学、反复溶胀能力、吸水性能、尿素负载和释放的影响;③分别通过准二级动力学模型和 Ritger-Peppas 模型评价麦麸皮黏土基高吸水复合材料的吸水过程和尿素释放机制。

1. 麦麸皮-聚丙烯酸/黏土(WB-g-PAA/Clays)吸水材料实验室制备方法

准确称取 2.00 g 麦麸皮加入装有搅拌棒、氮气导管和恒压加料管的 250 mL 三口烧瓶中,向其中加入 30 mL 蒸馏水,搅拌制得分散液。在持续搅拌下,将此溶液升温至 70 ℃并恒温 30 min。将 12.61 g 丙烯酸加入 12 mL 氢氧化钠(4.66 g)溶液中,得到中和度为 70%的中和丙烯酸。然后将中和丙烯酸,0.03 g MBA 和 0.60 g 红土加入含麦麸皮分散液的三口烧瓶中并在 70 ℃下搅拌 30 min。之后,将系统冷却至 50 ℃,在氮气保护下将引发剂过硫酸钾水溶液(5 mL,0.15 g KPS)加入混合物中,然后将反应体系缓慢加热至 70 ℃,并保持 1 h 以完成聚合。反应结束后,将所得的产物置于鼓风干燥箱内,在 70 ℃下干燥至恒重,再将干复合材料粉碎。

为了比较,其他黏土(高岭土、坡缕石和硅藻土)及不加黏土的对应高吸水复合材料也按相同的方法制备。反应结束后,所有产物均置于鼓风干燥箱内,在 70 ℃下干燥至恒重,再将干燥材料粉碎,过 40~80 目(420~180 μm)网筛。

2. 麦麸皮-聚丙烯酸/黏土吸水材料表征

1)麦麸皮-聚丙烯酸/黏土吸水材料形貌

黏土基高吸水复合材料[图 6-22(a)~(d)]与不加黏土高吸水复合材料[图 6-22(e)]比较,黏土基高吸水复合材料呈现出皱褶、粗糙和多孔的断面结构,这种断面结构能增加高吸水复合材料的表面积,便于水分扩散到高吸水复合材料聚合物内,有利于其吸水[122]。

2)麦麸皮-聚丙烯酸/黏土 XRD 图谱

观察不加黏土高吸水复合材料、四种黏土样品和相应的高吸水复合材料的 XRD 图谱(图 6-23),并通过与标准黏土矿物的衍射特征进行对比,发现红土本身具有与白云母(JCPDS no.06-0263)和 SiO_2(JCPDS no.50-1708/46-1045)相关的主峰;坡缕石黏土主要是坡缕石(JCPDS no.21-0958)和白云母(JCPDS no.46-1409)的特征衍射图谱;硅藻土主要是 SiO_2(JCPDS no.39-1425)的特征衍射图谱;而钙钒氧化物(JCPDS no.26-1165)构成了高岭土的特征衍射图谱。将黏土(红土、硅藻土、高岭土和坡缕石)添加到麦麸皮-聚丙烯酸中形成聚合物网络后,黏土矿物的强峰几乎消失或移动了,并且黏土类型不同时峰的移动也不同,这表明黏土颗粒已经无规分散于麦麸皮接枝的聚丙烯酸网络结构中。

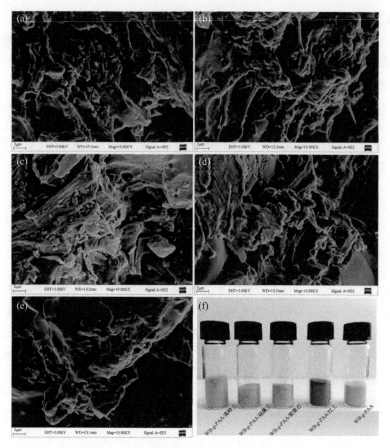

图 6-22　高吸水复合材料的 SEM 图及实物图

（a）麦麸皮-聚丙烯酸/高岭土；（b）麦麸皮-聚丙烯酸/硅藻土；（c）麦麸皮-聚丙烯酸/坡缕石；

（d）麦麸皮-聚丙烯酸/红土；（e）麦麸皮-聚丙烯酸的 SEM 图；（f）高吸水复合材料的实物图

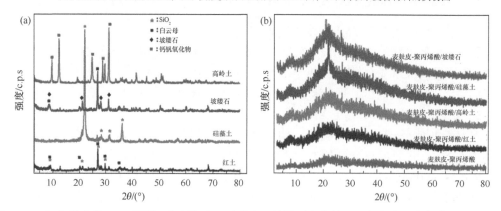

图 6-23　（a）黏土的 XRD 图谱，包括红土、硅藻土、坡缕石和高岭土；（b）高吸水复合材料的 XRD 图谱，包括麦麸皮-聚丙烯酸、麦麸皮-聚丙烯酸/红土、麦麸皮-聚丙烯酸/高岭土、麦麸皮-聚丙烯酸/硅藻土和麦麸皮-聚丙烯酸/坡缕石

3）黏土的化学成分和比表面积

根据 ICP-AES 和比表面积分析（表 6-4），四种类型黏土的化学组成明显不同。四种黏土的比表面积（S_{BET}）由大到小是：坡缕石（28 m^2/g）>红土（26 m^2/g）>高岭土（6 m^2/g）>硅藻土（1 m^2/g）。此外，ICP-AES 结果表明红土具有高的 Si、Fe、Al、Ca 含量，分别为 23.97%、7.47%、3.25%和 3.24%，但 Mg 和 Na 含量较低，分别为 0.62%和 0.83%；坡缕石有较高的 Si、Al、Fe 含量，分别为 23.45%、5.08%、5.82%，而 Na 的含量也较低，为 0.90%；硅藻土有较高的 Si 含量（40.41%）。在四种黏土中，高岭土具有最低的 Si 和 Fe 含量，分别为 11.96%和 0.02%。这些结果表明，SiO_2 是四种黏土中最主要的氧化物，但成分和比表面积存在差异，这种成分和比表面积的差异导致了其结构和物理化学性质的不同。

表 6-4　黏土的化学成分和比表面积

样品	元素含量/%							S_{BET}/（m^2/g）
	Si	Al	Fe	Mg	Ca	K	Na	
高岭土	11.96	—	0.02	1.62	10.83	0.95	1.37	6.0
硅藻土	40.41	0.53	1.83	0.14	0.18	0.29	1.46	1.0
坡缕石	23.45	5.08	5.82	1.33	1.72	2.19	0.90	28
红土	23.97	3.25	7.47	0.62	3.24	2.58	0.83	26

4）麦麸皮-聚丙烯酸/黏土的红外光谱

样品的 FTIR 图谱如图 6-24 所示。在 1026 cm^{-1} 处的峰归属于麦麸皮中吡喃糖的吸收峰[123]，这个吸收峰在反应后几乎消失了；出现在 1409 cm^{-1} 处的峰归属于麦麸皮-聚丙烯酸和麦麸皮-聚丙烯酸/黏土中—COO^-基团的对称伸缩振动吸收峰；在 3618 cm^{-1} 和约 1630 cm^{-1} 处的峰分别归属于黏土表面—OH 基团的拉伸和弯曲振动吸收峰，它们在反应后也消失了；在 3400～3500 cm^{-1} 处的峰归属于水分子的伸缩振动吸收峰，而 1635 cm^{-1} 处的峰为水分子的弯曲振动吸收峰[124]。羰基的伸缩振动与附近其他吸收峰叠加形成较宽的吸收峰。约 2940 cm^{-1} 处的峰归属于 C—H 的伸缩振动吸收峰；1004～1040 cm^{-1} 处的

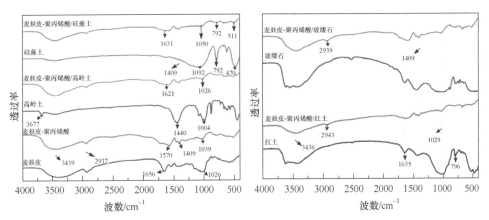

图 6-24　麦麸皮、黏土、麦麸皮-聚丙烯酸和麦麸皮-聚丙烯酸/黏土的 FTIR

峰归属于 Si—O 的伸缩振动吸收峰[125]，这些峰在反应后明显减弱了，但在麦麸皮-聚丙烯酸/黏土中仍可观察到。在 470~796 cm⁻¹ 处的峰归属于 M—O 的弯曲振动吸收峰（M 表示四种黏土中 Si 或其他金属阳离子）[126]，这些特征峰反应后也减弱了。FTIR 图谱中观察到的所有信息表明，PAA 链被接枝到麦麸皮的大分子链上，并且黏土也通过表面—OH 基团参与了聚合反应。黏土和麦麸皮-聚丙烯酸之间的相互作用可能对相应的高吸水复合材料的物理化学性质具有一定的影响。

3. 黏土的影响

1）黏土对平衡吸水倍率的影响

室温下高吸水复合材料平衡吸水倍率测试方法与 6.2.1 节相似。准确称取 0.05 g 试样于烧杯中，加入过量蒸馏水，吸水 4 h 达到溶胀平衡，将溶胀后的样品用 100 目网筛滤去多余水分，称量溶胀样品的质量，计算平衡吸水倍率（Q_{eq}）。在相同条件下分别制备含相同质量的四种黏土的复合吸水材料，其平衡吸水倍率顺序为：麦麸皮-聚丙烯酸/红土（647 g/g）>麦麸皮-聚丙烯酸（548 g/g）>麦麸皮-聚丙烯酸/坡缕石（513 g/g）>麦麸皮-聚丙烯酸/硅藻土（506 g/g）>麦麸皮-聚丙烯酸/高岭土（437 g/g）（图 6-25）。根据 FTIR 分析结果，黏土表面的活性—OH 基团与聚合物链发生反应或交联了，所添加的刚性黏土颗粒减少了麦麸皮-聚丙烯酸聚合物链的缠结，削弱了树脂分子结构中氢键的相互作用，降低了聚合物的物理交联度，使吸水树脂网络结构得到改善[113]。分散的红土、坡缕石、硅藻土和高岭土也可以充当麦麸皮-聚丙烯酸网络中的附加交联点，增加了相应高吸水复合材料的交联密度[37]。交联密度增加既有可能优化吸水三维网络，提高吸水倍率；也有可能堵塞聚合物网络，降低吸水倍率。同一聚合过程得到的聚合物，理化性能也会有差异，吸水倍率就更不可能完全相同，所以吸水倍率如果差别不大，很可能是正常误差，而不是由结构改变造成的。

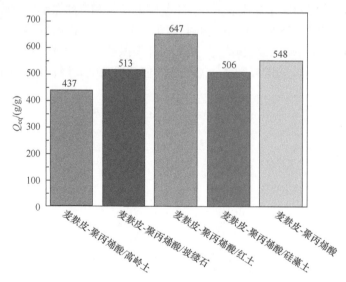

图 6-25　麦麸皮-聚丙烯酸和麦麸皮-聚丙烯酸/黏土在蒸馏水中的平衡吸水率

2）黏土对溶胀速率的影响

取已称量好的样品（0.05 g）置于 300 mL 烧杯中，每隔一定时间取出，计算溶胀度[114]。

为了进一步分析高吸水复合材料的吸水过程，溶胀速率通过 Schott 准二级动力学模型拟合得到：

$$t/Q_t = A + Bt \tag{6-10}$$

式中，Q_t 为 t 时刻的溶胀速率；A 为初始溶胀速率的倒数，$A = 1/K_{is}$；B 为理论平衡溶胀比的倒数，$B = 1/Q_{teq}$。式（6-10）的最终形式可以写为

$$t/Q_t = 1/K_{is} + 1/Q_{teq} \tag{6-11}$$

通过式（6-11）可确定线性相关系数（R^2）。

除了平衡吸水能力，溶胀速率也是评价高吸水复合材料性能的另一个重要指标。高吸水复合材料的溶胀速率主要受溶胀能力、粒径、表面积和密度的影响[127]。黏土的种类也会影响高吸水复合材料的溶胀速率。麦麸皮-聚丙烯酸/黏土高吸水复合材料的溶胀速率趋势是相似的，在最初的 30 min，溶胀速率要比后期快，随着溶胀过程的继续，溶胀速率降低，并且溶胀速率的曲线变得更平坦，60 min 内高吸水复合材料达到溶胀平衡。样品的溶胀速率满足：麦麸皮-聚丙烯酸/红土>麦麸皮-聚丙烯酸/坡缕石>麦麸皮-聚丙烯酸/硅藻土>麦麸皮-聚丙烯酸/高岭土（图 6-26）。根据表 6-5 的数据可以看出，麦麸皮-聚丙烯酸/红土在蒸馏水中的溶胀过程符合 Schott 准二级动力学模型，相关系数（R^2）更接近 1。

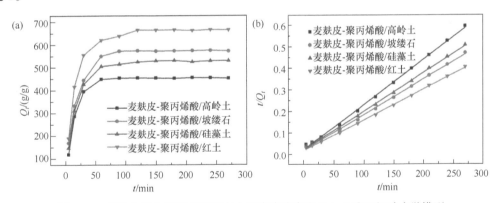

图 6-26　高吸水复合材料在蒸馏水中的溶胀速率和 Schott 准二级动力学模型

（a）溶胀速率曲线；（b）Schott 准二级动力学模型

表 6-5　高吸水复合材料在蒸馏水中的溶胀动力学参数和尿素的释放动力学参数

样品	Schott 二级模型			$M_t/M_\infty = Kt^n$ 模型		
	$K_{is}/[\mathrm{g}/(\mathrm{g}\cdot\mathrm{s})]$	$Q_{teq}/(\mathrm{g/g})$	R^2	K/min^{-1}	n	R^2
麦麸皮-聚丙烯酸/高岭土	60	469	0.9981	8.47	0.33	0.9602
麦麸皮-聚丙烯酸/坡缕石	68	598	0.9988	9.86	0.40	0.9934
麦麸皮-聚丙烯酸/硅藻土	64	552	0.9985	23.30	0.30	0.9622
麦麸皮-聚丙烯酸/红土	80	694	0.9993	15.19	0.31	0.9643

3）黏土对反复溶胀能力的影响

将高吸水复合材料样品（0.05 g）浸入 300 mL 蒸馏水，室温下达到溶胀平衡，按 6.2.1 节吸水倍率测定方法测定平衡吸水倍率。然后将溶胀的样品放入 50 ℃烘箱中干燥至恒重。随后，将等体积的蒸馏水加入完全干燥的复合材料样品中，使干燥后的凝胶再重复溶胀，重复相同的操作。高吸水复合材料的反复溶胀能力是实际应用中的一个重要特征。麦麸皮-聚丙烯酸/黏土高吸水复合材料通过反复溶胀 6 次后，分别保留了起初吸水量的 65%（麦麸皮-聚丙烯酸/高岭土）、42%（麦麸皮-聚丙烯酸/坡缕石）、47%（麦麸皮-聚丙烯酸/红土）、48%（麦麸皮-聚丙烯酸/硅藻土）和 36%（麦麸皮-聚丙烯酸）（图 6-27）。上述数据表明添加黏土有助于改善高吸水复合材料重复利用次数，其中麦麸皮-聚丙烯酸/红土在重复利用性方面更适宜，原因可能是红土在其复合材料中分散性更好，可以更好地保护麦麸皮-聚丙烯酸/红土的聚合物网络结构。

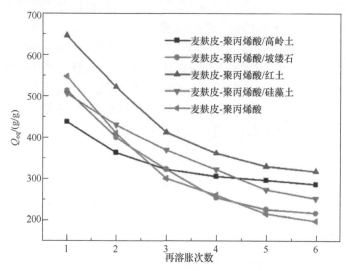

图 6-27　高吸水复合材料在蒸馏水中的反复溶胀能力

4）黏土对保水性的影响

将土壤样品在 105 ℃下干燥至恒重，并用 10 目的尼龙筛筛分，然后将 0.3 g 高吸水复合材料与 300 g 土壤样品混合均匀，装入 500 mL 玻璃烧杯中，并加自来水缓慢渗透，直到少量水从土壤的缝隙渗出。将烧杯保持在室温下，10 天内每天称量一次并记录（m_i）。通过式（6-12）计算高吸水复合材料在土壤中的保水性：

$$R_{is} = \frac{m_i}{m_0} \qquad (6-12)$$

式中，m_0 为饱和吸水样品和土壤的总质量；m_i 为 i 时间样品的质量[111]。

研究高吸水复合材料的保水性对农业和园艺应用具有重要意义。在 60 ℃时烘干 1 h 后，麦麸皮-聚丙烯酸/黏土高吸水复合材料分别保留了起初 78%（麦麸皮-聚丙烯酸/高岭土）、81%（麦麸皮-聚丙烯酸/坡缕石）、85%（麦麸皮-聚丙烯酸/红土）和 71%（麦麸皮-聚丙烯酸/硅藻土）[图 6-28（a）]的水分。麦麸皮-聚丙烯酸/黏土高吸水复合材料与土壤混合 5 d 后，水分分别蒸发了 71%（麦麸皮-聚丙烯酸/高岭土）、60%（麦麸皮-聚丙烯酸/坡缕石）、59%（麦麸皮-聚丙烯酸/红土）和 48%（麦麸皮-聚丙烯酸/硅藻土）[图 6-28（b）]。这些数据表明麦麸皮-聚丙烯酸/黏土有一定的保水性[128]。高温干燥下高吸水复合材料的保水性与水分子和高吸水复合材料之间的氢键和范德瓦耳斯作用有关，水分子和高吸水复合材料之间的氢键或范德瓦耳斯作用越强，保水性就越好。

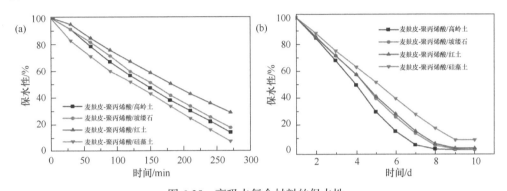

图 6-28　高吸水复合材料的保水性
（a）高吸水复合材料在 60 ℃时的保水性；（b）高吸水复合材料在土壤中的保水性

5）黏土对尿素负载和释放的影响

高吸水复合材料对尿素负载是通过浸泡的方法实现的[98]。对于每份提前称重的高吸水复合材料，将其浸入 300 mL 一定浓度的尿素溶液 12 h。随后，将溶胀负载尿素的高吸水复合材料在 40 ℃下干燥直至达到恒重。负载百分比按式（6-13）计算：

$$负载率 = \frac{W_1 - W_0}{W_1} \times 100\% \qquad (6\text{-}13)$$

式中，W_0 和 W_1 分别为未负载和负载的干样品的质量，g。

为了考察麦麸皮-聚丙烯酸/黏土高吸水复合材料对尿素的负载，将麦麸皮-聚丙烯酸/黏土浸泡在不同浓度的尿素溶液，每种高吸水复合材料在不同的尿素溶液中平衡溶胀度几乎没发生变化，原因可能是聚合物链之间的静电排斥力不受中性尿素分子的影响[图 6-29（a）][129]。然而，随着尿素浓度的增加，麦麸皮-聚丙烯酸/黏土高吸水复合材料尿素负载率增加了[图 6-29（b）]，原因是随着尿素浓度的增加，越来越多的尿素分子可进入麦麸皮-聚丙烯酸/黏土聚合物网络，干燥后，进入聚合物网络的尿素分子被截留在其中，故尿素负载率增加了。例如，在 9 mg/mL 的尿素水溶液中，尿素负载率分别为 63 wt%（麦麸皮-聚丙烯酸/高岭土）、81 wt%（麦麸皮-聚丙烯酸/坡缕石）、77 wt%（麦麸皮-聚丙烯酸/红土）和 73 wt%（麦麸皮-聚丙烯酸/硅藻土）。而在 3 mg/mL 中，尿素负载率则分别为 36 wt%（麦麸皮-聚丙烯酸/高岭土）、56 wt%（麦麸皮-聚丙烯酸/坡缕石）、47 wt%（麦麸皮-聚丙烯酸/红土）和 39 wt%（麦麸皮-聚丙烯酸/硅藻土）。

准确称取高吸水复合材料浸入 9 mg/mL 的尿素水溶液中 12 h。再将溶胀的凝胶在40 ℃下干燥至恒重。随后，将负载尿素的样品放入含有 1000 mL 蒸馏水（释放介质）的烧杯中，一定间隔时间后，取出 2 mL 溶液以检测尿素释放量，并加入 2 mL 蒸馏水补齐溶液。通过紫外分光光度计测定尿素的释放率[130]。

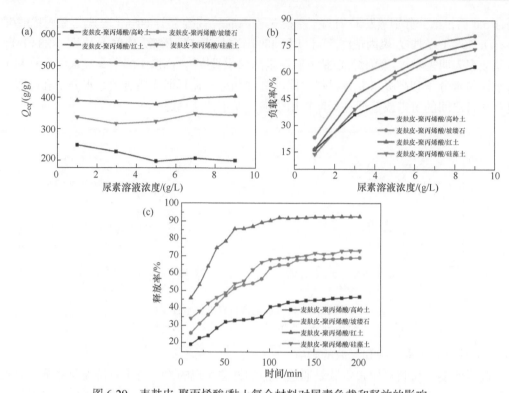

图 6-29　麦麸皮-聚丙烯酸/黏土复合材料对尿素负载和释放的影响

（a）复合材料在不同尿素溶液中的平衡吸水量；（b）复合材料对尿素的负载率；（c）复合材料在蒸馏水中的尿素释放曲线

为了更好地了解高吸水复合材料尿素释放的机制，将释放数据通过 Ritger 和 Peppas 提出的数学模型进行拟合[131]：

$$M_t/M_\infty = Kt^n \tag{6-14}$$

式中，M_t/M_∞ 为在时间 t 释放的尿素的百分比；K 为动力学常数；n 为扩散指数。

在 100 min 内四种复合材料对尿素的累计释放率满足：麦麸皮-聚丙烯酸/红土（90.05%）＞麦麸皮-聚丙烯酸/硅藻土（67.82%）>麦麸皮-聚丙烯酸/坡缕石（62.95%）>麦麸皮-聚丙烯酸/高岭土（40.81%）[图 6-29（c）]。这些结果表明麦麸皮-聚丙烯酸/黏土高吸水复合材料对尿素的负载与释放与黏土的种类有关。根据表 6-5 中的数据可以看出，麦麸皮-聚丙烯酸/坡缕石对尿素的释放能更好地被 Ritger 和 Peppas 数学模型拟合（相关系数 $R^2 >$ 0.99）。麦麸皮-聚丙烯酸/黏土的扩散指数 n 在所有情况下都不超过 0.5，表明高吸水复合材料对尿素的释放以 Fickian 扩散为主[132]。对于麦麸皮-聚丙烯酸/黏土，较高的 n 可能是由交联结构的松弛效应导致的，这使得更多的尿素溶出[133]。麦麸皮-聚丙烯酸/硅藻土的 n 值最低，表明麦麸皮-聚丙烯酸/硅藻土作为一种可控的尿素载体材料，能更好地防止尿素的浸淋损失。

丙烯酸、麦麸皮和黏土（红土、坡缕石、硅藻土、高岭土）通过自由基接枝共聚得到的新型环保高吸水复合材料在吸水倍率、反复溶胀能力、吸水性、尿素负载和释放性方面表现出了差异。在这些高吸水复合材料中麦麸皮-聚丙烯酸/红土表现出了最高的平衡吸水量和最快的溶胀速率，麦麸皮-聚丙烯酸/硅藻土则更适合用作尿素的控释载体，麦麸皮-聚丙烯酸/坡缕石表现出了最高的尿素负载率。

6.2.3　含土和秸秆发泡型营养复合吸水材料

含土和秸秆发泡型营养复合吸水材料主要原料与 6.2.1 节相似：①有机材料，包括生物质材料（树木根茎、树叶、作物枝叶、玉米秸秆、小麦秸秆、大豆秸秆、高粱秸秆、向日葵秸秆、花生秸秆、稻谷秸秆、棉花秸秆、草类秸秆、马铃薯藤及红薯藤等）。②无机材料，包括无机黏土矿物（坡缕石、蒙脱土、红土、高岭土、硅藻土）及黄土。③聚合单体，包括丙烯酸、取代丙烯酸、丙烯酰胺、取代丙烯酰胺、丙烯腈及取代丙烯腈等。含土和秸秆发泡型营养复合吸水材料制备、优化、表征及性能考察也与 6.2.1 节相似，不同处是在反应后期加入碳酸氢铵发泡剂。

在荒漠（沙漠）化防控方面，发泡型复合吸水材料可以与其他发泡材料构成吸水沙障，这种沙障既可以阻止风沙流，又可以为植物集水，促进植物生长，形成工程-生物综合固沙效果。

以下是实验室制备发泡型营养复合吸水材料的实例。

准确称量 4 g 未改性的植物秸秆粉末加入盛有 45 mL 蒸馏水的三口烧瓶中，安装搅拌装置、冷凝装置、氮气保护装置。在氮气保护下，油浴加热到 70 ℃糊化 30 min，降温到 60～65 ℃，加入引发剂过硫酸钾。搅拌一定时间后调节反应温度为 95 ℃，加入 8 g 丙烯酰胺，3 g 酸化处理的坡缕石和 0.018 g 交联剂。反应大约 60 min 后向反应体系中加入 1.0 g 碳酸氢铵发泡剂，用 150 mL 1 mol/L 氢氧化钠和氢氧化钾混合溶液皂化 60 min 之后，取出交联产物，用无水甲醇脱水 3 次，将得到的产物放到烘箱中，75 ℃下烘干备用。

当植物秸秆粉末和坡缕石的总含量达到 46.7%时，其吸纯净水量约为 720 g/g，吸自来水量约为 180 g/g，吸 0.9%氯化钠溶液量约为 90 g/g[110]。

6.2.4　含土和玉米棒芯耐盐复合吸水材料

将玉米棒芯粉碎后分散于水中，在氮气保护下，加热到 60 ℃糊化 35 min。升温到 70 ℃，加入玉米棒芯质量 3 倍的丙烯酸，玉米棒芯质量 2 倍的坡缕石，玉米棒芯质量 0.01 倍的交联剂，高速搅拌 5～10 min，再加入玉米棒芯质量 0.05 倍的引发剂，于 70 ℃下交联聚合 30 min。交联产物用无水甲醇脱水，无水乙醇洗涤后烘干，粉碎备用[110]。

6.2.5　天然营养复合吸水材料

将粉碎到 120 目以上的羊粪粉末均匀分散到水中，在氮气保护下，加热到 70 ℃，糊化 35 min。降温到 65 ℃，加入丙烯酸、坡缕石原矿物和交联剂 MBA，搅拌 15 min。再加入引发剂过硫酸钾，于 65 ℃搅拌 20 min，得到交联聚合产物，过滤、洗涤、干燥、粉碎备用[134]。

6.2.6　含土和马铃薯废渣复合吸水材料

含土和马铃薯废渣复合吸水材料的主要原料：①有机材料，包括马铃薯废渣、豆渣及油渣；②无机材料，包括无机黏土矿物（坡缕石、蒙脱土、红土、高岭土、硅藻土）及黄土；③聚合单体，包括丙烯酸、丙烯酰胺及丙烯腈等。

马铃薯废渣-丙烯酸/坡缕石吸水材料的制备方法[135,136]：使用胶体磨将干燥马铃薯废渣粉碎后，加入水中，其质量分数为 25%，于 80 ℃减压糊化 35 min。降温至 65 ℃，加入坡缕石、丙烯酸、交联剂，搅拌 10 min，然后在 N_2 保护下向反应体系中加入引发剂过硫酸钾，搅拌反应至凝胶聚合物生成。生成的凝胶聚合物用无水甲醇洗涤后烘干造粒，得到马铃薯废渣-聚丙烯酸/坡缕石复合吸水材料。

6.2.7　含土和植物胶类复合吸水材料[59, 106]

含土和植物胶类复合吸水材料的主要原料：①植物胶类，包括瓜尔胶、羟丙基瓜尔胶、羟乙基瓜尔胶、魔芋胶、亚麻胶、沙蒿胶、阿拉伯树胶、田菁胶、卡拉胶、香豆胶、葫芦巴胶、明胶、槐胶、果胶及松香胶等；②海藻酸类，包括海藻酸、海藻酸钠及海藻酸丙二醇酯等；③无机材料，包括无机黏土矿物（坡缕石、蒙脱土、红土、高岭土、硅藻土）及黄土；④聚合单体，包括丙烯酸、取代丙烯酸、丙烯酰胺、取代丙烯酰胺、丙烯腈及取代丙烯腈等。

黄原胶是一种具有支链和酸性特征的天然多糖，主要由甘蔗、玉米或它们的衍生物在有氧条件下由黄单胞杆菌经发酵后而得[137]。黄原胶是由 D-葡萄糖、D-葡萄糖醛酸、D-甘露糖和不定比的乙酸及丙酮酸组成的"五糖重复单元"结构的聚合体（其中，D-葡萄糖、D-葡萄糖醛酸及 D-甘露糖之间的摩尔比为 2∶1∶2）。黄原胶分子由 D-葡萄糖通过 β-1,4 键连接的主链构成，侧链含 3 个糖原，由 2 个 D-甘露糖和一个 D-葡萄糖醛酸交替连接而成（图 6-30）[138]。

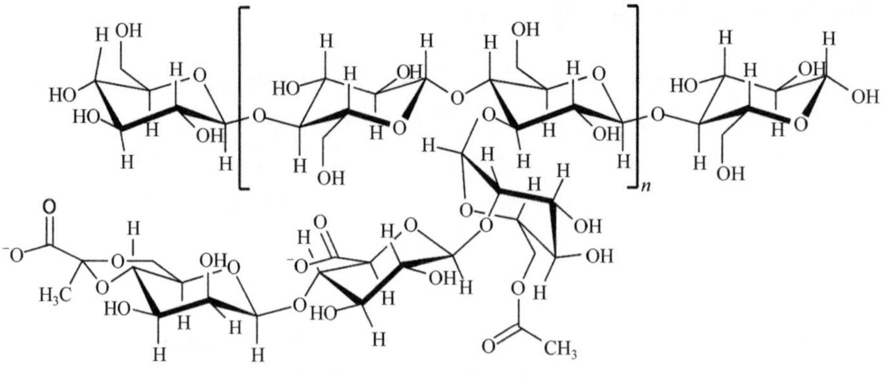

图 6-30　天然黄原胶的结构图

黄土和红土是表面含有活性羟基的镁铝硅酸盐，具有亲水性，且储量丰富，价格极其低廉，因此是添加到高吸水材料网络中用于改善其溶胀性能的理想的无机成分。在植物胶类高吸水性材料中引入适量的黄土或红土后，刚性的黄土或红土填充在接枝聚合物的网络中，不但能够降低分子链间的氢键作用，而且能够减弱聚合物链间的缠绕。

1. 黄原胶-聚丙烯酸/黄土吸水材料制备

1）黄土提纯

采用悬浮法对黄土进行提纯。将黄土悬浮在水中，配制成 10 wt% 的黄土水悬浮液，静置分层后，取中间纯的黄土泥浆，经过离心、干燥和粉碎，得到纯黄土[139]。

2）黄原胶-聚丙烯酸/黄土吸水材料的实验室制备

整个反应在持续氮气保护下进行。在 250 mL 四口烧瓶上安装机械搅拌器、氮气导管、回流冷凝管和恒压滴液漏斗，分别加入 40 mL NaOH（0.067 mol/L）溶液和 1.2 g 黄原胶制得分散液。将此分散液在持续搅拌下升温至 70 ℃ 反应 1 h 后，滴加引发剂过硫酸铵的水溶液 4 mL（含过硫酸铵 0.1008 g），搅拌 20 min 后将反应混合物冷却至 50 ℃，加入含丙烯酸（7.2 g）、NaOH 溶液（8 mol/L，8.5 mL）、MBA（0.0216 g）及提纯黄土的混合物。之后缓慢升温至 70 ℃，在此温度下反应 3 h。反应结束后，将固体分离，70 ℃下在鼓风干燥箱内干燥至恒重并粉碎，制备得到黄原胶-聚丙烯酸/黄土高吸水复合材料（图 6-31）。所有用于测试的材料的粒径大约为 50 目[52, 140]。作为比较，以相似方法制备了黄原胶-聚丙烯酸材料，与黄原胶-聚丙烯酸/黄土比较不同之处是黄原胶-聚丙烯酸没有添加黄土。

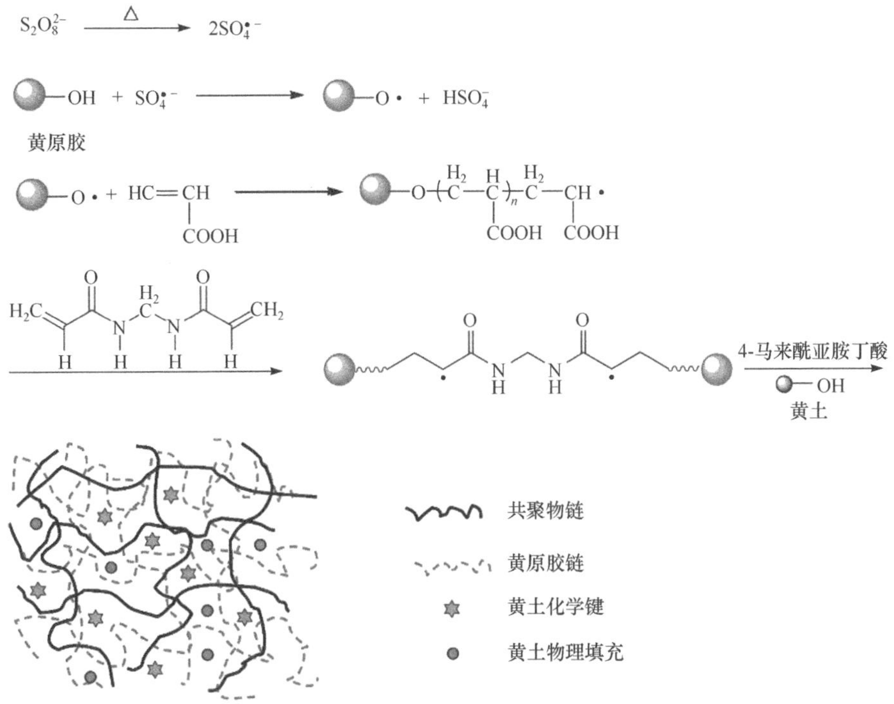

图 6-31　制备黄原胶-聚丙烯酸/黄土高吸水复合材料的反应示意图

3）黄土含量对黄原胶-聚丙烯酸/黄土吸水材料吸水倍率的影响

与高粱秸秆-聚丙烯酰胺/坡缕石吸水材料相似，所有反应过程，包括引发剂用量、引发温度、引发时间、交联剂用量、交联温度、交联时间、黄土与单体质量比、黄原胶与聚合单体质量比、丙烯酸的中和度等都需要优化。黄土作为一种母土，分布广、存在于许多地方，如果黄土能作为原料制备吸水材料，材料成本将会极大下降，这对于荒漠化防控非常有利。由于这个原因，此处只讨论黄土用量对吸水材料吸水倍率的影响，也就是黄土用量的优化，其他反应条件优化与高粱秸秆-聚丙烯酰胺/坡缕石吸水材料优化过程相似。

　　当黄土的含量为 2 wt%时，黄原胶-聚丙烯酸/黄土吸水材料对蒸馏水和 0.9% NaCl 溶液的吸水倍率分别达到了 610 g/g 和 54 g/g（图 6-32），与黄原胶-聚丙烯酸吸水材料吸水倍率相比，分别提高了 93.6%和 28.6%。当黄土的含量从 2 wt%增加到 8 wt%时，复合材料的吸水倍率并没有随着黄土含量的增加而提高，相反，当黄土含量超过 2 wt%后，其吸水倍率随着黄土含量的增加而降低。加入黄土后，黄土的填充能够在一定范围降低复合材料中树脂链间的氢键作用，并通过减弱树脂链间的缠绕降低物理交联度，从而使复合材料的吸水倍率增加[140]。但是由于黄土在聚合网络中也是一种交联点[141]，因而黄土添加量过多，就会使吸水复合材料的交联密度过大，复合材料三维网络空间减少。同时，过多的黄土会以物理填充的方式进入吸水复合材料的网络结构中，降低材料的溶胀空间。这两个因素均导致吸水倍率降低。特别有意义的是，即使黄土的添加量超过 2 wt%（最佳添加量），所制备的复合材料的吸水倍率仍然高于不含黄土的材料，黄土的添加量达到 8 wt%时，黄原胶-聚丙烯酸/黄土的吸水倍率仍要比黄原胶-聚丙烯酸高 22%，该结果预示可以使用较高比例的黄土（如 8 wt%），而且使用尽可能多的黄土有利于降低生产成本。

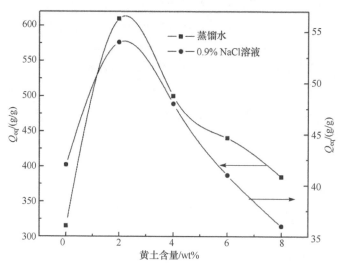

图 6-32　黄土含量对黄原胶-聚丙烯酸/黄土吸水材料吸水倍率的影响

2. 黄原胶-聚丙烯酸/黄土吸水材料表征

1）结构表征

在黄土、黄原胶、黄原胶-聚丙烯酸和黄原胶-聚丙烯酸/黄土的红外光谱图中（图 6-33

中 a 与 d 比较），3616 cm^{-1} 和 1631 cm^{-1} 处的吸收峰分别为黄土表面—OH 的伸缩振动和弯曲振动吸收峰，在聚合后基本消失，预示着黄土与其他分子间发生了化学反应。≡Si—O 伸缩振动峰为强吸收峰，位于 1025 cm^{-1} 处（图 6-33 中 a），在聚合反应后明显减弱（图 6-33 中 d），这一变化也说明黄土与有机物间发生了反应。在 469 cm^{-1} 处的吸收峰为黄土中 Si—O—Si 的弯曲振动峰[142]，在黄原胶-聚丙烯酸/黄土的红外光谱图中（图 6-33 中 d），也出现了 Si—O—Si 的弯曲振动峰，这表明黄土也参与了接枝共聚反应。红外光谱（图 6-33 中 b）在 1154 cm^{-1}、1070 cm^{-1} 和 1028 cm^{-1} 处的吸收峰为黄原胶 C—OH 伸缩振动吸收峰，1639 cm^{-1} 处的吸收峰为其—OH 的弯曲振动峰[143]，这些吸收峰在形成聚合物后（图 6-33 中 d）也发生了明显变化。黄原胶及其复合材料（图 6-33 中 c、d）的红外光谱在 1560 cm^{-1}、1452 cm^{-1} 和 1405 cm^{-1} 处都出现了吸收峰，这是—COO$^-$的对称伸缩和非对称伸缩振动峰[144]，表明黄原胶与丙烯酸参与了接枝共聚反应。

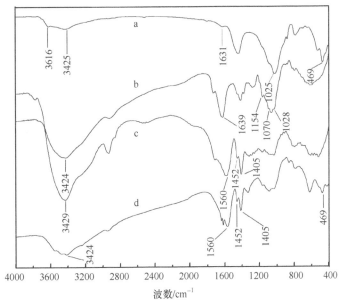

图 6-33　黄土（a）、黄原胶（b）、黄原胶-聚丙烯酸（c）、黄原胶-聚丙烯酸/黄土（d）的红外光谱图

2）形貌表征

扫描电子显微镜揭示了吸水材料的断面结构因黄土的加入而发生了改变，黄原胶-聚丙烯酸吸水材料的表面形貌比较平滑致密［图 6-34（a）］，但含黄土的复合吸水材料的表面相对粗糙且有许多微孔结构［图 6-34（b）］，这种疏松多孔结构有利于水分子快速扩散渗透进入材料颗粒内部，因而使材料的吸水性能得到提高。

3. 黄原胶-聚丙烯酸/黄土吸水材料的吸水性能

黄原胶-聚丙烯酸/黄土吸水材料的吸水性能包括吸水倍率、吸盐水倍率、保水性及凝胶强度等，其研究过程与 6.2.1 节相似，这里不再赘述。本节只介绍 pH 和表面活性剂等对黄原胶-聚丙烯酸/黄土吸水材料吸水倍率的影响，同时以黄原胶-聚丙烯酸/黄土吸水材料为例，说明吸水材料在不同的盐溶液和蒸馏水中的溶胀-去溶胀行为。

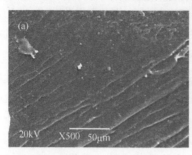

图 6-34　黄原胶-聚丙烯酸（a）和黄原胶-聚丙烯酸/黄土（2 wt%）（b）的扫描电子显微镜图

1）不同 pH 溶液中黄原胶-聚丙烯酸/黄土吸水材料的吸水倍率测定

使用 NaOH（pH = 13.0）、HCl（pH = 1.0）和去离子水调节溶液的 pH，且在调节酸碱度过程中用 pH 计来检测溶液的 pH。黄原胶-聚丙烯酸/黄土吸水材料在不同 pH 溶液中的吸水倍率测定方法类似于在蒸馏水中的测定方法。准确称取 0.05 g 干燥的黄原胶-聚丙烯酸/黄土吸水材料，在 300 mL 不同 pH 溶液中浸泡 2 h，然后用 100 目网筛滤掉多余溶液，称量，按照 $Q = (m_2 - m_1)/m_1$ 计算黄原胶-聚丙烯酸/黄土吸水材料在不同 pH 溶液中的吸水倍率，式中，Q 为吸水倍率；m_1 为干燥吸水材料的质量；m_2 为材料吸水溶胀饱和后的质量。

2）不同 pH 溶液对黄原胶-聚丙烯酸/黄土吸水材料吸水倍率的影响

黄土含量分别为 2 wt% 和 4 wt% 的黄原胶-聚丙烯酸/黄土吸水材料的吸水倍率，在溶液 pH 从 2.5 增至 5 时，迅速增加，pH 从 10 增至 13 时，迅速减少，但在 pH 为 5~10 的范围内基本保持恒定。当溶液的 pH < 5 时，材料中许多羧酸阴离子被质子化，导致聚合物链间的静电排斥作用减弱，吸水材料内部氢键作用加强，使高吸水材料的网络空间收缩，从而表现出了较低的吸水倍率[145]。当溶液的 pH > 10 时，外部溶液的离子强度随之增加，使网络内外渗透压差下降。使用 NaOH 溶液调节 pH，随着 pH 升高，随之而来的 Na⁺浓度上升，Na⁺与聚合物网络中的—COO⁻反应，使高分子链—COO⁻间的排斥作用减弱，降低了材料中树脂的伸展程度，因而其吸水倍率随 pH 升高而降低。当溶液的 pH 在 5~10 的范围内变化时，高吸水材料的吸水性能保持恒定且几乎等于其平衡时的吸水倍率。这可能是因为材料中的一些羧酸基团被离子化且离子化程度几乎保持恒定（相当于缓冲溶液的缓冲体系），从而在凝胶网络、外部溶液以及—COO⁻基团间的静电排斥中产生了一个相似的渗透压[146]。黄原胶-聚丙烯酸/黄土吸水材料的这一特点，使其在较宽 pH 范围的土壤中均可使用（图 6-35）。

3）不同表面活性剂对黄原胶-聚丙烯酸/黄土吸水材料吸水倍率的影响

吸水材料在不同表面活性剂溶液中的溶胀性能不同，在实际应用时需要考虑这一性能。在十二烷基苯磺酸钠（SDBS）和十二烷基三甲基溴化铵（DTAB）表面活性剂溶液中，黄原胶-聚丙烯酸/黄土吸水材料（黄土含量 2 wt%）的吸水倍率随着表面活性剂浓度的增加而迅速下降（图 6-36），这可能是因为加入了表面活性剂的外部溶液与复合吸水材料中树脂三维网络之间的渗透压差减小了。除此之外，在表面活性剂浓度相同时，阳离子表面活性剂（DTAB）溶液使黄原胶-聚丙烯酸/黄土吸水材料的吸水倍率降低更快，阴离子表面活性剂溶液（SDBS）具有更高的溶胀能力。这可能是由于阳离子表面活性剂对阴离子型吸水材料黄原胶-聚丙烯酸/黄土影响更大，其与吸水材料中的离子或可电离基团间可能存在着强烈的交联和键合作用，且表面活性剂分子在高吸水材料网络中或表面填充与聚集，从而使材料的网络空间减小，溶胀能力变差[147]。

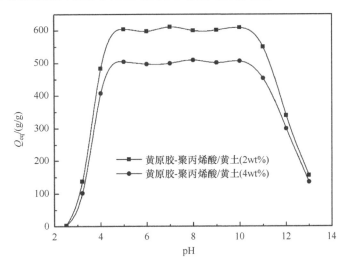

图 6-35　pH 对黄原胶-聚丙烯酸/黄土吸水材料吸水倍率的影响

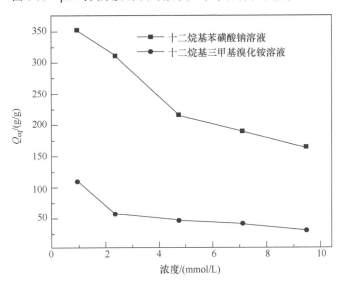

图 6-36　不同表面活性剂对黄原胶-聚丙烯酸/黄土（黄土 2 wt%）吸水材料吸水倍率的影响

4）黄原胶-聚丙烯酸/黄土吸水材料在不同盐溶液和蒸馏水中的溶胀-去溶胀行为

黄土含量为 2 wt% 的复合吸水材料分别在 10 mmol/L NaCl、$CuCl_2$ 和 $FeCl_3$ 溶液中的溶胀-去溶胀行为如图 6-37 所示。充分溶胀的凝胶样品的溶胀能力在 0～10 min 内显著降低，并在 30 min 时趋于恒定。充分溶胀的凝胶在盐溶液中的溶胀能力依次为：NaCl > $CuCl_2$ > $FeCl_3$，且随着时间的变化，溶胀能力在多价阳离子盐溶液中的降低趋势要比在单价阳离子盐溶液中更为明显。这可能是因为引入的阳离子屏蔽了聚合物网络中的负电荷，导致黄原胶-聚丙烯酸/黄土吸水材料网络与外部溶液之间的渗透压差降低[111]，盐溶液中金属离子的价态越高，其对吸水材料网络中的负电荷屏蔽越强，吸水材料在这种盐溶液中的溶胀能力就越差。此外，阳离子还可与高吸水材料网络中的羧酸基团络合，增加额外的化学交联[146]，从而使材料的网络空间减小，溶胀能力变差。30 min 后，当把在多价阳离子盐溶液中浸泡后的吸水材料再次放回蒸馏水中时，发现材料失去重新溶胀能力，这种现象是由多价阳离子与复合吸水材料中羧酸基团强烈络合所致。根据复合吸水材料在盐溶液中的溶胀-去溶胀行为，推断这种吸水材料可用于除去溶液中的多价金属离子。

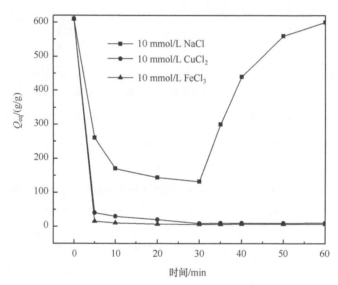

图 6-37　黄原胶-聚丙烯酸/黄土（黄土 2 wt%）吸水材料在不同盐溶液中的溶胀-去溶胀行为

5）黄原胶-聚丙烯酸/黄土吸水材料的保水性能

中国沙漠都是远离海洋的内陆沙漠，沙漠周围都有高原或高山，湿润的海风被高原或高山阻挡，因此在沙漠里气候干燥，降雨稀少且不稳定。中国沙漠都有严重春旱，气候寒冷干燥，风多且大，严重影响植物生长、作物种植和植树造林。但是，降水稀少，径流和渗漏水就少，由此引发的淋溶也小，因而沙漠细沙中的矿物营养比较丰富，加上沙漠地区日照充足，所以如果克服了劣势（通过集水节水和开发新的水资源解决缺水），沙漠地区就可以种草种树，栽培农作物，发展农林牧业。作为一种新型的吸水材料，在不同温度下的保水性能对其应用有较大影响。以黄土含量为 2 wt%的黄原胶-聚丙烯酸/黄土吸水材料为例，充分溶胀后在 25 ℃、45 ℃和 60 ℃下的保水率均随着时间的延长而下降。该材料在 25 ℃下的保水曲线较高温时平缓，且经过 5 d 后，它的保水率仍有 32%，在 45 ℃时可保水 19 h，在 60 ℃时可保水 12 h（图 6-38）[59,106]。

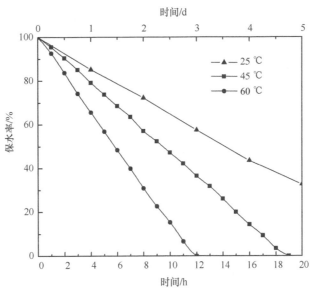

图 6-38　黄原胶-聚丙烯酸/黄土（黄土 2 wt%）在不同温度下的保水性能

6.2.8　含土和纤维素类（淀粉类）复合吸水材料[108]

含土和纤维素类（淀粉类或植物胶类）复合吸水材料的主要原料：①纤维素类，包括羧甲基纤维素（钠）、羟乙基纤维素、羟丙基纤维素、甲基纤维素及羟丙基甲基纤维素等；②淀粉类，包括玉米淀粉、红薯淀粉、氧化淀粉、可溶性淀粉、改性淀粉、羧甲基淀粉（钠）、羟乙基淀粉、羟丙基淀粉、木薯淀粉、糖浆、糊精及壳聚糖等；③无机材料，包括无机黏土矿物（坡缕石、蒙脱土、红土、高岭土、硅藻土）及黄土；④聚合单体，包括丙烯酸、取代丙烯酸、丙烯酰胺、取代丙烯酰胺、丙烯腈及取代丙烯腈等。本节以羟甲基纤维素钠-聚（取代）丙烯酰胺/土复合吸水材料为例进行介绍。

1. 含土和纤维素类（淀粉类）复合吸水材料制备[108]

在持续氮气保护下，将羟甲基纤维素钠（NaHMC）和蒸馏水加入装有机械搅拌的 250 mL 四口烧瓶中，搅拌均匀制得分散液。在连续搅拌下，将溶液加热至 70 ℃并保持 45 min。之后将反应物冷却至 50 ℃，加入过硫酸铵水溶液。10 min 后，将含有部分中和的丙烯酸、2-丙烯酰胺-2-甲基-1-丙磺酸（AMPS）、N, N-亚甲基-2-丙烯酰胺和红土的混合液滴入上述系统。然后缓慢升温至 70 ℃，并反应 3 h。反应后将固体产品在无水乙醇中浸泡 1 h，然后用蒸馏水洗涤 3 次。得到的产品羟甲基纤维素钠-聚（丙烯酸-co-2-丙烯酰胺-2-甲基-1-丙磺酸）/红土［NaHMC-g-P（AA-co-AMPS）/红土］在 60 ℃下烘干至恒重，粉碎后过筛。所有用于测试的高吸水树脂的粒径都在 50 目左右。含土和纤维素类（淀粉类）复合吸水材料制备原料添加量见表 6-2 中的优化数据。

利用类似方法制备不含红土保水材料 NaHMC-g-P（AA-co-AMPS）。

2. 含土和纤维素类（淀粉类）复合吸水材料制备表征[108]

1）红外表征

在羟甲基纤维素钠的红外光谱（图 6-39 中 a）中，1128 cm⁻¹ 和 1031 cm⁻¹ 处的吸收峰归属于 C—OH 键伸缩振动，聚合反应后基本消失，说明羟甲基纤维素钠的 C—OH 参与了聚合反应。在 AMPS 的红外光谱（图 6-39 中 b）中，1663 cm⁻¹ 处为酰胺基团中 C=O 的伸缩振动峰，1083 cm⁻¹ 处为磺酸基的对称伸缩振动峰，这些吸收峰在 NaHMC-*g*-P(AA-*co*-AMPS）和 NaHMC-*g*-P（AA-*co*-AMPS）/红土的红外光谱（图 6-39 中 c 和 d）中的强度均减弱；632 cm⁻¹ 处磺酸基 O=S 的伸缩振动吸收峰在聚合后发生位置的偏移，这表明羟甲基纤维素钠接枝了 AMPS。在红外光谱（图 6-39 中 c 和 d）中，分别可以观察到 1456 cm⁻¹ 和 1411 cm⁻¹ 处—COO—的不对称伸缩振动峰，这表明聚丙烯酸链已经接枝到了羟甲基纤维素钠骨架上。红外光谱（图 6-39 中 d）中 3433 cm⁻¹ 处 O—H 的吸收峰与红外光谱（图 6-39 中 c）3435 cm⁻¹ 处的吸收峰相比，强度增加；所制备的含红土吸水材料的红外光谱（图 6-39 中 d）中，465 cm⁻¹ 处出现了红土的 Si—O—Si 弯曲振动峰。

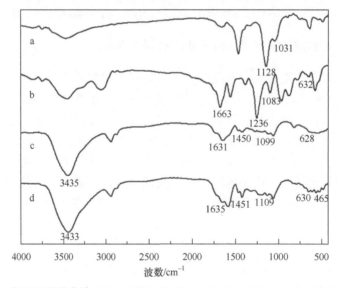

图 6-39　羟甲基纤维素钠（a）、AMPS（b）、NaHMC-*g*-P（AA-*co*-AMPS）（c）及
NaHMC-*g*-P（AA-*co*-AMPS）/红土（红土 2 wt%）（d）的红外光谱图

2）SEM 表征

SEM 图显示羟甲基纤维素钠（NaHMC）的表面比较平滑、致密且没有孔洞结构［图 6-40（a）］，而 NaHMC-*g*-P（AA-*co*-AMPS）［图 6-40（b）］及 NaHMC-*g*-P（AA-*co*-AMPS）/红土［图 6-40（c）］吸水材料的表面呈现出比较粗糙且相对疏松的结构。加入红土后，吸水材料的表面形貌发生了明显的变化，其表面呈现出比较均匀的孔洞结构，这种结构的变化有利于水分子快速扩散渗透进入吸水材料内部，从而使其吸水性能得到改善。

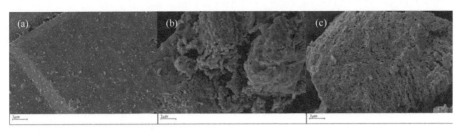

图 6-40　羟甲基纤维素钠（a）、NaHMC-*g*-P（AA-*co*-AMPS）（b）及
NaHMC-*g*-P（AA-*co*-AMPS）/红土（红土 2 wt%）（c）的 SEM 图

3. 含土和纤维素类（淀粉类）复合吸水材料吸水性能[108]

NaHMC-*g*-P（AA-*co*-AMPS）/红土复合吸水材料的吸水性能与原料比及反应时间等反应条件密切相关，制备时需要进行条件优化，包括引发剂过硫酸铵用量、引发时间、交联剂 MBA 用量、交联时间、丙烯酸用量、丙烯酸中和度、交联及聚合时间、AMPS 用量及红土用量等，有关优化过程及其解释与植物秸秆-聚合单体/黏土吸水材料反应条件优化相似，这里不再赘述。优化结果如图 6-41 所示，优化数据列于表 6-2。

4. 含土和纤维素类（淀粉类）复合吸水材料保水性能[108]

NaHMC-*g*-P（AA-*co*-AMPS）/红土复合吸水材料在 25 ℃、35 ℃、45 ℃和 60 ℃条件下，完全膨胀的树脂的保水率随温度的升高和存放时间的延长而降低。树脂在 25 ℃时

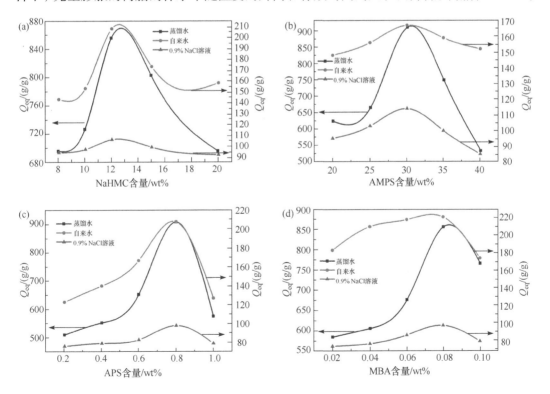

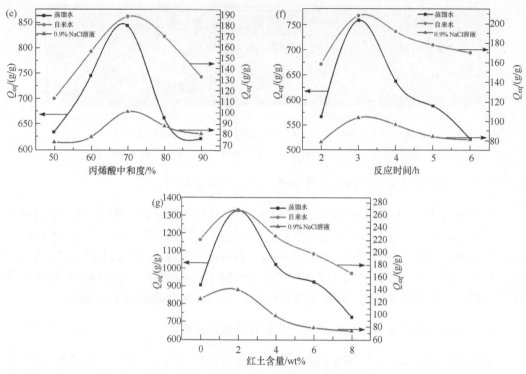

图 6-41　合成条件对吸水材料吸水性能的影响

（a）NaHMC 用量；（b）AMPS 用量；（c）APS 用量；（d）MBA 用量；（e）丙烯酸中和度；
（f）反应时间；（g）红土用量

的保水率曲线较平缓，12 h 后的保水率仍能保持 73.17%。在 35 ℃和 45 ℃条件下，12 h 后的保水率分别为 49.5%和 33.33%。在 60 ℃条件下，12 h 后的保水率为 7.83%（图 6-42）。

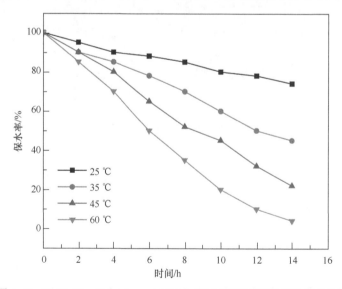

图 6-42　NaHMC-g-P（AA-co-AMPS）/红土在不同温度下的保水性能

随着反复溶胀次数的增加，NaHMC-*g*-P（AA-*co*-AMPS）/红土吸水材料的吸水率下降，但下降的趋势放缓，在重复溶胀 5 次后，吸水倍率仍然可以达到初始值的大约 47%（图 6-43）。

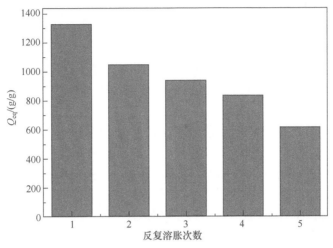

图 6-43　NaHMC-*g*-P（AA-*co*-AMPS）/红土（红土 2 wt%）在蒸馏水中的重复溶胀性能

溶胀动力学是描述吸水倍率的一个重要特征。含 2 wt%红土的复合吸水材料 NaHMC-*g*-P（AA-*co*-AMPS）/红土在蒸馏水中 15 min 内吸水速率较快，达到溶胀平衡，15 min 后趋于稳定。根据图 6-44 的溶胀速率数据，t/q_t 与 t 的关系曲线可以很好地线性拟合，线性相关系数（R^2=0.99952）非常接近 1。这表明 NaHMC-*g*-P（AA-*co*-AMPS）/红土的溶胀动力学遵守拟二阶方程，吸水过程主要是通过化学吸收控制。

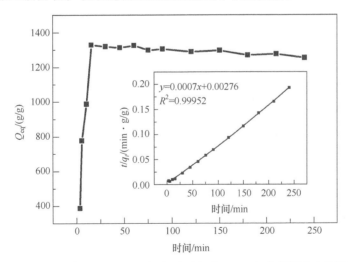

图 6-44　NaHMC-*g*-P（AA-*co*-AMPS）/红土（红土 2 wt%）在蒸馏水中的溶胀动力学

6.2.9　不同产地坡缕石（凹凸棒）黏土对含土和秸秆复合吸水材料性能的影响[148,149]

1. 含坡缕石（凹凸棒）黏土吸水材料制备

1）坡缕石（凹凸棒）原料

在制备玉米秸秆-聚丙烯酸/坡缕石（凹凸棒）黏土吸水材料时，使用的坡缕石（凹凸棒）原料主要来自甘肃临泽（东经 99°51′～100°30′，北纬 38°57′～39°42′）板桥矿点（PAL1）、江苏盱眙（东经 118°11′～118°54′，北纬 32°43′～33°13′）龙王山矿点（PAL2）及甘肃靖远（东经 104°13′～105°15′，北纬 36°～37°15′）高湾矿点（PAL3）。

2）坡缕石的酸化

实验室酸化实验是在带有机械搅拌装置的 1 L 烧瓶中进行，分别加入 50 g 产自 PAL1、PAL2 及 PAL3 的坡缕石（凹凸棒）黏土原矿，用 500 mL 2 mol/L 的盐酸，60 ℃下酸化 5 h。反应完成后将反应混合物冷却至室温，转入烧杯中，用蒸馏水充分洗涤直至中性，烘箱中 60 ℃下干燥 12 h，粉碎至 200 目。酸化处理的坡缕石（凹凸棒）主要来自甘肃临泽（PAL4）、江苏盱眙（PAL5）及甘肃靖远（PAL6）。

3）吸水材料制备

将充分干燥的玉米秸秆粉碎后过 160 目筛。持续氮气保护下，在三口烧瓶中分别加入预处理玉米秸秆 2.0 g 和蒸馏水 23 mL，60 ℃下糊化反应 1 h 后，升温至 65 ℃，依次加入 N, N'-亚甲基双丙烯酰胺（0.022 g），丙烯酸（10 g，中和度 70%）和所需量的不同产地的坡缕石（凹凸棒）黏土（PAL1、PAL2、PAL3、PAL4、PAL5 及 PAL6），快速搅拌下加入 0.1 g 过硫酸钾，反应 10～15 min，将产品剪碎后用无水乙醇清洗，放入烘箱中，在 60 ℃下烘至恒重。

2. 不同产地坡缕石（凹凸棒）黏土吸水材料表征

1）坡缕石（凹凸棒）黏土的红外光谱

PAL1（图 6-45 中 a）、PAL2（图 6-45 中 b）、PAL3（图 6-45 中 c）、PAL4（图 6-45 中 d）、PAL5（图 6-45 中 e）及 PAL6（图 6-45 中 f）的红外光谱在 3300～3700 cm⁻¹处（—OH 伸缩振动峰）、1600～1700 cm⁻¹处（—OH 弯曲振动峰）、900～1100 cm⁻¹处（Si—OH 伸缩振动峰）及 400～600 cm⁻¹处（Si—OH 弯曲振动峰）均出现吸收峰；PAL1（图 6-45 中 a）、PAL2（图 6-45 中 b）及 PAL3（图 6-45 中 c）在 1400 cm⁻¹附近出现碳酸盐吸收峰，且 PAL1 峰的强度较大，说明其含有相对较多的碳酸盐；PAL4（图 6-45 中 d）、PAL5（图 6-45 中 e）及 PAL6（图 6-45 中 f）在 1400 cm⁻¹附近的峰消失，表明酸化后碳酸盐被去除。PAL2（图 6-45 中 b）和 PAL5（图 6-45 中 e）在 1600 cm⁻¹附近有较强的吸收带，表明矿石样品中含有较多的层间结构水[150,151]。

2）不同产地坡缕石（凹凸棒）黏土的 XRD 分析

坡缕石（凹凸棒）黏土试样的 XRD 分析结果显示 PAL1 和 PAL3 所含成分相近（图 6-46），含有坡缕石（P）、蒙脱土（M）、方解石（C）、高岭土（K）、长石（F）、白云石（D）和石英（Q）。PAL1 中方解石和白云石含量较高，PAL3 中高岭土含量较高。盱眙矿点含有较多坡缕石、长石和石英[152]。盱眙矿点 PAL2 的坡缕石特征衍射峰面积远大于靖远和临泽矿点的样品，说明 PAL2 的坡缕石含量大于 PAL1 和 PAL3。酸处理使可与酸反应的碳酸盐分解消失。

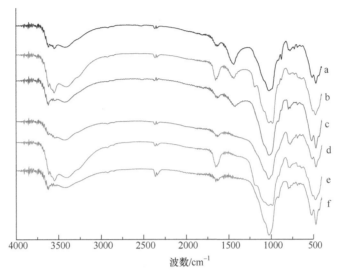

图 6-45　PAL1（a）、PAL2（b）、PAL3（c）、PAL4（d）、PAL5（e）及 PAL6（f）的红外光谱图

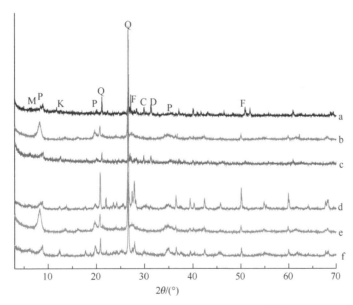

图 6-46　PAL1（a）、PAL2（b）、PAL3（c）、PAL4（d）、PAL5（e）及 PAL6（f）的 XRD 曲线

3）不同产地坡缕石（凹凸棒）黏土的化学成分及矿物组成

三地矿点坡缕石（凹凸棒）黏土的共同点是矿物中 SiO_2 含量较高。临泽矿点 PAL1 中 Ca^{2+} 含量较高，但 Al^{3+}、Fe^{3+} 含量少于盱眙矿点 PAL2 和靖远矿点 PAL3。酸化后由于碳酸钙与酸反应分解，Ca^{2+} 以可溶盐形式被洗涤除去，所以三种矿物的 Ca^{2+} 含量均明显降低。与未处理的 PAL2 相比，相应酸化处理的 PAL5 中的 Al^{3+} 含量明显减少。靖远矿点矿物酸化处理后（PAL6）Al^{3+}、Fe^{3+} 含量仍然较高。含白云石较多的坡缕石矿物（盱眙

和靖远矿点）酸化处理后（PAL5 和 PAL6），其 Mg^{2+}含量明显下降（表 6-6）。

表 6-6　不同产地及酸化坡缕石（凹凸棒）黏土的化学成分（wt%）

样品	Na$_2$O	MgO	Al$_2$O$_3$	SiO$_2$	K$_2$O	CaO	TiO$_2$	MnO	Fe$_2$O$_3$	Rb	Sr
PAL1	2.21	5.18	11.87	58.12	2.76	7.24	0.53	0.077	3.21	0.008	0.332
PAL2	1.70	4.19	17.32	54.33	3.98	5.36	0.64	0.100	5.72	0.013	0.011
PAL3	1.72	4.18	17.33	54.42	4.00	5.38	0.63	0.102	5.74	0.013	0.011
PAL4	1.86	2.42	14.26	72.19	3.00	0.55	0.71	0.039	3.33	0.012	0.019
PAL5	1.04	5.52	9.34	76.07	1.26	0.001	0.77	0.07	4.61	0.009	0.003
PAL6	1.41	2.98	18.99	62.55	4.15	0.12	0.71	0.06	5.95	0.0175	0.008

4）不同产地坡缕石（凹凸棒）黏土的热重分析

酸化处理及未处理坡缕石（凹凸棒）黏土试样的 TGA 曲线（图 6-47）有 3 个失重阶段：低于 240 ℃失重对应的是吸附水和沸石水，240～400 ℃失重对应的是结合水，400～700 ℃失重对应的是结合水与结构水。低于 400 ℃失去的水，一般条件下仍可复水。600～700 ℃时，坡缕石的结构即被破坏[153]，失水后不能复水。在 600～700 ℃温度范围，未酸化处理的坡缕石（PAL1、PAL2 及 PAL3），失重大于酸化处理后的矿物（PAL4、PAL5 及 PAL6），表明酸化改变了坡缕石（凹凸棒）黏土的部分组成。

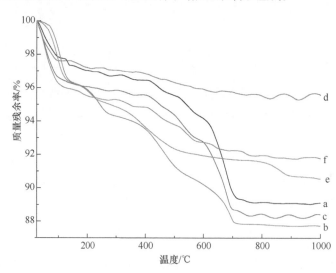

图 6-47　PAL1（a）、PAL2（b）、PAL3（c）、PAL4（d）、PAL5（e）及 PAL6（f）的 TGA 曲线

5）不同产地坡缕石（凹凸棒）黏土及其吸水材料的形貌

未经酸化处理坡缕石的 SEM 图（图 6-48）表明，盱眙产矿物的分散程度好于临泽和靖远。酸化后三地坡缕石聚集体都变得更为分散。酸化处理后盱眙坡缕石（PAL5）的分散程度仍为最好。无机物分散性越好，比表面积就越大，与有机单体反应时接触也就越充分，在制备的复合材料中分散就越均匀。无机原料的分散程度也能够影响其复合材

料的吸水性能[154]。

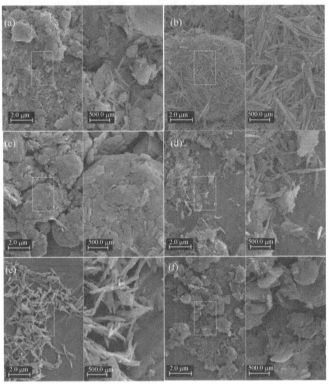

图 6-48　PAL1（a）、PAL2（b）、PAL3（c）、PAL4（d）、PAL5（e）及 PAL6（f）的 SEM 图

吸水材料 MS-*g*-PAA/PAL4、MS-*g*-PAA/PAL5 及 MS-*g*-PAA/PAL6 的 SEM 图如图 6-49 所示。有的复合吸水材料（MS-*g*-PAA/PAL5）表面比较光滑，有的表面则比较粗糙（MS-*g*-PAA/PAL4）。由 PAL6 所制备的复合材料（MS-*g*-PAA/PAL6）表面有大量孔道结构，说明 PAL6 能改善高吸水材料的孔隙结构。

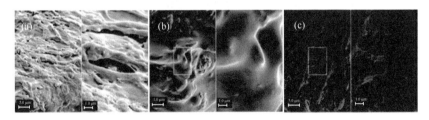

图 6-49　MS-*g*-PAA/PAL4（a）、MS-*g*-PAA/PAL5（b）及 MS-*g*-PAA/PAL6（c）的 SEM 图

3. 不同产地坡缕石（凹凸棒）黏土对吸水性能的影响

不同产地坡缕石（凹凸棒）黏土添加量吸水材料 MS-*g*-PAA/PAL4、MS-*g*-PAA/PAL5 及 MS-*g*-PAA/PAL6 对蒸馏水和自来水的吸水倍率如图 6-50 所示。在分别加入单体质量的约 3%、13% 和 10% 坡缕石黏土后，吸水材料 MS-*g*-PAA/PAL5、MS-*g*-PAA/PAL4 及 MS-*g*-PAA/PAL6 达到最大吸水倍率。MS-*g*-PAA/PAL6 对蒸馏水和自来水的最大吸水倍

率分别为 652 g/g 和 225 g/g；MS-g-PAA/PAL4 对蒸馏水和自来水的最大吸水倍率分别为 624 g/g 和 214 g/g；MS-g-PAA/PAL5 对蒸馏水和自来水的最大吸水倍率分别为 533 g/g 和 179 g/g。因为靖远坡缕石铝离子含量较高，铝离子可以改善高吸水材料的凝胶弹性，以增强其吸水能力，所以达到最大吸收量时，靖远坡缕石黏土用量略少于临泽[155-157]。对羧甲基纤维素钠-g-聚丙烯酸/坡缕石黏土复合吸水材料吸水性能的研究证实：其吸水速率与铝离子含量有关。含有较高铝离子和钙离子坡缕石黏土制备的复合吸水材料具有较好的反复溶胀性能[158]。

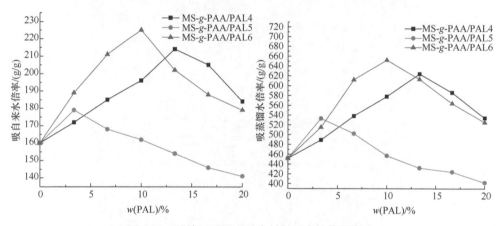

图 6-50　坡缕石用量对吸水材料吸水性能的影响

坡缕石黏土中的伴生矿物也能影响其相应复合吸水材料的吸水倍率，主要原因可能是这些伴生矿物能够参与吸水复合材料三维网络的构建。PAL5 成分相对简单，但 PAL4 和 PAL6 的成分相对复杂，PAL4 和 PAL6 中的一些伴生矿物如高岭土与坡缕石相似，也可以和丙烯酸接枝共聚。由高岭土制备的复合吸水材料，其吸水能力甚至高于由坡缕石制备的复合吸水材料[148,159-161]。

甘肃坡缕石黏土的品位相对较低，但制备的复合保水剂在蒸馏水中的吸水倍率可达 1355 g/g，介于江苏和安徽坡缕石黏土制得的保水剂之间，对 0.9% NaCl 溶液的吸水倍率是三者中最高的。该结果说明，坡缕石黏土品位对复合保水剂的性能无直接影响，这为低品位坡缕石黏土的开发利用开拓了新途径[157]。

参 考 文 献

[1] Mahdavinia G R, Pourjavadi A, Hosseinzadeh H, Zohuriaan M J. Modified chitosan 4. Superabsorbent hydrogels from poly(acrylic acid-co-acrylamide) grafted chitosan with salt-and pH-responsiveness properties. European Polymer Journal, 2004, 40: 1399-1407.

[2] Liu J, Wang Q, Wang A. Synthesis and characterization of chitosan-g-poly(acrylic acid)/sodium humate superabsorbent. Carbohydrate Polymers, 2007, 70: 166-173.

[3] 沈智. 生物质接枝丙烯基聚合物/坡缕石高吸水树脂制备. 兰州：西北师范大学, 2013.

[4] Chen Y, Liu Y, Tan H. Synthesis and characterization of a novel superabsorbent polymer of N,O-carboxymethyl chitosan graft copolymerized with vinyl monomers. Carbohydrate Polymers, 2009, 75(2): 287-292.

[5] 刘延栋, 许晓秋. 淀粉类高吸水性树脂. 精细化工, 1993, 10(5): 48-50.

[6] Fanta G F, Burr R C, Doane W M, Russell C R. Saponified starch-*g*-polyacrylonitrile. Variables in the Ce^{+4} initiation of graft polymerization. Journal of Applied Polymer Science, 1982, 27(7): 2731-2737.

[7] 巫拱生, 陈芳, 李淑珍. APS-U, APS-TU 引发 AN 与海藻酸钠接枝共聚反应. 精细化工, 1988, (6): 55-58.

[8] Mehrotra R, Ranby B. Graft copolymerization onto starch. Ⅲ. Grafting of acrylonitrile to gelatinized potato starch by manganic pyrophosphate initiation. Journal of Applied Polymer Science, 1978, 22(10): 2991-3001.

[9] 陈欣, 张兴英. 反相乳液聚合制备耐盐性高吸水性树脂. 化工新材料, 2007, 35(7): 73-75.

[10] 吴文娟. 纤维素系高吸水性树脂的研究进展. 纤维素科学与技术, 2006, 14(4): 57-61.

[11] Lokhande H T. A new approach in the production of non-wood-based cellulosic superabsorbents through the PAN grafting method. Bioresource Technology, 1993, 45: 2161-2165.

[12] 张宝华, 樊爱娟, 钱赛红. 淀粉和纤维素基高吸水性树脂的制备与性能. 上海化工, 2000, 19: 14-15.

[13] 苏文强, 杨磊, 朱明华. 羧甲基纤维素与丙烯酸的接枝共聚. 东北林业大学学报, 2004, 32(4): 58-59.

[14] 张向东, 陈志来, 赵小军. 由纤维素醚制备高吸水材料的研究. 天津化工, 2001, (3): 5-7.

[15] 刘艳三, 邹新喜. 纸浆纤维聚丙烯酰胺接枝水解物吸水材料的研究. 化学世界, 1999, 1: 30-34.

[16] 李建成, 李仲谨, 白国强, 郝明德. 羧甲基纤维素及多元接枝高吸水树脂的制备. 中国造纸, 2004, 23(2): 17-20.

[17] 肖春妹, 林松柏, 萧聪明, 李云龙. 水溶液法合成 HEC-*g*-(AM-AA)/SiO$_2$ 高吸水性树脂. 化工新型材料, 2004, 32(7): 20-23.

[18] 马松梅, 李桂英, 孙琳, 温全武, 杨述芳. 聚丙烯酸/黏土复合高吸水性树脂的合成及性能. 石油化工, 2009, 38(7): 779-783.

[19] Janovák L, Varga J, Kemény L, Dékány I. Swelling properties of copolymer hydrogels in the presence of montmorillonite and alklammonium montmorillonite. Applied Clay Science, 2009, 43(2): 260-270.

[20] 唐宏科, 陈飞. 国内外有机-无机复合高吸水性树脂的研究进展. 化工新型材料, 2010, 38: 18-20.

[21] Aalaie J, Vasheghani-Farahani E, Rahmatpour A, Semsarzadeh M A. Effect of montmorillonite on gelation and swelling behavior of sulfonated polyacrylamide nanocomposite hydrogels in electrolyte solutions. European Polymer Journal, 2008, 14: 2024-2031.

[22] 梁蕊蕊, 罗洁, 刘红宇, 杨敏, 张明全, 单继周. 反相悬浮法制备 AA-AM/蒙脱土农用复合吸水性树脂. 河北化工, 2008, 31(9): 12-14.

[23] 郑根稳, 杜予民, 文胜, 彭西甜. 高吸水性聚丙烯酸/壳聚糖/蒙脱土复合树脂的合成. 武汉大学学报, 2007, 53(6): 686.

[24] Santiago F, Mucientes A E. Osorio M, Rivera C. Preparation of composites and nanocomposites based on bentonite and poly(sodium acrylae). Effect of amount of bentonite on the swelling behaviour. European Polymer Journal, 2007, 43: 1-9.

[25] 刘学贵, 邵红, 王恩德. 膨润土/聚丙烯酰胺吸水性复合材料的研究进展. 中国非金属矿工业导刊, 2008, (6): 13-18.

[26] Bulut Y, Akc G, Elma D, Serhath E. Synthesis of clay-based superabsorbent composite and its sorption capability. Journal of Hazardous Materials, 2009, 171: 717-723.

[27] 胡涛, 钱运华, 陈静, 金叶玲. 纯化凹凸棒黏土与聚丙烯酸钠高吸水复合树脂的制备. 化工矿物与加工, 2009, (2): 10-15.

[28] 梁瑞婷, 李锦凤, 周新华, 崔英德. 凹凸棒/膨润土/聚丙烯酸钠复合吸水树脂的合成及其吸水速率. 化工新型材料, 2008, 36(3): 36-38.

[29] 陈浩, 张俊平, 王爱勤. 有机凹凸棒黏土的制备及复合高吸水性树脂的性能. 应用化学, 2006, 23(1): 69-73.

[30] Zhang J, Wang Q, Wang A. Synthesis and characterization of chitosan-g-poly(acrylic acid)/attapulgite superabsorbent composites. Carbohydrate Polymers, 2007, 68: 367-374.

[31] Li A, Zhang J, Wang A. Utilization of starch and clay for the preparation of superabsorbent composite. Bioresource Technology, 2007, 98: 327-332.

[32] Li A, Wang A, Chen J. Studies on poly(acrylic acid)/attapulgite superabsorbent composite. Ⅰ. Synthesis and characterization. Journal of Applied Polymer Science, 2004, 92: 1596-1603.

[33] 杨小敏. 溶液聚合法制备高岭土复合高吸水性树脂的研究. 华东交通大学学报, 2008, 25(1): 130-132.

[34] 杨小敏, 刘建平, 金睿, 夏坚, 熊乐艳, 胡林. 高岭土复合 AMPS/AA 高吸水性树脂的合成与性能研究. 江西农业大学学报, 2009, 31(1): 173-177.

[35] 乐俐, 曲烈, 杨久俊. 复合高吸水树脂的制备及性能研究. 水土保持应用技术, 2009, (3): 47-49.

[36] 邵水源, 涂亮亮, 邓光荣, 党学术. 复合型耐盐高吸水性树脂的制备. 化工新型材料, 2009, 37(5): 21-24.

[37] Wu J, Wei Y, Lin J, Lin S. Study on starch-graft-acrylamide/mineral powder superabsorbent composite. Polymer, 2003, 44: 6513-6520.

[38] Wu J, Lin J, Zhou M, Wei C. Synthesis and properties of starch-graft-polyacrylamide/clay superabsorbent composite. Macromolecular Rapid Communications, 2000, 21: 1032-1034.

[39] 张亚涛, 张林, 陈欢林. 聚(丙烯酸-丙烯酰胺)/水滑石纳米复合高吸水性树脂的制备及表征. 化工学报, 2008, 59(6): 1565-1570.

[40] 李志宏, 武继民, 关静, 黄姝杰, 汪鹏飞. 硅藻土-聚乙烯醇高吸水性树脂的合成及性能研究. 化工新型材料, 2008, 36(9): 93-95.

[41] 华水波, 杨逶, 王爱勤. 聚(丙烯酸-co-丙烯酰胺)膨胀蛭石/腐殖酸钠复合高吸水性树脂的溶胀和缓释性能研究. 中国农学通报, 2008, 24(5): 443-447.

[42] 蔡培, 罗洁. AM-AA/SiO₂ 高吸水性杂化材料的制备与性能研究. 宁波化工, 2008, (2): 29-38.

[43] 李瑞, 谢伟, 严世强. 一种新型油田堵水剂的制备. 应用化工, 2009, 38(8): 1191-1193.

[44] Huang Z, Liu S, Fang G, Zhang B. Synthesis and swelling properties of β-cyclodextrin-based superabsorbent resin with network structure. Carbohydrate Polymers, 2013, 92: 2314-2320.

[45] 田汝川, 韦雨春. [Mn(H₂P₂O₇)₃]₃⁻引发淀粉与丙烯腈接枝聚合反应的动力学研究. 高分子学报, 1990, (2): 129-135.

[46] 王海坤, 邱祖民, 熊凌亨, 杨统林, 宁峰, 亢敏霞. St-AA-AMPS/PVA 半互穿网络树脂的合成及性能. 现代化工, 2018, 38(8): 108-113; 王海坤, 邱祖民, 熊凌亨, 王一斐, 宁峰. 硅藻土/羧甲基纤维素钠有机-无机高吸水树脂的制备. 现代化工, 2018, 38(9): 68-71.

[47] 唐刚, 杜丽媛, 王浩, 周子健, 张浩, 杜晓燕. γ 射线辐射制备淀粉基高吸水性树脂. 塑料工业, 2018, 46(2): 15-18.

[48] 关洪亮, 雍定利, 余响林, 王哲, 刘佳俊, 黎俊波. 淀粉接枝可降解性高吸水树脂的制备与性能研究. 广州化工, 2018, 46(9): 23-26.

[49] 韩明虎, 胡浩斌, 武芸, 张腊腊, 王玉峰. 淀粉类高吸水性树脂基水晶花泥的制备及性能研究. 化工新型材料, 2018, 46(4): 177-184.

[50] 邱海燕, 薛松松, 张洪杰, 兰贵红, 曾文强, 张名. CMC-g-P(AM-co-NaAMC₁₄S)高吸水树脂的合成及性能. 精细化工, 2018, 35(9): 1609-1614.

[51] 李鑫, 王子儒, 赵冬冬, 牛育华, 张祎. HA-PAA-CMC 高吸水性树脂的制备及性能. 工程塑料应用, 2018, 46(7): 24-29.

[52] Bao Y, Ma J, Li N. Synthesis and swelling behaviors of sodium carboxymethyl cellulose-*g*-poly(AA-*co*-AM-*co*-AMPS)/MMT superabsorbent hydrogel. Carbohydrate Polymers, 2011, 84: 76-82.

[53] Fang S, Wang G, Li P, Ronge X, Liu S, Qin Y, Yu H, Chen X, Li K. Synthesis of chitosan derivative graft acrylic acid superabsorbent polymers and its application as water retaining agent. International Journal of Biological Macromolecules, 2018, 115: 754-761.

[54] Alam M N, Christopher L P. Natural cellulose-chitosan cross-linked superabsorbent hydrogels with superior swelling properties. ACS Sustainable Chemistry & Engineering, 2018, 6: 8736-8742.

[55] Fang S, Wang G, Xing R, Chen X, Liu S, Qin Y, Li K, Wang X, Li R, Li P. Synthesis of superabsorbent polymers based on chitosan derivative graft acrylic acid-*co*-acrylamide and its property testing. International Journal of Biological Macromolecules, 2019, 132: 575-584.

[56] Hosseini M S, Hemmati K, Ghaemy M. Synthesis of nanohydrogels based on tragacanth gum biopolymer and investigation of swelling and drug delivery. International Journal of Biological Macromolecules, 2016, 82: 806-815.

[57] Li B, Shen J, Wang L. Development of an antibacterial superabsorbent hydrogel based on Tara gum grafted with polyacrylic acid. International Research Journal of Public and Environmental Health, 2017, 4(2): 30-35.

[58] Behrouzi M, Moghadam P N. Synthesis of a new superabsorbent copolymer based on acrylic acid grafted onto carboxymethyl tragacanth. Carbohydrate Polymers, 2018, 202: 227-235.

[59] Feng E, Ma G, Wu Y, Wang H, Lei Z. Preparation and properties of organic-inorganic composite superabsorbent based on xanthan gum and loess. Carbohydrate Polymers, 2014, 111: 463-468.

[60] Li Q, Liu J, Su Y, Yue Q, Gao B. Synthesis and swelling behaviors of semi-IPNs superabsorbent resin based on chicken feather protein. Journal of Applied Polymer Science, 2013, 131(1): 4505-4509.

[61] Zhang M, Cheng Z, Zhao T, Liu M, Hu M, Li J. Synthesis, characterization, and swelling behaviors of salt-sensitive maize bran-poly(acrylic acid) superabsorbent hydrogel. Journal of Agricultural and Food Chemistry, 2014, 62:8867-8874.

[62] Dai H, Huang H. Enhanced swelling and responsive properties of pineapple peel carboxymethyl cellulose-*g*-poly(acrylic acid-*co*-acrylamide) superabsorbent hydrogel by the introduction of carclazyte. Journal of Agricultural and Food Chemistry, 2017, 65: 565-574.

[63] Zhang Y, Liang X, Yang X, Liu H, Yao J. An eco-friendly slow-release urea fertilizer based on waste mulberry branches for potential agriculture and horticulture applications. ACS Sustainable Chemistry & Engineering, 2014, 2: 1871-1878.

[64] Liu J, Li Q, Su Y, Yue Q, Gao B, Wang R. Synthesis of wheat straw cellulose-*g*-poly(potassium acrylate)/PVA semi-IPNs superabsorbent resin. Carbohydrate Polymers, 2013, 94: 539-546.

[65] 豆高雅. AM/PVP 互穿网络结构树脂的制备及其性能. 橡塑技术与装备, 2018, 44(12): 34-40.

[66] Cheng D D, Liu Y, Yang G T, Zhang A P. Water-and fertilizer-integrated hydrogel derived from the polymerization of acrylic acid and urea as a slow-release N fertilizer and water retention in agriculture. Journal of Agricultural and Food Chemistry, 2018, 66: 5762-5769.

[67] Irani M, Ismail H, Ahmad Z. Hydrogel composites based on linear low-density polyethylene-*g*-poly (acrylic acid)/kaolin or halloysite nanotubes. Journal of Applied Polymer Science, 2014, 131(8): 10.1002/app.40101.

[68] Adair A, Kaesaman A, Klinpituksa P. Superabsorbent materials derived from hydroxyethyl cellulose and bentonite: Preparation, characterization and swelling capacities. Polymer Testing, 2017, 64: 321-329.

[69] 谢建军, 梁吉福, 陶国华, 罗迎社. PAAMPS 高吸水树脂保肥性能研究. 中南林业科技大学学报, 2010, 30(5): 149-152.

[70] 王翠玲, 侯宝龙, 刘书林, 韩彬, 王明, 陈栓虎. 聚(丙烯酸-醋酸乙烯酯)-聚乙烯醇互穿网络高吸水性树脂的合成. 精细化工, 2015, 32(3): 245-249.

[71] 季赛, 舒梦婷, 许永静, 邹黎明, 胡永红, 邢强. 聚丙烯酸/高岭土复合高吸水树脂的制备及结构性能研究. 合成纤维工业, 2018, 41(2): 11-15.

[72] 刘丽君, 张含, 张雪莹, 蔡荔葵, 范光碧, 郭敏杰. 聚丙烯酸类互穿聚合物网络高吸水性树脂的合成. 天津科技大学学报, 2018, 33(2): 43-49.

[73] 季鸿渐, 潘振远, 张万喜, 车吉泰, 杨毓华, 张伯兰. 含膨润土的部分水解交联聚丙烯酰胺高吸水性树脂的研究. 高分子学报, 1993, (5): 595-599.

[74] 魏月琳, 吴季怀, 林建明. 粘土/聚丙烯酰胺系高吸水性复合材料的研究. 化工新型材料, 2002, 30(6): 40-43.

[75] 曹爱丽, 于素竹, 徐德恒, 王景海, 丁洁. 聚丙烯腈/淀粉高吸水性树脂的制备及性能研究. 天津化工, 1990, (1): 20-23.

[76] 马访中, 华载文, 曹和胜. 聚丙烯腈的水解及高吸水性树脂的研制. 印染, 2000, 26(11): 15-18.

[77] 张士真, 赵佩, 杨更须. 聚丙烯腈废料水解制备高吸水性树脂. 河南化工, 2001, (7): 9-10.

[78] 邱海霞, 李晶洁. 悬浮法合成聚丙烯腈高吸水性树脂. 化学工业与工程, 2002, 19(2): 152-155.

[79] Zhang J, Zhang F. Recycling waste polyethylene film for amphoteric superabsorbent resin synthesis. Chemical Engineering Journal, 2018, 331: 169-176.

[80] Grant W F, Thomas R H. Superabsorbent poly(isoprenecarboxylate) hydrogels from glucose. ACS Sustainable Chemistry & Engineering, 2019, 7(8): 7491-7495.

[81] 苏晓迪, 丁克毅, 刘军. 聚乙烯醇/壳聚糖互穿网络水凝胶的制备及溶胀性能研究. 西南民族大学学报(自然科学版), 2015, 41(2): 186-191.

[82] 廉哲, 胡安杨, 张毅, 叶林, 黎园. 聚乙烯醇/海藻酸钠互穿网络水凝胶结构与性能研究. 高分子通报, 2014, 2: 156-161.

[83] Anirudhan T S, Tharun A R, Rejeena S R. Investigation on poly(methacrylic acid)-grafted cellulose/bentonite superabsorbent composite: Synthesis, characterization, and adsorption characteristics of bovine serum albumin. Industrial & Engineering Chemistry Research, 2011, 50: 1866-1874.

[84] Ferfera-Harrar H, Aiouaz N, Dairi N, Hadj-Hamou A S. Preparation of chitosan-g-poly(acrylamide)/montmorillonite superabsorbent polymer composites: Studies on swelling, thermal, and antibacterial properties. Journal of Applied Polymer Science, 2014, 131, DOI: 10.1002/APP. 39747.

[85] Wang Z, Aimin N, Xie P, Gao G, Xie L, Li X, Song A. Synthesis and swelling behaviors of carboxymethyl cellulose-basedsuperabsorbent resin hybridized with graphene oxide. Carbohydrate Polymers, 2017, 157: 48-56.

[86] 贺龙强. 粉煤灰制备耐盐性复合高吸水性树脂的研究. 化工新型材料, 2018, 46(5): 231-234.

[87] Feng D. Synthesis and swelling behaviors of yeast-g-poly(acrylic acid) superabsorbent co-polymer. Industrial & Engineering Chemistry Research, 2014, 53: 12760-12769.

[88] Zhang J, Zhang F. A new approach for blending waste plastics processing: Superabsorbent resin synthesis. Journal of Cleaner Production, 2018, 197: 501-510.

[89] 刘延栋, 刘京. 高吸水树脂的吸水机理. 高分子通报, 1994, (3): 181-185; 林润雄, 姜斌, 黄毓礼. 高吸水性树脂吸水机理的探讨. 北京化工大学学报(自然科学版), 1998, 25(3): 20-25.

[90] Flory P J. Principle of Polymer Chemistry. New York: Cornell University Press, 1953: 57-59.

[91] Flory P J. Principle of Polymer Chemistry. New York: Cornell University Press, 1953: 589-591.

[92] 田中豊一. 凝胶的相变日本物理学会志, 1986, 41(7): 542-552.

[93] 邱海霞, 于九皋, 林通. 高吸水性树脂. 化学通报, 2003, (9): 598-605.

[94] 余响林, 曾艳, 李兵, 程冬炳, 余训民. 新型功能化高吸水性树脂的研究进展. 化学与生物工程,

2011, 28(3): 8-11.

[95] Yao K J , Zhou W J. Synthesis and water absorbency of the copolymer of acrylamide with anionic monomers. Journal of Applied Polymer Science, 2003, 53(11): 1533-1538.

[96] 张哲, 王忠超, 常迎, 武战翠, 许剑, 雷自强. 天然纤维素接枝丙烯酰胺制备高吸水树脂. 第七届中国功能材料及应用学术会议, 2010: 355-358.

[97] 雷自强, 王忠超, 张哲, 许剑, 武战翠, 常迎, 王荣方. 采用植物秸秆制备吸水复合材料: 101914256A. 2010-12-15.

[98] Liang R, Yuan H B, Xi G X, Zhou Q X. Synthesis of wheat straw-g-poly(acrylic acid) superabsorbent composites and release of urea from it. Carbohydrate Polymers, 2009, 77: 181-187.

[99] Xie L, Liu M, Ni B, Zhang X, Wang Y. Slow release nitrogen and boron fertilizer from a functional superabsorbent formulation based on wheat straw and attapulgite. Chemical Engineering Journal, 2011, 167(1): 342-348.

[100] Li Q, Ma Z, Yue Q, Gao B, Li W, Xu X. Synthesis, characterization and swelling behavior of superabsorbent wheat straw graft copolymers. Bioresource Technology, 2012, 118: 204-209.

[101] Xie L, Liu M, Ni B, Wang Y. Utilization of wheat straw for the preparation of coated controlled-release fertilizer with the function of water retention. Journal of Agricultural and Food Chemistry, 2012, 60: 6921-6928.

[102] 孙琳, 王存国, 林琳, 刘维, 肖红杰, 袁涛. 麦秸秆纤维素与丙烯酸接枝共聚制备耐盐性吸水树脂的研究. 应用化工, 2007, 36(12): 1194-1197.

[103] 沈智, 李芳红, 张哲, 彭辉, 康瑞雪, 侯学清. 高粱秸秆-g-聚丙烯基化合物/坡缕石黏土高吸水树脂的制备. 精细化工, 2012, 29(9): 892-898.

[104] 冉飞天. 黏土基高分子复合材料的制备及其保水固沙性能研究. 兰州：西北师范大学, 2016.

[105] 高建德. 有机-无机超吸水复合材料的制备及其缓释性能. 兰州：西北师范大学, 2018.

[106] 冯恩科. 生物胶-黄土复合材料的制备及吸水固沙性能研究. 兰州：西北师范大学, 2015.

[107] 陶镜合. 环境友好高吸水树脂的制备及其辅助植物发育的研究. 兰州：西北师范大学, 2018.

[108] Cheng S, Liu X, Zhen J, Lei Z. Preparation of superabsorbent resin with fast water absorption rate based on hydroxymethyl cellulose sodium and its application. Carbohydrate Polymers, 2019, 225: 115214.

[109] 梁莉. 环境友好高吸水树脂的制备及其性能研究. 兰州：西北师范大学, 2019.

[110] 张哲, 沈智, 李芳红, 崇雅丽, 杨艳, 何海涛, 杨志旺, 马恒昌, 雷自强. 发泡型营养复合保水剂的制备方法: 102492070A. 2012-6-13.

[111] Wu F, Zhang Y, Liu L, Yao J. Synthesis and characterization of a novel cellulose-g-poly(acrylic acid-co-acrylamide) superabsorbent composite based on flax yarn waste. Carbohydrate Polymers, 2012, 87(4): 2519-2525.

[112] Liu Z, Miao Y, Wang Z, Yin G. Synthesis and characterization of a novel super-absorbent based on chemically modified pulverized wheat straw and acrylic acid. Carbohydrate Polymers, 2009, 77(1): 131-135.

[113] Qi X, Liu M, Zhang F, Che Z. Synthesis and properties of poly(sodium acrylateco-2-acryloylamino- 2-methyl-1-propanesulfonic acid)/attapulgite as a salt-resistant superabsorbent composite. Polymer Engineering and Science, 2009, 49(1): 182-188.

[114] Wang J, Wang W, Wang A. Synthesis, characterization and swelling behaviors of hydroxyethyl cellulose-g-poly(acrylic acid)/attapulgite superabsorbent composite. Polymer Engineering and Science, 2010, 50(5): 1019-1027.

[115] Mark P S. Krekeler S G. Defects in microstructure in palygorskite-sepiolite minerals: A transmission electron microscopy (TEM) study. Applied Clay Science, 2008, 39(1-2): 98-105.

[116] Suo A, Qian J, Yao Y, Zhang W. Synthesis and properties of carboxymethyl cellulose graft-poly(acrylic acid-*co*-acrylamide) as a novel cellulose-based superabsorbent. Journal of Applied Polymer Science, 2007, 103(3): 1382-1388.

[117] 栗海峰, 范力仁, 景录如, 宋吉青, 李茂松, 田惠卿. 坡缕石/聚丙烯酸(钠)高吸水复合材料的溶胀行为. 复合材料学报, 2009, 26(3): 24-28.

[118] Castel D, Ricard A, Audebert R. Swelling of anionic and cationic starch-based superabsorbents in water and saline solution. Journal of Applied Polymer Science, 1990, 39: 11-29.

[119] 李安, 王爱勤, 陈建敏. 聚丙烯酸(钾)/凹凸棒吸水剂的制备及性能研究. 功能高分子学报, 2004, 17(2): 200-206.

[120] 张立颖, 廖朝东, 尹沾合, 黄艳杰. 高吸水树脂的吸水机理及吸盐性的改进. 应用化工, 2009, 38: 282-285.

[121] Gao J, Yang Q, Ran F , Ma G, Lei Z. Preparation and properties of novel eco-friendly superabsorbent composites based on raw wheat bran and clays. Applied Clay Science, 2016, 132-133: 739-747.

[122] Liu P S, Li L, Zhou N L, Zhang J, Wei S H, Shen J. Waste polystyrene foam-*graft*-acrylic acid/montmorillonite superabsorbent nanocomposite. Journal of Applied Polymer Science, 2007, 104: 2341-2349.

[123] Harish B S, Uppuluri K B, Anbazhagan V. Synthesis of fibrinolytic active silver nanoparticle using wheat bran xylan as a reducing and stabilizing agent. Carbohydrate Polymers, 2015, 132: 104-110.

[124] Elkhalifah A E, Maitra S, Bustam M A, Murugesan T. Effects of exchanged ammonium cations on structure characteristics and CO_2 adsorption capacities of bentonite clay. Applied Clay Science, 2013, 83-84: 391-398.

[125] Roy S, Kar S, Bagchi B, Das S. Development of transition metal oxide-kaolin composite pigments for potential application in paint systems. Applied Clay Science, 2015, 107: 205-212.

[126] Natkański P, Kuśtrowski P, Białas A, Piwowarska Z, Michalik M. Thermal stability of montmorillonite polyacrylamide and polyacrylate nanocomposites and adsorption of Fe (Ⅲ) ions. Applied Clay Science, 2013, 75-76: 153-157.

[127] Pourjavadi A, Salimi H. New protein-based hydrogel with superabsorbing properties: effect of monomer ratio on swelling behavior and kinetics. Industrial & Engineering Chemistry Research, 2008, 47: 9206-9213.

[128] Patra T, Pal A, Dey J. A smart supramolecular hydrogel of N^α-(4-*n*-alkyloxybenzoyl)-L-histidine exhibiting pH-modulated properties. Langmuir, 2010, 26: 7761-7767.

[129] Zhang Y, Wu F, Liu L, Yao J M. Synthesis and urea sustained-release behavior of an eco-friendly superabsorbent based on flax yarn wastes. Carbohydrate Polymers, 2013, 91: 277-283.

[130] Watt G W, Chrisp J D. Spectrophotometric method for determination of urea. Analytical Chemistry, 1954, 26: 452-453.

[131] Ritger P L, Peppas N A. A simple equation for description of solute release Ⅱ. Fickian and anomalous release from swellable devices. Journal of Controlled Release, 1987, 5: 37-42.

[132] Kumar S, Chauhan N, Gopal M, Kumar R, Dilbaghi N. Development and evaluation of alginate-chitosan nanocapsules for controlled release of acetamiprid. International Journal of Biological Macromolecules, 2015, 81: 631-637.

[133] Yan Y F, Hou H W, Ren T R, Xu Y S, Wang Q X, Xu W P. Utilization of environmental waste cyanobacteria as a pesticide carrier: Studies on controlled release and photostability of avermectin. Colloids and Surfaces B: Biointerfaces, 2013, 102: 341-347.

[134] 雷自强, 李文锋, 沈智, 张哲, 高淑玲, 李芳红, 彭辉, 安宁. 天然营养型高吸水树脂及其制备方

法: 102617815A. 2012-08-01.

[135] 雷自强, 沈智, 张哲, 李芳红, 高淑玲, 杨翠玲, 崇雅丽, 王其召. 马铃薯废渣/坡缕石/丙烯酸复合吸水材料及其制备方法: 102659987A. 2012-09-12.

[136] 李芳红, 沈智, 高淑玲, 魏博, 王小亮, 周鹏鑫, 张哲. 马铃薯废渣/聚丙烯酸/坡缕石黏土高吸水树脂的制备及表征. 精细化工, 2013, 30(9): 1061-1067.

[137] Dumitriu S. Polysaccharides: Structural diversity and functional versatility. New York: Marcel Dekker, 2005.

[138] Bueno V B, Bentini R, Catalani L H, Petri D F S. Synthesis and swelling behaviour of xanthan-based hydrogels. Carbohydrate Polymers, 2012, 92: 1091-1099.

[139] Xue S, Reinholdt M, Pinnavaia T J. Palygorskite as an epoxy polymer reinforcement agent. Polymer, 2006, 47: 3344-3350.

[140] Shi X, Wang W, Kang Y, Wang A. Enhanced swelling properties of a novel sodium alginate-based superabsorbent composites: NaAlg-g-poly(NaA-co-St)/APT. Journal of Applied Polymer Science, 2012, 125:1822-1832.

[141] Lin J, Wu J, Yang Z, Pu M. Synthesis and properties of poly(acrylic acid)/mica superabsorbent nanocomposite. Macromolecular Rapid Communications, 2001, 22: 422-424.

[142] Wang W, Zheng Y, Wang A. Syntheses and properties of superabsorbent composites based on natural guar gum and attapulgite. Polymers for Advanced Technologies, 2008, 19: 1852-1859.

[143] Wang W, Zhang J, Wang A. Preparation and swelling properties of superabsorbent nanocomposites based on natural guar gum and organo-vermiculite. Applied Clay Science, 2009, 46: 21-26.

[144] Wang Q, Zhang J, Wang A. Preparation and characterization of a novel pH-sensitive chitosan-g-poly(acrylic acid)/attapulgite/sodium alginate composite hydrogel bead for controlled release of diclofenac sodium. Carbohydrate Polymers, 2009, 78: 731-737.

[145] Aouada F A, De Moura M R, Lopes Da Silva W T, Muniz E C, Mattoso L H C. Preparation and characterization of hydrophilic, spectroscopic, and kinetic properties of hydrogels based on polyacrylamide and methylcellulose polysaccharide. Journal of Applied Polymer Science, 2011, 120: 3004-3013.

[146] Shi X N, Wang W B, Wang A Q. Effect of surfactant on porosity and swelling behaviors of guar gum-g-poly(sodium acrylate-co-styrene)/attapulgite superabsorbent hydrogels. Colloids and Surfaces B: Biointerfaces, 2011, 88: 279-286.

[147] Mohan Y M, Premkumar T, Joseph D K, Geckeler K E. Stimuli-responsive poly(N-isopropylacrylamide-co-sodium acrylate) hydrogels: A swelling study in surfactant and polymer solutions. Reactive and Functional Polymers, 2007, 67: 844-858.

[148] 李中卫, 罗鑫圣, 张哲, 杨尧霞, 刘雅妮, 刘清华. 不同产地坡缕石黏土对高吸水树脂吸水性能的影响. 精细化工, 2015, 32: 6-11.

[149] 李中卫. Fe-Mn-MCM-41 和 Al-Mn-MCM-41 的合成和催化性能研究. 兰州: 西北师范大学, 2015.

[150] 蔡元峰, 薛纪越. 安徽官山两种坡缕石粘土的成分与红外吸收谱. 矿物学报, 2001, 21(3): 323-328.

[151] 周全福, 董旭明. 甘肃临泽坡缕石粘土矿地质特征. 中国非金属矿业导刊, 2004, 6: 58-60.

[152] 郑自立, 田煦, 王璞. 中国坡缕石粉晶 X 射线衍射特征研究. 矿产综合利用, 1996, 6: 4-8.

[153] 常迎. ABS/坡缕石黏土复合材料制备及性能研究. 兰州: 西北师范大学, 2011.

[154] 周杰, 刘宁, 李云. 凹凸棒石粘土的显微结构特征. 硅酸盐通报, 1996, 6: 50-55.

[155] Li A, Wang A Q. Synthesis and properties of clay-based superabsorbent composite. European Polymer Journal, 2005, 41:1630-1637.

[156] Zhang J, Wang A. Adsorption of Pb(II) from aqueous solution by chitosan-g-poly(acrylic acid)/

attapulgite/sodium humate composite hydrogels. Journal of Chemical & Engineering Data, 2010, 55: 2379-2384.

[157] 陈浩, 王爱勤. 不同产地凹凸棒粘土理化性质及其对复合吸水剂性能影响研究. 中国矿业, 2008, 17(3): 73-75.

[158] 陈红, 王文波, 王爱勤. 不同矿点凹凸棒黏土对复合高吸水性树脂吸水性能的影响. 非金属矿, 2011, 34: 1-3.

[159] Zhang J, Zhao Y, Wang A. Superabsorbent composite. XIII. Effects of Al^{3+}-attapulgite on hydrogel strength and swelling behaviors of poly(acrylic acid)/Al^{3+}-attapulgite superabsorbent composites. Polymer Engineering and Science, 2007, 47(5): 619-624.

[160] 吴紫平, 索红莉, 张腾, 袁慧萍, 王毅, 刘敏, 马磷. 粘土种类对聚丙烯酸/丙烯酰胺高吸水树脂性能的影响. 高分子材料与工程, 2012, 28(6): 45-52.

[161] Wu J, Wei Y, Lin J, Lin S. Preparation of a starch-graft-acrylamide/kaolinite superabsorbent composite and the influence of the hydrophilic group on its water absorbency. Polymer International, 2003, 52: 1909-1912.

第7章 土基防蒸发及防渗漏材料

7.1 防蒸发材料简介

7.1.1 蒸发

在地理学（水文学）领域，蒸发专指水的相变过程，即水由液态（或固态）转化为气态的变化。蒸发量是给定时段内，水分由液态（或固态）经蒸发而扩散到空气中的量，一般以给定时间段被蒸发水层的厚度（毫米数）表示。蒸发量与蒸发环境的温度、湿度、风速及气压相关，蒸发量随温度和风速的升高而增加，随气压和湿度的增大而降低[1]。

蒸发量可分为3大类：蒸发皿蒸发量、潜在蒸发量和实际蒸发量。其中，蒸发皿蒸发量代表有限水面的蒸发量，通过一定的转换系数可以转换为潜在蒸发量；潜在蒸发量是天气气候条件决定的下垫面蒸散发过程的最大能力，是实际蒸发的理论上限；实际蒸发量是考虑了土壤水分、作物类型和作物生长状况的下垫面蒸散发过程的能力[2]。

影响蒸发速率的主要因子有：水源、热源、饱和差、风速及湍流扩散强度。土壤蒸发是地-气能量交换中的主要过程之一，它既是地表能量平衡的组成部分，又是水分平衡的组成部分。干旱区的土壤由于降水很少，土壤水分含量较低，因而土壤实际蒸发量相对较少。在极端干旱条件下，土水势很低，导水率几乎为零，土壤水汽传输对于干旱区的土壤蒸发就显得非常重要[3, 4]。

（1）水源。蒸发的前提是有水，无论液态水（大海、湖泊、河流、湿润土地及植物）还是固态水（雪面及冰面）都是蒸发源。在沙漠中，理论蒸发量很大，蒸发潜力巨大，但由于沙漠几乎无水可蒸发，所以其实际蒸发量非常小。

（2）热源。蒸发是水由液态或固态变为气态的过程，需要供给能量克服氢键等束缚水分子的化学弱相互作用力。停止能量（热量）供给，蒸发面的水分子就会失去动力，无法克服分子间作用力，无法由液态或固态变为气态，也就无法蒸发。沙漠地区一般日照时间长，沙面温度高，为蒸发提供了充足的热量，所以沙漠地区蒸发很快。

（3）饱和差。饱和差越大，水由液态或固态变为气态的趋势就越大。沙漠地区降水稀少，沙面上空蒸汽饱和差很大，特别有利于蒸发的进行。

（4）风速及湍流扩散强度。风速越大，蒸发面上的水汽扩散就越快，饱和差就越大，蒸发就越快。沙漠地区空气流动频繁，常伴有大风，加速了蒸发[4]。

7.1.2 中国水资源

中国水资源总量排世界第6位，约为 2.81×10^4 亿 t，但由于人口众多，所以人均水占有量在世界只排第108位，人均淡水占有量仅为世界人均的1/4。中国人多水少且水资源分布极不均匀。耕地面积占全国64.6%的长江以北地区的水资源仅占20%，全国600多座城市中就有 400 多座供水不足，其中严重缺水城市有 110 个。人口的不断增长、经济的快速发展、工业化和城市化进程的加快，必然会引起水需求量的进一步增长，水资源短缺必然制约国家经济社会的发展[5]。

中国平均年降水总量为 6.2×10⁴ 亿 t，除通过土壤水直接利用于天然生态系统与人工生态系统之外，通过水循环更新的地表水和地下水的多年平均水资源总量为 2.8×10⁴ 亿 t，是一个颇具开发价值的水资源。雨水收集和利用作为一种非传统水源，具有非常好的发展前景[5]。

7.1.3　防蒸发需求

西北大多数地区常年气候干旱，降水量少而蒸发量大，"胡焕庸线"以西多年平均年降水量低于 400 mm。西北地区河流大部分面积为内陆河流域，积雪和冰川融水成为西北地区淡水资源的主要补给来源。随着经济快速发展和人口的剧增，对水资源需求和不合理利用现象日益突出，导致西北地区原本已十分脆弱的生态环境日趋恶化。降水少和蒸发快是干旱半干旱地区最常见的气候现象，这种气候造成了严重的生态危害，最典型的表现是风沙危害及其所造成的土地荒漠化（图 7-1）。风沙危害和土地荒漠化是全世界面临的一个长期问题，也是我国当前和未来很长一段时间内所面临的最为严重的生态问题，是我国生态建设的重点和难点。缺水导致的荒漠化已成为西部许多区域人民生存、生产和生活面临的最大问题。

图 7-1　干旱和风沙造成的局部危害

最近几十年全球气候不断变暖，导致陆面蒸发增加，土壤含水量减少，严重影响干旱半干旱地区的农业生产，阻碍当地经济和社会的可持续发展[5]。

一般认为年降水量在 200 mm 以下为干旱区，200～450 mm 之间为半干旱区[6]。干旱半干旱区约占全球陆地表面积的 40%[7, 8]，我国干旱区面积占国土面积的近 31%，干旱半干旱地区总面积超过国土面积的 50%[6, 9]。我国干旱半干旱区覆盖大兴安岭以西，昆仑山-阿尔金山-祁连山和长城一线以北的广大地区。极端干旱区（AI ≤ 0.05）和干旱区（0.05 < AI ≤ 0.20）年降水量一般低于 200 mm，旱灾频繁，其地貌以沙漠、戈壁及风蚀残丘为特征（图 7-2）[10]。

图 7-2　极旱和干旱区常见的地貌

人多地少是我国的基本国情，目前可利用耕地还在不断减少，扩展生存空间只有利用沙地（我国沙地约 26 亿亩，耕地不足 18 亿亩）。但许多未利用沙地位于干旱半干旱风沙危害区，年降水稀少，利用沙地旱地的最大障碍就是缺水。降水越少的地区，蒸发损耗水分所占的比例就越高。例如，在极端干旱地区，雨水的 90%以上通过蒸发损耗；在干旱地区，雨水的 80%～90%通过蒸发损耗；在半干旱地区，雨水的约 50%通过蒸发损耗[11]。2010 年，中国未利用土地总面积达到 212.57 万 km² （与干旱半干旱地区面积有重叠），其中沙地占 24.32%、戈壁占 27.96%、盐碱地占 5.49%、沼泽地占 5.59%、裸土地占 1.59%、裸岩石砾地占 32.31%、其他未利用土地占 2.74%[12]。

黄土高原地区指太行山以西，日月山、贺兰山以东，秦岭以北，阴山以南的黄河中游地区，面积约 64 万 km²[13-16]。黄土高原地区大多数区域位于干旱半干旱地区，是我国农林牧业发展的重要地区。

我国黄土高原地区农田土壤年蒸发量占降水量的 74.4%[17]，可见在干旱半干旱的黄土高原地区，雨水损耗的主要途径也是蒸发。在沙漠和沙漠边缘地区，降水比黄土高原地区更少，蒸发所占比例则更高。一方面，我国人均耕地面积少，解决众多人口吃饭问题始终是最大的民生问题；另一方面，我国干旱半干旱地区有巨大的未利用土地，而限制这些土地利用的最大障碍就是缺水。所以减少蒸发，使水资源最大限度地用于农林牧业就具有十分重要的意义。

世界气象组织的统计数据表明,气象灾害在自然灾害中占70%,干旱灾害在气象灾害中约占50%。全球有45%以上的土地受干旱灾害威胁[18]。2002~2004年、2007年和2009年,分别在美国西部、东南部及南部发生了极端干旱事件,美国每年因干旱造成的损失高达60亿~80亿美元[19]。2002~2003年、2005年、2007年和2008年欧洲发生了严重的干旱事件[20]。2000~2009年,澳大利亚最大河流Murray-Darling Basin来水量下降了42%[21]。在全球气候变暖的背景下,全球范围内特大干旱、高温等极端天气气候事件发生的频率和强度呈增加趋势;不断变化的气候可引起极端天气和气候事件在频率、强度、空间范围、持续时间和发生时间上的变化,并导致前所未有的极端天气和气候事件的发生[22]。

中国是南海季风和副热带季风共同影响的区域,在全球气候变暖的影响下,这两类季风产生了变异。20世纪70年代中期以来,大气环流系统从对流层到平流层都发生了明显的年代际转折。我国的旱涝分布格局呈现北方易遭旱灾和南方旱涝并发的特征,大范围的干旱灾害频繁发生。我国平均每年有667万~2667万 hm² 农田因旱受灾,最高年份达4000万 hm²,每年因干旱减产粮食由数百万吨到3000万 t[23]。我国重大干旱事件发生频率1951~1990年为20.0%;1991~2000年为50.0%;而2001~2012年达到66.7%。西北地区东部气候变化仍为暖干化趋势,陕西南部的半干旱分界线向南扩展最大可达32.6°N,特别是20世纪90年代以后,西北东部区域极端干旱发生的次数急剧增加。黄土高原既是东亚夏季暖湿季风影响区向西北内陆干旱气候区的过渡带,又是东西水分梯度和南北热量梯度交叉变化区域,气候变化敏感,生态与自然环境脆弱。1960~2000年,黄土高原年均温上升趋势显著,增温大于全国同期值;年降水量呈减少趋势,递减率高于全国同期值。7条主要河流径流量下降趋势显著,气候暖干化明显[24-29]。最近几年,我国西北地区降水普遍增多,这一气候变化有利于西北干旱半干旱地区荒漠化的逆转。

7.1.4　防蒸发材料研究现状

为促进农业增产,全世界普遍使用地膜作为提高地温和防蒸发材料,在缺水地区,应用渗水地膜既可接纳雨水,又可防止蒸发[30]。一般耕地上使用地膜(或渗水地膜)的主要缺陷:一是造成白色污染,二是价格昂贵。许多沙地位处风沙危害区,利用地膜(或渗水地膜)除了引发白色污染和价格昂贵两点缺陷外,还存在另外两个缺陷:其一是地膜使弥足珍贵的降水不能渗透到田间,使沙地水环境进一步恶化;其二是在风大沙大的环境,地膜的铺设和保存十分困难。使用地膜(或渗水地膜)提高地温的优点在沙地也有所改变,沙地白天升温极快,造成作物枯萎和烧伤,夜间又急剧降温,不利于作物生长,所以提高地温并不是在任何条件下都是有利因素。除了地膜作为防蒸发材料外,也可以利用秸秆作为农田防蒸发材料及塑料空心板作为水库防蒸发材料[17, 31]。采用十二烷基苯磺酸钠及n-80乳化木蜡与黏土复合,可制备土基改性材料,这种材料在模拟沙漠气候条件下具有保水性能,可以减少蒸发[32, 33]。但这种材料价格高,有环境风险,不适合推广应用。总体看,防蒸发材料的相关研究非常少,能够实用的防蒸发材料就更少。

西北师范大学生态功能材料课题组长期研究土基生态功能材料,先后有三代人围绕固沙材料、固土材料和保水材料展开研究，成功研制了系列土基固沙材料、土基固土材料和含土保水材料[34-54]。这些材料追求的目标是固土节水，减少水土流失，最大限度地利用水资源。

在研究土基固沙材料、土基固土材料和含土保水材料基础上，西北师范大学生态功能材料课题组又开展了土基防蒸发材料和防渗漏材料研究。土基固沙材料、土基固土材料、含土保水材料、土基防蒸发材料及土基防渗漏材料可以用于干旱半干旱地区的风沙危害防控、水土流失防控、节水农业及戈壁农业。

对于沙地或耕地而言，渗水与蒸发总是同时消长。干旱半干旱地区降水少、蒸发快，要求铺设地面的材料渗水越多越快越好，蒸发越少越慢越好。但渗水越好的材料，蒸发也越快。渗水好的材料要疏松和疏水，材料含疏水基团越多，网孔越大，越有利于渗水，但这样的材料蒸发量也大；材料含亲水基团越多，网孔越小，则越有利于减少蒸发量，但这样的材料渗水功能就变差。根据不同气候区的气候特点（降水和气温），可以选择具有适当渗水-蒸发性能的覆膜材料。事实上，沙地有利于水的渗入，同时浅层沙地中的水也很容易蒸发；地膜最有利于抑制蒸发，但同时也是渗水最差的材料。如何合成一种高分子材料，既可以让降雨全部渗入，又可以有效减少蒸发，保水节水，这正是目前急需解决的技术问题。在裸露沙地（渗水和蒸发较快）和覆盖地膜沙地（渗水和蒸发最小）之间，还有许多过渡状态，这也是笔者课题组长期寻找的状态。防蒸发材料要解决的不仅是蒸发问题，还必须同时解决渗水问题。

防渗漏材料主要应用于漏沙地、戈壁砾石地和盐碱地，一般是掺在沙壤中或铺设于漏沙地 1 m 以下。掺在沙壤中的目的是提高持水持肥性能，减少水的渗漏损耗。铺设于漏沙地 1 m 以下的目的：其一是形成水隔离层，减少渗漏损耗；其二是可以隔绝下层盐碱随蒸发迁移到植物根系。防蒸发、防渗漏材料一般要求含亲水基团。

本书介绍的土基防蒸发和防渗漏材料，是在土基固沙材料和土基固土材料基础上，以黏土（红土、黑土、坡缕石）或黄土、有机功能化黏土（或黄土）及活化天然高分子（淀粉、纤维素、植物胶、海藻酸钠及秸秆）为原料，利用弱相互作用及多位点原位缩聚（立体缩聚）制备的土基渗水-蒸发可控复合材料及土基防渗漏复合材料。作为基础研究，土的功能化和多位点缩聚（立体缩聚）可以实现结构调控和性能优化，但作为在面积巨大的干旱半干旱地区使用的土基渗水-蒸发可控复合材料及土基防渗漏复合材料，在野外根本无法实现土的功能化及一定温度和压力条件下的多位点缩聚（立体缩聚）。本书重点介绍可大面积野外施工使用的材料的制备和使用方法。

在实验室通过考察功能基结构、高分子种类、高分子含量、功能基团含量及反应条件等因素对土基渗水-蒸发可控复合材料（或土基防渗漏复合材料）蒸发、渗水、漏水、保水、耐水、持水持肥、防风蚀及降解等性能的影响，明确如何优化材料制备方法，如何在实验室得到以土和功能化土为主要成分的土基渗水-蒸发可控复合材料（或土基防渗漏复合材料）。虽然在实验室得到的土基渗水-蒸发可控复合材料（或土基防渗漏复合材料）离实际应用还有很长距离，但通过这种研究对于可实际应用的土基渗水-蒸发可控复合材料（或土基防渗漏复合材料）的研制具有很大帮助。通过土基渗水-蒸发可控复合材料（或土基防渗漏复合材料）的使用，可以降低沙地旱地水分蒸发损耗（或减少渗漏损耗），减少风沙危害，辅助沙地旱地作物种植，促进沙地旱地利用，保护人类生存环境，扩展生存空间。将实验室研究结果应用于野外田间，由于受到气候条件、材料来源及经济条件的限制，在实际操作上需要很多简化，这种简化制备过程得到的材料，虽然其功能可能不是最理想的，但在野外使用有其可行性。与固沙和固土材料相似，土基渗水-蒸发可控复合材料（或土基防渗漏复合材料）需要具有以下特点或功能：①具有原料优势。需要选择来源丰富、环境友好、取用方便和价格低廉的原料。黏土、黄土、秸秆、植物胶、纤维素及淀粉等正好符合这些条件。②具有制备和使用工艺优势。在野外使用且用量非常大的复合材料，要尽量避免远距离运输，也要改变实验室那些复杂化学反应，找到能在自然条件下反应的方法。材料制备时不使用引发剂，不使用除水以外的任何其他溶剂。制备过程环保、节能。③施工方便。所制备的复合材料在野外使用时可机械化施工，可大面积推广。④具有所需的功能优势。对于土基渗水-蒸发可控复合材料，要求降雨可以全部渗入地下，同时能够有效防止蒸发；减缓沙面温度骤变；可保水，防风蚀；材料中高分子可生物降解；材料能为作物提供营养；渗水和蒸发性能在一定范围可调控。对于土基防渗漏复合材料，首先应该具备优良持水持肥功能，将漏水率降到最低。土基盐碱隔离复合材料与土基防渗漏复合材料在设计理念上是相似的，就是力求含盐水不能透过。⑤有机组分用量尽可能少。本书所使用的土基防蒸发材料（或防渗漏材料），有机组分（一般价格较高）的含量低于 0.1%，这样的材料的防蒸发或防渗漏功能不是最优的，但已能满足实际需求，成本也较低。

在荒漠化地区，将土基渗水-蒸发可控复合材料（或土基防渗漏复合材料）与含土保水材料复配使用，不仅可以提高土壤的保水率、提高土壤墒情及减少土壤贫瘠化，而且能有效防止水土流失、提高土壤生态功能，给植被或作物提供更充足的水分，促进植被或作物的生长。

固沙材料主要追求其抗风蚀性能，表观上要有较高的耐压强度、尽可能低的风蚀率和较强的耐候性，但传统耐压强度高的材料的缺陷是坚硬和透水性差，不利于作物生长。渗水-蒸发可控高分子首先要求材料透水性良好，使降水能够渗入地下，其次是材料具备防蒸发性能，减少蒸发，节约水分。

固沙材料、固土材料、保水材料、防蒸发材料及防渗漏材料的组成、制备及功能如表 7-1 所示。

表 7-1　几种土基材料的主要功能

材料种类	原料	合成反应	功能	使用
固沙材料	黄土、黏土、水玻璃、硫酸铝、合成高分子、天然高分子、植物胶类、纤维素类、淀粉类	无机物水解、高分子水解、土-高分子间弱相互作用	耐压强度 耐候性 风蚀率	固沙沙障及组合沙障、固沙结皮及辅助生物土壤结皮
固土材料	黄土、黏土、合成高分子、天然高分子、植物胶类、纤维素类、淀粉类	土-高分子间弱相互作用	水蚀率 耐候性	固土土障及组合土障、固土结皮及辅助生物土壤结皮
保水材料	黄土、黏土、丙烯酸及其衍生物、丙烯酰胺及其衍生物、植物胶类、纤维素类、淀粉类	自由基聚合	吸水速率 吸水倍率 凝胶强度 保水率	辅助种植

材料种类	原料	合成反应	功能	使用
防蒸发材料	天然高分子、多功能基材料、黏土、黄土、植物胶类、纤维素类、淀粉类	无机物功能化、多位点原位（立体）缩聚、土-高分子间弱相互作用	透水性 持水性 蒸发率	覆膜 替代地膜
防渗漏材料	天然高分子、多功能基材料、黏土、黄土、植物胶类、纤维素类、淀粉类	无机物功能化、多位点原位（立体）缩聚、土-高分子间弱相互作用	持水性 渗水率	漏沙地及盐碱地

7.2　干旱环境土壤降雨入渗及其对生态水文过程的影响因素

7.2.1　坡度和降雨对入渗与径流的影响

几十年来，径流量与坡度关系的研究出现了相互矛盾的结果。在相同降雨条件下，有些研究认为径流量随坡度增大而增加[55-58]；另一些研究则认为径流量随坡度增大而减小[59, 60]，还有一些研究认为坡度对径流量影响不大[61, 62]。利用改进斜坡 Green-Ampt［式（7-1）］渗透模型进行研究[63]，假定土壤均质且各向同性，不稳定降雨与稳定降雨的入渗相似。理论和实验数据均表明，入渗量随坡角的增大而增大。对于有积水入渗的情况，坡度效应一般对中、缓坡不显著，但对于低强度和短时降雨，特别当它延迟了积水时间时，坡度效应变得更为显著，随着降雨时间延长或降雨强度增大，坡度效应则减小。坡度低于 10° 时，对入渗量的影响可以忽略。研究还发现，积水处的累积垂直入渗深度（I_{hp}）随着坡度的增大而增加。Green-Ampt 渗透模型除部分小尺度地形要素外，一般适用于各向同性和轻度各向异性土壤[64]。利用改进斜坡 Green-Ampt［式（7-1）］渗透模型对非垂直降雨的研究证明，径流量随着坡度的增大而增加。

$$i = i_c = K_e \frac{z_{*f} \cos \gamma + s_f + H}{z_{*f}} \tag{7-1}$$

式中，i_c 为渗透性，等于积水渗透率；K_e 为有效饱和水电导率；z_{*f} 为垂直于地表的湿润深度；s_f 为湿润方向的基质势；H 为地表积水，它并不是地面积水深度，而是地面积水深度 h 与 $\cos \gamma$ 的乘积；$z_{*f} \cos \gamma$ 为湿润锋的重力落差。

7.2.2　坡度和降雨对土壤的侵蚀

坡度对坡面径流侵蚀能力和土壤侵蚀量的影响仍然是个有争议的问题。在短时降雨条件下，径流侵蚀过程中存在一个临界坡度，土壤侵蚀量先随坡面坡度的增大而增加，在达到临界坡角后则随坡面坡度的增大而逐渐减小。土壤临界剪切应力、降雨强度和降雨持续时间对土壤侵蚀量有较大影响。流速、径流量、剪切应力随坡度的变化呈现先增大后减小的趋势。这表明该过程中也存在一个临界坡度[65]。降雨到达坡地下垫面，当植物截留和低洼存水达到饱和时，降雨强度大于下渗强度，在地表上会逐渐形成细小而密集的侵蚀沟。当地表经层状侵蚀后，雨水向低洼处汇聚，或沿着坡面细沟汇集，形成纹沟侵蚀。对于短期降雨，坡度对纹沟侵蚀和细沟侵蚀的影响也是双重的。与坡面水流动力学相似，坡面侵蚀也存在临界坡度，其侵蚀趋势随坡面坡度的变化而变化。对于长时间降雨，纹沟侵蚀量的临界坡度增加，细沟侵蚀量则随坡度增大而增加，临界坡度消失。细沟侵蚀在总侵蚀量中占主导地位，因此总侵蚀量的临界坡度可能与细沟侵蚀量的临界坡度变化密切相关[65]。

临界坡度不是一成不变的，其随着降雨持续时间的增加而显著增加。对于很短或很长时间的降雨，没有临界坡度。坡度对积水后土壤侵蚀有双重影响[65]。

7.2.3　土壤结皮对雨水入渗的影响

干旱地区的植被覆盖是决定荒漠化的关键变量。受荒漠化影响的土壤形成的物理结皮，会减少雨水的入渗，加剧植被的水分需求压力。由于物理结皮会降低局部渗透能力，因此它们有助于增加中到大雨期间的径流量。尽管在温度较低的沙漠中，生物土壤结皮会通过减小径流量从而增强入渗，但在高温干旱地区，生物土壤结皮也会降低植物的可用水量，并导致进一步的沙漠化。如果增加的径流被聚集并渗透到植物根系可以获得的区域，则土壤结皮可以减轻沙漠化。研究表明，土壤表面结皮在荒漠化过程中具有双重作用。在以下几种情况下，往往加速荒漠化：①植被相对密集；②植物水分依赖于裸露土壤部位的入渗；③植被斑块拦截和渗透径流的能力有限。原因是土壤结皮和生物土壤结皮（高温干燥沙漠）由于减少了入渗量，往往加速荒漠化。反之，如果径流渗入植被覆盖的地区，植被覆盖相对稀疏，根区主要局限于冠层区域，则结皮可减轻荒漠化。物理结皮对荒漠化的影响因植被覆盖度而异，在高植被覆盖区域是加速荒漠化，而在低植被覆盖区域则是减轻荒漠化。因此，结皮引起的荒漠化可能是自限的[66]。

7.2.4　植被郁闭度对雨水入渗和径流量的影响

土壤表面郁闭度、微地形及植被斑块对半干旱地区的降雨-径流过程起着比较重要的作用。郁闭度对于径流的产生有至关重要的作用。对于某一干旱地区，如果土壤表面没有形成郁闭层，则只有在降雨强度特别高的情况下才能产生径流，因此，在土壤表面没有形成郁闭层的情况下，该区域的植物可用水量仅取决于当地的直接降雨输入量。径流会使得水资源进行二次分配，而在一般降雨条件下，由于没有形成径流，所以下游地区无法获取径流产生的水资源。植被斑块也是影响径流的重要因素。由于灌丛下土壤的渗透性很大，灌丛斑块充当了汇流槽，可以捕获大部分在郁闭区域产生的径流，增加灌丛区水资源的获得[67]。

在设计防蒸发材料时，必须考虑防蒸发层（结皮）对降雨入渗的影响。在干旱地区，防蒸发材料所形成的结皮应能够促进雨水的入渗。

7.3　土基防蒸发材料设计

7.3.1　土功能化

实验室可利用黏土（红土、黑土）或黄土中 SiO_2、MgO、Al_2O_3 表面羟基，选择含有多元羟基（季戊四醇等）、多元羧基（乙二酸、氯乙酸、氨三乙酸等）及多元氨基（乙二胺、己二胺、尿素、硫脲等）有机物与黏土（或黄土）反应，优化反应条件，制备含多元羟基、多元羧基或多元氨基的有机功能化黏土（或黄土），为多位（立体）点缩聚预备有机-无机杂化单体（图 7-3）。大田试验中无法实现黏土（或黄土）的功能化，只能直接使用黏土或黄土。

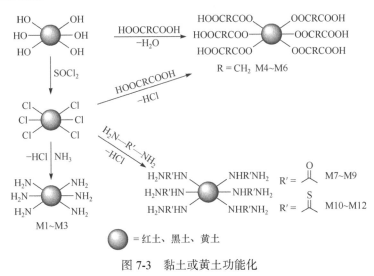

图 7-3　黏土或黄土功能化

7.3.2　天然高分子活化

秸秆、淀粉、植物胶、纤维素及海藻酸钠等天然高分子结构中含有许多羟基，其中秸秆和淀粉的羟基通常反应活性较低，在实验室研究时需要进行活化处理。通过水热法处理粉碎秸秆，使其表面难润湿蜡状物质分解，硬质物质软化，纤维素羟基裸露，表面羟基增加；同理，经过糊化处理的淀粉，其可反应的功能基团也会增加。水热或糊化处理的溶剂是水，水热处理时温度达到水的沸点，糊化处理一般 60～70 ℃即可。天然高分子活化的目的是增加其水溶性或润湿性，增加反应基团的数量和活性，促进这些高分子与黏土（或黄土）及功能化黏土（或黄土）缩聚。在大田试验时这些天然高分子不可能像在实验室一样先进行活化处理，直接使用效果不是很理想，但完全可以达到使用要求。

7.3.3　多位（立体）点缩聚

利用改性天然高分子（实验室研究中使用水热处理秸秆、糊化淀粉、羧甲基纤维素及一定中和度海藻酸、植物胶，大田试验中直接使用高分子）表面的功能基团，功能化黏土（或黄土）及黏土（或黄土）中 SiO_2、MgO、Al_2O_3 表面羟基、金属离子和沙粒表面羟基，通过多位点（立体）缩聚制备黏土（或黄土）基渗水-蒸发高分子材料。材料的宏观网孔由高分子、功能化黏土（或黄土）及黏土（或黄土）三者的比例控制；材料的亲疏水性则通过反应试剂比例及高分子部分的结构调控（图 7-4～图 7-6）。改变网孔大小和亲疏水性能是为了调控高分子材料的渗水和蒸发性能。

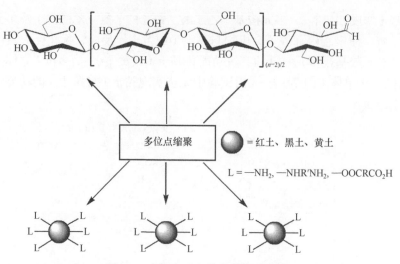

图 7-4　多位点（立体）缩聚示意图

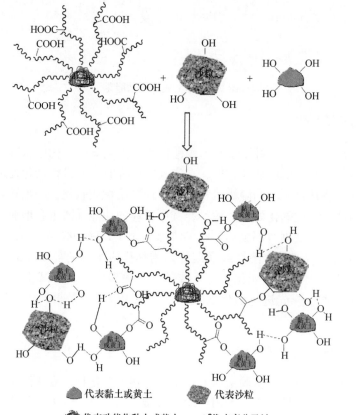

图 7-5　渗水-蒸发可控高分子材料形成示意图
利用羧基化黏土或黄土

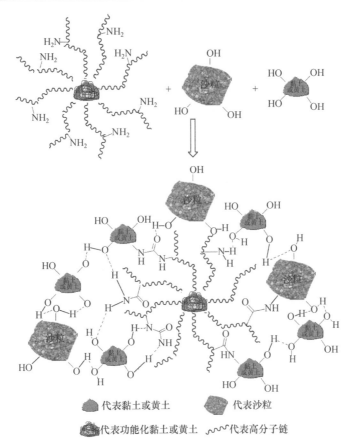

图 7-6　渗水-蒸发可控高分子材料形成示意图
利用氨基化黏土或黄土

7.3.4　土基防蒸发材料性能调控

通过合成高分子、天然高分子、有机功能化黏土（或黄土）及黏土（或黄土）用量的调控，制备网孔不同和亲疏水性能各异的黏土（或黄土）基高分子材料，进而调控渗水性能和蒸发性能。

沙粒和黏土用量的增加可以使高分子网孔增大增多，提高渗水性，但沙粒和黏土用量的增加也会同时提高蒸发量。高分子用量和活化程度影响其亲水程度和反应活性，一般高分子用量越多，防蒸发性能就越好，但是渗水性能却降低。降雨较少的干旱半干旱地区，需要渗过地面的水并不是很多，所以要求材料具备一般渗水性能即可。功能化黏土（或黄土）功能基团越多，形成的高分子越有利于抑制蒸发。

各种原材料及防蒸发材料相关性能见表 7-2。

表 7-2　原材料及合成材料性能

材料	渗水性能	防蒸发性能	保温性能	保水性能	降解性能
沙粒	优	差	差	差	无
黏土	良好	一般	一般	一般	无

续表

材料	渗水性能	防蒸发性能	保温性能	保水性能	降解性能
黄土	良好	一般	一般	一般	无
功能化黏土	良好	良好	一般	良好	无
功能化黄土	良好	良好	一般	良好	无
天然高分子	差	优	一般	良好	良好
土基缩聚高分子	良好	良好	一般	良好	良好
合成高分子	差	良好	一般	差异较大	差异较大

7.3.5　土基防蒸发材料表征

对制备的黏土（或黄土）基渗水-蒸发可控高分子材料进行形貌表征（SEM、TEM、BET、SEM-EDAX 及 EXAFS），结构表征（IR、GPC、XRD 及固相 NMR）和组成表征（XPS 及元素分析），考察黏土种类、高分子种类、功能基结构、缩聚条件、有机物含量等因素对这些高分子材料的形貌、结构、组成和性能的影响。这些表征不一定全部进行，在实际工作中可根据需求选择，具体分析表征示例将在相应章节介绍。

7.3.6　土基防蒸发材料性能考察

考察黏土种类、高分子种类、功能基结构、缩聚条件、有机物含量等对高分子复合材料渗水性能、耐水性能、蒸发性能、持水持肥性能、降解性能及对温度的调控性能的影响。明确黏土（或黄土）基高分子材料形貌、结构和组成对其渗水性能、耐水性能、蒸发性能、持水持肥性能、防风蚀性能、降解性能及对温度的调控性能的影响，重点是筛选优良渗水和防蒸发黏土（或黄土）基高分子。土基防蒸发材料性能考察将在后续章节中介绍。

7.4　土基防蒸发材料制备及性能考察

为了筛选能够降低蒸发率的材料，明确性能优异的防蒸发土基材料中高分子种类、添加量及材料加工方法，需要进行大规模实验室研究。实验室筛选实验能够提示哪些高分子、哪种原材料配比及哪些反应可用于制备土基渗水-蒸发可控复合材料（或土基防渗漏复合材料），从复杂到简单，筛选实验工作量非常大。

一般蒸发率测量采用以下实验：分别取等量细沙（600 g）7 份置于 7 个塑料盒（长、宽和高分别为 19 cm、12 cm 和 5 cm）中，将沙子在塑料盒中铺平，再分别加入 100 g 自来水，使沙子浸湿均匀。然后分别取 100 g 红土（或坡缕石、黄土）6 份置于其中 6 个烧杯中，再分别取红土质量 0%、0.5%、1.0%、1.5%、2.0%、2.5%的高分子材料（合成高分子、淀粉类、植物胶类、纤维素类、保水剂等）分别溶解于少量水中，然后分别转入6 份 100 g 红土中，加水至质量相等，搅拌均匀，分别覆盖到装有 600 g 细沙的 6 个塑料盒中，在沙表面形成红土（或坡缕石、黄土）防蒸发层。第 7 个塑料盒是对照实验，在第 7 个塑料盒中再补加 100 g 沙，加水使其质量与前 6 组相同（图 7-7），也可以将防蒸发材料直接混合到沙中，然后采取称量法测定蒸发率。

图 7-7　实验室防蒸发材料样品

每隔一段时间称量样品的质量，计算蒸发率。蒸发率（%）= $(m_1 - m_2)/m_3 \times 100$，式中，$m_1$ 为样品的总质量（材料+容器）；m_2 为 t 时样品的剩余质量（材料+容器）；m_3 为复合材料中水的总质量。

7.4.1　合成聚合物类土基防蒸发材料[68]

防蒸发材料需要颗粒间空隙小，所使用的高分子应含有较多亲水基团，使其与土或沙粒反应减小材料表面的空隙。如前所述，防蒸发材料中使用的高分子必须具备以下条件：①不发生剧烈化学反应。反应前后材料的基本性能不能变，这就要求发生反应部分所占比例很小或反应是通过弱相互作用进行。②高分子易溶于水。只有溶于水的高分子，其功能基团才能和土进行充分有效反应。③反应条件温和。在野外反应不可能控制温度和压力，所以防蒸发材料适合反应的条件应该是野外的自然温度和压力。④使用的材料对环境友好。防蒸发需要在不引起任何环境污染条件下实现，所以使用的材料应该是已经证明没有环境风险的材料。⑤材料用量少，价格低廉。⑥制备过程简单。大规模的野外工程需要材料制备过程简单，容易操作。⑦可机械化作业。由于沙地旱地面积巨大，需要工程措施，这就需要在实施治理工程时能够机械化施工，既可加快进度，又可减轻劳动强度。

与固沙及固土材料相似，考虑到水溶性、环境风险、价格因素及获取的难易程度，能用来制备防蒸发土基材料的合成高分子材料其实很少。这里介绍在实验室使用的合成高分子，主要有聚丙烯酸、聚丙烯酰胺和聚乙烯醇（图 7-8），以及一些保水材料（参见表 6-2）。

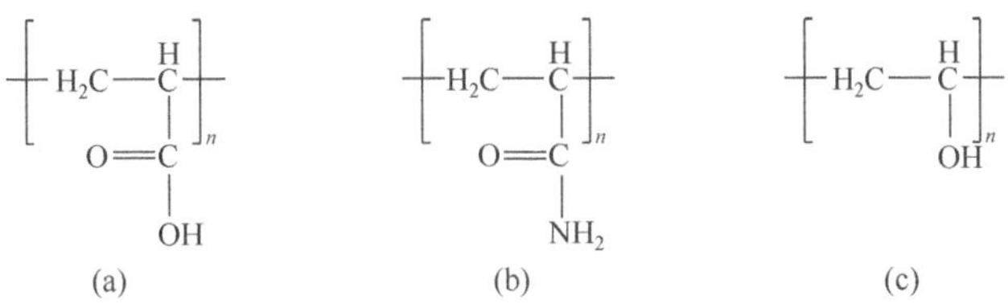

图 7-8　聚丙烯酸（a）、聚丙烯酰胺（b）和聚乙烯醇（c）分子结构示意图

1. 合成聚合物类土基防蒸发材料性能

样品在室温室压处放置一定时间，称量其质量并计算蒸发率。红土-合成聚合物复合材料中效果最好的是添加聚丙烯酸制备的材料，添加量为 2%的复合材料与纯红土相比，其蒸发率在 60 h 内降低了 12.90%（表 7-3）。红土和红土-合成聚合物样品在最初的 25 h 内蒸发率相似，26～120 h 时间段内蒸发率有变化（图 7-9）。虽然合成聚合物类材料有一定防蒸发效果，但并不明显。

表 7-3　红土-合成聚合物复合材料的蒸发率

聚合物名称	蒸发时间 t/h	聚合物添加量为 2%时的蒸发率降低值/%	聚合物添加量为 1%时的蒸发率降低值/%
聚丙烯酸	69.0*	13.25	9.69
聚丙烯酰胺	71.0*	11.55	10.10
聚乙烯醇	60.5*	2.70（0.50%）	2.50
聚丙烯酸	60.0	12.90	9.10
聚丙烯酰胺	60.0	9.57	8.12
聚乙烯醇	60.0	微弱效果	2.93

*蒸发率降低值最大时对应的时间。

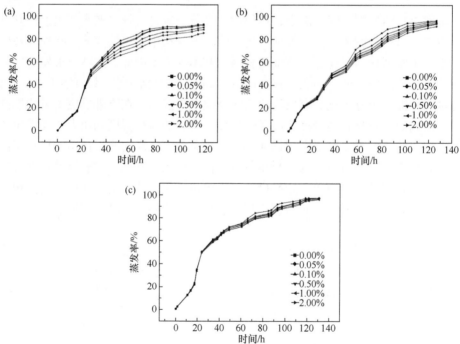

图 7-9　红土-聚丙烯酸（a）、红土-聚丙烯酰胺（b）及红土-聚乙烯醇（c）蒸发率随时间的变化

黄土-合成聚合物复合防蒸发材料中，添加量为 2%时，黄土-聚乙烯醇复合材料蒸发率在 60 h 内降低值达到了 37.9%；黄土-聚丙烯酰胺复合材料蒸发率在相同时间内降低值

为 17.9%（表 7-4）。在前 25 h 内，纯黄土和添加不同比例聚丙烯酸复合材料的蒸发率差别不大，但 26～110 h 时间段内，纯黄土和添加不同比例聚丙烯酸复合材料的蒸发率出现差别；在前 40 h 内，纯黄土和添加不同比例聚丙烯酰胺复合材料的蒸发率差别不大，41～120 h 时间段内，蒸发率差别明显；在前 10 h 内，纯黄土和添加不同比例聚乙烯醇复合材料的蒸发率差别不大，11～140 h 时间段内，蒸发率差别非常明显（图 7-10）。

表 7-4　黄土-合成聚合物复合材料的蒸发率

聚合物名称	蒸发时间 t/h	聚合物添加量为 2.0%时的蒸发率降低值/%	聚合物添加量为 1.0%时的蒸发率降低值/%
聚丙烯酸	37.0*	8.00	5.10
聚丙烯酰胺	71.5*	23.9	23.8
聚乙烯醇	69.0*	39.2	7.50
聚丙烯酸	60.0	6.30	1.00
聚丙烯酰胺	60.0	17.9	18.0
聚乙烯醇	60.0	37.9	7.20

*蒸发率降低值最大时对应的时间。

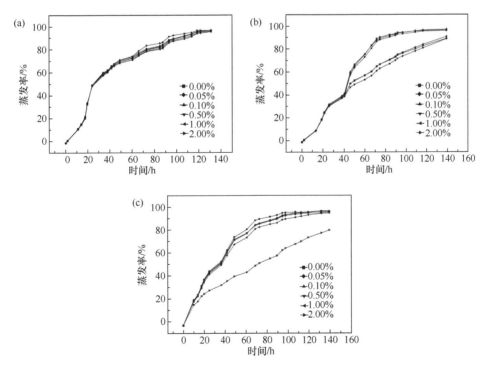

图 7-10　黄土-聚丙烯酸（a）、黄土-聚丙烯酰胺（b）及黄土-聚乙烯醇（c）蒸发率随时间的变化

当聚丙烯酸、聚丙烯酰胺及聚乙烯醇添加量相同时，红土-聚丙烯酰胺具有相对较好的防蒸发性能［图 7-11（a）］；黄土-聚乙烯醇则具有突出的防蒸发效果［图 7-11（b）］；

添加相同比例聚丙烯酸的黄土基复合材料，其蒸发率随时间的变化与黄土接近，说明使用黄土时聚丙烯酸不是好的选择。

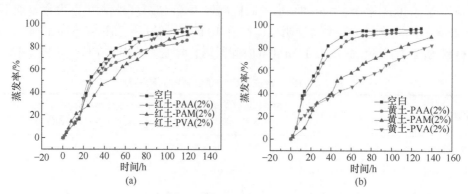

图 7-11　（a）红土、红土-聚丙烯酸（PAA）、红土-聚丙烯酰胺（PAM）及
红土-聚乙烯醇（PVA）的蒸发率随时间的变化；（b）黄土、黄土-聚丙烯酸、
黄土-聚丙烯酰胺及黄土-聚乙烯醇的蒸发率随时间的变化

在红土、黄土、高岭土及坡缕石中分别添加合成保水材料后，也能够降低收缩率和蒸发率[41]。

2. 合成聚合物类土基防蒸发材料表征

红土的红外光谱图中 1445 cm^{-1} 处的吸收峰归因于其 Si—OH 的弯曲振动（图 7-12 中 a），红土与聚丙烯酸形成复合材料后，该特征吸收峰减弱（图 7-12 中 c）。由于红土在复合材料中质量分数超过 98%，这一吸收峰强度的减弱并不是由材料所占比例减少所致，而是由于在形成复合材料时这个基团与高分子发生了化学反应。红土的红外光谱图中位于 1028 cm^{-1} 和 467 cm^{-1} 处的吸收峰分别归属于 —Si—O 伸缩振动和 Si—O—Si 弯曲振动（图 7-12 中 a），这两个吸收峰在红土-聚丙烯酸复合材料中仍然存在（图 7-12 中 c）。聚丙烯酸的红外光谱图中 1704 cm^{-1} 处的吸收峰归属于羧基的伸缩振动，941 cm^{-1} 处的吸收峰为其 C—OH 的面内弯曲振动吸收（图 7-12 中 b），这些特征吸收峰在形成红土-聚丙烯酸复合材料后发生了移动，预示这些基团或其相邻基团在复合材料形成过程发生了化学反应（图 7-12 中 c）。另外，聚丙烯酸 1704 cm^{-1} 和 941 cm^{-1} 处的吸收峰在红土-聚丙烯酸复合材料中不但发生了移动，而且强度也明显减弱。出现吸收峰强度减弱一方面可能是因为这些基团发生了化学反应，另一方面则是因为聚丙烯酸在土基材料中所占的比例较低（图 7-12 中 c）。红土或黄土分别形成红土-聚丙烯酰胺、红土-聚乙烯醇、黄土-聚丙烯酸、黄土-聚丙烯酰胺及黄土-聚乙烯醇复合材料的红外光谱图都具有与红土-聚丙烯酸相似的变化。

红土［图 7-13（a）］和黄土［图 7-13（c）］在 SEM 图中表面形貌松散，颗粒较小；与红土和黄土比较，相应红土-聚丙烯酰胺和黄土-聚丙烯酰胺复合材料的表面形貌均因聚丙烯酰胺的加入而发生了改变，颗粒发生了聚集，颗粒之间的黏结性增强，空隙减小［图 7-13（b）和（d）］。用 SEM 检测的红土-聚丙烯酰胺和黄土-聚丙烯酰胺复合材料样

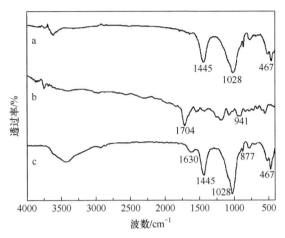

图 7-12　红土（a）、聚丙烯酸（b）及红土-聚丙烯酸复合材料（c）的红外光谱图

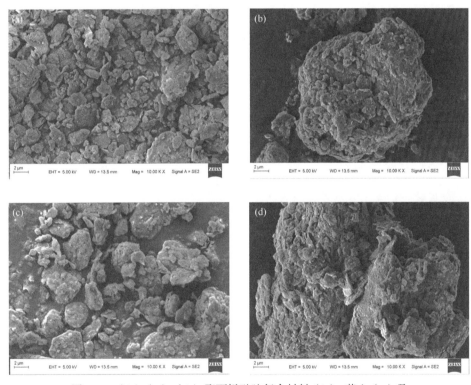

图 7-13　红土（a）、红土-聚丙烯酰胺复合材料（b）、黄土（c）及
黄土-聚丙烯酰胺复合材料（d）的 SEM 图

品处于干燥状态，作为防蒸发材料，这些材料遇水会发生膨胀，氢键开始起作用，颗粒间发生更紧密聚集，颗粒间空隙进一步缩小，使水分子不容易透过，从而达到降低蒸发率的效果。红土或黄土分别形成红土-聚丙烯酸、红土-聚乙烯醇、黄土-聚丙烯酸及黄土-聚乙烯醇复合材料后，其形貌的变化与红土-聚丙烯酰胺相似。

红土颗粒的平均粒径为 29.83 μm，红土-聚丙烯酰胺复合材料颗粒的平均粒径为

35.31 μm［图 7-14（a）］；黄土颗粒的平均粒径为 28.66 μm，黄土-聚丙烯酰胺复合材料颗粒的平均粒径为 35.46 μm［图 7-14（b）］。原土（红土及黄土）与其相应聚丙烯酰胺复合材料比较，复合材料平均粒径明显增大，原因是聚丙烯酰胺与土颗粒之间通过分子间弱相互作用力及高分子的缠绕形成网状结构，使土粒团聚在一起，增大了土颗粒的粒径。图 7-14 的粒径数据是样品干燥至恒重后研磨，过筛（200 目）后测试得到的数据。由于复合材料中的聚丙烯酰胺能够吸水，所以复合材料湿润后其颗粒的粒径会更大，颗粒间的空隙就会更小，可以有效减缓水的蒸发。与原土比较，形成红土-聚丙烯酸、红土-聚乙烯醇、黄土-聚丙烯酸及黄土-聚乙烯醇复合材料后，其平均粒径也都增大了。

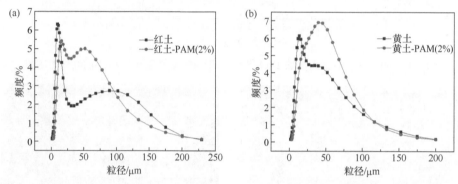

图 7-14　红土及红土-聚丙烯酰胺复合材料（a），黄土及黄土-聚丙烯酰胺复合材料（b）的粒径分析图

粒径的测量：制样后干燥至恒重，研磨，过筛（200 目）。使用激光粒度仪（LA-960），选择应用模式为干式。平均粒径的计算：去除 10% 之前的数据和 90% 之后的数据，然后求其剩余数据的平均值

3. 合成聚合物类土基防蒸发材料性能调控

实验室通过结构修饰可以改善土-合成高分子的亲疏水性能，进而可以调控其蒸发率或渗水率。一般采取亲水多元功能基（羧基、氨基或羟基）有机分子对合成高分子进行改性，以提高其防蒸发性能；使用含长链饱和烃的功能有机分子或全氟取代有机分子修饰则可以提高材料的渗水性能。实验室可以实现超疏水和超吸水，铺设于地表的超疏水材料可以提高水的渗入速度，而铺设于地表的超吸水材料则可以降低水的蒸发率。这些改性反应作为基础研究有一定意义，但在野外大田应用时均不可能实现。以下是一些改性的例子（图 7-15～图 7-17），后续各节防蒸发材料改性思路相同，将不再赘述。

聚丙烯酸的多元醇修饰

PAA
(a)

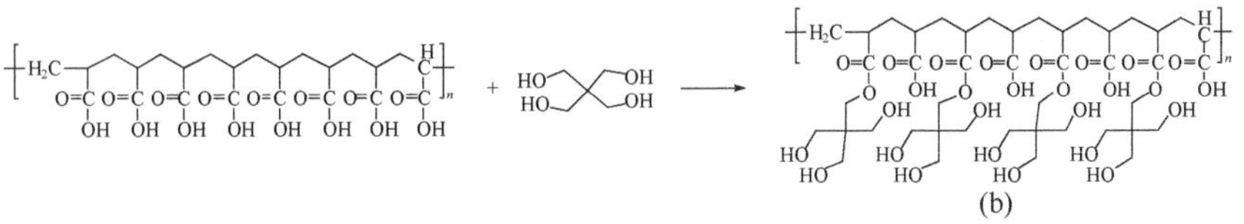

(b)

聚丙烯酸的多元胺修饰

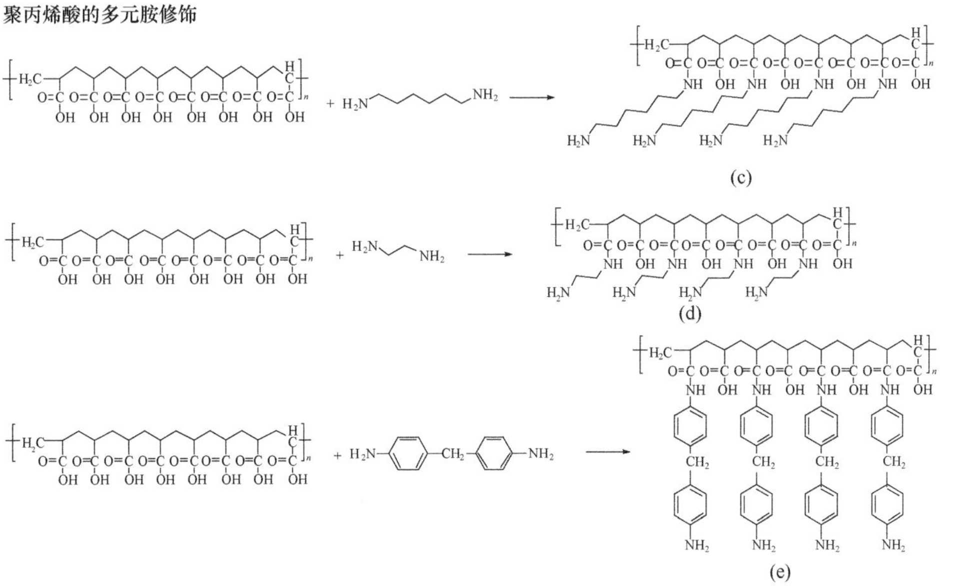

(c)

(d)

(e)

图 7-15　丙三醇（a）、季戊四醇（b）、己二胺（c）、乙二胺（d）及
4,4-二氨基二苯甲烷改性聚丙烯酸（e）的结构示意图

聚丙烯酰胺的水解

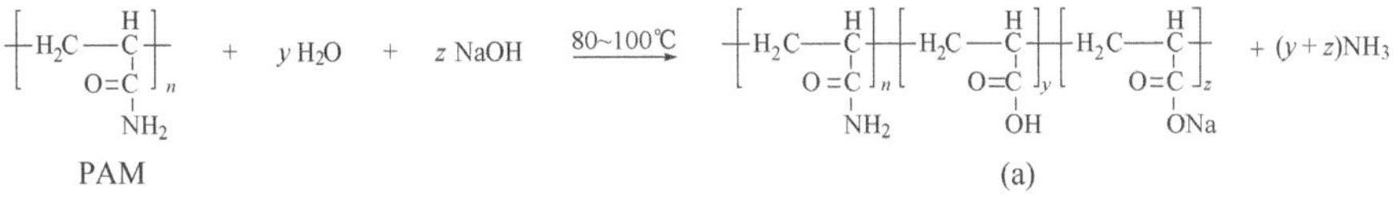

(a)

聚丙烯酰胺的多元醇修饰

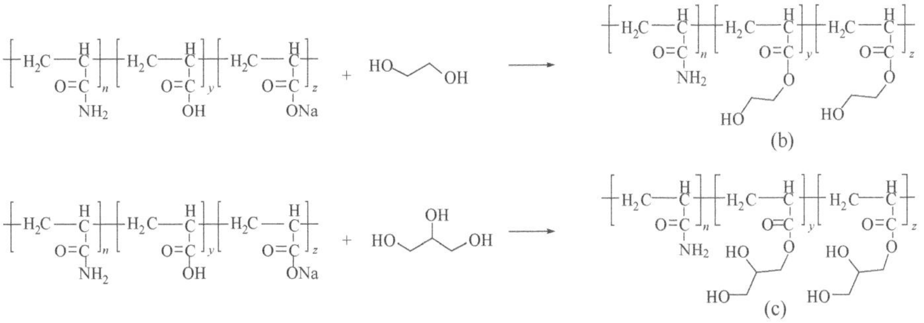

(b)

(c)

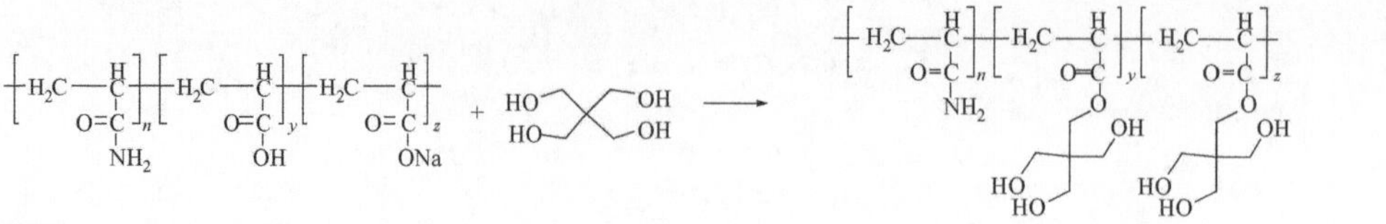

(d)

聚丙烯酰胺的多元胺修饰

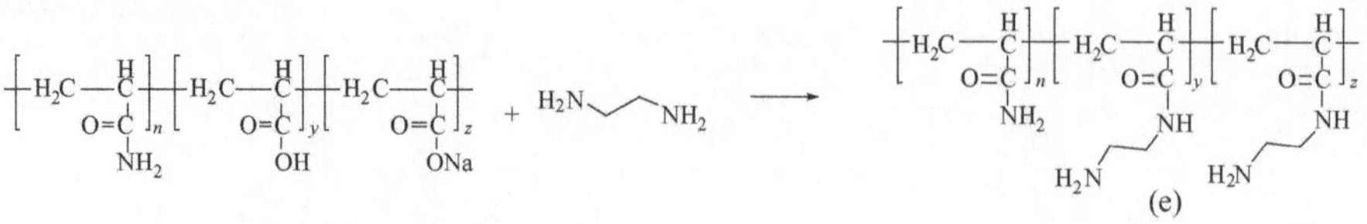

(e)

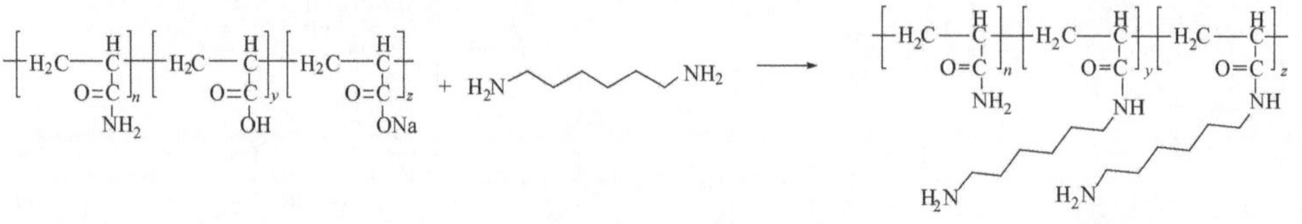

(f)

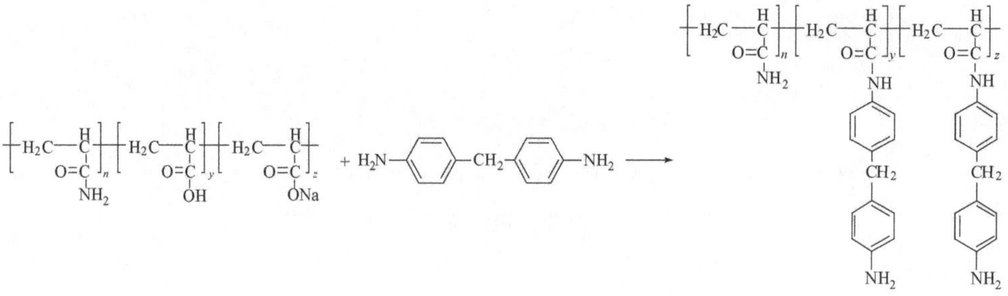

(g)

图 7-16 （a）聚丙烯酰胺水解结构示意图；乙二醇（b）、丙三醇（c）、季戊四醇（d）、乙二胺（e）、己二胺（f）及 4,4-二氨基二苯甲烷（g）改性聚丙烯酰胺水解产物结构示意图

聚乙烯醇的多元酸修饰

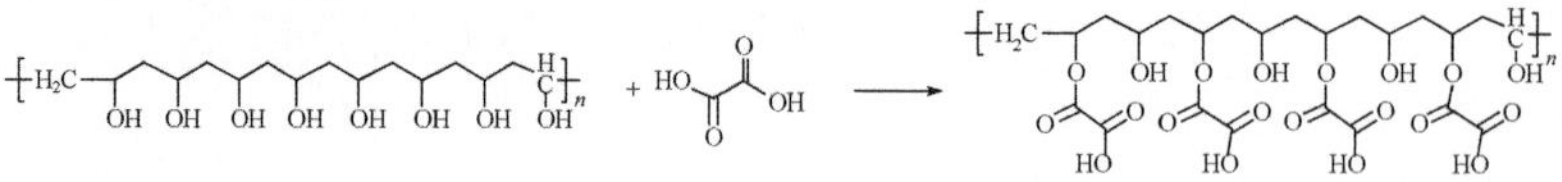

PVA

(a)

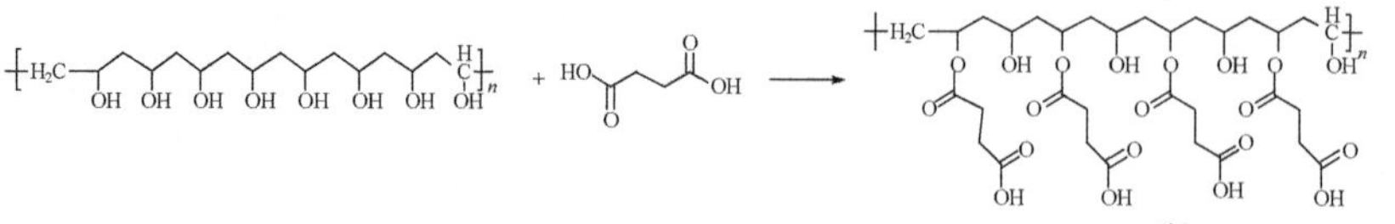

(b)

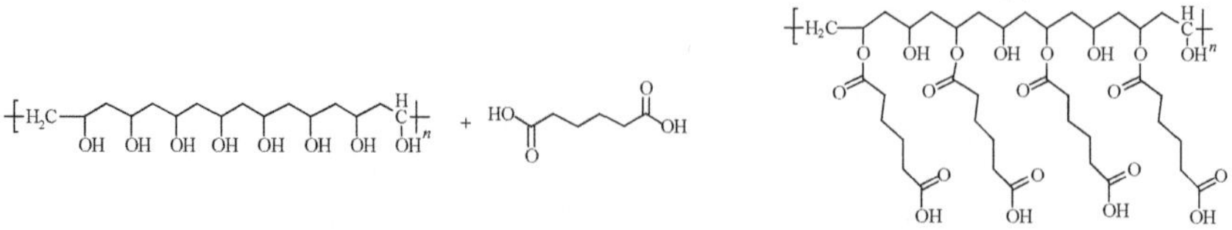

(c)

聚乙烯醇的多元胺修饰

图 7-17　乙二酸（a）、丁二酸（b）、己二酸（c）、乙二胺（d）及己二胺（e）改性聚乙烯醇结构示意图

7.4.2　淀粉类土基防蒸发材料[69, 70]

1. 淀粉类土基防蒸发材料性能

理论上讲，所有淀粉类材料均无环境风险，价格低廉，容易获得，但淀粉类材料的水溶性并不理想，在将其作为土基防蒸发材料添加组分时，一般需要化学改性或糊化处理，这就增加了在大田使用的难度。实验室使用糊化淀粉制备的土基复合材料，防蒸发效果都比较明显；未糊化淀粉（氧化淀粉、可溶性淀粉、玉米淀粉、马铃薯淀粉及羧甲基淀粉钠）作为防蒸发土基材料添加组分时，无论在红土还是在黄土中，氧化淀粉和可溶性淀粉均具有明显降低蒸发率的性能，其余淀粉类效果则一般（图 7-18）。

对于淀粉类红土基复合材料，效果最好的是添加氧化淀粉制备的材料，添加量为10%的复合材料与纯红土相比，其蒸发率在 60 h 内降低了 41.6%（表 7-5）；而添加相同量的玉米淀粉制备的材料防蒸发效果最差，其添加量为10%的复合材料与纯红土相比，蒸发率在

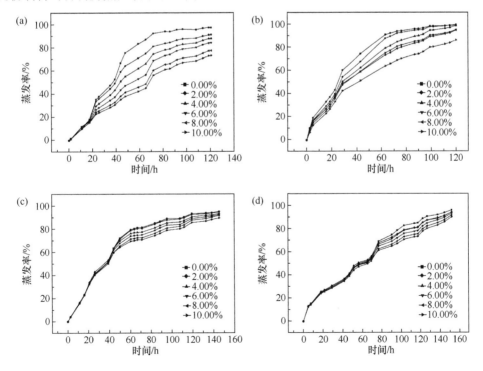

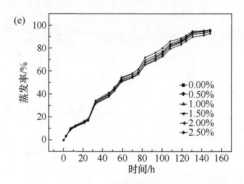

图 7-18 红土基材料的蒸发率

分别添加（a）氧化淀粉，（b）可溶性淀粉，（c）玉米淀粉，（d）马铃薯淀粉及（e）羧甲基淀粉钠

60 h 内只降低了 10.5%（表 7-5）。红土和红土-氧化淀粉样品在最初的 20 h 内蒸发率相似；21～25 h 内蒸发率变化缓慢；26～120 h 内蒸发率变化明显（图 7-18）。

表 7-5　淀粉类红土基复合材料的蒸发率

淀粉名称	蒸发时间 t/h	淀粉添加量为 10%时的蒸发率降低值/%	淀粉添加量为 8.0%时的蒸发率降低值/%
氧化淀粉	65.5*	41.8	38.3
可溶性淀粉	63.0*	27.1	17.7
玉米淀粉	84.0*	10.7	8.80
马铃薯淀粉	103*	11.9	9.70
羧甲基淀粉钠	101*	7.3（2.0%）	5.6（1.5%）
氧化淀粉	60.0	41.6	37.9
可溶性淀粉	60.0	26.8	17.3
玉米淀粉	60.0	10.5	7.70
马铃薯淀粉	60.0	3.30	1.40
羧甲基淀粉钠	60.0	1.7（2.0%）	3.4（1.5%）

*蒸发率降低值最大时对应的时间。

淀粉类黄土基与红土基复合材料性能相似，其效果最好的也是氧化淀粉，添加量为 10%的复合材料与纯黄土相比，其蒸发率在 60 h 内降低了 46.7%（表 7-6）；而添加相同量的玉米淀粉制备的材料几乎没有防蒸发效果。与红土材料相似，黄土和黄土-氧化淀粉样品在最初的 20 h 内蒸发率相差不大，25～120 h 内蒸发率变化明显（图 7-19）。

表 7-6　淀粉类黄土基复合材料的蒸发率

淀粉名称	蒸发时间 t/h	淀粉添加量为 10%时的蒸发率降低值/%	淀粉添加量为 8.0%时的蒸发率降低值/%
氧化淀粉	59.0*	46.8	40.7
可溶性淀粉	51.5*	15.2	11.4
玉米淀粉	无效果*	无效果	无效果
马铃薯淀粉	115*	4.30	4.40

续表

淀粉名称	蒸发时间 t/h	淀粉添加量为10%时的蒸发率降低值/%	淀粉添加量为8.0%时的蒸发率降低值/%
羧甲基淀粉钠	91.0*	25.0（2.5%）	26.7（2.0%）
氧化淀粉	60.0	46.7	40.6
可溶性淀粉	60.0	13.4	8.60
玉米淀粉	60.0	无效果	无效果
马铃薯淀粉	60.0	无效果	无效果
羧甲基淀粉钠	60.0	7.70（2.5%）	8.20（2.0%）

*蒸发率降低值最大时对应的时间。

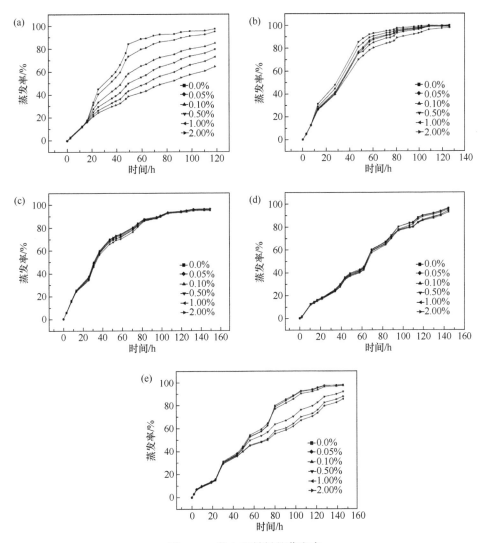

图 7-19　黄土基材料的蒸发率

分别添加（a）氧化淀粉，（b）可溶性淀粉，（c）玉米淀粉，（d）马铃薯淀粉，（e）羧甲基淀粉钠

  无论是红土基还是黄土基复合材料，都是添加氧化淀粉的复合材料的蒸发率降低最明显，其次是马铃薯淀粉和羧甲基淀粉钠（图 7-20）。如果将淀粉经过糊化处理，则玉米淀粉和马铃薯淀粉土基复合材料的蒸发率也会显著降低。

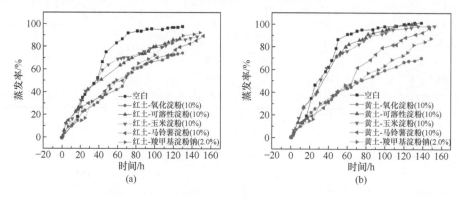

图 7-20 （a）红土、红土-氧化淀粉、红土-可溶性淀粉、红土-玉米淀粉、红土-马铃薯淀粉及红土-羧甲基淀粉钠的蒸发率随时间的变化；（b）黄土、黄土-氧化淀粉、黄土-可溶性淀粉、黄土-玉米淀粉、黄土-马铃薯淀粉及黄土-羧甲基淀粉钠的蒸发率随时间的变化

  大多数淀粉类土基材料防蒸发性能并不理想，这主要是由于淀粉的羟基被包埋在高分子链中，反应活性低。如果将淀粉经过活化处理，则可参与反应的羟基数就会增加，活化处理过的淀粉与土更容易反应，其防蒸发性能就会得到改善。淀粉最简单、最环保的活化方法就是糊化，本质的反应是淀粉的部分水解。

  淀粉糊化是将 1% 的淀粉在 80 ℃下搅拌糊化 40 min，糊化后可以直接使用也可以干燥后使用。利用糊化淀粉制备土基防蒸发材料的方法与一般淀粉相同，防蒸发数据的获得也与未糊化淀粉类土基材料相似。

  在混合土（红土：黄土 = 2：4）中，分别添加 6% 糊化可溶性淀粉、6% 糊化木薯淀粉、6% 糊化马铃薯淀粉、6% 糊化红薯淀粉、6% 糊化变性玉米淀粉、6% 糊化玉米淀粉、2% 糊化羧甲基淀粉钠及 6% 糊化氧化淀粉时，复合材料蒸发率最大分别降低 44.7%、39.1%、30.2%、30.0%、22.0%、16.0%、19.5% 及 24.0%（表 7-7）。在前 40 h 内，混合土添加不同比例糊化可溶性淀粉［图 7-21（a）］、糊化木薯淀粉［图 7-21（b）］、糊化马铃薯淀粉［图 7-21（c）］、糊化红薯淀粉［图 7-21（d）］及糊化变性玉米淀粉［图 7-21（e）］的复合材料，其蒸发率差别不大，但在 41～280 h 糊化可溶性淀粉复合材料、41～180 h 糊化木薯淀粉复合材料、80～240 h 糊化马铃薯淀粉复合材料、60～160 h 糊化红薯淀粉复合材料及 60～150 h 糊化变性玉米淀粉复合材料，其蒸发率变化明显，与混合土比较，这些材料的蒸发率有较大降低，最大降幅超过 44%。在前 90 h 内，添加糊化玉米淀粉和糊化羧甲基淀粉钠的复合材料［图 7-21（f）和（g）］，其蒸发率差别不大，但在 100～210 h 时间段内，蒸发率比混合土有明显降低。土基氧化淀粉复合材料防蒸发性能比较好，糊化后蒸发率反而升高［图 7-21（h）］。材料的蒸发率与材料的组成、颗粒大小（孔隙率）、亲（疏）水性及功能基团与水之间氢键的形成有关。降低蒸发率预示水在土壤中停留时间延长，也预示由于蒸发而损耗的水量减少，能够提供给植物生长的水量增加。

表 7-7　糊化淀粉类土基复合防蒸发材料蒸发率的降低值（与混合土比较）

糊化淀粉名称	蒸发时间 t/h	添加量为 6.0%时的蒸发率降低值/%	添加量为 8.0%时的蒸发率降低值/%	添加量为 10%时的蒸发率降低值/%
糊化可溶性淀粉	125.5	44.7	44.0	45.1
糊化木薯淀粉	116	39.1	37.7	34.6
糊化马铃薯淀粉	147	30.2	35.0	35.0
糊化红薯淀粉	104	30.0	29.4	25.6
糊化变性玉米淀粉	104	22.0	24.8	26.3
糊化玉米淀粉	145	16.0	25.4	24.1
糊化羧甲基淀粉钠	125	19.5（2.0%）	23.0（2.5%）	22.0（3.0%）
糊化氧化淀粉	150	24.0	20.2	20.4

2. 淀粉类土基防蒸发材料表征

黄土的红外光谱中 3623 cm^{-1} 处的吸收峰为其表面—OH 的伸缩振动峰，1445 cm^{-1} 处的吸收峰为—OH 的弯曲振动峰，1029 cm^{-1} 处的强吸收为 Si—O 的伸缩振动峰（图 7-22 中 a），这三个吸收峰在黄土-氧化淀粉复合材料红外光谱中明显减弱（图 7-22 中 c）；氧化淀粉的红外光谱中的两个特征吸收峰出现在 3364cm^{-1}（—OH 的伸缩振动）

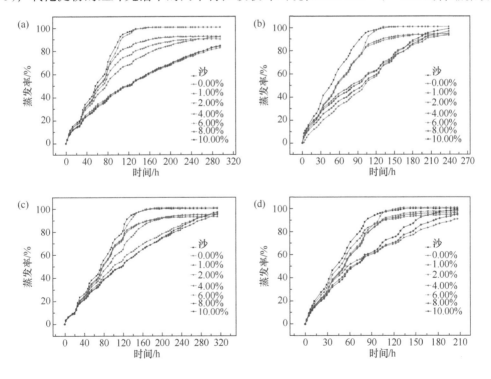

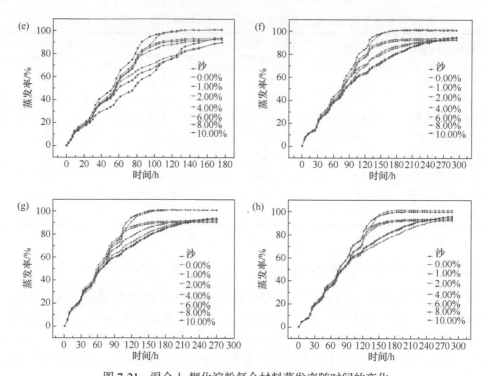

图 7-21　混合土-糊化淀粉复合材料蒸发率随时间的变化

（a）糊化可溶性淀粉；（b）糊化木薯淀粉；（c）糊化马铃薯淀粉；（d）糊化红薯淀粉；（e）糊化变性玉米淀粉；
（f）糊化玉米淀粉；（g）糊化羧甲基淀粉钠；（h）糊化氧化淀粉

和 1030cm^{-1}（C—O 的伸缩振动）附近（图 7-22 中 b），这两个吸收峰在黄土-氧化淀粉复合材料红外光谱中也发生了变化。红土-氧化淀粉、红土-可溶性淀粉、红土-玉米淀粉、红土-马铃薯淀粉、黄土-可溶性淀粉、黄土-玉米淀粉及黄土-马铃薯淀粉复合材料与原土及相应淀粉比较，其红外光谱发生的变化与黄土-氧化淀粉相似。

糊化淀粉与红土、黄土或混合土形成的复合材料，其红外光谱中主要吸收峰的变化与未糊化淀粉复合材料相似。

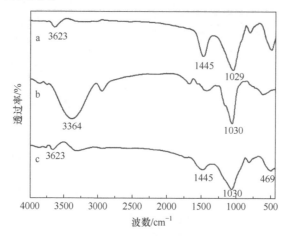

图 7-22　黄土（a）、氧化淀粉（b）及黄土-氧化淀粉复合材料（c）的红外光谱图

图 7-23（a）、（b）、（c）和（d）分别为红土、红土-氧化淀粉复合材料、黄土和黄土-氧化淀粉复合材料的 SEM 图。土基高分子复合材料的表面形貌均因氧化淀粉的加入而发生了改变。黄土和红土的表面形貌相对疏松 ［图 7-23（a）和（c）］，而添加了氧化淀粉之后，其微观表面形貌变得相对紧密，颗粒之间的黏结性增强，孔隙减小［图 7-23（b）和（d）］，可以有效阻挡水分子通过，从而达到降低蒸发率的效果。红土-可溶性淀粉、红土-玉米淀粉、红土-马铃薯淀粉、黄土-可溶性淀粉、黄土-玉米淀粉及黄土-马铃薯淀粉复合材料与原土比较，其形貌发生的变化与红土-氧化淀粉及黄土-氧化淀粉相似。

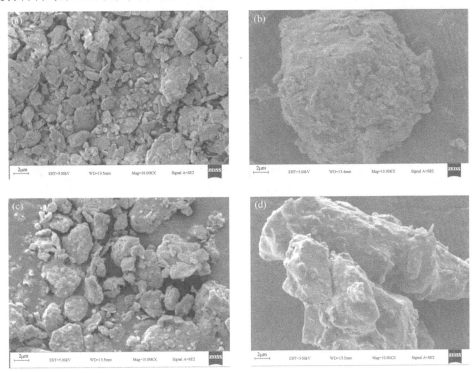

图 7-23　红土（a）、红土-氧化淀粉（b）、黄土（c）、黄土-氧化淀粉（d）的 SEM 图

红土、黄土或混合土与一般淀粉或糊化淀粉形成的复合材料，在 SEM 图中的变化趋势都相似（图 7-24）。

图 7-24　混合土及其复合材料的 SEM 图
（a）和（b）混合土（红土：黄土＝2：4）；（c）混合土-氧化淀粉；（d）混合土-可溶性淀粉；
（e）混合土-糊化氧化淀粉；（f）混合土-糊化可溶性淀粉

红土颗粒的平均粒径为 29.83 μm，红土-氧化淀粉复合材料颗粒的平均粒径为 32.67 μm［图 7-25（a）］；黄土颗粒的平均粒径为 28.66 μm，黄土-氧化淀粉复合材料颗粒的平均粒径为 32.85 μm［图 7-25（b）］。原土（红土及黄土）与其相应氧化淀粉复合材料比较，平均粒径增大。与红土（或黄土）-聚丙烯酰胺复合材料粒径增大的原因相似，红土（或黄土）-氧化淀粉复合材料粒径增大的原因是氧化淀粉与土颗粒之间通过分子间弱相互作用力及高分子缠绕形成了网状结构，使土粒团聚在一起，增大了土颗粒的粒径。

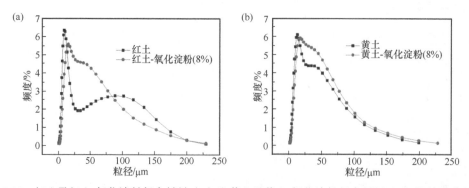

图 7-25　红土及红土-氧化淀粉复合材料（a）和黄土及黄土-氧化淀粉复合材料（b）的粒径分析图
测量方法见图 7-14

与原土比较，红土-可溶性淀粉、红土-玉米淀粉、红土-马铃薯淀粉、黄土-可溶性淀粉、黄土-玉米淀粉及黄土-马铃薯淀粉复合材料的平均粒径均有一定程度的增大。

混合土、混合土-羧甲基淀粉钠复合材料及混合土-糊化羧甲基淀粉钠复合材料颗粒的平均粒径分别为 30.38 μm、33.72 μm 及 38.11 μm［图 7-26（a）］；混合土-木薯淀粉及混合土-糊化木薯淀粉复合材料颗粒的平均粒径分别为 32.04 μm 和 40.61 μm［图 7-26（b）］；混合土-变性玉米淀粉及混合土-糊化变性玉米淀粉复合材料颗粒的平均粒径分别为 32.18 μm 和 38.64 μm［图 7-26（c）］；混合土-马铃薯淀粉及混合土-糊化马铃薯淀粉复合材料颗粒的平均粒径分别为 32.24 μm 和 43.59 μm［图 7-26（d）］。淀粉糊化后与土形成的复合材料，与相应普通淀粉复合材料比较，其颗粒平均粒径更大。这是因为淀粉糊化后，能够参加反应的羟基增加，糊化淀粉与混合土之间形成更加有效的分子间弱相互作用，使土颗粒团聚在一起，增大了土颗粒的体积，减小了颗粒间的空隙，从而具备降低土壤水分蒸发的效果。

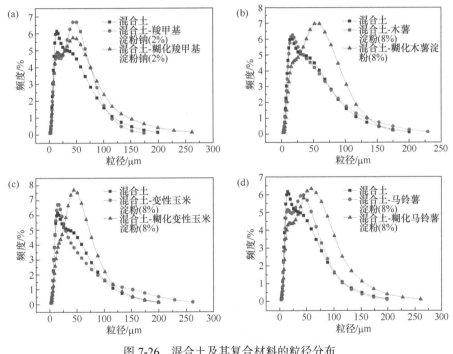

图 7-26　混合土及其复合材料的粒径分布
测量方法见图 7-14

7.4.3　植物胶类土基防蒸发材料[68, 71]

1. 植物胶类土基防蒸发材料性能

植物胶类高分子来源丰富、无环境风险、易溶于水，室温下可通过氢键及离子键与土发生作用，所以植物胶是用来制备防蒸发土基材料的理想添加组分，其缺点是价格较高。

这里介绍的植物胶类土基防蒸发材料包括：①红土-植物胶（黄原胶、瓜尔豆胶、魔芋胶及阿拉伯树胶）复合材料；②黄土-植物胶（黄原胶、瓜尔豆胶、魔芋胶及阿拉伯树胶）复合材料。

红土-植物胶复合材料中，防蒸发效果最好的是红土-黄原胶复合材料，添加量为 2.0%时，其蒸发率在 60 h 内降低了 20.7% [表 7-8 及图 7-27（a）]；红土-阿拉伯树胶复合材料的防蒸发效果最差，添加量为 2.0%时，其蒸发率最大只降低了 10.0% [表 7-8 及图 7-27（d）]。红土及其不同含量黄原胶复合材料在最初的 25 h 内蒸发率相差不大，30～160 h 时间段内蒸发率变化明显 [图 7-27（a）]；红土及其不同含量瓜尔豆胶复合材料 [图 7-27（b）]、红土及其不同含量魔芋胶复合材料 [图 7-27（c）]，在最初的 40 h 内蒸发率相差不大，41～120 h 时间段内蒸发率变化明显。

表 7-8　植物胶类红土基材料的蒸发率

植物胶名称	蒸发时间 t/h	添加量为 2.0%时的蒸发率降低值/%	添加量为 1.0%时的蒸发率降低值/%
黄原胶	68.0*	22.8	24.0
瓜尔豆胶	68.5*	16.4	17.4
魔芋胶	71.0*	20.7	21.3
阿拉伯树胶	42.5*	11.1	7.50
黄原胶	60.0	20.7	22.0
瓜尔豆胶	60.0	15.4	16.9
魔芋胶	60.0	18.9	19.4
阿拉伯树胶	60.0	10.0	8.10

*蒸发率降低值最大时对应的时间。

黄土-植物胶复合材料中，防蒸发效果最好的也是黄原胶复合材料，添加量为 2.0%时，其蒸发率在 60 h 内降低了 29.2%（表 7-9）；黄土及不同含量黄原胶复合材料，在最初的 25 h 内蒸发率相差不大，26～140 h 时间段内蒸发率变化最大 [图 7-28（a）]；黄土及不同含量瓜尔豆胶复合材料，黄土及不同含量魔芋胶复合材料，在最初的 40 h 内蒸发率均相差不大，41～160 h 时间段内蒸发率变化明显 [图 7-28（b）、（c）]；黄土及不同含量阿拉伯树胶复合材料，在整个测试时间段内蒸发率变化不明显 [图 7-28（d）]。

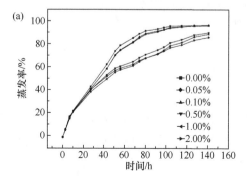
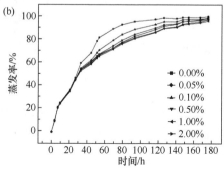

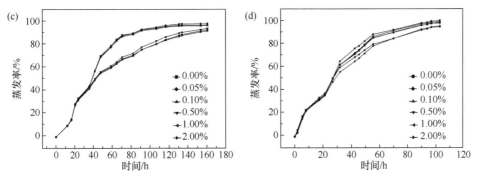

图 7-27　红土-黄原胶（a）、红土-瓜尔豆胶（b）、红土-魔芋胶（c）及
红土-阿拉伯树胶材料（d）的蒸发率

表 7-9　植物胶类黄土基材料的蒸发率

植物胶名称	蒸发时间 t/h	添加量为 2.0%时的蒸发率降低值/%	添加量为 1.0%时的蒸发率降低值/%
黄原胶	71.0*	30.0	27.4
瓜尔豆胶	87.0*	24.6	24.8
魔芋胶	68.5*	23.4	25.0
阿拉伯树胶	64.5*	13.6	6.90
黄原胶	60.0	29.2	26.8
瓜尔豆胶	60.0	23.0	22.4
魔芋胶	60.0	21.6	23.1
阿拉伯树胶	60.0	12.9	6.90

*蒸发率降低值最大时对应的时间。

　　植物胶添加量相同时，防蒸发效果较好的是红土-黄原胶和红土-瓜尔胶复合材料，最差的是红土-阿拉伯树胶复合材料［图 7-29（a）］；植物胶类黄土基复合材料中，黄土-黄原胶、黄土-瓜尔豆胶及黄土-魔芋胶复合材料的防蒸发效果都不错，但黄土-阿拉伯树胶复合材料的防蒸发效果较差［图 7-29（b）］。

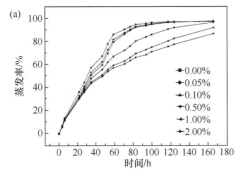
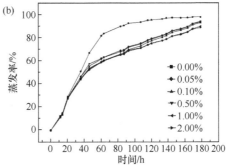

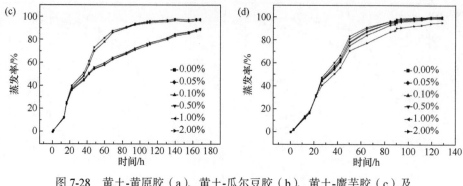

图 7-28　黄土-黄原胶（a）、黄土-瓜尔豆胶（b）、黄土-魔芋胶（c）及
黄土-阿拉伯树胶（d）的蒸发率

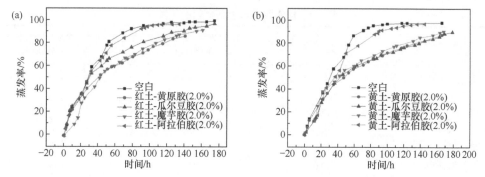

图 7-29　（a）红土、红土-黄原胶、红土-瓜尔豆胶、红土-魔芋胶及红土-阿拉伯树胶蒸发率
随时间的变化；（b）黄土、黄土-黄原胶、黄土-瓜尔豆胶、黄土-魔芋胶及黄土阿拉伯树胶蒸发率
随时间的变化

2. 植物胶类土基防蒸发材料表征

红土在 1445 cm⁻¹ 处的吸收峰归因于 Si—OH 的弯曲振动，1028 cm⁻¹ 处的强吸收峰归属于≡Si—O 的伸缩振动，467 cm⁻¹ 处的吸收峰为 Si—O—Si 的弯曲振动峰（图 7-30 中 a），这三个吸收峰在红土-黄原胶复合材料的红外光谱图中明显减弱或移动（图 7-30 中 c）。黄原胶在 1730 cm⁻¹ 处的吸收峰归属于羰基的伸缩振动，在 1028 cm⁻¹、1076 cm⁻¹ 和 1159 cm⁻¹ 处的吸收峰为 C—OH 的伸缩振动峰，1639 cm⁻¹ 处的吸收峰为—OH 的弯曲振动峰（图 7-30 中 b），这些吸收峰在红土-黄原胶复合材料的红外光谱图中明显减弱或基本消失。以上结果表明，红土与黄原胶发生了相互作用。红土-瓜尔豆胶、红土-魔芋胶、黄土-黄原胶、黄土-瓜尔豆胶及黄土-魔芋胶复合材料与原土比较，其红外光谱发生的变化与红土-黄原胶相似。

图 7-31（a）、（b）、（c）和（d）分别为红土、红土-黄原胶复合材料、黄土和黄土-黄原胶复合材料的 SEM 图。添加了黄原胶之后，土基高分子复合材料的表面形貌均发生了改变。如前所述，黄土和红土的表面形貌相对疏松［图 7-31（a）和（c）］，而添加了黄原胶之后，其微观表面形貌变得相对紧密，颗粒之间的黏结性增强，使土基高分子复合材料的孔隙减小［图 7-31（b）和（d）］。红土-瓜尔豆胶、红土-魔芋胶、黄土-瓜尔豆

胶及黄土-魔芋胶复合材料与原土比较，其形貌发生的变化与红土-黄原胶及黄土-黄原胶复合材料相似。

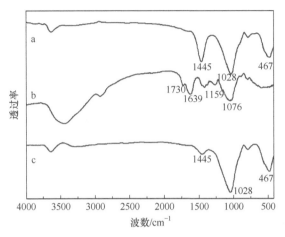

图 7-30 红土（a）、黄原胶（b）及红土-黄原胶复合材料（c）的红外光谱图

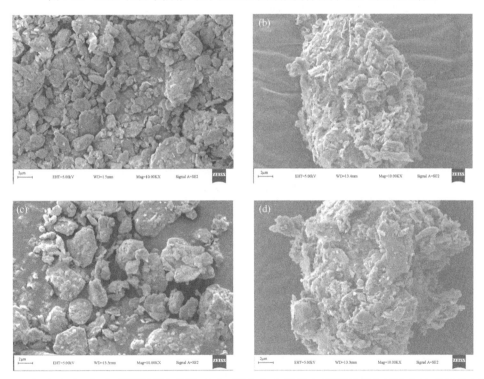

图 7-31 红土（a）、红土-黄原胶复合材料（b）、黄土（c）及黄土-黄原胶复合材料（d）的扫描电镜图

红土颗粒的平均粒径为 29.83 μm；红土-魔芋胶复合材料颗粒的平均粒径为 41.62 μm〔图 7-32（a）〕。黄土颗粒的平均粒径为 28.66 μm；黄土-魔芋胶复合材料颗粒的平均粒径为 49.30 μm〔图 7-32（b）〕。这是由于魔芋胶与土颗粒之间通过分子间弱相互作用力及高分子缠绕形成网状结构，使土粒团聚在一起，增大了黏土颗粒的体积。与原土比较，

红土-黄原胶、红土-瓜尔豆胶、黄土-黄原胶及黄土-瓜尔豆胶复合材料的平均粒径均增大。

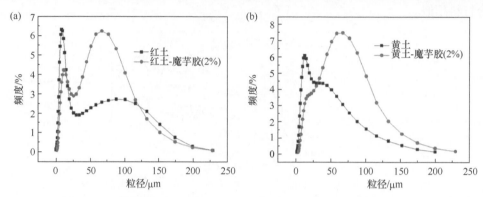

图 7-32　红土及红土-魔芋胶复合材料（a）和黄土及黄土-魔芋胶复合材料（b）的粒径分析图
测量方法见图 7-14

7.4.4　植物胶类混合土基防蒸发材料

1. 植物胶类混合土基防蒸发材料性能

这里使用混合土（红土：黄土 = 2：4）与植物胶（黄原胶、瓜尔豆胶、羟丙基瓜尔胶、胡麻胶、沙蒿胶、葫芦巴胶、田菁胶、香豆胶、角豆胶、海藻胶、明胶、阿拉伯树胶粉、魔芋胶及果胶）反应制备复合材料，使用混合土的原因是，在不添加任何高分子材料条件下，当红土：黄土 = 2：4 时蒸发率最低，面积收缩率也相对降低。

混合土-植物胶复合材料中，防蒸发效果最好的是混合土（红土：黄土=2：4）-黄原胶复合材料［图 7-33（a）和表 7-10］，混合土（红土：黄土 = 2：4）中分别添加 2.0%、1.5% 和 1.0% 黄原胶的复合材料与混合土相比，其蒸发率在 74.5 h 内分别降低了 31.9%、31.9% 和 31.5%（表 7-10）；分别添加 1% 的黄原胶、瓜尔豆胶、羟丙基瓜尔胶、胡麻胶、沙蒿胶、葫芦巴胶、田菁胶、香豆胶及角豆胶的混合土复合材料，与原混合土比较，其蒸发率降低幅度可分别达到 31.5%、22.2%、26.8%、30.9%、27.2%、21.9%、24.9%、24.0% 和 19.2%（表 7-10），总体防蒸发效果明显。在混合土中分别添加 0.5% 的黄原胶、瓜尔豆胶、羟丙基瓜尔胶、胡麻胶、沙蒿胶、葫芦巴胶、田菁胶或香豆胶，防蒸发效果就已经很明显了（图 7-33）。在开始的一段时间，混合土和不同比例植物胶复合材料蒸发率差别不大，对黄原胶、瓜尔豆胶、羟丙基瓜尔胶、胡麻胶、沙蒿胶、葫芦巴胶、田菁胶及香豆胶而言，这一时间段分别为 10 h、40 h、60 h、10 h、10 h、65 h、40 h 及 20 h（图 7-33）；对这些植物胶而言，蒸发率变化较大的时间段分别为黄原胶 21～140 h、瓜尔豆胶 41～140 h、羟丙基瓜尔胶 80～250 h、胡麻胶 30～130 h、沙蒿胶 20～120 h、葫芦巴胶 80～220 h、田菁胶 60～140 h 及香豆胶 30～90 h（图 7-33）。实际应用中，一般选择蒸发率降低较多，蒸发率降低持续时间较长的植物胶，当然也要考虑当地的水资源和经济条件。明胶添加量为 2.0% 的复合材料，其蒸发率与原混合土相比，降低了 16.8%，添加量较低时几乎没有效果。

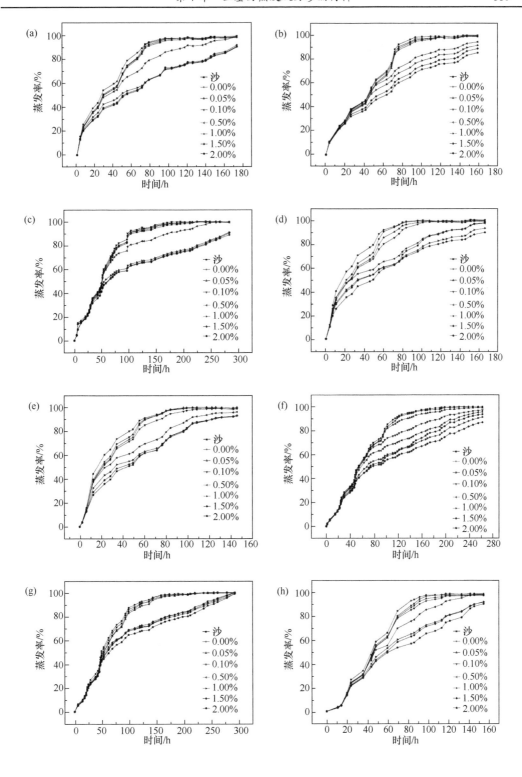

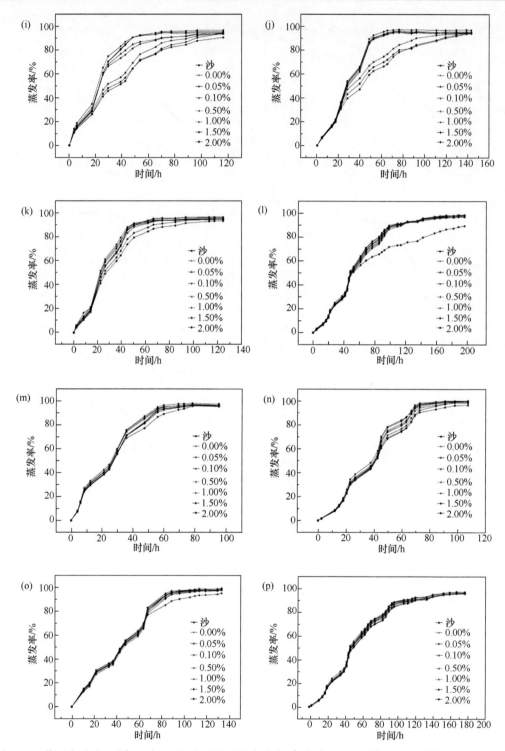

图 7-33 黄原胶（a）、瓜尔豆胶（b）、羟丙基瓜尔胶（c）、胡麻胶（d）、沙蒿胶（e）、黄蓍胶（f）、葫芦
巴胶（g）、田菁胶（h）、香豆胶（i）、角豆胶（j）、海藻胶（k）、明胶（l）、卡拉胶（m）、阿拉伯树胶粉（n）、
魔芋胶（o）、果胶（p）的混合土基（红土∶黄土＝2∶4）复合防蒸发材料的蒸发率随时间的变化

表 7-10　植物胶类混合土（红土∶黄土＝2∶4）基复合材料的蒸发率

植物胶名称	蒸发时间 t/h	添加量为 2.0%时的蒸发率降低值/%	添加量为 1.5%时的蒸发率降低值/%	添加量为 1.0%时的蒸发率降低值/%
黄原胶	74.5*	31.9	31.9	31.5
瓜尔豆胶	75.0*	30.2	27.2	22.2
羟丙基瓜尔胶	105*	28.2	28.4	26.8
胡麻胶	70.5*	31.8	31.1	30.9
沙蒿胶	72.0*	29.0	28.8	27.2
葫芦巴胶	144*	25.0	20.4	21.9
田菁胶	91.5*	32.6	26.4	24.9
香豆胶	42.5*	30.8	28.0	24.0
角豆胶	52.0*	26.8	23.5	19.2
海藻胶	45.0*	13.7	9.30	4.30
明胶	123*	16.8	无效果	无效果
卡拉胶	56.0*	5.50	1.60	0.40
阿拉伯树胶粉	49.5*	4.90	5.80	2.90
魔芋胶	83.5*	2.30	3.30	8.60
果胶	94.0*	1.60	3.50	4.10
黄原胶	60.0	25.7	24.9	23.0
瓜尔豆胶	60.0	15.7	12.9	7.61
羟丙基瓜尔胶	60.0	12.3	11.9	9.00
胡麻胶	60.0	31.1	29.7	29.7
沙蒿胶	60.0	28.3	28.1	26.8
葫芦巴胶	60.0	7.80	10.3	4.6
田菁胶	60.0	13.2	11.8	9.30
香豆胶	60.0	18.1	18.8	13.1
角豆胶	60.0	26.3	22.5	18.2
海藻胶	60.0	9.10	5.30	1.90
明胶	60.0	1.90	无效果	无效果
卡拉胶	60.0	4.50	1.15	0.40
阿拉伯树胶粉	60.0	4.60	5.00	2.60
魔芋胶	60.0	无效果	无效果	无效果
果胶	60.0	1.00	2.80	3.40

*蒸发率降低值最大时对应的时间。

植物胶类混合土基复合材料中，大多数防蒸发效果明显，黄原胶、瓜尔豆胶、羟丙基瓜尔胶、胡麻胶、沙蒿胶、葫芦巴胶、田菁胶、香豆胶及角豆胶效果都非常显著（表 7-10 及图 7-34）。

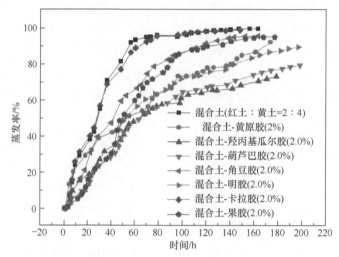

图 7-34　混合土（红土∶黄土 = 2∶4）、混合土-黄原胶、混合土-羟丙基瓜尔胶、混合土-葫芦巴胶、混合土-角豆胶、混合土-明胶、混合土-卡拉胶及混合土-果胶复合材料的蒸发率随时间的变化

2. 植物胶类混合土基复合材料表征

混合土的红外光谱图中 1438 cm^{-1} 处的吸收峰归因于 Si—OH 键的弯曲振动（图 7-35 中 a），该特征吸收峰在混合土-黄原胶复合材料的红外光谱图中减弱（图 7-35 中 c）。混合土的红外光谱图中 1026 cm^{-1} 处的强吸收峰是 =Si—O 键的伸缩振动峰，470 cm^{-1} 处的吸

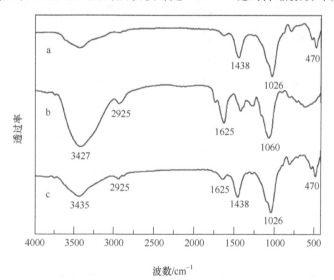

图 7-35　混合土（红土∶黄土=2∶4）（a）、黄原胶（b）及混合土-黄原胶复合材料（c）的红外光谱图

收峰为 Si—O—Si 的弯曲振动峰，这两个吸收峰在混合土-黄原胶复合材料的红外光谱图中变化不大。黄原胶的红外光谱图中 3427 cm⁻¹ 处较强的宽峰是 C—OH 的伸缩振动峰，2925 cm⁻¹ 处较弱的吸收峰为 C—H 的伸缩振动峰，1060 cm⁻¹ 处出现的吸收峰为分子链构成中的 β-糖苷键振动峰，1625 cm⁻¹ 处的吸收峰为其 C—OH 的弯曲振动峰(图 7-35 中 b)。这些特征吸收峰在混合土-黄原胶复合材料的红外光谱图中发生偏移且明显减弱。以上结果表明，混合土与黄原胶发生了相互作用。与原混合土及相应植物胶比较，瓜尔豆胶、羟丙基瓜尔胶、胡麻胶、沙蒿胶、葫芦巴胶、田菁胶、香豆胶及角豆胶混合土复合材料的红外光谱图发生的变化与混合土-黄原胶相似。

图 7-36（a）、（b）、（c）和（d）分别为混合土、混合土-胡麻胶复合材料、混合土-沙蒿胶复合材料和混合土-田菁胶复合材料的 SEM 图。混合土-植物胶复合材料的表面形貌均因植物胶的加入而发生了改变，与纯红土和黄土相似，混合土的表面颗粒之间相对疏松，颗粒间的孔隙较大，而添加了植物胶之后，其微观表面形貌变得相对紧密，颗粒之间的黏结性增强，孔隙减小，可以在一定程度上阻碍水分子通过。与原混合土比较，瓜尔豆胶、羟丙基瓜尔胶、葫芦巴胶、香豆胶及角豆胶混合土复合材料，其形貌发生的变化与图 7-31（b）、（c）和（d）相似。

图 7-36 混合土（红土∶黄土=2∶4）（a）、混合土-胡麻胶复合材料（b）、
混合土-沙蒿胶复合材料（c）和混合土-田菁胶复合材料（d）的 SEM 图

混合土（红土∶黄土=2∶4）、混合土-黄原胶复合材料及混合土-胡麻胶复合材料的粒径分析结果如图 7-37 所示。混合土颗粒的平均粒径为 30.38 μm，混合土-黄原胶复合

材料颗粒的平均粒径为 35.40 μm；混合土-胡麻胶复合材料颗粒的平均粒径为 34.94 μm。如前所述，这是由于植物胶与土颗粒之间通过分子间弱相互作用力及高分子缠绕形成了网状结构，使土粒团聚在一起，增大了混合土颗粒的体积。与混合土比较，瓜尔豆胶、羟丙基瓜尔胶、沙蒿胶、葫芦巴胶、田菁胶、香豆胶及角豆胶与混合土形成复合材料后，其粒径均增大。

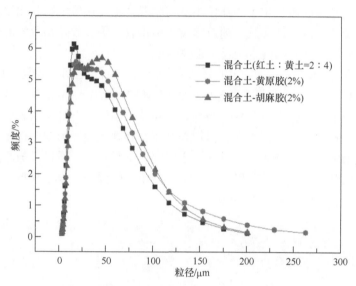

图 7-37　混合土、混合土-黄原胶复合材料及混合土-胡麻胶复合材料的粒径分析图
测量方法见图 7-14

7.4.5　纤维素类混合土基防蒸发材料[72]

1. 纤维素类混合土基防蒸发材料性能

在一定比例的混合土（红土：黄土=2：4）中分别加入一定比例的羧甲基纤维素钠（300～800 mPa·s、1000～1400 mPa·s 及 1500～3100 mPa·s）、羧甲基纤维素（DS=0.7、0.9 及 1.2）、甲基纤维素（1500 mPa·s）、羟丙基甲基纤维素钠（4000 mPa·s）、羟甲基纤维素钠（600～3000 mPa·s）、羟丙基纤维素（150～440 mPa·s）、羟乙基纤维素（1000～1500 mPa·s）及乙基纤维素（270～330 mPa·s），按照前述方法制备防蒸发材料，并进行蒸发率测试。

混合土（红土：黄土=2：4）-纤维素复合材料的防蒸发效果都比较好。与使用植物胶类相似，使用纤维素类时，在起初的一段时间，混合土和不同比例纤维素复合材料的蒸发率差别不大。对羧甲基纤维素钠（300～800 mPa·s、1000～1400 mPa·s 及 1500～3100 mPa·s）、羧甲基纤维素（DS=0.7、0.9 及 1.2）、甲基纤维素（150 mPa·s）、羟丙基甲基纤维素（4000 mPa·s）、羟甲基纤维素钠（600～3000 mPa·s）及羟丙基纤维素钠（150～440 mPa·s）而言，这一时间段分别为 20 h、20 h、75 h、80 h、50 h、50 h、30 h、30 h、30 h 及 65 h（图 7-38）。对这些纤维素而言，蒸发率变化较大的时间段分别为羧甲基纤维素钠（300～800 mPa·s）21～140 h、羧甲基纤维素钠（1000～

1400 mPa·s）21～150 h、羧甲基纤维素钠（1500～3100 mPa·s）76～170 h、羧甲基纤维素（DS=0.7）81～180 h、羧甲基纤维素（DS=0.9）51～180 h、羧甲基纤维素（DS=1.2）51～180 h、甲基纤维素（150 mPa·s）31～160 h、羟丙基甲基纤维素（4000 mPa·s）31～150 h、羟甲基纤维素钠（600～3000 mPa·s）31～160 h 及羟丙基纤维素（150～440 mPa·s）66～270 h（图 7-38）。

　　分别添加 1.5%羧甲基纤维素钠（300～800 mPa·s、1000～1400 mPa·s 及 1500～3100 mPa·s）、羧甲基纤维素（DS=0.7、0.9 及 1.2）、甲基纤维素（150 mPa·s）、羟丙基甲基纤维素（4000 mPa·s）、羟甲基纤维素钠（600～3000 mPa·s）及羟丙基纤维素（150～440 mPa·s）的混合土复合材料，与原混合土比较，其蒸发率降低幅度分别达到40.2%、32.5%、32.8%、30.4%、33.2%、35.3%、38.9%、35.1%、40.2%及31.3%（表 7-11），总体防蒸发效果明显。其中，效果较好的是添加羟甲基纤维素钠（600～3000 mPa·s）

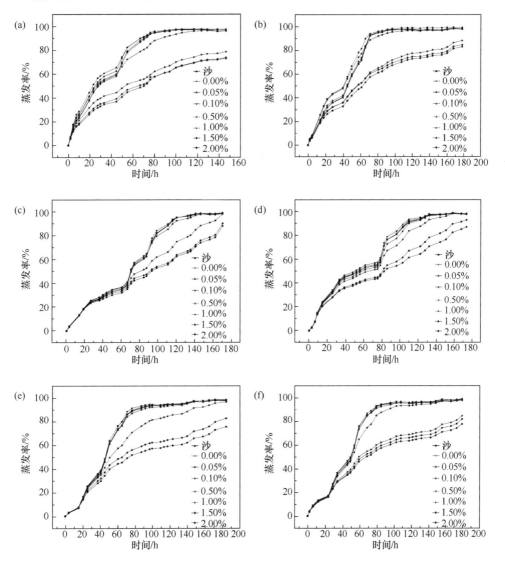

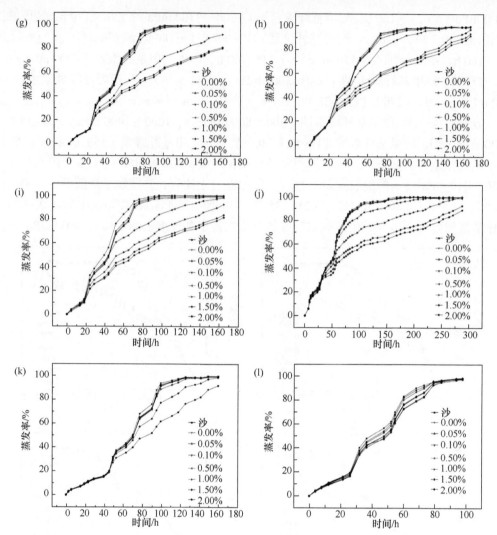

图 7-38　羧甲基纤维素钠（300～800 mPa·s）(a)、羧甲基纤维素钠（1000～1400 mPa·s）(b)、羧甲基纤维素钠（1500～3100 mPa·s）(c)、羧甲基纤维素（DS=0.7）(d)、羧甲基纤维素（DS=0.9）(e)、羧甲基纤维素（DS=1.2）(f)、甲基纤维素（1500 mPa·s）(g)、羟丙基甲基纤维素（4000 mPa·s）(h)、羟甲基纤维素钠（600～3000 mPa·s）(i)、羟丙基纤维素（150～440 mPa·s）(j)、羟乙基纤维素（1000～1500 mPa·s）(k) 及乙基纤维素（270～330 mPa·s）的混合土（红土∶黄土=2∶4）基复合材料 (l) 的蒸发率随时间的变化

和甲基纤维素（1500 mPa·s）制备的复合材料，纤维素添加量分别为 2.0%、1.5%、1.0% 的复合材料与原混合土比较，其蒸发率降低值均在 31% 以上。添加相同量的这两种纤维素制备的材料，其防蒸发效果相差并不大。不同黏度的羧甲基纤维素钠-混合土复合材料，其防蒸发效果最好的黏度是 300～800 mPa·s。不同取代度的羧甲基纤维素-混合土复合材料，其防蒸发效果最好的取代度是 1.2。与其他纤维素相比，乙基纤维素（270～330 mPa·s）-混合土复合材料的防蒸发效果较差。

表 7-11　纤维素类混合土基复合材料的蒸发率

纤维素名称	蒸发时间 t/h	添加量为 2.0%时的蒸发率降低值/%	添加量为 1.5%时的蒸发率降低值/%	添加量为 1.0%时的蒸发率降低值/%
羧甲基纤维素钠（300～800 mPa·s）	70.5*	41.7	40.2	35.8
羧甲基纤维素钠（1000～1400 mPa·s）	71.0*	35.3	32.5	31.4
羧甲基纤维素钠（1500～3100 mPa·s）	116*	33.9	32.8	22.5
羧甲基纤维素（DS=0.7）	103*	26.0	30.4	10.8
羧甲基纤维素（DS=0.9）	87.5*	38.0	33.2	16.3
羧甲基纤维素（DS=1.2）	79.0*	37.4	35.3	32.8
甲基纤维素（1500 mPa·s）	80.0*	43.6	38.9	31.6
羟丙基甲基纤维素（4000 mPa·s）	73.0*	34.3	35.1	32.5
羟甲基纤维素钠（600～3000 mPa·s）	76.0*	43.0	40.2	34.2
羟丙基纤维素（150～440 mPa·s）	103*	35.1	31.3	20.1
羟乙基纤维素（1000～1500 mPa·s）	99.5*	30.6	15.0	3.60
乙基纤维素（270～330 mPa·s）	68.0*	7.30	7.80	4.20
羧甲基纤维素钠（300～800 mPa·s）	60.0	39.3	37.4	32.6
羧甲基纤维素钠（1000～1400 mPa·s）	60.0	24.5	20.6	20.6
羧甲基纤维素钠（1500～3100 mPa·s）	60.0	2.70	1.30	0.90
羧甲基纤维素（DS=0.7）	60.0	9.70	10.8	3.40
羧甲基纤维素（DS=0.9）	60.0	28.8	2.47	16.4
羧甲基纤维素（DS=1.2）	60.0	27.9	26.0	14.8
甲基纤维素（1500 mPa·s）	60.0	29.5	27.5	21.6
羟丙基甲基纤维素（4000 mPa·s）	60.0	30.8	28.6	25.4
羟甲基纤维素钠（600～3000 mPa·s）	60.0	33.6	30.8	24.9
羟丙基纤维素（150～440 mPa·s）	60.0	23.5	19.9	12.4
羟乙基纤维素（1000～1500 mPa·s）	60.0	5.70	1.60	无效果

*蒸发率降低值最大时对应的时间。

　　纤维素类混合土基复合材料中，含相同添加量的羧甲基纤维素钠（300～800 mPa·s、1000～1400 mPa·s 及 1500～3100 mPa·s）、羧甲基纤维素（DS=0.7、0.9 及 1.2）、

甲基纤维素（1500 mPa·s）、羟丙基甲基纤维素（4000 mPa·s）、羟甲基纤维素钠（600～
3000 mPa·s）、羟丙基纤维素（150～440 mPa·s）及羟乙基纤维素（1000～1500 mPa·s）
都具备良好的防蒸发效果（表 7-11 及图 7-39）。

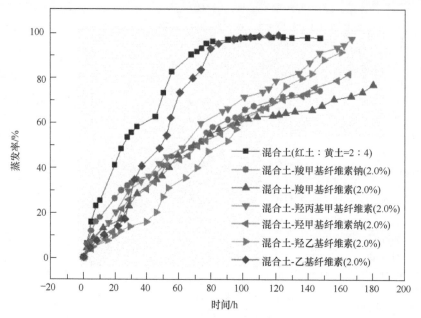

图 7-39　混合土（红土：黄土=2：4），相同添加量羧甲基纤维素钠（300～800 mPa·s）、羧甲基纤维
素（DS=1.2）、羟丙基甲基纤维素（4000 mPa·s）、羟甲基纤维素钠（600～3000 mPa·s）、羟乙基纤
维素（1000～1500 mPa·s）及乙基纤维素（270～330 mPa·s）的混合土基复合材料的蒸发率随时间
的变化

2. 纤维素类混合土基防蒸发材料表征

如前所述，混合土的红外光谱图中 1438 cm^{-1} 处的吸收峰归因于 Si—OH 的弯曲振动
（图 7-40 中 a），该特征吸收峰在混合土-羧甲基纤维素钠复合材料的红外光谱图中减弱并
发生移动。混合土 1026 cm^{-1} 处的强吸收峰归属于=Si—O 的伸缩振动，470 cm^{-1} 处的吸
收峰为 Si—O—Si 的弯曲振动峰，这两个吸收峰在混合土-羧甲基纤维素钠复合材料的红
外光谱图中变化不大（图 7-40 中 c）。羧甲基纤维素钠的红外光谱图中 3420 cm^{-1} 处的吸
收峰归属于 O—H 的伸缩振动，在 1599 cm^{-1} 处的吸收峰归属于羧羰基的非对称伸缩振动，
1420 cm^{-1} 处的吸收峰归属于羧羰基的对称伸缩振动，1109 cm^{-1} 处的吸收峰为 C—O—（H）
中 C—O 的伸缩振动，1060 cm^{-1} 处的吸收峰是醚键的伸缩振动峰，650 cm^{-1} 附近的吸收
峰是—OH 的面外弯曲振动峰（图 7-40 中 b）。这些吸收峰在混合土-羧甲基纤维素钠复
合材料的红外光谱图中发生移动且明显减弱。以上结果表明混合土与羧甲基纤维素钠发
生了相互作用。羧甲基纤维素、甲基纤维素、羟丙基甲基纤维素、羟甲基纤维素钠、羟
丙基纤维素及羟乙基纤维素的混合土基复合材料，其红外光谱图发生的变化与混合土-
羧甲基纤维素钠相似。

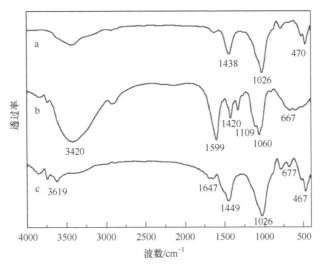

图 7-40　混合土（红土：黄土=2：4）（a）、羧甲基纤维素钠（300～800 mPa·s）（b）及混合土-羧甲基纤维素钠复合材料（c）的红外光谱图

图 7-41（a）、（b）、（c）和（d）分别为混合土、混合土-羧甲基纤维素钠复合材料、混合土-羟甲基纤维素钠复合材料和混合土-羟丙基甲基纤维素钠复合材料的扫描电镜图。添加了纤维素之后，混合土-纤维素复合材料的表面形貌均发生了改变，混合土的

图 7-41　混合土（红土：黄土=2：4）（a）、混合土-羧甲基纤维素钠复合材料（b）、混合土-羟甲基纤维素钠复合材料（c）及混合土-羟丙基甲基纤维素钠复合材料（d）的 SEM 图

表面形貌比较疏松，颗粒之间的黏结性也较弱，而添加了纤维素之后，其微观表面形貌变得相对紧密，颗粒之间的黏结性增强，孔隙减小。

7.4.6　海藻酸类土基防蒸发材料

利用混合土（红土：黄土=2：4）分别与海藻酸丙二醇酯、海藻酸钠及海藻酸制备的复合材料，除了海藻酸丙二醇酯外，其余的防蒸发效果都比较差（图 7-42 及表 7-12）。通过化学改性可以提高这些材料的防蒸发效果，但化学改性条件复杂，每一次的改性都会提高材料的成本，作为基础研究可以尝试，由于成本高，不能在大田应用。

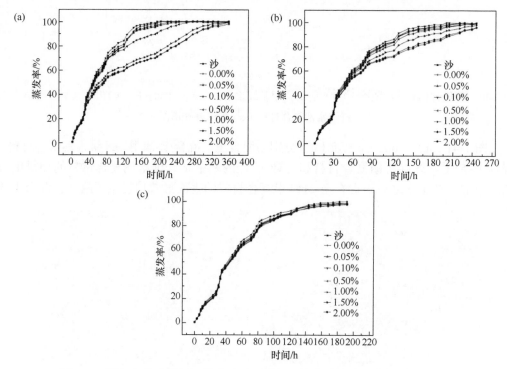

图 7-42　混合土-海藻酸丙二醇酯（a）、混合土-海藻酸钠（b）及混合土-海藻酸复合材料（c）的蒸发率随时间的变化

表 7-12　混合土-海藻酸类复合材料的蒸发率

海藻酸类名称	t/h	海藻酸类含量/%		
		2	1.5	1
海藻酸丙二醇酯	155	29.0	30.3	26.3
海藻酸钠	149	14.7	13.5	7.50
海藻酸		无效果	无效果	无效果
海藻酸丙二醇酯	60.0	10.3	9.20	6.40
海藻酸钠	60.0	3.30	4.70	4.30
海藻酸	60.0	无效果	无效果	无效果

7.5　土基防蒸发材料野外试验

野外试验选择在甘肃省民勤县西渠镇煌辉村（巴丹吉林沙漠边缘）进行，该区有一些植物（梭梭及沙蒿），植被覆盖率不到 10%。该试验区年平均气温 12.4 ℃，气温最高月份 7 月，平均温度达到 28.2 ℃，最低为 12 月，平均气温−8.1 ℃，最高气温峰值 45.6 ℃，最低−22.2 ℃，无霜期 283 d，日照时间 2571.3 h/a，降水量 86.6 mm/a，平均相对湿度 29.4%，蒸发量 3638.6 mm，平均风速 2.5 m/s，最大瞬时风速 24.0 m/s。该区大风天气多发，且伴有高温，扬沙天气十分频繁，对植物固沙及环境修复极为不利，地貌特征为流动性沙丘，沙粒中几乎不含细粒成分，无法给植物供给营养。该试验选择了一个太阳完全辐照的沙丘顶部。试验时气温为 28～31 ℃，湿度为 30%，风速为 1～3 m/s。

试验共有 3 大组，分别为红土组、黄土组及细沙组。取 100 个 600 mm×200 mm×50 mm 大小的不锈钢长方体容器，将等体积的细沙、黄土及红土分别放入试验容器中，并使其饱和吸水，记录总吸水量，之后每隔一段时间称量沙盘的质量，从而计算土基材料的蒸发率。

将红黏土制作为 1 cm、3 cm、5 cm 厚度的结皮，让其饱和吸水后覆盖在沙漠表面，每隔 1 h 测试其不同深度的温度。

7.5.1　防蒸发性能

利用称重法测试相同时间段不同材料的质量，并计算蒸发量。

结皮厚度 1 cm 时红土的蒸发率与细沙几乎相等，黄土蒸发率降低。厚度 1 cm 细沙层 3 h 内蒸发率 96%，厚度 1 cm 黄土结皮 3 h 内蒸发率 70%，相比较蒸发率降低约 26%；厚度 5 cm 细沙层 6 h 内蒸发率 70%，厚度 5 cm 红土结皮 6 h 内蒸发率 52%，厚度 5 cm 黄土结皮 6 h 内蒸发率 53%，厚度 5 cm 添加 1%羧甲基纤维素钠-黄土结皮蒸发率 47%。厚度 5 cm 时总蒸发率细沙>红土>黄土>添加 1 %羧甲基纤维素钠-黄土（图 7-43），黄土结皮能明显降低蒸发率。

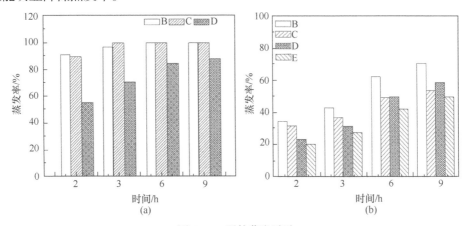

图 7-43　野外蒸发试验

B. 细沙，C. 红土，D. 黄土，E. 羧甲基纤维素钠-黄土，（a）结皮厚度 1 cm，（b）结皮厚度 5 cm

植物胶类土基和纤维素类土基复合材料的蒸发率降低值可以达到 30%～40%，在大田使用这些复合材料，对大田节水将非常有利。

7.5.2 保温性能

将黄土制作为 1cm 厚的结皮，不浇水，置于沙漠表面，使用专用温度计测试深度分别为 0 cm（表面）、10 cm、15 cm 及 25 cm 处的温度（图 7-44 及图 7-45）。试验区当日气温最高是下午 2 点，达到 31 ℃，此时沙表面温度升高到 51 ℃，黄土表面 44 ℃，沙面与土面比较最高温度降低了 7 ℃；在 10 cm 深处，裸露沙面与覆盖 1 cm 黄土结皮比较，最高温度与最低温度差别不大，但是趋势是沙温变化升温快降温也快，覆土后在 10 cm 深处温度变化趋缓；深度超过 15 cm 后土结皮对沙温的影响较小。许多植物在沙丘不能生存，除了干旱缺水外，还可能是因为不能适应沙面温度的骤变。土基材料不但能够降低蒸发率，减少水的损耗，还能够降低沙面温度的骤变，这对于植物生存和生长都有利。

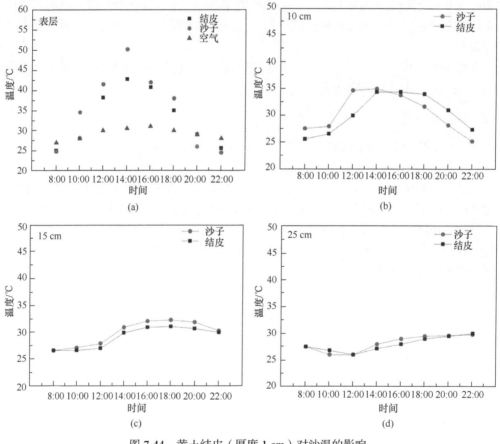

图 7-44　黄土结皮（厚度 1 cm）对沙温的影响

利用土作为流沙地区生态环境修复的基本材料，其应用前景非常好，原因是：①土来源广泛，在西北地区沙漠周围或者沙层下都有大量的土可供使用；②利用土作为流动沙区生态修复材料成本相对低廉，主要考虑运输和人工费用，材料费几乎可以忽略；③土

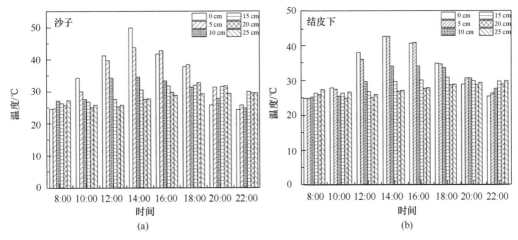

图 7-45　试验区沙漠不同深度的温度随时间的变化曲线

也是良好的固沙材料，与沙粒比较，土不仅具有良好的节水保温效果，而且由于粒径比沙粒小且具备黏结性能，可以填充在沙粒之间，限制沙粒的移动，遇雨后可以将沙粒黏结，从而达到固沙效果；④土可以为植物提供基础营养，沙所含元素一般封闭在二氧化硅中，难以被植物吸收利用，土中含有大量的营养元素可供植物吸收；⑤土结皮在不受外力主动破坏的条件下具有良好的抗风蚀能力，并且抗老化性能良好，相比草方格固沙，具有更优的耐候性。因此，土基材料在流沙地区环境修复领域具有良好的应用前景。

黄土在沙面可以有效形成结皮，这种结皮不仅可以降低沙表面温度骤变，而且可以降低蒸发，有利于沙生植物的生长，有利于改善荒漠（沙漠）生态循环。

7.6　土基防渗漏材料[73, 74]

7.6.1　渗漏简介

渗漏是指气体或液体通过孔隙的流失。在极端干旱地区，由于降水稀少，可渗漏的水也很少，渗漏不是问题；在半干旱地区，约 50%的水分通过渗漏而损耗；漏沙地灌溉渗漏损耗也很大，所以在缺水地区，防渗漏是一个必须重视的问题。以毛乌素沙地为例，2011 年渗漏量为 352.3 mm，占降水量的 67.9%[11]。

高效蓄集利用雨水、冰川融水、季节性洪水及冬季灌溉富裕水等水资源，缓解水资源的缺乏和改善环境的恶化，越来越成为人们研究和关注的热点。目前在很多缺水地区，集水设施主要为供人和牲畜饮用的水窖和用于灌溉的集水池。首先，这些设施中的水，存放一段时间容易变质；其次，这些设施中的水容易发生渗漏，不仅导致水资源的流失，还有可能引起二次灾害；最后，这些设施一般由水泥建造，水泥与土壤相容性差，界面处易产生裂纹。我国有大面积的漏水沙地，灌溉时水资源会造成巨大浪费。

我国防渗材料由早期的压实土、红胶泥到目前的混凝土、土工膜、土壤固化剂、砖砌和塑料膜等，均具有一定的防渗漏效果，但是它们存在着铺设条件苛刻、价格昂贵、材料存在环境风险及容易导致水变质等缺陷[75-85]。防渗漏材料也可以用作盐碱隔离层，辅助盐碱地治理和利用。在盐碱地的多种形成原因中，有一种是由地下盐碱水的"返盐"造成的。由于干旱地区地表水分蒸发强烈，地下水中的盐分随毛管水上升而聚集在土壤表层，这就是"返盐"。土壤质地粗细可影响土壤毛管水运动的速度与高度，一般来说，壤质土毛管水上升速度较快，高度也高，砂土和黏土积盐均慢些。地下水影响土壤盐碱的关键问题是地下水位的高低及地下水矿化度的大小，地下水位高，矿化度大，容易积盐。防渗漏材料可以防止盐碱地的"返盐"，从而辅助盐碱地的治理。

为了解决目前防渗漏材料存在的价格高、防渗漏效果差、易引发水质恶化和导致污染等问题，西北师范大学生态功能高分子材料课题组经过系统研究筛选，得到以土为主要原料的防渗漏材料，这种材料中土的含量一般在 98%以上。通过实验室研究，发现在黏土或黄土中添加一定量的纤维素类（羧甲基纤维素钠、羧甲基纤维素、羟甲基纤维素钠、羟甲基纤维素、羟乙基纤维素钠、羟丙基纤维素钠、羟丙基甲基纤维素、甲基纤维素或乙基纤维素）或植物胶类（黄原胶、沙蒿胶、角豆胶、瓜尔豆胶、胡麻胶、田菁胶、海藻胶、香豆胶、魔芋胶、阿拉伯树胶或卡拉胶），经过一定加工工序就可得到防渗漏材料，与土基防蒸发材料相似的是都用到了纤维素类和植物胶类，不同的是制备和加工条件。这些以土为主要原料的防渗漏材料，不但具有优良防渗漏效果，而且制备过程简单、成本低廉、对环境友好[76, 77]。

土基防渗漏材料能有效防止渗漏。在沙地由约 3 cm 厚红土基（或坡缕石基）复合材料组成的防渗层，可以完全阻断水的渗漏；在盐碱地 1 m 地下层铺设 3 cm 厚红土基（或坡缕石基）复合材料组成的防渗层，可以隔绝盐碱水向地面的迁移并有效防止"返盐"，达到辅助盐碱地改良的目的；红土基（或坡缕石基）复合材料也可以用来建造集水池，用来拦截季节性洪水，以调控水资源的时空分布。

这里以红土为例说明这些材料的制备和性能。将红土（或坡缕石）进行处理后使其亲水基团增加，添加一定的羧甲基纤维素钠（或羟甲基纤维素钠、羟甲基纤维素、羟乙基纤维素钠、羟丙基纤维素钠、羟丙基甲基纤维素、甲基纤维素、黄原胶、沙蒿胶、角豆胶、瓜尔豆胶、胡麻胶及田菁胶）进行反应和加工，高分子与土粒间通过化学弱相互作用和高分子的缠结等物理作用，使红土（或坡缕石）颗粒间变得团聚紧密，颗粒间空隙变小，阻止水透过。红土是自然界广泛存在的无机矿物，表面含有的—OH、Si(Al)—O 等基团使其具有亲水性。红土矿物不但来源广，而且价格低廉，对环境无污染。羧甲基纤维素钠是一种无毒、无味、易溶于水的阴离子型纤维素醚，可用植物秸秆、甘蔗渣和薯类等可再生资源制备。羧甲基纤维素钠分子结构中羟基、羧基等亲水基团的存在，使其很容易与土壤中的水结合，在分子间弱相互作用下形成相互交织的网状结构[86-89]。

7.6.2　红土-纤维素类防渗漏材料

1. 实验室红土-纤维素类防渗漏材料制备

称取定量的红土于 1000 mL 烧杯中并添加一定量的水，在 450 r/min 的转速下搅拌 24 h 后，取中上层液在 60 ℃下烘干后粉碎过 100 目筛，然后在 95 ℃下干燥 24 h 备用。

称取粉碎干燥后的红土 42.0 g，设计羧甲基纤维素钠和红土的质量比为 0.00%、

0.50%、1.00%、1.20%、1.40%、1.60%、1.80%及 2.00%的八组实验，分别在转速为 400 r/min 的条件下混合均匀后加入 35.0 g 水搅拌 36 min，然后制作成厚度为 2 cm 的样品，置于提前打好孔的 360 mL 样品杯中，静置 12 h。

2. 红土-纤维素类防渗漏材料性能

将上述添加不同量羧甲基纤维素钠的样品静置 12 h 后，在 360 mL 样品杯中加入 100 g 的水后套入 500 mL 的塑料杯（口径比 360 mL 样品杯稍大）中，两个塑料杯边缘用细塑料管贯通，以保证两个塑料杯的压力相同。每隔一定时间记录样品漏水的质量。

随着羧甲基纤维素钠添加量的增加，渗水质量明显减少，当羧甲基纤维素钠添加量超过 1.20%时渗水停止，1000 h 区间无水渗出（图 7-46），达到防水渗漏的效果。在搅拌条件下，红土表面的—OH、金属离子及阴离子等活性基团可以与羧甲基纤维素钠的—OH 和—COOH 充分接触，通过氢键和离子键等分子间弱相互作用力形成网状结构，减少了红土颗粒间的空隙，阻碍了水分子通过，从而达到防渗漏的效果。

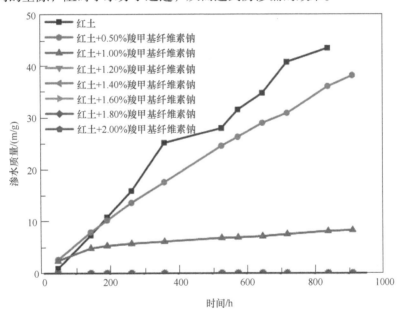

图 7-46　红土中添加不同比例羧甲基纤维素钠时渗水质量的变化

使用红土-羧甲基纤维素钠时，在一定范围内，样品杯底孔径的大小（图 7-47）并不影响材料的防渗漏性能，在 1100 h 内，无论孔径是 1 mm 还是 2 mm，样品均无水渗漏。

3. 红土-纤维素类防渗漏材料表征

1）红土-纤维素类防渗材料微观形貌

改性前［图 7-48（a）］，红土表面形貌呈松散片状堆叠，颗粒之间存在着较大的孔隙，水分子能够通过，所以原红土防渗漏性能较差。改性和加工后［图 7-48（b）］，通过高分子链功能基团与红黏土功能基团之间的反应及高分子的缠结，红土颗粒间空隙缩小以至于黏结在一起，形成较大团聚体，可以阻止水透过。

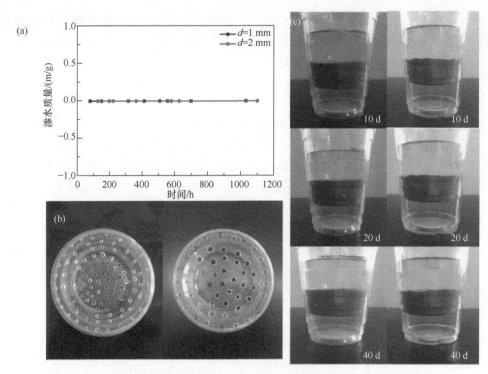

图 7-47　样品在不同孔径下的渗水量
（a）在不同孔径下的渗水质量；（b）不同孔径的杯底；（c）不同孔径的样品杯

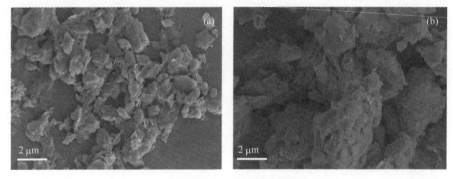

图 7-48　试样的 SEM 图
（a）红土；（b）红土-羧甲基纤维素钠

2）红土-纤维素类防渗材料红外光谱

比较红土（图 7-49 中 a）和羧甲基纤维素钠改性的红土（图 7-49 中 b）的红外光谱图，发现红土改性后 3614 cm^{-1} 处 Si—OH 伸缩振动吸收峰减弱，红土 1030 cm^{-1} 处为其 ≡Si—O 的伸缩振动强吸收峰，与羧甲基纤维素钠反应后发生了位移。这说明红土与羧甲基纤维素钠发生了化学反应。红外光谱只是定性表征，可以由一些特征吸收峰的变化（较大波数的位移或明显吸收强度变化）来说明基团发生的变化，进而说明其中可能发生的化学反应。材料中某种组分含量减少，也会引起该组分特征吸收峰的减弱，在分析红外光谱图时要考虑到这些因素。

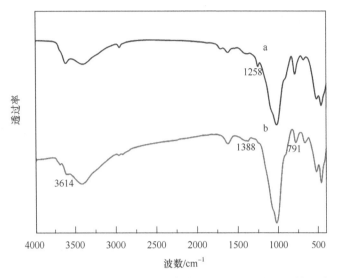

图 7-49　红土（a）和羧甲基纤维素钠改性红土（b）的红外光谱图

3）红土-纤维素类防渗材料 XRD 图谱

红土（图 7-50 中 a）和羧甲基纤维素钠改性的红土（图 7-50 中 b）XRD 衍射峰的位置基本没有改变，说明羧甲基纤维素钠改性没有改变红土的片层晶体结构。改性之前红土特征峰对应的衍射角 2θ 为 20.78°（4.25Å）和 26.52°（3.34Å），分别对应（100）和（101）晶面。羧甲基纤维素钠改性后红土颗粒的特征峰对应的 2θ 值为 20.72°，根据布拉格公式 $2d\sin\theta = n\lambda$ 可知，晶面间距（d_{100}）稍有增大，应该是羧甲基纤维素钠嵌入红土中造成的。

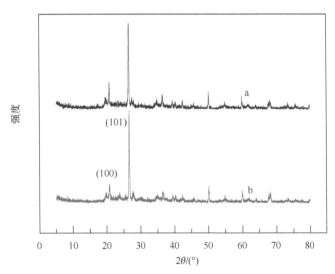

图 7-50　红土（a）和羧甲基纤维素钠改性红土（b）的 XRD 图谱

4）红土-纤维素类防渗材料颗粒粒径

改性前红土粒径［图 7-51（a）］分布在 1500～2300 nm 区间，羧甲基纤维素钠改性后红土颗粒［图 7-51（b）］分布在 2000～3500 nm 区间，羧甲基纤维素钠改性后其颗粒明显变大。用高分子改性黏土，高分子的缠绕作用及高分子功能基团与黏土功能基团之间的反应，使一些颗粒结合成更大的颗粒，颗粒之间距离与间隙减小，材料的渗水性降低。

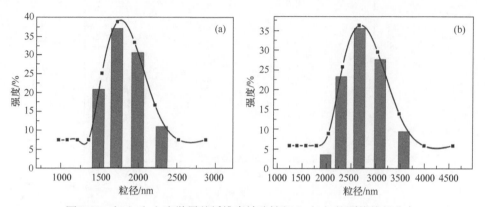

图 7-51　红土（a）和羧甲基纤维素钠改性红土（b）的颗粒粒径分布

　　除了红土-羧甲基纤维素钠是比较好的防渗漏材料外，红土-羟丙基甲基纤维素钠也是非常好的防渗漏材料。红土-羟丙基甲基纤维素钠防渗漏材料的制备方法与红土-羧甲基纤维素钠相似。

　　随着羟丙基甲基纤维素钠添加量的增加，渗水质量明显减少（图 7-52），当羟丙基甲基纤维素钠的添加量超过 1.00% 时，所制备的防渗漏材料 1200 h 内无水渗出。与红土-羧甲基纤维素钠材料相似，添加羟丙基甲基纤维素钠后，红土表面的—OH、金属离子及阴离子等活性基团可以与羟丙基甲基纤维素钠的官能团通过氢键等分子间弱相互作用力形成网状结构，减少了红土颗粒间的空隙，阻碍了水分子通过，从而达到防渗漏的效

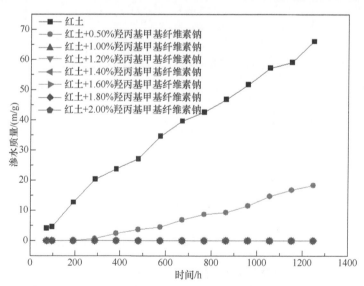

图 7-52　红土中添加不同比例羟丙基甲基纤维素钠时渗水质量的变化

果。随着羟丙基甲基纤维素钠添加量的增加，网状结构更加致密，红土颗粒间的空隙更小，因而防渗漏效果更好。

7.6.3　红土-合成聚合物类防渗漏材料

按照红土-羟丙基甲基纤维素钠的制备方法，分别制备红土-聚乙烯醇、红土-聚丙烯酸及红土-聚丙烯酰胺防渗漏材料。当聚乙烯醇的添加量超过 2.50%时，在 1300 h 内无水渗出 [图 7-53（a）]；红土-聚丙烯酸及红土-聚丙烯酰胺材料的防渗漏效果较差，添加量达到 4.00%时仍然不能完全防渗 [图 7-53（b）及（c）]。

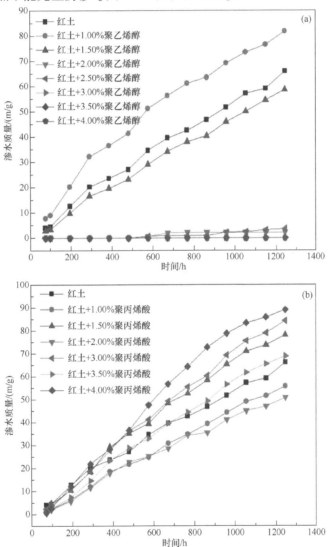

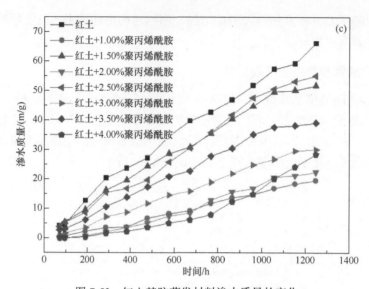

图7-53　红土基防蒸发材料渗水质量的变化

（a）红土-聚乙烯醇；（b）红土-聚丙烯酸；（c）红土-聚丙烯酰胺

7.6.4　红土-植物胶类防渗漏材料

参考红土-羟丙基甲基纤维素钠的制备方法，分别制备红土-沙蒿胶、红土-胡麻胶、红土-羟丙基瓜尔胶、红土-黄蓍胶、红土-卡拉胶、红土-魔芋胶、红土-瓜尔胶及红土-阿拉伯树胶防渗漏材料。

当沙蒿胶的添加量超过 2.00%［图 7-54（a）］、胡麻胶的添加量超过 0.05%［图 7-54（b）］、羟丙基瓜尔胶的添加量超过 2.00%［图 7-54（c）］、黄蓍胶的添加量超过 0.05%［图 7-54（d）］、卡拉胶的添加量超过 0.05%［图 7-54（e）］时，均可达到良好的防水渗漏效果，在 1000 h 内无水渗出。红土-魔芋胶、红土-瓜尔胶及红土-阿拉伯树胶防渗漏材的料防渗漏效果较差，添加量超过 2.00%时仍然不能完全防渗。

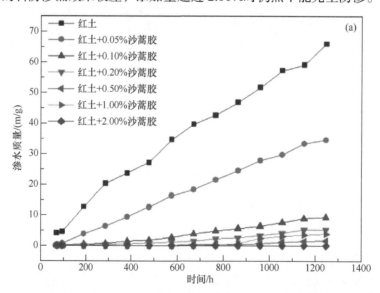

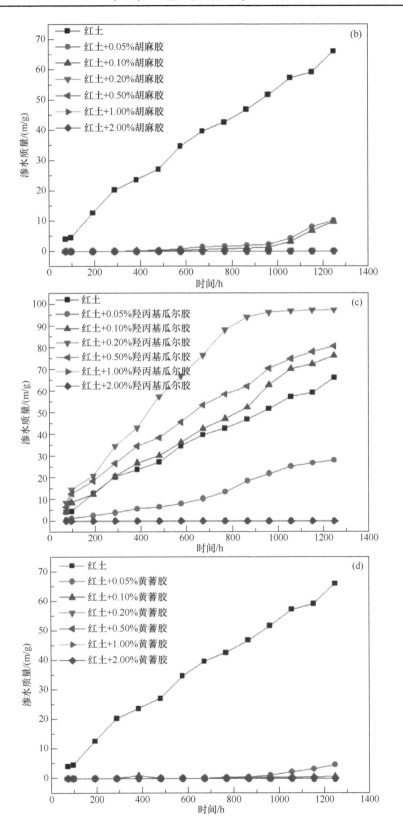

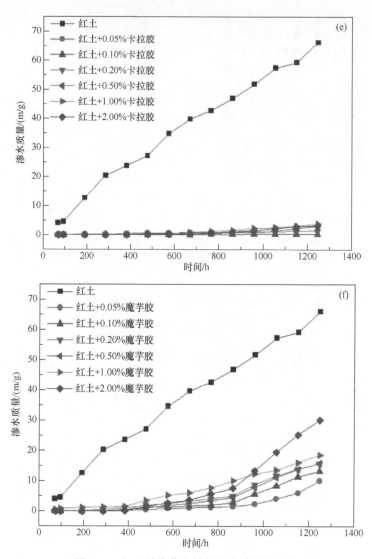

图 7-54　红土基防蒸发材料渗水质量的变化

（a）红土-沙蒿胶；（b）红土-胡麻胶；（c）红土-羟丙基瓜尔胶；（d）红土-黄蓍胶；（e）红土-卡拉胶；（f）红土-魔芋胶

7.6.5　坡缕石防渗漏材料[73, 74]

1. 实验室坡缕石黏土防渗漏材料性能

参照红土提纯方法对坡缕石进行提纯。称取提纯后的坡缕石 50.0 g 于圆底烧瓶中，添加羟乙基纤维素的质量分别为坡缕石质量的 0.00%、2.00%、2.20%、2.40%、2.50%、2.60%、2.80%及 3.00%，高速搅拌混合后加入 30.0 g H₂O，在 400 r/min 转速下再搅拌 40 min。同样，称取 50.0 g 的坡缕石于圆底烧瓶中，添加植物胶或纤维素的质量分别为坡缕石质量的 0.00%、0.20%、0.40%、0.60%、0.80%和 1.00%，高速搅拌混合 10 min 后，加入 25.0 g H₂O，在 400 r/min 转速下搅拌 30 min。然后将制得的 14 种材料分别制成厚度为 2 cm 的防渗漏层, 测试其防渗漏性能。

1) 羟乙基纤维素改性对坡缕石防渗漏材料性能的影响

随着羟乙基纤维素添加量的增加, 渗水质量逐渐减少, 当羟乙基纤维素含量达到 2.00%时, 防渗漏效果明显, 当羟乙基纤维素含量达到 2.40%时, 材料具有良好的防渗漏性能, 1300 h 内无水渗出 (图 7-55)。

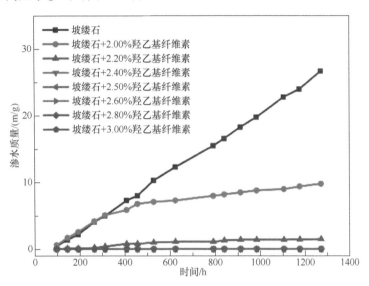

图 7-55　不同羟乙基纤维素含量坡缕石材料的渗水质量

2) 黄原胶改性对坡缕石防渗漏材料性能的影响

在坡缕石中添加 2.40%羟乙基纤维素时材料才具备较好的防渗漏效果。与羟乙基纤维素不同, 在坡缕石中添加 0.40%黄原胶后, 材料的防渗漏效果就很显著 (图 7-56), 在

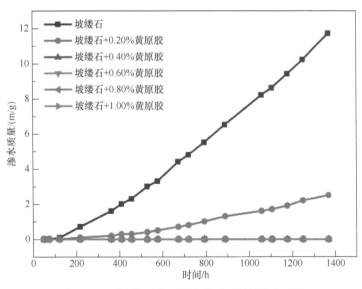

图 7-56　不同黄原胶含量坡缕石材料的渗水质量

1400 h 内无水渗出。添加植物胶提高防水渗漏原理与上述羟乙基纤维素相似。在快速搅拌下，坡缕石表面的—OH、—O—Si（Al）键等活性基团可以与黄原胶的—OH 通过氢键等分子间弱相互作用力形成网状结构，减少了坡缕石颗粒间的间隙，阻碍水分子通过。

2. 羟乙基纤维素或黄原胶坡缕石防渗漏材料表征

1）羟乙基纤维素或黄原胶坡缕石防渗漏材料的红外光谱

3614 cm^{-1} 和 1648 cm^{-1} 处的吸收峰分别为坡缕石中 Si—OH 伸缩振动峰和弯曲振动峰，1450 cm^{-1} 处为坡缕石中碳酸盐的吸收峰，796 cm^{-1} 和 1030 cm^{-1} 处为坡缕石中 Si—O—Si 的伸缩振动峰，470 cm^{-1} 处是 Si—O—Si 的弯曲振动峰（图 7-57 中 a），改性后这些吸收峰发生移动并减弱（图 7-57 中 b 和 c）。黄原胶是优良黏稠剂，在低浓度下具有很高的黏度，可以减小坡缕石颗粒间的间隙，很大程度上阻碍了水分子的通过，从而达到了防水渗漏的效果[90, 91]。

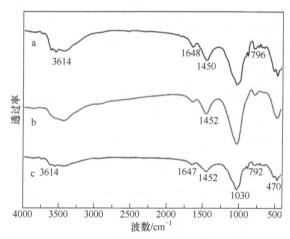

图 7-57　坡缕石（a）、坡缕石-羟乙基纤维素（2.40%羟乙基纤维素）（b）及坡缕石-黄原胶（0.40%黄原胶）（c）的红外光图谱

2）羟乙基纤维素或黄原胶改性材料的微观形貌

坡缕石黏土矿物主要成分是硅（24.95%，以 SiO$_2$ 存在），除此之外还含有镁 4.46%、铝 9.54%及铁 8.07%等元素［图 7-58（d）］。未改性的坡缕石表面比较光滑，颗粒较小，这种疏松的结构很难阻挡水分子通过［图 7-58（a）］。添加羟乙基纤维素后，坡缕石颗粒之间呈胶结黏结状［图 7-58（b）］。同样，用黄原胶进行改性后，坡缕石和高分子之间发生作用形成黏结紧密的网状结构，从而达到防水渗漏的效果［图 7-58（c）］。

3）羟乙基纤维素或黄原胶改性材料的 XRD 图谱

坡缕石原矿 d100 和 d101 特征峰对应的衍射角 2θ 值分别为 20.74°和 26.58°（图 7-59 中 a），用羟乙基纤维素改性后坡缕石颗粒的特征峰对应的 2θ 值为 20.90°和 26.66°（图 7-59 中 b），使用黄原胶改性后坡缕石的衍射峰也发生变化（图 7-59 中 c）。

元素	含量/%
Si	24.95
Mg	4.46
Al	9.54
O	52.03
Fe	8.07

图 7-58　坡缕石（a）、坡缕石-羟乙基纤维素（2.40%羟乙基纤维素）（b）及坡缕石-黄原胶
（0.40%黄原胶）（c）的 SEM 图；（d）坡缕石的元素含量

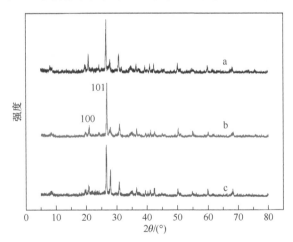

图 7-59　坡缕石（a）、坡缕石-羟乙基纤维素（2.40%羟乙基纤维素）（b）及坡缕石-黄原胶
（0.40%黄原胶）（c）的 XRD 图谱

4）羟乙基纤维素或黄原胶改性材料的粒径

与高分子改性红土基材料相似，改性也改变了坡缕石材料的粒径分布，在坡缕石中添加羟乙基纤维素和黄原胶后颗粒粒径明显变大。改性前坡缕石颗粒粒径分布在 700～1700 nm 范围［图 7-60（a）］，添加羟乙基纤维素和黄原胶后坡缕石颗粒粒径分布分别在 2300～4200 nm 和 1700～4000 nm 范围［图 7-60（b）中（c）］。高分子的物理缠绕作用和化学作用（坡缕石的—OH、Si—O 等亲水基团、金属离子等与羟乙基纤维素和黄原胶

中的—OH 等亲水基团通过氢键和离子键发生化学反应）使坡缕石颗粒间形成黏结紧密的网状结构，平均颗粒粒径变大，减少了水分子的通过，达到了防水渗漏的效果。

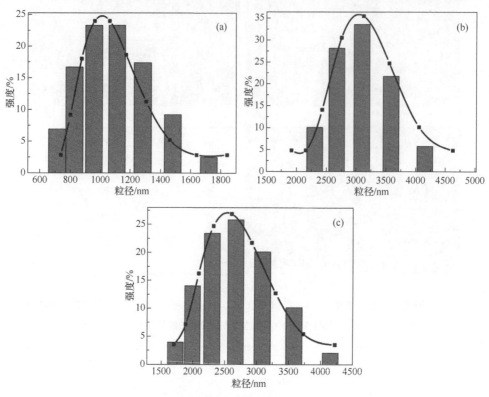

图 7-60　坡缕石（a）、坡缕石-羟乙基纤维素（2.40%羟乙基纤维素）（b）
及坡缕石-黄原胶（0.40%黄原胶）（c）的粒径分布图

7.6.6　不同防渗漏材料对水质的影响

在常温常压条件下，不同防渗漏材料对水质的影响是不同的。放置时间分别为 10 d、20 d、30 d 和 50 d 时，空白水样及红土、混凝土、HDPE（高密度聚乙烯）防渗膜、红土-高分子（沙蒿胶、胡麻胶、田菁胶、羟丙基瓜尔胶、羟丙基甲基纤维素、羟乙基纤维素、海藻酸丙二醇酯）防渗漏材料对水质的影响列于表 7-13。在保持水量不变的情况下（每次取样后将水量补充到原刻度），塑料桶的水在放置过程中 COD、氨氮及浑浊度都会升高（表 7-13 空白水样）。与对照试验比较，放置 50 d 后 COD 值超过对照样（4.620 mg/L）的防渗漏材料有红土（29.05 mg/L）、混凝土（45.12 mg/L）、HDPE 防渗膜（7.176 mg/L）、红土-沙蒿胶（9.652 mg/L）及红土-田菁胶（5.051 mg/L），放置 50 d 后 COD 值低于对照样的防渗漏材料有红土-胡麻胶（4.156 mg/L）、红土-羟丙基瓜尔胶（4.210 mg/L）、红土-羟丙基甲基纤维素（3.001 mg/L）、红土-羟乙基纤维素（3.423 mg/L）及红土-海藻酸丙二醇酯（2.018 mg/L）；放置 50 d 后氨氮值超过对照样（0.654 mg/L）的防渗漏材料有红土（1.241 mg/L）、混凝土（2.180 mg/L）、红土-羟丙基瓜尔胶（0.719 mg/L）及红土-羟乙基纤维素（1.732 mg/L），放置 50 d 后氨氮值低于对照样的防渗漏材料有 HDPE 防渗膜

（0.518 mg/L）、红土-沙蒿胶（0.000 mg/L）红土-胡麻胶（0.294 mg/L）、红土-田菁胶（0.440 mg/L）、红土-羟丙基甲基纤维素（0.364 mg/L）及红土-海藻酸丙二醇酯（0.093 mg/L）；放置 50 d 后浑浊度超过对照样（2.741 NTU）的防渗漏材料有红土（7.418 NTU）、混凝土（4.012 NTU）、HDPE 防渗膜（3.011 NTU）、红土-沙蒿胶（2.860 NTU）、红土-田菁胶（2.790 NTU）、红土-羟丙基瓜尔胶（3.019 NTU）、红土-羟丙基甲基纤维素（3.231 NTU）及红土-海藻酸丙二醇酯（4.012 NTU），放置 50 d 后浑浊度低于对照样的防渗漏材料有红土-胡麻胶（2.325 NTU）及红土-羟乙基纤维素（2.076 NTU）。整体看，使用红土-高分子材料后，水的整体质量优于使用混凝土和 HDPE 防渗膜。

表 7-13　防渗漏材料对水质的影响*

样品	COD_{Mn}/（mg/L）				pH			
	10d	20d	30d	50d	10d	20d	30d	50d
0	2.237	3.105	3.513	4.620	7.32	7.36	7.41	7.30
1	4.151	8.324	13.30	29.05	7.18	7.89	8.51	8.45
2	4.102	15.82	21.30	45.12	7.55	7.65	7.11	8.32
3	2.166	3.006	3.852	7.176	7.34	7.45	7.28	7.55
4	2.057	3.165	4.012	9.652	6.98	7.28	7.37	7.33
5	2.215	2.848	3.096	4.156	7.76	7.39	7.44	7.08
6	2.373	3.481	3.672	5.051	7.41	7.42	7.16	7.27
7	2.412	2.513	3.095	4.210	7.23	7.65	7.40	7.11
8	0.182	2.144	2.457	3.001	7.08	7.42	7.71	7.87
9	1.022	2.107	2.981	3.423	7.12	7.07	7.38	7.10
10	0.915	1.019	1.790	2.018	7.20	7.48	7.02	7.51

样品	氨氮/（mg/L）				浑浊度/NTU			
	10d	20d	30d	50d	10d	20d	30d	50d
0	0.011	0.156	0.521	0.654	1.395	1.502	2.011	2.741
1	0.301	0.541	0.980	1.241	2.395	3.001	5.310	7.418
2	0.158	0.349	1.576	2.180	0.465	1.019	3.021	4.012
3	0.129	0.247	0.310	0.518	0.930	1.286	2.415	3.011
4	0.000	0.000	0.000	0.000	0.395	1.407	1.648	2.860
5	0.108	0.101	0.165	0.294	0.087	1.251	1.974	2.325
6	0.143	0.236	0.318	0.440	1.031	1.960	2.004	2.790
7	0.119	0.224	0.305	0.719	1.850	2.401	2.760	3.019
8	0.402	0.201	0.331	0.364	1.531	2.088	2.738	3.231
9	0.108	1.120	1.517	1.732	0.043	1.102	1.980	2.076
10	0.000	0.032	0.511	0.093	0.392	1.138	2.060	4.012

注：0. 空白水样，1. 红土，2. 混凝土，3. HDPE 防渗膜，4. 红土-沙蒿胶，5. 红土-胡麻胶，6. 红土-田菁胶，7. 红土-羟丙基瓜尔胶，8. 红土-羟丙基甲基纤维素，9. 红土-羟乙基纤维素，10. 红土-海藻酸丙二醇酯。

7.6.7　红土-羧甲基纤维素钠防渗漏野外试验

野外试验集水池长、宽、深分别为 15 m、5 m 和 2 m，集水池池壁坡度 30°～45°。将红土浸泡成泥，用搅拌机将红土泥与羧甲基纤维素钠（1.5%）搅拌 30 min，在集水池内层先覆盖湿土 30 cm 压实，然后覆盖 20 cm 红土-羧甲基纤维素钠泥料，通过木板注水（防冲刷）。

红土-羧甲基纤维素钠防渗漏野外试验地点为张掖民乐丰乐镇拥泉村，集水池建设机械化施工，7 月 25 日建造 150 m^3 中试集水池并注水，至 9 月 23 日无漏水（减少的水为蒸发所致），水质无外观变质现象。7～9 月是全年最热季节，在不补充新水条件下，经过夏季 2 个月，一般集水池的水外观都会有不同程度变质（颜色、气味、浑浊度等）。在干旱地区，灌溉旺季水资源需求量巨大，缺水严重，水价可达 1 元/m^3，夏季每亩地灌溉就需 300～400 元，导致农产品成本升高，农业生产效益降低。土基防渗漏材料可以在灌溉淡季集水，调节水资源季节分布，解决灌溉旺季缺水问题，降低农产品成本，提高农业生产效益。与土工布和水泥集水池比较，使用土基防渗漏材料建造集水池不会对环境造成污染、成本低、可机械化施工且水质有保障。

野外集水池建造可以因地制宜，根据所在地的地形地貌确定形状，依据材料运输距离和取用方便程度选择基础材料（红土、黄土或坡缕石）。

参 考 文 献

[1] 汤奇成. 应用哈地坡站资料估算干旱区水面蒸发. 干旱区研究, 1987, (1): 23-27.

[2] 王素萍, 张存杰, 韩永翔. 甘肃省不同气候区蒸发量变化特征及其影响因子研究. 中国沙漠, 2010, 30: 675-671.

[3] 孟春雷, 崔建勇. 干旱区土壤蒸发及水热耦合运移模式研究. 干旱区研究, 2007, 24: 141-145.

[4] 隋景跃, 张国林. 蒸发量变化特征及影响因素研究. 山西农业科学, 2014, 42(7): 725-728.

[5] 王熹, 王湛, 杨文涛, 席雪洁, 史龙月, 董文月, 张倩, 周跃男. 中国水资源现状及其未来发展方向展望. 环境工程, 2014, 32: 1-5.

[6] 王谦. 中国干旱、半干旱地区的分布及其主要气候特征. 干旱地区农业研究, 1983, (1): 11-24.

[7] 宋喜群, 刘晓倩. 气候变暖将使全球干旱区面积加速扩张. 光明日报, 2015-10-28.

[8] 气候变暖将使全球干旱区面积加速扩张. 中国气象局. [2015-10-28]. http://www.xinhuanet.com.

[9] Zuo T Y. Recycling economy and sustainable development of materials. 3th China Conference on Membrane Science and Technology. Beijing: Beijing University of Technology, 2007.

[10] 黄建平, 冉津江, 季明霞. 中国干旱半干旱区洪涝灾害的初步分析. 气象学报, 2014, 72: 1096-1107.

[11] 杨文斌. 我国沙漠(地)深层渗漏水量及过程研究. 中国地理学会沙漠分会 2014 年学术会议, 2014.

[12] 易玲, 张增祥, 汪潇, 刘斌, 左丽君, 赵晓丽, 王洁近. 30 年中国主要耕地后备资源的时空变化. 农业工程学报, 2013, 29: 1-13.

[13] 高照良, 李永红, 徐佳, 王珍珍, 赵晶, 郭文, 宋慧斌, 张兴昌, 彭珂珊. 黄土高原水土流失治理进展及其对策. 科技和产业, 2009, 9: 1-12.

[14] 桑广书. 黄土高原历史时期地貌与土壤侵蚀演变研究. 西安: 陕西师范大学, 2003.

[15] 甘枝茂. 黄土高原地貌与土壤侵蚀研究. 西安: 陕西人民出版社, 1990.

[16] 曹家欣. 第四纪地质. 北京: 商务印书馆, 1983.

[17] 杨开宝, 刘国彬, 李景林, 高丽. 陕北丘陵区农田蒸散规律及对土壤水环境的影响与防治对策. 西

北农林科技大学学报(自然科学版), 2005, 33: 91-95.

[18] 张强, 张良, 崔县成, 曾剑. 干旱监测与评价技术的发展及其科学挑战. 地球科学进展, 2011, 26: 763-778.

[19] Anderson M C, Hain C, Wardlow B D, Pimstein A, Mecikalski J R, Kustas W P. Evaluation of drought indices based on thermal remote sensing of evapotranspiration over the continental U.S.. Journal of Climate, 2010, 24: 2025-2044.

[20] 王劲松, 李耀辉, 王润元, 冯建英, 赵艳霞. 我国气象干旱研究进展评述. 干旱气象, 2012, 30: 497-508.

[21] Ummenhofer C C, Sen Gupta A, Briggs P R, England M H, McIntosh P C, Meyers G, Pook M, Raupach M R. Indian and Pacific Ocean influences on southeast Australian drought and soil moisture. Journal of Climate, 2010, 24: 1313-1336.

[22] Alley R B, Hewitson B, Hoskins B J. Summary for Policymakers. Cambridge: Cambridge University Press, 2007.

[23] 姚国章, 袁敏. 干旱预警系统建设的国际经验与借鉴. 中国应急管理, 2010, (3): 43-48.

[24] 施雅风. 中国西北气候由暖干向暖湿转型问题评估. 北京: 气象出版社, 2003; 马柱国, 符淙斌. 中国干旱和半干旱带的 10 年际演变特征. 地球物理学报, 2005, 48: 519-525.

[25] 马柱国, 符淙斌. 中国北方干旱区地表湿润状况的趋势分析. 气象学报, 2001, 59: 737-746.

[26] 马柱国. 我国北方干湿演变规律及其与区域增暖的可能联系. 地球物理学报, 2005, 48: 1011-1018.

[27] 张强, 孙昭萱, 王胜. 黄土高原定西地区陆面物理量变化规律研究. 地球物理学报, 2011, 54: 1727-1737.

[28] 姚玉璧, 王毅荣, 李耀辉, 张秀云. 中国黄土高原气候暖干化及其对生态环境的影响. 资源科学, 2005, 27: 146-152.

[29] 姚玉璧, 王润元, 王劲松, 王莺, 杨金虎, 李俭峰, 雷俊. 中国黄土高原春季干旱 10a 际演变特征. 资源科学, 2014, 36: 1029-1036.

[30] 姚建民. 渗水地膜与旱地农业. 自然资源学报, 1998, 13: 368-370.

[31] 张永山, 侍克斌, 严新军. 防蒸发材料局部覆盖干旱区平原水库节水试验研究. 水资源与水工程学报, 2014, 25: 132-135.

[32] 张增志, 渠水平, 王宏娟, 杜红梅. 黏土基十二烷基苯磺酸钠改性黏土抑制沙土水分蒸发. 农业工程学报, 2014, 30: 168-175.

[33] 张增志, 渠水平. 土基改性固沙植草材料抑制地表水分蒸发. 农业工程学报, 2012, 28: 95-99.

[34] Feng E K, Ma G F, Wu Y J, Wang H P, Lei Z Q. Preparation and properties of organic-inorganic composite superabsorbent based on xanthan gum and loess. Carbohydrate Polymers, 2014, 111: 463-468.

[35] 沈智. 生物质接枝丙烯基聚合物/坡缕石高吸水树脂制备. 兰州: 西北师范大学, 2013.

[36] 雷自强, 王忠超, 张哲, 许剑, 武战翠, 常迎, 王荣方. 采用植物秸秆制备吸水复合材料: 101914256A. 2010-12-15.

[37] 冉飞天. 黏土基高分子复合材料的制备及其保水固沙性能研究. 兰州: 西北师范大学, 2016.

[38] 高德鹏. 有机-无机超吸水复合材料的制备及其缓释性能. 兰州: 西北师范大学, 2018.

[39] 冯恩科. 植物胶-黄土复合材料的制备及吸水固沙性能研究. 兰州: 西北师范大学, 2015.

[40] 陶镜合. 环境友好高吸水树脂的制备及其辅助植物发育的研究. 兰州: 西北师范大学, 2018.

[41] Cheng S, Liu X M, Zhen J H, Lei Z Q. Preparation of superabsorbent resin with fast water absorption rate based on hydroxymethyl cellulose sodium and its application. Carbohydrate Polymers, 2019, 225: 1-9.

[42] 梁莉. 环境友好高吸水树脂的制备及其性能研究. 兰州: 西北师范大学, 2019.

[43] 张哲, 沈智, 李芳红, 崇雅丽, 杨艳, 何海涛, 杨志旺, 马恒昌, 雷自强. 发泡型营养复合保水剂的制备方法: 102492070A. 2012-06-13.

[44] 雷自强, 李文峰, 沈智, 张哲, 李芳红, 张惠怡, 彭辉, 安宁. 天然营养型高吸水树脂及其制备方法: 102617815A. 2012-08-01.

[45] 马国富, 王爱娣, 王辉, 张哲, 雷自强. 营养型粘土植草固沙装置: 102379175A. 2012-03-21.

[46] 雷自强, 周鹏鑫, 张哲, 马国富, 马德龙. 具有节水调温固沙功能的黏土基固沙材料: 104845640A. 2015-08-19.

[47] 雷自强, 马国富, 张哲, 冯恩科, 冉飞天. 一种用于沙丘地带的集水灌溉系统: 104846912A. 2015-08-19.

[48] 马国富, 冯恩科, 王辉, 雷自强. 一种多功能黏土基固沙剂的制备方法: 103289017A. 2013-09-11.

[49] 雷自强, 张文旭. 一种季节性洪水集聚利用的方法: 105421282A. 2016-03-23.

[50] 雷自强, 薛守媛, 张哲, 陶镜合. 一种用于荒漠化地区雨水收集的黏土基防渗漏材料及其制备和使用方法: 105503042A. 2016-04-20.

[51] 雷自强, 王爱娣, 马国富, 张志芳, 彭辉, 张哲. 一种黏土基复合固沙材料: 102229804A. 2011-01-02.

[52] 雷自强, 马国富, 张哲, 王爱娣, 许剑, 沈智, 马恒昌. 一种组合式防沙固沙障: 202175942U. 2012-03-28.

[53] 王爱娣. 黏土基复合固沙材料性能研究. 兰州: 西北师范大学, 2013.

[54] 刘瑾. 土基高分子固土材料的制备及其性能研究. 兰州: 西北师范大学, 2019.

[55] De Ploey J, Savat J J, Moeyersons J. The differential impact of some soil loss factors on flow, runoff creep and rainwash. Earth Surface Processes, 1976, 1: 151-161.

[56] Djorovic M. Slope effect on runoff and erosion//De Boodt M, Gabriels D. Assessment of Erosion. Hoboken N J: John Wiley, 1980: 215-225.

[57] Sharma K D, Singh H P, Pareek O P. Rainwater infiltration into a bare loamy sand (India). Hydrological ences Journal/Journal des ences Hydrologiques, 1983, 28(3): 417-424.

[58] Sharma K D, Pareek O P, Singh H P. Microcatchment water harvesting for raising jujube orchards in an arid climate. Transactions of the ASABE, 1986, 29(1): 112-118.

[59] Poesen J. The influence of slope angle on infiltration rate and Hortonian overland flow volume. Z Geomorphol, 1984, 49: 117-131.

[60] Govers G. A field study on topographical and topsoil effects on runoff generation. Catena, 1991, 18: 91-111.

[61] Lal R. Soil erosion of Alfisols in western Nigeria: Effects of slope, crop rotation and residue management. Geoderma, 1976, 16: 363-375.

[62] Mah M G C, Douglas L A, Ringrose-voase A J. Effects of crust development and surface slope on erosion by rainfall. Soil Science, 1992, 154: 37-43.

[63] Green W H, Ampt G A. Studies on soil physics. Journal of Agricultural Science, 1911, 4(1): 1-24.

[64] Chen L, Young Michael H. Green-Ampt infiltration model for sloping surfaces. Water Resources Research, 2006, 42: W07420.

[65] Wu S B, Yu M H, Chen L. Nonmonotonic and spatial-temporal dynamic slope effects on soil erosion during rainfall-runoff processes. Water Resources Research, 2017, 53(2): 1369-1389.

[66] Assouline S, Thompson S E, Chen L, Svoray T, Sela S, Katul G G. The dual role of soil crusts in desertification. J Geophysical Research: Biogeosciences, 2015, 120(10): JG003185.

[67] Chen L, Sela S, Svoray T, Assouline S. The role of soil-surface sealing, microtopography, and vegetation patches in rainfall-runoff processes in semiarid areas. Water Resources Research, 2013, 49: 5585-5599.

[68] 雷自强, 程莎, 刘瑾, 刘晓梅, 彭辉, 马国富. 土基高分子复合抗收缩泥料的制备方法: CN108753310A. 2018-11-06.

[69] 雷自强, 程莎, 刘瑾, 刘晓梅, 彭辉, 马国富. 红土基高分子保水覆膜的制备方法: CN108901515A.

2018-11-30.

[70] 雷自强, 程莎, 彭辉, 马国富, 刘瑾, 张文旭. 一种土基抗皲裂保水复合材料及其制备方法: CN108585632A. 2018-09-28.

[71] 雷自强, 程莎, 孙煜娇, 孙晓妹, 彭辉, 杨志旺. 一种无机黏土-植物胶复合保水材料的制备方法: CN108865164A. 2018-11-23.

[72] 雷自强, 程莎, 孙煜娇, 孙晓妹, 彭辉, 曾巍. 一种无机黏土-碱纤维素保水材料的制备方法: CN108929698A. 2018-12-04.

[73] 雷自强, 王丫丫. 一种天然矿物黏土基复合防渗漏材料的制备方法: CN107417178A. 2017-12-01.

[74] 王丫丫. 黏土基防渗漏材料的制备及其性能研究. 兰州: 西北师范大学, 2018.

[75] Hu X J, Xiong Y C, Li Y J, Wang J X, Li F M, Wang H Y, Li L L. Integrated water resources management and water users' associations in the arid region of northwest China: A case study of farmers' perceptions. Journal of Environmental Management, 2014, 145: 162-169.

[76] Lee K E, Mokhtar M, Hanafiah M M, Halim A A, Badusah J. Rainwater harvesting as an alternative water resource in Malaysia: Potential, policies and development. Journal of Cleaner Production, 2016, 126: 218-222.

[77] Hajani E, Rahman A. Rainwater utilization from roof catchments in arid regions: A case study for Australia. Journal of Arid Environments, 2014, 111: 35-41.

[78] 路炳军, 温美丽, 路文学. 黄土高原西部雨养农业区集雨水窖的主要类型及其效益分析: 以甘肃会宁为例. 干旱区资源与环境, 2004, (18): 71-75.

[79] 冯起, 曲耀光, 程国栋. 西北干旱地区水资源现状问题及对策. 地球科学进展, 1997, (12): 66-72.

[80] 邵波, 陈兴鹏. 中国西北地区经济与生态环境协调发展现状研究. 干旱区地理, 2005, 28(1): 136-141.

[81] Shadeed S, Lange J. Rainwater harvesting to alleviate water scarcity in dry conditions: A case study in Faria Catchment, Palestine. Water Science and Engineering, 2010, 3: 132-143.

[82] 徐立恒, 赵伟波. 有机膨润土作为防渗垫层材料的性能研究. 中国计量学院学报, 2008, 19(3): 237-239.

[83] 张泽中, 贾屏, 齐青青, 乔鹏帅. 钠基膨润土生态防渗工艺在城市河流治理中的生态作用. 水利水电技术, 2010, 41: 21-23.

[84] 刘学贵, 刘长风, 邵红, 郑维涛, 王恩德. 改性膨润土作为垃圾填埋场防渗材料的研究. 新型建筑材料, 2010, (10): 56-58.

[85] 许红艳, 何丙辉, 李章成, 丁德蓉. 我国黄土地区水窖的研究. 水土保持学报, 2004, 18: 58-62.

[86] Lv P, Liu C, Rao Z. Review on clay mineral-based form-stable phase change materials: Preparation, characterization and applications. Renewable and Sustainable Energy Reviews, 2017, 68: 707-726.

[87] Zhou C H, Zhao L Z, Wang A Q, Chen T H, He H P. Current fundamental and applied research into clay minerals in China. Applied Clay Science, 2016, 119: 3-7.

[88] 武战翠. 聚乙烯醇基生物可降解复合材料的制备及性能研究. 兰州: 西北师范大学, 2012.

[89] Rusmin R, Sarkar B, Biswas B, Churchman J, Liu Y, Naidu R. Structural, electrokinetic and surface properties of activated palygorskite for environmental application. Applied Clay Science, 2016, 34: 95-102.

[90] Wang W, Zhang J, Wang A. Preparation and swelling properties of superabsorbent nanocomposites based on natural guar gum and organo-vermiculite. Applied Clay Science, 2009, 46(1): 21-26.

[91] Gunasekaran S, Anbalagan G, Pandi S. Raman and infrared spectra of carbonates of calcite structure. Journal of Raman Spectroscopy, 2006, 37(9): 892-899.

第8章 土基材料辅助荒漠（沙漠）化防控

第2章详细介绍了荒漠（沙漠）化。荒漠（沙漠）化发生的自然背景是气候变异，而导致荒漠（沙漠）化的人类活动则是一个社会经济问题，因此研究荒漠（沙漠）化防控既要考虑全球气候变化的大环境，也要考虑社会经济问题。荒漠（沙漠）化研究现在已经是包括地球科学（地貌学、地质学、气象学、水文学及土壤学）、生命科学（植物学、动物学及生态学）、数理科学（应用数学、统计学、物理学及计算机科学）和社会科学（经济学、社会学、法学及伦理学）等多学科的综合研究。荒漠（沙漠）化过程是土地退化过程，包括物理过程、生物过程、土壤化学过程及水文过程等。因此荒漠（沙漠）化的防控不仅是一个技术问题，而且涉及决策、政策和法律法规等政府行为[1]。荒漠（沙漠）化防控包括防止荒漠（沙漠）的扩展和已荒漠（沙漠）化地区的生态修复。荒漠（沙漠）化防控不是治理沙漠，更不是试图消灭沙漠，重点是荒漠（沙漠）化地区生态修复，是人与荒漠（沙漠）如何和谐共存。

8.1 生态及生态系统

8.1.1 自然与人

1. 自然不依赖于人

自然是一个哲学名词，广义是指大至宇宙，小至基本粒子的自然界及其规模。自然的深奥主要体现在其组成空间和时间的无限、组成成分的无限、秘密的无限及变化的无限。自然组成的精细和运行的精准，预示自然有超乎人类理解范围的顶层设计。就人的认知范围而言，自然没有最大也没有最小，没有起点也没有终点，没有边界也不限维度。就人的认知而言，自然分分秒秒都在变化。自然的过去、现在及未来都按照自然法则运行和变化，自然不依赖于人而存在。

2. 人离不开自然

人的定义是一种高级动物。生物学上，人被分类为人科、人属、人种。精神层面上，人被描述为能够使用各种灵魂的概念（人自己所定义），在宗教中这些灵魂被认为与神圣的力量或存在有关。文化人类学上，人被定义为能够使用语言、具有复杂的社会组织与科技发展的生物，尤其是能够建立团体与机构来达到互相支持与协助的目的。中国古代对人的定义是：有历史典籍，能把历史典籍当作镜子以自省的动物。这些定义在人看来似乎都是正确的，但如果从自然的角度看就不一定正确，从其他动物的角度看也是不正确的，从我们还没有感知到的生物看就更不准确了。其实人的产生就是自然的设计，是自然的产物。没有自然提供的条件，就不可能有人的产生；没有自然持续提供的适宜的环境和生态，人就不可能继续存在和发展，更不可能有未来。人生活所需的一切，包括进行认知、思考和想象的物质基础，延续生命的基因，维持生命的营养，防风避雨的居所，维持体温和体面的服饰等都需要向自然攫取，人离不开自然。

3. 人与自然不是对等的关系

人无论作为个体还是群体，与自然比较均很小。如果把太阳系比作一个大房子，太阳就只有黄豆那么大，比太阳小 130 万倍的地球就是微小尘埃。太阳系又是银河系中很小的一部分，据推测，一个银河系由一千亿个太阳系组成。银河系的直径估计为 10 万光年，就是以光的速度飞行，从银河系的一端到另一端需要 10 万年。银河系只是个小宇宙，中宇宙有多大，据专家推测，其直径是 120 亿～150 亿光年。至于大宇宙，我们想象的翅膀还飞不到那里。人是自然设计的极小的一个组分，是自然无穷大之中有限且非常非常小的一部分，人与自然没有可比性。

人类与自然不对等。我们面对的物质世界，并不是由人类社会和自然界双方组成的矛盾统一体，与人对等的自然元素多的无法计数，比我们看到的天上的星星还多，人仅是这种无限自然元素中的一个，所以不能把人与自然对等去比较。

人与自然不是相互依存关系。人与自然既然不是一个层面的对等关系，所以二者也不是相互依存和相互渗透的关系。人由自然脱胎而来，其本身就是从属于自然的一部分。从自然角度观察，人是自然非常小且非常有限的一部分；人依赖于自然，自然并不依赖于人。认为人高于自然，可以凌驾于自然，尝试驾驭自然和战胜自然的认知是非常错误的，是人认识自然中无知的表现。认为人与自然平等，人需要自然，自然也需要人的认知也是错误的，这种认知产生的根源还是来自人自认为的重要性和优越感。认为自然很重要，人需要与自然和谐共存的认知虽然有进步，但本质上还远远不够。自然并不需要依存于人，也不需要与人共存，人远远达不到与自然形成矛盾统一体的级别。一个比针尖小无数倍，用最先进的放大工具都无法看到的物体，其与地球不能形成对立统一体；一个比牛毛小无数倍，即使用能想象到的放大工具都无法观察到的物体，其与牛不能形成对立统一体。自然可以独立存在，人离开自然就不能存在，所以不存在什么共存与矛盾统一的问题。人依附于自然，人只是自然可以忽略的极小的一部分。

4. 人不可能认识自然所有的秘密

自然秘密的量没有极限。自然在时空上无限，自然组成元素无限，自然物质结构无限，自然形态无限，自然规律无限，自然变化无限，所以自然秘密的量没有极限，自然的秘密就是一个无穷大。

自然顶层设计者处于人想象不到的层次。自然的顶层设计者可能将地球上人能认知的动物都设计得非常相似，也就是地球生命都基于蛋白质。人与猩猩的遗传基因相比较仅有约 1.2%的差异，地球上人与其认知的其他动物比较，生命的基础是相同的，组成成分是相似的，不同的仅是基因的排列、顺序、种类及数量。我们常幻想有外星人（生物），既然自然时空是无限的，存在外星人（生物）就是必然的，但顶层设计者可能将他们设计成与地球人（生物）完全不同的形态，可能不是基于水和蛋白质的生命体，其基因可能不是通过为蛋白质的合成提供模板，也不是通过 DNA 表达自己所携带的遗传信息，甚至可能就是基因以外的什么遗传物质！外星人（生物）可能是完全出乎我们想象的生命体。顶层设计者也可以让自然界的一些生物间（如地球人和外星人）永远无法取得联系（通过距离或设计互相不能感知的世界）。地球上可能就存在人永远无法认知的生命体，它们的生命不是基于蛋白质和水，人的五官无法感知它们，它们生活的空间和纬度与人没有交集。

人的认知能力有限。首先，自然设计的人，在数量及存在时空上都是有限的；其次，自然设计的人认识上只有五官（视觉、听觉、嗅觉、味觉及触觉），且每个感官的认知能力非常有很，我们看到、听到、闻到、尝到及感觉到的事物在自然界占非常小的比例，与我们五官没有探知到的自然事物比较，所探知到的部分可以忽略不计。人的视力并不比鹰敏锐；人的听力赶不上猫头鹰；在人发明指南针以前，许多迁徙的动物机体内就有液磁定位系统等。即使人具有鹰一样的视力，猫头鹰一样的听力，人也只能认知其所能够看见、听见、闻到、尝到、感觉及想象到的事物。由于人作为个体在自然界中的存在仅是弹指一挥间，也由于个体人受生活和自身物质条件的限制，个体人无法感知和体验大自然所有的外观和形态，无法探知自然的全部秘密。我们把世界分为物质世界和精神世界，这是因为我们认识的极限只能达到这里，但自然可能还存在一些别的世界，是我们想象和认知无法达到的世界。人认识自然的局限性是其物质基础的局限所决定的，自然远比我们想象的复杂。我们开始有地心说，在地球上看基本是正确的，但从太阳系看就不正确了；后来我们有了日心说，在太阳系看也基本是正确的，但从银河系看就不正确了；由于宇宙的无穷大，事实上我们找不到中心，所以所有的中心说只能是局部正确。自然的顶层设计者让人的生命周期局限于一定时间，让每个人的起点和终点完全相同，让组成人的成分基本相同，让人的认识局限于一定的时空，甚至让人的想象局限于一定的时空，这就最终决定了人不可能认识自然所有的秘密。

人可以认识一些自然规律（秘密）。经过祖祖辈辈知识的传承和自然的启发，人类在认识自然秘密方面一直在取得进展，如牛顿力学和爱因斯坦相对论。我们即使一直在进步，还是无法认识自然的所有秘密或秘密的各种层次，牛顿力学不是认识的终点，相对论也不是认识的终点，还有好多秘密紧随其后，有待于我们去认识。人类的所有发明创造，可能也都是自然已有的，我们只是探知了、模仿了而已。人类的所有发明创造，迟早都会在自然界找到原型！

人认识了的自然秘密其实非常少。人类个体认知的自然秘密与自然秘密的整体比就是一个有限数字与无穷大的比，结果趋于零。实际上，人作为个体在大自然绵绵万世长河中是可以忽略的。人类作为整体也是组成自然的极小的有限的一部分。人类作为一个整体，虽然在认知自然秘密的过程具有传承和加和性，但自然所有的规律（秘密）是一个无穷大，而人类整体有限，整体认知能力也有限，所以我们永远无法探明自然的所有秘密。由于人类个体总量的有限和在自然界时空的有限，人类作为整体世代认知的自然秘密之和，与自然所具有的所有秘密比较，仍然是一个有限数字与无穷大数字的比，结果还是趋于零。

认识有不同层次。认识简单的自然秘密容易，认识复杂的自然秘密困难；认识直接的自然秘密容易，认识间接的自然秘密困难；认识短期的自然秘密容易，认识长期的自然秘密困难；认识自然表面容易，认识自然本质困难；认识单一的自然元素容易，认识组合的自然元素困难；认识短期的自然现象容易，认识长远的自然想象困难。认识我们感官所能及的自然容易，认识我们感官无法感知的自然困难。我们之所以自以为探知了许多自然的秘密，那是因为我们以简单替代复杂，以单一替代组合，以表面替代本质，以所感知替代所不能感知。

人的认识错误很多。人的认识不但有限，而且很多时候可能还是错的。这受制于人认识事物能力所限（听到、看到、尝到、闻到、想象到和感知到），有时我们听到的声音，看到的色彩，反映在我们大脑中的事物，与自然实际的景物比可能还有偏差；我们对物体颜色和相貌的感知，在人之间可以形成共识，对同一物体，自然展现的颜色和形貌可能不止我们感知到的这些；自然不但有我们可以感知的质量及三维空间的形貌，也有我们无法感知的在三维外存在的其他形貌；自然不但有我们可认识的物质世界和精神世界，也有我们无法认识的其他世界。

一个自然秘密后还有更多的自然秘密。我们可以探知自然的一些规律（秘密）的一部分，了解的自然秘密越多，发现未知的自然秘密也就越多；知道得越多，发现不知道的就更多。以有限去了解无限，只能了解极小的皮毛。如果仅了解一点点自然秘密就宣称破解自然，那真是无知者无畏。人类发明了计算机、移动通信、互联网，学会了克隆，这只是了解学习了自然秘密的沧海之一粟。对于大自然的所有秘密，人类到目前已经感知的部分所占的比例还是可以忽略不计。

地球万物都不是独立存在的，皆休戚相关。地球上的动植物本质上都是来自大地泥土，但目前人还无法利用泥土创造出有生命力的动植物，甚至还不能创造出有生命力的一根小草。人应有自知之明。自然科学研究自然规律，在开展某一领域的研究前，定位我们目前所处的位置很重要。实事求是讲，很多时候我们对于自己估计太高了，我们有时制定的方案或规划十分可笑。有些方案或规划让我们劳民伤财，有些规划或方案让我们破坏了适宜人类生存的自然生态，其根本原因就是我们认识的局限性，就是我们不尊重自然，不尊重自然规律，不尊重科学。

5. 人与人的关系不能推论到人与自然

人与人的关系不适合人与自然。人类自身分成三六九等，那是人类自身的事，与自然毫无关系。一些人统治和奴役另一些人，一些人剥削另一些人，但这些都不能用于自然。即使你是人类的统治者，即使你有至高无上的权利，即使你可以剥削和压迫另一些人，即使你在人之间占尽先机和优势，你也一定不能将这种优越转嫁到自然，你也绝对不能对自然指手画脚。在世界历史长河，有一些统治者习惯于将统治和奴役人的心态应用于自然，冲击科学精神，违背自然规律，麻痹人的心灵，让人违背自然，破坏自然，在自然面前犯罪。一些人对另一些人傲慢和狂妄成了习惯，就把这种对人的傲慢和狂妄应用到自然，结果是毁坏了局部的自然格局，本质上是毁坏了适宜人生存的自然生态，是毁坏了人的未来。

人除了尊重自然别无选择。人与自然的关系不是控制和被控制、征服和被征服的关系。在进行人为引发荒漠（沙漠）化防控工作时，我们必须戒除人之间形成的狂妄心态，必须抛弃反科学思维，必须顺应自然、尊重自然，按照自然规律办事。荒漠（沙漠）作为大自然的一部分，是构成大自然的元素，它对于平衡自然界火山爆发、地壳运动、飓风形成、台风移动、温度升降、地球生态及旱涝轮回等自然现象有没有作用，我们还没有甚至在未来很长时间可能还无法弄明白这些。即使我们感知到由沙漠产生的沙尘暴非常有害，但事实上其在地球生态系统中也有其积极作用（见第 1 章沙尘暴正面评价），所以我们不能仅从目前的知识和理解力看待沙漠。我们自己导致的荒漠（沙漠）化，我们有责任也有能力去防控。天空海洋是大自然的，陆地沙漠也是大自然的，地球是人类活动的生态系统，人应该按照自然规律办事，爱护自己所赖以生存的生态系统，善待大自然给予我们的无机和有机世界，也就是善待我们自己，面对自然我们除了尊重别无选择。

避免集群犯错。在人类进行的与自然有关的活动中，人个体所犯的错误一般是小范围和可控的，基本不可能对自然格局造成影响，但人类集群如果犯错，其影响范围就会比较大，就有可能对自然局部格局造成影响（当然对自然的影响微乎其微，只是可能影响人类生存的生态系统）。处于至高无上地位、一言九鼎的少数人，他们的言行具有影响大范围人类集群的能力，一定要谨慎。处于统治和支配地位的少数人之所以能够影响人类集群，是因为他们在人类社会掌握人财物的分配权、官职地位的定位权及对自然认知的话语权。所以处于统治和支配地位的少数人如果具有对自然的正确认识，他们的言行会大规模促进人类集群做出对自然有益的工作（无论短期还是长远都对人类有益）；如果他们具有对自然的错误认识（出自知识范围或套用他们统治人的办法），他们的言行就会大规模促进人类集群做出对自然有害的工作（一般短期对人类可能有益或对部分人有利，但长远看大多数对人类有害），就会破坏自然局部格局（对大自然仍然可以忽略不计，但对人类就是大事件），造成人类生态环境的破坏。

6. 自然具有巨大包容

如果我们不爱自然、吃喝自然、破坏自然生态，大自然在很大程度上都会包容我们，会进行自然生态修复。那些对自然干尽坏事而后遭到惩罚并不是自然的惩罚，而是自作自受，自己惩罚了自己。人类要避免进行那种导致生存环境和生态发生严重损伤，自然在短时间内（如几百年）又无法修复的活动。任何有害于自然环境和生态的人类活动，到头来必然有害于人类自己。人热爱自然，保护生态，并不是人给自然做出了有益的贡献，是人为自己做出了有益的贡献。水污染了，大地污染了，空气污染了，自然照样会运行，但人就难以健康生存。人应该认识到，保护人类赖以生存的自然环境和生态，就是保护人类本身。我们攫取太多、占用太多、破坏太多，导致生态恶化，即使自然具有巨大包容力，也需要一定时间来修复和疗伤。

7. 人没有必要也不可能战胜自然

自然能够满足人的所有需求。大自然给予人生存的资源是一个变量，随着人口的增长，大自然必然教会人（人必然学会）用更加先进的科学方法生产更多的生活必需品。

事实上，大自然在各个阶段给予人的生活资源基本是充足的，只是人没有很好地利用它们，没有合理分配它们，才导致人类局部贫穷。如果一些国家或一些人贪婪奢侈，过多地占有、储存和消耗资源，必然导致另外一些人缺乏生活资源，这会在人类自身造成失衡。所以说，人类部分国家或部分人的贪婪是造成人类本身及大自然失衡的最重要原因。一些国家占有、储存和消耗的资源过多，会导致另一些国家资源不足；一些人占有、储存和消耗的资源过多，会导致另一些人缺乏生活资源。在历史的某些时期或某些场合，往往是需要 1 个人的岗位，实际上却安排了 10 人，而且这 10 个人的行为没有受到严格的法规约束，其结果是这 10 人可能耗掉几百几千甚至几万人的生活资源，那么另外就会有几百几千甚至几万人失去生活依托！如果设置不该有的岗位，增列不劳而获的阶层，必然导致额外超额攫取资源的人过多，必然导致另一些人失业及相对贫穷化，于是会有一些人为了生存而挑战大自然。一个好的世界，资源利用和分配应该是合理的；一个好的世界，对待自然的态度应该是科学的；一个好的社会或制度，设置岗位应该是科学的；一个好的社会或制度，分配和使用资源的方式也应该是合理的；一个好的社会或制度，应该严格限制或遏制资源的过度攫取、储存和浪费，做到自然面前人人平等。自然资源和生活资源的利用应该有利于全体人民和生态良性发展。奢侈尤其是过度奢侈、官僚化特别是过度官僚化及处心积虑攫取自然和生活资源都是自然和人类的大敌，会迫使缺乏生活资源的人挑战自然。人对待自然如果有科学的态度，人对自然资源的分配和利用如果是合理的，全人类基本不会缺乏生活资源，人就没有必要挑战自然。

人的成就微不足道。当人在极小范围取得认知和改造自然的成就时，应感谢自然给予我们的物质基础和智慧。到目前为止，人所有已认知和改造自然的成就，在自然长河所占的比例基本可以忽略不计。从更广义方面理解，我们在思想认识上必须有所坚持，至今我们获得的认知自然和利用自然的成就，与无限自然比还是微不足道的。

人的能力太小。与浩大的自然比，与精妙的自然比，人的数量有限，生存时空有限，能力有限，人根本不可能战胜自然。

8. 人需要与地球上其他生物和谐共存

人并不比别的动物聪明。蜜蜂建造了蜂巢，六边形的"设计"在节省材料方面超过了人类；蜂群的分工明确，组织严密，工作高效，也是人类无法比拟的。几十万只蚂蚁可以有条不紊地进行"蚂蚁工程"，它们通过信息素交流，而几十万人如果不借助于工具很难想象会能达到蚂蚁那样的组织和运行水平！目前一些人仗着人类认知和改造自然的一点成就，自以为人类已经是地球的主宰，甚至是大自然的主宰。一个典型的事例就是宣称只有人有语言和会使用语言。事实上许多动物都有语言，也有它们的语言交流，只是人类还不懂这些语言罢了。鸟有鸟语，鱼有鱼音。我们说鸟儿在歌唱，我们有时感知天籁之音，为什么又定义只有我们有语言和会使用语言呢？从其他动物的角度按照人的逻辑看，人类其实也没有语言，也不会用语言交流。从自然的角度观察，人并没有比蜜蜂更聪明，比蚂蚁更强大，比泥土更有活性。从大自然的角度出发，人其实与蚂蚁、黄蜂、骆驼、绵羊及虎豹没有什么区别，爱护和帮助其他生物本质上就是帮助我们自己。

人需要尊重地球其他生物的生存权。地球上的所有生物，无论是动物还是植物，都是自然设计的产物。自然界每一种生物可能都有其存在的理由和其在生态系统中的功能，我们现在还没有认识到这些生物存在的理由和在生态系统中的功能，但从我们自身在生态系统的功能推测，所有生物之间可能都有某种直接或间接的关联，所有生物都具有与人平等的生存权。地球上所有其他生物对地球气候及人的生存环境都有贡献，地球所有生物之间都存在直接或间接的相关纽带，自然设计的生物必然有其存在的价值。人周边所有生物都与人休戚相关，或者说自然界每一个生命都有其存在的价值，每一个自然生命都有其产生和成长的故事。我们剥夺其他生物的生命，表面看似乎对人类没有影响，实质上是我们没有看到或认识到这种影响。按照自然的逻辑推测，剥夺其他生物的生命也许就是毁坏我们的生态系统。人对自然需要足够尊重，对生命需要足够尊重，避免随便剥夺一些生物的生存权。我们不能把踩死几只蚂蚁看得很简单，不能把猎杀一群羚羊看作理所当然。尊重生命，既包括尊重人类本身的生命，也包括尊重其他生物的生命；尊重自然，既包括尊重自然单元，也包括尊重自然规律。同情和怜悯是自然赋予我们的特质，爱护生命爱护自然也应该成为人类的特质。

9. 自然可能存在清零和重组机制

自然不但在时空上存在消除机制（表现为一些星球的毁灭和另一些星球的诞生，表现为时空的变幻莫测），在人的记忆方面也存在消除机制。更可能的是自然对所有星球有清零机制（清零和重组），这种机制是随机的？是预先设计好的？是对某星球运行到某一阶段的终结？是对星球上生物忍无可忍？清零机制有无运行规律？所有这些对人类而言都还是秘密。人常担心温度太高或太低导致地球生物灭绝，清零可能才是真正的毁灭和重生。有朝一日，地球有可能变成尘埃，地球上所有物体都气化成元素，自然利用这些元素合成新的元素，再组合成新的星球和生物，在新生成的星球上，人类的任何生命痕迹都不会留下。

8.1.2　生态及生态学

1. 生态

生态是指生物的生活状态，指生物在一定的自然环境下生存和发展的状态，也指生物的生理特性和生活习性。人们常用"生态"来修饰如环境、经济及产品等术语或事物，"生态"往往与美好及和谐相关。生态这个词是人类与环境互动的产物，是人类自身在自然界生存过程中的一个感悟。

生态起源于人民对自然的好奇，亚历山大·冯·洪堡（Friedrich Wilhelm Heinrich Alexander von Humboldt）撰写了第一部关于植被如何随着海拔、气候、土壤和其他因子的变化而变化的综合专著《植物地理学随笔》，这是一项探索生态结构自然基础的开创性工作。经过半个多世纪后，查理·达尔文（Charles Darwin）在自家的花园中进行了具有更大影响的实验。他发现随着时间的推移，物种组成发生了变化："活力较强的植物逐渐杀死了活力较弱的植物，甚至是完全成熟的植物。"在达尔文的实验中，初始的 20 种植物，有 9 种最终消失。这一实验是对竞争的有力证明，成为群落结构的奠基石，被写入 1859 年出版的《物种起源》[全名《论依据自然选择即在生存斗争中保存优良族的物种起源》（*On the Origin of Species by Means of Natural Selection, or the Preservation of Favoured Races in the Struggle for Life*）]。

英国科学家洛夫洛克提出过"盖娅设想"，认为地球是"一个活的生物，自行调控其环境，使其适合生命的生长"。洛夫洛克假设地球是超级有机体"盖娅"，其大气圈、水圈、岩石圈及低温层等都不断互动，将地球上的生态环境（人的基本生存环境）调节到最佳状态。后来，洛夫洛克和他的支持者们将这一假设上升到理论的高度。他们认为这一假设已经在事实上被证明了[2,3]。

生态总是与环境相关。蕾切尔·卡逊（Rachel Carson）于 1962 年发表了《寂静的春天》（*Silent Spring*），提出了农药造成的生态与环境问题，这是一部与生态和环境相关的著作，力图唤起公众对生态和环境的关注[4]。蕾切尔·卡逊于 1964 年去世，一些生产农药的巨头企业组织反击，试图消除《寂静的春天》的影响。他们出版专著，用编造的耸人听闻的故事对生态和环境保护工作进行攻击。随着人们对生态和环境保护重要性的认识，世界上许多国家都制定了有关生态和环境保护的法律和政策，促进了地球的环境保护。一些民间个人和组织自发组织各种活动，宣传生态环境保护。1970 年 4 月 22 日，在美国各地约 2000 万人参加了大游行，旨在唤起人们的环保意识。这一活动得到了联合国的首肯，也促使一些国家的政府采取了一些环保措施。后来，每年 4 月 22 日成为"世界地球日"。1972 年 6 月 5 日，在瑞典斯德哥尔摩召开了"人类环境大会"，大会签署了包括 7 条原则和 26 条共同信念的人类环境宣言，即《斯德哥尔摩人类环境宣言》[5]，大会及其宣言促进了世界范围对保护生态环境的重视。

《斯德哥尔摩人类环境宣言》是世界上第一个生态环境保护领域的文件。1972 年，"人类环境大会"建议将 6 月 5 日定为"世界环境日"。1972 年，联合国大会通过了这项建议。1972 年的"人类环境大会"后，1973 年联合国就成立了环境规划署，总部设在肯尼亚内罗毕。为纪念"人类环境大会"10 周年，联合国环境规划署于 1982 年 5 月在内罗毕召开了人类环境特别会议，并通过了《内罗毕宣言》。《内罗毕宣言》提出了各国在环境保护领域应共同遵守原则。《内罗毕宣言》[6]指出："只有采取一种综合的并在区域内做到统一的办法，才能使环境无害化和社会经济持续发展"。1987 年，联合国提出了"可持续发展"（sustainable development）的设想，其表述是"可持续发展指既满足当代人需求，又不影响后代人的发展能力"[7]。

2. 生态学

生态学是研究生物与环境之间相互关系及其作用机理的科学。生态学的定义最早出自恩斯特·赫克尔（Ernst Haeckel）："研究动物和植物与它们无机环境之间全部关系的科学，是对达尔文所称的生存竞争条件的那种复杂的相互关系的研究。""生态学"研究的是生物及其环境间，以及生物彼此间的相互关系。在天然状态下，生态系统总是动态地趋于和谐[8, 9]。生态学教导我们，应该大大扩展我们对于"循环"一词的理解。人类生命以光合作用和食物链为基础向前发展，而生物生命依赖于水文、气象和地质循环[10]。

8.1.3　生态系统

生态系统指自然界生物与环境构成的统一整体，在生态系统，生物与环境的状况和关系应维持相对稳定。生物依赖于其生存的环境，生物生存的环境会受到生物自身的影响，生物与环境是不可分割的整体。最大和最复杂的生态系统分别是生物圈和热带雨林。

"生态系统是一个'系统的'整体。这个系统不仅包括有机复合体，而且包括形成环境的整个物理因子复合体。这种系统是地球表面上自然界的基本单位，它们有各种大小和种类。"生态系统的这个定义是英国生态学家亚瑟·乔治·坦斯利爵士（Sir Arthur George Tansley）于1935年提出的。

8.1.4　生态文明

罗尔斯顿（Holmes Rolston）是西方环境伦理学的代表人物，被誉为"环境伦理学之父"。在西方环境伦理思想史中，罗尔斯顿的思想来自利奥波德的大地伦理。罗尔斯顿的生态哲学思想是在生态整体主义的基础上建立起来的，是一种生态整体论的环境伦理思想。中国古代老子和庄子就对人与自然的关系有过探讨，"天地与我并生，而万物与我为一"[11]，老子提出"人法地，地法天，天法道，道法自然"[12]，天人合一是我国生态哲学的基本原则[13]。

1849年，亨利·戴维·梭罗出版了《瓦尔登湖》（*Walden*）（有超过40种中文译本），这是最早倡导人与自然和谐共处的著作。《瓦尔登湖》以游记的方式寄托了对美好田园牧歌（人与自然和谐相处）式生活的怀念。该书是在意识到工业化对生态和生活环境的冲击后撰写的。梭罗由于《瓦尔登湖》一书而被后人称为"生态文学批评的始祖"。

生态文明是以尊重自然规律为准则，以资源环境承载力为基础，以经济社会可持续发展为目标的理念。生态文明的核心价值是人与自然和谐共存，人与人和谐共生，这一价值取向是超越地域、超越民族和超越国界的[14]。

8.1.5　人与生态环境

1. 自然与生态环境

生态环境是人定义的空间，事实上是人感知到的依附于自然的纽带，生态环境体现了自然赋予人的生存空间和条件。自然是无限的，适宜人类生存的生态环境则是有限的。人与生态环境是互相依存的关系，由于人有限，生态环境有限，而自然无限，所以人与自然不是互相依存的关系，生态环境与自然也不是互相依存的关系。

2. 生态环境与人

生态环境是人定义和感知的与自然相关的有限部分。自然决定生态环境，生态环境与人互相影响。自然提供了适宜人生存的生态环境，人的活动则有可能破坏适宜人生存的生态环境。

十几年前，动物学家和植物学家指出，人类活动破坏了地球将近一半的陆地，正导致自然界的动植物加速走向灭绝，如果这种情况持续下去，估计 20 世纪后半叶，将有 1/3～2/3 的物种从地球上消失。今天，地球 77%以上的土地（不包括南极洲）和 87%的海洋已经被人类活动的直接影响所改变[15]。

人类活动严重影响地球生态。地球上许多地方的原始形态已经发生改变，一些地方正逐渐失去支撑人类生活的基本条件。我们为了生存而开展的某些生产和生活活动，从长远看实际上加剧了地球生态的恶化，如变沼泽为农田，变草原为农田，毁林垦荒，推平沙漠等。人类的这些活动严重破坏了生态系统的基本格局。由于认识的局限，我们现在有些所谓的创造、设计和建设，实则是在丑化和破坏生态环境。

地球生态环境是自然的一部分，是地球生态系统中与地球生物关系最密切的一部分。自然有自我修复能力，人类的活动可能在一定程度上影响生态系统成分的多样性（导致动物种群或植物群落的减少甚至灭绝）、能量流动的平衡（过多的消费者促使能量输入与输出失衡）及物质循环途径的复杂性，从而影响生态环境的稳定性和自我修复能力。

自然资源虽然是无限的，但地球资源是有限的，地球的生态环境也是有限的，人利用地球资源的能力更是有限的。一个生态系统只需生产者和分解者就可以维持运作，并不需要人这种消费者。既然人已经产生，而且是地球生态系统资源的主要消费者之一，人就应该对地球生态系统有所担当。自然通过无机-有机的转化将能量（太阳能）输入地球生态系统，这种能量一般依附于维持人类生存的生态资源，人在消费这些资源的过程中也消耗或转化了这些资源的能量，造成生态系统能量损耗。人有责任辅助地球生态系统生产者产出（补偿）等值的生态资源，辅助向地球生态环境输入等值的能量（相当于人所消耗的能量）。只有这样，地球生态才能平衡，地球生态环境（地球生物依存的环境）才能稳定存在。

人认识自然的局限性导致无法明确自己的生产活动对生态环境长期和间接的影响；自私自利又驱使人追求局部和短期利益。所以人的自私和认识的局限性是导致生态环境恶化的原因。公共资源（地球生态资源）如果太廉价或在使用过程毫无节制，就会出现"公地悲剧"。"公地悲剧"是一种涉及个人利益与公共利益（common good）对资源分配有所冲突时的社会陷阱（social trap）。威廉·佛司特·洛伊（William Forster Lloyd）在其 1833 年讨论人口的著作中使用了这个术语。1968 年，加勒特·哈丁（Garret Hardin）在《科学》上将这个概念加以发表、延伸，称之为 The Tragedy of the Commons，国内将其翻译为"公地悲剧"、"大锅饭悲剧"或"公共资源悲剧"。哈丁举了这样一个具体事例：一群牧民面对向他们开放的草地，每一个牧民都想多养一头牛，因为多养一头牛增加的收益大于其购养成本，是合算的，尽管因平均草量下降，可能使整个牧区的牛的单位收益下降。每个牧民都可能多增加一头牛，草地将可能被过度放牧，从而不能满足牛的食量，致使所有牧民的牛均饿死，这就是公共资源的悲剧。"公地悲剧"是普遍的，在土地利用、森林利用及水资源利用等方面都有类似的现象[16]。

有学者质疑在全球气候变暖的大环境下，中国在西北部大规模植树的工作"可能会加剧水资源短缺"。据《自然》杂志称，作为对抗沙漠扩张的一部分，中国在过去 40 年里种植了数十亿棵树，其中大部分是在中国北部，这些树确实挡住了扩张的沙漠，但一些科学家担心，这种种植可能会加剧水资源短缺。许多树木并非原产于种植它们的地区，而且它们被放置在因全球变暖而雨量较少的区域，所以会消耗很多水。文章称，因为过度放牧等耗尽了边境的植被，让风和重力侵蚀土壤，戈壁沙漠和其他类似的干旱地区正在扩张。我国最大的植树运动"三北（西北、华北、东北）防护林计划"，也被称为"绿色长城"，旨在阻止这种扩张。自 1978 年开始实施这项计划以来，已经在中国北部 13 个省区市种植了 660 多亿棵树。英国牛津大学（University of Oxford）地理学家特洛伊·斯特恩伯格（Troy Sternberg）说："这个想法很好，但是在沙漠里种树有点不明智。"[17]笔者认为"三北防护林计划"总体是符合自然规律的，生态效益也非常突出，但也有需要改进的地方。国外学者不一定了解中国北方的环境现状，当然他们可以在学术上有自己的观点。

黄河是中华民族的母亲河，黄河流经 9 个省区，其中严重缺水的有 4 个（青海、甘肃、宁夏和内蒙古），粮食主产区有 2 个（河南和山东），黄土高原水土流失区有 7 个（青海、甘肃、宁夏、内蒙古、陕西、山西和河南）。黄河水资源属于公共生态资源。缺水的省区多用水就会产出生态和经济效益。黄河上游缺水地区种植水稻，种得越多当地的经济效益就越高，但耗水也就越多；黄河上游缺水地区利用黄河水建造人工湿地和人工湖泊，建造得越多越大，当地的气候环境就越有生气，气候就越宜人，同样耗水也就越多。上游用水越多，下游可用水就越少，造成灌溉旺季黄河断流，影响下游粮食主产区粮食生产，进而影响国家粮食安全。与建造人工湿地及人工湖泊比，我们有理由认为粮食安全显然更重要，在所有人类追求的权利中，生存权毫无意外是排第一位的。人首先得吃饱维持生存，然后才能考虑其他权利。

一个典型的例子是内蒙古乌海市造的乌海湖，湖面面积是西湖的 18 倍，西湖湖面面积 6.38 km^2，就是说乌海湖的面积是 114.84 km^2。目前还不清楚由于乌海湖的存在，乌海市健康改善了多少，但这个湖泊一年蒸发掉的水资源可以浇灌几十万亩的农田或草地，建造这样的人工湖就整体生态效益和经济效益而言是否合算？大概建造者也无法回答。乌兰布和沙漠绿化，库布齐沙漠绿化，空气质量提高了，人居环境改善，沙尘暴发生天数减少，林果业和畜牧业也发展了，生态和环境效益双丰收，但如果考虑到水资源的有限，考虑到国家粮食安全，考虑到影响范围和人群的大小，有无必要进行沙漠绿化值得商榷。

8.1.6　恢复生态学[18]

恢复生态学（restoration ecology）是研究生态系统退化的原因、退化生态系统恢复与重建的技术和方法及生态学过程和机理的学科。生态恢复是指在生态学原理指导下，通过一定的综合技术和方法（生态、生物、材料及工程），有计划有目标地减缓生态系统退化过程，优化生态系统内部的时空秩序，调整生态系统与外界的物质、能量及信息交流，使生态系统的结构、功能和生态学潜力恢复到一定的或原有的乃至更高的水平。荒漠（沙漠）化防控，其实质：一是消除或部分消除荒漠（沙漠）化产生的因子，阻止荒漠（沙漠）化地区生态继续恶化；二是通过遵循自然规律的技术和方法，实现荒漠（沙漠）化地区生态恢复（修复）。荒漠（沙漠）化防控需要多学科协同创新，解决本领域的基础科学与技术问题。

荒漠（沙漠）化防控重点是针对人为造成的荒漠（沙漠）化，设计生态恢复方案；在现有条件下，采取工程-生物组合措施，防止荒漠（沙漠）化发展，恢复被破坏的生态。

生态恢复的目标与社会、经济、文化及人的生活需求有关。基本的恢复目标包括以下几种：①实现生态系统的地表基底稳定性。地表基底（地质地貌）是生态系统发育与存在的载体，生态系统的运行、演替与发展都依赖于生态系统基底的稳定。与风蚀和水蚀相关的水土流失，对生态系统的主要破坏体现在其对地表基底的侵蚀。②恢复植被和土壤。恢复植被覆盖度可以有效减轻风蚀和水蚀，进而可以稳定地表基底，稳定土壤的持水、持肥及生产力。③增加生物多样性。生物多样性越丰富，生态系统就越稳定，所以恢复生态的原则之一就是增加生物多样性。④实现生物群落的恢复。生态恶化会造成生物群落的减少，根据生物群落的生存条件，通过人工干预提供生物生存、繁衍和发展的一些必须条件，提高生态系统的生产力和自我维持能力。⑤减少或控制环境污染。环境污染包括空气污染、水污染及土壤污染，总体将会减少可利用水资源和土地资源，恶化生物生存环境。环境污染是生态修复必须优先考虑解决的问题。⑥增加视觉和美学享受。生态恢复应尽可能与城市建设和旅游规划统一规划，在辅助自然恢复和进行人工辅助恢复时考虑外貌观感，使生态恢复的效益多样化、多功能化。荒漠（沙漠）化防控，其一是引进细粒黏性材料，增加地面细粒黏重组成，通过附加工程-生物措施，疏导、分流、减缓、阻隔和固定荒漠（沙漠）化地区地面流动成分（流沙或流尘），实现荒漠（沙漠）化地区地面及地貌稳定；其二是实施新技术，通过人工干预增加动植物种群和数量，增加地面植被覆盖度；其三是通过实施工程措施（沙障、土障、种草种树）增加地面粗糙度；其四是通过各种措施增加系统的混乱度（生物多样、景观多样、障碍物多样、风向多变等）；其五是人为设计一些景观，将其融入生物和景观多样性；其六是在引进新材料新技术之前，进行环境风险检验和评价，避免使用对环境存在不利影响的材料和技术。

荒漠（沙漠）化地区退化生态系统恢复与重建应该开展的主要工作包括：①明确荒漠（沙漠）化地区恢复对象，并确定系统边界，恢复对象是人为因素引发的荒漠（沙漠）化，不是自然因素引起的荒漠（沙漠）化；②荒漠（沙漠）化地区退化生态系统的诊断分析，包括荒漠（沙漠）化生态系统的物质与能量流动与转化分析，退化主导因子、退化过程、退化类型、退化阶段与强度的诊断与辨识；③荒漠（沙漠）化地区生态退化的综合评判，确定恢复目标，一般先从稳定地面开始，发展生物多样；④荒漠（沙漠）化地区退化生态系统恢复与重建的自然、经济、社会及技术可行性分析；⑤荒漠（沙漠）化地区退化生态系统恢复与重建的生态规划与风险评价，建立优化模型，提出决策与具体的实施方案；⑥对一些成功的荒漠（沙漠）化地区退化生态系统恢复与重建模式进行示范与推广，同时要加强后续的动态监测与评价。

8.1.7　生态修复

所谓生态修复是指对生态系统停止人为干扰，以减轻负荷压力，依靠生态系统的自我调节能力与自组织能力，向有序的方向进行演化，或者利用生态系统的这种自我恢复能力，辅以人工措施，使遭到破坏的生态系统逐步恢复或使生态系统向良性循环方向发展；主要指致力于那些在自然突变和人类活动影响下受到破坏的自然生态系统的恢复与重建工作，恢复生态系统原本的面貌，如退耕还林，退牧还草等。荒漠（沙漠）化是由于干旱气候自然因素和不尊重自然规律的人类活动造成的，在荒漠（沙漠）化防控活动中，首先要停止造成荒漠（沙漠）化的人类活动。荒漠（沙漠）化地区缺水是自然常态[19]，所以荒漠（沙漠）化防控和荒漠（沙漠）化地区生态修复必须是节水工程。

学术上用得比较多的是"生态恢复"和"生态修复"，两者所表达的意义相近。生态恢复的称谓主要应用在欧美国家地区，在我国也有应用，而生态修复的称谓主要应用在日本和我国。

1. 荒漠（沙漠）化地区生态自然修复

自然修复指靠自然演替恢复已经退化的生态系统，是不需要人为协助的生态修复方式。生态移民是荒漠（沙漠）化-绿洲区自然修复的基本措施。生态移民后，对荒漠（沙漠）化地区的荒漠化土地实行封禁保护。禁止一切破坏植被的活动，保护好现有的荒漠植被和荒漠自然生态，遏制沙漠向绿洲扩展，促进重度荒漠（沙漠）化地区植被自然恢复，减轻风沙危害[20]。同时，绿洲区生态可以不受人为活动的影响，减少现有植被的破坏和外侵植物进入，加快自然更新，缩短植被覆盖所需的时间[21]。对古尔班通古特沙漠南缘历史文献的研究表明[22]，在人类影响很小的时候，这个区域的植被是非常茂盛的。现仍可看到的古丝绸之路北道，又称唐朝路，说明在这个地区曾经存在过绿色走廊。建国初期的调查也表明，这一地区存在大面积的天然梭梭[23]，展现了自然修复的可能结果。

荒漠（沙漠）化生态修复的范围是人为因素引发的荒漠（沙漠）化区域，主要包括减缓风沙危害及水土流失速率、稳定地形地貌、集水节水恢复植被及荒漠化土地改良利用等。

2. 荒漠（沙漠）化地区生态人工辅助修复

荒漠（沙漠）化-绿洲区应根据绿洲的区位资源优势，在绿洲内部进行防风固沙和改良盐渍化土地的同时，建立适宜的节水技术体系，以绿洲为中心，向外环形扩展，形成功能不同的生态区域，逐步向荒漠（沙漠）化地区扩展[24]。在荒漠（沙漠）化地区，人工辅助修复依托的是绿洲，要以稳定绿洲为起点，将有限资源投向绿洲，绿洲恢复以集水节水为主要诉求，通过材料、工程及生物措施，稳定绿洲内部，扩展绿洲周边保护带。荒漠（沙漠）化防控工程的措施主要有草沙障、土沙障及组合沙障，其作用是阻沙固沙[24, 25]。生物措施是提高植被覆盖度，在荒漠（沙漠）化地区适宜种植沙生旱生耐盐草本植物和灌木，建立灌-草结合的防护带，可以有效减缓风沙危害；在水源有保障地区可以适当发展乔木，建设乔-灌-草-工程复合保护带；在缺水和降雨稀少地区则适合建设工程-草-灌复合保护带，在沙漠与绿洲之间形成屏障[24, 26, 27]。建立生态保护区是荒漠绿洲生态修复的重要措施之一[28]，自然生态保护区指国家为保护特殊的自然环境、自然资源、生态系统而划定的区域，保护对象还包括有特殊意义的文化遗迹等。

3. 生态稳定及综合管理

在荒漠（沙漠）化-绿洲区的生态修复过程中，很容易导致生态系统的不稳定。解决荒漠（沙漠）化地区的风沙危害、实现绿洲生态稳定与可持续发展的核心问题是找到绿洲与荒漠（沙漠）化地区共存的平衡点[29]。而水资源是荒漠（沙漠）化-绿洲区生态环境的主导因素。水资源的总量、区域差异、动态特征直接影响荒漠（沙漠）化-绿洲区的生态环境。因此，为了维持荒漠（沙漠）化-绿洲区的生态稳定性，首先考虑水的承载力。通过水资源合理配置和节水性生态措施[28]，挖掘现有灌溉水源潜力，进行水资源的合理调配[30]，协调经济用水和生态用水的合理配置[31]。在有水源保证条件的地方，适度扩大新绿洲，可提高现有绿洲的生产力和稳定性。因而，荒漠（沙漠）化-绿洲区的生态稳定性必须以合理利用水资源为基础，通过对水资源进行综合管理和物种多样性的保持来维持其稳定[32]。

8.1.8　生态经济学

生态经济学是生态学和经济学的交叉学科。人类本身只是全球生态系统的一个子系统，人类社会的正常运转需要以生态系统的正常运转为基础。在经济发展的早期阶段，由于人与自然的冲突较小，人类改造世界的能力较弱，生态环境问题还未受到重视，1850～1980 年，世界总人口增长了 2.65 倍，人类经济行为对生态系统的影响越来越大。在人类活动剧烈时代，生态保护和生态修复受制于经济发展和经济条件。在生态保护和环境建设过程中，过去主要依赖于行政手段，经济调控力度较弱，作为长期有效的政策，必须实现行政经济共同调控，给环境建设贡献者补偿，让环境功能受益者付费，特别是一定要让环境破坏者赔偿。利用经济杠杆，实现公共资源有偿使用，避免"公地悲剧"发生。

1. 环境会计

环境会计（又称绿色会计、生态会计）是生态有价的基础，依据法律和法规，将环境防治、环境污染、环境维护及环境开发的成本以货币单位定量化，将环境效益与经济效益相联系，综合评估政府或企业的环境绩效及活动，是一门新兴学科。引入环境会计，可通过经济手段实现经济效益、生态效益和社会效益的同步最优化。过去，我们在环境领域没有科学的经济手段，造成很大环境破坏。安徽淮河发展工业效益几百亿元，而要治理其污染，将需要投入几千亿元。其他例证京津风沙源治理二期工程将投资 878 亿元，敦煌水资源合理利用与生态保护将投资 47 亿元，石羊河治理已投资 47 亿元等。

2. 环境综合评价

生态及环境问题既包括复杂的自然过程，也包括与人类密切相关的人类系统，在对环境进行综合评价时，要综合自然科学家、社会科学家及政府政策制定者的观点。从自然科学家的角度，全面收集和评估气候、水文、地质、生物承载量等信息；从社会科学家的角度，重点收集和评价人口、经济社会发展等重要信息；对于政府决策者而言，要在掌握自然和社会信息的基础上，提出政府的理念和目标。在协调三方信息的基础上，建立计算机软件平台，将三方的信息进行综合评价，为决策提供科学结论。在对环境进行综合评价时，建议秉持以下理念：①生态建设的目标是在遵循自然规律前提下扩展人民生存空间，提高人民生活质量，维护国家生态安全；②生态效益是间接效益，建设和保护者有时很难得到直接经济效益；③生态建设成效缓慢（几十甚至几百年），不能急功近利，要有长远的规划和耐心；④生态修复和环境保护与经济效益协调，不能单独追求GDP增长，应追求环境效益和社会效益与经济效益的协调；⑤生物多样优于单一（三北防护林工程中造林，许多地方栽植单一杨树，杨树耗水多，抗病害抗逆性差）；⑥耐用优于耐看（在干旱地区，馒头柳好看但耗水多，远远不如柽柳）；⑦长期效益优于短期效益。

3. 生态补偿

生态补偿（eco-compensation）是利用经济手段调控人与生态关系的制度安排。通过政府和市场手段，将生态服务及生态保护计入政府或企业的发展成本，调节生态建设者、保护者和获益者之间的利益关系。生态补偿提醒人们保护生态环境的重要性，其目标是促进人与自然和谐相处，促进生态及经济的可持续发展。

生态补偿主要包括以下内容：一是生态系统维护（阻击恶化）的成本；二是生态系统破坏后恢复所需的成本；三是对由于生态保护而放弃的发展机会的经济补偿。

狭义的生态补偿概念与国际上使用的生态服务付费（payment for ecosystem services，PES）或生态效益付费（payment for ecological benefit，PEB）有相似之处[33,34]。

就我国而言，目前能够界定的生态补偿应包括以下几点。

（1）补偿目的与区域。以甘肃为例，主要补偿区域包括荒漠（沙漠）化防控区域，如民勤、古浪、景泰及敦煌等地；水土保持区域，如平凉、西峰及定西等地；重要水源涵养区水资源保护区域，如黄河水源保护区（甘南河曲及玛曲）、石羊河水资源保护区（祁连山天然林保护区）、黑河水资源保护区及重要湿地保护区（敦煌西湖湿地）等地。

（2）补偿水平及其实施。需要完善补偿机制、法规和政策，主要难点是补偿数额难以确定。补偿要考虑：①静态补偿，即生态区建设和保护的直接成本、放弃部分的成本；②动态补偿，即发展机会补偿；③被补偿者的心理期望值和意愿。

8.2　生态功能材料

20世纪90年代，日本山本良一教授提出了生态环境材料概念。生态环境材料简单讲就是具备与生态环境保护、修复及净化相关功能的材料。功能材料是指通过光、电、磁、热、化学及生化等作用后具有特定功能的材料。按照材料的化学键，功能材料可分为功能金属材料、功能无机非金属材料、功能有机材料和功能复合材料。按照材料的物理性质，功能材料可分为磁功能材料、电功能材料、光学功能材料、声学功能材料、热学功能材料、生物医学功能材料、力学功能材料及化学功能材料等。按照材料的应用领域，功能材料可分为电子功能材料、仪器仪表功能材料、传感功能材料、航天航空功能材料、核功能材料、信息功能材料、能源功能材料、智能材料、生物医用功能材料及生态环境功能材料等。

人们追求的生态环境材料，应该具备加工生产能耗低、使用污染小、使用周期长、不增加环境负荷、具备环境修复和保护功能、可循环利用率高及最终可在环境中无害化消除等优点。生态环境材料属于化学、材料、生物及生态多学科交叉的研究领域，是新世界材料科学的研究热点和方向[35-37]。

依据对现有荒漠（沙漠）化防控的研究，可以发现其发展趋势大致有以下几个方面：①荒漠（沙漠）化防控将会继续同当地的社会经济发展相结合，因地制宜，统筹规划，选择合理的技术，尽可能多地组合防控措施，使不同措施协同作用，更全面地发挥荒漠（沙漠）化防控作用[38]；②荒漠（沙漠）化防控技术将会更多地与恢复生态学、生态水文学、生态工程学等相关学科相结合，在防沙的同时更好地调节当地的生态系统[39]；③3S 技术将逐步应用于荒漠（沙漠）化监测系统，为荒漠（沙漠）化防控更好地服务[40]；④以荒漠（沙漠）化防控辅助沙产业的开发，沙产业反哺促进荒漠化防控事业的持续进行[41]；⑤荒漠（沙漠）化防控需要强有力的技术支撑，这势必会推进相关科学技术的发展与应用[42]，进一步推动与荒漠（沙漠）化防控相关联的高新科技产业的崛起，形成互利互惠的良性循环。

现有文献大多数使用荒漠（沙漠）化"防治"概念，在许多地方，荒漠（沙漠）化"防治"与"防沙治沙"成为并列同义词，这容易使人们认为荒漠（沙漠）化"防治"与治理沙漠是同一件事。为了避免认识上的混淆，本书使用荒漠（沙漠）化"防控"概念，主要内容包括两个方面：其一是防止荒漠（沙漠）化土地扩大，其二是荒漠（沙漠）化土地生态修复。本书所介绍的土基固沙材料、含土保水材料、土基防蒸发材料、土基固土材料及土基防渗漏材料，属于生态功能材料，研发的目的就是用于荒漠（沙漠）化防控，辅助风沙危害及水土流失区生态修复及其产业发展。

8.3　成土母质形成及其植物营养

坚硬的岩石经受物理风化作用（即风吹、日晒、雨淋及温差等因素影响，岩石中的矿物由于反复热胀冷缩而崩解破碎，由大块变小块的过程）和化学风化作用（即岩石受大气和水中各种化学物质的影响，使其中的矿物种类和化学成分发生显著变化的现象），逐渐变成碎屑和微小颗粒的过程就是成土过程。物理风化和化学风化长期作用于岩石，一方面促使岩石崩解，颗粒变细，甚至变成极微小的颗粒或胶状物质；另一方面，也促进矿物成分和特性发生变化。经过长期风化作用而残留下来的不同粒级的疏松颗粒，就是土壤形成的基础物质。它具有透水透气性，并含少量无机养分，但缺乏植物生长所必需的氮素。因此，这种物质尚不具肥力，所以不是土壤，只能是成土母质。当成土母质中出现生物（包括微生物、低等和高等植物）活动时，即开始了成土作用[43]。

根据风化产物搬运动力和沉积特点的不同，可把成土母质分为以下几类[44]。

（1）残积物。未经外力搬运而残留在原地的风化产物，多分布在山地和丘陵的较高部位。残积物的主要特点是：①没有层次性，母质层薄；②颗粒成分不均匀，既有大小岩石碎块也有砂黏粒；③由于直接来源于其下的基岩，母质的理化性质深受基岩影响。

（2）坡积物。在重力和雨水冲刷作用下，将山坡上的风化物搬运到坡脚或谷地堆积而成。坡积物的主要特点是：①层次稍厚，但无分选性，大小石块混杂，粗粒和细粒混存；②由于承受了来自上部的养分、水分及较细的土粒，所以水分和养分较丰富。

（3）洪积物。由于山区临时性洪水暴发，洪水挟带岩石碎屑、砂粒及黏粒等物质沿山坡下泻到平缓地带沉积而成的堆积物，一般形状像扇形。洪积物的主要特点是：扇形顶端沉积物分选性差，石砾、黏粒及砂粒混存，而边缘多为细砂、粉砂及黏粒，水分和养分丰富。

（4）冲积物。岩石风化产物受河流经常性流水的侵蚀和搬运，在流速减缓时沉积。冲积物的主要特点是成层性和成带性。

（5）湖积物。湖水泛滥沉积而成的沉积物。湖积物的主要特点是：①由于水流较缓，所以质地较细；②水分和养分多，土质肥沃。

（6）海积物。积于河谷地区的冲积物，如长江中下游、珠江三角洲地区，由于海岸上升或江河入海回流的淤积物露出水面形成。海积物的主要特点是：各地的海积物质地不一，有的为全砂粒的砂堆，有的全为黏细沉积物。质地粗的养分含量低，质地细的养分含量高。

（7）风积物。由风力吹来的粉尘堆积而成。风积物的主要特点是：质地粗，砂性大，水分和养分缺乏，形成的土壤肥力低。

农作物的生长与微生物有着密切联系。土壤特别是其邻近植物根的部位（根际）拥有极大数量的微生物。除了大量微生物外，植物正常生长发育还需要无机营养，这些必需的营养元素主要包括碳（C）、氢（H）、氧（O）、氮（N）、磷（P）、硫（S）、钾（K）、镁（Mg）、钙（Ca）、硅（Si）、铁（Fe）、锰（Mn）、锌（Zn）、铜（Cu）、硼（B）、钼（Mo）、氯（Cl）、钠（Na）及镍（Ni），一般土壤所含氮、磷和钾不能满足作物生长需要，所以广泛使用化肥的主要成分是氮、磷和钾。除了氮、磷和钾，其余营养元素基本可以由土壤提供[45]。沙漠的沙粒不是成土母质，主要由石英（SiO_2）组成，沙粒中植物生长所需要的营养元素不仅含量低，而且都以难溶性的化合物封闭在坚硬的石英中，大多数植物难以吸收利用。黏土及黄土具备植物生长所需的透气性、透水性和蓄水性。黏土及黄土与沙粒相比，初步具备了水肥气热条件，能够提供植物生长的基础条件和植物所需基本营养元素。

8.4　土壤温度[46, 47]

黏土和黄土是成土母质，但一般由于缺乏有机质和微生物，所以与土壤有差别，表现在其温度上，与土壤温度有相似性但也有区别，相似性主要表现在不同深度黏土和黄土的温度，其变化趋势与土壤相同。

土壤温度（地温）是指地面下浅层内的温度。土壤温度影响种子的萌发、植物的生长、土壤微生物的繁衍及土肥利用效率。植物生长都需要一个比较适宜的温度（气温和土壤温度），温度过高或过低都会给植物带来危害。

土壤的热量来源主要有太阳辐射能、生物热及地球内热等。地表是大气与土壤热量交换的界面，地表温度的高低直接受气温变化的影响。土壤是根系的重要生长环境，土壤温度影响着根系对水分、空气、矿物质等元素的吸收，是植物生长发育过程中不可缺少的重要生态因子之一。土壤空气和土壤水分也与土壤温度密切相关。土壤温度影响有机质分解，也影响氮、磷及钾肥的形成和供应。

沙漠地区，夏天气温太高，沙丘温度变化极大，中午可以升到 50 ℃ 以上，大多数植物在此温度下很难生长。研究证明，晴天沙温日变化大，白天的平均沙温呈正弦曲线变化，一天中沙温最高的时段出现在 12～14 时[48]。真正的沙漠，沙面最高温度可接近 80 ℃。沙漠地区冬天沙温降温极快，温度短时间内降到–15 ℃ 以下，夜间沙温降温也很快，沙温的骤变也严重影响植物的存活。所以在沙漠，沙温的骤变，夏天的高温和冬天的低温，是植物生长的杀手。2014 年 8 月 15 日 13:30，笔者在民勤青土湖沙丘测得沙面温度达 57 ℃，当时的气温是 31 ℃。

沙漠地区春季增温迅速，形成了以沙漠为中心的高温低压区，与西伯利亚每年春季向四周扩散的高压冷气流形成明显的气压梯度，这是我国西北、华北地区每年春季沙尘暴频繁发生的直接原因。①干燥的沙面对大气增温的作用最明显，其次是黏土（干泥土）。沙面对大气增温的方式有两种：一是反射相对最强，在反射过程中对大气增温的作用明显。二是以热辐射、热对流的方式使大气增温，这是夏季和春、秋季干燥沙面使大气增温的最主要方式。②在同一地区同一时间相同的日照下，沙面温度明显高于黏土、麦草沙障表面和沙生植物叶面温度。沙面在近地表 200 cm 高度范围内气温呈明显的递减趋势，而植物在近 50 cm 上空范围内气温呈递增趋势；在一定温度范围内（夏季和春、秋季气温较高时）植物具有明显降低沙漠地区气温的作用[49]。

8.5　含土-秸秆复合吸水材料辅助荒漠（沙漠）化防控

8.5.1　复合吸水材料对土壤水分的影响

1. 土壤水分[43, 50, 51]

土壤是地球陆地表面能生长植物（包括庄稼）的疏松土层。土壤之所以能生长植物或庄稼，是因为它具有肥力（即供给植物生长所需要的水分、养分、空气和热量的能力）。肥力是土壤所具有的特殊本质。土壤的形成除了受母质和生物因素的影响外，还受气候、地形及成土时间的影响。黏土和黄土是土壤的基础，因此与土壤应该具有相似的水分。水分是土壤的重要组成物质之一，是土壤系统养分循环和流动的载体，同时也是流域水循环中最为活跃的部分，影响着植物生长、生态环境建设及水资源的合理分配与高效利用[52]。

2. 复合吸水材料对土壤含水量的影响

我国北方和西北广大地域处于干旱或半干旱地区，降水量少蒸发量大，给农业、林业及畜牧业带来严重影响。在一些地方，缺水已成为制约农业和林业发展的关键因素。

吸水材料吸水后可缓慢释放其所吸的水分供作物吸收利用，能够增强土壤保水性；吸水材料吸水保水可以减少水渗漏和溶于水中养分的流失，提高水肥利用率。吸水材料的第一个功能是吸水保水。吸水材料可以增加土壤的含水量，提高种植成活率。降雨时，吸水材料可以将水分吸附于苗木周围形成一个个微型的"小水库"；在干旱时，"小水库"就为植物提供水分。吸水材料的第二个功能是保温。水是比热最大的物质，吸水材料吸收的水白天吸收和储存热能，使阳光下升温速度趋缓，夜间缓慢释热，使降温速度也减小，总体上维持了土壤温度的基本稳定，避免了温度的骤变。吸水材料的第三个功能是保肥。吸水材料在吸水过程中，溶于水中的作物营养也同时进入吸水材料，在稳定其所吸水的同时也稳定了溶于水中的植物营养，减少了可溶性养分的淋溶损失。吸水材料的第四个功能是改善土壤结构。吸水材料施入土壤中后，吸水膨胀和失水收缩，可使其周围土壤孔隙增加并使土壤团粒重新聚集，土壤质地由紧实变为疏松，从而改善土壤的通透性和团粒结构。吸水材料的第五个功能是促进作物生长发育。吸水材料可以供给植物所需的水分和养分，还能在一定程度刺激植物的根系，促进其生长。

吸水材料能使土壤含水量增加数十倍，在严重干旱沙土上，夏天植树和种草 1～2 周就需浇水。严重干旱地区水资源严重匮乏，所以在植树初期使用保水材料，可提高种植成活率并降低灌溉次数[53]。

8.5.2　复合吸水材料对土壤团粒结构的影响

土壤是由固体、液体和气体三类物质组成的混合物。固体物质包括土壤矿物质、有机质和微生物等。液体物质主要指土壤水分，气体是存在于土壤孔隙中的空气。土壤中这三类物质构成了一个矛盾的统一体，它们互相联系，互相制约，为作物提供必需的生活条件，是土壤肥力的物质基础[54]。

土壤团粒是由若干土壤单粒，经由微生物分泌的多糖、黏粒矿物、一些金属氢氧化物及腐殖质黏结形成的团聚体。土壤团粒结构就是土壤团聚体结构。土壤单粒及团聚体间可以形成大小孔隙。土壤形成团聚体结构对于土壤提高通气性和肥力、防止表土板结及减少水分蒸发有积极作用。研究证明复合吸水材料能够增加土壤团粒，改良土壤结构，有利于植物生长。随着复合吸水材料用量的增大，大于 0.25 mm 的土壤团聚体含量会不断增加。沙地含沙量大，团粒结构所占比例小，急需施加能够增加团粒结构的肥土、基肥和吸水材料，这是沙地利用过程必须首先解决的问题[53]。

8.5.3　复合吸水材料对土壤酸碱度的影响

土壤酸碱度（soil acidity）包括酸性强度和酸度数量两个方面，或称活性酸度和潜在酸度。酸性强度是指土壤溶液中 H^+ 浓度，用 pH 表示。酸度数量是指酸的总量和缓冲性能，代表土壤所含的交换性氢和铝的总量。pH 是衡量溶液酸碱度的一个值，即溶液所含氢离子浓度的常用对数的负值。pH 范围一般是 1～14，pH 等于 7，溶液呈中性；pH 大于 7，溶液呈碱性；pH 小于 7，溶液呈酸性。绝大多数植物适宜在中性、弱酸性或弱碱性土壤中生长（pH 在 6.5～7.5 之间），有一些植物可以在碱性或酸性环境生存，但能在pH 大于 9 或 pH 小于 4 环境中生存的植物极少。

土壤酸碱度（土壤 pH）是土壤的基本性质，影响其中金属离子等营养成分的存在状态，进而影响土壤肥力及植物生长。复合吸水材料用量很少，一般对土壤酸碱度影响很小。

8.5.4　复合吸水材料对种子发芽率的影响

以玉米种子发芽为例，玉米种子发芽随着玉米秸秆-聚丙烯酸/凹凸棒（MS-g-PAA/PGS）复合吸水材料的施用量及施用方法不同而发生变化（图 8-1）。不使用保水剂（图 8-1 中 A）与分别使用 21g（图 8-1 中 B）和 32g（图 8-1 中 C）溶胀状态的 MS-g-PAA/PGS 及 0.082 g（图 8-1 中 E）未溶胀的 MS-g-PAA/PGS 比较，处理 B、处理 C 和处理 E 的玉米发芽率分别为 86.7%、80.0% 和 86.7%，都略低于对照组，差异性表现不显著（$P>0.05$）。使用 0.055 g 未溶胀 MS-g-PAA/PGS 处理的种子（图 8-1 中 D）的发芽率最高，为 93.3%。根据数据统计，可以发现添加高吸水树脂对发芽率并未表现出明显的抑制作用，如果用量合适，还有一定的促进作用[55, 56]。

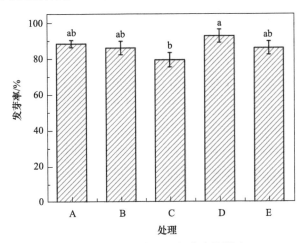

图 8-1　不同实验组对发芽率的影响

A. 水；B. 21 g 溶胀状态的 MS-g-PAA/PGS；C. 32 g 溶胀状态的 MS-g-PAA/PGS；D. 0.055 g 未溶胀的 MS-g-PAA/PGS，水；E. 0.082 g 未溶胀的 MS-g-PAA/PGS，水。每个值代表平均值±SE（$n=30$）。不同的字母表示处理之间的显著差异（$P<0.05$）

8.5.5　复合吸水材料对种子发芽势的影响

以玉米种子发芽为例，玉米种子发芽势随着复合吸水材料 MS-g-PAA/PGS 的施用量及施用方法不同而发生变化（图 8-2）。不使用保水剂（图 8-2 中 A）与分别使用 21g（图 8-2 中 B）和 32g（图 8-2 中 C）溶胀状态的 MS-g-PAA/PGS 及 0.082 g（图 8-2 中 E）未溶胀的 MS-g-PAA/PGS 比较，处理 B 和处理 C 的发芽势均为 80%，略低于对照实验，差异不显著（$P>0.05$），而处理 D 中玉米种子发芽势明显高于处理 B 和处理 C，差异性表现显著（$P<0.05$）。

溶胀的高吸水树脂会轻微减缓玉米种子萌发，而添加适量干燥高吸水树脂的实验组，发芽势呈现增加的状态。这说明对于玉米种子发芽势的影响，干燥高吸水树脂比溶胀的高吸水树脂更有优势，对玉米种子发芽势有促进作用。

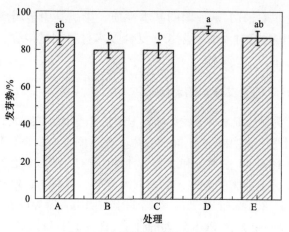

图 8-2　不同处理下的发芽势

A. 水；B. 21 g 溶胀状态的 MS-*g*-PAA/PGS；C. 32 g 溶胀状态的 MS-*g*-PAA/PGS；D. 0.055 g 未溶胀的 MS-*g*-PAA/PGS，水；E. 0.082 g 未溶胀的 MS-*g*-PAA/PGS，水。每个值代表平均值±SE（*n*=30）。不同的字母表示处理之间的显著差异（*P*<0.05）

虽然溶胀的高吸水树脂含有水，但这部分水分被溶胀的超吸水性树脂固定在其三维网状结构中，在玉米种子萌发时不能立即释放并加以利用。而种子发芽的第一步是吸收足够的水分使其处于饱和状态，然后在适当的条件下发芽。添加溶胀的高吸水树脂的确有能力提供水，但很难快速满足种子发芽所具备的饱和状态。而通过干燥的高吸水树脂加水处理的实验组，没有被吸收的水分可以直接供种子吸收，而干燥的高吸水树脂则可以吸收多余的水分为植物萌发提供后续所需的水分。多余的水分由于被干燥的高吸水树脂吸收，减少直接蒸发量。这样在保持种子正常萌发的同时，提高了水分的利用率[55, 56]。

8.5.6　复合吸水材料对种子耗水量的影响

玉米种子耗水量随着 MS-*g*-PAA/PGS 复合吸水材料的施用量及施用方法不同而发生变化（图 8-3）。不使用保水剂（图 8-3 中 A），玉米种子耗水量为 74.12 g，分别使用 21 g（图 8-3

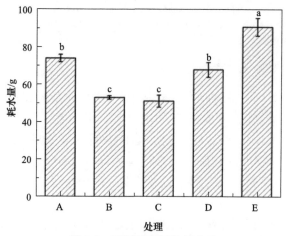

图 8-3　不同处理下的耗水量

A. 水；B. 21 g 溶胀状态的 MS-*g*-PAA/PGS；C. 32 g 溶胀状态的 MS-*g*-PAA/PGS；D. 0.055 g 未溶胀的 MS-*g*-PAA/PGS，水；E. 0.082 g 未溶胀的 MS-*g*-PAA/PGS，水。每个值代表平均值±SE（*n*=30）。不同的字母表示处理之间的显著差异（*P*<0.05）

中 B）和 32 g（图 8-3 中 C）溶胀状态的 MS-*g*-PAA/PGS 时，玉米种子发芽耗水量分别为 53.10 g 和 51.15 g，比对照组 A（74.12 g）降低，差异显著（*P*<0.05）。使用 0.082 g（图 8-3 中 E）未溶胀的 MS-*g*-PAA/PGS 时，耗水量为 90.82 g，明显要高于其他实验组，差异显著（*P*<0.05）。

达到溶胀平衡的复合吸水材料具有很强的吸水和保水性能。在玉米萌发和生长过程中，复合吸水材料吸收和保留的水可缓慢释放。一般植物根系的吸水能力更大，强于普通吸水材料，因此被复合吸水材料所吸收的水分能够供给植物生长。在相似的条件下，添加达到溶胀平衡的吸水材料可以减少用水量，并且具有显著的节水效果。有研究证明吸水材料储存的水中有 95%可供植物吸收[55-58]。

8.5.7　复合吸水材料对幼苗根长及茎长的影响

使用 32 g 溶胀状态的 MS-*g*-PAA/PGS 复合吸水材料时（图 8-4 中 C），玉米茎长为 3.09 cm，显著高于对照组，差异性表现显著（*P*<0.05）；不使用保水材料（图 8-4 中 A）时，玉米茎长为 2.06 cm，明显低于其他实验组，差异表现明显（*P*<0.05）。

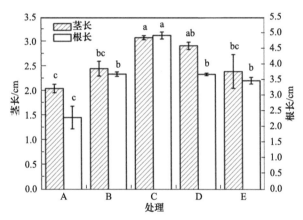

图 8-4　不同处理下的根长与茎长

A. 水；B. 21 g 溶胀状态的 MS-*g*-PAA/PGS；C. 32 g 溶胀状态的 MS-*g*-PAA/PGS；D. 0.055 g 未溶胀的 MS-*g*-PAA/PGS，水；E. 0.082 g 未溶胀的 MS-*g*-PAA/PGS，水。每个值代表平均值±SE（*n*=30）。不同的字母表示处理之间的显著差异（*P*<0.05）

与对照处理 A 组相比，玉米茎长会随着 MS-*g*-PAA/PGS 添加量的增加而增长，实验证明 MS-*g*-PAA/PGS 复合吸水材料对玉米的幼苗生长具有促进影响。

与对照处理 A 组相比，玉米根长也是随着 MS-*g*-PAA/PGS 添加量的增加而增长，实验证明 MS-*g*-PAA/PGS 复合吸水材料对玉米幼苗根的生长也具有促进影响[55-58]。

8.5.8　复合吸水材料对植物生物量积累的影响

分别使用 21g（图 8-5 中 B）、32 g（图 8-5 中 C）溶胀状态的 MS-*g*-PAA/PGS 复合吸水材料及 0.055 g 未溶胀的 MS-*g*-PAA/PGS 加水（图 8-4 中 D）时，玉米地上部分生物量积累的干重分别为 0.08 g、0.09 g 和 0.11 g，比对照组（图 8-5 中 A）生物量积累都有所提高，差异显著（*P*<0.05）。

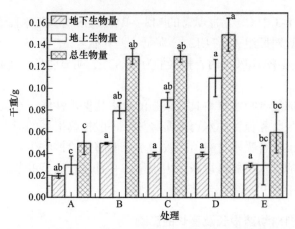

图 8-5 不同处理下的地上、地下生物量、总生物量积累

A. 水；B. 21 g 溶胀状态的 MS-*g*-PAA/PGS；C. 32 g 溶胀状态的 MS-*g*-PAA/PGS；D. 0.055 g 未溶胀的 MS-*g*-PAA/PGS，水；E. 0.082 g 未溶胀的 MS-*g*-PAA/PGS，水。每个值代表平均值±SE（*n* = 30）。不同的字母表示处理之间的显著差异（*P*<0.05）

对照组地下生物量干重最小，其他实验处理组干重无显著变化。这说明复合吸水材料对玉米地下生物量的积累作用表现出明显的促进效果，其中实验 C 数值最高。

通过添加高吸水树脂，总生物量的积累也比对照组好。处理 A 的积累量为 0.05 g，也远小于处理 B（0.13 g）、处理 C（0.13 g）和处理 D（0.15 g），差异显著（*P*<0.05）。

加入 MS-*g*-PAA/PGS 复合吸水材料后，总体提高了干物质积累。添加适量干燥MS-*g*-PAA/PGS 复合吸水材料更有利于生物量的积累[55, 56]。

8.5.9 吸水材料应用

吸水材料具有润湿作用，使用舒适，对皮肤和伤口无明显刺激感，因而可应用于药膏外用；吸水材料能够选择性让药物及水分通过，阻止微生物透过造成感染，因而在人造皮肤中得到应用；吸水材料具有超强的吸液性能，可用于吸收创伤出血，或者手术过程渗出的血液和分泌液；吸水材料可以有效地控制药物的释放速度，即通过调节其含水率，使药物尽可能地充分释放，所以可应用于缓释药物基材；吸水材料由于具有本身安全无毒、吸水后形成的水凝胶状态保水性强、对皮肤无刺激、质量轻及吸收能力强等优点，被应用于失禁片、婴儿纸尿布、卫生棉、餐巾纸、止血栓等产品中[55, 59-62]。

在水泥材料制备过程拌入适量吸水材料，协助吸收、保持和释放适量水分，提供水泥水化过程中所需要的水分，使所制备的水泥材料具有良好的强度，保证水泥硬化质量。在隧道建设中，为防止地下水或污水渗入隧道，也常加入吸水材料。在建筑材料中使用保水材料，可以进一步制备调湿材料、防污涂料、防渗堵漏材料及止水防水材料等。

吸水材料具有亲水疏油特性，可应用于油田助剂及油水分离剂；吸水材料由于吸水后体积能够迅速膨胀，因而可用作增黏剂、絮凝剂、密封及堵漏剂；有些吸水材料在吸水的同时，可以吸收重金属离子，这种吸水材料可用于土壤重金属的收集和减量。

复合吸水材料可广泛应用于农业、林业领域。与普通吸水材料相似，复合吸水材料在一定程度上可以协调水肥环境，有效减少养分的淋溶损失；复合吸水材料能有效缩小

土壤昼夜温差，减少伤冻产生；复合吸水材料能够提高土壤的保水能力、增加土壤的透气性、改善土壤的团粒结构；复合吸水材料还被用作缓释材料来充当搭载养分的载体，可以将其与氮肥及氮磷肥配合使用，或直接将尿素类非电解质肥料加入其中，包埋肥料营养成分并使它们缓慢释放，充分发挥保水保肥作用；复合吸水材料也可以应用于治理沙漠和抗风蚀等领域，在植树造林及水土保持等方面也具有良好效果[55]。

吸水材料还可以应用于食品保鲜材料、船舱吸湿剂、废水吸附剂、皮革制品、酶的提纯和固定、杀菌除臭剂、电池阳极凝胶剂和纽扣电池、缓蚀剂、灭火剂、人工雪的制造及防尘等方面。

吸水材料要根据使用对象确定使用量和方法。例如，防沙植物梭梭和柠条等的种植，每株施用保水剂约 5 g，如果没有浇灌条件或年降雨量很低，保水剂在使用前需吸水至饱和，在种植的同时，与约 2 kg 土共同置于植物根部周围即可。但保水剂最好不要直接与植物根部接触，保水剂与植物根之间一般应有 3 cm 左右的土层。

含土（黏土或黄土）秸秆保水材料，其原料包括黏土或黄土、植物秸秆及聚丙烯酰胺（或聚丙烯酸）。该保水材料可生物降解、毒性低且价格较低，可为植物提供一定营养，既能提高沙区旱区沙生植物、经济林木、中药材植物、饲草、蔬菜及水果的成活率和产量，又能提高它们的抗逆性，还能提高中药材、饲草、蔬菜及水果的品质。

1. 复合吸水材料辅助沙生植物种植

在年降雨量 150～200 mm 的流动或半流动沙丘使用时，选择 5～6 月降水比较集中的季节，先按照 2 m 间距开沟（3～5 cm 深），将保水剂按照每亩 2～3 kg 与沙米及沙蒿等沙生植物种子混匀，或将沙生植物种子与保水材料制成包衣种，抛洒在沙沟内，覆沙，等自然降雨，保水剂吸水后辅助沙生植物发芽生长。在年降雨量低于 150 mm 的流动或半流动沙丘使用时，先将保水剂吸水至饱和，然后施用。田间使用时可根据使用量在地面挖掘正方形土坑，在其四周铺垫塑料，制备一个简易吸水场所，在其中使复合保水材料吸水至饱和，拌入沙米及沙蒿等沙生植物种子，移到播种区域埋入 3～5 cm 沙中，每亩 70 丛。

辅助沙生植物种植的另一方法是与黏土结皮同时进行，在年降雨量 150～200 mm 的沙丘，将保水剂按照每亩 2～3 kg 与沙米及沙蒿等沙生植物种子混匀抛洒在沙面，接着抛洒约 2 cm 厚黏土或黄土，用钉耙耙平；在年降雨量低于 150 mm 的流动或半流动沙丘使用时，先将保水剂吸水至饱和，拌入沙米及沙蒿等沙生植物种子，然后抛洒至沙面，再抛洒黏土或黄土，之后用钉耙耙入沙中。

2. 复合吸水材料辅助牧草种植

在年降雨量 200～300 mm 左右的沙地或旱地，先将保水剂吸水至饱和，按照沙地旱地播种量拌入苜蓿、红豆草或沙打旺种子，然后播种。年降雨量低于 200 mm 的沙地或旱地，将保水剂与苜蓿、红豆草或沙打旺种子拌匀（不用先吸水），播种后浇水。

8.6　土基固沙材料辅助荒漠（沙漠）化防控

8.6.1　土基固沙沙障适用范围

风力所经过的下垫面性质是引起风沙活动的重要因素。下垫面性质决定着在同样风力条件下，风沙活动的形成和强度[63]。对于荒漠（沙漠）化土地中的某一区域而言，可以从下垫面的风沙扩展路径角度，去治理和改善目前的生态环境。在生态环境较好的地区，采用"稳住中心扩大覆盖度"，即在中间区域实行生物与工程结合的方法，以达到扩大植被覆盖度，改善下垫面特征及固沙之目的[64]。例如，阿拉善东南部采用修筑底宽35 cm、高20 cm的1 m×1 m、1 m×2 m网格状黏土沙障，生物和工程综合风沙治理措施已经取得明显成效[65]。

这里介绍的土基固沙沙障是笔者所在生态功能材料课题组在实践中使用，并被证实效果比较好的沙障，其材料和工程设计都是本课题组长期实践的总结，属于材料固沙、工程固沙和生物固沙技术的综合，可用来在农区和沙区、林区和沙区、铁路和沙区、公路和沙区及主灌渠和沙区之间建造保护带或隔离带，辅助沙生植物种植和保护，用于荒漠（沙漠）化地区的生态修复[66-69]。

8.6.2　土基材料固沙沙障铺设模具

土基固沙沙障建造一般不用模具，但在一些自然条件非常苛刻的地区，需要用黏土泥（或黄土泥）建造沙障，这时就需要模具。这里推荐使用的模具主要有3种：正方形（外边长130 cm，内边长90 cm，高25 cm）；六边形（外边长120 cm，内边长80 cm，高25 cm）；圆形（外径长130 cm，内径长90 cm，高25 cm），如图8-6所示。

图8-6　固沙模具及沙障图案

8.6.3　土基材料固沙沙障铺设方法

通过土基沙障形状和排布方式的设计，能够有效疏导、分流、减缓、阻隔和固定风沙流，改变风沙流方向，防止流沙堆积和移动。

土基固沙沙障材料主要有纯土类：红土、黑土、青土及黄土；1:1 土-沙类：红土-沙、黑土-沙、青土-沙及黄土-沙；1000:3 土-高分子类：红土-高分子类、黑土-高分子类、青土-高分子类及黄土-高分子类；1000:5 土-秸秆类：红土-秸秆、黑土-秸秆、青土-秸秆及黄土-秸秆；1000:1000:3 土-沙-高分子类：红土-沙-高分子类、黑土-沙-高分子类、青土-沙-高分子类及黄土-沙-高分子类；1000:1000:5 土-沙-秸秆类：红土-沙-秸秆、黑土-沙-秸秆、青土-沙-秸秆及黄土-沙-秸秆。根据土源、沙丘下垫面及降雨等条件决定材料的选择。这里介绍的材料中所使用的沙是沙漠中的细沙；所使用高分子分别为聚丙烯酸、聚丙烯酰胺、聚乙二醇、聚乙烯醇、黄原胶、亚麻胶（胡麻胶）、田菁胶、角豆胶、沙蒿胶、香豆胶、瓜尔豆胶、卡拉胶、阿拉伯树胶、魔芋胶、羧甲基纤维素钠、羧甲基纤维素、羟丙基甲基纤维素、羟乙基纤维素、糊化红薯淀粉、糊化木薯淀粉、糊化马铃薯淀粉、糊化玉米淀粉、糊化变性玉米淀粉、糊化羧甲基淀粉钠、糊化氧化淀粉、糊化可溶性淀粉及海藻酸钠等，其中羧甲基纤维素钠，黏度为 300~600 mPa·s，平均分子量为 700000；聚乙烯醇 1788 型，醇解度 87.0%~89.0%（摩尔分数），分子量为 88000；海藻酸钠，10%溶液，黏度为 20~40 mPa·s，分子量 100000；所使用的秸秆分别为玉米秸秆、小麦秸秆、高粱秸秆及树枝等，就近收集，剪截长度 2~5cm。主要固沙沙障铺设方法有以下 10 种。

1. 利用黏土泥（或黄土泥）及模具铺设

该方法适合在条件苛刻的流沙区使用。利用黏土泥（或黄土泥）和模具在沙面铺设方格、六方格、拱形格或圆形沙障，组合方式：外圆、内网格、迎风坡拱形；植物保护沙障主要用圆形和六方格。这种沙障抗压强度高，效果持久。在环境条件苛刻地区，这种沙障可以铺设在行带式林网中间，其作用相当于不耗水植物，协助植物固沙集水；可以铺设在流动沙丘迎风坡，辅助固沙和沙生植物种植。图 8-7 中林-林间、林-沙障间、草-灌-乔间距离可根据降雨和灌溉条件调整。

2. 利用土-沙混合泥及模具铺设

利用黏土-沙混合泥（或黄土-沙混合泥）和模具在沙面铺设方格、六方格、拱形格或圆形沙障，这种沙障抗压强度高，效果持久。在环境条件苛刻地区，这种沙障也可以铺设在行带式林网中间，其作用相当于不耗水植物，协助植物固沙集水；可以铺设在流动沙丘迎风坡，辅助固沙和沙生植物种植（图 8-7）。其中工程沙障及草灌宽度可根据降雨和灌溉条件调整。图 8-7 建议尺寸适合在年降雨 150~250 mm 地区使用。在极干旱地区，工程措施承担主要防控任务；在干旱地区，工程和生物措施共同承担防控任务；在半干旱地区，生物措施主要承担防控任务。在沙坡地区域，铺设拱形沙障可有效防止沙埋。与黏土泥（或黄土泥）沙障比较，黏土-沙混合泥（或黄土-沙混合泥）沙障抗压强度提高，但抗风蚀性能降低。黏土-沙混合泥（或黄土-沙混合泥）沙障能够节约土的用量，可在严重缺土地区使用。

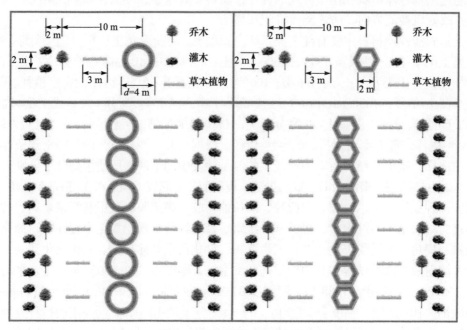

图 8-7　林间固沙沙障示意图

3. 利用纯土泥铺设

在沙面用沙堆成高度为 35 cm 的方格（边长 3 m）、六方格（边长 2 m）、拱形格（拱高 2 m，圆弧半径 1 m）或圆形（直径 4 m）沙障，利用浇筑机械在其表面覆盖约 10 cm 土泥。在土源较近地方，可以直接用土泥铺设高度为 45 cm 的方格（边长 3 m）、六方格（边长 2 m）、拱形格（拱高 2 m，圆弧半径 1 m）或圆形（直径 4 m）沙障。土泥沙障可以机械化铺设，也可以人工铺设。这种沙障抗压强度高，效果持久，具有一定防蒸发效果。在环境条件苛刻地区，用这种沙障可以建造隔离带或保护带。

4. 利用土-沙混合泥建造

将细黏土（红土、黑土及青土）或黄土与沙按照 1∶1（质量比）混匀制成土泥（可以人工也可以机械化）。在沙面用沙堆成高度为 35 cm 的方格（边长 3 m）、六方格（边长 2 m）、拱形格（拱高 2 m，圆弧半径 1 m），或高度为 30 cm 的圆形（直径 4 m）沙障，利用浇筑机械在其表面覆盖约 10 cm 土-沙混合泥。在土源较近地方，同样可以直接用土-沙混合泥铺设高度为 45 cm 的方格（边长 3 m）、六方格（边长 2 m）、拱形格（拱高 2 m，圆弧半径 1 m）或圆形（直径 4 m）沙障。土-沙混合泥沙障可以机械化铺设，也可以人工建造。这种沙障抗压强度比第一种还要高，效果持久，具有一定防蒸发效果，但抗风蚀性能比第一种弱。在环境条件苛刻地区，也可以用这种沙障建造隔离带或保护带。

5. 利用土泥与高分子铺设

将细黏土（红土、黑土及青土）或黄土与沙及高分子（聚丙烯酸、聚丙烯酰胺、聚乙二醇、聚乙烯醇、黄原胶、亚麻胶、田菁胶、角豆胶、沙蒿胶、香豆胶、瓜尔豆胶、卡拉胶、阿拉伯树胶、魔芋胶、羧甲基纤维素钠、羧甲基纤维素、羟丙基甲基纤维素、羟乙基纤维素、糊化红薯淀粉、糊化木薯淀粉、糊化马铃薯淀粉、糊化玉米淀粉、糊化变性玉米淀粉、糊化羧甲基淀粉钠、糊化氧化淀粉、糊化可溶性淀粉及海藻酸钠等）按照 1000∶1000∶3（质量比）混匀，制成含高分子土泥（可以人工也可以机械化）。在沙面用沙堆成高度为 35 cm 的方格（边长 3 m）、六方格（边长 2 m）、拱形格（拱高 2 m，圆弧半径 1 m）或圆形（直径 4 m）沙障，利用浇筑机械在其表面覆盖约 10 cm 土-高分子泥。在土源较近地方，与以上方法相似，可以直接用土-天然高分子泥建造高度为 45 cm 的方格（边长 3 m）、六方格（边长 2 m）、拱形格（拱高 2 m，圆弧半径 1 m）或圆形（直径 4 m）沙障。土-高分子沙障可以机械化铺设，也可以人工铺设。这种沙障抗压强度更高，抗风蚀性能优异，耐候性更强，而且具有较好防蒸发效果。

6. 利用土泥与秸秆建造

将黏土（或黄土）和碎秸秆（玉米秸秆、高粱秸秆、向日葵秆、稻草、稻壳、马铃薯藤蔓、麦草、麦衣、木屑、玉米棒芯、酒糟、糠醛废渣、蔬菜尾菜、树枝或任何植物碎片）以 1000∶5（质量比）混匀制成黏土（或黄土）-植物秸秆泥，参照纯泥土铺设方法，在沙面用沙堆成高度为 35 cm 的方格（边长 3 m）、六方格（边长 2 m）、拱形格（拱高 2 m，圆弧半径 1 m）或圆形（直径 4 m）沙障，利用浇筑机械在其表面覆盖约 10 cm 黏土（或黄土）-秸秆泥。在土源较近地方，与以上方法相似，可以直接用黏土（或黄土）-秸秆泥铺设高度为 45 cm 的方格（边长 3 m）、六方格（边长 2 m）、拱形格（拱高 2 m，圆弧半径 1 m）或圆形（直径 4 m）沙障。与黏土（或黄土）泥-天然高分子沙障相似，这种沙障抗压强度也较高，效果持久，所需材料来源丰富，价格低廉。

7. 利用块状黏土或石料（鹅卵石或石砾）铺设

直接利用块状黏土或石料（鹅卵石或石砾）铺设高度为 25 cm 的网格（边长 1.5 m）、六方格（边长 1 m）、拱形格（拱高 1 m，圆弧半径 0.5 m）或圆形（直径 2 m）沙障。在黏土土块、鹅卵石或石砾来源比较丰富地区，可以使用这种方法固沙。

8. 利用土铺设

首先用沙堆成高度为 35 cm 的方格（边长 3 m）、六方格（边长 2 m）、拱形（拱高 2 m，圆弧半径 1 m）或圆形（直径 4 m）沙障，在其表面覆盖 10 cm 黏土（或黄土），踩实。这种沙障效果持久，铺设简单，原料无成本，机械化铺设也很方便，在干旱少雨地区可以大面积推广。在土源比较近的地方，可以直接用黏土（或黄土）铺设高度为 45 cm 的方格（边长 3 m）、六方格（边长 2 m）、拱形格（拱高 2 m，圆弧半径 1 m）或圆形（直径 4 m）沙障。这种黏土（或黄土）沙障遇雨冲刷时，沙障内能快速形成结皮，防止风蚀掘空，也可以集水，渗漏到结皮下方的雨水的蒸发量大大减少（图8-8）。

图 8-8　土基固沙沙障

9. 利用黏土和沙铺设

除了原料是黏土-沙（或黄土-沙）外，其余与利用土铺设相同。

10. 利用黏土与合成固沙剂铺设

将细黏土(红土、黑土及青土)或黄土与合成固沙剂(见第4章固沙材料)按照 1000 : 3（质量比）混匀制成含合成固沙剂黏土泥（可以人工也可以机械化）。首先用沙堆成高度为 35 cm 的方格（边长 3 m）、六方格（边长 2 m）、拱形（拱高 2 m，圆弧半径 1 m）或圆形（直径 4 m）沙障，利用浇筑机械在其表面覆盖约 10 cm 土-固沙剂。

相对于其他方法铺设的固沙沙障，用土基材料铺设的固沙沙障具有以下优点：①耐压强度高，耐候性好，见效快，效果持久；②土沙障无污染；③可为植物提供营养和根部保护；④土沙障材料易得，价格低廉，铺设方法简单，容易机械化和大面积推广；⑤草沙障由于受草尺寸的限制，沙障高度一般为 20～25 cm，为了防止沙障内部被风掏空，沙障边长最佳是 1m，土沙障不受高度限制，所以土沙障可以建成各种形状和大小；⑥与草沙障比较，土沙障内外容易形成土结皮及生物土壤结皮，这种结皮的形成改善了沙层土壤的结构，具有集水、保水、防蒸发和降低沙面温度骤变作用，有利于沙生植物的生长。

8.6.4　土基材料组合沙障

第4章详细考察了不同形状及不同排布方式沙障对风沙流的影响，将红土基圆柱体、正方体及圆锥体沙障按照一定方式排布在洞体 38.9 m 风洞中，左右间距 15 cm，行间距分别为 25 cm 和 35 cm，风速 10 m/s，吹蚀时间 15 min，测量每一排的平均积沙高度，结果显示沙障形状影响积沙高度，总体看，行间距为 25 cm 时，积沙高度正方体>圆柱体>圆锥体；行间距为 35 cm 时，积沙高度正方体>圆柱体≈圆锥体。第4章的结论是不同形状的沙障具有不同的风蚀率。在不同风速下的共同规律是圆锥体沙障风蚀率>正方体沙障风蚀率>圆柱体沙障风蚀率。正方体沙障具有最高的积沙，说明这种沙障的阻沙效果比较好，也预示在流沙区前沿容易被沙埋；圆柱和圆锥体沙障积沙较低，则说明这种沙障疏导和分流效果较好。

基于风洞实验结果设计的组合沙障，其中疏导型沙障主要是土堆型或圆形。

每 3 个土堆（或圆形）沙障排列成等边三角形，流沙到达土堆后，一部分被反弹，反弹流沙对于前进流沙而言形成阻力，减缓其前进动力；一部分沿切线方向分流，分流后的流沙方向与原流沙方向形成夹角，事实上其前进方向改变。前排沿土堆沙障着风点和切线方向分流后的流沙到达第二排沙障时，再反弹和按切线方向分流，诸如此类，流沙方向在沙障间不断改变，被逐级疏导、分流和减缓。不管风从什么方向进入沙障，土堆沙障都可以达到相同的分散、疏导和减缓风沙流的效果。因此当土堆沙障大面积铺设后，能对各个方向的风沙流起到很好的分散、疏导和减缓作用，能够减少、降低流沙大量移动和堆积，使流沙被限制在一定的区域内（图 8-9）。这种沙障适合铺设在连续输沙区域的前沿地带，与阻隔固定型沙障组合，可有效防控流沙堆积和前行。在实际应用时，可以铺设直径 4 m，高度 1 m 的土堆沙障，遇雨冲刷可以在沙障周围形成结皮，结皮与沙障共同固沙。总体讲，土堆沙障的主要优点是其对风沙流的分流和疏导作用较强，避免流沙在沙障前的堆积，避免沙障被掩埋。另外土堆沙障还具有强度高、耐候性强的特点。土堆沙障相当于风洞实验中使用的圆锥沙障，这种沙障抗风蚀性能不是最优的，但沙障前积沙量最少。

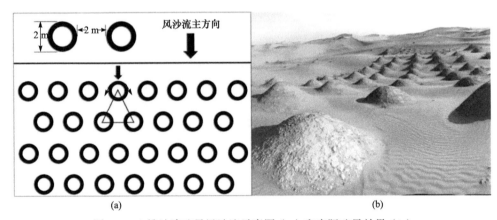

图 8-9 土堆沙障疏导风沙流示意图（a）和实际疏导效果（b）

在风洞实验中，圆柱体沙障积沙量大于圆锥体沙障。在野外输沙最前沿，相同高度的圆形沙障（相当于圆柱体）与土堆沙障（相当于圆锥体）的积沙状况相似。野外网格、圆形及土堆三种沙障中，积沙量是网格沙障>圆形沙障>土堆沙障，这与风洞实验结果基本一致。在沙坡头腾格里沙漠 2016 年 7 月铺设的网格、圆形及土堆沙障（各 1000 m²），至 2019 年 6 月 5 日，网格沙障全部被埋；圆形沙障 840 m² 被埋，剩余 160 m²；土堆沙障 630 m² 被埋，剩余约 370 m²（图 8-10）。非常有意义的是位于输沙前沿的土堆沙障，其周围不但积沙少，而且沙障附近形成类似于飞机涡轮发动机形状的沙波纹（图 8-11）。

图 8-10　网格沙障和土堆沙障
上图摄于 2016 年 7 月 29 日，下图摄于 2019 年 6 月 5 日

（a）　　　　　　　　　　　　　　　　（b）

图 8-11　（a）飞机涡轮发动机；（b）输沙前沿土堆沙障周围的沙波纹
摄于 2019 年 6 月 5 日

　　在高度为 20 cm 左右时，边长为 1m 的草方格沙障的固沙效果最好。草方格沙障的缺点是造成流沙在方格前方堆积，方格容易被流沙掩埋，如果尺寸过大，内部沙粒就会被风吹起。土基沙障高度可以不受限制，可以增加高度（草的长度限制了草沙障的高度），高度增加，沙障的平面尺寸也可以随之增大。特别重要的是，土基沙障遇雨可以在其内外形成土结皮，有效防止沙障内沙粒被风吹起，因此，在相同高度下，土基网格及圆形沙障直径可以超过 1 m。图 8-12 表明土基沙障内结皮的形成。

　　单独一种沙障一般不能很好地解决防沙固沙问题。组合沙障更有利于分流、疏导、减缓、阻隔和固定流沙。理论上从 n 种沙障中取 m 种组合，其组合的种类是 $c(n,m)=p(n,m)/m!=n!/[(n-m)!\times m!]$ ［组合数公式是指从 n 个不同元素中，任取 $m(m\leqslant n)$ 个元素并成一组，称为从 n 个不同元素中取出 m 个元素的一个组合］。例如，从 5 种沙

图 8-12　土基沙障内的结皮

障中任取 2 种，其组合数是：5!/［（5–2）!×2!］=（5×4×3×2）/（3×2×2）=10 种。沙障种类可以有方格（形成网格）、土堆形（形成点阵）、六边形（形成蜂巢）、拱形（形成拱塔）、圆形（形成点阵）、直线形（形成行带）、人字形（形成点阵）、半圆形（形成点阵）、三角形（形成网格）等，从这 9 种已知沙障中任取 2 种的组合数是 36 种；任取 3 种的组合数是 84 种。同理，任取 4 种、5 种、6 种、7 种和 8 种沙障的组合数分别是 126 种、126 种、84 种、36 种和 9 种。如果考虑到风沙流方向，沙障组合变量不但与组合种类有关，而且与组合排布次序有关，这时组合沙障的种类就应该是排列数：$A(n,m)=n(n–1)(n–2)\cdots(n–m+1)=n!/(n–m)!$［排列是从 n 个不同元素中，任取 m（$m \leqslant n$）个元素（被取出的元素各不相同），按照一定的顺序排成一列，称为从 n 个不同元素中取出 m 个元素的一个排列］。例如，从 5 种沙障中任取 2 种，其排列数是：5!/（5–2）!=（5×4×3×2）/（3×2）=20 种。从 9 种已知沙障中任取 2 种的排列数是 72 种；任取 3 种的排列数是 504 种。同理，任取 4 种、5 种、6 种、7 种和 8 种沙障的排列数分别是 3024 种、15120 种、60480 种、181440 种和 362880 种。沙障是工程方法，考虑到工程方法与生物方法的组合或排列，可能的排列数就更多，例如，9 种沙障与 9 种植物构成的工程-生物组合方法的排列数是 181440×181440= 32920473600 种。尽管理论上沙障的排列组合有多种多样，在工程实施时，没有必要考虑每一种排列，也没有必要去试验每一种组合的效果。工程上只要考虑尽可能增加系统的复杂性和下垫面的粗糙度即可。

荒漠（沙漠）化土地内的流沙区，如果能确定主风方向，迎风沙流方向的沙障应该使用分流、疏导和减缓作用最好的，可供选择的沙障有圆形、土堆、梯形、半圆形和人字形沙障；分流、疏导和减缓后的风沙流需要阻隔和固定，最好的选择是网格沙障；在网格后方应该是行带式沙障与生物方法的组合，生物方法一般是草-灌-乔结合的行带，考虑到荒漠（沙漠）化地区降雨少、缺水的现实，生物组合就只有草灌了。所以在荒漠（沙漠）化地区，常可选择的组合方式有以下几种。

组合 1：土基材料圆堆沙障-草灌组合、土基材料网格沙障-草灌组合、土基材料圆形沙障-草灌组合、土基材料半圆形沙障-草灌组合、土基材料人字形沙障-草灌组合、土基材料梯形沙障-草灌组合。

组合 2：土基材料土堆沙障-土基材料网格沙障组合、土基材料圆形沙障-土基材料网格沙障组合、土基材料半圆形沙障-土基材料网格沙障组合、土基材料人字形沙障-土基材料网格沙障组合、土基材料梯形沙障-土基材料网格沙障组合、土基材料拱形沙障-土基材料网格沙障组合。

组合 3：土基材料土堆沙障-土基材料网格沙障-草灌组合、土基材料圆形沙障-土基材料网格沙障-草灌组合、土基材料半圆形沙障-土基材料网格沙障-草灌组合、土基材料人字形沙障-土基材料网格沙障-草灌组合、土基材料梯形沙障-土基材料网格沙障-草灌组合、土基材料拱形沙障-土基材料网格沙障-草灌组合。

组合 4：土基材料土堆沙障-土基材料行带式沙障组合、土基材料圆形沙障-土基材料行带式沙障组合、土基材料半圆形沙障-土基材料行带式沙障组合、土基材料人字形沙障-土基材料行带式沙障组合、土基材料梯形沙障-土基材料行带式沙障组合、土基材料拱形沙障-土基材料行带式沙障组合。

组合 5：土基材料土堆沙障-土基材料行带式沙障-草灌组合、土基材料圆形沙障-土基材料行带式沙障-草灌组合、土基材料半圆形沙障-土基材料行带式沙障-草灌组合、土基材料人字形沙障-土基材料行带式沙障-草灌组合、土基材料梯形沙障-土基材料行带式沙障-草灌组合、土基材料拱形沙障-土基材料行带式沙障-草灌组合。

组合 6：土基材料土堆沙障-土基材料结皮组合、土基材料圆形沙障-土基材料结皮组合、土基材料半圆形沙障-土基材料结皮组合、土基材料人字形沙障-土基材料结皮组合、土基材料梯形沙障-土基材料结皮组合、土基材料拱形沙障-土基材料结皮组合。

组合 7：土基材料土堆沙障-土基材料结皮-草灌组合、土基材料圆形沙障-土基材料结皮-草灌组合、土基材料半圆形沙障-土基材料结皮-草灌组合、土基材料人字形沙障-土基材料结皮-草灌组合、土基材料梯形沙障-土基材料结皮-草灌组合、土基材料拱形沙障-土基材料结皮-草灌组合。

组合 8：土基材料土堆沙障-土基材料行带式沙障-土基材料网格沙障组合、土基材料圆形沙障-土基材料行带式沙障-土基材料网格沙障组合、土基材料半圆形沙障-土基材料行带式沙障-土基材料网格沙障组合、土基材料人字形沙障-土基材料行带式沙障-土基材料网格沙障组合、土基材料梯形沙障-土基材料行带式沙障-土基材料网格沙障组合、土基材料拱形沙障-土基材料行带式沙障-土基材料网格沙障组合。

组合 9：土基材料土堆沙障-土基材料行带式沙障-土基材料网格沙障-草灌组合、土基材料圆形沙障-土基材料行带式沙障-土基材料网格沙障-草灌组合、土基材料半圆形沙障-土基材料行带式沙障-土基材料网格沙障-草灌组合、土基材料人字形沙障-土基材料行带式沙障-土基材料网格沙障-草灌组合、土基材料梯形沙障-土基材料行带式沙障-土基材料网格沙障-草灌组合、土基材料拱形沙障-土基材料行带式沙障-土基材料网格沙障-草灌组合。

在荒漠（沙漠）化土地内的流动沙丘，迎风坡与背风坡的固定方法是不同的，一般只需要固定迎风坡就可以了，但许多地方风向多变，迎风坡与背风坡也在变化，所以适合采用土堆-间断行带式-网格组合、圆形-间断行带式-网格组合，半圆形-间断行带式-网格组合、人字形-间断行带式-网格组合、拱形-间断行带式-网格组合、土堆-间断行带式-网格-草灌组合、圆形-间断行带式-网格-草灌组合，半圆形-间断行带式-网格-草灌组合、人字形-间断行带式-网格-草灌组合、拱形-间断行带式-网格-草灌组合，其中拱形和人字形沙障适合在沙坡上使用。合理组合和排布，土基组合沙障就可以达到既能分流、疏导、减缓风沙流，又能阻隔、固定流沙，同时可以集水保水，减少蒸发，降低沙面温度变化幅度的效果。土基组合沙障与生物方法组合，是效果持久、环境友好、投入少见效快的防沙固沙技术。图 8-13～图 8-20 是一些常见的组合沙障示意图。所有这些示意图都是针

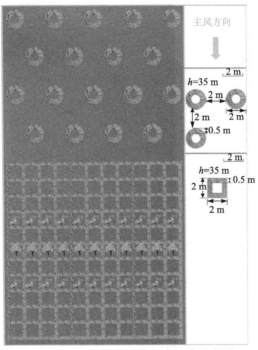

图 8-13　土基圆形-网格组合沙障示意图

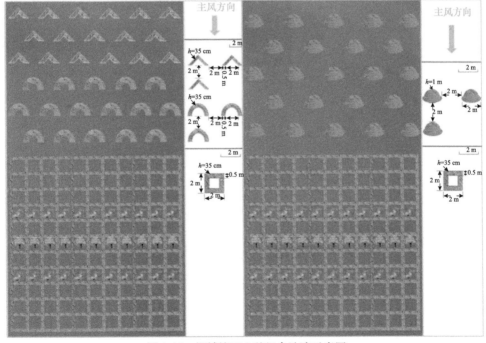

图 8-14　机械施工土基组合沙障示意图

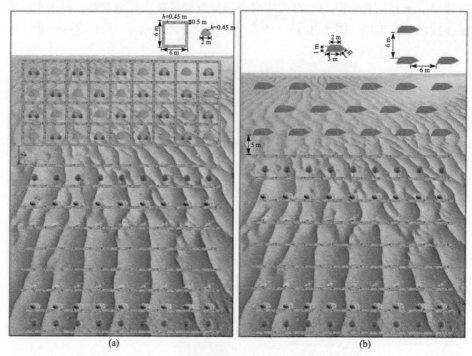

图 8-15　机械施工网格沙障-土堆沙障-行带式沙障-灌丛（a）和梯形沙障-行带式沙障-灌丛（b）组合示意图

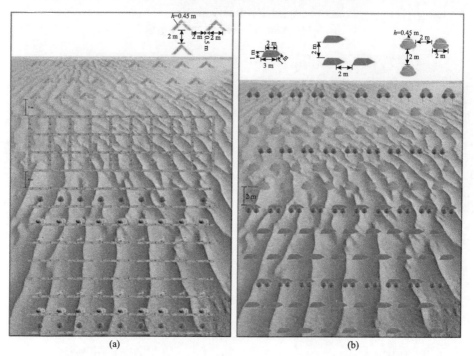

图 8-16　机械施工人字形沙障-网格沙障-行带式沙障-灌丛（a）和土堆沙障-梯形沙障-灌丛
（b）组合示意图

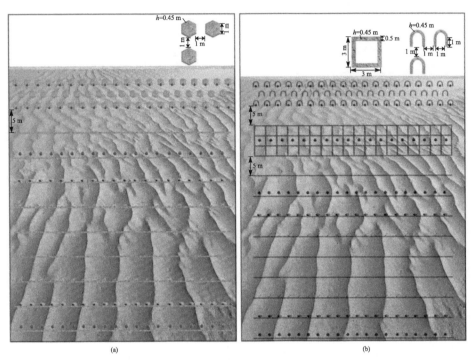

图 8-17　六边形沙障-行带式沙障-灌丛（a）和拱形沙障-网格沙障-行带式沙障-灌丛（b）组合示意图

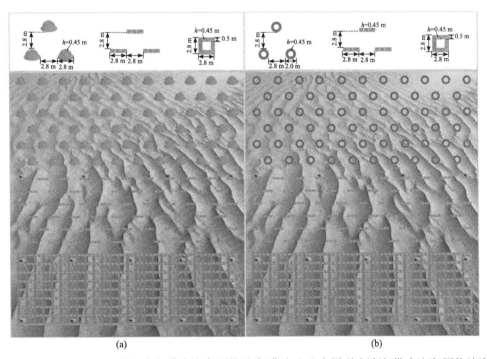

图 8-18　机械施工土堆沙障-间断行带式沙障-网格沙障-灌丛（a）和圆形-间断行带式沙障-网格沙障-灌丛（b）组合示意图

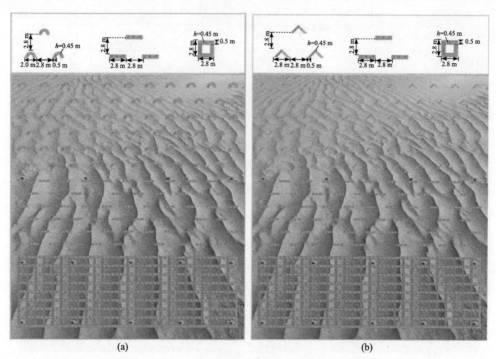

图 8-19　机械施工半圆形沙障-间断行带式沙障-网格沙障-灌丛（a）和圆形沙障-间断行带式沙障-网格
沙障-灌丛（b）组合示意图

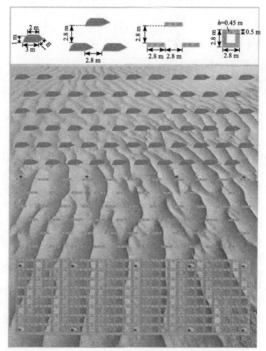

图 8-20　机械施工梯形沙障-间断行带式沙障-网格沙障-灌丛组合示意图

对荒漠（沙漠）化地区特定地貌的局部设计，在实际施工时在某一地段，可能采用几个设计的复合沙障。所有这些组合沙障及其与生物方法的综合都具有良好的防沙固沙效果，有一些已实现机械化施工，相关内容将在土基材料应用示例部分介绍。

8.6.5　土基材料组合土障

土基材料组合土障（堤坝）适合水蚀地区及风蚀水蚀交错地区。第 5 章详细介绍了土基固土材料。固土需要提高材料的抗水蚀性能，与固沙材料相似，固土材料的设计原理是使材料颗粒间也尽可能紧密结合，遇水侵蚀时不易破碎，不易被水冲蚀。固沙与固土面对的外界因素不同，固沙面对的主要因素是干燥条件下的风及风沙流，防控对象主要是风蚀；固土面对的主要因素是大雨条件下的水及洪水，防控对象则主要是水蚀；在水蚀风蚀交错区，防控对象既有风蚀又有水蚀。耐风蚀与耐水蚀虽然是两个不同的概念，但其共同点都关系到土壤抗侵蚀、土壤的安全、地形地貌的稳定、农林牧的健康发展、荒漠化防控、生态和环境安全。

黄土高原水土流失防控，是将分流、疏导、减缓与阻隔、固土、集流及保水相结合，设计土基组合土障（组合堤坝）。

适合黄土高原水蚀区的组合土障主要有：鱼鳞坑-土障-灌丛组合、鱼鳞坑-梯形（土堆或圆形）土障-草组合、鱼鳞坑-梯形（土堆或圆形）土障-灌丛-草组合、梯形（土堆或圆形）土障-灌丛-草-乔组合、梯形（土堆或圆形）土障（堤坝）-土网格组合、梯形（土堆或圆形）土障（堤坝）-土网格-灌丛组合、梯形（土堆或圆形）土障（堤坝）-土网格-草组合、梯形（土堆或圆形）土障（堤坝）-土网格-灌丛-草组合、梯形（土堆或圆形）土障（堤坝）-土网格-灌丛-草-乔组合、梯形（土堆或圆形）土障（堤坝）-灌丛组合、梯形（土堆或圆形）土障（堤坝）-草组合、梯形（土堆或圆形）土障（堤坝）-灌丛-草组合、梯形（土堆或圆形）土障（堤坝）-灌丛-草-乔组合、鱼鳞坑-土网格-灌丛组合、鱼鳞坑-土网格-草组合、鱼鳞坑-土网格-灌丛-草组合、土网格-灌丛-草-乔组合、鱼鳞坑-土结皮-灌丛组合、鱼鳞坑-土结皮-草组合、鱼鳞坑-土结皮-灌丛-草组合、土结皮-灌丛-草-乔组合、土结皮-鱼鳞坑-土行带组合、土结皮-鱼鳞坑-土行带-灌丛组合、土结皮-鱼鳞坑-土行带-草组合、土结皮-鱼鳞坑-土行带-灌丛-草组合、土结皮-土行带-灌丛-草-乔组合、梯形（土堆或圆形）土障-土行带组合、梯形（土堆或圆形）土障-土行带-灌丛组合、梯形（土堆或圆形）土障-土行带-草组合、梯形（土堆或圆形）土障-土行带-灌丛-草组合、梯形（土堆或圆形）土障-土行带-灌丛-草-乔组合、土网格-土行带组合、土网格-土行带-灌丛组合、土网格-土行带-草组合、土网格-土行带-灌丛-草组合、土网格-土行带-灌丛-草-乔组合、梯形（土堆或圆形）土障-土网格-土行带组合、梯形（土堆或圆形）土障-土网格-土行带-灌丛组合、梯形（土堆或圆形）土障-土网格-土行带-草组合、梯形（土堆或圆形）土障-土网格-土行带-灌丛-草组合、梯形（土堆或圆形）土障-土网格-土行带-灌丛-草-乔组合等。

适合黄土高原风蚀水蚀交错区的组合土障除了以上适宜于水蚀的组合外，在坡度较大的风沙危害区还需要草网格，所以需增加梯形（土堆或圆形）土障-麦草网格组合、梯形（土堆或圆形）土障-麦草网格-灌丛组合、梯形（土堆或圆形）土障-麦草网格-草组合、梯形（土堆或圆形）土障-麦草网格-灌丛-草组合、梯形（土堆或圆形）土障-麦草网格-

灌丛-草-乔组合。在边坡区域，组合还需要考虑鱼鳞坑。

容易机械化施工的组合有土基梯形（或土堆）土障（堤坝）-网格土障-草灌组合，梯形（或土堆）土障（堤坝）的作用是疏导、分流和减缓风沙流（季节性洪水）；网格土障的作用是集水保土，防止水土流失，为植物生长提供条件；草灌的作用是加固土障（堤坝），形成水土流失防控体系。

适合水土流失防控的组合土障及小流域治理工程设计将在后续 8.6.14 节（土基材料辅助季节性洪水利用）详细介绍。

8.6.6 土基材料固沙结皮

1. 土基材料固沙结皮适用范围

黏土（或黄土）固沙结皮属于工程固沙，可用来在沙区迎风坡构建结皮，防止沙体的流动，与黏土（或黄土）沙障功能相似，也可以用来在农区和沙区、林区和沙区、铁路和沙区、公路和沙区及主干渠和沙区之间铺设保护带或隔离带。黏土（或黄土）结皮可以与生物土壤结皮结合使用，为藻类和苔藓类提供固定床和营养，促进生物土壤结皮的形成、发育和繁衍，促进荒漠（沙漠）化地区生态修复。

2. 土基材料固沙结皮铺设方法

土基材料固沙结皮或土辅助生物土壤结皮所使用的材料有：红土、黑土、青土、黄土、红土-高分子、黑土-高分子、青土-高分子、黄土-高分子、红土-秸秆、黑土-秸秆、青土-秸秆、黄土-秸秆、红土-保水剂、黑土-保水剂、青土-保水剂、黄土-保水剂、红土-固沙剂、黑土-固沙剂、青土-固沙剂、黄土-固沙剂、红土-固土剂、黑土-固土剂、青土-固土剂、黄土-固土剂、红土-沙漠藻、黑土-沙漠藻、青土-沙漠藻、黄土-沙漠藻、红土-秸秆-苔藓、黑土-秸秆-苔藓、青土-秸秆-苔藓、黄土-秸秆-苔藓、红土-保水剂-沙漠藻、黑土-保水剂-沙漠藻、青土-保水剂-沙漠藻、黄土-保水剂-沙漠藻、红土-固沙剂-沙漠藻、黑土-固沙剂-沙漠藻、青土-固沙剂-沙漠藻及黄土-固沙剂-沙漠藻。土基材料固沙结皮铺设方法是在沙表面抛撒约 3 cm 厚细黏土（或黄土）基材料，然后用钉耙将黏土和沙耙匀（沙与黏土体积比约为 1∶1，可以机械化作业），自然条件遇雨就能形成结皮。土结皮形成后，不利于沙米等沙生植物的自然生长，主要是种子不能被覆盖和自然潜入，所以在向沙丘抛撒黏土（或黄土）的同时，撒播沙蒿和沙米等沙生植物种子，以便在结皮形成后有种子覆盖于结皮下，遇雨发芽生长。在自然条件特别苛刻区域，需要强度比较高的结皮，要将土与高分子黏合剂混合耙匀后洒水，利用天然高分子黏合剂羟基等功能基团与黏土（或黄土）及沙粒表面羟基的弱相互作用力，使沙表面形成 4~5 cm 厚的硬化结皮。

3. 土基材料辅助生物土壤结皮铺设方法

1）实验室黄土-荒漠藻藻种制备

在 300 g 取自中卫沙坡头的天然藻结皮中，加入 25 ℃蒸馏水 500 mL，搅拌，使其中的沙土沉降，静置 1 h，除去最底层沙砾，上层溶液和中层泥土用作荒漠藻藻种。在 500 g

取自兰州北山的原黄土中，加入 2000 mL 蒸馏水，搅拌 15 min 后静置 5 h，除去上层清液和底层砂砾。反复提纯 3 次，60 ℃下干燥 48 h，研细。在 100 g 纯黄土中加入尿素、磷酸二氢钾、硫酸镁及磷酸氢钙各 1 mg，混合均匀铺在培养皿上，喷洒含有荒漠藻藻种后，放入温度 30 ℃，相对湿度 50% 的培养箱中 40d，其间每 5 天再喷洒一次荒漠藻藻种，得到可在大田使用的藻种。

2）土基材料辅助沙丘生物土壤结皮

春末夏初季节，在沙丘表面先覆盖 3 cm 黏土或黄土，将实验室制备黄土-荒漠藻藻种与细黏土或细黄土按照 1∶1000 比例混合均匀后，按照 2 g/m² 藻种撒在黏土或黄土表面，喷洒水使表面润湿，促进快速形成生物土壤结皮。大面积实施时可使用土基材料辅助形成天然藻结皮，替代实验室藻种扩大试验。在荒漠（沙漠）化地区，只要具备藻类生长条件（固定床、基础营养、水文条件），荒漠（沙漠）化土地中的藻类就会自然繁衍生成生物土壤结皮，不用专门接种。生物土壤结皮形成后能够改善沙层的组成和结构，减少蒸发并使流沙固定。土基材料为藻类生长提供固定床和营养，与沙粒比较还能集水，促进生物土壤结皮的快速形成和增长。这种方法适宜于在年降雨 150 mm 以上的区域实施，年降雨量太少的地区较难形成生物土壤结皮。

相对于其他方法形成的结皮，用黏土（或黄土）基材料铺设的结皮具有以下优点：①耐压强度高，耐候性好，固沙效果持久；②土基材料为植物提供营养，有利于植物发芽和生长；③土基材料为藻类提供固定床和营养，辅助生物土壤结皮快速发育繁衍；④土基材料结皮透水保水性好，减缓蒸发；⑤与沙面相比，土基材料结皮能降低地面温度的骤变；⑥与黏土（或黄土）基材料固沙沙障相似，黏土（或黄土）基材料固沙结皮材料易得、价格低廉、铺设方法简单、可以机械化施工、容易推广。

8.6.7　土基材料固沙沙埂

1. 土基材料固沙沙埂适用范围

土基材料固沙沙埂实际上也是土沙障的一种，由于铺设的形状和走向类似于田埂，所以被称为土基材料固沙沙埂。土基材料固沙沙埂适合行带式和间断行带式铺设，辅助行带式排布沙生植物种植。黏土（或黄土）基材料固沙沙埂固沙属于工程固沙，与黏土（或黄土）材料其他沙障相似，可用来在农区和沙区、林区和沙区、铁路和沙区、公路和沙区及主灌渠和沙区之间铺设保护带或隔离带，也可以用于荒漠（沙漠）化地区的生态修复。

2. 土基材料固沙沙埂铺设方法

黏土（或黄土）基材料固沙沙埂是在传统黏土（或黄土）基材料沙障的基础上，根据流沙这种特殊流体特性，利用沙障形状和走向的变化干扰风沙流方向和减缓沙流速度。黏土（或黄土）基材料固沙沙埂可因地制宜，根据当地自然资源选择铺设材料和方法。黏土（或黄土）基材料综合固沙技术有三种方法可以使用。

（1）利用细黏土（或黄土）、沙及高分子（聚丙烯酸、聚丙烯酰胺、聚乙二醇、聚乙烯醇、黄原胶、亚麻胶、田菁胶、角豆胶、沙蒿胶、香豆胶、瓜尔豆胶、卡拉胶、阿拉伯树胶、魔芋胶、羧甲基纤维素钠、羧甲基纤维素、羟丙基甲基纤维素、羟乙基纤维素、糊化红薯淀粉、糊化木薯淀粉、糊化马铃薯淀粉、糊化玉米淀粉、糊化变性玉米淀粉、糊化羧甲基淀粉钠、糊化氧化淀粉、糊化可溶性淀粉及海藻酸钠等）铺设。沙埂第一层为沙层，高度 40 cm；第二层黏土（或黄土）-沙混合层，黏土（或黄土）与沙按照体积比 1∶1 在沙层外围堆厚度为 5 cm 的混合层，尽可能夯实或踩实；第三层是在所堆成的沙障表面铺 5 cm 土-高分子（质量比 1000∶1）混合层踩实。在年降雨量超过 100 mm 沙漠地区，第二和三层直接用 10 cm 黏土（或黄土），夯实或踩实，不需要添加高分子黏合剂。根据地形地貌，黏土（或黄土）基材料固沙沙埂可以选择多种走向和形态，可以是行带式，也可以是地形走向的不规则形，力求最大限度地减缓风沙流速度，改变风沙流方向，疏导流沙，使沙流方向越乱越好，阻止流沙的堆积和前行。

（2）利用黏土（或黄土）泥和高分子铺设。将细黏土（或黄土）与高分子黏合剂按照 1000∶1 的质量比混匀制成黏土（或黄土）泥（可以人工也可以机械化），利用黏土（或黄土）泥和模具铺设圆柱（直径 10 cm、高度 25 cm）或长方形泥砖（长 25 cm、宽 20 cm、厚 5 cm），利用这些圆柱或长方形砖块在沙丘排布各种形状的黏土（或黄土）基材料固沙沙埂。这种方法适合在年降雨量少于 50 mm 的荒漠（沙漠）化地区使用。

（3）利用黏土泥和秸秆铺设。该方法同样适用于在年降雨量少于 50 mm 的荒漠（沙漠）化地区使用。将黏土（或黄土）和碎秸秆（麦草、麦衣，木屑、树枝或任何植物碎片）以 1000∶5 的质量比混匀制成黏土泥，参照黏土（或黄土）泥-高分子方法，利用黏土（或黄土）泥和模具铺设圆柱（直径 10 cm、高度 25 cm）或长方形泥砖（长 25 cm、宽 20 cm、厚 5 cm），利用这些圆柱形或长方形砖块在沙丘排布各种形状的黏土基材料固沙沙埂。

相对于其他方法铺设的固沙埂，用黏土（或黄土）基材料铺设的沙埂具有以下优点：①耐压强度高，耐候性好，效果持久；②黏土（或黄土）基材料固沙沙埂无污染；③黏土（或黄土）基材料固沙沙埂材料易得、价格低廉、铺设方法简单、容易推广（图 8-21）。

图 8-21　土基沙埂（障）
民勤青土湖，摄于 2011 年 5 月 30 日

8.6.8　土基材料辅助沙生植物保护

1. 土基材料辅助沙生植物保护技术适用范围

土基材料辅助沙生植物保护技术是在土基材料沙障、土基材料组合沙障、土基材料结皮及土基材料辅助生物土壤结皮基础上发展起来的，被保护的植物的枯死率可大大降低。黏土（或黄土）基材料辅助沙生植物保护属于生物固沙和工程固沙技术的综合技术，可用来保护极端干旱区濒危沙生植物，极端干旱区特有种植物，沙区已有的梭梭、柠条、花棒、胡杨、沙蒿及白刺等沙生植被。沙生植物保护技术在保护沙生植物免遭风沙流侵蚀的同时，为沙生植物提供营养、集水、减少蒸发和降低沙面温度骤变，防止沙生植物枯死，促进沙生植物生长。在同等条件下，植物周围有保护措施时，其生长速度提高，枯死率降低。土基材料辅助沙生植物保护技术不仅可以大大促进荒漠（沙漠）化地区的生态修复，也可以辅助荒漠（沙漠）化地区经济林木的种植，促进沙产业发展，实现荒漠（沙漠）化地区经济可持续发展。

2. 土基材料辅助沙生植物保护技术实施方法

年降雨量 200 mm 以上荒漠（沙漠）化地区，已有沙生植物密度达到每亩约 50 株（丛）以上时（梭梭、胡杨、柠条或花棒等沙生植物），利用黏土（或黄土）基材料在沙生植物周围（距离主干 2～3 m 处）铺设黏土（或黄土）沙障，黏土（或黄土）沙障可以固定沙生植物周围的流沙，保护这些植物免受风沙侵蚀，同时为这些沙生植物生长提供营养和水分。黏土（或黄土）沙障铺设方法是根据植物的大小，首先在离植株 2～3 m 周围，利用沙堆造高度为 35 cm 的圆形或半圆形沙障（独立沙障，不环绕植物），在其表面覆盖 10 cm 黏土，踩实。

年降雨量 100～200 mm 荒漠（沙漠）化地区，已有沙生植物密度达到每亩 30～40 株（丛）时（梭梭、胡杨、柠条或花棒等沙生植物），利用黏土（或黄土）在沙生植物周围铺设黏土（或黄土）沙障，铺设方法同上。同样黏土（或黄土）的作用：一是为沙生植物生长提供基础营养，二是黏土（或黄土）沙障保护这些植物免受风沙侵蚀。在空旷区域每亩分别补 10～20 个圆形黏土（或黄土）沙障，铺设方法是先在空旷地带用沙堆造直径 4 m 和高度 35 cm 的圆形沙障，在其表面覆盖 10 cm 黏土，踩实。

年降雨量 100 mm 以下的荒漠（沙漠）化地区，已有沙生植物密度不足 30 株（丛）时（梭梭、胡杨、柠条或花棒等沙生植物），利用黏土（或黄土）在沙生植物周围空旷区域铺设黏土（或黄土）沙障，铺设方法同上。在空旷区域每亩分别补 20～30 个圆形黏土（或黄土）沙障，铺设方法同上（图 8-22）。

黏土（或黄土）基材料辅助沙生植物保护技术实质上既对已有植物提供了保护，也对流沙进行了固定，同时为沙生植物提供了荒漠（沙漠）化地区所严重缺乏的水和植物营养，是工程措施辅助生物措施，可以提高生物措施的效果。在极端干旱地区，工程措施可以承担 50%～80%防控任务，可以使已有沙生植物免受风沙侵蚀，减少枯死比例，同时在植物稀疏的空旷地带以黏土（或黄土）圆形沙障人为增加固沙密度。圆形沙障在固沙效果方面相当于沙生植物，但它们不消耗水，不会与其他沙生植物竞争水源，且能为沙生植物集水保水，从而达到生物固沙和工程固沙的综合效果。

图 8-22　植物保护土基沙障
民勤青土湖，摄于 2012 年 4 月 7 日

在风沙工程的具体实践方面，有防护林营建技术、植物固定流沙技术、流动沙地飞播种草造林技术、公路铁路防沙技术及低密度造林固沙技术，这些技术都达到了国际先进水平。生物固沙技术是目前沙漠治理中最经济、持久、有效和稳定的技术，但是恶劣的自然环境难以提供植物赖以生存的基本要素（温度、水和营养），事实上，在沙漠地带的植物存活和生长面临流沙、高温、缺水和缺营养等四大杀手。植物幼苗生长初期容易受到风蚀和沙埋，导致死亡，中龄林木由于缺水，枯死比例更高。黏土（或黄土）基材料辅助沙生植物保护能大大降低中幼龄林木枯死率。

现阶段主要的防沙固沙技术大多数存在自身的缺陷：本身防沙固沙能力低，不能对流沙进行很好的固定；在防沙固沙的同时可能对环境造成污染；不能为植物的生长提供一定的营养或水分。黏土（或黄土）基材料辅助沙生植物保护防沙固沙技术，以黏土（或黄土）为主要原料，可以为植物在生长初期提供保护，防止被沙掩埋；可以降低沙面温度的骤变，避免植物被沙烫死；可以为植物提供生长必需的营养，促进植物生长；可以集水保水，减少水分蒸发。黏土（或黄土）基材料辅助沙生植物保护技术与其他防沙固沙技术结合，可以大大提高防沙固沙效果。

人工铺设土结皮或土辅助生物土壤结皮用工较多，除非是在自然条件十分苛刻的流动沙丘，在一般农林区使用受成本制约，难以大面积推广。在有灌溉条件的干旱半干旱地区，结合灌溉可以快速铺设土结皮，省时省工。土结皮不但可以在流沙区用来固沙和保护植物（8.6.6 节），而且可以在干旱农林区使用，用来防止蒸发，节水保墒（图 8-23）。纯土结皮容易形成裂缝，降低防蒸发效果，在土中加入高分子或粉碎植物秸秆等防皲裂材料，能减少结皮裂缝，有利于形成比较好的土结皮。

总体来讲，黏土（或黄土）基材料结皮和黏土（或黄土）基材料组合沙障局部或整片铺设，能够阻止流沙的移动，干扰和分散风沙流方向，对于固沙和减缓风沙流速度效果明显。黏土（或黄土）基材料结皮可以减少荒漠（沙漠）化地区水的蒸发，还可以为沙漠植物提供基础营养，促进沙漠植物生长；黏土（或黄土）沙障配合植物固沙技术，可使固沙效果大大提高；黏土（或黄土）基材料沙障能够保护沙生植物根系免受风沙的侵蚀，对荒漠（沙漠）化地区植被的恢复起到促进作用。黏土（或黄土）固沙材料来源丰富，价格低廉，对环境友好，固沙工艺操作简单，便于荒漠（沙漠）化地区机械化铺设和大面积推广。

图 8-23　土基材料防蒸发结皮

8.6.9　土基材料固沙技术与草方格联用

1. 土基材料固沙与草方格联用技术适用范围

黏土（或黄土）基材料综合固沙联用技术属于生物固沙和工程固沙综合技术，可用来提高草方格固沙的效果和持久性，可减少麦草使用量，草方格分化可以为植物提供有机营养，黏土（或黄土）可为植物提供无机营养。草方格风化后黏土沙障继续固沙。任何适合草方格固沙的区域均适合联用技术，尤其是一些极旱区，草方格分化后植物难以完全承担固沙任务，土基材料组合沙障就可以辅助长期固沙。

2. 土基材料固沙与草方格联用技术实施方法

（1）在铺设草方格之前，首先在沙区按照前述黏土（或黄土）基材料沙障铺设方法，根据地形和风沙流状况，选择铺设一种或几种以下沙障：高 45 cm 内沙（35 cm）外黏土或黄土（10 cm）的方形（边长 3 m）、土堆（直径 4 m）、六方形（边长 2 m）、拱形（拱高 2 m，圆弧半径 1 m）或圆形固沙沙障（直径 4 m），每亩铺设约 30 个黏土（或黄土）沙障。在铺设草方格时也可以交替使用草和土，形成草-土网格。

（2）在黏土（或黄土）沙障空旷地带铺设草方格。

（3）利用保水剂辅助技术，在所铺设的草方格沙障内种植或移栽沙生植物（种植方法见 8.6.10 节），土沙障相当于不耗水的植物，可辅助和加强生物固沙效果。

黏土（或黄土）材料综合固沙与草方格及草灌联用技术具有生物固沙和工程固沙综合效果，在草方格风化和沙生植物长成前，草方格、黏土（或黄土）土堆、黏土（或黄土）方格、黏土（或黄土）六方格、黏土（或黄土）拱形格或黏土（或黄土）圆形固沙沙障共同起到工程固沙作用。在草方格风化和沙生植物长成后，黏土（或黄土）沙障继续起到工程固沙效果，沙生植物起到生物固沙效果。黏土（或黄土）基综合固沙与草方格联用技术提高了草方格的固沙效果和持久性，为植物提供了有机和无机营养，使草方格和黏土（或黄土）基材料固沙各自优点得到充分发挥。土沙障也可以与芦苇、藤条、葵花秆及棉花秆沙障（直立式及平铺设）联用，起到协同固沙作用（图 8-24）。

图 8-24　土-草联用沙障

摄于 2012 年 4 月 7 日

（4）在进行草方格固沙时，将草方格与黏土（或黄土）沙障交替铺设，草方格风化后，保留黏土（或黄土）沙障，在沙生植物长成后，黏土（或黄土）沙障可以为植物提供营养，可以以黏土（或黄土）沙障增加不耗水植物密度。

8.6.10　土基材料辅助沙生植物种植

1. 土基材料辅助沙生植物种植适用范围

黏土（或黄土）基材料辅助沙生植物种植属于生物固沙和工程固沙综合技术，可用来在沙区种植耐旱植物、牧草、蔬菜、水果及经济林木，重点是耐旱沙生植物（梭梭、胡杨、柠条、花棒、柽柳、吉生羊草、骆驼刺、碱茅及沙棘）的种植或栽种。

2. 土基材料辅助沙生植物种植方法

（1）黏土（或黄土）沙埂或黏土（或黄土）组合沙障铺设：首先在流沙区按照前述方法铺设黏土（或黄土）沙埂或黏土（或黄土）组合沙障。

（2）在黏土（或黄土）组合沙障内使用保水剂种植或栽植耐旱植物、牧草、蔬菜、水果及经济林木。

（3）建设生物-工程综合防风沙保护带（或隔离带）。

在年降雨量低于 200 mm、风沙危害比较严重和没有灌溉条件的地区种植沙生或旱生植物时，首先要铺设简易组合沙障，灌丛种植在沙障内，草本植物种植在沙障外，采用间断行带式多种树（草）混杂种植，灌木形成带状，构成生物多样。年降雨 50～200 mm 风沙危害区林草防护带（工程-生物）铺设方法参照图 8-25 进行。年降雨低于 50 mm 的地区，工程部分（沙障）所占比例要大于 80%，生物部分（林草）所占比例低于 20%，采用草-沙障模式；年降雨 50～100 mm 的地区，工程部分（沙障）所占比例对应区间为 50%～80%，生物部分（林草）所占比例对应区间为 20%～50%，采用草-灌-沙障组合模式；年降雨 100～200 mm 的地区，工程部分（沙障）所占比例对应区间为 20%～50%，生物部分（林草）所占比例对应区间为 50%～80%，采用草-灌-沙障组合模式。降雨量较大的地区，沙障带所占比例减小。林草行带中间黏土（或黄土）组合沙障带是沙面稳定的骨架，其作用：一是固沙，二是干扰风沙流，三是集水保水，为林草供水。黏土（或黄土）沙障带与林草带平行，与风沙流主方向垂直，其铺设方法见 8.6.4 节，根据当地实际，可以利用黏土（或黄土）、黏土（或黄土）-沙、黏土（或黄土）-高分子、黏土（或黄土）-秸秆、黏土（或黄土）-泥、黏土（或黄土）-沙混合泥、黏土（或黄土）-高分子-泥及黏土（或黄土）-秸秆-泥等，其形状可以根据风沙状况、地形地貌、机械化条件及土源决定，高度不得低于 35 cm。图 8-25 示意了网格沙障带，在实际运用中因地制宜，可以铺设土堆、圆形或其他形状沙障带。简易组合沙障铺设与组合沙障带铺设方法相似，使用黏土（或黄土）、黏土（或黄土）-沙、黏土（或黄土）-高分子或黏土（或黄土）-秸秆铺设，不需要用泥料，简易沙障一般铺设成边长 3 m 的方格。

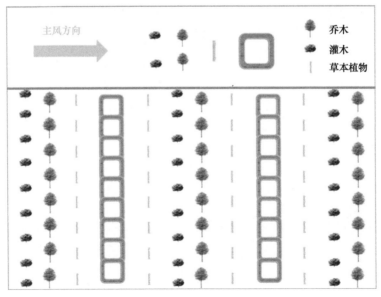

图 8-25　风沙危害区沙生植物种植示意图

在年降雨量高于 200 mm 的风沙危害地区和没有灌溉条件的地区种植沙生或旱生植

物时，依据地下水、降雨、蒸发及植被状况，调整图 8-25 中黏土沙障带与灌木林带间的
距离。草本植物带对固沙具有重要作用，但它们防风效果比较弱；乔木林带防风效果较
好，但其固沙作用相对较弱，在严重缺水地区种植乔木没有意义。在干旱风沙危害区，
固沙与防风需要同时加强，在有限水资源自然条件下，要调整最适宜的沙障及乔-灌-草
布局和植物带，力求固沙和防风达到最佳效果。

　　在风沙危害严重但有灌溉条件的地区种植沙生或旱生植物时，首先利用黏土（或黄
土）-泥（或土块，或石砾）铺设工程保护带或隔离带。土基堆沙障和圆形沙障（疏导
风沙）：直径 4 m、高 0.35 m、间距 4 m，铺设在迎风地带。土基网格沙障（阻挡风沙）：3 m
见方、高 0.35 m，铺设在土堆或圆形沙障后。前 10 排，土堆或圆形沙障，呈三角形排布，
每 5 排沙障间间隔种植桎柳和白刺，形成灌丛带，沙障外种植骆驼刺、沙米及沙蒿。中间
10 排，土网格沙障，每 5 排沙障间间隔种植梭梭和白刺，沙障外种植骆驼刺、沙米及沙蒿。
后 10 排，网格沙障，每 5 排沙障间间隔种植沙拐枣和樟子松，沙障外种植白刺、骆驼刺
及沙蒿（图 8-26）。以上植物种植或栽植前浇水，以后根据需水情况浇灌。沙米在流沙固
定、土壤结皮形成后逐渐消失，防沙初期种植沙米有利于植被的快速形成和改良沙地土壤。

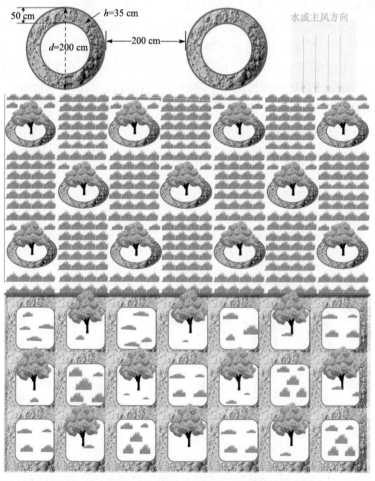

图 8-26　风沙危害区灌溉条件下沙生植物种植示意图

在年降雨 150～200 mm 和没有灌溉条件的风沙危害区，林带间能自然形成稳定植被，但这一过程需要 3～5 年时间，这期间风沙对种植的林带影响比较大。在这些区域，林带间也可以铺设简易土基沙障，在沙障中种植沙生或旱生草本及灌丛，土基沙障可以加速形成固沙结皮和稳定植被（图 8-27 及图 8-28）。

(a)　　　　　　　　　　　　　　　　　　　(b)

图 8-27　沙障内沙生植物种植（一）

（a）摄于 2011 年 6 月；（b）摄于 2012 年 9 月

(a)　　　　　　　　　　　　　　　　　　　(b)

图 8-28　沙障内沙生植物种植（二）

（a）摄于 2012 年 6 月；（b）摄于 2012 年 9 月

土沙障在防风固沙方面与草沙障基本相似，但土沙障由于具备集水保水、防蒸发和为植物提供营养的功能，在辅助植物种植方面具有明显优势。有土沙障的地方，不但移栽植物的成活率提高，而且也能促进植被覆盖度增加（图 8-29）和沙漠种子库植物种子自然发芽，草沙障则没有这些功能。在有土沙障的地方就有植物衍生，但在有草沙障的地方植物没有衍生（图 8-30）。在极旱区，草沙障风化后成活的植物较少，无法完全承担风沙危害防控任务，流沙不能固定；土沙障不风化，能够持久承担风沙危害防控任务，即使在没有植物的地方，有土沙障的地方流沙也能得到固定。

图 8-29　土沙障周边自然演替的植物

古浪马路滩，摄于 2019 年 7 月 7 日

图 8-30　土沙障促进种子库植物种子自然发芽

中卫沙坡头，摄于 2012 年 9 月 11 日

3. 土基材料辅助沙生植物种植

1）梭梭

梭梭（*Haloxylon ammodendron* Bunge）是一种长在沙地上的固沙植物，通常高 1～4 m，个别高达 10 m；主根一般深达 3～5 m，侧根分布最远可达 10 m；枝对生，有关节，当年生枝纤细，蓝绿色，直伸，2 年生枝灰褐色，有环状裂缝，叶退化成极小的鳞片状[70]。

梭梭枝干坚硬，表面呈灰白色，绿色同化幼嫩枝光滑发亮，能够反射掉部分阳光的照射，减轻高温对树体的灼伤，而且嫩枝肉质化，细胞液黏滞度很大，蛋白质凝固点很高，原生质亲水力极强，使其不致因高温而强烈脱水，造成代谢紊乱或停止。梭梭能在极端温度（气温–40～43 ℃，地表温高达 60～70 ℃）下存活。

梭梭属于国家二级保护植物，是温带荒漠（沙漠）中生物产量最高的植被。梭梭生命力极强，耐旱，耐寒，抗盐碱，防风固沙，改良土壤。它的树冠虽常年经受烈日的烘烤和狂风的吹打，但仍然能够存活。在极高温干旱季节，梭梭几乎干枯，但遇雨又可恢复生机。梭梭耐盐性很强，茎枝内盐分含量高达 15%左右，土壤含盐量在 1%～3%范围仍能生长。梭梭喜光，不耐庇荫，生长较快，寿命较长。1～3 年生梭梭的生长缓慢，5～6 年生的生长最快。梭梭树枝多而细长，树冠宽度小于树高。梭梭 20 年之后生长逐渐停滞，枝条下垂，侧方枝条折毁，开始进入衰老期。35～40 年开始枯顶逐渐死亡。在条件较好的地区，树龄可达 50 年[71]。

梭梭也是沙产业的重要资源。在年降雨量超过 150 mm 的沙区，梭梭可收割粉碎做兔饲料发展兔产业，其嫩枝也是骆驼的好饲料。荒漠肉苁蓉寄生在梭梭上，目前有许多地方通过人工接种肉苁蓉，将梭梭-肉苁蓉发展成为一个产业，但挖掘肉苁蓉时会引起地面松动，使固定沙丘活化，会使梭梭生长受到影响。在极干旱少雨的沙漠地区，梭梭生长缓慢，只要能够防风沙就可以了，没有必要再从梭梭植株攫取荒漠肉苁蓉。初级沙产业造成对梭梭的人为破坏，过度放牧，导致其大面积萎缩和死亡，自然生态恶化。在水肥条件比较好的地方，梭梭与肉苁蓉结合，经济效益相当可观，是比较好的产业模式。梭梭播种期一般在 4 月初，多采用条播，行距 25～30 cm，沟深 1.0～1.5 cm，覆土 1 cm，播种量每亩 2 kg，而后引清水薄灌 1 次[72]。栽植行距与沙障间距等宽，株距 2.0～2.5 m。在平坦的沙地上，行距根据降雨量确定（详见 8.6.4 节及 8.6.10 节）。以春秋雨季栽植为宜，北方早春 3 月上旬至 4 月上旬是适宜栽植时间。在干旱缺水地区，每亩地只能支撑存活 30～50 丛梭梭，过密的梭梭随着树丛长大而自然枯死淘汰。过去在干旱沙地梭梭造林密度太大，初期有利于观展，但这种密植的梭梭林稳定性差，一般不到 20 年就会衰败。

梭梭栽植对苗木要求不大严格，一般苗高 20 cm 以上，主根长 30 cm 以上，根幅在 30 cm 以上的 1 年生健壮苗木，均可用作造林，成活率较高。2 年生苗亦可，但成活率一般较 1 年生苗低。春季造林和秋季造林均可，栽植时要深栽，最好坐水栽植。梭梭最适宜在湖盆边缘地下水位较高而盐渍化不是很高的沙地、沙壤地、固定半固定沙丘或薄沙地上栽植，一般成活率可达 85%以上。在湖盆沙地、沙壤土、丘间沙地、固定沙丘或其他一般沙荒地上种植梭梭，造林方法和其他树种相同。在流动沙丘上栽植时要设置沙障，一般栽植在迎风坡的中下部沙障网格内。沙障应在造林头年秋季或初冬设置。有河水灌溉条件的地区可栽前灌水，造林后每年或隔年灌水 1 次。

固沙植物在荒漠化地区种植成活后，可以减缓流沙前进的速度，也可以改善该地区荒漠（沙漠）化环境。对乌兰布和地区的沙土及种植梭梭后的沙土研究发现，梭梭下面干沙层各粒径质量分数分布图呈单峰状，细沙占的百分比最多为 61.65%，其次是极细沙（0.1～0.05 mm），百分比为 23.84%。梭梭下面 10 mm 以下湿沙层各粒径质量分数也呈单峰状分布，细沙占的百分比最多为 73.05%，其次是极细沙，为 25.44%。小于 0.05 mm 的粉沙含量为 0.58%。粒径 0.5～0.25 mm 间的沙的百分含量以及粒径 0.1～0.05mm 间的极细沙的百分含量呈上升趋势，说明种植梭梭对土壤有很好的改良作用[73]。

梭梭单株防风断面积为（0.217±0.024）m²，在沙生植物中属于比较高的，但其固沙能力较低，单株沙堆体积为 0，几乎没有固沙效果[74]，形成灌丛后对沙丘的稳定作用明显提高。

在极干旱地区，由于水资源奇缺，每亩地能够生长 30～50 丛梭梭，这样密度的梭梭林基本不能固定流沙。梭梭林枯死的原因主要有三个：一是风沙流使梭梭根部裸露，引起枯死；二是随着梭梭灌丛的生长，需水逐年增加，缺水导致梭梭林枯死；三是病虫害。土基材料辅助种植梭梭主要是消除梭梭枯死的前两个原因，第一是固沙，防流沙沙害；第二是防蒸发，集水保水。采取 8.6.4 节及 8.6.10 节的方法在梭梭移栽前铺设行带式或组合沙障（图 8-31），可以有效保护梭梭，降低梭梭枯死率。在水肥相似条件下，梭梭更适合在细沙中生长，所以土基固沙沙障尽可能不要靠近主干，适合铺设在离主干 2～3 m 的地方，既固沙保水，又能维持梭梭的生长环境。梭梭苗比较便宜，一般采用每坑 2～3 株就可以保证每坑的成活率超过 80%。在一些特别干旱地区，移栽梭梭时每坑添加含持水性材料（植物胶、糊化淀粉、保水剂或纤维素类）的湿土 2～3 kg，移栽初期浇灌 1～2 次，可以将成活率提高 30%。

图 8-31　土基材料辅助梭梭种植

2）柽柳

柽柳（*Tamarix chinensis* Lour.）是一类起源于古地中海沿岸的古老木本植物，是伴随着古地中海的浸退、第四纪造山运动及环境的日益干旱而逐渐发育起来的。柽柳广泛分布于干旱、半干旱地区，在长期的历史进程中，形成了既抗旱又耐盐碱的特性。柽柳又名垂丝柳、西河柳、红柳、红荆条。柽柳属植物广泛分布于我国西北干旱地区，能够在年降雨量大于 80 mm 的干旱荒漠中生长，在我国分布有 18 种[75]。

柽柳为灌木或小乔木，高 3～6 m（图 8-32）。分枝很多，幼枝柔弱，枝条呈红紫色或暗紫色。柽柳叶鳞片状，钻形或卵状披针形，长 1～3 mm，半贴生，背面有龙骨状柱。柽柳花呈粉红色或黄色，种子外壳颜色很像其花（图 8-33）。柽柳果为蒴果，具有 3～4

个开裂果瓣[76]。柽柳非常耐干旱和耐土壤盐碱，不仅是优良的防风固沙植物，也适于沙荒地造林。农谚说"盐碱地三件宝，黄须、碱蓬、红荆条"，红荆条就是指柽柳。柽柳因此被人们誉为"大漠英雄树"，同时还是水土保持树种和盐碱地难得的绿化造林树种，也是我国造林树种中公认的头号耐盐树种[77-79]。柽柳的根很长，可达几十米，可以吸到深层的地下水。柽柳还不怕沙埋，被流沙埋住后，枝条能顽强地从沙包生出新芽，继续生长。柽柳能在含盐 0.5%～1% 的盐碱地上生长，是改造盐碱地的优良树种。

图 8-32 生长在柴达木沙漠的柽柳
摄于 2014 年 8 月

图 8-33 民勤青土湖柽柳的花和种子
摄于 2019 年 7 月 6 日

柽柳属植物都具有一定的抗旱性能，但抗旱强弱不同。根据柽柳属植物的叶解剖特点，结合在我国分布的生态环境，可将柽柳分为 3 大类型：一是沙生柽柳、密花柽柳和紫杆柽柳等极度耐旱种类，主要生长在极端干旱的流动沙丘、半流动沙丘和砾石戈壁上；二是短毛柽柳、细穗柽柳、长穗柽柳、多花柽柳、刚毛柽柳、短穗柽柳、异花柽柳和多枝柽柳等中度耐旱的种类，大多生活于干旱半干旱地区河湖岸边，冲积平原上；三是甘蒙柽柳和中国柽柳等轻度耐旱种类，主要生长在半荒漠草原[80, 81]。根据水分生理和形态指标，采用数学分析法对我国柽柳的抗旱性进行排序，结果是：沙生柽柳>紫杆柽柳>密花柽柳>短毛柽柳>多枝柽柳>多花柽柳>细穗柽柳>中国柽柳>甘蒙柽柳>长穗柽柳>刚毛柽柳>短穗柽柳[82, 83]。

柽柳通常用扦插繁殖。春插在 2～3 月进行，选用一年生以上健壮枝条，主干直径在0.5～1.0 cm，长 15～20 cm，直插于苗床，插穗露出地面 3～5 cm，到 4～5 月即可生根生长。在干旱沙漠中扦插繁殖成活率比较低，可以先在比较湿润土地中春天扦插繁殖，第二年移栽到沙漠，移植时需要浇水，如果在其根部填埋少量湿黏土（或黄土），则有利于其成活和生长[84]。

柽柳也可用播种及分根法繁殖。播种繁殖方法：8 月采收，晒后取种，装布袋干藏，储藏温度保持在 3～5 ℃。翌春采用平床撒播，播种前要选好育苗地，整地做畦。育苗地土质以砂质土壤为宜，勿选土质黏重或盐分过重的地区。由于柽柳种小，发芽期及幼苗生长期需要保持床面湿润，播前先灌足底水，播后撒细土一层，以似盖非盖为宜，轻轻镇压，3～5 天种子发芽出土后用小水漫灌几次，然后依天气情况，每 10 天大水漫灌一次。经间苗和定苗后，幼苗生长很快，当年苗高可达 50 cm 以上，第 2 年春季可出圃造林[85]。

柽柳是非常好的防风固沙树种，其在干旱荒漠化地区的防风固沙效果也被广泛研究。观测发现，柽柳灌丛对植株高度以上处风速影响较小，低于植株高度（0.5 m、1 m 和 1.5 m）处风速则随观测点位置不同而呈规律性变化；相同高度处的风速随柽柳覆盖度的增加而减小，覆盖度越大，风速廓线的斜率越小，对风速的削弱效果越好，对地表的保护也就越好；柽柳各形态特征变量与积沙体积相关性（固沙能力）的大小顺序为：冠幅>叶干重>地上生物量>株高>基径>枝数。若需全面了解柽柳对风沙活动的影响，则需要大量的野外观察数据[86]。柽柳特别适合在沙漠丘间地造林[87]。

在我国柽柳集中分布的塔里木盆地，除了大面积的柽柳群落外，更多的是由不同柽柳种类固定起来的沙包群-"红柳包"。单就柽柳的固沙效果和固沙量来说，柽柳属植物是我国荒漠和半荒漠地区最好的固沙灌木。有人曾在北疆见到一高 30 m、基部长 80 m及宽 40 m 的固定"红柳包"，以"红柳包"年增高 2.4 cm 的常数来计算，这个大"红柳包"年龄大约 1208 年，固定的积沙量达 48000 m³。柽柳优良的固沙性能在绿洲外围得到很好的应用。塔里木盆地高 5～10 m 的"红柳包"随处可见，柴达木盆地及额济纳旗等地也有大面积"红柳包"。柽柳在防风固沙、维护生态安全及改善生态环境方面发挥着巨大的作用[88]。

在荒漠（沙漠）化极干旱流动半流动沙丘移栽柽柳，成活率很低。小面积移栽的柽柳苗可以通过浇灌保证成活率。春天移栽的柽柳苗，需要多次浇灌，这对大面积缺水地域难度很大。与移栽梭梭相似，一般也可采用每坑 2～3 株来保证每坑的成活率，在一些特别干旱地区，移栽梭梭时每坑添加含持水性材料（植物胶、糊化淀粉、保水剂或纤维素类）的湿土 2～3 kg，移栽初期浇灌 1～2 次，可以将成活率提高 20%。柽柳在流动半流动沙丘移栽初期容易被沙掩埋，所以移栽前需要铺设沙障。根据当地风沙流大小，在造林地铺设组合沙障。与传统草方格比较，辅助柽柳造林的土基沙障可以减少密度，不用连片铺设，在迎风坡铺设沙面的 1/3 即可。在有灌溉条件的地方，利用土基防蒸发材料结合灌溉铺设结皮，可以保水保墒，减少灌溉次数，提高造林成活率（详见 8.6.4 节及8.6.10 节，图 8-34）。

图 8-34　土基材料辅助柽柳种植
敦煌阳关，摄于 2016 年 9 月

　　3）柠条

　　柠条锦鸡儿（*Caragana korshinskii* Kom.），又称毛条、白柠条，根系发达，耐旱耐高温，丛生灌木，植株最高可达 2 m，在荒漠（沙漠）化干旱半干旱地区及干旱沙地均能存活，是固沙优良灌木[89]（图 8-35）。

　　柠条在年降雨量 200 mm 左右的干旱地带能够正常生长，即使在年降雨量只有100 mm 的地区也能生存。柠条主根很长，伸向地下深处汲取水分，侧根也十分发达。与柽柳相似，柠条也不怕沙埋，沙子越埋，分枝越多，生长越旺，因而适合在荒漠（沙漠）化地区种植。柠条能生长几十至几百年。生长良好的柠条灌丛，固沙固土能力强。柠条灌丛还能有效减小土壤的风蚀，灌丛下落叶和枯枝的堆积使土壤有机物增加，肥力提高。因此柠条是中西部地区防风固沙、保持水土的优良树种[90]。

　　柠条从果实成熟到裂果时间较短，一般在 6 月中旬至 7 月上旬，单株 2～4 天。当荚果由暗红色变为黄褐色（图 8-35）、由软变硬时应及时采摘。采摘种子时需要选择生长良好、无病虫害的树林进行。优良的种子呈黄绿色或米黄色，有光泽，纯度可达 94%左右。种子储藏前用 40%拌种灵可湿性粉剂 3000～5000 倍液进行拌种，以防虫蛀。熏蒸药剂毒性较大，一般应尽量避免使用，在万不得已使用时，要做好安全防护，防止人畜接触，处理后的种子要放在通风干燥处保藏。存放 3 年后种皮变暗灰色，开始离皮，发芽率下降至 30%左右，4 年后则失去发芽能力。播种前种子可处理也可不处理，直接使用。例如不处理种子，只要墒情好，春、夏、秋均可播种，但以雨季最好。在黏重土壤上，雨后抢墒播种，不致因土壤板结而曲芽，影响出苗。若为了促其迅速发芽，减少鼠、虫和鸟的危害，播前最好对种子进行包衣处理，可用 30 ℃水浸种 12～24 h，捞出后用 10%的磷化锌拌种，但要很好掌握墒情，防止烧芽[91, 92]。

图 8-35　腾格里沙漠中的柠条
摄于 2014 年

　　柠条造林一般有天然繁殖、大田育苗造林及直播造林方法。

　　天然繁殖指人工不收集种子，等种子成熟后，随风飘移，落地生根。研究发现，沙漠中柠条种子在埋藏深度为 1～3 cm 时发芽率最高，当种子处于沙面上或埋藏深度 5 cm 以上时发芽率很低，10 cm 以上时种子不萌发[93]。

　　大田育苗造林分为大田育苗和植苗造林两个阶段。育苗前要求对苗圃地进行翻耕，清除杂物，耙细整平。水浇地也可做床育苗，苗床长度 10 m，宽度 1 m。在床内顺床开播种沟，深度 4 cm，宽 8 cm。播种沟的间距以 20 cm 左右为宜。

　　为了防止柠条种子发生豆象、白粉病或叶锈病等病虫害，在播种前还要对种子进行药物处理。处理一般采用熏蒸和消毒两种办法。熏蒸处理要求在常温下，按照每 1 kg 种子用 0.25 g 磷化钙的标准进行熏蒸处理。熏蒸时，一定要把仓库的门窗关严，熏蒸 7 d；消毒处理是按照高锰酸钾与水 1∶100 比例配成溶液，把经过熏蒸处理过的 500 g 种子倒进 100 mL 溶液中，搅匀，浸种 30 min。把水沥干，用清水淘洗 1 遍，加水浸种 12 h。等种子充分吸水膨胀后，倒掉水。把种子平铺在塑料布上，要勤翻种子，防止发霉。温度保持在 13～18 ℃，催芽 24 h 就可以播种。如前所述，磷化钙毒性较大，保存时防水防潮，在万不得已使用时，要做好安全防护，防止人畜接触。

柠条要在 6 月中旬进入雨季时抢墒播种，这时温度高，土壤水分充足，种子发芽快，有利于出苗。播种柠条一般采用条播，播种量 22.5～30.0 kg/hm² （1.5～2.0 kg/亩）。柠条种子破土能力差，播种深度 2～3 cm。

种子在播种 10 d 后就会发芽出土。中耕要至少达到 3 cm，这样才能使土壤疏松透气，便于雨季吸收水分。柠条怕积水，积水常引起死亡，田间管理应防止水冲或积水。当年停止生长前苗高达 8～10 cm 能安全越冬，柠条播种后 3 年内，幼苗生长缓慢，易被牲畜毁坏，应封闭林地，禁牧禁砍[94]。

植苗造林时需要进行整地，整地方法根据地形来定，一般地势比较陡峭的地块采用鱼鳞坑整地方式，标准为长 1 m、宽 0.6 m、深 0.6 m，地势比较平坦的地块采用圆穴坑整地方式，标准为穴口直径 0.6 m、穴深 0.8 m。按照每 2 株苗为 1 坑的标准种植。

北方大多数地方直播造林适宜于 3 月下旬至 4 月上、中旬进行，旱地 5～7 月土壤墒情较好或降雨后抢墒播种，播种时间不能太晚，太晚苗木不能充分木质化，很难越冬，会影响造林成活率。直播造林需要选择优良的种子，颜色为黄绿色或者米黄色，有光泽，纯度在 90% 以上。每千克种子 27000～28000 粒。播前可对种子进行药物处理，处理的方法是用 1% 的高锰酸钾溶液浸种 15～30 min，然后再浸入 40% 的甲醛溶液中 15 min，取出后堆积 2 h，用清水冲洗 2 次，可杀死其中病原[95]。

对柠条的防风效果研究表明：在对照区 200 cm 高度风速接近 6.0 m/s 时，柠条后 0～400 cm 范围内 20 cm、50 cm、100 cm 和 200 cm 高度风速较对照区同高度层均有不同程度的降低，其中在植株后 100 cm 处较对照分别降低了 29.05%、30.59%、45.05% 和 10.91%；在 200 cm 处分别降低了 30.78%、26.79%、35.49% 和 11.27%；在 400 cm 处分别降低了 36.34%、27.71%、22.61% 和 6.04%。总体而言，柠条对 200 cm 高度的风速影响很小，对 20 cm 高度的风速影响最大。同时，在灌丛基部后 200 cm 范围内，对 100 cm 高度的风速影响超过 20 cm、50 cm 及 200 cm 高度层[96]。

行带式配置的柠条固沙林的防风效果显著大于随机分布的柠条固沙林；行带式配置林内地表粗糙度比随机配置的高 5.4～114.4 倍，说明行带式配置固沙林防止风蚀和固定流沙的作用更强[97]。

柠条群落是半荒漠风沙区半固定和固定沙地及干滩地较稳定的人工植物群落，其固沙作用比杨柴、花棒、毛条及沙木蓼都强[98]。在黄土高原水蚀区域及风蚀水蚀交错地带，柠条都是非常好的防风沙和防水土流失树种。目前，在甘肃、宁夏及山西等地大面积种植的柠条灌丛，其主要存在的缺点是密度太大，一些混交林中柠条的比例也是极大过量，导致其他树种难以成林，无法形成生物多样。

在荒漠（沙漠）化半固定和流动沙丘扩展柠条时，可首先铺设土基组合沙障（详见 8.6.4 节及 8.6.10 节），之后与梭梭、柽柳、沙蒿交叉行带式移栽，形成固沙带（图 8-36）。

图 8-36　土基组合沙障辅助柠条种植
中卫沙坡头，摄于 2013 年

4）沙蒿

沙蒿（*Artemisia desertorum*），又名差不嘎蒿、盐篙，蒿属菊科，是我国荒漠生态系统中的固沙先锋植物。沙蒿是从基部多分枝的半灌木，根系发达，根粗壮，粗达 1～2 cm，根系可以达 0.5～1.0 m，有的甚至可达到 2 m 以上，侧根根幅可达 5 m。沙蒿是 3 月下旬至 4 月上旬开始生长，8 月下旬停止生长，7～9 月为花期，9～11 月上旬结果，10 月叶脱落，生长期 230～240 天。沙蒿种子千粒重 0.86 g。沙蒿为超旱生沙生植物，抗旱性极强，生态幅宽，具有明显的旱生解剖结构和水分生理特性。沙蒿对水分十分节约，利用水分效率很高。沙蒿在我国主要生长在荒漠和半荒漠地区，在蒙古国它也进入草原区。在沙地的生草过程中，它是演替初期的先锋植物。沙蒿可生长在半固定和固定沙丘、平沙地、半流动沙丘、覆沙戈壁和干河床上[99]。

荒漠中沙蒿多为自然繁衍形成，种子很小，可随风飘移。在需要固沙或环境修复区域，一般采用人工飞播方式。人工飞播造林时，种子需风干和筛选，其千粒质量在 0.855 g 左右，种子纯度 95.5%以上。播种时间一般选择 1 月、7 月、8 月和 9 月 4 次进行。1 月在雪后播种，7～9 月在雨前播种，种子播种量约 30 kg/hm² （2.0 kg/亩）。

沙蒿在固沙植物中有着自身独特的优势。首先，沙蒿具有很强的自然更新能力，是我国北方荒漠地区存活的半灌丛之一。沙蒿在一年中能够保持较长时间的生长发育状态，并且各阶段生长的沙蒿幼苗均有较高的越冬保存率[100]。

沙蒿地上部分枝条密集、柔软匍匐，便于积沙，又兼生长期长，固沙效果非常好，还具有促进土壤发育的作用。灌丛形成后，细粒沙尘会在群落中积累，落叶枯枝增加土壤有机质，提高肥力，有机质有利于土壤动物和微生物的定居与繁殖，进一步促进土壤发育。生物土壤结皮在沙蒿灌丛附近生成并不断增厚，固沙固土。沙蒿是荒漠（沙漠）化治理的首选物种之一[101]。

在荒漠（沙漠）化干旱地区，利用土基材料可以在沙蒿周围辅助形成生物土壤结皮，与沙蒿共同固沙，使半固定沙丘快速向固定沙丘转变（详见 8.6.4 节及 8.6.10 节）。

与梭梭、白刺及膜果麻黄比较，沙蒿的防风能力最强，其防风总断面积可达到（2.058±0.300）m²，综合防风固沙功能值可达到 0.655±0.110。

沙蒿的固沙能力也与其种植配置方式有关系，均匀式配置、随机式配置及行带式配置方式的风速廓线都遵循一元线性回归，风速随高度的增加而增加，行带式配置风速变化最剧烈，林带内风速降低最大。在覆盖度相同的条件下，行带式配置的沙蒿丛内地表粗糙度最稳定。丛内不同高度的防风效果：行带式沙蒿以 20 cm 高处降低风速最为显著，防风效果比随机式分布高 41.2%，比均匀式高 14.1%，50 cm 高处风速防风效果比随机式分布的高 22.9%。行带式沙蒿对于土壤风蚀的防治效果最好[102]。

在半固定和流动沙丘扩展沙蒿灌丛时，可按照 8.6.4 节及 8.6.10 节铺设土基组合沙障（每亩 30 个沙障），之后与梭梭、柽柳、柠条等交叉行带式移栽，形成保护带（图 8-37）。

图 8-37　土基沙障辅助沙蒿种植
摄于 2019 年 7 月 7 日

5）白刺

白刺（*Nitraria tangutorum* Bobr.）有许多种，均为落叶灌木，高 0.5～2 m，小枝有刺；叶不分裂，全缘，肉质，线形至倒卵形；托叶锥尖；花小，黄绿色，排成顶生、疏散的蝎尾状聚伞花序；萼片 5；花瓣 5；雄蕊 10～15，无附属体；子房 3 室，每室有胚珠 1 颗；浆果状核果，外果皮薄，中果皮肉质多浆，内果皮骨质[103]。

白刺耐干旱、抗风沙。其嫩枝和表皮细胞外壁角质层较厚，为 2.1～2.5 μm。气孔下陷，叶肉细胞栅栏组织发达。叶绿体含量大，有利于积累养分，富含晶细胞和黏液细胞，有利于改变细胞渗透压、提高储水力。维管组织比较小，而皮层较宽，这对保护维管组织免受旱害有利。白刺有发达的纤维组织，有利于抗风蚀和抗沙害[104]。在我国有 5 种白刺，包括唐古特白刺、齿叶白刺、泡泡刺、大白刺和西伯利亚白刺。内蒙古的白刺属于西伯利亚白刺，它的特点就是抗风固沙耐干旱。

沙漠地区由于蒸发量高，多数地区属于盐渍土，白刺在沙漠地区的盐渍土上可以生长。白刺分枝多而密集，流沙在其周围形成白刺沙堆，一个大的沙堆可积沙上千立方米

（图 8-38）。白刺不怕沙埋土掩，枝条在被沙埋土掩之后便向下生出不定根，向上萌生不定芽，枝端也继续向上生长。

图 8-38　巴丹吉林沙漠边缘白刺堆
摄于 2016 年

在半固定和流动沙丘扩展白刺灌丛时，可首先铺设土基组合沙障（详见 8.6.4 节及 8.6.10 节），之后与梭梭、柽柳、沙蒿交叉行带式移栽，形成固沙带（图 8-39）。

图 8-39　辅助白刺种植的组合沙障
摄于 2016 年

除了固沙功能外，白刺密集的枝叶可为动物提供很好的食粮，白刺沙地也是沙漠中较好的放牧场。

6）胡杨

胡杨（*Populus euphratica*），又名胡桐、异叶胡杨、异叶杨、水桐、英雄树、三叶树等。乔木，高 10～20 m，胸径 30～70 cm，枝条稀疏，树冠近圆形。树皮灰黄色，纵裂。叶片互生，灰绿色，蜡质、被梳毛或光滑；幼树上的叶线状披针形或狭披针形，长 5～11 cm；果实为蒴果，椭圆形，长 10～15 mm，种子细小，淡棕色。花期 5 月，果期 7～8 月[103]。

胡杨可以生长于北纬 36°30′～47°、东经 82°30′～96°，海拔 250～2400 m 的荒漠河流沿岸、排水良好的冲积扇和砂质壤土地区。胡杨喜热、抗旱抗寒，适生于 10 ℃以上，年积温 2000～4500 ℃，在 4000 ℃以上的荒漠区砂质土壤生长良好，适应温差大，耐极端高温 45 ℃，极端低温–40 ℃，在不足 100 mm 年降雨量或沙漠内部河岸终年无雨的地区仍能生长（有地下水），耐盐碱，在含盐为 1%～2%、pH 8～9 的土壤中能正常生长。

目前仅在我国的荒漠区保存大面积的胡杨林地，集中分布于塔里木盆地和额济纳旗。胡杨是我国西北荒漠（沙漠）化沙区唯一能生长和成林的乔木树种。胡杨树干粗大，侧根较发达，对狂风有一定的抵御能力。胡杨在稳定荒漠（沙漠）化河流地带的生态平衡及防风固沙中具有十分重要的作用（图 8-40）。

图 8-40　塔克拉玛干沙漠周边的胡杨
摄于 2015 年 10 月 30 日

人们普遍认为胡杨可在年降雨量不足 100 mm 或沙漠内部终年无雨的地区生长，其实忽略了一个前提，那就是这些地方有可被胡杨吸收利用的地下水。在没有地下水且年降雨量不足 100 mm 的沙漠内部，胡杨很难存活。在极干旱荒漠（沙漠）化地区移栽胡杨时，没有灌溉条件是不可行的。在有可被胡杨利用地下水的地方（河流沿岸、山脚、暗河附近沙丘或有灌溉条件的公路两边及旅游区），可以移栽胡杨。移栽胡杨苗高度 2 m 左右，用机械起根移栽，移栽胡杨根要尽可能完整，最好多带树苗周围被根固定的沙土。胡杨移栽后一段时间内一定要浇灌，直到其主根到达地下水为止。在适宜移植胡杨的地方，首先要铺设灌溉或浇灌行带式土基组合沙障（详见 8.6.4 节及 8.6.10 节），之后与梭梭、柽柳、沙蒿交叉行带式移栽，形成固沙和观赏带（图 8-41）。

图 8-41　土基组合沙障辅助胡杨种植
摄于 2016 年

7）骆驼刺

骆驼刺（*Alhagi sparsifolia* Shap.），别名骆驼草，属豆科、落叶草本、多分枝灌木，高 30～60 cm；针刺长 2.5～3.5 cm；梗直，开展，果期木质化，叶小，单叶，全缘，每针刺有花 3～6 个；花冠红色，长 9～10 mm，旗瓣倒卵形，具短柄，宽 5～6 mm，爪长约 2 mm，种子肾形，无种阜，花期 6～7 月，果期 8～9 月[103]。

骆驼刺是一种耐干旱、耐盐碱、抗逆性强的植物，具有适应性强、分布广的特点，主要分布于甘肃河西走廊、巴丹吉林沙漠及新疆等内陆干旱地区，生于低平盐渍化沙地、田间。

骆驼刺根系十分发达，长达 20 m 左右，深达 5～6 m。它的茎干机械组织发达，既不怕干旱，又不怕风吹，也不怕暴露；而且它的根和茎的下部、上部直至叶片上都可产生不定芽、不定根，能适应沙埋。骆驼刺地上分枝多，草层较高，株丛状，在防止土地遭受风沙侵蚀方面具有非常重要的作用。

在荒漠（沙漠）化半固定和流动沙丘种植骆驼刺时，也需要按照 8.6.4 节及 8.6.10 节铺设土基组合沙障，之后与梭梭、柽柳、柠条及沙蒿等交叉行带式移栽，形成固沙带（图 8-42）。

图 8-42　土基组合沙障辅助骆驼刺种植
摄于 2016 年

8）膜果麻黄

膜果麻黄（*Ephedra przewalskii* Stapf），别名膜翅麻黄，麻黄科麻黄属灌木。其高 30～240 cm，叶膜质鞘状，通常 3 裂，间有 2 裂，裂片三角形，先端锐尖或渐尖。球花通常无梗，多数密集成团状穗状花序，对生或轮生于节上；雄球花径 2～3 mm，苞片 3～4 轮，每轮 3 片，稀 2 片，仅基部合生，雄蕊 7～8 个，花丝大部合生；雌球花淡褐色或褐黄色，近圆球形，径 2～4 mm，苞片 3～5 轮，每轮 3 片，稀 2 片对生，膜质，几全部离生，最上一轮苞片各生 1 雌花，胚珠窄卵形，珠被管伸出于苞片之外，直或弯曲，雌球花成熟时苞片增大成干膜质，淡褐色。其种子通常 3 粒，稀 2 粒，包与膜质苞片内，长卵形，花期 5～6 月，种子成熟 6～7 月[103]。

膜果麻黄为强旱生植物，具有抗寒、耐热、耐旱、耐盐碱及耐土壤贫瘠的特点，主根可下扎到数米深处，水平根系十分发达。它主要分布在内蒙古、宁夏、甘肃北部、青海北部及新疆天山南北麓，常生于干燥沙漠地区及干旱山麓，其占据地形比较复杂，有山地、山间盆地、山前平原及山麓地带。

膜果麻黄植丛基部会有少量积沙，说明其有一定固沙能力。膜果麻黄生长缓慢，不宜在重流沙地区种植，以免风沙压埋。但膜果麻黄一旦成活造林，即可长期生存。故而在防风固沙方面，其适合与其他沙旱生植物物种搭配使用，效果明显。

9）沙拐枣

沙拐枣（*Calligonum mongolicum*），别名头发草等，是蓼科沙拐枣属灌木，高 25～150 cm，当年生幼枝草质，灰绿色，有关节，节间长 0.6～3 cm，叶线形，长 2～4 mm，花白色或淡红色，2～3 朵腋生；花梗细弱，长 1～2 mm，瘦果宽椭圆形，长 8～12 mm，宽 7～11 mm，花期 5～7 月，果期 6～8 月[103]。

沙拐枣根系发达，有明显主根，水平根相当发达，侧根很多，根部有根鞘保护。根蘖能力强，沙埋后可生出不定根，具有生长快、易繁殖、耐旱、抗风蚀及耐沙埋的特点，是优良的防风固沙先锋种。在沙地生境中，它主要以有性和无性两种繁殖方式定居并扩张，能适应条件极端严酷的干旱荒漠区，是荒漠区典型的沙生植物。

　　沙拐枣主要分布于亚洲、北非和南欧，中国有 24 种，主要分布于新疆、甘肃、内蒙古西部的荒漠、半荒漠地带，是干旱区沙质生境的主要建群种之一[105]。

　　沙拐枣是典型的旱生型植物，多年生植株抗风蚀，耐沙埋，是防风固沙的先锋植物。研究结果表明，各种沙拐枣普遍具有较强的抗风蚀能力，随着苗龄的增大，其抗风蚀能力较幼龄时期增强，多年生植株受风蚀后，根露出很多，仍能正常生长[106]。沙拐枣有很强的生长势，生根、发芽及生长都很快，在沙地水分条件好时，一年就能长高两三米，当年即能发挥良好的防风固沙能力，在大风沙条件下，有"水涨船高"的本领，生长的速度远超过沙埋的速度，即使沙丘升高七八米，它也能长出沙丘顶部。

　　在一些地区，沙拐枣可以形成自然群落，人工育苗移栽较少，原因是沙拐枣种子难发芽。在年降雨量不足 50～100 mm 的沙漠边缘，沙拐枣自然群落十分稀疏，每亩 10～20 丛。沙拐枣自然群落内仍然是流沙。沙拐枣可在温室育苗，然后移栽，也可以利用土基组合沙障的集水保水作用（详见 8.6.4 节及 8.6.10 节），促进其发芽成苗（图 8-43），二年生就可以移栽。沙拐枣移栽后需要浇水，成丛后耐旱耐寒，逐渐形成比较大的沙拐枣沙堆，固沙改良土壤。为了形成比较稳定的植物群落，沙拐枣应当与组合沙障、梭梭、怪柳及沙蒿交叉行带式移栽，形成防护灌丛。

图 8-43　土基组合沙障辅助沙拐枣繁衍
摄于 2016 年 9 月 27 日

4. 土基材料辅助经济林木种植

1）沙棘

　　沙棘（*Hippophae rhamnoides* Linn.），又名醋柳，落叶灌木。沙棘耐旱抗风沙，是水土保持和风沙危害防控树种。沙棘为药食同源植物，其果实具备营养和药用价值（图 8-44）。

　　沙棘果具有止咳化痰、健胃消食、活血散瘀等功效。沙棘果、皮及叶中含有多种生物活性物质，维生素含量也非常高。沙棘果和叶中的药用和营养成分，对于维护心脑血管正常机能、预防和治疗恶性肿瘤等具有重要作用。沙棘果可以配制饮料，长期饮用具

图 8-44　生长在六盘山顶的沙棘

摄于 2017 年 10 月 7 日

有提高机体免疫力效果。沙棘油是沙棘籽经过超临界萃取或亚临界低温萃取而得到的棕黄色到棕红色透明油状液体。沙棘油富含黄酮及各种维生素，药用价值很高，目前已有商品化沙棘油保健胶囊[107]。

沙棘具有恢复植被、改良土壤、水土保持、防风固沙及调节小气候作用。

沙棘耐旱，抗风沙，可以在荒漠化及盐碱化土地上生存。沙棘种植春秋两季均可。春季在 4 月至 5 月上旬，秋季在 10 月中下旬至 11 月上旬，树木落叶后，土壤冻结前。

种植密度：每亩 300 株（在沙丘或旱地种植时，每亩 150 株）。株行距 1.5 m×2 m。沙棘树是雌雄异株，雌雄比例是 8∶1。树穴的规格依树苗的大小而定，一般为直径 35 cm，深 35 cm。苗龄以二年生的嫩枝扦插苗为好。

种植方法：使根长保持在 20～25 cm，在填土过程中要把树苗往上轻提一下，使根系舒展开。适量浇水。树穴填满土后，适当踩实，然后在其表面覆盖 5～10 cm 松散的土。在荒漠（沙漠）化地区种植时，每株根部填 15～20 kg 肥土，然后覆沙。

沙棘的生长分四个阶段，分别为幼苗期、挂果期、旺果期及衰退期。定植后二年内，以地下生长为主，地上部分生长缓慢。3～4 年生长旺盛，开始开花结果。在沙漠种植的沙棘，最好不要修剪[108]。内蒙古有 60 万 hm² 沙棘，陕西、甘肃、河北及新疆的荒漠（沙漠）化土地上也分布着大面积的沙棘。每亩沙棘可产果 100 kg 左右。种植沙棘不仅可以从荒漠（沙漠）化中得到越来越多的财富，而且沙棘固沙，使荒漠（沙漠）化生态得以局部修复。沙地旱地的沙棘生长缓慢，植株相对矮小，产果也少，采摘时对沙面扰动破坏，所以沙漠边缘的沙棘不应作经济诉求。

2）甘草

甘草（*Glycyrrhiza uralensis* Fisch）是一种补益中草药。药用部位是根及根茎，药材根呈圆柱形，长 25～100 cm，直径 0.6～3.5 cm。外皮松紧不一，表面红棕色或灰棕色。根茎呈圆柱形，表面有芽痕，断面中部有髓。气微，有特殊甜味。甘草喜阳光充沛，日照长气温低的干燥气候，适合在排水良好、地下水位低的砂质壤土栽培，土壤中性或微碱性为好，忌地下水位高和涝洼地酸性土壤。

甘草适宜生长在干燥的钙质土中，喜干燥而耐寒，宜选在地下水位低和排水良好的疏松砂质土壤地种植。疏松砂质土有利于甘草主根向周边伸长。地选好后，厩肥作底肥，深翻 60～100 cm，把细整平，打成 1～2 m 宽的畦。在沙地种植时，要在根部沙中掺入肥土[109,110]。

　　我国有专门做沙地甘草种植和制药的企业。为了防沙，一般需要采取集约化和规模化的手段种植以甘草为主的沙、旱生植物，然后利用以甘草为主的植物资源来发展深加工产业。在此过程中，有些企业发明了干旱半干旱地区半野生化甘草栽培和平移甘草等技术，打造出以甘草为主的中蒙医药循环经济产业链[111]，实现了经济效益与生态效益协同发展。有些企业利用荒漠（沙漠）化土地建设光伏电厂，光伏板下地面覆盖红土，种植牧草或甘草，经济效益和生态效益双丰收（图 8-45）。有些企业利用甘草叶发展养羊业，综合利用甘草资源，不但产出药材，而且产出质量好的肉食，是很好的发展模式。

图 8-45　光伏-牧草（甘草）产业
摄于 2017 年 6 月 25 日

　　3）沙柳

　　沙柳（*Salix cheilophila*）是典型沙生植物，耐旱耐盐碱。沙柳丛生不怕沙压，主根侧根发达，根系固沙能力强，易萌芽分枝，生长于河谷溪边湿地，分布在内蒙古、河北、山西、陕西、甘肃、青海及四川等地。沙柳是北方防风沙的主力，是"三北防护林"的首选树种之一（图 8-46）。

　　沙柳抗逆性强，较耐旱，喜水湿；抗风沙，耐一定盐碱，耐严寒和酷热；喜适度沙压，越压越旺，但不耐风蚀；繁殖容易，萌蘖力强。

　　沙柳属于速生，多年生灌木，成活率高，适应性强，抗旱耐贫瘠。春季来临时，风沙肆虐，沙丘平移，不管沙柳被埋得多深，它都能露头生长。它不怕牛羊啃，即使把四周的皮都啃光了，只要有一枝牛羊够不着，过不了多长时间又可恢复生机。沙柳扎于地

图 8-46　库布齐沙漠边缘的沙柳（一）
摄于 2017 年 6 月 25 日

下的根像网一样向四处延伸，根系非常发达，最远能够延伸到 100 多米，固沙能力很强（图 8-47）。

图 8-47　库布齐沙漠边缘的沙柳（二）
摄于 2017 年 11 月 26 日

　　种植沙柳时挖 1 m 深的坑，将 80 cm 的沙柳苗全部埋住，冬天防冻，春天大风一过刚好露出小苗，略为施水，到了秋天就会长出 1 m 以上的杆茎，第二年就长成一簇沙柳，到了第三年，它就开始长出新苗新枝。

　　沙柳这种沙生灌木还能像割韭菜一样，具有"平茬复壮"的生物习性。人们用刀齐根砍下这些沙柳，再切成七八十厘米埋在沙中就成新苗了。这时，砍过的沙柳来年春天继续发芽生长。三年成材，越砍越旺，这是沙柳的本性。可是，如果不去砍掉长成的枝干，到不了 7 年，它们就会成为枯枝。

　　沙柳是荒漠（沙漠）化地区一种独特的灌木。为防沙治沙，北方沙区许多地方政府投入大量精力和资金，陆续种植大面积沙柳。多年来，由于沙柳没什么经济价值，所以沙柳面积不能稳定，生态效益也一直不好。沙柳现在有了经济价值，可以用来造纸和胶合板，也可以作獭兔的饲料，所以沙柳产业现在既能促进经济发展，又能支持生态建设，大面积种植沙柳结合养殖产业有望形成新产业城镇。

　　4）枸杞

　　枸杞（*Lycium chinense* Mill.）过去主要是药用植物，现在是药食两用植物，在药铺和超市均可买到。枸杞既有野生品种，也有人工栽培品种，过去药用枸杞主要是野生品种。

　　就枸杞浆果而言，有红枸杞和黑枸杞之分，常见的枸杞浆果是橙红色的，现在发展的黑枸杞，其药用及营养成分与红枸杞有差异。我国栽培较多的是中华枸杞和宁夏枸杞[112]。

　　枸杞果实和根皮均可入药，人们为了获取枸杞根皮（地骨皮），大量挖掘，造成野生枸杞减少，同时也破坏了枸杞固沙固土的根系，引起水土流失。传统上，枸杞用于补肾益精、养肝明目、补血安神、生津止渴、润肺止咳。现代研究证明枸杞还有其他药用功效，这些功效主要取决于其有效成分枸杞多糖、甜菜碱及枸杞色素等。

　　由于土壤和气候的差异，枸杞种植方法也有多种。本书主要内容是荒漠（沙漠）化防治，所以这里介绍沙地旱地枸杞种植方法。

　　枸杞种子育苗按行距 30～40 cm 开沟，将催芽后的种子拌细土或细沙撒于沟内，覆土 1 cm 左右，播后稍镇压并盖草保墒。枸杞苗高 3～6 cm 时，进行间苗。苗高 20～30 cm 时，按株距 15 cm 定苗。一般耕地枸杞移栽第一种是大坑，坑距 230 cm，每坑 3 株，三株枸杞排列成三角形；另一种坑距 170 cm，每坑 1 株。第一种栽植方式适合多风沙地区，植株成活后移走 1～2 株。枸杞春秋均可移栽，春季在土壤解冻后（柴达木盆地是 4 月上旬，中卫、民勤及古浪等地稍早），秋季在土壤封冻前（柴达木盆地是 10 月中下旬，中卫、民勤及古浪等地稍迟）[113]。

　　荒漠（沙漠）化地区漏沙地种植时，要对沙地进行综合改良（详见 8.6.16 节）。具体实施时要挖长宽深各 1 m 的坑，沟与沟之间空 1 m，沟底垫 3 cm 防渗漏材料（添加提高持水性能的黏土或黄土），沟中填最少 0.2 m³ 肥土，配备滴灌后移栽。由于沙地温度变化剧烈，往往引起植株枯死，所以在高温干旱地区，需要在植株周围沙面覆土 3 cm，既可防止水分蒸发，又可减缓沙面温度骤变。在荒漠（沙漠）化流动半流动沙丘种植枸杞时，先要铺设固沙集水沙障（详见 8.6.4 节及 8.6.10 节）。枸杞一般土地移栽成活后 2～3 年结果，沙地枸杞生长相对缓慢（图 8-48）。

　　枸杞在苗木萌芽期，将主干分枝带 40 cm 以下的萌芽剪除，株高 60～70 cm 处剪顶，刺激多发枝。4 月下旬至 7 月下旬，间隔 15d 剪除毛干分枝带以内萌条，将分枝带上所留侧枝在 20～25 cm 处短截，侧枝向上生长的壮枝选留靠毛枝不同方向的枝条 2～3 个，于 30 cm 处剪截促发结果枝。枸杞挂果后要进行下架修剪，剪除主多余的徒长枝和过密枝组。每株留 10～20 cm 短截，促发分枝结秋果[113]。

　　荒漠（沙漠）化地区一般具有良好光热资源，沙地经适当改良可以种植枸杞，发展枸杞产业。沙地枸杞果实颗粒饱满、色泽鲜艳、营养成分高，具有广阔的市场开发前景。

图 8-48　土基材料辅助沙地枸杞种植

青海柴达木沙地成功建成枸杞产业。"十一五"期间，青海省依托柴达木盆地枸杞的区域
种植优势，大力发展枸杞产业，以"公司+基地+农户"的经营模式，推行规模化、标准
化和规范化基地建设。已经建成德令哈、格尔木、诺木洪大面积枸杞基地，带动了农民
增收，实现了治沙、经济效益双赢。

5）黑枸杞

黑枸杞（*Lycium ruthenicum* Murr.）属枸杞属，落叶灌木，有刺；叶互生，常成丛，
小而狭；花呈淡绿色至青紫色，腋生，单生或成束；花冠漏斗状，稀筒状或近钟状，檐
5 裂，很少 4 裂，裂片基部常有显著的耳片，冠筒喉部扩大，雄蕊 5，着生于冠筒的中部
或中部以下，花丝基部常有毛环，药室纵裂；子房 2 室，柱头 2 浅裂，胚珠多数或少数；
果为一浆果，有种子数至多颗[103]。

野生黑枸杞含有大量的花青素等苷类活性物质，具有极强的抗氧化功能。黑枸杞最
有价值的营养成分就是"花青素"，其花青素含量是已知植物中最高的。黑枸杞所含花青
素品质优越，水溶性好易被吸收。

黑枸杞所含花青素是目前所有植物花青素中功能最优良的，由 16 种生物类黄酮组
成，比一般植物花青素有着更优越的生理活性。另外，黑枸杞的提取物具有抗血脂、降
血糖、抗氧化、延缓衰老及预防治疗心血管疾病、动脉硬化、肿瘤等疾病的功效。

黑枸杞原产地为戈壁和沙漠地区，青海柴达木盆地，新疆塔克拉玛干沙漠周边，甘
肃敦煌、酒泉及白银戈壁地带均有分布。

黑枸杞经济价值极高，激发了发展黑枸杞产业的积极性，一些地方高价收购野生黑
枸杞苗，但栽植成活率很低（低于 30%），造成对野生植株的大量采挖，既破坏了天然
黑枸杞的生长，又引发了生态恶化。一些企业签约农户，让农民将良田掺沙撒盐，改造
成盐碱沙壤土种植黑枸杞，这是两种非常得不偿失的发展模式，前者是破坏式发展，后
者使耕地减少。适合黑枸杞生长的盐碱沙壤土到处都是，面积巨大，完全没有必要将良
田改造成盐碱沙壤。在经济利益驱动下，人类的有些行为与自然为敌，与人类长远利益
为敌。黑枸杞最佳发展模式应该是利用野生黑枸杞种子驯化繁育，在改良沙化土地上大
规模发展，这样做既不破坏野生植株，还可以扩展发展空间。

黑枸杞是强阳光树种，无光不结果，庇荫条件下不宜栽培。对土壤要求不严，耐盐
碱，在土壤含盐为 0.5%～0.9%，pH 为 8.5～9.5 的灰钙土和荒漠（沙漠）化土地上生长
发育正常，在轻壤土和中壤土上栽培最适宜。黑枸杞适宜在弱碱性沙壤土中种植，自然

寿命可达 40～60 年[114]（图 8-49）。

图 8-49　土基材料辅助野生黑枸杞种植

黑枸杞在一般耕地种植时，行距 1.5 m，株距 1 m，每亩密度以 440～700 株为宜。在沙地或水肥条件较差地区种植时，可适当降低密度[115]。黑枸杞怕水涝，在雨水多排水不好的地区不能种植。在沙地旱地盐碱地可以种植，但如果不施肥不浇水，不但产量低，品质也差。

戈壁石砾漏沙地黑枸杞种植方法如下：①开挖坑穴。在砾石沙地上，按照行距 3 m，坑距 2 m 的密度开挖直径约 1 m、深度约 1 m 的坑穴，且每坑穴错落布局。②沙土的混配。在坑穴中混入细沙（占坑穴体积的 1/5）、黄土或红土（占坑穴体积的 1/10）、羊粪（10 kg）、羧甲基纤维素钠（5 g，或植物胶，或其他纤维素类）。③黑枸杞种植。在每坑穴内均匀栽植 3 棵 2 年黑枸杞苗木，苗木与坑穴边界相距约 50 cm，坑穴内黑枸杞间距约 40 cm（图 8-50）。④浇水。初次浇透，以后根据生长季节需要酌情浇水（每个树坑）0.15～0.4 m³（约 60～160 mm 降雨量）。此方法实施后，水肥保持效果显著，坑穴外水分渗透流失较改良前降低 60%左右，水肥有效利用率提高约 46%，黑枸杞的年产量可提高 47%，年生物总量可提高约 55%。

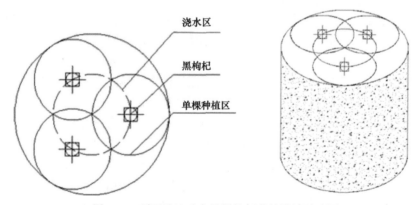

图 8-50　砾石沙地改良及黑枸杞种植设计试验图

6）文冠果

文冠果（*Xanthoceras sorbifolium* Bunge）又名文官果、文光果、木瓜等，落叶灌木或乔木，为中国特有，优良食用油树种。可耕地成年树木可高达 8 m，胸径可达 90 cm，树龄可达 200 年以上。文冠果为喜光树种，适应性极强，具有根深、耐旱、根系发达、根幅长、主根明显、耐寒及耐半阴等特点，根垂直向下深入土壤下层，能够吸收土壤深层水分，在极端干旱条件下也能存活。文冠果全身是宝，其种仁平均含油率 60%以上，优良品种可达到 72%；其结构坚硬、色泽亮丽，是制造高档家具、工艺品和居室装饰的重要木料；其种壳是制造活性炭的理想材料之一；种仁榨油后的废渣含有 25.75%的蛋白质及大量粗纤维，是优良的动物饲料；其树嫩叶含蛋白质 19.8%～23.0%，含量高于红茶，咖啡因含量接近花茶，经焖炒加工后可替代茶叶作饮料，但不含茶碱，因此人们很难将其接受为茶；文冠果花朵芳香诱人，花色鲜艳，花期长达近 1 个月，树型婀娜多姿，是非常有观赏价值的风景树，可育成林供观光旅游。在国家长远发展规划中，文冠果油料可以作为生物柴油重要来源，逐渐替代石油，是重要的战略资源。

目前，人工种植文冠果主要选择平地、梯田、缓坡地等，这些土地的特点是土质以黄绵土或垆土为主，水分保持较好。通常的种植方法有苗木栽植造林和直播造林两种。栽培时间春秋两季均可，但以春季为主。国内可耕地已经有大量文冠果种植，种植方法有国家标准可循。这里介绍的是特殊条件下文冠果的种植，包括干旱地区文冠果的种植及沙地文冠果的种植。

对苗木栽培，通常采用"三埋、两踩和一提苗"技术，坑径 50 cm 以上，坑深 45 cm 以上，栽后应立即浇水。文冠果种植应特别注意覆土深度，覆土易浅不易深，以根茎露出土层之外为宜。施肥对文冠果生长影响很大，相同种植条件下的文冠果幼树，与不施肥植株比较，每株分别施用 50 g 尿素和 100 g 过磷酸钙后，1 年后高度多出 17 cm，地径粗 0.5 cm，抽生长枝多 4 条，开花期提早 1 年。所以定植时必须施肥。除每株施用 5 kg 左右农家肥外，还需施尿素 50 g、过磷酸钙 100 g，化肥在栽苗时施入。

直播一般挖直径和深度为 30～50 cm 的坑，在坑内填土和有机粪肥 2 kg，距离地面 5 cm 处拌匀，每坑种 3 粒种子，呈三角形排列，间距约 15 cm，覆土 3 cm，播后立即灌水，春播种子必须经过催芽处理，秋播不需要处理。

以上成熟方法可用于环境较好的可耕土地上种植文冠果，但不适合在特殊环境下种植，本节所指特殊环境为沙地或旱地。该类地区由于年降雨量少，土壤保水能力差及肥力差等原因，文冠果难以成活或者盛产期生长不好，产量低。我国可耕地人均不足 2 亩，为了保证国家粮食安全，事实上没有多余的耕地用来种植文冠果。但我国有大面积位于荒漠（沙漠）化地区的沙地和旱地等未利用土地，这些土地的面积比可耕地面积还大，沙地和旱地是扩展人民生存空间，促进国家长远发展的潜在机遇。

在荒漠（沙漠）化地区种植文冠果，可以固定流沙，美化环境，保护周围村庄、城市及可耕种农田，提高当地居民收入；可以改善当地土壤土质，逐步恢复生态环境；最重要的是可以提高环境观赏性，辅助发展旅游业，扩展发展空间。

在年降雨量 150～200 mm 的荒漠（沙漠）化地区，可利用下述方法种植[116, 117]。

第一，将二年期文冠果苗木的根浸泡在 4% 的生根粉水溶液中约 2 h。第二，挖深 1 m、直径 2 m 的坑，在坑内先放置 0.2 m³ 土、50 kg 农家肥，施尿素 50 g、磷肥 100 g，（沙/土比 5∶1，沙、土与肥拌均匀），接着埋入吸足水的环境友好保水剂 1 kg（保水剂约 5 g，表面覆土 2 cm），将苗木放置于土上，覆土 3 cm，轻提树苗，再覆土 2 cm，踩实，浇水。每亩沙地或旱地栽植文冠果 30～50 株。第三，采用工程固沙方法，在种植的文冠果周围设置沙障，沙障材料一般就地取材，铺设方法如 8.6.4 节及 8.6.10 节所述。第四，要有灌溉设施。

若为文冠果种子直播，首先要对文冠果种子催芽，接着在设置的沙障内，挖 1 m×2 m 的坑，在坑内先放置 500 kg 肥土、50 kg 农家肥（沙/土比 5∶1，沙、肥与土拌均匀），再放吸足水的环境友好保水剂 1 kg（保水剂约 5 g），在保水剂上方覆盖肥土 2 cm，将催过芽的文冠果种子放置于肥土之上，注意种脐侧向，每坑播种 3 粒，每粒种子间距不低于 15 cm，播后覆盖 3 cm 细沙，然后再覆盖 1 cm 左右沙土，灌透水。

在年降雨量大于 200 mm 没有流沙的荒漠（沙漠）化地区，不用做沙障。具体方法为：每亩地按照 60 株计算，挖深 1 m、直径 2 m 的坑，每坑中放置 500 kg 肥土及 50 kg 农家肥（沙/土比 5∶1，沙、农家肥与肥土拌均匀），先浇水一次，等土壤表皮微干后松土。接下来的方法与流沙地区的相同。

5. 土基材料辅助极旱荒漠区濒危珍稀植物保护

我国干旱区面积超过 100 万 km²，其景观主要是荒漠。荒漠植物种类本来就少，气候条件严酷及人类为了追求经济利益的破坏，导致一些干旱荒漠植物处于濒危境地。荒漠植物属于食用植物资源、蜜粉植物资源、饲料植物资源、药用植物资源、观赏植物资源、木材植物资源及防护和改造环境的植物资源（如前所述的柽柳、梭梭及胡杨等）。荒漠区濒危珍稀植物长期在严酷、恶劣自然生境中繁衍进化，保存了特殊的抗逆基因（耐盐碱、耐高温、耐干旱及耐贫瘠），这些基因亟待保护和利用，它们是人类开展遗传工程研究的宝贵基因库。干旱荒漠地区珍贵稀有的植物种不多，多属野生植物，这些植物中的一部分正在减少或消失[118]。

根据《中国珍稀濒危保护植物名录》和实际调查，新疆现有濒危珍稀植物 14 种，分布在新疆的 62 个县（市），这 14 种植物有些属新疆特有；有些在新疆较多但在全国却稀少；有些由于经济价值导致滥采滥挖濒临灭绝[119]。内蒙古珍稀濒危植物共 53 科、103 属、127 种[120, 121]。西藏珍稀濒危植物有 54 种，隶属 33 科，48 属[122]。宁夏有珍稀濒危药用植物 34 种[123]。青海共有珍稀濒危保护植物 146 种，隶属于 2 门 36 科 77 属[124]。甘肃共有珍稀濒危保护植物 68 种，隶属 41 科 60 属[125]。

西北 5 省（自治区）的濒危珍稀植物都是极旱或干旱区的植物，它们种群的稳定和繁衍对于维护荒漠地区的生态稳定至关重要。

以裸果木为例，它是国家一级保护植物，属于典型珍稀濒危荒漠植物。裸果木是构成石质荒漠植被的重要建群种之一，具有抗干旱、耐贫瘠、耐盐碱、耐风蚀沙埋、寿命长和根系发达等特点，对防止荒漠化，保护和维持荒漠生态平衡起到了积极的作用。由于种子结实率和萌发率低，生存自然环境恶劣，以及人为干扰等原因，裸果木种群数量日趋减少[126]。裸果木对研究我国西北地区荒漠的发生、发展、气候变化及旱生植物区系成分的起源有着非常重要的科学价值。现存的裸果木生长在极旱荒漠区。极旱荒漠区是全国最干旱的地区，年降水量不足 50 mm，蒸发量是降雨量的几十倍，土壤常年处于缺水状态，风沙危害严重。在极旱荒漠区种子基本没有萌发条件，即使萌发了也不具备生长和繁衍条件。利用固沙材料、保水材料、防蒸发材料及防渗漏材料，按照 8.6.8 节土基材料辅助植物保护技术，在保证裸果木原基本生境条件下，在裸果木树丛空旷地段，利用当地材质，铺设土堆、圆形及网格沙障，防风固沙，集聚降雨，为植物提供营养和减缓沙面温度骤变（图 8-51）。沙障的集水作用及其周边结皮的防蒸发功能，可以协助降低裸果木的枯死率，避免这一珍贵荒漠资源的灭绝。

图 8-51　安西极旱荒漠国家级自然保护区裸果木保护

摄影: 张文旭，摄于 2019 年 8 月 8 日

8.6.11　土基材料人造洪水结皮

人造洪水结皮实施的必要条件有三个：一是水供应比较充分或有季节性洪水，二是土源比较近，三是荒漠（沙漠）化土地比较平坦。利用机械化设施挖取大量黏土（或黄土），用水冲刷黏土（或黄土）形成含大量黏土（或黄土）人造洪水，通过灌溉荒漠（沙漠）化土地，在其表面形成一定厚度结皮。如果仅为了固沙，结皮厚度 5 cm 左右即可，如果要造可耕农田，厚度需 50 cm 以上（图 8-52）。

图 8-52　人造洪水土结皮
摄于 2015 年 7 月 13 日

8.6.12　土基材料分割沙丘

这个方法适用于荒漠（沙漠）化土地沙丘高度低于 50 m 的流沙区，用推土机将沙丘按照 1 km² 分割，在间隔地带推出公路，铺垫 50 cm 黏土（或黄土）或石砾，可以形成黏土（或黄土）或石砾路。被分割的沙丘，有利于固沙材料的运送和固沙技术的实施。这里所指的沙丘，是荒漠（沙漠）化土地或绿洲附近的沙丘，不是指沙漠主体的沙丘，沙漠主体的沙丘需要被爱护保护，不要去打搅。

8.6.13　土基材料辅助沙地及戈壁利用

通过无土栽培、运土造田、沙地改良及集水（或引灌、开采地下水）工程，在沙地和戈壁实施设施农业或绿化造林，可以促进生态良性发展。鼓励有实力的企业投资，政府采用免费供给富余电能、实行生态补偿及减免税收等方式对这些企业提供支援。任何沙地和戈壁的开发都必须以生态效益为第一考量，首先诉求生态效益，其次追求经济效益。

1. 运土造田

在荒漠（沙漠）化区域，利用机械平整沙地或戈壁，根据水资源现实，每 100 亩沙地或戈壁平整 1~5 亩，铺设设施农业。在平整的沙地或戈壁上铺设黏土（或黄土），最好是荒地表土，厚度 50 cm，每亩施农家肥 8 m³，截短秸秆 5 m³，氮磷钾施入量则根据种植需要和土壤肥力决定。在新疆、甘肃、宁夏、内蒙古及青海的荒漠（沙漠）化沙地和戈壁所在地附近或沙面下，一般都会找到黏土（或黄土），可以利用当地的黏土（或黄土）造地。

2. 集水

位处我国西北的沙地和戈壁，降雨的特点是少且变率大，每年的降水主要集中在 6~

9 月。甘肃河西走廊荒漠（沙漠）化地区沙地和戈壁夏天往往下几次暴雨，局部大雨，不但水资源浪费严重，而且会造成不同程度的水土流失，使土壤肥力和耕地生产能力进一步下降。由于风蚀，荒漠（沙漠）化地区沙地和戈壁地区已经损失大量表土肥土，如果再加上雨水冲刷，荒漠（沙漠）化地区沙地和戈壁的土壤会变得更加贫瘠，将逐渐向不毛之地发展。荒漠（沙漠）化地区沙地和戈壁降水主要以流走、渗漏或蒸发的形式浪费，被植被利用的部分占很少比例（不足 10%）。水在西北荒漠（沙漠）化地区的沙地和戈壁是稀缺资源，要实现沙地和戈壁利用，首先必须解决缺水问题。

有些荒漠（沙漠）化地区有丰富的地下水源，这些地区可以规划合理开采和利用地下水，但大多数荒漠（沙漠）化地区沙地和戈壁所处地区地下水位很低，利用地下水会导致水位进一步下降，引发更大的荒漠（沙漠）化，因而在荒漠（沙漠）化地区，利用地下水也应受到严格限制。调配河流水是解决水荒的另一途径，一般而言，调水工程造价高，经济压力比较大，而最大的制约是无水可调配。相对而言，利用降水是最经济和最合理的。为了利用荒漠（沙漠）化地区的沙地和戈壁土地，防止荒漠（沙漠）化扩大，就必须注重留住上天赐给我们的每一滴水，让每一片飘过的雨云留下其所携带的雨水，让每一滴降到地面的雨水得到科学和合理使用。

水窖也称微型水库，是一个简易蓄水池。水窖由集雨面、过滤设施（灌溉水不需要过滤设施）及地下蓄水池组成。水窖能够把降雨时产生的径流拦截储存，以备在缺水时使用。水窖可以调节水资源的时空分布，可以解决缺水与洪水的矛盾，协助解决人畜供水矛盾，在干旱荒漠地区还可以促进荒漠（沙漠）化地区沙地和戈壁土地的利用，扩展人民生存空间，促进生态环境良性发展[127]。

在年降雨量 200 mm 以上的荒漠（沙漠）化地区的沙地和戈壁上集水，就是根据地形特点，在降雨径流地段挖掘 200 m×100 m×3 m 集水池，夯实底部和四周，铺垫 10 cm 厚黏土基防渗漏材料（建造方法参考 7.6.7 节红土-羧甲基纤维素钠防渗漏野外试验）。不要使用水泥或塑料衬垫，水泥在水保鲜方面不如黏土基防渗漏材料，塑料类防渗漏效果虽然很好，但是使用若干年后，合成产品老化就会引起污染。使用水泥和塑料制品还会增加原料购置费用，而使用黏土基防渗漏材料的缺点是运输和劳动成本增加。集水池可以在沙地和戈壁成梯度建设，每万方水可支撑 50 亩设施农业（蔬菜、果园或药材）或绿化 500 亩荒漠土地（种植沙生、旱生植物）。荒漠（沙漠）化地区沙地和戈壁的优点是面积巨大，全国荒漠化土地近 40 亿亩，在地面挖掘集水大坑不担心占地多少。仅实现 1% 沙地和戈壁的利用，全国就可增加绿化面积约 4000 万亩。我国人多地少是客观现实，能开发利用的土地资源已经枯竭，只有荒漠（沙漠）化地区的沙地和戈壁可以为我们提供扩展空间。

在长期生存过程中，生态脆弱区居民逐渐形成了"常态适应、抗风险适应和补救性适应"等适应方式[128]，这些经验对于人类适应大自然极其重要。干旱缺水且降水季节分配不均，不但是荒漠（沙漠）化地区常见的现象，而且是干旱地区生态脆弱的根本原因。生活在干旱地区的人民为了获得生活用水，逐步学会了通过挖水窖集蓄雨季雨水的方法。这些在雨季集蓄的水资源，在枯水季节可以解决生活用水或浇灌农田，实现了水资源的有效和科学利用。在长期实践中，干旱区人民逐步学会了抗风险适应知识，这是非常简单而实用的原生态生态知识，祖祖辈辈流传，生生世世完善，是我们与大自然和谐共存的宝贵经验。"本土知识是本土居民长期生活和发展过程中自主生产、享用和传递的知识体系，与本土居民的生存和发展环境及其历史密不可分，是本土居民的共同技术财富和实现可持续发展的智力基础与力量源泉"[129]。"生活于任一区域的居民由于适应自身所处生态系统的办法千差万别，也就形成了有异于其他区域的本土知识"[130,131]。

8.6.14　土基材料辅助季节性洪水利用

1. 土基材料辅助分流工程

洪水是暴雨、急剧融冰化雪或风暴潮等自然因素引起的江河湖泊水量迅速增加，或者水位迅猛上涨的一种自然现象，是自然灾害。洪水按出现地区的不同，大体上可分为河流洪水、海岸洪水和湖泊洪水等；根据形成的直接成因，可分为暴雨洪水、融雪洪水、冰凌洪水、冰川洪水、溃坝洪水与土体坍滑洪水等。河流洪水中的暴雨洪水和融雪洪水是与气候变化密切相关的，且有明显的季节性。在中国，暴雨洪水常发生在夏、秋两季，融雪洪水常发生在春季。由于这种洪水每年都随季节的到来而发生，所以具有明显的周期性[132]。

在干旱半干旱地区，虽然缺水是常态，但在夏、秋季常有阵雨形成洪水，这是特有的季节性洪水，往往是突发性的。干旱半干旱地区季节性洪水容易被忽略，从而造成危害。在缺水地区，即使是洪水也属于宝贵资源，可以科学利用。

洪水减缓分流可建立多级利用方式，每级利用方式有两种：一是直接利用，二是截水供给下级支流。围绕"拦"、"分"、"缓"、"引"、"淤"和"用"的方法集聚蓄水、淤泥造田。拦截坝由错落布局的1~8行拦截墩组成，拦截墩数根据河床宽度而定，其由少到多依次递增，每行一般1~8个。通过采用树状设计，逐级减缓洪水流速，引洪分流，可以将不可控洪水变为可控水资源，利用洪水在荒漠（沙漠）化地区植树造林，改善生态。在洪水道里建立拦截坝后蓄水和淤地的洪水利用方式为一级利用；在洪水道附近选择将要利用的区域建立洪水支流道，并在支流道的下方建立拦截坝，此支流道为二级利用方式。同样，在支流道的基础上再建立三级支流，三级支流将建立的利用方式为三级利用方式。以此类推，可建立四级、五级等多级利用方式。

直接利用的拦截墩行距为拦截墩下底面长1~1.5倍，随拦截墩行数的增加行距增大；同行拦截墩间距均为拦截墩下底面长的1/2。拦截墩采用混凝土浇筑，四棱台设计，上底面宽1~5 m，下底面宽2~10 m，上、下底面宽度比为1∶2，高度根据用途不同而定。拦截坝的高度均低于河岸的高度，同级利用的拦截坝高度一致，但均高于下级利用的拦截坝高度[133]。

分流减速工程的核心是季节性洪水的可控，根据洪水流量、落差及地质条件铺设分流坝。分流坝要逐级进行，使其既能将洪水减速，又能将洪水分散，形成可控水流，有利于将其引入集水池（图8-53）。

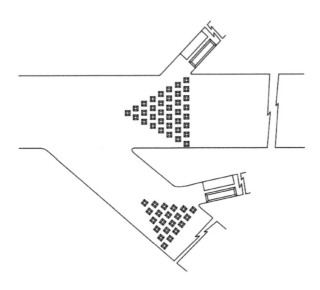

图 8-53 季节性洪水减速分流示意图

在坡度小于 25°的黄土高原丘陵荒漠区，季节性洪水可使用土障分流（图 8-54~图 8-57）。根据当地条件和劳动力情况选择施工方案，这里建议使用图 8-57 左边方案，该方案可完全机械化、施工简单、成本低。具体施工如下：前 50~100 m 铺设梯形土障，梯形上底和下底边长分别为 1.5 m 和 2.8 m，高 0.45~1 m，宽 1 m；梯形后是凹槽土障，边长 2.8 m，高 0.45 m，铺设长度 50~100 m；之后是网格土障，边长 2.8 m，高 0.45 m，

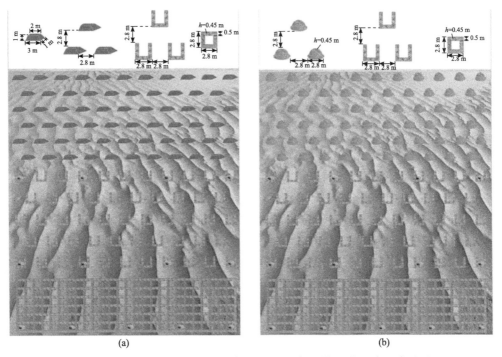

图 8-54 梯形-凹槽-网格组合土障（a）及土堆-凹槽-网格组合土障（b）

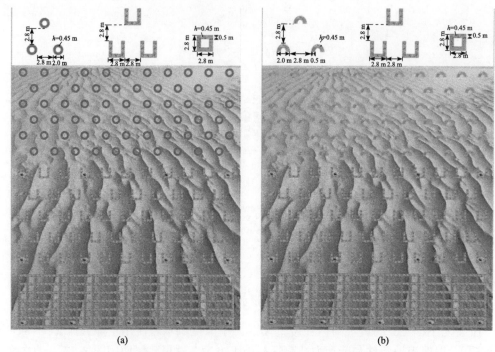

图 8-55　圆形-凹槽-网格组合土障（a）及半圆形-凹槽-网格组合土障（b）

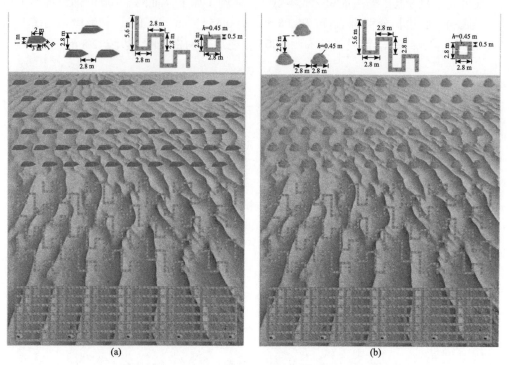

图 8-56　梯形-凹凸-网格组合土障（a）及土堆-凹凸-网格组合土障（b）

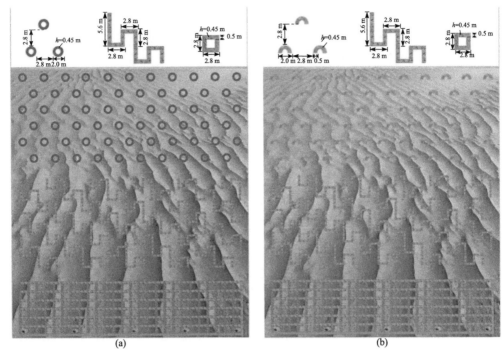

图 8-57　圆形-凹凸-网格组合土障（a）及半圆形-凹凸-网格组合土障（b）

根据洪水量可铺设 100～500 m（图 8-54）。其他土障铺设方法相似，都需要疏导和分流土障（土堆、圆形、半圆形、梯形）与固土和集水土障（凹槽形、凹凸形及网格）组合。土堆土障直径 2.8 m，高 0.45 m；圆形及半圆形土障直径 2 m，高 0.45 m；在坡度 25°～45°的沟壑区，土障形状、布局及铺设方法与坡度小于 25°的区域相似，只是梯形土障要使用固土材料，不能直接使用黏土或黄土。

2. 土基材料辅助集水工程

集水工程主要是将分流减速后的洪水储存在集水池中。集水池容量以 3 万～8 万 m³ 为宜，适宜铺设在居民区、铁路或公路的下游区。集水池四周使用当地材料（泥土、泥沙或砾石）铺设深 2～3 m（集水池堤坝附近 3 m 范围水深不要超过 1.5 m），长 50～200 m，宽 50～200 m。如果高出地面，集水池堤坝厚 5 m。堤坝上底面宽度根据地形而定，坡度均为 45°。集水池内侧及底部用 20 cm 厚黏土基材料或土工布作防渗漏垫层，洪水中黏土泥沉淀可自然形成防渗漏层，尽量避免使用合成材料。集水池可用来集存季节性洪水、春季融雪水或冬季灌溉富裕水。蓄水池大小根据来水量的多少而定（建造方法参考7.6.7 节红土-羧甲基纤维素钠防渗漏野外试验）。

8.6.15　土基材料及技术辅助封育

封育对腾格里沙漠东南缘荒漠化植被盖度变化特征及生态恢复的研究证明：封育区植被盖度一年四季大于未封育区，正常年份生长季内前者最低为 6 月底的 17.89%，最高为 9 月底的 29.39%；后者最低为 4 月底的 11.60%，最高为 9 月底的 16.05%。未封育区灌丛数量在 60～70 株（丛）之间变动，封育区灌丛数量在 70～90 株（丛）之间变动。通过实施封育，可以减少和避免人类扰动，促进荒漠（沙漠）化地区草、灌植物自然发育，使退化生态植被自然更新和恢复，可显著提高植被盖度[133]。土基材料可以辅助集水节水，增加植物可利用水资源，大大促进沙生植物宽展，所以在封育区使用土基材料可提高封育效果。

8.6.16　土基材料及技术辅助荒漠化土地改良

1. 荒漠化土地改良对象

荒漠化土地改良利用是指通过一定的综合改良，将原本不适合种植农作物、果树及任何植物的地方，改良成为与一般耕种土壤相似的可利用土地。并不是所有荒漠化土地都适合改良利用：第一，荒漠化土地改良的前提是要有水，在严重缺水荒漠化地区就不能进行改良利用；第二，荒漠化土地组成是土、细沙、掺杂细沙或土的石砾，如果是鹅卵石、重盐碱地或严重缺乏细粒物质的地方也不适合改良。

土壤经过物理退化、化学退化与生物退化，逐渐演变为荒漠化土地。一些荒漠化土地（沙地）的形成是由风蚀引起的，风将土壤中细粒黏重成分吹走，土壤中细颗粒物质含量大幅度降低，沙粒所占比例明显增加，导致土壤团粒结构破坏。随着土壤团粒结构的破坏和粗粒物质所占比例的增加，沙地的持水持肥性能都会有不同程度的恶化，有机质、全氮、全磷、有效氮、有效磷含量显著降低，土壤氮素流失增加，微生物种群及数量降低，逐渐不适合植物生长，土地的产出降低。随着植物的减少，沙地抗风蚀水蚀能力进一步降低，逐渐演变为不可利用土地。

荒漠化土地（沙地）改良的目的是使其适于植物生长，首先应对预备改良的荒漠化土地（沙地）成分进行分析，确定荒漠化土地（沙地）改良所需要增加的成分。对荒漠化土地（沙地）进行单一因素改良，效果不会很理想，只有对其进行综合改良，才能使其快速达到可耕种、可利用水平[134]。

2. 荒漠化土地（沙地）改良关键因素

荒漠化土地（沙地）综合改良主要应从以下几个方面着手。

（1）提高荒漠化土地（沙地）持水性。能够提高荒漠化土地（沙地）持水性的材料主要有保水材料（聚丙烯酸及其共聚物、聚丙烯酰胺及其共聚物）、腐殖质、植物胶类（效果比较好的有沙蒿胶、瓜尔胶、黄原胶及亚麻胶等）、纤维素类（效果比较好的有羧甲基纤维素钠和羟甲基纤维素）及细粒成分（凹凸棒、高岭土、钠基膨润土，一般黏土或黄土）。

（2）提高荒漠化土地（沙地）持肥性。一般能够提高荒漠化土地（沙地）持水性的材料，也能够同时提高持肥性（可溶性肥料）。提高有机质含量，增加微生物种群和数量也能够提高荒漠化土地（沙地）的持肥性。有些因素互相影响，只有综合改良才可以得到理想改良效果。

（3）增加有机质含量。有两种方法可以快速增加荒漠化土地（沙地）有机质含量：

一是添加秸秆、树叶、农家肥及绿肥等；二是种植生物量增长较快或豆科植物并将其翻埋在沙地中。

（4）增加矿物营养。在每亩荒漠化土地（沙地）中掺入 10～15t 黏土或黄土，能够满足植物对一般矿物的需求，荒漠化土地（沙地）中掺入黏土或黄土，也能有效提高其持水持肥性。一般荒漠化土地（沙地）附近的土质碱性较大，不适合掺入荒漠化土地（沙地）中增加矿物营养。用于改良荒漠化土地（沙地）的黏土或黄土的 pH 不能大于 8.5。

（5）增加荒漠化土地（沙地）团粒结构。主要从提高有机质等方面进行调控，荒漠化土地（沙地）耕作时施入腐殖质和绿肥，对于恢复其土壤团粒结构有促进作用。

（6）增加荒漠化土地（沙地）肥力。通过施入氮、磷及钾肥和厩肥实现提高荒漠化土地（沙地）肥力的目的。每种植物都有其适合生长的肥力环境，可根据种植作物类别施肥。在荒漠化土地（沙地）改良的初期，种植一些含有根瘤菌的植物（豆科植物）既可以增加沙地氮肥，又可以增加沙地有机质。一些盐碱地改良时可以适当施入黄腐酸，在增加肥力的同时降低沙地或戈壁的 pH。

（7）防止水肥渗漏。在砾石戈壁或漏水荒漠化土地（沙地），仅提高荒漠化土地（沙地）持水持肥性还不够，在耕种层以下可以使用土基防渗漏材料，防止水肥的渗漏。

（8）限制高矿物含量地下水的运动方向。在干旱地区，高矿物含量地下水通过向地表运动，将盐碱带到耕种层，引起沙地盐碱化。对这种类型的荒漠化土地（沙地）进行改良时，首先要使用防渗土基材料将耕种层与地下高矿物水隔绝，防止地下水向地面运动。

（9）节水和防蒸发。在干旱缺水地区，荒漠化土地（沙地）改良时还需考虑减少蒸发，使供植物使用的水所占的比例增加，一般可使用土基防蒸发材料或粉碎秸秆。

（10）降低沙面温度变幅。使用一些土基材料，既可以使沙面升温速度减缓，也可以使荒漠化土地（沙地）降温幅度降低。在高温区可以降低沙面最高温度，在低温区可以蓄热保温。

（11）提高微生物种群及数量。有针对性地施入微生物肥料或提供微生物繁衍条件。一般耕作土壤由于适合微生物繁衍，所以都有足够的微生物种群及数量。沙土地和沙漠化土地之所以缺乏微生物种群及数量，主要是因为这些地方没有微生物生存和繁衍的条件。荒漠化土地（沙地）综合改良可以为微生物提供生存和繁衍的条件，所以一般情况下综合改良时并不需要单独添加微生物，当条件具备时，微生物就会在一两年内达到所需要的种群和数量。

3. 荒漠化土地（沙地）综合改良方法

根据荒漠化土地（沙地）改良方式和利用模式，可将荒漠化土地（沙地）改良分为点式改良、面上改良、行带式改良、覆土改良和掺土改良。点式和行带式改良主要适用于果树的种植，而面上改良主要适用于农作物种植。覆土改良适合在土容易得到的地区实施。覆土改良就是在荒漠化土地（沙地）表面覆盖 50 cm 土层，然后进行提高有机质、微生物及肥力的改良。覆土改良相对比较简单。掺土改良适合在缺土的地区实施，改良比较复杂。掺土改良有短期改良（每年耕种前都要进行适当改良）、长期改良（第一年改良后可以多年使用）和适合不同种类植物（玉米、小麦、马铃薯、番茄、莴苣、芹菜、辣椒、西瓜、冬瓜、南瓜、大豆、豌豆、苹果、梨、文冠果、人参果、杏、桃、葡萄、黄芪、肉苁蓉、枸杞）的改良等。每一种植物都有其生长的最佳土壤条件，严格讲每一种植物都应该有专门的改良配方，但有些土壤条件是几乎所有植物都需要的。以下简单介绍荒漠化土地（沙地）一些普适性改良的优化方法。

一般荒漠化土地（沙地）改良试验设四个因素，分别为植物种类、土层厚度、高分子种类和高分子量添加。植物种类设 5 种，分别为空白、鹰嘴紫云英、小冠花、百脉根和豌豆（也可以是其他生长快的植物，可提前进行单项优选，筛选出几种生长量和肥田比较好的植物）；土层厚度设 5 个水平，分别为空白、5 m^3/亩、10 m^3/亩、15 m^3/亩和 20 m^3/亩，即表层均匀铺撒 0 cm、0.5 cm、1 cm、2 cm 和 3 cm 厚度的土层；高分子添加量设 5 个水平，分别为空白、5 kg/亩、10 kg/亩、15 kg/亩和 20kg/亩；高分子种类设 5 个水平，分别为黄原胶、羧甲基纤维素钠、羟乙基纤维素钠（也可以是其他纤维素类）、海藻酸钠、瓜尔胶（也可以是亚麻胶、沙蒿胶、黄原胶、瓜尔豆胶、阿拉伯树胶、魔芋胶等其他植物胶的一种或几种，还可以使用改性植物胶，提前进行单项优化，筛选持水持肥性优良的高分子）。试验完全随机设计，小区面积 2 亩，不设重复（表 8-1 和表 8-2）。每亩分别施入尿素 20 kg、羊粪 5 m^3/亩和秸秆 6 m^3/亩为底肥。经过优化改良的沙地，当年就有比较理想的收成（图 8-58）。

表 8-1　试验因素与水平

因素	水平				
植物种类	空白（A1）	百脉根（A2）	小冠花（A3）	鹰嘴紫云英（A4）	箭筈豌豆（A5）
土层厚度/（m^3/亩）	空白（B1）	5（B2）	10（B3）	15（B4）	20（B5）
高分子种类	黄原胶（C1）	羧甲基纤维素钠（C2）	羟乙基纤维素钠（C3）	海藻酸钠（C4）	瓜尔胶（C5）
高分子添加量/（kg/亩）	空白（D1）	5（D2）	10（D3）	15（D4）	20（D5）

表 8-2　4 因素 5 水平正交试验 L₂₅（5⁴）设计

植物种类	土层厚度	高分子种类	高分子添加量	状态	序号
A2	B2	C1	D2	设计	1
A5	B3	C3	D1	设计	2
A4	B2	C3	D5	设计	3
A1	B3	C4	D5	设计	4
A3	B1	C3	D4	设计	5
A2	B3	C5	D4	设计	6
A5	B1	C5	D2	设计	7

续表

植物种类	土层厚度	高分子种类	高分子添加量	状态	序号
A3	B4	C5	D5	设计	8
A2	B1	C2	D5	设计	9
A2	B5	C3	D3	设计	10
A3	B5	C4	D2	设计	11
A5	B5	C1	D5	设计	12
A4	B1	C4	D3	设计	13
A3	B2	C2	D1	设计	14
A2	B4	C4	D1	设计	15
A1	B1	C1	D1	设计	16
A4	B5	C5	D1	设计	17
A5	B2	C4	D4	设计	18
A4	B3	C2	D2	设计	19
A1	B5	C2	D4	设计	20
A4	B4	C1	D4	设计	21
A1	B2	C5	D3	设计	22
A1	B4	C3	D2	设计	23
A5	B4	C2	D3	设计	24
A3	B3	C1	D3	设计	25

图 8-58　掺土改良沙地玉米的种植

2017 年 11 月 26 日照片为原始沙地

　　实验室及放大荒漠化土地（沙地）改良试验需要提取的数据主要有发芽率、发芽势、生物量（地上生物量和地下生物量）、生长速度、耗水量、土壤温度、水分、pH 变化、改良前成分（有机质、微生物、颗粒分布、全氮、全磷、碱解氮及有效磷）及改良后成分（有机质、微生物、颗粒分布、全氮、全磷、碱解氮及有效磷）等。优化试验可以快速得到适宜的改良配方和实施方法。

参 考 文 献

[1] 董治宝, 王涛, 屈建军. 100 a 来沙漠科学的发展. 中国沙漠, 2003, 23: 1-5.

[2] 克里斯蒂安·德迪夫. 生机勃勃的尘埃. 王玉山, 译. 上海: 上海科技教育出版社, 1999.

[3] Lovelock J, Michael A. The Greening of Mars. New York: Warner Books, 1984.

[4] 《里约环境与发展宣言》. 里约热内卢: 环境保护, 1992: 2-3.

[5] 斯德哥尔摩人类环境宣言(Declaration on the Human Environment in Stockholm-19720616). 世界环境, 1983: 4-6.

[6] 内罗毕宣言(Nairobi Declaration-19820518). 世界环境, 1991: 4-6.

[7] 生态系统能够降低自然灾害风险. 中国城市低碳经济网. 2012-10-26.

[8] 乔清举. 儒家生态哲学的基本原则与宗教及道德维度. 第六届世界儒学大会学术论文集, 2013: 239-248.

[9] 唐纳德·沃斯特. 自然的经济体系—生态思想史. 北京: 商务印书馆, 1999.

[10] 霍尔姆斯·罗尔斯顿. 哲学走向荒野. 长春: 吉林人民出版社, 2000.

[11] 丁四新. 庄子·齐物论札记三则. 西北师大学报(社会科学版), 2019, 56(3): 15-21.

[12] 申绪璐, 尹美丽. 道德经第二十五章"王亦大"辨析. 理论界, 2010, (2): 152-153.

[13] 乔清举. 儒家生态哲学的基本原则与理论维度. 哲学研究, 2013, (6): 62-71.

[14] 万本太. 生态文明的结构与层次. 中国环境报. 2015-03-13.

[15] Watson J E M, Venter O, Lee J, Jones K R, Robinson J G, Possingham H P, Allan J R. Protect the last of the wild. Nature, 2018, DOI: 10.1038/d41586-018-07183-6.

[16] Garrett H. The tragedy of the commons. Science, 1968, 162: 1243-1248.

[17] Mark Z. China's tree-planting could falter in a warming world. Nature, 2019, 573: 474-475.

[18] 李绍芬. 恢复生态学的理论与研究进展. 现代园艺, 2016, (1): 181-182.

[19] 王治国. 关于生态修复若干概念与问题的讨论. 中国水土保持, 2003, (10): 4-5, 39.

[20] 于金凤. 西北内陆河流域移民迁入区生态修复的重点. 农业科技与信息, 2016, 11: 46-53.

[21] 李德. 试论甘肃石羊河流域生态环境建设途径. 水土保持科技情报, 2005, 1: 44-45.

[22] 樊自立. 天山北麓灌溉绿洲的形成和发展. 地理科学, 2002, 22: 184-189.

[23] 李述刚, 王周琼. 阜康地区三工河流域生态环境问题初探. 干旱区研究, 1990: 122-124.

[24] 陈怀顺, 赵晓英. 西北地区不同类型区生态恢复的途径与措施. 草业科学, 2000, 5: 65-68.

[25] 刘昌明, 李中锋. 民勤绿洲的生态修复必须强化石羊河全流域水资源综合管理. 观点·建议·心声, 2013, 5: 16-18.

[26] 唐小娟. 石羊河流域北部平原区生态修复措施. 人民黄河, 2008, 30(11): 14-15.

[27] 马文品, 夏彪. 甘肃民乐北滩荒漠风蚀区生态修复模式及其治理成效. 经济研究导刊, 2014, 18: 313-314.

[28] 李有斌. 生态脆弱区植被的生态服务功能价值化研究. 兰州: 兰州大学, 2006.

[29] 桂东伟, 曾凡江, 雷加强, 冯新龙. 对塔里木盆地南缘绿洲可持续发展的思考与建议. 中国沙漠, 2016, 36: 6-11.

[30] 樊自立, 马英杰, 艾力西尔·库尔班, 沈玉玲. 试论中国荒漠区人工绿洲生态系统的形成演变和可持续发展. 中国沙漠, 2004, 24: 12-18.

[31] 阿布都热合曼·哈力克. 基于生态环境保护的且末绿洲生态需水量研究. 干旱区资源与环境, 2012, 26: 20-25.

[32] 汪媛燕, 王立, 满多清. 民勤绿洲荒漠过渡带群落特征及其物种多样性研究. 四川农业大学学报, 2014, 32: 355-361.

[33] 江西省拟立法防治尾气污染, 提出水资源生态补偿. 中国城市低碳经济网. 2013-01-15.

[34] 苏州市拟对生态补偿立法, 建设生态文明. 中国城市低碳经济网. 2013-01-15.

[35] 郭卫红. 现代功能材料及其应用. 北京: 化学工业出版社, 2002.

[36] 贡长生, 张克立. 新型功能材料. 北京: 化学工业出版社, 2001.

[37] 马如璋, 蒋民华, 徐祖雄. 功能材料学概论. 北京: 冶金工业出版社, 1999.

[38] 王涛, 陈广庭, 赵哈林, 董治宝, 张小曳, 郑晓静, 王乃昂. 中国北方沙漠化过程及其防治研究的新进展. 中国沙漠, 2006, 26: 507-516.

[39] 赵红羽. 内蒙古自治区荒漠化防治研究综述. 内蒙古民族大学学报(自然科学版), 2014, 29: 562-565.

[40] 高海峰. "3S"技术在水土保持与荒漠化防治中的应用. 黑龙江水利科技, 2013, 10: 277-279.

[41] 刘颖. 荒漠绿洲沙产业的可持续发展研究——以新疆和田地区瑞博企业为例. 中国林业产业, 2016, 3: 132.

[42] 程磊磊, 尹昌斌, 卢琦, 吴波, 却晓娥. 荒漠化成因与不合理人类活动的经济分析. 中国农业资源与区划, 2016, 7: 123-129.

[43] 周明枞. 土壤的形成. 土壤, 1974: 131-134.

[44] 王深法, 王人潮, 吴玉卫. 成土母质的概念及其分类. 浙江农业大学学报, 1989, 15(4): 389-395.

[45] 米苏斯金 E H. 微生物与植物营养. 植物学报, 1955, 4: 393-412.

[46] 缑倩倩, 李乔乔, 屈建军, 王国华. 荒漠-绿洲过渡带土壤温度变化分析. 干旱区研究, 2019, 36(4): 809-815.

[47] 崔爱花, 杜传莉, 黄国勤, 王淑彬, 赵其国. 秸秆覆盖量对红壤旱地棉花生长及土壤温度的影响. 生态学报, 2018, 38: 733-740.

[48] 郑慧, 高瑞泉, 李磊, 王博. 深圳夏季沙面温度变化特征及天气对其影响的分析. 科学技术与工程, 2012, 12: 2124-2127.

[49] 常兆丰, 韩福贵, 仲生年. 不同沙地被物增温效应的初步研究. 干旱区资源与环境, 2001, (15): 55-59.

[50] 白由路. 植物营养与肥料研究的回顾与展望. 中国农业科学, 2015, 48(17): 3477-3492.

[51] 西北水土保持生物土壤研究所土坡水分组. 土壤水分. 土壤, 1975: 326-328.

[52] 唐敏, 赵西宁, 高晓东, 张超, 吴普特. 黄土丘陵区不同土地利用类型土壤水分变化特征. 应用生态学报, 2018, 29: 765-774.

[53] 杨逮, 邱慧珍, 王爱勤. 有机无机复合保水剂在沙土中的保水性能. 安徽农业科学, 2008, 36: 10076-10078.

[54] 刘鸿雁. 植物学. 北京: 北京大学出版社, 2005.

[55] 陶镜合. 环境友好高吸水树脂的制备及其辅助植物发育的研究. 兰州: 西北师范大学, 2018.

[56] Tao J H, Zhang W X, Liang L, Lei Z Q. Effects of eco-friendly carbohydrate-based superabsorbent polymers on seed germination and seedling growth of maize. Royal Society Open Science, 2018, 5(2): 171184.

[57] Wang H, Wang Q. Research status of water-holding agent applied to agriculture for resisting drought and raising benefits. Agricultural Research in the Arid Areas, 2001, 19: 38-45.

[58] Vundavalli R, Vundavalli S, Nakka M, Rao D S. Biodegradable nano-hydrogels in agricultural farming-alternative source for water resources. Procedia Materials Science, 2015, 10: 548-554.

[59] Oyama Y, Osaki T, Kamiya K, Sawai M, Sakai M, Takeuchi S. A sensitive point-of-care testing chip utilizing superabsorbent polymer for the early diagnosis of infectious disease. Sensor Actuat B: Chem, 2016, 240: 881-886.

[60] Chang A. pH-Sensitive starch-g-poly(acrylic acid)/sodium alginate hydrogels for controlled release of diclofenac sodium. Iranian Polymer Journal, 2015, 24(2): 161-169.

[61] Zhang SX, Jiang R, Chai XS, Dai Y. Determination of the swelling behavior of superabsorbent polymers by a tracer-assisted on-line spectroscopic measurement. Polymer Testing, 2017, 62: 110-114.

[62] Zhang S X, Chai X S, Jiang R. Accurate determination of residual acrylic acid in superabsorbent polymer of hygiene products by headspace gas chromatography. Journal of Chromatography A, 2017, 1485: 20-23.

[63] 史培军, 严平, 袁艺. 中国北方风沙活动的驱动力分析. 第四纪研究, 2001, 21(1): 41-47.

[64] 王心源, 王飞跃, 杜方明, 周秉根, 常月明, 胡玮. 阿拉善东南部自然环境演变与地面流沙路径的分析. 地理研究, 2002, 21: 479-486.

[65] 杨恒贵, 张志广. 吉兰泰盐湖沙害综合治理. 中国沙漠, 1994, 14: 64-68.

[66] 马国富, 冯恩科, 王辉, 雷自强. 一种多功能黏土基固沙剂的制备方法: 103289017B. 2013-09-11.

[67] 雷自强, 王爱娣, 马国富, 张志芳, 彭辉, 张哲. 一种黏土基复合固沙材料: 102229804A. 2011-11-02.

[68] 雷自强, 马国富, 张哲, 王爱娣, 许剑, 沈智, 马恒昌. 一种组合式防沙固沙障: 202175942U. 2012-03-28.

[69] 王爱娣. 黏土基复合固沙材料性能研究. 兰州: 西北师范大学, 2013.

[70] 王玉才. 人工种植梭梭在荒漠化土地中植被恢复技术. 农业工程, 2019, 9(5): 68-71.

[71] 高锡林. 内蒙古林业生态建设技术与模式. 北京: 中国林业出版社, 2008.

[72] 许金华. 梭梭播种育苗技术. 农村科技, 2012, (4): 70.

[73] 赵阳. 乌兰布和固定半固定沙地种植物下沙土粒径分析. 内蒙古农业大学学报, 2009, 30: 114-119.

[74] 常兆丰, 李易珺, 张剑挥, 王强强, 韩福贵, 仲生年, 张应昌, 杨敏. 民勤荒漠区4种植物的防风固沙功能对比分析. 草业科学, 2012, 29: 358-363.

[75] 张如华, 张连梅. 柽柳研究进展. 安徽农业科学, 2015, 43(32): 284-287, 290.

[76] 李凯峰, 王丽, 武雪冬, 李东升, 刘炳友. 柽柳栽培技术及其效益浅析. 中国西部科技, 2011, 10: 42-44.

[77] Busch D E, Smith S D. Effects of fire on water and salinity relations of riparian woody taxa. Oecologia, 1993, 94(2): 186-194.

[78] Blackburn W H, Knight R W, Schuster J L. Saltcedar influence on sedimentation in the Brazos River. Journal of Soil and Water Conservation, 1982, 37: 298-301.

[79] 曾凡江, 张希明, 李小明. 柽柳的水分生理特性研究进展. 应用生态学报, 2002, 13: 611-614.

[80] 张道远, 尹林克, 潘伯荣. 柽柳属植物抗旱性能研究及其应用潜力评价. 中国沙漠, 2003, 23: 252-256.

[81] 翟诗虹, 王常贵, 高信曾. 柽柳属植物抱茎叶形态结构的比较观察. 植物学报, 1983, 25(6): 519-525.

[82] 蒋进, 高海峰. 柽柳属植物抗旱性排序研究. 干旱区研究, 1992, 9(4): 41-45.

[83] 张道远, 尹林克, 潘伯荣. 柽柳属植物抗旱性能研究及其应用潜力评价. 中国沙漠, 2003, 23: 252-256.

[84] 王景志, 盖文杰, 刘岩山. 柽柳的绿化价值与栽培. 林业实用技术, 2008, 8: 11-13.

[85] 苟守华, 乔来秋, 康智. 我国柽柳属植物种质资源及繁殖技术研究进展. 西北农林科技大学学报 (自然科学版), 2007, 35: 97-102.

[86] 程皓. 塔里木河中下游植被防风固沙、固碳功能研究. 乌鲁木齐: 新疆农业大学, 2007.

[87] 廖空太. 河西走廊防风固沙林体系结构配置及生态效益研究. 兰州: 甘肃农业大学, 2005.

[88] 刘铭庭. 新疆策勒县绿洲外围固沙植物带的建设. 中国沙漠, 1994, 14(2): 75-77.

[89] 燕永军, 高耀兵. 柠条栽培技术. 现代农业科技, 2012, 14: 155-157.

[90] 王亚萍. 山西省植被恢复治理模式探讨. 山西林业, 2010, (5): 12-13.

[91] 万敏, 刘艳华. 干旱荒漠草原区柠条种植技术初探. 内蒙古林业, 2001, 7: 25.

[92] 胡芝芳, 路萍. 干旱山区柠条育苗技术. 林业实用技术, 2002, (9): 26.

[93] 王刚, 梁学功, 冯波. 沙漠植物的更新生态位Ⅰ. 油蒿、柠条、花棒的种子萌发条件的研究. 西北植物学报, 1995, 15: 102-105.

[94] 薛刚. 黄土丘陵区柠条种植技术研究. 中国水土保持, 2009, 9: 25-26.

[95] 吴大利, 孙玲萍, 李国林. 宁夏黄河东岸灵武荒漠化地区柠条直播造林技术. 现代园艺, 2012, 6: 44.

[96] 王继和, 马全林, 刘虎俊, 杨自辉, 张德奎. 干旱区沙漠化土地逆转植被的防风固沙效益研究. 中国沙漠, 2006, 26: 903-909.

[97] 杨文斌, 丁国栋, 王晶莹, 姚建成, 董智, 杨红艳. 行带式柠条固沙林防风效果. 生态学报, 2006, 26: 4106-4112.

[98] 韩东锋, 孙德祥, 周广阔, 韩刚, 余字平. 半荒漠风沙区5种优良沙生灌木造林效果比较. 西北农林学报, 2009, 18: 312-315.

[99] 唐建宁, 王淑梅, 张银霞, 惠学东, 王宁庚. 盐池县沙蒿资源的开发与利用研究. 防护林科技, 2008, (6): 43-44.

[100] 岳丹. 半干旱沙区不同立地沙蒿种群特征与空间分布. 北京: 北京林业大学, 2011.

[101] 王翔宇. 不同配置格局沙蒿灌丛防风阻沙效果研究. 北京: 北京林业大学, 2010.

[102] 屈志强, 张莉, 丁国栋, 杨文斌. 不同配置方式沙蒿灌丛对土壤风蚀影响的对比分析. 水土保持学报, 2008, 22: 1-4.

[103] 中国植物志编辑委员会. 中国植物志. 北京: 科学出版社, 2001.

[104] 成铁龙. 中国白刺属植物微观结构与分子系统研究. 北京: 中国林业科学研究院, 2010.

[105] 张鹤年. 策勒县流动沙地沙拐枣属的引选和造林研究. 干旱区研究, 1992, 9: 13-16.

[106] 石书兵, 杨镇, 乌艳红, 左忠. 中国沙漠·沙地·沙生植物. 北京: 中国农业科学技术出版社, 2013.

[107] 白长财, 韩璐, 李晓军. 甘青宁沙棘植物资源及其综合利用. 中医临床研, 2011, 3: 5-6.

[108] 邵敏丽, 张钧. 沙棘的种植方法. 养殖技术顾问, 2009, (4): 47.

[109] 周义成, 吴文奇. 甘草的人工栽培技术. 中国水土保持, 2001, (1): 27-28.

[110] 把存芳. 兰州市南部干旱区甘草栽培技术. 甘肃农业科技, 2013, (8): 65-66.

[111] 黎冲森. 亿利的沙漠掘金逻辑——以绿色、循环、低碳模式发展沙漠产业. 经理人, 2011, 3: 70-71.

[112] 匡可伍, 路安民. 中国植物志. 北京: 科学出版社, 1978.

[113] 杨文辉, 朱春来, 韩燕, 李艳波. 格尔木地区枸杞种植. 黑龙江农业科学, 2008, (6): 98-99.

[114] 雷自强, 张文旭, 张哲, 姜伟. 一种野生黑枸杞的引种驯化育苗方法: 105340544A. 2016-02-24.

[115] 林泉峰. 黑枸杞的化学成分及药理作用研究进展. 临床医药文献电子杂志, 2019, 6(79): 169.

[116] 雷自强, 赵帅, 张哲, 李中卫, 魏博, 王小亮, 马国富, 杨志旺. 一种文冠果的催芽方法: 103262691A. 2013-08-28.

[117] 雷自强, 李中卫, 赵子聪, 张哲, 马国富, 周鹏鑫, 马恒昌, 杨志旺. 文冠果、枸杞的套种方法: 103262747A. 2013-08-23.

[118] 潘伯荣, 尹林克. 我国干旱荒漠区珍稀濒危植物资源的综合评价及合理利用. 干旱区研究, 1991,

(3): 29-39.

[119] 汪智军, 李行斌, 郭仲军, 巴哈尔古丽. 新疆 14 种珍稀濒危植物资源现状及保护. 中国野生植物资源, 2003, 22: 15-16.

[120] 刘哲荣, 刘果厚, 高润宏. 内蒙古珍稀濒危植物及其区系研究. 西北植物学报, 2018, 38: 1740-1752.

[121] 刘哲荣. 内蒙古珍稀濒危植物资源及其优先保护研究. 呼和浩特: 内蒙古农业大学, 2017.

[122] 吕永磊, 张永青, 钟蕊, 楚黎莉. 西藏珍稀濒危植物的现状与保护对策. 四川林勘设计, 2008, (3): 1-6.

[123] 朱强, 王俊, 梁文裕. 宁夏珍稀濒危药用植物资源及其保护. 中国野生植物资源, 2009, 28: 12-15.

[124] 马莉贞. 青海省珍稀濒危保护植物的地理分布特征. 草业科学, 2012, 29: 1832-1841.

[125] 陈西仓. 甘肃省国家级珍稀濒危保护植物和国家级重点保护野生植物资源. 中国林副特产, 2005, (6): 47-49.

[126] 汪之波, 马金林. 珍稀濒危植物裸果木群落物种多样性及濒危原因初探. 天水师范学院学报, 2007, 27(2): 55-57.

[127] 华贵兴. 水窖. 农田水利与水土保持利, 1965: 25-27.

[128] 田红, 彭大庆. 本土生态知识的发掘与生态脆弱环节. 原生态民族文化学刊, 2009, 1: 104-108.

[129] 石中英. 知识转型与教育改革. 北京: 教育科学出版社, 2001.

[130] 麻春霞. 生态人类学的方法论. 贵州民族学院学报(哲学社会科学版), 2006, (6): 9-11.

[131] 梁发祥, 曹娟玲. "121" 集雨节灌工程——陇中干旱区 "抗风险适应" 知识的现代应用. 西部经济管理论坛, 2011, 22: 93-96.

[132] 陈守煜, 薛志春, 李敏. 洪水分类的可变集原理与方法. 中国科学: 技术科学, 2013, 43(11): 1202-1207.

[133] 满多清, 吴春荣, 徐先英, 杨自辉, 丁峰, 魏怀东. 腾格里沙漠东南缘荒漠植被盖度月变化特征及生态恢复. 中国沙漠, 2005, 25: 140-144.

[134] 雷自强, 张文旭. 一种季节性洪水集聚利用的方法: 105421282A. 2016-03-23.

第9章 土基材料及技术应用示例

9.1 土基材料在民勤的应用示例

本章介绍了适合年降雨量 100 mm 左右的荒漠化地区风沙危害防控的土基材料及技术，主要包括土基固沙（防风蚀）材料、保水材料、组合沙障、集水沙障、土基材料结皮、土基材料及技术辅助沙生植物种植、土基材料及技术辅助沙生植物保护等材料-工程-生物组合技术的示范和应用，在该类地区工程措施和生物措施分别承担约50%的防控任务。

9.1.1 民勤荒漠（沙漠）化概况

民勤县隶属于甘肃省武威市管辖，位于河西走廊东北部，周围是内蒙古的左旗、武威、金昌及内蒙古右旗。民勤县地理位置为东经 101°49′41″～104°12′10″和北纬 38°3′45″～39°27′37″。全县总面积 1.59 万 km^2。民勤县是夹在巴丹吉林和腾格里两大沙漠之间的地带，境内沙漠面积达 92.5 万 hm^2（1387.5 万亩），荒漠化土地占全县土地总面积的90%以上。民勤年平均降水量为 113.8 mm，干燥度为 5.15[1]（图 9-1）。

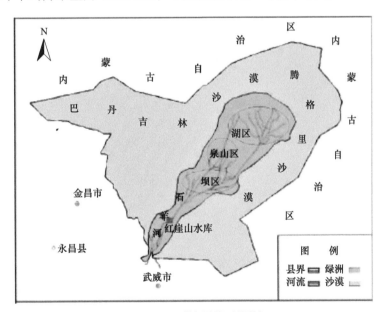

图 9-1 民勤绿洲概况图[2]

1998～2003 年 5 年间，民勤荒漠（沙漠）化土地面积从 33.71 万 hm^2（505.65 万亩）增加到 34.12 万 hm^2（511.8 万亩），增加了 4094.50 hm^2（61417.5 亩）。其中占比最高的是风蚀荒漠（沙漠）化土地，5 年间增加了 5857.24 hm^2（87858.6 亩）。1998～2003 年 5

年间，沙化耕地面积增加了 1.10 万 hm² （16.5 万亩），而沙化林地、沙化草地分别减少了 2749.12 hm²（41236.8 亩）和 2556.82 hm²（38352.3 亩）。造成民勤绿洲荒漠（沙漠）化的原因主要有两点：一是缺水问题，石羊河上游用水增加，到达民勤水量持续减少，地下水的超采导致地下水位持续下降，绿洲水资源环境逐步恶化，引起天然植被退化消亡；二是随着人口压力的增加，人为过度开荒和弃耕造成的地表植被无法恢复，引起土地荒漠（沙漠）化[1]。

至 2011 年，近 50 年来民勤绿洲-荒漠过渡带气候变化及沙尘天气特征表现为：①民勤绿洲-荒漠过渡带温度总体呈上升趋势；②降水量总变化趋势与温度变化趋势一致，也呈波动上升趋势；③蒸发量总体呈下降趋势；④平均风速呈减小趋势；⑤民勤县气候的变化趋势是暖湿化，暖湿化气候对荒漠化地区生态修复具有正面作用，但气候效应一般比较缓慢[3]。

石羊河中上游的干支流上有 21 座水库，总库容为 3.5×10⁸ m³，年供水能力可达 11×10⁸ m³，流域多数水资源在中上游已消耗殆尽，民勤段河床现在仅季节性的有少量汛期洪水和冬春余水。进入民勤县内的地表径流逐年减少，由 20 世纪 50 年代的 5.42×10⁸ m³/a，减少到 2002 年的 0.8×10⁸ m³/a 左右。石羊河流域下游地区蒸发强度大，地下水循环速度慢。该区域近年来地表水供给量严重不足，过度开采地下水已引发了区域性地下水位下降、植被退化、盐渍化及荒漠（沙漠）化等一系列生态环境问题的不断恶化。地下水位的下降与矿化度的增加存在着明显的正相关性。该区 1960～1998 年地下水位持续下降，亏空量不断增加，并且具有明显的加速趋势。1960 年，武威和民勤盆地地下水亏空量为 1.74×10⁸ m³，1998 年已达 4.52×10⁸ m³[4]。石羊河流域中上游武威盆地水资源的大规模开发利用，造成进入民勤盆地的水量日益减少。民勤盆地通过大量开采地下水，一定程度缓解了水资源的严重短缺，但由于地下水超采每年达 3×10⁸ m³，几十年内就使民勤一些地方的水位下降了几十米，随之而来的是盆地灌溉空间格局的变化，灌溉水源由原来的地表地下水混合水源变为以地下水为主。盆地内地下水水质恶化[5]。

民勤有个地方叫青土湖，原名潴野泽、百亭海，曾是一个面积至少在 1.6 万 km²、最大水深超过 60 m 的巨大淡水湖泊，水域面积仅次于青海湖。从 20 世纪 60～70 年代开始，青土湖存水逐渐减少，1957 年前后完全干涸沙化，20 世纪 90 年代，湖底被黄沙掩埋，成为巴丹吉林沙漠和腾格里沙漠"握手"的地方。2000 年，民勤县待治理流沙面积达 60 万 hm²（900 万亩），需要改造和恢复的退化林地 8.9 万 hm²（133.5 万亩），因荒漠（沙漠）化危害而弃耕的土地达 30 万 hm²（450 万亩）。20 世纪 50 年代以来，由于来水持续减少和地下水位持续下降，人工沙枣林和梭梭林、天然白刺和柽柳灌丛，均出现大面积枯死。至 2000 年，民勤绿洲已有 6670 hm²（100050 亩）耕地荒漠（沙漠）化，湖区 2 万 hm²（30 万亩）农田被迫弃耕。绿洲内约有 1/3 的耕地受到风沙威胁（图 9-1）[6]。青土湖大片治理区域地貌依然是流动沙丘（图 9-2）。最近几年由于国家对生态保护的重视，每年供给民勤的生态用水有所增加，2014～2018 年，青土湖部分地区出现存水，有成片的芦苇，但存水区所占比例很小，2017 年青土湖存水面积更小。

(a)　　　　　　　　　　　　　　　　　　(b)

图 9-2　民勤青土湖治理区地貌

（a）摄于 2017 年 6 月 3 日，（b）摄于 2014 年 8 月 14 日

民勤流动沙丘面积很大，达到 2.70×10^4 hm^2（4.05×10^5 亩），沙丘深入农田和林草地带。新中国成立后的人工治理有一定效果，荒漠（沙漠）化土地局部发生逆转。但进入 20 世纪 90 年代，水荒更加严重，地下水位下降加速，一些人工防护林大片枯死，不少地方沙丘活化，固定和半固定沙丘向流动沙丘演化[7]。最近十年，民勤通过采取加大投入、移民及限制超采地下水等措施，使荒漠（沙漠）化得到一定缓解。

20 世纪中末期开始，随着植被持续减少，过去位于巴丹吉林和腾格里两大沙漠之间的固定沙丘活化，覆盖民勤绿洲的流沙面积不断增加，两大沙漠并拢的速度加快。卫星影像显示，两大沙漠中间已有 3 条沙带相连接，原先稳定的地面被流沙覆盖。

据甘肃省治沙研究所资料，1998 年和 2003 年民勤监测区沙漠化变化趋势是中度和轻度荒漠(沙漠)化土地面积减少，极重度和重度荒漠(沙漠)化面积增加。结论是 1998～2003 年，民勤绿洲荒漠（沙漠）化程度在加剧[8]。

2008 年，民勤绿洲人均生态赤字为 1.1762765 hm^2，反映出人类的生产和生活强度超过了其生态承载力，说明处于过度开发利用的民勤绿洲生态系统，是一种不可持续状态（难以维持可持续发展）[2]。

进入 2000 年，民勤县从战略高度认识到了生态安全的重要性并积极实施生态修复工程。在青土湖沙区、西大河沙区及老虎口沙区均开展了荒漠（沙漠）化治理工程。据官方公布的数据，"十一五"期间，民勤共完成造林面积 75.786 万亩，其中人工造林 30.786 万亩，封沙育林 45 万亩，完成工程压沙 16.52 万亩，总体治理效果是值得肯定的。民勤治理荒漠（沙漠）化主要采用草方格技术，每年完成几万到十几万亩的任务，每年用于草方格的投入数以亿计。

9.1.2　土基材料及技术辅助民勤荒漠（沙漠）化防控

1. 民勤县荒漠（沙漠）化防控对策

民勤县在荒漠（沙漠）化防控方面投入了大量人力财力，一定程度上保护了民勤绿洲的稳定。压井和分配一定生态用水，使地下水位下降速度趋缓，使现有植被基本保持稳定。退耕还林在其他许多地方生态效益突出，但在民勤县，退耕地停止灌溉后，一些原先耕种的土地抛荒，田间地段植被减少，退耕后总体荒漠（沙漠）化趋于加重。在流动沙丘大面积种植梭梭，起初从视觉衡量效果非常好，过去光秃秃的流沙上出现了绿色，但由于缺水，梭梭成林过程就伴随枯死。一些地方的梭梭林由于树龄、缺水及病虫害，现已大部枯死，没有出现自然演替，也没有出现新生林带，而是恢复了流沙地貌。民勤每年在沙漠边缘流动沙丘用于草方格-梭梭林的投入巨大，但长期生态效益并不突出，民勤县青土湖区流沙地带造林就是这个结果。青土湖现属于民勤县湖区林业工作站和三角城机械林场管辖，青土湖沙层厚 3～6 m，并且流沙以每年 4～6 m 的速度向绿洲逼近，严重威胁到民勤绿洲生态、当地人民的居住环境、交通道路和农业生产。民勤人民在青土湖区种植了几十万亩梭梭防沙林，但是由于沙区地下水位逐年下降，降雨量少，植物很难得到充足的水分，加之沙区多风，很多植物的根系裸露在沙层外部，致使植物枯死。几十年种植的结果是，每亩地只能存活 20～30 丛梭梭，梭梭固沙作用弱，这个密度只能减缓沙流，不足以达到完全固沙的效果，所以梭梭林地的沙丘仍然是流动的，流沙同样在前进，同样对周围造成危害。民勤老虎口草方格-梭梭目前看效果比较好，但同样由于品种单一，笔者认为再过 20～30 年就会退化成与青土湖相同的结果。民勤草方格-梭梭模式长期生态效益提醒人们这是一种好看的方法，但长期防控效果并不理想。出现这种情况的根本原因是草方格-梭梭治理模式说到底是需水工程，草方格固沙持续 3 年左右，需要在 3 年中形成植被，生物措施接管草方格的工程固沙功能，否则就难以形成应有的生态效益。而在像民勤这样的降水少又缺乏灌溉条件的地区，指望生物措施起到 100%防控功能是不现实的，这就是为什么在民勤草方格-梭梭措施长期生态效益不突出的原因。

对民勤荒漠（沙漠）化防控，笔者提出的对策如下：①节俭使用生态用水，现在的生态用水在青土湖形成池塘，蒸发浪费十分惊人，没有必要为了让别人看青土湖有水而如此使用水。生态用水必须精打细算，减少蒸发和渗漏损耗，将尽可能多的水用于维护绿洲植被。②发展沙产业。扶持发展既有防风固沙生态效益，又可产生经济效益的节水沙产业，例如，扶持种植枸杞、黑枸杞、葡萄、牧草及中药材。③坚持可持续发展。进一步减少高耗水农作物种植，发展节水和设施农业。④注重生物多样性。在造林或恢复植被过程中，避免单一品种，力求草-灌结合，多种植物共存。⑤停止向沙漠进军。将每年用于沙漠流沙区草方格-梭梭的资金和水资源投向绿洲内部，重点防控绿洲内部斑块状的荒漠（沙漠）化区域，与沙漠和谐相处，不要挑战沙漠，不要在治沙口号下规划未来，要面对现实。⑥改变生物防控为生物-工程组合防控，基于降雨状况，将工程防控措施比例提高到 50%以上。调整过去以草方格为主的短期工程防控措施，实施以土石为主的中长期工程防控措施。在沙漠边缘建造宽度为 500 m、生态效益持久的隔离带和防护带，在沙漠和绿洲拉锯战地区重点防控。⑦转化一部分农民职能，让他们成为生态工人，政府将一部分生态建设费用用来支付生态工人工资。生态工人的任务是在绿洲边缘进行专业化作业，进行长期有效的荒漠（沙漠）化防控。

2. 降雨量与荒漠（沙漠）化防控

在干旱半干旱地区，荒漠（沙漠）化产生的自然因素主要是多风和缺水，降雨少、蒸发量大、无灌溉条件严重限制植被形成，所以在这些地方完全用生物方法防控荒漠（沙漠）化是不可能完成的任务。在年降雨量低于 50 mm 又无灌溉条件的无其他渠道供水的荒漠（沙漠）化地区，整个防控措施中生物防控份额只能占到约 20%，其余 80%要靠工程措施；在年降雨量 50～150 mm 的荒漠（沙漠）化地区，生物防控可占 20%～80%，工程防控占 80%～20%；年降雨量大于 200 mm 的荒漠（沙漠）化地区，通过工程辅助后，可完全依靠生物方法防控。民勤年平均降雨量 100 mm 左右，生物防控应该占 40%左右，工程防控占 60%左右。在民勤，完全依靠生物方法防控荒漠（沙漠）化需要大量水资源，目前看是不可能的，必须采用工程-生物综合方法。草方格-沙生植物就是工程-生物综合方法，在一些降雨量 150 mm 以上地区，这个方法被证明是非常好的防控措施。开始几年，植物幼小，抗风沙能力差，这个阶段草方格起到工程防沙作用；几年后草分化，沙生植物基本长成，承担起防沙作用。但在像民勤这样的荒漠（沙漠）化地区，草方格-沙生植物措施长期效果并不理想。这是因为草方格工程防控有效期只有三年左右，起初效果明显，但随着草降解工程措施失效及梭梭稀疏，整体防控效果逐渐丧失。所以在像民勤这样的降雨量很低的荒漠（沙漠）化地区，就要求工程措施承担更大更长期的防控作用，只有这样，工程-生物综合防控才会长期持久。所以在年降雨量很低的地区，需要考虑草方格以外的新方法，这种新方法应有工程措施的持久性，应降低生物措施承担的防控比例。

3. 土基材料及技术辅助民勤荒漠（沙漠）化防控地点

土基材料及技术试验地选择民勤青土湖绿洲边缘（图 9-3）。青土湖年降雨量不足 100 mm，现在是巴丹吉林沙漠和腾格里沙漠"握手"的地方，民勤人民在这里进行了草方格-梭梭防控，如 9.1.1 节所述，由于降雨少，能存活的植物少，草风化后植物不能完全固沙，不能形成对流沙的有效防控，所以即使在人工梭梭林区域，仍然有流动沙丘存在。

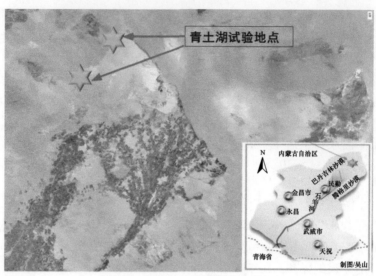

图 9-3　试验地点（民勤青土湖）

4. 用于民勤荒漠（沙漠）化防控的土基材料和技术

在民勤用到的工程防控技术主要有土基材料组合沙障（8.6.4 节）、土基材料固沙结皮（8.6.6 节）、土基材料辅助沙生植物保护（8.6.8 节）、土基材料固沙技术与草方格等联用（8.6.9 节）及土基材料辅助沙生植物种植（8.6.10 节）。

在民勤青土湖这个严重缺水地区进行荒漠（沙漠）化防控，要考虑的措施有以下几点：①改变地面物质成分。由于长期风沙活动，青土湖地表覆盖流沙，流沙的主要成分是石英，缺少细粒黏性成分，松散易动。通过在沙面覆盖黏土增加地面黏重细粒成分，可以降低沙粒的流动性。②使用持久性工程措施。工程措施的持久性要求材料持久，尽可能使用土石这种自然界能持久存在的天然材料。根据沙区附近土石种类，铺设黏土、黄土、鹅卵石或石砾沙障及其组合沙障。根据防沙固沙、辅助沙生植物种植及辅助沙生植物保护的需要进行单个铺设或组合铺设，形成工程防控区。③使用有效生物措施。在严重缺水的青土湖地区，有效的生物措施其一是植物要选取耐旱耐盐品种，草灌结合，多种植物搭配；其二是种植密度要小，每亩灌丛 30 个左右，密度太大耗水多，中幼龄会大量枯死。④挽救已有植被。在已经进行过工程-生物防控的荒漠（沙漠）化区域，补添持久性工程沙障，可以围绕沙生植物的根系铺设，也可以在沙生植物周围的空旷流沙区铺设，沙障走向根据当地主风向确定，原则是使风向越混乱越好。梭梭和柽柳更喜欢生长在沙地上，所以保护这些植物的土基沙障尽可能铺设在其周边空旷沙地上，不要铺设在根部。在一些常年有主风向的地区，持续输沙前沿应铺设疏导、分流和减缓型沙障，疏导、分流和减缓型沙障带宽度应大于 200 m，在其后铺设垂直于主风向的行带式或网格沙障。在没有主风向的地区，沙障应随机铺设，以乱为准。每个沙障在防沙固沙、阻挡风沙流时其作用相当于固沙植物，能使流沙固定，抵御较强的风沙流，起到防沙固沙作用。土沙障不但不与植物争水，还由于其周边的结皮能够防止水蒸发，所以能够集水保水，为植物提供更多水分。

土基材料辅助梭梭种植技术实施后，梭梭成活率会提高，梭梭成林后，组合沙障仍然辅助固沙（图 9-4）。土-草方格联合固沙技术实施后，前 3 年草沙障和土沙障共同固沙，3 年后草分化，土沙障继续固沙和保护梭梭林（图 9-5）。土还可以与平铺沙障组合，使平铺沙障间空地上形成结皮，防止起沙（图 9-6）。

(a)   (b)

图 9-4 土基沙障辅助沙生植物种植

民勤青土湖，摄于 2016 年 7 月 7 日

(a)   (b)

图 9-5 土-草方格组合沙障

（a）摄于 2012 年 4 月 7 日，（b）摄于 2015 年 7 月 8 日

(a)

(b)

图 9-6　土-枝条或葵花秆组合沙障

铺设于 2012 年 4 月 7 日，(a) 摄于 2014 年 10 月 9 日，(b) 摄于 2019 年 7 月 5 日

在沙漠边缘沙害特别严重的地段，适宜用土泥辅助铺设组合沙障。第一种方法是取试验地的沙和当地的黏土（或黄土）按照 1∶1 混合均匀，加入环境友好型高分子材料（纤维素类、海藻酸类、聚丙烯酸、聚丙烯酰胺、聚乙烯醇、变性淀粉或植物胶）一种或几种，加入适量的水将沙子、黏土（或黄土）及高分子材料的混合物制备成泥料，放入模

具中，制备成不同的黏土（或黄土）沙障；第二种方法是不用模具，先将沙堆成高约 35 cm 的沙障，在其表面堆集黏土（或黄土）泥 10 cm，铺设成组合沙障（详见 8.6.4 节）；第三种方法是将黏土（或黄土）-沙-高分子材料制成的泥料，用制煤砖的方法制备成圆柱形（直径 25 cm、高 30 cm）和长方体（长、宽和高分别为 30 cm、20 cm 和 30 cm），干燥后运到沙丘，根据需要铺设成各种组合沙障。青土湖沙区本地青土位于地下 2～6 m，采挖并不困难，但这里的土含盐量过大，用这种土铺设的沙障或土结皮虽不影响梭梭等的生长，但会影响其他一些沙生植物的存活，导致生物多样性降低，所以不能用本地青土铺设组合沙障，需要到其他地方运土。在青土湖可用来修复生态的正常黏土（或黄土），运输距离较远。

　　土基组合沙障铺设区域，遇雨在沙障附近形成土结皮，土结皮的缺点是减小雨水下渗速度，在坡度较大地区增加雨水流失，幸好民勤沙区比较平坦，大的降雨较少，不用担心径流增大流失增加。土基材料组合沙障及其结皮能集水保水和防止蒸发，辅助沙生植物生长。与草方格沙障比较，土基沙障或土-草联用沙障最大的优点是：在流动沙丘草沙障辅助种植梭梭林的沙地，若干年后其地貌特征仍然是流动沙丘，而土基或土-草联合沙障辅助种植的梭梭林，沙丘是固定的（图 9-4～图 9-9）。在鹅卵石和石砾取用比较方便的地方，鹅卵石或石砾沙障也是一个很好的选择（图 9-10）。

　　由于干旱多风，民勤青土湖人工梭梭林中幼龄时已开始成片枯死。利用土基材料及技术，按照沙生植物保护（8.6.8 节）方法，在中幼龄梭梭中建造土基沙障（图 9-11），能辅助保护梭梭和减缓风沙流。

图 9-7　民勤青土湖土基沙障（一）

铺设于 2011 年 5 月 30 日，摄于 2011 年 5 月 30 日

图 9-8　民勤青土湖土基沙障（二）
铺设于 2011 年 5 月 30 日，摄于 2016 年 7 月 7 日

图 9-9　民勤青土湖土基沙障（三）
铺设于 2011 年 5 月 30 日，摄于 2019 年 7 月 5 日

图 9-10　鹅卵石沙障

民勤老虎口，摄于 2017 年 6 月 2 日

图 9-11　土基沙障辅助中幼龄梭梭保护

摄于 2014 年 4 月 7 日

　　沙漠中或沙区中主要的特点是高温、多风、少雨，土基沙障可以对沙生植物的根系进行保护，使其免遭风沙流侵蚀；土基沙障也可以整片铺设在风沙流较强的迎风坡，抵

御强的风沙流或强沙尘暴的侵袭。土基圆形沙障可以铺设在沙生植物周围的空沙地或流动沙丘上，其在防沙固沙的作用上相当于一丛沙生植物，但是又不与植物争水，效果持久，降雨后圆形沙障内部形成结皮，既可防止风蚀掏空，又可集水，还可以防止水分蒸发，具有辅助保护沙生植物的效果（图 9-12 和图 9-13）。沙障铺设 3 年，梭梭枯死率累计降低 20%。

　　如前所述，黏土（或黄土）沙障的铺设可以根据保护植物的需要铺设在植物的周围，或植物旁的空地上；可以单个铺设，也可以组合在一起进行成片铺设。一般新铺设的黏土（或黄土）沙障表面光滑，无开裂现象，边与边连接较好（图 9-9）。5～8 年之后，黏土（或黄土）沙障仍然完好，边与边没有分离现象。由于黏土（或黄土）组合沙障对风沙流的疏导、分流、减缓、阻隔及固定效果，大量的流沙被限制在黏土（或黄土）沙障中，黏土（或黄土）沙障周围的沙生植物受到流沙的侵蚀会减轻。黏土（或黄土）沙障的铺设也减少了沙层水分的蒸发，对沙层有一定的保湿保水作用。黏土（或黄土）沙障铺设 5～8 年以后（图 9-8 及图 9-9），其沙障并没有被风沙流破坏或掩埋，依然保持完好无损，铺设黏土（或黄土）沙障的沙丘没有发生移动或堆积。被黏土（或黄土）沙障保护的沙生植物长势良好，没有出现枯死或被流沙掩埋的现象。黏土（或黄土）沙障与草方格比较，最大优点主要有五条：第一是效果比较持久，草方格 3 年后基本分化，需要重新铺设，黏土（或黄土）沙障可以多年发挥固沙作用；第二是成本低，机械化铺设一次黏土（或黄土）沙障，土源比较近（5 km 内），其成本是相应草方格沙障的 60%，草

　　　　　　　　(a)　　　　　　　　　　　　　　　　　　(b)

图 9-12　土基沙障辅助沙生植物保护

（a）未保护；（b）保护，摄于 2014 年 9 月 16 日

图 9-13　土基沙障辅助沙生植物保护
铺设于 2014 年 4 月 7 日，摄于 2019 年 7 月 5 日

方格 3 年风化，需要多次铺设，总的投入草方格远远高于黏土（或黄土）沙障；第三是黏土（或黄土）可以为沙生植物提供沙漠中所缺乏的基础营养，促进沙生植物生长；第四是黏土（或黄土）沙障可以在其周边形成结皮，能够集水和减少沙漠中水分的蒸发，具有保水作用；第五是黏土沙障周围形成的结皮可以减缓沙面温度的骤变，许多植物正是由于沙面温度太高或温度变化过于剧烈而不能存活。黏土（或黄土）沙障与草方格比较，其缺点主要是：土结皮减缓降雨下渗速度，在坡度较大或降大雨地区，径流增加，降雨流失增大，在比较平坦且降雨较少地区（如民勤），这个缺点事实上不存在。

9.2　土基材料在敦煌的应用示例

介绍适合年降雨量低于 50 mm 的荒漠（沙漠）化地区风沙危害防控的土基材料及技术，主要包括土基固沙（防风蚀）材料、组合沙障、集水沙障、土基材料及技术辅助沙生植物种植等材料-工程-生物组合技术的示范和应用。在该类地区工程措施和生物措施分别承担 80% 和 20% 防控任务。

9.2.1　敦煌荒漠（沙漠）化概况

敦煌市隶属甘肃省酒泉市管辖，是河西走廊的西部门户，位于东经 92°13′～95°30′ 和北纬 39°53′～41°35′，面积 3.12 万 km²。敦煌西部同库姆塔格沙漠相连，周边绝大部分是沙漠和戈壁。敦煌绿洲阻挡着库姆塔格沙漠的东侵。近年来，敦煌绿洲的萎缩引发了"敦煌是否会成为第二个楼兰"的忧虑。20 世纪 90 年代以来，敦煌绿洲的荒漠（沙漠）化程度不断加剧[9]。

据敦煌市水文监测资料显示，2000 年前后，敦煌水位下降速度增加，有段时间平均每年达 30 cm。1970～2000 年的 30 年间，西湖湿地面积萎缩干涸达 4 万 hm²（6 万亩）。最近十几年，沙漠每年向东南扩张 3～4 m，敦煌周边每年新增沙化土地面积 1.12 万 hm²（16.8 万亩）。党河主灌区流经沙丘地带边缘，每年有大量流沙通过灌区到达农田（图 9-14），引发良田沙化和退化。截至 1999 年，敦煌荒漠（沙漠）化面积达 252.8 万 hm²（3792 万亩），占其总土地面积的 80.6 %[10]。

图 9-14　敦煌党河主灌区的沙害
摄于 2013 年 3 月 16 日

敦煌湿地尤其是西湖湿地对于维护敦煌生态和环境安全具有十分重要的意义。第一，湿地构成了敦煌防沙的重要屏障，缓解和阻挡了冬春季大风和沙尘暴的侵袭，减缓了荒漠（沙漠）化进程；第二，维持地下水位、涵养水源、维护生存小气候；第三，湿地及其周边是当地稳定生态系统的一部分，湿地渗漏到周边的水资源维系了当地农业的发展，湿地周边的灌丛和草资源促进了当地的牧业发展，特别重要的是湿地维持了当地气候和地貌的相对稳定，有效保护了当地的旅游资源和旅游环境；第四，湿地支撑常驻和迁徙动物群的生存条件，使大批沙生、旱生动植物得以生存，湿地维系着本区生物多样性[10]。

敦煌湿地大面积减少既有自然因素，也有人为因素。降雨少和高温蒸发量大是造成湿地面积减少的自然因素；过度用水、无序开垦、砍伐植物则是造成湿地减少的人为因素。

多年来，党河来水量基本维持稳定，人口和经济的快速发展造成对水需求量的快速增长，人口和经济用水量的持续增加导致生态供水量的不断减少，最终结果是植被减少生态恶化。自然因素（干旱、高温、风蚀）和人为因素（土地过度开发和人口过快增长）共同加速了敦煌的荒漠（沙漠）化。

有段时间，月牙泉以惊人的速度萎缩。20 世纪 60 年代，月牙泉的水域面积是 22 亩，平均水深达 8 m 以上，泉边水草丛生，芦苇摇曳，称得上一个半月形的小湖。后来，月牙泉水位下降，草木部分枯萎。月牙泉曾经萎缩到 8 亩过一点，水深处不到 2 m，甚至有些地方湖底裸露在外。近几年经过人工上游干预，才使其维持了容貌。

到 2006 年，敦煌天然林与建国初期相比减少了 89 万亩；胡杨林减少了 28 万亩，仅存 14 万亩，比建国初期减少了 67%；可利用草场不断沙化和盐碱化，总体减少了 77%。敦煌湿地每年减少约 2 万亩。敦煌咸水湖减少了 8000 余亩，淡水湖减少了 800 亩。敦煌过去有野生动物 18 种，新中国成立后统计发现这些野生动物已全部绝迹；国家一级保护动物野骆驼的数量逐年减少；国家一级保护候鸟白鹳等基本绝迹[11]。

9.2.2　土基材料及技术辅助敦煌荒漠（沙漠）化防控

1. 敦煌荒漠（沙漠）化防控对策

敦煌西部和南部是沙漠，东部和北部主要是戈壁。敦煌要可持续发展，需要采取一些保护性措施：①维持戈壁稳定。戈壁地表是一层石砾，厚度不一，其下多有细沙层，尽量避免工程扰动戈壁地面。一些不可避免的大型工程施工后要及时进行石砾复位，在扰动地面覆盖石砾，防止细沙被风吹起。②维护敦煌西湖湿地稳定。每年除了保证季节性洪水给西湖湿地供水外，要适当分配一些生态用水供给西湖湿地。维护西湖湿地稳定有利于维护敦煌生态稳定。③转移农业人口。敦煌有鸣沙山、莫高窟、雅丹、阳关和玉门关遗迹及库姆塔格沙漠等旅游资源，西湖湿地及胡杨林也能适当开发用于旅游，可以迁移一部分农业人口从事旅游业，减少粮食种植面积，将节余的水资源用作生态修复。④发展节水沙产业。敦煌葡萄产业一直发展较好，但基本采用漫灌方式，水资源浪费十分严重，需要发展智能滴灌，节约用水。敦煌有地下水的地方骆驼刺生长很旺盛，可以用来发展舍饲畜牧业，为敦煌旅游提供优质食材。⑤维持市内现有绿洲稳定。敦煌近几年基础建设速度加快，宾馆林立，但这些建设用地基本都是市内绿洲土地。按照目前的发展速度和方向，敦煌核心绿洲区将很快耗尽，存在的绿洲小气候将逐渐消失。为了阻止这种发展势头和速度，要严禁基础建设用地使用绿洲土地，将宾馆等的建设转移到敦煌周边的戈壁土地，并且在建筑设计方面采纳防风减风措施，在敦煌西北外围戈壁土地建设具有戈壁特征的建筑群，这样绿洲土地就可以保存，敦煌的风沙也会有所减少。⑥建设防风沙保护带。以工程措施为主，生物措施为辅，在绿洲外围、沙漠边缘、村镇周边及党河灌区周边建设宽度为 500 m 的防风沙保护带。过去防沙投入主要去向是生物措施即植树造林，但是在像敦煌这样年降雨量不足 50 mm 的地区，生物防护措施——植树造林的效果非常差，生态效益难以显现。只有顺应自然现实，将防护措施的重点从以生物防控为主转移到以工程防控为主，才能使生态建设投入获得应有的效益。⑦将敦煌周边村镇防沙列入预算。处于库姆塔格沙漠附近的村镇（如阳关镇和二墩村），风沙危害比较严重，要有计划有步骤实行防沙工程，在其周边建立长久的工程防沙带。

2. 敦煌荒漠（沙漠）化防控地点

土基材料及技术荒漠（沙漠）化防控地点选在库姆塔格沙漠边缘的阳关镇。阳关镇距敦煌市区 64 km（图 9-15），面积 31.87 m³，2008 年年末，乡镇人口 1145 户 4449 人。阳关镇与库姆塔格沙漠为邻，四周沙漠戈壁环抱，西南黄色沙丘纵横起伏。阳关镇地势南高北低，平均海拔 1297 m，年降雨量不足 50 mm，属于极干旱地区。阳关镇绿洲是祁连山雪水的杰作，近年虽然由于大力发展葡萄产业和旅游业，农民生活水平有较大提高，但缺水和荒漠（沙漠）化限制了阳关镇的可持续发展。

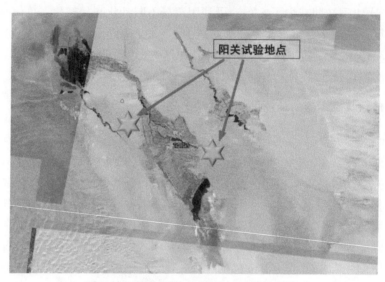

图 9-15　敦煌阳关土基组合沙障试验地点

阳关镇东北是戈壁，西南是沙漠，风沙危害十分严重。阳关西南地貌特征是库姆塔格流动沙丘，与之接壤的农田饱受风沙危害。由于降雨量极少，又严重缺水，很难实施植树种草方法防治风沙危害，早年种植的植物也逐年枯死。土基组合沙障可以有效固沙，集聚极其珍贵的降水，为沙生植物提供存活条件，辅助种植低密度骆驼刺、梭梭、柽柳、沙拐枣及沙蒿等沙生植物，建立生物-工程综合防风沙保护带，最终可以减轻阳关的风沙危害。阳关镇附近有厚达 5～7 m 的红黏土，利用机械化施工技术建造组合沙障速度快，当年见效，对当地生态修复可起到至关重要的作用。在阳关建设的保护带，工程措施占约 80%，生物措施占约 20%，保护带宽度 500 m。

3. 土基材料及技术辅助敦煌荒漠（沙漠）化防控

这里建造的土基组合沙障，也采用疏导、分流和减缓式沙障（土堆形、圆形、半圆形及人字形）、阻隔和固定沙障（网格形）及沙生植物（梭梭、白刺、骆驼刺、柽柳及沙拐枣）组合，土堆沙障高 0.45 m，直径 2 m；圆形沙障高 0.45 m，直径 4 m；半圆形沙障高 0.45 m，直径 4 m；人字形沙障高 0.45 m，单边长 2.8 m；网格沙障宽 2.8 m，高 0.45 m。

土基组合沙障按照疏导、减缓、分流、阻隔及固定排布，每隔 25 m 种植草-灌-草带，草-灌、草-草及灌-灌间距 3 m。草选沙蒿和骆驼刺，灌选梭梭、柽柳和沙拐枣。组合沙障中种植的草灌第一年需浇灌 3～5 次，之后可以依赖自然降水（图 9-16～图 9-20）。土基

图 9-16　敦煌阳关土基材料组合沙障防护带（一）

图 9-17　敦煌阳关土基材料组合沙障防护带（二）

(a)　　　　　　　　　　　　　　　(b)

图 9-18　机械化作业的土基组合沙障（一）

（a）摄于 2016 年 3 月 24 日，（b）摄于 2016 年 9 月 27 日，敦煌阳关

(a)　　　　　　　　　　　　　　　(b)

图 9-19　机械化作业的土基组合沙障（二）

（a）摄于 2016 年 6 月 25 日，（b）摄于 2016 年 9 月 27 日，敦煌阳关

(a)　　　　　　　　　　　　　　(b)

图 9-20　机械化作业的土基组合沙障（三）

（a）摄于 2016 年 4 月 16 日，（b）摄于 2016 年 9 月 27 日，敦煌阳关

材料应用示范起初选择党河主干渠风沙危害防控，规划在主灌区南建造 300～500 m 保护带。2015 年，敦煌林业局在党河主干渠进行了尼龙网沙障固沙。尼龙网与草方格比较，优点是持续时间较长，缺点一是价格高，二是有环境风险，老化后的碎屑及微塑料会对土壤、水源及空气造成污染。尼龙沙障采取网格化铺设，没有组合疏导分流沙障，很容易被沙掩埋。笔者反对使用尼龙网固沙，不愿意与有环境风险的措施在同一地区示范，所以最终项目示范地点由敦煌主干渠转移到阳关。

　　土基组合沙障不但具有疏导、分流、阻隔和固定流沙的作用，而且具有集水和防蒸发作用，沙障能为植物种子发芽提供基本条件，所以雨季一些植物就能在沙障中发芽生长（图 9-21 和图 9-22），在没有组合沙障的地方就没有植物或有极少植物。2016 年 8 月，阳关降雨较多，组合沙障辅助生态修复速度快得有点出乎意料。但经过 3 年，2019 年，组合沙障就应该比较真实地反映了这里的生态状况。沙障中自然衍生沙生植物预示在工程措施辅助作用下，生态可以在一定程度上得到自然修复（图 9-23）。

(a)　　　　　　　　　　　　　　(b)

图 9-21　土基组合沙障中自然生长的植物（一）

摄于 2016 年 9 月 27 日，敦煌阳关

(a)　　　　　　　　　　　　　　(b)

图 9-22　土基组合沙障中自然生长的植物（二）

（a）摄于 2016 年 3 月 24 日，（b）摄于 2016 年 9 月 27 日，敦煌阳关

图 9-23　土基组合沙障中人工种植（梭梭等）及自然生长（骆驼刺等）的植物

2016 年 3 月 24 日铺设，摄于 2019 年 7 月 3 日，敦煌阳关

9.3　土基材料在中卫沙坡头的应用示例

介绍适合年降雨量 150 mm 左右的荒漠化地区风沙危害防控的土基材料及技术，主要包括土基固沙（防风蚀）材料、保水材料、组合沙障、集水沙障、土基材料固沙结皮、土基材料辅助生物土壤结皮、土基材料及技术辅助沙生植物种植等材料-工程-生物组合技术的示范和应用。在该类地区工程措施和生物措施分别承担约 20%和 80%的防控任务。

9.3.1　中卫沙坡头概况

宁夏中卫沙坡头地区，地处腾格里沙漠东南缘，黄河从其南边穿过，集大漠、黄河、高山、绿洲为一处，既具西北风光之雄奇，又兼江南景色之秀美。沙坡头地区格状沙丘群由西北向东南倾斜，呈阶梯状分布。

沙坡头干旱、高温、多风，降雨少蒸发强烈，是典型的干旱区气候。沙坡头年平均气温 9.6℃，1 月最低气温–25.1 ℃，7 月最高气温 38.1 ℃，年平均降雨量 186.6 mm，年蒸发量 3000 mm，是年平均降雨量的 16 倍，干燥度 2.4，年起风沙时数达 900 h 以上，年平均风速 2.8 m/s，大风常伴有沙暴，沙暴日年平均 5～19d，风向多为西北风。

9.3.2　包兰铁路沙坡头段保护带

沙坡头早年以防沙而闻名于世。包兰铁路多次穿越中卫市内的腾格里沙漠，在沙坡头段，南边是黄河，北边是腾格里沙漠，沙丘在这里形成几百米的巨大落差，包兰铁路就穿过这里的沙丘。北风将沙丘吹向黄河边，延黄河的风又将沙从底部吹起，堆成巨大沙丘。为了避免铁路被沙埋住，保证铁路安全运行，从20世纪50年代起，在铁路南北两侧建造了防风保护带。保护带总宽500 m，铁路北300 m，铁路南200 m。保护带建设"以固为主，固阻结合"，采用草方格沙障-沙生灌丛这种工程-生物综合方法，效果良好，保证了包兰铁路沙漠段的安全运行。

中国铁路防沙最成功范例就是包兰铁路沙坡头段的防护（图9-24）[12]。1958年，中国第一条沙漠铁路包兰铁路在宁夏沙坡头地区穿越腾格里沙漠胜利通车。穿越沙漠的铁路，通车后的防护更为困难，要保证铁路不被流沙掩埋就需要建设铁路保护带，中国在沙坡头成功解决了铁路防沙问题，麦草方格固沙法在这里得到了广泛应用。沙坡头铁路防护采用了"固沙防火带、灌溉造林带、草障植物带、前沿阻沙带、封沙育草带"为内容的"五带一体"治沙防护体系，保证了包兰铁路在沙坡头区段的安全畅通。

图9-24 包兰铁路沙坡头段的防护带[13]

沙坡头铁路沿线防沙之所以成为世界典范，是因为这里有一个举世闻名的沙漠研究试验站——中国科学院沙坡头沙漠研究试验站。该试验站成立于1955年，首任站长是前浙江大学校长竺可桢。中国科学院沙坡头沙漠研究试验站被国际同行赞誉为"沙都"和"沙漠明珠"，是联合国教育、科学和文化组织人与生物圈和世界实验室的研究点，也是国际荒漠（沙漠）化治理研究与培训中心的培训基地。1997年又被联合国开发计划署（UNDP）列为"增强中国执行联合国防治荒漠化公约能力建设项目"技术试验示范基地，还是全国爱国主义教育科普基地。中国科学院沙坡头沙漠研究试验站重视发挥优势，以学科带动人才培养，以人才培养促进野外站的发展，注重凝练学科研究方向，并已形成了完善的学科体系和具有特色的学科方向。他们在干旱区水量平衡与生态水文学、植被动态与恢复生态学、生物土壤结皮的生态功能与土壤生态学、植物胁迫生理学、生物多样性与保护生物学、沙尘气溶胶理化特征及其气候效应、风沙物理与沙漠环境、沙害综合治理与生态工程建设、沙地农业生态系统水养耦合与高效利用技术等方面，取得了令人瞩目的成就，这些学科方向也已经成为国际上比较有影响的方向。

9.3.3   风沙危害防控地点

土基材料及技术辅助风沙危害防控选在包兰铁路沙坡头保护带边缘进行（图 9-25）。

图 9-25   土基组合沙障试验地点（中卫沙坡头）

9.3.4   土基材料及技术辅助中卫沙坡头风沙危害防控

包兰铁路中卫工务段沙坡头保护带虽然保证了铁路的安全运行，但在保护带与沙漠接壤的地方沙害仍然盛行。保护带边缘每年被流沙侵蚀（图 9-26），需要不断投入，边缘区每年需要铺设草方格。为了使固沙效果更好更持久，在包兰铁路沙坡头南北保护带边缘实施了土基材料防风沙危害试验。实践证明土堆沙障具有良好疏导、分流和减缓风沙流作用，可以替代前沿阻沙带。在土堆沙障区域，无论风从哪个方向吹来，到达沙障都会反弹和分流，总体上流沙方向变得混乱，不再堆高和前行（图 9-27）。

图 9-26   包兰铁路沙坡头段保护带附近的沙丘
摄于 2014 年 9 月 13 日

图 9-27　土基土堆沙障

2016 年 7 月 29 日铺设，摄于 2019 年 6 月 5 日，中卫沙坡头

　　圆形和网格沙障阻隔和固定流沙效果比较好。由于圆形和网格沙障还具有集水保墒功能，所以在圆形（图 9-28）和网格沙障（图 9-29）中就会有植物生长，但圆形和网格沙障中容易积沙，需要与疏导型沙障组合才会显示较好的综合固沙能力。圆形和网格沙障可以铺设在土堆沙障后，替代草障植物带。

　　按照第 8 章所述的土基材料组合沙障技术及工程-生物综合技术（图 9-30）铺设组合沙障和种植沙生植物的区域，流沙基本消失。在沙坡头用来建造土基组合沙障的材料主要是本地黄河附近的淤泥，添加少量粉碎秸秆。迎风区建造高 0.75 m、底径 2 m 的土堆沙障 10 排，沙障排布成行带式，带与带之间留空 5 m。沙障中种植柠条和沙蒿。在土堆

图 9-28　土基圆形沙障

2016 年 7 月 29 日铺设，摄于 2017 年 10 月 6 日，中卫沙坡头

图 9-29　土基网格沙障

2016 年 7 月 29 日铺设，摄于 2017 年 10 月 6 日，中卫沙坡头

沙障后铺设高 0.5 m、直径 2 m 的圆形沙障 10 排，最后铺设网格沙障。人工铺设的方格沙障高 0.3 m，长宽各 1 m；机械铺设的方格沙障高 0.45 m，长宽各 2.8 m。方格沙障中种植花棒、梭梭、柠条和沙蒿。

(a)　　　　　　　　　　　　　　　　　　　　(b)

图 9-30　组合沙障

（a）摄于 2011 年 6 月 8 日，（b）摄于 2017 年 10 月 5 日，中卫沙坡头

　　土基材料组合沙障既能疏导、分流、减缓风沙流，也能阻隔和固定流沙，减少流沙的堆积，有效防止风沙危害。经过 7 年，沙坡头试验区组合沙障完好。组合沙障铺设 1 年后沙障内形成土结皮，5 年后沙障内形成生物土壤结皮。土基材料组合沙障辅助种植柠条和枸杞，成活率 90%以上。试验区自然衍生了沙蒿、刺沙蓬、百花蒿、雾冰藜、虎

尾草、沙蓬、猪毛菜、狗尾巴草、碱蓬、绳虫实、砂蓝刺头、软毛虫实、戈壁天门冬及毛果绳虫实 14 种植物。沙坡头九龙湾使用土基材料组合沙障防控 3 年后,地表 pH 由 9.21 降为 8.83,向中性过渡,更有利于植物生长。治理 3 年后地表 1 cm 处的有机质、全氮、全磷、碱解氮和有效磷分别是原沙的 7.4 倍、2.8 倍、5.0 倍、2.0 倍和 4.2 倍(表 9-1),组成成分发生了有利于生态修复的巨大变化。经过组合沙障铺设,试验区生态得到恢复。九龙湾于 2017 年被列为环保督导整改区域,本来是要清理混乱的旅游设施,我们的试验基地也被误认为是旅游设施而一并清除。

表 9-1　沙坡头九龙湾治理前后地表成分变化

分析编号	pH	有机质 /(g/kg)	全氮 /(g/kg)	全磷 /(g/kg)	全钾 /(g/kg)	碱解氮 /(mg/kg)	有效磷 /(mg/kg)	速效钾 /(mg/kg)
治理地表 1 cm	8.83	4.13	0.31	0.40	18.1	21.8	5.90	285
治理地表原沙	9.21	0.56	0.11	0.08	12.4	10.9	1.40	202

中国科学院沙坡头沙漠试验研究站内使用土基材料组合沙障防控 6 年后,地表 pH 由 9.00 降为 8.84,向中性过渡,更有利于植物生长;治理 6 年后地表 1 cm 处的有机质、全氮、全磷、碱解氮和有效磷分别是原沙的 6.3 倍、3.4 倍、2.1 倍、5.4 倍和 5.8 倍(表 9-2),组成成分也发生了有利于生态修复的巨大变化。同样经过组合沙障铺设,试验区生态得到恢复。

表 9-2　中国科学院沙坡头沙漠试验研究站治理前后地表成分变化

分析编号	pH	有机质 /(g/kg)	全氮 /(g/kg)	全磷 /(g/kg)	全钾 /(g/kg)	碱解氮 /(mg/kg)	有效磷 /(mg/kg)	速效钾 /(mg/kg)
治理地表 1cm	8.84	6.19	0.34	0.27	18.1	29.0	9.9	462
治理地表 3cm	9.06	1.79	0.13	0.18	17.8	9.10	3.50	480
地表原沙	9.00	0.98	0.10	0.13	17.0	5.4	1.7	364

9.4　土基材料及技术辅助黄土高原水蚀风蚀交错区沟壑水土流失防控

介绍适合年降雨量 300 mm 左右的荒漠化地区水土流失防控的土基材料及技术,主要包括土基固土(防水蚀)材料、土基固沙(防风蚀)材料、组合土障、组合堤坝、组合沙障、季节性洪水利用、土基材料结皮、土基材料及技术辅助沙生旱生植物种植、土基材料及技术辅助中药材种植等材料-工程-生物组合技术的示范和应用。在该类地区,通过材料-工程-生物组合治理,水土肥流失可以完全停止,生态能够在 2~3 年内得到修复。

9.4.1　黄土高原概况

如第 5 章所介绍,黄土高原地区总面积约 64 万 km²,水蚀沟壑是黄土高原典型地貌。黄土高原地区剧烈水蚀面积达 $3.67×10^4$ km²,大约是全国这类面积的 89%。黄土高原洪水期使黄河处于危险状态，威胁国家生态、环境及人民生命安全[14]。造成黄土高原光山秃岭荒凉景象的原因是严重的水土流失。10 年前，黄土高原地区年平均输入黄河的泥沙约为 16 亿 t，其中每年在黄河下游河道上淤积的泥沙量达到 4 亿 t，使下游一些地方的黄河河道每年平均淤高 10 cm。在河南一些地方，黄河河床竟然高出两岸地面 3～10 m，开封市的一些地方比黄河水面还低。黄土高原地区每年输入黄河的泥沙总量，相当于世界前 4 条大河（尼罗河、亚马孙河、长江和密西西比河）输沙量的总和[15-18]。

水土流失会造成土壤肥力和生产力下降。在黄土高原地区年平均流失的 16 亿 t（2008 年前数据）泥沙中，含有农作物生长所需的氮、磷、钾肥超过 4000 万 t[19]。水土流失是黄土高原沟壑形成和发展的主要动力。黄土高原地区有些地方的沟壑密度达 6～8 km/km^2 以上，切割深度超过 100 m，地面裂度最高可达 65%以上[19]。

2018 年与 2011 年比较，黄土高原地区水土流失面积减幅 9.13%，目前该地区的水土流失面积是 21.37 万 km^2，占其总面积的 37.19%。总体上看，黄土高原近一半的水土流失面积得到初步治理，生态逐渐得到修复，荒漠化已经得到遏制。但黄土高原地区仍然是我国乃至全世界水土流失最严重的地区，生态环境十分脆弱、土壤侵蚀强度居全国之最[20]。

水蚀风蚀交错区沟壑是黄土高原沟壑中的一种，起初是水蚀和过度放牧，使稳定表土层破损，沙土裸露；接着是风蚀，风将细粒土吹起吹走，土地粗沙含量越来越大，土地随即荒漠（沙漠）化。水蚀风蚀交错区遇大雨时会产生大量泥沙，形成含泥沙洪水，给当地造成初级灾害。这种泥沙洪水也是黄河泥沙的主要来源，给黄河流域带来次生灾害。旱季遇大风时，水蚀风蚀交错区沟壑地带会产生风沙流，沿沟口向外扩散，对附近农田造成危害。

9.4.2　土基材料及技术辅助水土流失防控地点

土基材料及技术辅助黄土高原沟壑区水土流失治理的实施地选择环县甜水镇古城堡、何家塬、白家沟（图 9-31～图 9-33）及何口子。环县位于甘肃省东部，庆阳市西北部，地处毛乌素沙地南缘，介于东经 106°21′～107°45′，北纬 36°01′～37°09′之间。环县是甘肃省陇东地区唯一饱受沙漠化危害的县，截至 2014 年年底（第五次沙漠化普查），全县沙化土地面积达 1746.83 km^2（约 262 万亩），涉及县北 11 个乡镇 15.1 万人口，占全县总人口的 42.7%。

图 9-31　环县古城堡

图 9-32　环县何家塬

图 9-33　环县白家沟

　　环县深居内陆，远离海洋，干旱少雨，是典型的大陆性温带干旱荒漠气候区。环县年降雨量 350～500 mm，其分布趋势由东南向西北递减，全年降水分布不均，集中在 7 月、8 月、9 月三个月。年均蒸发量 1674.9～1993.7 mm，是降雨量的 3.12～4.55 倍。土基材料及技术辅助水土流失防控实施地年均降水量 258 mm 左右，年蒸发量高达 2000 mm 以上，近 10 年最高年降雨量 327.8 mm，最低 180 mm，年平均风速 1.9 m/s，主风向以西北为主；大风、扬沙、沙尘暴等灾害性天气发生频繁；土基材料及技术辅助水土流失防控实施地平均无霜期 120 天，11 月中旬土壤冻结，3 月中旬土壤逐步解冻。土基材料及技术辅助水土流失防控实施地自然灾害频繁，根据近 10 年甜水镇 1～12 月降雨量统计，3～4 月发生春旱的概率接近 80%，2016 年 10 月～2017 年 6 月近 8 个月无有效降雨，2017 年 7 月发生持续近 15 天 38℃ 左右的高温危害。2017 年 7 月 27 日，日降雨量达 67.2 mm。从近 20 年气象统计数据看，高温、干旱、寒流、冰雹及风等自然灾害频繁，危害严重。

　　环县是黄河中游水土流失最严重的县之一，土壤侵蚀模数 4000～9000 t/km²，平均 7718.94 t/km²，年土壤流失总量 7113 万 t，年损失土壤有机质 35 万 t，氮 2.8 万 t，磷 7.1 万 t，钾约 142 万 t。水土肥流失使农业遭受巨额损失，同时对其他各项产业、社会事业造成巨大危害。因此环县被列为全省干旱县和黄河中游水土流失及陇东沙化治理重点县。环县土壤风蚀水蚀交错区面积 9215 km²，占全县总面积 99.8%，年侵蚀模数 8000 t/km²，急需采用组合措施和先进技术，治理风蚀和水蚀。环县天然植被资源少，种类单一，结构性缺陷严重。天然植被主要是荒山牧草，其次是残存天然灌木和人工营造的乔木或乔灌混交林。小型多年生旱生干旱型植物占优势，植被盖度为 10%～30%。土基材料及技术辅助水土流失防控实施地的主要草本植物有本氏针茅、大针茅、二裂委陵菜、星毛委陵菜、委陵菜、狼尾草、狗尾草、猪毛菜、蒙古虫实、骆驼蓬、碱蓬、沙米、阿尔泰狗娃花、达乌里胡枝子、甘草、苦豆子、红砂、地梢瓜、短翼岩黄芪、草木樨状黄芪、砂珍棘豆、二色棘豆、麻黄、冬青叶兔唇花、细叶鸢尾、白花枝子花、野胡麻、百里香、鹤虱、赖草、苍耳、刺儿菜、狼毒、蓬子菜、小车前、平车前、蒙古葱、蒙古芯芭、冷蒿、白莲蒿、灌木亚菊、银灰旋花、芨芨草等旱生盐生植物；天然灌木主要有小叶锦鸡儿、荒漠锦鸡儿、甘肃锦鸡儿、白毛锦鸡儿、蒙古绣线菊、鄂尔多斯小檗、枸杞、扁核木等；野生药用植物有甘草、秦艽、麻黄、柴胡、远志、华北白前等。土基材料及技术辅助水土流失防控实施地周边村组人工栽培植被主要有榆树、山杏、杨树、旱柳、山桃、柠条等乔灌树种，从生长势看，除个别土壤含水量大的区域生长相对茂盛，乔木整体生长势弱。

　　甜水镇位于环县北部，面积 526 km²，平均海拔 1700 m，年平均降雨量 350 mm，年平均气温 7.5℃，全年无霜期 120 天。甜水镇山大沟深，墚峁交错，风蚀水蚀沟壑交替，水土流失十分严重（图 9-34）。

(a)　　　　　　　　　　　　　　　　　(b)

图 9-34　环县甜水镇典型沟壑
（a）摄于 2015 年 4 月 24 日，（b）摄于 2017 年 7 月 4 日

9.4.3　土基材料及技术辅助风蚀水蚀复合沟壑治理

　　环县甜水镇的沟壑是水蚀风蚀交错区的典型沟壑（图 9-35）。如前所述，水蚀风蚀交错区复合型沟壑遇大雨时会产生大量泥沙，形成含泥沙洪水，造成水蚀和泥沙灾害；每年 7～9 月雨后短暂时间内，沟壑口及周边沙丘稳定，但天晴后几小时，表层沙就开始流动。冬春季气候干燥，沙丘活化流动，周而往复，给周边造成沙害。如果不进行人工干预，这种状况只能恶化，无法自然修复。这种沟壑核心区域一年四季无植被（图 9-35）。治理这种沟壑需要解决：①沟壑停止扩大；②水土流失防控；③风沙危害防控；④季节性洪水疏导利用，变废为宝；⑤变沟壑区域为可利用草地和林地。

(a)　　　　　　　　　　　　　　　　　　(b)

图 9-35　环县甜水镇风蚀水蚀交错区沟壑口
（a）摄于 2015 年 4 月 17 日，（b）摄于 2015 年 8 月 12 日

　　首先基于分流、疏导、减缓、阻隔、固土、集流、保水原理设计组合土障（堤坝）；在此基础上基于季节性洪水疏导分流和可控利用原理设计工程-生物组合方案；在实现水土流失防控基础上，通过工程-生物组合实现沟顶、沟口及边坡治理。

　　根据环县沟壑区的地形地貌、坡度、风沙流及水土流失方向，首先以当地土为基本原料，添加固土材料或植物秸秆设置组合沙障（8.6.4 节）和组合土障（8.6.5 节），在坡度较缓沟壑区可以只使用土，不使用固土材料和秸秆。采用工程措施，增加当地特殊沟壑区风沙流及水土流的地貌阻力，阻挡风沙流和水土流失，为植被恢复预备基础条件。其次以当地土壤种子库为主，选择适宜当地沟壑区生长的沙生、旱生植物，种植或栽植于土障内，用生物方法辅助工程措施。土基材料及技术在这里应用的最终目标是通过工程-生物综合治理，减少沟壑区的风蚀、水蚀、风沙流及水土流失；通过工程-生物措施，稳定当地沟壑，绿化沟壑边坡，减少风蚀水蚀灾害，使当地生态良性发展。在沟壑治理过程中，一些坡度较小的沟壑区通过治理还可以新增耕地，用于发展林果业、畜牧业或农业，促进当地经济发展，改善当地人民生存条件，提高当地人民生活水平[21]。

环县甜水镇这种水蚀风蚀交错区的复合沟壑治理难度极大，很多年治理方法和技术基本没有多大进展。水蚀风蚀复合沟壑治理关系到固沙、固土、防水蚀、防风蚀及防水土流失（两固三防），普通单一的治理方法见效甚微。土基工程-生物综合技术包括以下步骤：①组合土障（堤坝）铺设；②组合沙障铺设；③工程-生物锁顶；④工程-生物锁口；⑤边坡绿化；⑥沟壑中段梯田化；⑦梯田中林果及牧草种植。

1. 组合土障（堤坝）铺设

这里之所以使用"组合土障"，没有使用"组合沙障"，是因为在这种复合沟壑区，固土是更为艰巨的任务。流沙在这里没有占统治地位，只要将土运送到沙丘铺设土障，遇雨土结皮就可以阻止流沙运动，达到消除风沙危害目的。

在环县甜水镇古城堡复合沟壑治理中按照第 8 章 8.6.14 节工程施工示意图铺设组合土障。在初期试验中，设计了梯形土障-麦草网格组合、梯形土障-麦草网格-灌丛组合、梯形土障-麦草网格-草组合、梯形土障-麦草网格-灌丛-草组合、梯形土障-麦草网格-灌丛-草-乔组合、梯形土障（堤坝）-土网格组合、梯形土障（堤坝）-土网格-灌丛组合、梯形土障（堤坝）-土网格-草组合、梯形土障（堤坝）-土网格-灌丛-草组合、梯形土障（堤坝）-土网格-灌丛-草-乔组合、梯形土障（堤坝）-灌丛组合、梯形土障（堤坝）-草组合、梯形土障（堤坝）-灌丛-草组合、梯形土障（堤坝）-灌丛-草-乔组合、土网格-灌丛组合、土网格-草组合、土网格-灌丛-草组合、土网格-灌丛-草-乔组合、土结皮-灌丛组合、土结皮-草组合、土结皮-灌丛-草组合、土结皮-灌丛-草-乔组合、土结皮-土行带组合、土结皮-土行带-灌丛组合、土结皮-土行带-草组合、土结皮-土行带-灌丛-草组合、土结皮-土行带-灌丛-草-乔组合、梯形土障-土行带组合、梯形土障-土行带-灌丛组合、梯形土障-土行带-草组合、梯形土障-土行带-灌丛-草组合、梯形土障-土行带-灌丛-草-乔组合、土网格-土行带组合、土网格-土行带-灌丛组合、土网格-土行带-草组合、土网格-土行带-灌丛-草组合、土网格-土行带-灌丛-草-乔组合、梯形土障-土网格-土行带组合、梯形土障-土网格-土行带-灌丛组合、梯形土障-土网格-土行带-草组合、梯形土障-土网格-土行带-灌丛-草组合、梯形土障-土网格-土行带-灌丛-草-乔组合等四十余种组合土障，实际沟壑治理时主要使用了土基梯形土障（堤坝）-网格土障-草-灌丛组合和土结皮-土行带-灌丛-草组合。梯形土障（堤坝）容易机械化施工，其作用是疏导、分流和减缓风沙流（季节性洪水）；网格土障的作用是集水保土，防止水土流失，为植物生长提供条件；草灌的作用是加固土障（堤坝），形成水土流失防控体系。

野外施工使用的机械是装载机，其宽度为 2.8 m。梯形土障（堤坝）：底宽 2.8 m，高 0.5～1 m，每 3 个梯形排布呈三角形，每两个梯形间距 2.8 m。在坡度小于 25°沟壑，前 50 m 为梯形土障（堤坝），其后是断续行带式土障，最后是网格土障。野外试验网格土障边长 2.8 m，高 0.45 m。铺设在梯形土障（堤坝）或断续行带式土障后（图 9-36～图 9-38）。

组合土障中种植的植物：柠条、沙打旺、白蜡、樟子松、紫穗槐、侧柏、爬地柏、旱柳、油松、桃叶卫毛、文冠果、臭椿、刺槐、榆树、河北杨、荀子木、丁香、金叶莸、绣线菊、柽柳、山桃、马兰、紫花苜蓿、黄刺玫及冰草。土障与植物组合根据沟壑坡度、沟顶、沟口及边坡等地形而定。

组合沙障铺设方法见 8.6.4 节。

(a)　　　　　　　　　　　　　　　　　　(b)

图 9-36　环县甜水镇风蚀水蚀交错区复合沟壑区的网格土障
（a）摄于 2015 年 8 月 12 日，（b）摄于 2016 年 4 月 8 日

(a)　　　　　　　　　　　　　　　　　　(b)

图 9-37　环县甜水镇风蚀水蚀交错区复合沟壑区的土梯形-草网格组合
（a）摄于 2017 年 7 月 4 日，（b）摄于 2017 年 10 月 6 日

图 9-38　环县甜水镇风蚀水蚀交错区复合沟壑区的土梯形-土网格-草网格组合
摄于 2017 年 7 月

2. 工程-生物锁顶

顶在这里是指沟壑的最高端。在风蚀水蚀交错区复合沟壑沟顶，既可以用组合土障，也可以使用组合堤坝。组合堤坝铺设是以黏土或黄土为原料，利用机械（装载机）筑坝，坝宽 2 m，横穿整个沟壑，高度依沟壑坡度确定。从沟壑顶开始，按照 10 m、30 m、50 m 间隔逐次建坝（坡度小于 25°），坝上及坝内 10 m 种植冰草、百脉根及小冠花等水土保持植物[22]，坝内其余部分平整后种植柠条、沙棘及紫花苜蓿（图 9-39 和图 9-40）。

图 9-39　土基组合堤坝辅助复合沟壑锁顶
摄于 2017 年 7 月 5 日

图 9-40　组合土障辅助复合沟壑锁顶

摄于 2017 年 10 月 6 日

3. 工程-生物锁口

口在这里是指沟壑的最低端。在风蚀水蚀交错区复合沟壑出口，以黏土或黄土为原料，沿沟壑口每 100 m 间隔筑坝，坝宽 2 m，横穿整个沟壑，高度依沟壑坡度确定。坝内利用第 8 章 8.6.5 节方法建造组合土障。迎水区（来水区）建造的土障，堆成直径 2 m、高 0.5 m 土堆，土堆间距 3 m，行带式排布，每 3 个土堆土障构成三角形；迎水区（来水区）也可以铺设梯形土障，底宽 2.8 m，高 0.5 m。圆形（或梯形）土障后建造网格土障，边长 2.8 m。土障中每隔 5 m 种植草-灌-乔林带，草-灌、草-草及灌-灌间距 3 m，灌-乔及乔-乔间距 6 m。草选择沙蒿、苜蓿、红豆草、冰草、百脉根及小冠花等，冰草种植在土障（堤坝）附近及坝上；灌选柠条、梭梭、柽柳及沙棘等；乔木主要选樟子松、旱柳、榆树、刺槐及山杏等（图 9-41）。

(a)　　　　　　　　　　　　　　　　(b)

图 9-41　土基技术辅助沟壑锁口

（a）摄于 2015 年 4 月 17 日，（b）摄于 2016 年 10 月 3 日

4. 峁、墚及边坡绿化

峁、墚及边坡是指沿沟壑两边稳定的区域。比较陡和光秃的边坡，降雨时没有持水能力，雨水大多数流到沟壑中，汇聚成季节性洪水。边坡面积、坡度及降雨量三个因素决定从边坡集聚成洪水的径流量。降雨沿边坡流动时，会引起水土流失。林业部门常使用鱼鳞坑种树方法，即沿沟壑边坡人工开挖栽植穴。过去常见的鱼鳞坑直径及深度太小，暴雨季节集流太少。与土基材料及技术配套的鱼鳞坑直径 0.5 m，深 0.5 m，穴间距 2 m，栽植穴排布成行带式，带间距 5 m。穴中隔行种植柠条、梭梭、怪柳、沙棘及樟子松等。用于植树的坑穴，其主要功能是集聚降水，尽量减少雨水流失，为植物生长预备条件，同时减少季节性洪水，为洪水可控利用创造条件。坑穴中积水后不但有利于栽种树木的成活和生长，还有利于其周边草丛的生长。坑穴也能有效减少边坡的水土流失（图 9-42）。鱼鳞坑太小造成集流少，暴雨季大量降雨以洪水方式流失；鱼鳞坑也不是越大越好，太大容易引起局部垮塌和水土流失，挖太大的鱼鳞坑工程投入也增大。

图 9-42　边坡鱼鳞坑植树

摄于 2016 年 4 月 3 日

5. 沟壑中段梯田化

锁顶、锁口及峁、墚及边坡绿化 2~3 年见效，沟壑基本稳定后，在复合沟壑中段，按照坡度大小建造层次梯田，每隔 100 m 间隔建坝，按照工程-生物锁顶方法，坝上及附近 10 m 内种植冰草、百脉根及小冠花等水土保持植物，坝内其余部分平整后种植旱柳、刺槐、樟子松、苜蓿及红豆草，苜蓿和红豆草可以结合舍牧发展养羊业；坝内其余部分平整后也可种植花椒、油桃及杏等经济林或蔬菜（图 9-43）。有一些沟壑的沟口只有很小范围，大范围是其中段。

(a)　　　　　　　　　　　　　　　　　　　　(b)

图 9-43　沟壑中段治理

（a）摄于 2015 年 8 月 12 日，（b）摄于 2016 年 10 月 3 日

6. 沟壑治理效果

通过组合土障（堤坝、土结皮-行带土障）及组合沙障铺设、工程-生物锁顶、工程-生物锁口、边坡绿化、沟壑中段梯田化及林草种植，沟壑区水土流失停止，植被 2～3 年恢复，生态向着良性方向发展。

1）环县甜水镇古城堡沟壑治理

环县甜水镇古城堡沟壑属于风蚀水蚀交错区典型沟壑，利用当地黄土，采用建造堤坝、铺设组合沙障、铺设组合土障、鱼鳞坑边坡绿化、土堤坝分流封顶、工程辅助沟壑中段治理及种植耐旱草灌等工程-生物组合措施，工程实施两年后，沟壑停止扩大；水土流失得到有效防控；风沙危害得到有效防控；季节性洪水得到疏导和分流利用，变废为宝；一些沟壑区域被改造为可利用草地和林地。组合工程-生物综合治理实施中，辅助种植了柠条、沙打旺、白蜡、樟子松、紫穗槐、侧柏、爬地柏、旱柳、油松、桃叶卫毛、文冠果、臭椿、刺槐、榆树、河北杨、荀子木、丁香、金叶莸、绣线菊、怪柳、山桃、马兰、紫花苜蓿、黄刺玫及冰草等二十余种植物。由于黏土具有固沙、固土、集水保水和为植物提供营养等功能，在组合沙（土）障和黏土结皮地段自然出现了虫食、猪毛菜、五星蒿、白草、赖草及沙蓬等多种植物。植物种类总计增加了 31 种，植被盖度由 0 增加至平均 35%，最高盖度达 60%。组合工程-生物综合治理实施 2 年后，地表 1 cm 处的有机质、全氮、全磷及有效磷分别增加了 3 倍、2 倍、1 倍和 1.6 倍（表 9-3 及图 9-44～图 9-47）。

表 9-3　环县古城堡治理前后地表成分变化

分析编号	pH	有机质 /（g/kg）	全氮 /（g/kg）	全磷 /（g/kg）	全钾 /（g/kg）	碱解氮 /（mg/kg）	有效磷 /（mg/kg）	速效钾 /（mg/kg）
治理地表 1cm	8.76	6.25	0.43	0.39	18.0	32.6	5.70	226
治理地表 3cm	9.01	2.54	0.22	0.25	17.8	12.7	2.70	236
地表原沙	9.06	1.56	0.14	0.19	18.4	12.7	2.20	255

图 9-44　环县古城堡沟壑治理效果（一）

图 9-45　环县古城堡沟壑治理效果（二）

环县古城堡2018-8-23　　　　　　　　　　环县古城堡2016-4-3

图 9-46　环县古城堡沟壑治理效果（三）

环县古城堡2018-8-23　　　　　　　　环县古城堡2016-4-3

图 9-47　环县古城堡沟壑治理效果（四）

2）环县甜水镇白家沟荒漠治理

环县甜水镇白家沟属于风蚀水蚀交错区，当地风蚀水蚀非常严重，地上覆盖的细沙厚度平均不足 1 m，但是沟壑中风强劲，造成在残蚀地表飞沙走石，加上流水侵蚀，地貌残缺破碎。在白家沟主要利用当地黄土，采用组合沙障-土结皮-行带式土障-中草药（华北白前）进行治理。组合工程-生物综合治理实施当年，水土流失和风沙危害得到有效防控；季节性洪水得到可控利用；中草药初步长成；植物种类增加 12 种，植被盖度由不足5%增加至平均 30%（图 9-48～图 9-50）。

3）环县甜水镇何家塬沟壑治理

　　环县甜水镇何家塬沟壑也属于风蚀水蚀交错区典型沟壑。在何家塬采取的措施是利用当地黄土，采用建造梯形堤坝、铺设土网格-草网格组合沙障、铺设土梯形-土网格组合土障、沟壑中段梯次建坝淤地及辅助自然演替等工程-生物组合措施。与古城堡相似，工程实施两年后植物增加了 11 种，植物盖度由低于 5%增加到 25%；沟壑停止扩大；水土流失得到有效防控；风沙危害得到有效防控；季节性洪水得到疏导和分流利用，生态得到恢复（图 9-51 和图 9-52）。

图 9-48　环县白家沟荒漠治理效果（一）

图 9-49　环县白家沟荒漠治理效果（二）

图 9-50　环县白家沟荒漠治理效果（三）

图 9-51　环县何家塬沟壑治理效果（一）

图 9-52　环县何家塬沟壑治理效果（二）

4）环县甜水镇何口子荒漠化治理

环县甜水镇何口子位于古城堡附近，属于风蚀水蚀交错区，是一处风蚀水蚀非常严重的荒漠化区域，是暴雨季节产生泥沙洪水的源头之一（图 9-34 和图 9-35）。在何口子采取的措施也是利用当地黄土，采用铺设土网格-草网格组合沙障、土网格土障、土网格土障-草网格沙障及辅助自然演替等工程-生物组合措施。与古城堡相似，工程实施两年后，水土流失和风沙危害得到有效防控；季节性洪水得到疏导、分流、堵渗和利用，生态得到快速恢复（图 9-53～图 9-56）。

图 9-53　环县甜水镇何口子荒漠化地貌

摄于 2018 年 4 月 19 日

图 9-54　环县甜水镇何口子荒漠化治理效果（一）

摄于 2018 年 8 月 23 日

图 9-55　环县甜水镇何口子荒漠化治理效果（二）

图 9-56 环县甜水镇何口子荒漠化治理效果（三）

9.4.4 土基材料及技术辅助黄土高原水蚀沟壑治理

1. 黄土高原水蚀沟壑简介

黄土高原水土流失的自然因素有黄土特性、地形因素及降水因素。黄土的粒度成分以粉砂粒（0.005～0.05 mm）为主，而粉砂粒级中又以粗粉砂占优势，约占总质量的 50% 以上。黄土的特性决定了其胶结疏松，孔隙度大，分散率高，土粒在水中极易分散悬浮，迅速崩解。地形制约着土地利用和水土流失程度，一般侵蚀量与坡度呈正相关。地面坡度是决定径流冲刷能力的基本因素，径流的大小取决于径流的数量、深度和速度，在一定范围内，地面坡度越大，水土流失越严重。黄土高原年降水量一般在 400～600 mm，但分布极不均匀，主要集中在 7～9 月，占全年降水量的 60%～75%。据测定，每次暴雨所产生的侵蚀量一般在 750 t/km²，暴雨形成的径流是黄土高原水土流失不断发展的主要动力因素[18, 23]。

黄土高原水土流失的人为因素包括毁林毁草、陡坡耕作及过度放牧等。

黄土高原水土流失治理方法有工程措施、林草措施及耕作措施。工程措施主要包括修水平梯田、打坝淤地及引洪灌地。根据黄土高原现状，在一些坡度较小的缓坡上建设水平梯田，平整土地，减少水土流失，有利于保水、保土和保肥，利于耕种；打坝淤地可使大量的肥土淤泥在坝内变成沟底平地；引洪灌地就是引用暴雨产生的洪水漫灌川地、台地、坝地等，可有效地控制黄土高原的水土流失问题。林草措施指退耕还林和种草种树[24,25]。

2. 土基材料和技术辅助黄土高原水蚀沟壑治理

本章 9.4.3 节水蚀风蚀复合沟壑治理技术完全能够适用于水蚀沟壑的治理。纯生物方法（种草种树）在治理沟壑方面可以起到非常重要的作用，但单纯生物方法的缺陷在于：第一，要使水土流失完全停止，植被覆盖率要 70%以上，这在干旱半干旱地区是不可能完成的任务；第二，即使植被覆盖度达到 60%～70%，也不能完全停止雨水流失；第三，由于黄土容易崩塌，所以在一些植被覆盖度非常高的地区，沟壑仍然会坍塌，水土流失也不能完全停止。使用工程-生物组合治理的主要优点是：第一，工程措施可以疏导、分流和集聚季节性洪水，将灾害性洪水变为辅助植物生长的水资源；第二，由于有工程措施，植被覆盖度达到 30%～40%就可以完全停止水土流失，这在干旱半干旱地区尤为重要，使这些地区沟壑的完全治理成为可能。

在一些切割深度达 150 m 以上，地面裂度 40%以上的沟壑，除了使用 9.4.3 节介绍的水蚀风蚀复合沟壑治理技术外，还要利用其他治理方法。所有沟壑治理的原则是先外围，后中心；先两端，后中间。设计治理工程时要充分了解周边及下游地质、交通线、工矿及居民区等详细信息，防止次生灾害发生。

在坡度小于 25°的水蚀沟壑区，可以在 9.4.3 节介绍的土基材料及技术辅助风蚀水蚀复合沟壑治理基础上，从沟壑顶、沟壑口及峁、墚及边坡绿化开始，逐级进行治理。水蚀沟壑治理要追求永久效果，分区域制定治理方案，循序渐进，求稳不求快。治理过程总体讲是通过工程-生物综合方法，稳定沟壑地貌，减缓水流速度，改变水流方向，减少洪水冲蚀，蓄水淤地，截流土肥，发展林果及畜牧业。在整个治理过程特别要防止次生灾害的发生。一些坡度很大的沟壑，应主要进行绿化治理，坡度小于 25°的沟壑区可采用工程-生物综合方法治理。

水蚀沟壑顶治理与复合沟壑治理相似，以黏土或黄土为原料，利用机械（装载机）筑坝，坝宽 2 m，横穿整个沟壑，高度依沟壑坡度确定。从沟壑顶开始，按照 10 m、30 m、50 m 逐次建坝（坡度小于 25°），坝上及坝内 10 m 种植冰草、百脉根及小冠花等水土保持植物，坝内其余部分平整后种植柠条、沙棘及紫花苜蓿。

在沟壑流域面积较小、坡度小于 25°和出沟洪水可控的地区，或在"黄土高原沟壑区季节性洪水利用"设施建成后的水蚀沟壑出水口，每 5 m 落差用黏土建造拦洪坝，坝高 1 m、宽 2 m，横穿整个沟壑口。坝内利用机械进行平整，根据坡度形成层次梯田。利用黏土，在坝内梯田中建造季节性洪水疏导、减缓、分流的不连续堤坝（长、宽和高分别为 2.8 m、1 m 和 0.5 m）若干座，也可以用装满土石的麻袋堆成堤坝（长、宽和高分别为 3 m、2 m 和 0.5 m），每两个同行堤坝中间空 2 m。堤坝的作用是疏导、分流和减缓水土流，使土基本沉淀，水基本渗到梯田内。堤坝附近及中间空地可用于栽种植物。堤坝总体呈行带式排布，排与排坝墩间距 6 m，择空排布（图 9-57）。梯田内来水方向 10 m内，在分洪堤坝后种植旱柳、樟子松、侧柏及山杏等，水离开方向 10 m 内种植冰草、百脉根、小冠花及柠条等水土保持植物，2～3 年地面基本稳定后，梯田中间土地可根据水肥条件种植花椒、枣树及油桃等经济林。每个水蚀沟壑口种植植物种类应大于 15 种。拦洪堤坝上每隔 5 m 用混凝土建造出水口，宽和高分别为 1 m 和 0.5 m，出水口底比梯田底高 0.5 m。位于沟壑顶和沟壑口的边坡区域，先行进行边坡绿化。在沟壑顶、沟壑口及边坡稳定后（需要 2～3 年），在坡度小于 25°的沟壑区中段，可以分层次造梯田，每层梯田来水方向种植乔木，离水堤坝种植冰草、百脉根、小冠花及柠条，中间种植陇东苜蓿、红豆草、花椒、枣树及油桃等经济林。

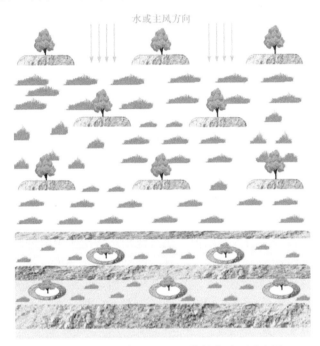

图 9-57　水蚀沟壑口工程-生物综合治理示意图

在干旱地区，沟壑治理初期种植的植物需要灌溉，所以需要提灌装置或蓄水池。通过蓄水池可以直接利用洪水。

3. 黄土高原水蚀沟壑区季节性洪水利用

9.4.3 节介绍的水蚀风蚀复合沟壑（坡度小于 25°）治理中，季节性洪水基本被疏导、分流、减缓、拦截、蓄积和利用，但是有一些又陡又深又宽又长的沟壑（坡度大于 45°，切割深度大于 150 m，长度超过 6 km/km^2，地面裂度超过 40%），沟顶和中段都非常难治理，这时出沟的季节性洪水流量大、流速快，很难直接应用，就需要一些特殊技术来控制利用这种季节性洪水。

黄土高原西北地区属于干旱半干旱区域，降水少且分布不均，常常造成局部洪水，这也是黄土高原沟壑形成和水土流失的主要驱动力。因为洪水短期内流速快，处于无序失控状态，所以在流过的区域不能有效利用。水在干旱地区永远是宝贵资源，但这里沟壑区洪水却白白流失，形成奇怪现象：土地干旱缺水，沟壑区洪水泛滥，造成水资源在该区域内的浪费。黄土高原沟壑区洪水危害主要表现为三个方面，其一是水蚀土壤，造成农田坍塌，水肥流失；其二是给沟壑周边及洪水流域造成灾害；其三是给黄河带去大量泥沙，引发次生灾害。如果能够合理利用沟壑区洪水，就可以变废为宝。对于西北黄土高原，洪水也是宝贵的水资源，可以用来淤地、肥田、灌溉。

黄土高原沟壑区季节性洪水利用是根据沟壑坡度、切割深度、沟壑长度、地面裂度、冲积口地质状况、洪水流量及流速，建立多级分流利用方式，这些分流工程总体呈树状结构（图 8-53）。季节性洪水利用主要围绕"拦""分""缓""引""淤""用"六字展开（详见 8.6.14 节）。"拦"就是堵拦洪水；"分"是在"拦"的基础上形成分流口；"缓"是经过数次"拦""分"后减缓洪水冲击；"引"则是把减缓冲击的洪水因地制宜疏导到具有利用潜力的地方，即蓄水池、淤积池或沟壑口治理梯田。洪水过后，水得到集聚存储，可用来灌溉，泥沙淤积形成土地，成为发展农林业的土地，这就是"淤"和"用"。首先在主沟壑冲积口建立多排拦截墩，其作用是减缓洪水流速，淤积泥沙，为洪水分流预备条件。拦截墩采用混凝土浇筑，为正四棱台设计，上底面宽 2～3 m，下底面宽 4～6 m，上、下底面宽度比为 1∶2，高 2 m。拦截小坝由错落布局的 1～8 排拦截墩组成，并沿比较平缓的沟道以每行多一个的方式递增，拦截墩间距 2 m，行距为拦截墩下底面长的 1～1.5 倍，随拦截墩行数的增加行距增大。一级拦截坝要选择地质条件稳定，坡度（或洪水落差）较小（坡度小于 30°）的地区建立，并在此建立分流。蓄水池为倒四棱台设计，坡度为 45°～60°，蓄水池四周及底部采用防渗漏材料处理。分流洪水基本为可控洪水，既可用来淤地，也可以直接引入蓄水池，用来浇地，缓解干旱时的缺水。在已分流的洪水道，也可以按照一级拦截坝方式建立二级拦截坝，依此类推，建立多级利用方式，每级利用方式有直接利用和截水供给下级支流两种。通过多级减缓和分流，可以将沟壑区出山洪水逐级减缓、分流、集聚和利用，最终变害为宝[24]。在"黄土高原沟壑区季节性洪水利用"设施之后，也可以实施"水蚀沟壑口工程-生物综合治理"工程。

9.5　临泽荒漠化土地综合改良

9.5.1　临泽荒漠化土地特点

临泽县位于甘肃省河西走廊中部，地处东经 99°51′～100°30′，北纬 38°57′～39°42′之间，东邻张掖市甘州区，西接高台县，南依祁连山与肃南裕固族自治县接壤，北毗内蒙古自治区阿拉善右旗，总面积 2727 km²。临泽县属大陆性荒漠草原气候，年均降水量 119 mm，蒸发量 1830 mm，主要灾害性天气有大风、沙尘暴、干旱、低温冻害、干热风、局地暴雨、霜冻等。临泽绿洲北部边缘的流动沙丘带蜿蜒长达 40 余千米，覆盖面积 1.2 万 hm²，低矮沙丘地及沙砾质戈壁面积超过 2.6 万 hm²。山前洪积扇的风化物质为沙漠化过程的发生与发展提供了丰富的沙源，使大片土地布满沙丘，植被稀疏，生态系统非常脆弱。临泽绿洲耕地常年遭受沙埋和风蚀，临泽北部绿洲农田土壤年风蚀深度可达 3～5 mm，有机质损失量达 40～70 kg/（hm²·a）。过去已有研究人员对这里的生态修复提出了一些对策，政府也加大了投入促进当地的生态恢复，但总体上进展缓慢。如果按照过去的方法直接开垦这些荒漠化土地，只能引起更大范围的荒漠化[25, 26]。

9.5.2　土基材料辅助临泽荒漠化土地改良利用

通过"土基材料及技术辅助荒漠化土地改良"（8.6.16 节）对当地荒漠化土地（沙地）进行改良，提高了荒漠化土地（沙地）的持水性、持肥性和肥力，增加了荒漠化土地（沙地）的有机质含量、矿物营养及微生物种群和数量，节约了水资源，改善了荒漠化土地（沙地）的团粒结构。经过覆土或掺土改良，临泽北部荒漠化土地（沙地）一两年内就可以耕种，可以用于育苗、作物种植、蔬菜种植、枸杞种植及梭梭-肉苁蓉种植（图 9-58）。土基材料辅助荒漠化土地（沙地）综合改良，既可以促进荒漠化土地（沙地）快速低成本转化为可耕地，增加农民收入，扩展人民生存空间，又可以促进当地生态恢复，支持当地可持续发展[27]。

图 9-58　临泽北部覆土改良沙地育苗

9.6　甘肃古浪光伏电站工程扰动荒漠沙地生态修复

本节介绍年降雨量 200 mm 左右的工程扰动沙漠化地区风沙危害防控的土基材料及技术，主要包括土基固沙（防风蚀）材料（4.3 节）、组合沙障（8.6.4 节）、土基材料固沙结皮（8.6.6 节）、土基材料及技术辅助沙生旱生植物种植（8.6.10 节）等材料-工程-生物组合技术的示范和应用。在该类地区，通过材料-生物-工程组合治理，沙漠化地面能够在 3～5 年内稳定，生态能够在 5～7 年内得到修复。

甘肃省古浪县地处河西走廊东端，祁连山北麓，地理位置在北纬 37°09′～37°54′，东经 102°38′～103°54′之间，北靠腾格里沙漠与内蒙古自治区相连，东西长约 102 km，南北宽约 88 km，总土地面积 5103 km²，耕地面积 108.96 万亩，天然草场面积 420 万亩，是全省 18 个干旱县和 43 个国家扶贫县之一。该地区地势南高北低，海拔 1550～3469m。古浪县风口多，北部风沙线长（132 km）；沙害严重，荒漠（沙漠）化面积大（247.3 万亩）。

古浪振业沙漠光伏发电有限公司"古浪 50MW 地面光伏电站"建于古浪县马路滩林场北部沙漠地区（武威市古浪县黄花滩乡北）（图 9-59），黄花滩乡平均海拔高 1700 m，年降雨量 200 mm，年平均气温 7.5℃，年日照时数 2852 h。光伏电站所在地原为流动沙丘，风沙危害非常严重。光伏电站占地约 23800 亩，总投资 5.675 亿元，年发电量8000 kW·h，已完成 1.8 万亩沙漠治理，预计建成沙产业相关种植 5000 亩。

图 9-59　试验地点（古浪黄花滩）

"古浪 50MW 地面光伏电站"建设中，按照第 8 章所述的土基材料组合沙障技术及工程-生物综合技术，以当地黄土为主要原料，复配高分子材料羧甲基纤维素钠，制备土基保水和固沙材料。利用土基固沙材料铺设固沙结皮，铺设圆形（直径 4 m，高 0.45 m内沙外黄土，沙高 0.45 m，黄土层 0.10 m）和六方形（边长 1 m，用黄土-羧甲基纤维素钠泥和模具铺设）等沙障；土基材料及技术辅助种植了柠条、沙蒿、沙冬青、花棒、梭梭及柠条等 6 种植物；由于土基材料具有固沙、集水保水和为植物提供营养等功能，在组合沙障和土结皮地段自然出现了沙蒿、沙米、猪毛菜、虫实、油蒿、五星蒿、虎尾草、蒺藜等多种植物，示范工程完成（5 年）后植物种类增加到 19 种，植被盖度由 0 增加至平均 30%。土基材料及技术应用 5 年后，古浪光伏电站沙漠化土地 pH 由 9.08 降为 8.98，有机质、全氮、全磷、有效磷及速效钾分别变化为原沙的 2.1 倍、1.8 倍、1.3 倍、3.8 倍和 2.1 倍（表 9-4），组成成分发生了有利于生态修复的巨大变化。5 年后组合沙障基本完好，由于工程措施的辅助作用，流沙完全固定，生态得到修复（图 9-60～图 9-62）。

表 9-4　古浪光伏电站生态修复过程地面成分的变化

分析编号	pH	有机质/（g/kg）	全氮/（g/kg）	全磷/（g/kg）	全钾/（g/kg）	碱解氮/（mg/kg）	有效磷/（mg/kg）	速效钾/（mg/kg）
治理地面	8.98	3.07	0.18	0.37	17.8	27.4	2.70	149
原始地面	9.08	1.47	0.10	0.29	17.9	25.8	0.72	72.0

图 9-60　古浪光伏电站生态修复（一）

图 9-61　古浪光伏电站生态修复（二）

图 9-62　古浪光伏电站生态修复（三）
摄于 2019 年 7 月 7 日

2013 年 5 月，利用土基功能材料及组合沙障技术对古浪马路滩光伏电站流沙区进行了生态修复，2019 年 7 月进行了混合采样，样品分别采集生态修复后 1～3 cm 土壤（样品 1）、流沙［即未防控的 1～3 cm 原沙（CK），样品 2］和结皮（样品 3），利用 16Sr DNA 测序鉴定防控前后古菌、真菌和细菌的变化。

（1）古菌。防控前后 3 个样品的 218 个操作分类单元（OUTs）分属 5 个门，7 个纲，9 个目，10 个科，14 个属。古菌群落在门水平上，防控后 1～3 cm 土壤中奇古菌门（Thaumarchaeota）相对丰度为 84.41%，广古菌门（Euryarchaeota）相对丰度为 13.69%；而流沙中奇古菌门相对丰度为 64.54%，广古菌门相对丰度为 25.82%；沙土结皮中奇古菌门相对丰度为 79.65%，无广古菌门。因此，流沙区经过生态修复，奇古菌门为优势菌群，并且广古菌门相对丰度减少而奇古菌门相对丰度增加。

古菌群落在属水平上，防控后 1～3 cm 土壤中 Candidatus_Nitrocosmicus 相对丰度为 76.23%，norank_o__Marine_Group_II 相对丰度为 9.25%；流沙中 Candidatus_Nitrocosmicus 相对丰度为 48.13%，norank_o__Marine_Group_II 相对丰度为 16.26%；沙土结皮中 Candidatus_Nitrocosmicus 相对丰度为 97.45%，norank_o__Marine_Group_II 相对丰度为 0%。因此，流沙区经过生态修复，Candidatus_Nitrocosmicus 为优势菌群，并且 Candidatus_Nitrocosmicus 相对丰度增加而 norank_o__Marine_Group_II 相对丰度减小。

（2）真菌。防控前后 3 个样品的 368 个 OUTs 分属 6 个门，22 个纲，47 个目，83 个科，126 个属。真菌群落在门水平上，防控后 1～3 cm 土壤中子囊菌门（Ascomycota）相对丰度为 90.76%，担子菌门（Basidiomycota）相对丰度为 2.01%，壶菌门（Chytridiomycota）

相对丰度为 1.89%；而流沙中子囊菌门相对丰度为 84.99%，担子菌门相对丰度为 13.58%，壶菌门相对丰度为 0%；沙土结皮中子囊菌门相对丰度为 92.21%，担子菌门相对丰度为 5.98%，壶菌门相对丰度为 0.023%。因此，流沙区经过生态修复，子囊菌门为优势菌群，并且子囊菌门和壶菌门相对丰度增加而担子菌门相对丰度减小。

真菌群落在属水平上，流沙中菌群属水平上种类最多，依次是结皮和防控后 1～3 cm 的土壤。防控后 1～3 cm 土壤中 unclassified_p__Ascomycota 相对丰度为 76.61%；流沙中 unclassified_p__Ascomycota 相对丰度为 5.39%，norank_o__Marine_Group_II 相对丰度为 16.26%，Cladosporium 相对丰度为 15.57%，Mycosphaerella 相对丰度为 15.11%，Alternaria 相对丰度为 7.65%；沙土结皮中 unclassified_p__Ascomycota 相对丰度为 54.88%。因流沙区经过生态修复，1～3 cm 土壤中 unclassified_p__Ascomycota 为优势菌群；流沙中 norank_o__Marine_Group_II、Cladosporium、Mycosphaerella 和 Alternaria 为优势菌群；沙土结皮中 unclassified_p__Ascomycota 为优势菌群。流沙区经过生态修复，unclassified_p__Ascomycota 相对丰度增加而 norank_o__Marine_Group_II、Cladosporium、Mycosphaerella 和 Alternaria 相对丰度减少。

（3）细菌。防控前后 3 个样品的 1916 个 OUTS 分属 24 个门，72 个纲，176 个目，296 个科，491 个属。细菌群落在门水平上，防控后 1～3cm 土壤中变形菌门（Proteobacteria）相对丰度为 24.99%，放线菌门（Actinobacteria）相对丰度为 37.52%；而流沙中变形菌门相对丰度为 39.64%，放线菌门相对丰度为 27.86%；沙土结皮中变形菌门相对丰度为 19.66%，放线菌门相对丰度为 6.46%，蓝藻细菌门（Cyanobacteria）相对丰度为 44.73%。因此，防控后 1～3cm 土壤和流沙中变形菌门和放线菌门为优势菌群，沙土结皮中变形菌门和蓝藻细菌门为优势菌群。流沙区经过生态修复，变形菌门相对丰度减少而蓝藻细菌门和放线菌门相对丰度增加。

细菌群落在属水平上，防控后 1～3 cm 土壤中菌群属水平上种类最多，然后是结皮中，流沙中最少。防控后 1～3 cm 土壤中 unclassified_c__Actinobacteria 相对丰度为 5.36%，norank_c__Actinobacteria 相对丰度为 5.26%，Arthrobacter 相对丰度为 4.48%，norank_f__Beijerinckiaceae 相对丰度为 4.24%，norank_o__IMCC26256 相对丰度为 3.56%，others 相对丰度为 29.81%；流沙中 Arthrobacter 相对丰度为 8.35%，Noviherbaspirillum 相对丰度为 7.99%，norank_f__Beijerinckiaceae 相对丰度为 6.12%，others 相对丰度为 29.98%，norank_o__Frankiales 相对丰度为 5.54%，Ellin6055 相对丰度为 35%，norank_f__AKIW781 相对丰度为 4.40%；沙土结皮中 norank_f__Coleofasciculaceae 相对丰度为 13.52%，norank_f__AKIW781 相对丰度为 8.47%，Microcoleus_PCC-7113 相对丰度为 6.61%，Scytonema_UTEX_2349 相对丰度为 3.87%，Tychonema_CCAP_1459-11B 相对丰度为 3.85%，norank_f__Beijerinckiaceae 相对丰度为 3.74%，Mastigocladopsis_PCC-10914 相对丰度为 3.64%，others 相对丰度为 17.89%。因此，防控后 1～3cm 土壤中 unclassified_c__Actinobacteria、norank_c__Actinobacteria、Arthrobacter、norank_f__Beijerinckiaceae、norank_o__IMCC26256 和 others 为优势菌群；流沙中 Arthrobacter、Noviherbaspirillum、norank_f__Beijerinckiaceae 和 others 为优势菌群；沙土结皮中 norank_f__Coleofasciculaceae、norank_f__AKIW781、Microcoleus_PCC-7113、Scytonema_UTEX_2349 和 others 为优势菌群。流沙区经过生态修复，

unclassified_c__Actinobacteria 、 norank_c__Actinobacteria 、 norank_o__IMCC26256 、 Microcoleus_PCC-7113 和 Scytonema_UTEX_2349 相 对 丰 度 增 加 而 norank_f__Beijerinckiaceae、Arthrobacter、Noviherbaspirillum、norank_f__AKIW781、Ellin6055 和 others 相对丰度减少。

　　总之，在属水平上，流沙治理过程中细菌的种类逐渐增多，真菌和古菌的种类逐渐减少，且优势菌群变化明显。

参 考 文 献

[1] 魏怀东, 徐先英, 丁峰, 周兰萍. 民勤绿洲土地荒漠化动态监测. 干旱区资源与环境, 2007, 21: 12-16.

[2] 杨亮洁, 潘晶, 王录仓. 可持续发展观视角下的绿洲生态承载力研究. 干旱区资源与环境, 2011, 25: 26.

[3] 马瑞, 王继和, 屈建军, 刘虎俊, 孙涛. 近 50a 来民勤绿洲-荒漠过渡带气候变化及沙尘天气特征. 中国沙漠, 2011, 31: 1031-1036.

[4] 王琪, 史基安, 张中宁, 孟自芳. 石羊河流域环境现状及其演化趋势分析. 中国沙漠, 2003, 23: 46-52.

[5] 马金珠, 魏红. 民勤地下水资源开发引起的生态与环境问题. 干旱区研究, 2003, 20: 261-265.

[6] 张海元. 甘肃河西走廊绿洲的荒漠化及治理对策. 甘肃农业, 2001, 2: 27-29.

[7] 朱震达, 陈广庭. 中国土地的沙质荒漠化. 北京: 科学出版社, 1994.

[8] 戴晟懋, 邱国玉, 赵明. 甘肃民勤绿洲荒漠化防治研究. 干旱区研究, 2008, 25: 319-324.

[9] 宁立波, 张阳, 杨俊仓, 肖春娥. 敦煌盆地重点区土地荒漠化变化特征及原因分析. 地理与地理信息科学, 2011, 27: 65-69.

[10] 靳尚宝, 袁海峰, 李永华. 敦煌湿地自然保护区现状、问题及保护对策. 湿地科学与管理, 2008, 4: 46-48.

[11] 宋连春, 杨兴国, 韩永翔, 白虎志. 甘肃气象灾害与气候变化问题的初步研究. 干旱气象, 2006, 24: 63-69.

[12] 刘媖心. 包兰铁路沙坡头地段铁路防沙体系的建立及其效益. 中国沙漠, 1987, 7(4): 1-10.

[13] 张伟. 沙坡头建在麦草方格上的绿洲. 中国国家地理, 2010 年第 01 期, http://www.dili360.com. (2019-06-11)[2020-01-14].

[14] 刘秉正, 李光录. 黄土高原南部土壤养分流失规律. 水土保持学报, 1995: 77-86.

[15] 水利部黄河水利委员会. 黄河流域地图集. 北京: 中国地图出版社, 1989.

[16] 甘枝茂. 黄土高原地貌与土壤侵蚀研究. 西安: 陕西人民出版社, 1989.

[17] 许桂兰. 我国黄土高原水土流失问题治理研究. 科技情报开发与经济, 2008, 18: 111-114.

[18] 鲁塞琴. 黄土高原水土流失治理的对策与措施. 产业与科技论坛, 2009, 8(8): 107-112.

[19] 李忠魁. 小流域治理的哲学思考. 水土保持通报, 1994, (1): 30-37.

[20] 水利部. 2018 年全国水土流失动态监测成果新闻发布会. http://www.mwr.gov.cn/hd/zxft/zxzb/fbh. (2019-06-28)[2020-01-14].

[21] 雷自强, 张文旭, 马国富, 张哲. 一种黄土高原沟壑区水土流失的综合防治方法: 106664867A. 2017-05-17.

[22] 张光灿, 胡海波, 王树森. 水土保持植物. 北京: 中国林业出版社, 2011.

[23] 李萍, 李同录. 黄土物理性质与湿陷性的关系及其工程意义. 工程地质学报, 2007, 15(4): 506-512.

[24] 雷自强, 张文旭. 一种季节性洪水集聚利用的方法: 105421282A. 2016-03-23.

[25] 刘新民, 王振先, 唐宗泽, 赵业凡. 荒漠绿洲边缘沙漠化土地整治. 干旱区资源与环境, 1987, 1: 98-105.

[26] 刘新民, 吴佐祺, 王宏楼, 任爱成. 甘肃临泽绿洲北部沙漠化防治的探讨. 中国沙漠, 1982, 2: 9-15.

[27] 雷自强, 张文旭, 郝伟昌, 梁莉, 刘瑾. 利用高分子材料-生物质材料-植物种植综合改良沙地的方法: 109197007A. 2019-01-15.